煤矿主要负责人和安全生产管理人员安全生产知识和管理能力培训系列教材

煤矿安全生产管理人员安全生产知识和管理能力培训教材

（2024 版）

全国煤矿安全培训教材建设专家委员会　组织编写

王太续　代星军　李长青　主编

周心权　王平炎　主审

中国矿业大学出版社

·徐州·

内 容 简 介

本教材结合煤矿生产实际，突出煤矿安全生产管理人员能力素质与生产管理特点，注重煤矿生产技术与安全管理的前瞻性，涵盖相关思政、煤矿安全生产法律法规、安全管理、应急管理、生产技术、安全技术、职业健康等方面的知识与技能。主要内容包括：习近平关于安全生产重要论述、国家政策方针及现行法律法规，煤矿安全生产管理，煤矿地质与安全，煤矿开采安全，煤矿"一通三防"安全管理，煤矿爆破安全，煤矿机电运输提升安全管理，煤矿事故应急管理与现场急救，煤矿职业卫生等。

本教材采用问题导入式的编排模式，在每一章的开头以"学习提示"的形式介绍本章的学习任务、重点，录制讲课视频并以二维码形式呈现。

本书可作为煤矿安全监察机构、煤矿培训机构组织煤矿安全生产管理人员进行安全生产知识和管理能力培训的教材，也可供煤矿主要负责人、工程技术人员参考使用。

图书在版编目(CIP)数据

煤矿安全生产管理人员安全生产知识和管理能力培训教材 / 王太续，代星军，李长青主编. —徐州：中国矿业大学出版社，2024.3

ISBN 978-7-5646-6164-9

Ⅰ. ①煤… Ⅱ. ①王… ②代… ③李… Ⅲ. ①煤矿—安全生产—管理人员—安全培训—教材 Ⅳ. ①TD7

中国国家版本馆 CIP 数据核字(2024)第 044868 号

书　　名　煤矿安全生产管理人员安全生产知识和管理能力培训教材
Meikuang Anquan Shengchan Guanli Renyuan Anquan Shengchan Zhishi he Guanli Nengli Peixun Jiaocai
主　　编　王太续　代星军　李长青
责任编辑　马晓彦　吴学兵
出版发行　中国矿业大学出版社有限责任公司
（江苏省徐州市解放南路　邮编 221008）
营销热线　(0516)83885370　83884103
出版服务　(0516)83885312　83884920
网　　址　http://www.cumtp.com　**E-mail**:cumtpvip@cumtp.com
印　　刷　日照报业印刷有限公司
开　　本　787 mm×1092 mm　1/16　**印张** 28.25　**字数** 706 千字
版次印次　2024 年 3 月第 1 版　2024 年 3 月第 1 次印刷
定　　价　58.00 元
（图书出现印装质量问题，本社负责调换）

考试题库软件使用方法

微信扫码关注“中国矿业大学出版社煤炭知识服务”微信公众号，点击右下角“在线学习”—“在线考试”，微信授权进入“煤矿安培考试”小程序。“自测练习”模块可顺序练习，“模拟考试”模块可进行模拟考试，“我的错题”模块可查看错题，进入相应模块后，点击“请选择题库”，左侧一栏选择“主要负责人和安管人员”—“井工煤矿安全生产管理人员”，点击“确定”开始学习。

公众号中回复“考试题库”，弹出的文章中第一篇有题库软件使用方法，可供参考。

中国矿业大学出版社煤炭知识服务

《煤矿安全生产管理人员安全生产知识和管理能力培训教材》

编审委员会

主　　编	王太续	代星军	李长青	
副 主 编	黄学志	徐　明	王丙成	杜志刚
	姜兴国	张　强	张俊杰	李景辉
	白裕光	赵开功		
参　　编	李　波	魏永建	贾东东	耿友明
	翟君武	张海魁	许路路	王鹏飞
	许建华	杨会明	卢　杰	刘学功
	戴　磊	李国庆	符如康	彭　强
	张　豪	赵国松	李　涛	沈兆振
	李佰村	张秉德	张汉桥	张　进
	吕孝先	姜洪君	王维群	周　明
	黄玉波	李崇娟	张　丽	李永峰
	王培元	葛　军	方　瀚	刘庆华
	仝　盼	侯　团	张旭鹏	薛　超
	张俊培	胡国勇	李武超	蔡传平
主　　审	周心权	王平炎		
审读人员	勾攀峰	张彦宾	陈旺明	代林聚
	王海亮	秦高威	杜柏川	赵军华
	杨仁龙	周学良	景婷婷	生艳凤
	杨　钊	田素玲	冯广亮	陈　莉
	孙振宇			

前　言

近年来，以机械化、自动化、信息化、智能化为核心的现代科技越来越多地应用于煤矿，促进煤矿安全生产方式转变，为煤矿治理体系与治理能力现代化提供了坚强保障。

同时，国家在近几年陆续修订、颁布实施了新的《安全生产法》《劳动法》《刑法修正案（十一）》《煤矿安全规程》《企业安全生产费用提取和使用管理办法》《煤矿重大事故隐患判定标准》《煤矿安全生产标准化管理体系基本要求及评分方法（试行）》《防治煤与瓦斯突出细则》《煤矿防治水细则》《防治煤矿冲击地压细则》《煤矿防灭火细则》《煤矿地质工作细则》等。这些法律法规的颁布实施，对煤炭企业的安全生产起到了促进作用，同时也对煤矿培训提出了新的要求。

为了进一步做好煤矿安全生产管理人员安全生产知识和管理能力培训工作，我们组织了部分具有煤矿现场管理工作经验的技术管理人员和煤矿安全培训机构的专家和学者，围绕煤矿安全生产管理人员安全生产技能和管理能力的提升，共同编写了这本《煤矿安全生产管理人员安全生产知识和管理能力培训教材》。

在本书编写过程中，编写人员进行了大量调研，广泛征求了各方面的意见，认真研究了《煤矿安全培训规定》及其他法律法规在煤矿现场的应用情况，以煤矿安全生产管理人员安全生产知识和技能需求为基础，充分考虑煤矿企业安全管理的特点，深刻领悟培训助安的角色和任务，坚持规律至上、学用结合和导学、促学并重，力图做到本书与考核大纲、考试题库、实际培训授课的有机统一和融合。本书以管理技能、事故预防和应急处置能力为核心内容，针对性地设计技术知识结构，具有很强的权威性、针对性和实用性。

本书主要呈现以下几个特点：

(1) 突出煤矿安全生产管理人员能力素质、生产管理与安全培训新特点。

本书结合煤矿生产实际，注重煤矿生产技术与安全管理的前瞻性，涵盖相关思政、煤矿安全生产法律法规、安全管理、应急管理、生产技术、安全技术、职业健康等方面的知识与技能。主要内容包括：习近平总书记关于安全生产重要论述、国家政策方针及现行法律法规，煤矿安全生产管理，煤矿地质与安全，煤矿开采安全，煤矿"一通三防"安全管理，煤矿爆破安全，煤矿机电运输提升安全管理，煤矿事故应急管理与现场救护，煤矿职业卫生等。

(2) 融入"七新"培训内容，并符合煤矿安全生产实践新要求。

本书列入的内容是煤矿现场正在应用的新法规、新标准、新技术、新装备、新材料、新工艺、新理念。所阐述的管理理念、方法和手段，选择分析的事故案例多是新近发生的，符合煤矿安全生产实践新要求。

(3) 涵盖考试题库的知识点，并应用了培训教学新成果。

本教材各章节内容符合《煤矿安全生产管理人员安全生产培训大纲及考核标准》的要求，并贯彻《煤矿安全培训规定》《安全生产培训管理办法》等对安全生产管理人员培训的要求。对于各地在培训中探索讲述的习近平总书记关于安全生产重要论述、新发展理念在煤矿的应用、煤矿高质量发展、煤矿智能化、绿色开采技术等内容，摘取重点介绍，既高屋建瓴，又贴近煤矿培训需要。

(4) 简化理论叙述与原理描述，突出解决问题的方式方法。

本书兼顾全国各类煤矿安全生产管理人员不同专业的知识储备与不同岗位的管理技能需求，对煤矿开采、地质、爆破、机电、"一通三防"等基础知识，简化理论叙述与原理描述，着重介绍安全生产管理人员岗位需求的法律法规、能力素质、业务流程、管理与检查要点、解决问题的方式方法，尤其是新安全生产形势下煤矿开采中各专业领域容易出现的违法违规行为和易发生的事故，并以典型事故案例进行说明，针对安全生产管理人员职能提出值得注意的安全管理要求与检查要点。

(5) 引导与启发并重，采用问题导入与反思回顾的编排模式。

本书图文并茂，引入一些可借鉴的案例，以提升培训学习的效果。在每一章的开头，以"学习提示"的形式介绍本章内容在煤矿安全生产管理中的地位和作用、学习重点及学习难点，并在章末附加复习思考题，便于读者提纲挈领地理解消化与复习巩固，从而将技术知识上升为实践经验。

(6) 培训内容与数字技术相结合，成为数字化互动式教材。

书中加入了大量的数字化视频，读者可利用手机微信扫书中植入的二维码在线观看，以帮助读者加深理解记忆、提升学习兴趣，并可做培训教学参考。数字化视频包括两部分：一是在每章的开始，我们提炼了本章主要内容并录制成 PPT 讲课视频，以实现导学的目的；二是对于一些重难点知识或文字、图片无法表达的内容，增加了实操视频和三维仿真视频，如心肺复苏操作、呼吸器佩戴等。

本书配套出版了《煤矿安全生产管理人员安全生产知识和管理能力考试辅导一本通》，建议读者先学习本书的内容，掌握煤矿安全生产管理的基本内容、方法等，然后再学习考试辅导用书，以帮助读者顺利通过安全生产知识和管理能力考核。

为了便于读者阅读学习，书中法律法规名称均省去“中华人民共和国”，用简称。

本书初稿完成后，在征求河南能源焦煤公司、河南能源永煤公司、河北能源开滦集团、河南工业和信息化职业学院安全培训中心、中煤职业技术学院、中国煤炭工业协会、中煤大屯煤电（集团）、国家能源集团、山东能源集团、龙煤控股集团、鹤岗矿业公司、窑街煤电集团、沁和能源集团、徐州矿务集团、云南省煤矿安全技术培训中心、晋能控股集团、中煤平朔集团、中国平煤神马集团、淮北矿业集团、淮南矿业集团、河南能源鹤煤公司、长治市应急管理综合行政执法队、上党区熊山集团、神火集团、神达能源集团、昆明煤炭科学研究所、徐州市消防救援支队、云南湾田煤业集团有限公司、富源县雄达煤业有限公司、山西忻州神达栖凤煤业有限公司、富源龙腾煤业有限公司等单位意见的基础上进行了修改和完善。本书书稿经由山东科技大学能源学院、河南理工大学安全技术培训学院、河南能源化工职业学院等单位的教师审读，承蒙中国矿业大学（北京）周心权教授、中煤职业技术学院原副院长王平炎悉心指导，并提出许多宝贵的修改意见，在此表示诚挚的感谢。

由于作者水平有限，书中难免存在疏漏、不足之处，欢迎广大读者对本书提出批评和修正意见，以便我们今后修订和提高。本书配有 PPT 课件，联系邮箱为：xuebwu@126.com。

为了便于读者学习和备考，我们在“中国矿业大学出版社煤炭知识服务”微信公众号中增加了考试题库，请关注公众号，回复“安管人员”获取。

作　者

2024 年 1 月

中国矿业大学出版社煤炭知识服务

目　录

第一章　习近平关于安全生产重要论述、国家政策方针及现行法律法规

【学习提示】

知法守法，是煤矿安全生产管理人员开展工作的前提和基础。只有学好安全生产法律法规，才能不断增强自身法制意识和法律观念，正确地行使安全生产法定权利、履行安全生产法定义务。

党的十八大以来，以习近平同志为核心的党中央高度重视安全生产工作，习近平总书记针对安全生产工作做了一系列重要论述。党中央、国务院下发了《中共中央 国务院关于推进安全生产领域改革发展的意见》，中共中央办公厅、国务院办公厅印发了《关于进一步加强矿山安全生产工作的意见》。近年来，国家层面颁发、修订了一系列关于安全生产的法律、法规、规章、标准及规范性文件，各地方法规体系也进一步修订完善，为做好新形势下的安全生产工作提供了根本遵循。

本章重点介绍了习近平总书记关于安全生产工作重要论述及党中央、国务院的指导意见，我国煤矿安全生产形势及对策，煤矿安全生产方针与法律法规体系等。对正在执行的煤矿安全生产的主要法律、法规、规章及标准分别做了重点解读，结合事故案例梳理分析了一些安全生产领域常见违法违规行为及法律责任，帮助读者正确理解、准确把握其中要义，统筹做好新形势下煤矿安全生产管理工作，推进煤矿高质量发展。

第一章导学

第一节　习近平关于安全生产工作重要论述及党中央国务院指导意见

一、习近平总书记关于安全生产工作重要论述

（一）红线意识

1.“发展决不能以牺牲人的生命为代价”的红线

2013 年 6 月 3 日，吉林省宝源丰禽业有限公司主厂房发生特别重大火灾爆炸事故，造成 121 人死亡、76 人受伤，事件当时轰动全国。

6 月 6 日，习近平总书记就做好安全生产工作做出重要指示。他指出：接连发生的重特大安全生产事故，造成重大人员伤亡和财产损失，必须引起高度重视。人命关天，发展决不能以牺牲人的生命为代价。这必须作为一条不可逾越的红线。同时强调：要始终把人民生

命安全放在首位，以对党和人民高度负责的精神，完善制度、强化责任、加强管理、严格监管，把安全生产责任制落到实处，切实防范重特大安全生产事故的发生。

2.“发展决不能以牺牲安全为代价”的红线

2016年7月，习近平总书记对加强安全生产和汛期安全防范工作做出重要指示。他指出，各级党委和政府特别是领导干部要牢固树立安全生产的观念，正确处理安全和发展的关系，坚持发展决不能以牺牲安全为代价这条红线。

（二）“一票否决”“四个到位”和安全检查“全覆盖、零容忍、严执法、重实效”

2013年11月22日，山东省青岛市黄岛经济开发区中石化黄潍输油管线泄漏引发特别重大爆燃事故，造成62人死亡、136人受伤。

11月24日，习近平总书记在考察黄岛经济开发区黄潍输油管线泄漏引发爆燃事故抢险工作时指出，各级党委和政府、各级领导干部要牢固树立安全发展理念，始终把人民群众生命安全放在第一位。各地区各部门、各类企业都要坚持安全生产高标准、严要求，加大安全生产指标考核权重，实行安全生产和重大安全生产事故风险“一票否决”。责任重于泰山。要抓紧建立健全安全生产责任体系，党政一把手必须亲力亲为、亲自动手抓。要把安全责任落实到岗位、落实到人头，坚持管行业必须管安全、管业务必须管安全，加强督促检查、严格考核奖惩，全面推进安全生产工作。同时强调，所有企业都必须认真履行安全生产主体责任，做到安全投入到位、安全培训到位、基础管理到位、应急救援到位，确保安全生产。

安全生产，要坚持防患于未然；要继续开展安全生产大检查，做到“全覆盖、零容忍、严执法、重实效”；要采用不发通知、不打招呼、不听汇报、不用陪同和接待，直奔基层、直插现场，暗查暗访的方式，特别是要深查隐蔽致灾隐患；要加大隐患整改治理力度，建立安全生产检查工作责任制，实行谁检查、谁签字、谁负责，做到不打折扣、不留死角、不走过场，务必见到成效；要做到“一厂出事故、万厂受教育，一地有隐患、全国受警示”。

（三）实施生命防护工程

2016年7月，习近平总书记在中共中央政治局常委会会议上发表重要讲话，强调安全生产是民生大事，一丝一毫不能放松，要以对人民极端负责的精神抓好安全生产工作，站在人民群众的角度想问题，把重大风险隐患当成事故来对待，守土有责，敢于担当，完善体制，严格监管，让人民群众安心放心。

各级党委和政府特别是领导干部要牢固树立安全生产的观念，正确处理安全和发展的关系，坚持发展决不能以牺牲安全为代价这条红线。经济社会发展的每一个项目、每一个环节都要以安全为前提，不能有丝毫疏漏。要严格实行党政领导干部安全生产工作责任制，切实做到失职追责。要把遏制重特大事故作为安全生产整体工作的“牛鼻子”来抓，在煤矿、危化品、道路运输等方面抓紧规划实施一批生命防护工程，积极研发应用一批先进安防技术，切实提高安全发展水平。

（四）构建双重预防机制

2016年1月，习近平总书记在中共中央政治局常委会会议上明确指出：必须坚决遏制重特大事故频发势头，对易发重特大事故的行业领域采取风险分级管控、隐患排查治理双重预防性工作机制，推动安全生产关口前移。

（五）两个至上

2020年4月10日，习近平总书记就安全生产做出重要指示：生命重于泰山。各级党委和政府务必把安全生产摆到重要位置，树牢安全发展理念，绝不能只重发展不顾安全，更不能将其视作无关痛痒的事，搞形式主义、官僚主义。要针对安全生产事故主要特点和突出问题，层层压实责任，狠抓整改落实，强化风险防控，从根本上消除事故隐患，有效遏制重特大事故发生。5月，习近平在参加内蒙古代表团审议时强调，党团结带领人民进行革命、建设、改革，根本目的就是让人民过上好日子，无论面临多大挑战和压力，无论付出多大牺牲和代价，这一点都始终不渝、毫不动摇。同时还强调人民至上、生命至上，保护人民生命安全和身体健康可以不惜一切代价。

（六）统筹发展与安全

在党的十九大报告中，习近平总书记指出，统筹发展和安全，增强忧患意识，做到居安思危，是我们党治国理政的一个重大原则。在党的十九届五中全会上，习近平总书记进一步指出，安全是发展的前提，发展是安全的保障。

2020年12月，习近平总书记在主持中共中央政治局集体学习时强调：坚持统筹发展和安全，坚持发展和安全并重，实现高质量发展和高水平安全的良性互动，既通过发展提升国家安全实力，又深入推进国家安全思路、体制、手段创新，营造有利于经济社会发展的安全环境，在发展中更多考虑安全因素，努力实现发展和安全的动态平衡。

2022年3月21日，东航MU5735航空器发生飞行事故，造成132人罹难。习近平总书记立即做出重要指示，要求立即启动应急机制，全力组织搜救，妥善处置善后。国务院委派领导同志靠前协调处理。3月24日又专门对安全生产做出重要指示，强调：安全生产要坚持党政同责、一岗双责、齐抓共管、失职追责，管行业必须管安全，管业务必须管安全，管生产经营必须管安全。从实际工作看，仍有一些地方和行业安全责任没有压紧压实，工作措施没有抓实抓到位。各级党委和政府要坚持以人民为中心的发展思想，坚持人民至上、生命至上，统筹发展和安全，始终保持如履薄冰的高度警觉，做好安全生产各项工作，决不能麻痹大意、掉以轻心。对在安全生产上不负责任、玩忽职守出问题的，要严查严处、严肃追责。各级党政主要负责同志要亲力亲为、靠前协调，其他负责同志要认真履行各自岗位的安全职责，层层落实到基层一线，坚决反对形式主义、官僚主义。要在全国深入开展安全大检查，严厉打击违法违规行为，采取有力措施清除各类风险隐患，坚决遏制重特大事故，确保人民生命财产安全。

（七）习近平总书记关于安全生产工作最新指示、批示

2022年11月，习近平总书记对河南安阳市凯信达商贸有限公司火灾事故作出重要指示：各地区和有关部门要始终坚持人民至上、生命至上，压实安全生产责任，全面排查整治各类风险隐患，坚决防范和遏制重特大事故发生。

2023年2月22日，习近平总书记对内蒙古阿拉善左旗一露天煤矿坍塌事故作出重要指示：各地区和有关部门要以时时放心不下的责任感，全面排查各类安全隐患，强化防范措施，狠抓工作落实，更好统筹发展和安全，切实维护人民群众生命财产安全和社会大局稳定。

2023年11月16日7时许，山西吕梁市永聚煤矿一办公楼发生火灾。习近平强调，各地区和有关部门要深刻吸取此次火灾事故教训，牢固树立安全发展理念，强化底线思维，针

对冬季火灾事故易发多发等情况，举一反三，深入排查重点行业领域风险隐患，完善应急预案和防范措施，压实各方责任，坚决遏制重特大事故发生，切实维护人民群众生命财产安全和社会大局稳定。

我们要深入贯彻落实习近平总书记关于安全生产的一系列重要指示精神，提高政治站位，在安全生产管理工作中注重以人为本，坚持人民至上、生命至上，把保护人民生命安全摆在首位，树牢安全发展理念与安全生产红线意识，坚持“安全第一、预防为主、综合治理”的方针，切实落实煤炭企业的主体责任和本职岗位的安全生产职责，狠抓管理创新与技术创新、依法治理、基础建设、专项整治等重点工作，从源头上防范化解重大安全风险，有效遏制生产安全事故，促进本企业、本地区安全生产形势持续稳定向好。

二、《中共中央 国务院关于推进安全生产领域改革发展的意见》

（一）出台背景

安全生产是关系人民群众生命财产安全的大事，是经济社会协调健康发展的标志，是党和政府对人民利益高度负责的要求。党中央、国务院历来高度重视安全生产工作，党的十八大以来做出了一系列重大决策部署，推动了全国安全生产工作取得积极进展。

但同时也要看到，当前我国正处在工业化、城镇化持续推进过程中，生产经营规模不断扩大，传统和新型生产经营方式并存，各类事故隐患和安全风险交织叠加，安全生产基础薄弱、监管体制机制和法律制度不完善、企业主体责任落实不力等问题依然突出，生产安全事故易发多发，尤其是重特大安全事故频发势头尚未得到有效遏制，一些事故发生呈现由高危行业领域向其他行业领域蔓延趋势，直接危及生产安全和公共安全。

当前一些地区和行业领域安全生产事故多发，根源是思想意识问题，抓安全生产态度不坚决、措施不得力。作风上的形式主义、官僚主义问题突出。

统计表明，90%以上的事故都是企业违法违规生产经营建设所致。但在日常安全生产监管工作中，对未引发事故的安全生产重大违法行为只是施以行政处罚。

为落实企业安全生产责任，自2006年起我国开始实行安全生产风险抵押金制度。但在实施过程中，由于缴存标准不合理、事故赔偿能力不足，加之长期占压企业资金，实际缴存率、利用率偏低。

一些重特大事故教训暴露出项目建设初期把关不严的问题，必然为后期安全生产埋下隐患。有必要实行重大安全风险“一票否决”。一些地区在事故调查结案后，对提出的整改措施跟踪不及时、落实不到位，致使同一地区、同一行业领域甚至同一企业类似事故反复发生。

基于以上原因，2016年12月18日，党中央、国务院出台了《中共中央 国务院关于推进安全生产领域改革发展的意见》（以下简称《改革发展意见》）。

（二）《改革发展意见》特点

《改革发展意见》是中华人民共和国成立以来第一个以党中央、国务院名义出台的安全生产工作的纲领性文件，对推动我国安全生产工作具有里程碑式的重大意义。

1. 贯穿一条红线

《改革发展意见》强调坚守“发展决不能以牺牲安全为代价”这条不可逾越的红线。红线是维护人民群众生命财产安全的保障线，是发展必须坚守的底线，也是贯穿《改革发展意见》全部内容的主线。

2. 确定“两步走”目标

《改革发展意见》提出到 2020 年，安全生产监管体制机制基本成熟，法律制度基本完善，全国生产安全事故总量明显减少，职业病危害防治取得积极进展，重特大生产安全事故频发势头得到有效遏制，安全生产整体水平与全面建成小康社会目标相适应。到 2030 年，实现安全生产治理体系和治理能力现代化的目标任务。“两步走”目标明确了安全生产领域改革发展的主要方向和时间路线。第一个目标主要使群众切实感受到安全环境的改善和安全感的提高；第二个目标是实现安全生产法制、体制、机制、手段的科学、成熟和现代化。

3. 健全落实安全生产责任制，明确职责边界

《改革发展意见》提出研究修改刑法有关条款，将生产经营过程中极易导致重大生产安全事故的违法行为列入刑法调整的范围。明确了党政主要负责人是本地区安全生产第一责任人，地方各级安委会主任由政府主要负责人担任，成员由同级党委和政府及相关部门负责人组成，进一步将党委和政府的领导责任具体化。《改革发展意见》要求严格落实企业主体责任，强调企业必须履行安全生产法定责任，做到安全责任、管理、投入、培训和应急救援“五到位”。《改革发展意见》还提出建立安全生产监管执法人员依法履行法定职责制度，与权力和责任清单相衔接。

4. 引进先进理念，将事故消灭在萌芽状态

《改革发展意见》全面引进国际上先进的安全生产管理理念，强调构建风险分级管控和隐患排查治理双重预防工作机制。要求建立完善安全风险评估与论证机制，高危项目审批必须把安全生产作为前置条件，城乡规划、设计、建设、管理必须以安全为前提，实行重大安全风险“一票否决”。

5. 瞄准安全生产领域改革发展任务，提出一系列改革举措

一是健全完善责任体制；二是改进安全监管体制；三是严肃安全法治秩序；四是建立安全防控体系；五是有力引导安全基础建设。

（三）《改革发展意见》主要内容

《改革发展意见》的内容包括总体要求、健全落实安全生产责任制、改革安全监管监察体制、大力推进依法治理、建立安全预防控制体系、加强安全基础保障能力建设等 6 部分 30 条，是指导新形势下安全生产领域改革创新、健康发展的纲领性文件。

1. 坚持五项原则

(1) 坚持安全发展。贯彻以人民为中心的发展思想，始终把人的生命安全放在首位，正确处理安全与发展的关系，大力实施安全发展战略，为经济社会发展提供强有力的安全保障。

(2) 坚持改革创新。不断推进安全生产理论创新、制度创新、体制机制创新、科技创新和文化创新，增强企业内生动力，激发全社会创新活力，破解安全生产难题，推动安全生产与经济社会协调发展。

(3) 坚持依法监管。大力弘扬社会主义法治精神，运用法治思维和法治方式，深化安全生产监管执法体制改革，完善安全生产法律法规和标准体系，严格规范公正文明执法，增强监管执法效能，提高安全生产法治化水平。

(4) 坚持源头防范。严格安全生产市场准入,经济社会发展要以安全为前提,把安全生产贯穿城乡规划布局、设计、建设、管理和企业生产经营活动全过程。构建风险分级管控和隐患排查治理双重预防工作机制,严防风险演变、隐患升级导致生产安全事故发生。

(5) 坚持系统治理。严密层级治理和行业治理、政府治理、社会治理相结合的安全生产治理体系,组织动员各方面力量实施社会共治。综合运用法律、行政、经济、市场等手段,落实人防、技防、物防措施,提升全社会安全生产治理能力。

2. 落实三大责任

(1) 明确地方党委和政府领导责任。坚持党政同责、一岗双责、齐抓共管、失职追责,完善安全生产责任体系。

(2) 明确部门监管责任。按照管行业必须管安全、管业务必须管安全、管生产经营必须管安全和谁主管谁负责的原则,厘清安全生产综合监管与行业监管的关系,明确各有关部门安全生产和职业健康工作职责。

(3) 严格落实企业主体责任。企业对本单位安全生产和职业健康工作负全面责任,要严格履行安全生产法定责任,建立健全自我约束、持续改进的内生机制。企业实行全员安全生产责任制度,法定代表人和实际控制人同为安全生产第一责任人,主要技术负责人负有安全生产技术决策和指挥权,强化部门安全生产职责,落实一岗双责。国有企业要发挥安全生产工作示范带头作用,自觉接受属地监管。

3. 完善监管监察体制

加强各级安全生产委员会组织领导,充分发挥其统筹协调作用。推进安全生产应急救援管理体制改革,强化行政管理职能,提高组织协调能力和现场救援时效。健全省、市、县三级安全生产应急救援管理工作机制,建设联动互通的应急救援指挥平台。

4. 推进依法治理

(1) 健全法律法规体系。建立健全安全生产法律法规立改废释工作协调机制。

(2) 完善标准体系。加快安全生产标准制定、修订和整合,建立以强制性国家标准为主体的安全生产标准体系。

(3) 严格安全准入制度。严格高危行业领域安全准入条件。

(4) 规范监管执法行为。完善安全生产监管执法制度,明确每个生产经营单位安全生产监督和管理主体,制订实施执法计划,完善执法程序规定,依法严格查处各类违法违规行为。

(5) 完善执法监督机制。建立执法行为审议制度和重大行政执法决策机制,评估执法效果,防止滥用职权。

(6) 健全监管执法保障体系。制定安全生产监管监察能力建设规划,明确监管执法装备及现场执法和应急救援用车配备标准,加强监管执法技术支撑体系建设,保障监管执法需要。

(7) 完善事故调查处理机制。坚持问责与整改并重,充分发挥事故查处对加强和改进安全生产工作的促进作用。健全典型事故提级调查、跨地区协同调查和工作督导机制。

5. 建立安全预防控制体系

(1) 加强安全风险管控。地方各级政府要建立完善安全风险评估与论证机制,科学合理确定企业选址和基础设施建设、居民生活区空间布局。

（2）强化企业预防措施。企业要定期开展风险评估和危害辨识。针对高危工艺、设备、物品、场所和岗位，建立分级管控制度，制定落实安全操作规程。

（3）建立隐患治理监督机制。制定生产安全事故隐患分级和排查治理标准。强化隐患排查治理监督执法，对重大隐患整改不到位的企业依法采取停产停业等强制措施，给予上限经济处罚，对构成犯罪的追究刑事责任。

（4）加强重点领域工程治理。深入推进对煤矿瓦斯、水害等重大灾害以及矿山采空区、尾矿库的工程治理。

（5）建立完善职业病防治体系。加快职业病危害严重企业技术改造、转型升级和淘汰退出，加强高危粉尘、高毒物品等职业病危害源头治理。

6. 加强安全基础保障能力建设

（1）完善安全投入长效机制。加大安全生产与职业健康投入，完善安全生产专用设备企业所得税优惠目录，建立企业增加安全投入的激励约束机制，引导企业集聚发展灾害防治、预测预警、检测监控、个体防护、应急处置、安全文化等技术、装备和服务产业。

（2）建立安全科技支撑体系。统筹支持安全生产和职业健康领域科研项目，加强研发基地和博士后科研工作站建设，开展事故预防理论研究和关键技术装备研发，推动工业机器人、智能装备在危险工序和环节广泛应用，构建安全生产与职业健康信息化全国“一张网”，运用大数据技术开展安全生产规律性、关联性特征分析，提高安全生产决策科学化水平。

（3）健全社会化服务体系。建立政府购买安全生产服务制度，支持发展安全生产专业化行业组织，完善注册安全工程师制度，改革完善安全生产和职业健康技术服务机构资质管理办法。

（4）发挥市场机制推动作用。取消安全生产风险抵押金制度，建立健全安全生产责任保险制度，完善工伤保险制度，加快制定工伤预防费用的提取比例、使用和管理具体办法。积极推进安全生产诚信体系建设，完善企业安全生产不良记录“黑名单”制度，建立失信惩戒和守信激励机制。

（5）健全安全宣传教育体系。将安全生产监督管理纳入各级党政领导干部培训内容，把安全知识普及纳入国民教育，把安全生产纳入农民工技能培训内容，严格落实企业安全教育培训制度，推进安全文化建设，加强警示教育。建立安全生产“12350”专线与社会公共管理平台统一接报、分类处置的举报投诉机制。

三、《中共中央办公厅 国务院办公厅关于进一步加强矿山安全生产工作的意见》

（一）出台背景

矿山安全生产事关人民群众生命财产安全，事关经济发展和社会大局稳定，是安全生产的重中之重。近年来，在党中央、国务院和地方各级党委、政府高度重视下，在各级有关部门和矿山企业共同努力下，全国矿山安全生产形势总体平稳。但同时也出现了一些新情况、新问题，迫切需要出台一个与新形势、新体制、新任务、新要求相适应，能够引领当前和今后一个时期全国矿山安全生产工作高质量发展的指导性文件。

因此，2023 年 9 月 6 日，中共中央办公厅、国务院办公厅印发了《关于进一步加强矿山安全生产工作的意见》（以下简称《安全生产工作意见》）。

（二）《安全生产工作意见》特点

《安全生产工作意见》是中华人民共和国成立以来第一个经党中央、国务院同意印发的矿山安全生产领域纲领性文件，是新体制、新机制下做好矿山安全生产工作的基本遵循。

1. 支撑矿山安全高质量发展

矿山安全生产事关人民群众生命财产安全，事关经济发展和社会大局稳定。《安全生产工作意见》聚焦当前矿山安全生产深层次矛盾和突出问题，既从体制、法制、机制等方面作出一系列部署，又从党委政府、部门、企业等层面提出一系列要求。《安全生产工作意见》建立了一套全过程风险动态管控工作机制，为推动矿山安全治理模式向事前预防转型提供了方法路径；构建了一条完整的安全生产责任链，明确要求地方党委政府、监管监察部门、矿山企业要落实安全责任等。

2. 推动矿山安全治理模式向事前预防转型

围绕事前预防转型，《安全生产工作意见》坚持关口前移、源头管控，动态管理、超前治理，及时预警、迅速处置，提出了一系列措施。在排查治理重大隐患方面，《安全生产工作意见》聚焦矿山企业主体责任落实和政府部门监管监察责任落实提出了针对性举措：强化企业全员全覆盖排查整治；强调矿山安全监管监察部门要建立重大隐患治理督办制度；强化隐患责任倒查，明确企业在重大隐患排查整改上的主体责任等。

3. 补齐智能化发展短板，加快矿山智能化升级

针对目前我国矿山智能化建设总体水平还不够高，部分地区和企业认识不够到位、建设进展不够平衡、相关标准规范不够健全、部分技术装备适应性还不够强等问题，《安全生产工作意见》对矿山智能化建设专门作出部署，通过加强顶层设计、加大政策扶持、强化服务指导、选树智能化矿山先进典型等方式，推动矿山智能化升级改造。

（三）《安全生产工作意见》主要内容

《安全生产工作意见》共 7 部分 24 项内容。第 1～6 部分是重点任务，从严格矿山安全生产准入、推进矿山转型升级、防范化解重大安全风险、强化企业主体责任、落实地方党政领导责任和部门监管监察责任、推进矿山安全依法治理等 6 个方面作出针对性部署安排。第 7 部分是强化组织实施，从加强组织领导、研究配套政策、加强资金保障、建立协调机制、强化责任追究等方面提出具体工作要求。

《安全生产工作意见》建立了一套全过程风险动态管控工作机制，为推动矿山安全治理模式向事前预防转型提供了方法路径。强调源头治理、系统治理、综合治理和依法治理，为推动矿山安全转变治理理念、完善治理体系、提高治理能力、增强治理效能提供了制度保障。构建了一条完整的安全生产责任链，明确要求地方党委政府、监管监察部门、矿山企业要落实安全生产责任，为推动矿山安全生产责任进一步落实提供了深化措施。明确了灾害严重煤矿准入、非煤矿山源头管控、整合重组、升级改造、智能化开采等要求，为推动矿山行业高质量发展提供了强有力的支撑。

《安全生产工作意见》围绕“事前预防转型”提出了一系列措施，坚持关口前移、源头管控，动态管理、超前治理，及时预警、迅速处置，把风险化解在隐患前、把隐患消除在事故前。同时，《安全生产工作意见》中首次明确要求涉矿中央企业总部和涉矿大中型企业应当配备安全总监。

重大事故隐患是造成矿山重特大事故的主要原因之一，是矿山安全风险管控的重中之重。为进一步做好相关工作，《安全生产工作意见》在排查治理重大隐患方面提出了针对性举措：一是强调矿山企业要定期开展全员全覆盖隐患排查治理，落实全员安全生产责任制。二是强调矿山安全监管监察部门要建立重大隐患治理督办制度，在重大隐患消除前跟踪监管，并监督整改销号，进一步压实矿山监管监察部门监督整改责任。三是强化隐患责任倒查，明确企业在重大隐患排查整改上的主体责任，同时从政府监管监察方面进一步扣紧责任链条，要求严格执行"谁检查、谁签名、谁负责"，对发现重大隐患不处理处罚或跟踪整改不到位的，依法严肃追责问责，倒逼相关部门对重大事故隐患必须采取措施、督促企业必须限期整改到位，切实防止引发生产安全事故。

四、坚持"人民至上，生命至上"，着力推动煤矿高质量发展

（一）煤矿高质量发展的内涵及意义

1. 煤矿高质量发展的内涵

（1）从数量、速度型向质量、效益型转变，提质增效，建立现代化煤矿发展体系。

（2）从劳动密集型向技术密集型转变，大力推进煤矿掘进、采煤、运输等新技术的研发与应用，助力智能煤矿建设，实现煤炭产业上下游协同创新，使煤炭开采逐步由"人力驱动"向"科技驱动"转型。

（3）从原煤生产向商品煤、洁净煤转变，一方面要完成产业升级与产业链延伸，实现高质量发展；另一方面要在保障生态环境上下功夫，使经济效益和社会效益共同提高。

（4）从降低安全事故向职业安全健康转变，实现煤矿安全、高效、绿色、智能可持续发展，满足广大矿工日益增长的对美好生活的需求。

2. 煤矿高质量发展的意义

（1）煤矿高质量发展可实现按需量产，由单纯地采煤、卖煤，向以煤为基础的高技术综合能源提供商转变，通过生态恢复与煤炭开采同步进行，实现改善环境、绿色生产，为社会经济的高质量发展奠定基础。

（2）煤矿高质量发展可实现煤炭、水、气及共伴生资源一体化智能开采，煤矿工人将从体力劳动型转向技能型，煤炭产品也将实现高端化、多元化、精细化、系列化，全面满足煤炭消费的多层次需求。

（3）煤矿高质量发展是全过程的高质量发展。煤炭开采过程中，将由机器代替人，通过自动化、智能化的安全高效开采，杜绝人员伤亡，保障职工生命和健康。

（二）我国煤矿发展的成就

作为国家主体能源，我国煤炭工业走过了不平凡的历程。经过百年的艰苦奋斗，煤炭生产能力大幅提高，为国家经济社会发展提供了坚实的能源保障。

1. 生产力水平不断提升，为国民经济发展提供坚实能源保障

（1）煤炭供应保障能力实现跨越式提升。

中华人民共和国成立之初，绝大多数煤矿处于停产半停产状态。"一五"时期，在恢复、改建和扩建原有矿区的同时，积极开发新矿区，先后开工建设的新矿区共12个。1957年，原煤产量达1.31亿t，比1952年增加了近一倍，为我国大规模经济建设奠定了基础。2002

年，煤炭迎来"黄金十年"，10年间产量从14亿t增加到近40亿t。党的十八大以来，煤炭仍是保障能源供应的基础能源，原煤年产量保持在34亿～41亿t。

(2) 煤炭产能释放过大，"去产能"提上议程。

改革开放后，我国煤炭工业调整发展思路，有效缓解了国内煤炭供应不足的矛盾。1978—1996年，我国原煤产量直线上升；2002—2013年，煤炭产能又一轮持续释放。然而，由于产业集中度不高、竞争优势不强等原因，煤炭产能过剩局面开始出现。"去产能"被提上议程，截至2020年年底，全国累计退出煤矿5 500处左右，退出落后煤炭产能10亿t/a以上。

2. 煤炭消费居主体地位、占比收缩，清洁化利用水平提升

(1) 煤炭消费占比呈下降趋势。

中华人民共和国成立初期，中国煤炭消费量占一次能源消费总量的90%以上。数据显示，我国的能源消费总量中，煤炭比重从1952年的95%下降到2008年的68.7%。此后，随着环保压力增大、工业生产增长放缓、服务业兴起、新能源产业发展以及小煤矿关停等原因，煤炭消费占比收缩。2010—2020年，煤炭在我国一次能源消费结构中的比重从69.2%降至56.8%。

(2) 煤炭清洁高效利用水平持续提升。

自20世纪80年代中期以来，我国大力发展洁净煤技术，已通过多种手段实现煤炭清洁高效利用，"十三五"期间，北方地区冬季清洁取暖率超过60%，替代散煤1.4亿t以上。

3. 绿色矿山建设获得新突破，矿区生态文明建设稳步推进

(1) 绿色矿山建设机制逐步形成。煤炭资源开发由注重产量规模，到注重环境保护、绿色矿山建设、保水开采、充填开采等，绿色开采技术得到广泛推广。2018年，自然资源部公示了煤炭、石油等9个行业绿色矿山建设规范，成为首个国家级绿色矿山建设行业标准。

(2) 生态文明建设稳步推进。我国矿区生态修复始于20世纪50年代，已走过了70多个年头。目前，我国矿区土地复垦率持续提高，建成了以唐山南湖城市中央生态公园、徐州潘安湖湿地公园为代表的一批国家矿山公园，矿区主要污染物排放总量持续减少。

4. 科技创新能力不断增强，绿色智能化开采技术成效显著

(1) 绿色智能化开采技术成效显著。

从"一五"时期推进15个老矿区和10个新矿区的建设，到2021年年底，全国智能化采掘工作面已达到813个，已有29种煤矿机器人在370余处矿井现场应用。全国2 611处正常生产建设的煤矿全部联网接入煤矿安全风险监测预警系统，实现了煤矿安全风险监测感知数据"一张网"全覆盖。

(2) 现代煤化工实现"示范"到"产业化"。

煤炭直接液化、煤炭间接液化、煤制烯烃、煤气化、煤制乙二醇等一批具有我国自主知识产权的现代煤化工关键技术和装备研制取得突破性进展，一批大型煤制油、煤制烯烃、煤制乙二醇项目相继投入运营。

5. 安全生产水平不断提升，灾害事故大幅度下降

1978年我国煤矿百万吨死亡率为9.713，2012年首次降至0.5以下，2018年首次降至0.1以下，2022年全国煤矿平均百万吨死亡率为0.024，全国煤矿安全生产形势实现了根本好转。

6. 市场化体制机制不断健全，煤炭企业整合重组开启新局面

煤炭领域有序推进各项体制机制改革，经济体制由计划经济转变为社会主义市场经济，市场化程度和经济运行质量稳步提高，企业社会责任进一步彰显。主要体现在：煤炭行业体制机制改革不断完善，煤炭价格改革实现全面市场化，煤炭企业改革步伐进一步加快。

7. 全面融入国际市场，煤炭企业国际影响力不断增强

改革开放以来，煤炭对外交流与合作不断扩大，进出口贸易不断扩大。随着"一带一路"建设推进，近几年煤炭企业对外投资范围和规模不断扩大、合作方式不断创新，产能合作层次和质量水平显著提升。

（三）煤矿高质量发展的路径

我国"富煤、贫油、少气"的资源禀赋特征决定了煤炭作为我国的战略资源，在推动经济社会发展、维护国家能源安全中具有不可替代的重要地位。

1. 科技创新驱动，实现安全、高效的高质量发展

煤矿智能化建设代表着煤矿先进生产力的发展方向，是行业迈向更高质量发展的必由之路。

煤矿智能化采用先进的技术与装备，通过机械化换人、自动化减人、智能化无人，可减少高危岗位人员一半以上，实现生产过程的少人化和无人化，从而达到生产过程的低消耗、低排放和低扰动，从根本上实现遏制重特大事故发生。要加快推进煤炭生产方式变革，以最合理的资源扰动和劳动消耗，集约、高效、经济地开采煤炭资源，以煤矿智能化建设提升煤矿柔性生产能力，可以根据市场供需形势灵活释放生产能力，增强供给质量和供给弹性。煤炭生产企业要结合自身的实际情况，坚持"一矿一策"，在煤矿智能化的道路上行稳致远。

2. 加快煤矿转型升级，实现绿色可持续高质量发展

(1) 拉长产业链，提高煤炭附加值。近年来，煤炭企业实施延伸产业链主要有三个方向。一是纵向拉长产业链。通过改进生产技术，调整产品结构形式，提升煤炭产品附加值，带动相关支柱产业的发展。比如推进煤电一体化，输煤变输电；利用煤化工技术，发展煤制油、煤制气、煤制烯烃、煤制石蜡等，实现煤炭能源变原料。二是横向拉长产业链。山西、新疆、贵州等地煤层气资源丰富，可开发煤层气，也可以探索煤层气、页岩气、致密气"三气共采"。三是延伸其他衍生产业链。比如开采两端的煤炭机械设备制造、以煤为基的新材料、现代农业及旅游等。另外，对煤炭开采和洗选过程中产生的副产品与废弃物进行综合利用，如构建煤矸石、电、铝、建材、化肥产业链和矿井水资源循环再利用等。

(2) 优化产能布局。近年来，国家层面以市场化、法治化原则化解重点领域包括煤炭行业过剩产能工作，实施结构性去产能和系统性优产能政策，强调质量、环保、能耗、安全标准和信用约束。煤炭企业应积极响应国家化解过剩产能、供给侧结构性改革的产业要求，坚持调整存量与做优增量并举，通过老区减量和协作换量，把落后产能与优势产能建设相结合，优质产能加快释放，产业规模不断扩大，煤炭产业竞争力稳步提升。

(3) 煤炭清洁利用，绿色发展。坚持绿色开发与清洁利用相结合，就是从煤炭开采生产、转化加工、消费利用各环节着手，强化全产业链统筹衔接，推进煤炭安全绿色开采，促进清洁高效利用，要加快煤炭由单一燃料向原料和燃料并重转变，推动高碳能源低碳发展，最大限度减轻煤炭开采利用对生态环境的影响，实现与生态环境和谐发展。

3. 科学管理十人文关怀，职工幸福才是真正的高质量发展

虽然近年来煤矿机械化与自动化程度有了明显提升，安全状况也有很大改善，但是大多数职工工作场所仍然在井下，苦、脏、累、险的行业特征依然存在，身体的劳累和精神的压力带来的心理问题不容忽视。如何引进现代企业管理制度，增加人文关怀力度，建设安全和谐的矿区是煤炭行业管理者所面临的问题。全面推进管理的精细化和标准化，重视职工诉求的多元化，给予更多的人文关怀与心理抚慰，提高管理的科学性与精准性，是煤矿管理者要认真做好的事情。

（四）煤矿企业实现高质量发展必须解决好几对矛盾关系

1. 保护国家财产与保护人民生命安全的关系

习近平总书记多次强调："江山就是人民、人民就是江山，打江山、守江山，守的是人民的心""人民至上、生命至上，保护人民生命安全和身体健康可以不惜一切代价"。当国家财产与人民生命安全发生矛盾时，必须遵守保护人民生命安全为第一位，保护人民生命安全和身体健康可以不惜一切代价。

2. 生产与安全的关系

安全为了生产，生产必须安全。我们说安全第一，不是不要生产，而是要统筹好生产与安全的关系。"先安全，后生产"，就是先考虑安全、先保证安全、先确认安全，在安全的前提下搞好生产与发展。

3. 发展经济与环境保护的关系

党的十八大以来，党中央大力加强生态文明建设，坚决打好污染防治攻坚战，使生态环境质量出现了全局性、历史性、转折性的变化，发展经济与保护环境成为"两手硬"的战略。煤矿企业在认识和处理经济发展与环境保护的关系上，应做好三件事：一是淘汰落后产能，关闭资源回收率低、破坏生态严重和污染严重的小煤矿；二是持续改善矿区环境，建设绿色矿山，保持矿井水、生活污水的达标排放；三是加强矿区生态环境综合治理，重视土地复垦利用，形成与生产同步的生态恢复机制。

4. 矿井闭坑与生态修复的关系

闭坑矿山是一切生产活动停止的废弃矿山，对其进行生态修复是一个综合性系统治理工程。这种修复必须坚持因地制宜、"一矿一策"的原则。一是对各种安全隐患，如陡坡、落石、危岩、滑坡、地裂缝等进行预先治理，在此基础上再进行植被和生态恢复，使其与周边生态环境相协调一致。二是在有条件、有需求和可行的情况下，尽量能进行生态环境重建，开发建设一个新的环境，形成新的产业。如矿山公园、生态园区、康养中心、深坑酒店等。

5. 双碳目标与经济发展能源支持的矛盾

2020 年 9 月，我国明确提出 2030 年"碳达峰"与 2060 年"碳中和"的"双碳"目标。实现"双碳"目标需要在经济社会发展过程中牵住降碳这个"牛鼻子"，倒逼经济结构、能源结构、产业结构转型升级，特别是进行能源革命。

以煤为主的能源资源禀赋，决定了未来相当长一段时间我国经济社会发展仍将离不开煤炭。在"碳达峰""碳中和"过程中，仍需要煤炭发挥基础能源作用，为经济社会发展提供能源兜底保障。"双碳"目标下，风、光等可再生能源发电成为增量电力供应的主要来源。但受气候、天气、光照等不可控的自然条件影响，可再生能源供给能力不确定性大，能源供应和调节能力有限。可再生能源大比例接入电网，给电网的安全稳定运行带来严峻挑战，需要清洁

高效的燃煤发电等灵活性电源作为调峰电源平抑电力波动。

在国际能源博弈和地缘政治冲突不断加剧的背景下，煤炭依然是国家能源安全的“压舱石”，短期内没有资源能替代。“双碳”目标对于煤炭行业既是巨大挑战，也是空前机遇。煤炭行业由自动化向智能化、无人化迈进，由超低排放向零排放迈进。可以预见的是，自2021年到2060年，煤炭在能源消费中的占比将逐步下降，由主体能源转变为基础能源，再由基础能源转变为保障能源，最后转变为支撑能源，也代表着我国煤炭行业将向着绿色智能的方向迈进。

第二节　我国煤矿安全生产形势及对策

一、煤矿安全生产形势、特点及面临的挑战

（一）我国煤矿安全生产形势

1. 全国煤矿安全生产形势持续稳定好转

如前文所述，近十年来我国煤矿安全工作成效显著，实现了煤炭产量大幅上升，事故总量、死亡人数、重特大事故、百万吨死亡率大幅下降。全国煤炭产量由2012年的36.5亿t增长到2021年的41.3亿t，增幅为13.2%；煤矿事故起数、死亡人数由2012年的779起、1 384人减至2021年的91起、178人，下降88.32%和87.14%；重特大事故由2012年的16起减至2021年的2起，下降87.5%。煤矿安全生产形势持续稳定好转。

2. 煤矿安全生产形势依然严峻复杂，存在很大的不确定性

2020年下半年以来，煤炭形势面临着产品价格持续高位、复工复产相对集中、重大灾害日趋严重、采掘接续紧张等带来的风险和挑战。一是煤矿企业生产力发展不均衡，技术和安全保障水平比较低，制约着安全生产；二是煤矿安全生产基础比较薄弱，抵御事故灾害的能力不足，发生事故的风险依然存在；三是高瓦斯矿井多，瓦斯灾害严重，发生瓦斯事故的风险增加；四是煤矿职工队伍素质较低，安全管理难度加大；五是在当前煤炭市场好转、煤价上扬的情况下，一些煤矿企业重生产、轻安全，不顾安全条件突击生产、盲目超产现象有所抬头。

（二）新形势下我国煤矿安全生产的特点

1. 近年来煤矿安全形势呈现的新特点

(1) 尽管煤矿安全生产工作成效明显，但煤矿安全生产形势依然严峻复杂。

(2) 煤矿安全生产工作仍然存在蓄意违法违规行为屡禁不止、安全风险意识不强、“一通三防”工作基础薄弱、落后产能淘汰退出不坚决、安全责任和制度措施落实不到位、监管监察执法“宽松软”等六个方面的问题。

(3) 煤矿安全生产面临着新的风险和挑战。一是经济下行、安全投入不足带来的风险；二是采深增大、灾害难防难治带来的风险；三是地方监管弱化、安全监察力量不平衡带来的风险；四是招工难、人员素质不高带来的风险；五是新材料、新技术、新工艺、新装备性能不稳定带来的风险。

2. 近年来典型事故和事故统计分析以及事故发生规律表明的新特点

(1) 瓦斯爆炸事故常发生在低瓦斯矿、高瓦斯矿的低瓦斯区域等大家容易忽视的地方。

(2) 突发事件应对不力导致重特大事故发生或扩大。

(3) 重特大事故显现火灾、突出、爆炸及顶板灾害转化特征。

(4) 采空区引起瓦斯、煤尘爆炸等事故占比增加。

(5) 一般事故中运输事故占比增加,引发煤尘爆炸的重大风险增加。

(三) 新形势下我国煤矿安全生产面临的问题与挑战

1. 生产力发展不均衡、基础薄弱、灾害严重、责任不落实、职工素质不高的矛盾依然突出

一是生产力发展不均衡,小煤矿技术和安全保障水平比较低。我国目前既有达到或接近世界先进水平的现代化大煤矿,也有各方面条件比较差的中小型矿井。经过这些年的整顿,小煤矿的技术面貌虽然有所改善,但差距仍然很大。2022 年小煤矿产量约占全国总产量的 37%,事故死亡人数占比则高达 76%。

二是煤矿安全生产基础比较薄弱,抵御事故灾害的能力不足。经过几十年的开发生产,许多国有重点煤矿相继进入衰老报废高峰期。加上前些年煤炭市场低迷,企业经济困难,安全欠账普遍较多。目前全国约有三分之一的国有煤矿存在不同程度的采掘失调和水平接续紧张问题,主要生产设备老化、超期服役的隐患也较为严重。

三是高瓦斯矿井多,瓦斯灾害严重。与各主要产煤国家相比,我国的煤炭赋存条件较差,主要依靠井工开采,高瓦斯矿井多。一般情况下,采深每增加 100 m,温度升高 3 ℃,且煤层压力增大,煤与瓦斯突出的危险性增高。在煤与瓦斯突出的机理、预测监控等方面,存在许多问题需要深入研究和探索。

四是一些煤矿企业安全生产主体责任不落实,重大风险管控不到位,重大隐患排查治理不到位,违法违规导致事故多发。一些煤矿企业在建设或生产过程各类风险交织叠加,存量风险没有消除,新的风险又涌现。

五是煤矿职工队伍素质较低,安全管理难度加大。用工制度改革以来,煤矿职工队伍的构成发生了很大变化,大量农民工、临时工进入煤矿,逐步成为井下一线工作的主力。目前,煤矿违反劳动纪律、违章作业、违规操作现象时有发生,直接威胁着安全生产。

2. 产业与产能的结构性、阶段性矛盾依然存在

新常态环境下,煤炭企业正进入产业结构调整新的历史时期,煤炭产能会出现结构性与阶段性的过剩或紧缺。煤炭企业的产业结构、产业布局、生产力现状,决定着企业盈利能力和发展能力。由于受各种因素的影响,煤炭行业产业结构与产能规模仍存在三大问题:

(1) 产业结构的发展呈现畸形。在长期的发展过程中,煤炭行业一直以一家独大的姿态呈现在其他产业的面前,产煤区域将煤炭作为唯一的产业资源,直接导致整个区域形成了以煤炭资源开发为核心的经济格局。在这些煤炭发展的重点区域里,第一、三产业的发展往往欠佳,结构单一化,其他一些产业结构本身的资源消耗严重,直接导致工业经济的发展过于粗犷,对资源依赖性很高。

(2) 煤炭资源的开采成本较高。在煤炭开采的过程中,容易产生多种环境污染,不仅直接影响周围的生态环境,而且对人们的居住环境也产生影响。同时,伴随着煤矿开采范围的扩大,出现了一些地表裂缝、地面塌陷的状况,导致地下水位持续下降,水污染也在持续加剧。而相应开采所产生的成本消耗也十分严重,不仅涉及基础的人力成本,还包括灾害治理需要的大量物力消耗。

(3) 开发水平相对较低。现如今,许多煤炭企业在开采过程中,由于自身的开采水平仅

仅处于表层，煤炭的分选加工能力不足，因而产品结构单一，导致产业链延伸不足。从当前的现实状况看，大多数煤炭资源覆盖的区域，在煤炭产业的联合发展上并没有下足功夫，循环经济也难以在这样的状况下得到持续有效的发展。

3. 煤矿科技装备水平参差不齐，相对滞后

(1) 整体科技水平不高，创新能力弱。长期以来涉及煤炭行业安全生产的一些共性、关键性和前瞻性科技问题尚未被攻克；煤矿主要灾害的识别能力、监测预警能力、防治与控制能力低；矿井防灾抗灾、事故抢险救灾、安全生产管理、事故鉴定分析水平低；煤矿安全科技贡献率低、自主创新能力弱、大多停留在人工作业阶段，安全生产的科研储备匮乏。

(2) 煤矿安全科技投入严重不足。由于政府机构改革，行业性科技攻关和原煤炭基金随之取消，使得煤矿安全科技的投入明显下降。煤炭企业长期以来低价位运行，负重爬坡，无力对安全科技进行投入。煤矿安全科技投入不足，安全科技投入没有明确的、可靠的资金渠道，严重影响了煤矿安全科技的发展。

(3) 基础理论研究滞后于实践。对煤矿主要灾害的致因机理缺乏深入研究，使得采取的技术措施针对性、可靠性和配套性不强，还不能从根本上杜绝煤矿灾害的发生。随着生产条件的变化，煤矿开采向深部延伸，诸如延期突出、矿震、热害、高地应力等灾害更为严重，对这些新灾害、不断出现的新问题缺乏必要的研究，还不能找到完全有效的治理措施。

(4) 技术与装备落后。目前我国煤矿安全技术与装备落后，难以适应危险源监控、预警、灾害防治和事故应急救援的需求。仍有许多装备存在适应性不强、可靠性差的问题。另外，面对新出现的灾害，缺乏必要的控制灾害的专用装备。煤矿安全的监测仪器仪表也存在着寿命短、精度低、稳定性差，不能实现自动调校的问题，满足不了日益增长的煤矿安全生产的需求。

(5) 科技成果推广转化率低。当前，我国多数煤矿安全生产的科研成果只停留在研发阶段，不能有效地推广应用于煤矿实际生产过程中。由于缺乏内在动力机制、缺乏外在经济载体、社会投资机制不畅等三大“瓶颈”制约，导致煤矿安全科技成果转化率和产业化率极低，安全科技成果不能快速转变为先进生产力。

(6) 企业自主创新能力弱。长期以来，由于煤炭企业技术人才大量流失、科研机构不健全、安全科技投入严重不足、创新服务能力弱、信息渠道不畅通等原因，导致煤矿企业安全科技自主创新能力薄弱。尤其是中小煤矿企业自主创新能力更低，基本上不具备自主创新能力。

4. 绿色开采程度较低

(1) 煤矿企业对于绿色矿山建设的目的不够明确。在我国大力推行绿色矿山建设发展的进程中，仍然有部分煤矿企业对绿色矿山建设的目的不明确，他们不明白为何在开采能源时要进行生态环境的保护，也不明确生态环境保护的具体意义。从而使个别煤矿开发企业对绿色矿山建设项目的配合不够积极主动，只顾得企业自身的实际利润，将生态环境的保护抛至脑后，在矿山的开发过程中，没有建立相应的生态环境保护措施，没有进行资源合理开发利用的设计，也没有有效合理的生态修复保护措施，从而对生态环境造成了严重的破坏，与绿色矿山建设的理念严重不符。

(2) 绿色矿山建设的相关政策仍然不够完善。虽然我国对绿色矿山的建设十分重视，也出台了相关的政策以及制度来约束企业，这些政策在近几年来也取得了相应的成果。然而当前的政策大多数是对绿色矿山建设情况良好的企业进行扶植和奖励，并没有更进一步出台相应绿色矿山考评监管机制，同时也没有随着绿色矿山建设进程提供更具参考意义的

精细化标准，没有给出科学合理的建设参数来作为具体建设指标，使国家政策对矿产资源开采企业缺乏有效的约束。

(3) 绿色矿山建成率低。目前纳入全国绿色矿山名录的 1 254 家矿山，占全国矿山总数的比例仅约为 2.1%，且以大中型矿山为主，但我国小型及以下矿山比例占 80%以上，绿色矿山建设任务依然艰巨。以煤矿为例，目前我国煤炭绿色矿山的创建数量偏少，纳入全国绿色矿山名录的矿山仅占 1.5%，绿色矿山建成比例亟待提高。

二、新形势下，保障煤矿安全生产的主要对策

(一) 树立安全发展理念，建立健全安全生产责任体系

我们的安全生产理念应当体现以人为本、生命至上的思想，体现机械化、自动化、信息化、智能化发展趋势，体现煤矿职工获得感、幸福感、安全感的需求和主人翁地位、体面劳动、尊严生活的要求。煤矿应加强安全生产理念宣贯，使各级管理人员、职工理解、认同并践行本单位安全生产理念，并将安全生产理念贯穿于安全生产决策、管理、执行的全过程，融会到全体职工的具体工作中。

建立和履行安全生产责任制。采取自上而下的方式，建立煤矿矿长(法定代表人、实际控制人)为安全生产第一责任人的安全生产责任制。采取自下而上、全员参与的方式，制定各部门、各岗位的安全生产责任制，建立责任清单，明确责任范围、考核标准并在适当位置进行长期公示，切实让各岗位职工明责、履责、尽责，确保责任无空档。

完善和落实安全生产管理制度。按规定建立健全安全生产投入、安全奖惩、技术管理、安全培训、办公会议、安全检查、事故报告与责任追究制度等安全生产规章制度，并严格贯彻落实。

(二) 推动煤矿安全治理模式向事前预防转型

煤炭开采是高风险行业，只有增强风险意识，辨识风险、控制风险、排除隐患，才能真正确保安全生产。煤矿安全生产管理人员要认真贯彻《安全生产工作意见》等文件，把防范风险摆在突出位置，健全煤矿安全管理体系，将风险管控在成灾前、隐患消除在事故前；实施重大灾害分区管理，开展超前治理；严格设备设施安全管理，提高井下设备安全性、可靠性等。坚持推进安全风险分级管控和隐患排除治理的双重预防体系与安全生产标准化工作，准确把握安全生产的特点和规律，通过实施制度、技术、工程、管理等措施，有针对性地防控各类安全风险。

(三) 把防范重特大事故作为工作的重中之重

煤矿作业面临瓦斯、水、火、煤尘、顶板等灾害威胁，必须聚焦煤矿重大灾害的特点和发生规律，加强煤矿重大灾害的监督与治理工作。在全面梳理重大灾害防治工作的基础上，采取工程、技术、管理、教育等综合措施，加强瓦斯、水害、火灾、冲击地压、顶板等重大灾害防治工作。责任要落实到关键人员、主要安全管理部门和重点环节的监控上，强化源头治理、系统治理、综合治理，夯实安全生产基层基础工作，防范化解重大安全风险。吸取重特大煤矿事故背后的理念偏差、责任落虚、机制不顺、作风不正、队伍不强等教训，坚持自上而下压实责任与自下而上检视问题并重、严肃零星事故调查问责与狠抓整改促治并重、能力建设与作风建设并重原则，结合矿井实际制定问题清单、措施清单和责任清单，确保矿井安全生产。

（四）坚持双重预防与安全生产标准化管理体系"三位一体"

煤炭开采是高风险行业，只有增强风险意识，辨识风险、控制风险、排除隐患，才能真正确保安全生产。坚持安全风险分级管控和隐患排除治理的双重预防体系与安全生产标准化管理体系"三位一体"推进，就是准确把握安全生产的特点和规律，把安全风险管控挺在隐患前面，把隐患排查治理挺在事故前面，坚持关口前移，超前辨识预判岗位、企业、区域安全风险，通过实施制度、技术、工程、管理等措施，有针对性地防控各类安全风险。煤矿企业应定期开展危险源辨识、风险评估、分级管控；大力推进企业安全生产标准化建设，实现安全管理、操作行为、设备设施和作业环境的标准化。

（五）推进实施煤矿安全人才战略

煤矿企业要建立一条安全生产技术防线，出台一系列措施，不断优化人才培养机制，搭建人才培育平台，坚持把人才培养作为创新发展建设绿色矿山、智慧矿山的重要手段，构建各层次的高素质人才梯队，为产业发展提供强有力的人才和技术支撑。要全面加强员工责任意识、安全操作技能以及安全技术知识的教育培训，提升从业人员整体思想素质与安全技能，增强安全意识，杜绝违章作业，提高自我保护能力。

第三节　煤矿安全生产方针与法律法规体系

一、安全生产方针与政策

（一）安全生产方针

"安全第一、预防为主、综合治理"是安全生产管理工作总的指导方针。这一方针反映了党和国家对安全生产规律的认识，是指导企业安全生产工作总的指导思想和行动准则。

1. 安全生产方针的内涵

(1)"安全第一"是强调安全优先，以人为本，把安全放在一切工作的首位。

(2)"预防为主"是指安全工作应当做在生产活动开始之前，并贯彻始终。在事故预防与事故处理的关系上，只有以预防为主，才能防微杜渐、防患于未然，把事故和职业危害消灭在萌芽之中。"预防为主"还意味着依靠技术进步和科学管理，运用系统安全原理和方法，采取有效措施，消除危及人身安全和健康的一切不良因素和行为。

(3)"综合治理"是指综合运用各种手段，包括加强安全生产管理，保证安全生产投入，加强安全生产教育和培训，做好业务保安、科技兴安工作，充分发挥各方面的安全监督作用，来保证安全生产。

2. 如何贯彻落实安全生产方针

安全生产方针的精髓就在于重视人的生命价值，把它置于一切工作的最高地位。

煤矿企业贯彻安全生产方针，要求各级管理人员把安全放在一切工作的首位，正确处理安全与生产、安全与效益、安全与发展的关系；同时，要充分认识到安全工作的长期性、艰巨性和复杂性，有效解决安全生产中的各种问题。需要将安全生产方针贯彻落实到每一位从业人员。

作为安全生产管理人员，首先应认真领会、正确理解这句话相辅相成、辩证统一的关系。安全第一是原则，预防为主是手段，综合治理是方法。安全第一是预防为主、综合治理的统帅和灵魂，没有安全第一的思想，预防为主就失去了思想支撑，综合治理就失去了整治依据。预防为主是实现安全第一的根本途径。其次，提高对安全生产方针的认识，始终坚持“四并重”“三不生产”等原则，采用科学有效的管理手段，把安全生产的重点放在建立事故预防体系上，超前采取综合治理的措施，以实现人、机、物、环境的统一，实现本质安全。

（二）新形势下我国安全生产政策

新形势下我国的安全生产政策，集中体现在《安全生产法》里面。

《安全生产法》规定：安全生产工作坚持中国共产党的领导。安全生产工作应当以人为本，坚持人民至上、生命至上，把保护人民生命安全摆在首位，树牢安全发展理念，坚持安全第一、预防为主、综合治理的方针，从源头上防范化解重大安全风险。

为贯彻落实习近平总书记关于安全生产重要论述，特别是“从根本上消除事故隐患”的重要指示精神，党中央、国务院发文要求，各部委各地区都下发实施意见，在安全生产领域推行了双重预防体系建设，开展了安全生产专项整治三年行动计划。

构建安全生产风险分级管控与事故隐患排查治理双重预防体系（以下简称双重预防体系），是党中央、国务院加强和改进新时期安全生产工作的重要部署，是新形势下推动安全生产领域改革创新的重大举措，是落实企业主体责任、提升本质安全水平的治本之策。

2020 年 4 月，国务院安委会印发了《全国安全生产专项整治三年行动计划》，包括总方案和 2 个专题实施方案、9 个专项整治实施方案（其中附件 4 为煤矿安全专项整治三年行动实施方案），聚焦风险高隐患多、事故易发多发的煤矿、非煤矿山、危险化学品、消防、道路运输、民航铁路等交通运输、工业园区、城市建设、危险废物等 9 个行业领域。到 2022 年年底，力争消除一批重大隐患、形成一批制度成果，建立健全公共安全隐患排查和安全预防控制体系，推进安全生产治理体系和治理能力现代化，实现事故总量和较大事故持续下降，重特大事故得到有效遏制，安全生产整体水平明显提高。

二、煤矿安全生产标准化管理体系

为进一步加强煤矿安全基础建设，原国家煤矿安全监察局组织制定了《煤矿安全生产标准化管理体系考核定级办法（试行）》和《煤矿安全生产标准化管理体系基本要求及评分方法（试行）》（煤安监行管〔2020〕16 号），要求煤矿企业按照新标准化管理体系开展达标创建，进一步深入推进煤矿安全生产标准化管理体系建设深入开展。

（一）《煤矿安全生产标准化管理体系考核定级办法（试行）》相关内容

（1）《煤矿安全生产标准化管理体系考核定级办法（试行）》规定，煤矿安全生产标准化管理体系等级分为一级、二级、三级 3 个等级，所应达到的要求为：

一级：煤矿安全生产标准化管理体系考核加权得分及各部分得分均不低于 90 分。

二级：煤矿安全生产标准化管理体系考核加权得分及各部分得分均不低于 80 分。

三级：煤矿安全生产标准化管理体系考核加权得分及各部分得分均不低于 70 分。

（2）煤矿安全生产标准化管理体系等级实行分级考核定级。

申报一级的煤矿由省级煤矿安全生产标准化工作主管部门组织初审，国家矿山安全监察局组织考核定级。申报二级、三级的煤矿的初审和考核定级部门由省级煤矿安全生产标准化工作主管部门确定。

(3) 煤矿安全生产标准化管理体系考核定级按照企业自评申报、初审、考核、公示、公告的程序进行。煤矿安全生产标准化管理体系考核定级部门原则上应在收到煤矿企业申请后的60个工作日内完成考核定级。煤矿企业和各级煤矿安全生产标准化工作主管部门，应通过国家矿山安全监察局“煤矿安全生产标准化管理体系信息管理系统”完成申报、初审、考核、公示、公告等各环节工作。未按照规定的程序和信息化方式开展考核定级等工作的，不予公告确认。

(二)《煤矿安全生产标准化管理体系基本要求及评分方法(试行)》相关内容

《煤矿安全生产标准化管理体系基本要求及评分方法(试行)》细化了考核定级办法，规定了安全生产标准化管理体系达标的煤矿应具备8个“基本条件”和7个“基本原则”，规定了包括理念目标和矿长安全承诺、组织机构、安全生产责任制及安全管理制度、从业人员素质、安全风险分级管控、事故隐患排查治理、质量控制、持续改进等8个要素。

三、煤矿安全生产法律法规体系

中华人民共和国成立以来特别是改革开放以来，国家的立法工作发展较快，煤矿安全法律法规体系已经形成。主要有四个部分，一是全国人民代表大会及其常务委员会颁布的关于安全生产的法律；二是国务院颁布的关于安全生产的行政法规；三是省、自治区、直辖市人民代表大会及其常务委员会颁布的关于安全生产的地方性法规；四是国务院有关部委、省级人民政府颁布的关于安全生产的行政规章和地方性规章。除法律法规体系外，还有一些标准和规范性文件等。与煤矿安全生产相关的法律法规及标准见表1-1。

表1-1　煤矿安全生产相关法律法规及标准

序号	名称		制定机关	主要法律法规及标准
1	法律		全国人民代表大会及其常务委员会	《刑法》《安全生产法》《矿山安全法》《矿产资源法》《煤炭法》《职业病防治法》《劳动法》《劳动合同法》等
2	法规	行政法规	国务院	《煤矿安全监察条例》《安全生产许可证条例》《工伤保险条例》《矿山安全法实施条例》《国务院关于特大安全事故行政责任追究的规定》《国务院关于预防煤矿生产安全事故的特别规定》《生产安全事故报告和调查处理条例》《企业职工伤亡事故报告和处理规定》等
		地方性法规	地方人民代表大会及其常务委员会	《××省安全生产条例》《××省矿产资源实施办法》等
3	规章	行政规章	国务院所属部委	《煤矿安全规程》《煤矿救护规程》《爆破安全规程》《安全生产事故隐患排查治理暂行规定》《生产经营单位安全培训规定》《煤矿安全培训规定》《特种作业人员安全技术培训考核管理规定》《煤矿企业安全生产许可证实施办法》《煤矿安全生产基本条件规定》《安全生产违法行为行政处罚办法》等
		地方性规章	地方政府所属部门	《××省煤矿水害防治工作若干规定》《××省煤炭经营监督管理实施细则》等

表 1-1(续)

序号	名称		制定机关	主要法律法规及标准
4	标准	国家标准(GB)	国务院标准化行政主管部门	《安全色》(GB 2893)、《安全标志及其使用导则》(GB 2894)、《矿山安全标志》(GB/T 14161)等
		行业标准(AQ、MT 等)	国务院有关行政主管部门	《矿井瓦斯等级鉴定规范》(AQ 1025)、《煤矿井工开采通风技术条件》(AQ 1028)、《煤矿井下安全标志》(AQ 1017)等
5	规范性文件			《关于加强煤矿班组安全生产建设的指导意见》《关于加强国有重点煤矿安全基础管理的指导意见》等

第四节 煤矿安全生产主要法律

一、《安全生产法》

现行《安全生产法》是 2002 年制定的，2009 年和 2014 年进行过两次修订，根据 2021 年 6 月 10 日第十三届全国人民代表大会常务委员会第二十九次会议通过的《关于修改〈中华人民共和国安全生产法〉的决定》进行了第三次修订，自 2021 年 9 月 1 日起施行。

(一) 主要内容

新修订的《安全生产法》总计 7 章 119 条，包括总则、生产经营单位的安全生产保障、从业人员的安全生产权利义务、安全生产的监督管理、生产安全事故的应急救援与调查处理、法律责任、附则等。

(二) 修订要点

这次修订新增加了 5 条，修改了 55 条，主要包括以下几个方面的内容：

一是贯彻新思想、新理念。将习近平总书记关于安全生产工作的一系列重要指示批示的精神转化为法律规定，增加了安全生产工作坚持人民至上、生命至上，树牢安全发展理念，从源头上防范化解重大安全风险等规定，为统筹发展和安全两件大事提供了坚强的法治保障。

二是落实中央决策部署。这次修订深入贯彻中央文件的精神，增加了重大事故隐患排查治理情况的报告、高危行业领域强制实施安全生产责任保险、安全生产公益诉讼等重要制度。

三是健全安全生产责任体系。第一，强化党委和政府的领导责任。这次修订明确了安全生产工作坚持党的领导，要求各级人民政府加强安全生产基础设施建设和安全生产监管能力建设，所需经费列入本级预算。第二，明确了各有关部门的监管职责。规定安全生产工作实行“管行业必须管安全、管业务必须管安全、管生产经营必须管安全”。同时，对新兴行业、领域的安全生产监管职责如果不太明确，规定了由县级以上地方人民政府按照业务相近的原则确定监管部门。第三，压实生产经营单位的主体责任，明确了生产经营单位的主要负责人是本单位的安全生产第一责任人。同时，要求各类生产经营单位落实全员安全生产责任制、安全风险分级管控和隐患排查治理双重预防机制，加强安全生产标准化建设，切实提高安全生产水平。

四是强化新问题、新风险的防范应对。深刻汲取近年来的事故教训，对生产安全事故中暴露的新问题作了针对性规定。比如，要求矿山等高危行业施工单位加强安全管理，不得非法转让施工的资质，不得违法分包、转包；又比如，要求承担安全评价的一些机构实施报告公开制度，不得租借资质、挂靠、出具虚假报告。同时，对于新业态、新模式产生的新风险，也强调了应当建立健全并落实安全责任制，加强从业人员的教育和培训，履行法定的安全生产义务。

五是加大对违法行为的惩处力度。第一，罚款金额更高。现在对特别重大事故的罚款最高可以达到 1 亿元。第二，处罚方式更严，违法行为一经发现，即责令整改并处罚款，拒不整改的，责令停产停业整改整顿，并且可以按日连续计罚。第三，惩戒力度更大。采取联合惩戒方式，最严重的要进行行业或者职业禁入等联合惩戒措施。通过"利剑高悬"，有效打击震慑违法企业，保障守法企业的合法权益。

(三) 学习贯彻要点

修订后的《安全生产法》，具有很强的指导性和可操作性。

各类生产经营单位主要负责人和安全生产管理人员要带头学法，强化安全生产法律法规的宣传，广泛开展学习教育和宣传普及活动，对照新《安全生产法》修订完善各项安全生产管理制度，建立健全全员安全生产责任制，规范安全生产行为。

煤矿企业的主要负责人和安全生产管理人员要组织好本单位安全生产法律法规的学习、贯彻与培训，提高员工的整体素质，在企业内部形成学法、懂法、守法、用法的浓厚氛围，加大对安全生产资金、物资、技术、人员的投入保障力度，构建安全风险分级管控和隐患排查治理双重预防机制，加强安全生产标准化建设，从根本上消除隐患，确保安全生产。

二、《煤炭法》

1996 年 8 月 29 日，第八届全国人民代表大会常务委员会第二十一次会议审议通过《煤炭法》，分别于 2009 年、2011 年、2013 年、2016 年进行了修订，自 2016 年 11 月 7 日起施行。该法为煤炭生产、经营活动确立了基本规范。

(一) 主要内容

新修订的《煤炭法》全文包括总则、煤炭生产开发规划与煤矿建设、煤炭生产与煤矿安全、煤炭经营、煤矿矿区保护、监督检查、法律责任、附则共 8 章 67 条。

(二) 修订要点

2013 年修订的《煤炭法》，条文从 81 条减为 69 条，取消了有关煤炭生产许可证和煤炭经营许可证的所有条款。2016 年修订的《煤炭法》，取消了有关煤矿开办条件和开办煤矿需经煤炭管理部门审批的规定，条文进一步减少为 67 条。这是充分发挥市场配置资源的决定性作用，坚持深化"放管服"改革，切实转变政府职能，尊重煤炭行业发展规律，提高法律制度的科学性和合理性，维护各类市场主体和煤矿职工合法权益的具体体现。

(三) 学习贯彻要点

《煤炭法》是我国煤炭行业发展走上规范化、法制化轨道的一个重要里程碑，该法实施以来，对完善我国煤炭法律法规体系，合理开发利用和保护煤炭资源，规范煤炭生产、经营活动，促进和保障煤炭行业的发展发挥了重要和积极的作用。煤矿安全生产管理人员要熟知《煤炭法》各项条款内容，依法办事。

三、《劳动法》

现行《劳动法》于 1994 年制定，并于 2009 年第一次修订，根据 2018 年 12 月 29 日第十三届全国人民代表大会常务委员会第七次会议《关于修改〈中华人民共和国劳动法〉等七部法律的决定》第二次修订，自 2018 年 12 月 29 日起施行。

（一）主要内容

《劳动法》全文包括总则、就业促进、劳动合同和集体合同、工作时间和休息时间、工资、劳动安全卫生、女职工和未成年工特殊保护、职业培训、社会保险和福利、劳动争议、监督检查、法律责任、附则等，共 13 章 107 条。

（二）修订要点

2018 年新修订的《劳动法》加大了对劳动者权益的保护，依据法律，员工可以一次性领取年金；对于不给员工缴纳社会保险的，加大惩罚力度；对于迟到早退，应当按照实际缺席时间扣除；明确规定了带薪年假；员工离职，如果是单位解除劳动合同，必须给予相应的补偿。

《劳动法》是保护劳动者权益的法律，2018 年新修订的法律条款更加侧重于维护劳动者权益的具体情形。

（三）学习贯彻要点

《劳动法》是保护劳动者权益的法律，煤矿企业要广泛开展学习教育和宣传普及活动，营造学习《劳动法》、懂得《劳动法》、用好《劳动法》的浓厚氛围。煤矿安全生产管理人员要带头学习，依法管理，提高员工的整体素质，增强劳动者权益维护意识。

四、《矿山安全法》

《矿山安全法》于 1992 年 11 月 7 日由中华人民共和国第七届全国人民代表大会常务委员会第二十八次会议通过，根据 2009 年 8 月 27 日中华人民共和国主席令第 18 号《全国人民代表大会常务委员会关于修改部分法律的决定》修订，自公布之日起施行。

（一）主要内容

《矿山安全法》全文包括总则、矿山建设的安全保障、矿山开采的安全保障、矿山企业的安全管理、矿山安全的监督和管理、矿山事故处理、法律责任、附则等，共 8 章 50 条。

（二）修订要点

一是加大监察力度，加重“逾期不改正”等违法行为的处罚力度；二是与《刑法》有效衔接，解决法律的适应性问题。

（三）学习贯彻要点

《矿山安全法》是矿山劳动安全的法律，矿山企业要把学习、宣传、贯彻、落实《矿山安全法》作为一项重要工作来抓，使《矿山安全法》深入人心。

五、《矿产资源法》

1986年3月19日,第六届全国人民代表大会常务委员会第十五次会议通过了《矿产资源法》,并于1996年第一次修订。根据2009年8月27日第十一届全国人民代表大会常务委员会第十次会议《关于修改部分法律的决定》第二次修订,自公布之日起施行。

(一)主要内容

《矿产资源法》全文包括总则、矿产资源勘查的登记和开采的审批、矿产资源的勘查、矿产资源的开采、集体矿山企业和个体采矿、法律责任、附则等,共7章53条。

(二)安全生产有关的规定

矿产资源属于国家所有,由国务院行使国家对矿产资源的所有权。地表或者地下的矿产资源的国家所有权,不因其所依附的土地的所有权或者使用权的不同而改变。

国家保障矿产资源的合理开发利用。禁止任何组织或者个人用任何手段侵占或者破坏矿产资源。各级人民政府必须加强矿产资源的保护工作。

勘查、开采矿产资源,必须依法分别申请、经批准取得探矿权、采矿权,并办理登记;但是,已经依法申请取得采矿权的矿山企业在划定的矿区范围内为本企业的生产而进行的勘查除外。国家保护探矿权和采矿权不受侵犯,保障矿区和勘查作业区的生产秩序、工作秩序不受影响和破坏。从事矿产资源勘查和开采的,必须符合规定的资质条件。

国家保障依法设立的矿山企业开采矿产资源的合法权益。国有矿山企业是开采矿产资源的主体。国家保障国有矿业经济的巩固和发展。

国家实行探矿权、采矿权有偿取得的制度。

国家对国家规划矿区、对国民经济具有重要价值的矿区和国家规定实行保护性开采的特定矿种,实行有计划的开采;未经国务院有关主管部门批准,任何单位和个人不得开采。

非经国务院授权的有关主管部门同意,不得在规定的不允许开采的地区开采矿产资源。

(三)学习贯彻要点

煤矿安全生产管理人员要认真学习《矿产资源法》的有关规定,领会其精神实质,依法开采矿产资源。用法律来约束自己,不参与私挖滥采,不越层越界开采,主动接受职工群众的监督。煤矿企业要利用广播、电视台、报纸等新闻媒体,播发矿产资源法律法规及地质灾害防治知识,维护矿井安全生产局面。

六、《职业病防治法》

《职业病防治法》于2001年10月27日由第九届全国人民代表大会常务委员会第二十四次会议通过,分别于2011年、2016年、2017年、2018年做了四次修订。这是我国颁布的第一部为预防、控制和消除职业病危害、防治职业病、保护劳动者健康及相关权益而制定的专业技术性法律规范,是防治职业病、维护劳动者健康权益的重要法律依据。

(一)主要内容

《职业病防治法》进一步明确了用人单位在职业病预防和保护劳动者健康方面的法定责任,并对职业病患者在医疗和生活保障方面的权利以及违法者应承担的法律责任做了明确的规定。最新的《职业病防治法》全文包括总则、前期预防、劳动过程中的防护与管理、职业病诊断与职业病病人保障、监督检查、法律责任、附则等，共7章88条。

（二）学习贯彻要点

为了宣传贯彻《职业病防治法》，我国将每年4月的最后一周至5月1日国际劳动节（4月25日至5月1日）定为全国《职业病防治法》宣传周。煤矿安全生产管理人员要结合本单位职业卫生基础建设、创建健康企业等工作，加强学习，并利用宣传栏、标语横幅、内部网站、手机短信等开展宣传工作。同时要注意普及职业病防治知识，建立健全职业病防治规章制度，开展职业健康体检、劳动防护用品配备使用、工伤保险，完善职业健康档案等工作。

七、《刑法修正案（十一）》

2020年12月26日，第十三届全国人民代表大会常务委员会第二十四次会议通过《中华人民共和国刑法修正案（十一）》，进一步明确规定了有关安全生产的犯罪行为，加大了对事故隐患责任人员的刑事处罚力度，体现了国家惩治安全生产领域违法犯罪的坚定决心。该法自2021年3月1日起施行。

（一）修订要点

(1) 针对强令违章冒险作业，关闭生产安全设备设施和数据信息，拒不整改重大事故隐患，未经审批擅自开展高危生产作业活动，以及提供虚假证明文件等涉及生产安全的突出问题，对《刑法》做出修订完善。

(2)"危险作业罪"入刑，是我国首次对安全生产领域未发生重大伤亡事故或未造成严重后果，但有现实危险的违法行为追究刑事责任，充分展示了打击安全生产事前犯罪、防范化解重大安全风险的决心，对安全生产领域重大违法行为带来极大法律震慑力，有效督促生产经营单位自觉遵守安全生产法律法规，增强法治敬畏意识，防范化解重大安全风险，遏制重特大事故发生。

(3)《刑法》第134条规定，在生产、作业中违反有关安全管理的规定，因而发生重大伤亡事故或者造成其他严重后果的，处三年以下有期徒刑或者拘役；情节特别恶劣的，处三年以上七年以下有期徒刑。强令他人违章冒险作业，或者明知存在重大事故隐患而不排除，仍冒险组织作业，因而发生重大伤亡事故或者造成其他严重后果的，处五年以下有期徒刑或者拘役；情节特别恶劣的，处五年以上有期徒刑。

在生产、作业中违反有关安全管理的规定，有下列情形之一，具有发生重大伤亡事故或者其他严重后果的现实危险的，处一年以下有期徒刑、拘役或者管制：

① 关闭、破坏直接关系生产安全的监控、报警、防护、救生设备、设施，或者篡改、隐瞒、销毁其相关数据、信息的；

② 因存在重大事故隐患被依法责令停产停业、停止施工、停止使用有关设备、设施、场所或者立即采取排除危险的整改措施，而拒不执行的；

③ 涉及安全生产的事项未经依法批准或者许可，擅自从事矿山开采、金属冶炼、建筑施工，以及危险物品生产、经营、储存等高度危险的生产作业活动的。

(4)《刑法》第135条规定，安全生产设施或者安全生产条件不符合国家规定，因而发生重大伤亡事故或者造成其他严重后果的，对直接负责的主管人员和其他直接责任人员，处三年以下有期徒刑或者拘役；情节特别恶劣的，处三年以上七年以下有期徒刑。

(5)《刑法》第 139 条规定,在安全事故发生后,负有报告职责的人员不报或者谎报事故情况,贻误事故抢救,情节严重的,处三年以下有期徒刑或者拘役;情节特别严重的,处三年以上七年以下有期徒刑。

(二) 学习贯彻要点

作为安全生产管理人员,一要充分认清《刑法修正案(十一)》安全生产相关内容修订的重要意义,高度重视学习、宣传、贯彻工作,开展全方位宣传告知。二要突出学习重点,逐字逐句认真研读法律原文,明确各个安全生产违法行为的法律构成要件和刑事处罚。三要切实增强学习、宣传、贯彻的自觉性和责任感,精心制定学习方案,明确学习目标、学习方式、学习时间安排和考核办法,加强检查督促,确保从业人员知法、遵法、守法。

第五节 煤矿安全生产主要行政法规及规章

一、《煤矿安全监察条例》

《煤矿安全监察条例》(以下简称《条例》)于 2000 年 11 月 7 日以国务院令第 296 号颁布,自 2000 年 12 月 1 日起施行。根据 2013 年 7 月 18 日国务院令第 638 号《国务院关于废止和修改部分行政法规的决定》,将《煤矿安全监察条例》第三十七条、第四十三条中的"煤炭生产许可证"修改为"安全生产许可证"。删去第四十七条中的"煤炭生产许可证"等内容。

(一) 主要内容

煤矿安全监察机构对煤矿执行《煤炭法》《矿山安全法》和其他有关煤矿安全的法律法规以及国家安全标准、行业安全标准、《煤矿安全规程》和行业技术规范的情况实施监察。

《条例》确立的法律制度主要有煤矿安全监察员管理制度、煤矿建设工程安全设计审查和验收制度、煤矿安全生产监督检查制度、煤矿事故报告与调查处理制度、煤矿安全监察信息与档案管理制度、煤矿安全监察监督约束制度、煤矿安全监察行政处罚制度等。

(二) 学习贯彻要点

《条例》的颁布,填补了我国煤矿安全监察立法的空白,标志着煤矿安全监察工作进入法制化轨道。作为煤矿安全生产管理人员,一要学习《条例》,了解《条例》,做到学法、懂法、守法、用法,增强法律意识,为安全生产打下坚实基础。二要对照《条例》,规范安全生产行为,健全安全管理制度,保护职工人身安全和健康,接受各级煤矿安全监察机构、煤炭管理部门的监察与监督。

二、《煤矿安全规程》

我国自 1951 年 9 月颁布第一部《煤矿安全规程》(以下简称《规程》)以来,从制订到修订共经历 9 个版本。目前在用的《规程》自 2001 年 11 月 1 日施行,《规程》在 2001 版的基础上,又经历了 2004、2006、2009、2010、2011、2016 年 6 次局部修订。为了进一步预防和遏制煤矿生产安全事故,提升煤矿本质安全水平,2022 年 1 月 6 日应急管理部部长黄明签署了《应急管理部关于修改〈煤矿安全规程〉的决定》(中华人民共和国应急管理部令第 8 号),对 2016 版《规程》(国家安全生产监督管理总局令第 87 号)部分条款予以修改,即第 7 次局部修订，修改后的《规程》自 2022 年 4 月 1 日起施行。

（一）主要内容

新修订的《煤矿安全规程》总计 6 编 721 条，包括总则、地质保障、井工煤矿、露天煤矿、职业病危害防治、应急救援、附则、附录等。

（二）修订要点

本次对 2016 版《规程》修订共 18 条，集中在“第一编总则”和“第三编井工煤矿”部分，其中设备查验 1 条、智能化 1 条、开采 3 条、突出防治 2 条、除降尘装置 1 条、冲击地压防治 6 条、火灾防治 2 条、水灾防治 1 条、井下爆破安全 1 条。其中涉及的重要条款包括：

(1) 设备查验。涉及第 4 条。

(2) 智能化。涉及第 10 条。为认真贯彻执行《关于加快煤矿智能化发展的指导意见》（发改能源〔2020〕283 号），增加推广自动化、智能化开采要求。

(3) 矿井同时生产的采掘工作面个数。涉及第 95 条。

(4) 突出煤层消突后的放顶煤开采。涉及第 115 条，包括高瓦斯、突出矿井的容易自燃煤层采取综合防灭火措施与放顶煤开采过程中防治水的要求。

(5) 除降尘装置。涉及第 119 条。

(6) 开采深度。主要涉及第 190 条突出矿井开采深度。

(7) 突出防治。主要涉及第 194 条、第 209 条。《防治煤与瓦斯突出细则》在区域和局部防突工作等方面增加了诸多新要求，为保持《规程》与《防治煤与瓦斯突出细则》的有序衔接，在第 194 条增加了防突机构、队伍、安全管理和质量管控的相关要求；在第 209 条对顺层钻孔或者穿层钻孔预抽回采区域煤层瓦斯的区域防突措施钻孔控制区域范围和距离提出了要求。

(8) 冲击地压防治。主要涉及第 228 条、第 230 条、第 231 条、第 236 条、第 241 条、第 244 条。

(9) 防灭火。主要涉及第 250 条、第 274 条。

(10) 水害防治。主要涉及第 303 条顶板离层水威胁工作面防治措施。

(11) 爆破安全。主要涉及第 367 条。

（三）学习贯彻要点

一要充分认识贯彻落实《规程》的重大意义。《规程》在煤炭行业具有很高的权威性，在煤矿安全生产领域居于主体规章地位，是安全生产法律法规和中央决策部署的具体体现，是安全监管监察执法的重要依据，是规范煤矿安全管理行为的重要准绳。各企业矿长（总经理）、总工程师等要带头组织《规程》的宣传、学习与贯彻工作。

二要加强新《规程》宣贯培训力度。结合本单位实际，制定方案，增强宣传贯彻针对性。要深入学习领会，做到学以致用，把《规程》落实执行到生产作业现场，实现安全生产。

三要把握《规程》修订的重大变化，并结合实际，开展对标检查，将新《规程》条款与老《规程》条文分解对照，梳理新旧版本的内容差异，逐条研究修改情况，确保知晓掌握规程内容。同时，要完善相关制度、装备，对照新《规程》要求，开展自查自纠，进一步完善本企业安全管理规章制度。

三、《煤矿安全生产条例》

2024 年 2 月 2 日发布的第 774 号国务院令，公布了经 2023 年 12 月 18 日国务院第 21 次常务会议通过的《煤矿安全生产条例》，该条例自 2024 年 5 月 1 日起施行。

（一）总体思路

一是贯彻落实习近平总书记关于安全生产工作的重要指示批示精神和党中央、国务院有关决策部署。二是坚持预防为主，严格落实安全风险分级管控、隐患排查治理等措施。三是压实各方责任，进一步完善国家监察、地方监管、企业负责的体制。

（二）主要内容

《煤矿安全生产条例》共 6 章 76 条，主要规定以下内容：

一是坚持党的领导，确立工作原则。明确煤矿安全生产工作坚持中国共产党的领导，坚持人民至上、生命至上，坚持安全第一、预防为主、综合治理的方针。

二是强化源头治理，严查风险隐患。要求煤矿企业对风险隐患进行自查自改并按规定报告。监管部门要建立健全督办制度，督促煤矿企业消除重大事故隐患。对“带病生产”的煤矿企业，依法采取责令停产整顿直至关闭的处罚措施。

三是夯实煤矿企业主体责任。严格准入条件，明确煤矿企业取得安全生产许可证后方可进行生产；落实煤矿企业全员安全生产责任制；要求煤矿企业进行煤矿灾害鉴定并按照灾害程度和类型实施灾害治理。

四是严格落实监管监察责任。规定煤矿安全生产实行地方党政领导干部安全生产责任制。明确监管部门和监管职责，要求县级以上地方人民政府负有煤矿安全生产监督管理职责的部门，依法对煤矿企业特别是一线生产作业场所进行监督检查。矿山安全监察机构履行煤矿安全监察职责，负责对地方政府煤矿安全生产监管工作进行监督检查，有权进入煤矿现场并采取相应处置措施。

五是加大惩处力度。对煤矿安全生产违法行为，规定了罚款、行业和职业禁入、责令停产整顿、予以关闭等法律责任。

其中第十九条规定，煤矿企业应当设置安全生产管理机构并配备专职安全生产管理人员。安全生产管理机构和安全生产管理人员负有下列安全生产职责：

(1) 组织或者参与拟订安全生产规章制度、作业规程、操作规程和生产安全事故应急救援预案；

(2) 组织或者参与安全生产教育和培训，如实记录安全生产教育和培训情况；

(3) 组织开展安全生产法律法规宣传教育；

(4) 组织开展安全风险辨识评估，督促落实重大安全风险管控措施；

(5) 制止和纠正违章指挥、强令冒险作业、违反规程的行为，发现威胁安全的紧急情况时，有权要求立即停止危险区域内的作业，撤出作业人员；

(6) 检查安全生产状况，及时排查事故隐患，对事故隐患排查治理情况进行统计分析，提出改进安全生产管理的建议；

(7) 组织或者参与应急救援演练；

(8) 督促落实安全生产整改措施。

（三）贯彻落实要点

《煤矿安全生产条例》主要从三个方面夯实煤矿企业主体责任。一是严格准入条件。煤矿建设项目应当进行安全设施设计，安全设施经验收合格后，煤矿企业还应取得安全生产许可证，方可进行生产。二是落实企业全员安全生产责任制。明确煤矿企业主要负责人（含实际控制人）、安全生产管理机构和人员、从业人员的全员安全生产责任。三是加强煤矿灾害治理。要求煤矿企业进行煤矿灾害鉴定并按照灾害程度和类型进行治理。

《煤矿安全生产条例》通过构筑以责任制、风险管理、分类治理等为主干的制度体系，明确行为规范，加强制度供给，解决突出问题。作为煤矿安全生产管理人员，一要大力营造氛围，在分管范围内组织宣传贯彻落实该条例相关规定。二要认真研读该条例，对照条例内容，从完善机制、装备等方面组织自查自改，逐项完善配套措施。

四、《国务院关于预防煤矿生产安全事故的特别规定》

《国务院关于预防煤矿生产安全事故的特别规定》（以下简称《特别规定》）于 2005 年 9 月 3 日由国务院令第 446 号公布，自公布之日起施行，共 28 条。

（一）核心内容

一是构建了预防煤矿生产安全的责任体系；二是明确煤矿预防工作的程序和步骤；三是提出了预防煤矿事故的一系列制度保障。

（二）明确规定的煤矿十五项重大隐患

（1）超能力、超强度或者超定员组织生产的；

（2）瓦斯超限作业的；

（3）煤与瓦斯突出矿井，未依照规定实施防突出措施的；

（4）高瓦斯矿井未建立瓦斯抽放系统和监控系统，或者瓦斯监控系统不能正常运行的；

（5）通风系统不完善、不可靠的；

（6）有严重水患，未采取有效措施的；

（7）超层越界开采的；

（8）有冲击地压危险，未采取有效措施的；

（9）自然发火严重，未采取有效措施的；

（10）使用明令禁止使用或者淘汰的设备、工艺的；

（11）煤矿没有双回路供电系统的；

（12）新建煤矿边建设边生产，煤矿改扩建期间，在改扩建的区域生产，或者在其他区域的生产超出安全设计规定的范围和规模的；

（13）煤矿实行整体承包生产经营后，未重新取得安全生产许可证，从事生产的，或者承包方再次转包的，以及煤矿将井下采掘工作面和井巷维修作业进行劳务承包的；

（14）煤矿改制期间，未明确安全生产责任人和安全管理机构的，或者在完成改制后，未重新取得或者变更采矿许可证、安全生产许可证和营业执照的；

（15）有其他重大安全生产隐患的。

（三）学习贯彻要点

各级领导干部要经常温习《特别规定》，深刻领会其精神实质、核心内容和相关政策，自觉对照安全管理行为，纠正缺点、不足。

五、《煤矿重大事故隐患判定标准》

《煤矿重大事故隐患判定标准》（应急管理部令第 4 号，以下简称 4 号令）已经 2020 年 11 月 2 日应急管理部第 31 次部务会议审议通过，自 2021 年 1 月 1 日起施行。4 号令遵循国务院令第 446 号的规定，从 15 个方面列举了 81 种应当判定为重大事故隐患的情形。

（一）修订内容

（1）4 号令是对国家安全生产监督管理总局于 2015 年 12 月 3 日公布的《煤矿重大生产安全事故隐患判定标准》（以下简称 85 号令）的修订和完善，内容有增有减。将建设矿井纳入范围对象予以规定；将各种系统建成后的正常运行纳入规定的内容；删减了双回路供电关于井型的表述等。

（2）充分吸取事故教训。增加了“裸露爆破”“图纸造假、隐瞒采掘工作面”“强降雨天气未实施停产撤人”等重大隐患情形。

（3）4 号令列举的重大隐患包括预防性条款和追加惩罚性条款两部分。预防性条款占绝大多数，主要是针对可能导致事故甚至重特大事故较难整治的隐患；惩罚性条款针对一部分可立即整改或已经发生但并未造成事故的隐患，保留和设立惩罚性条款的目的就是给予执法部门可以事后追加处罚的权力，防止煤矿企业出现习惯性违章。

（4）增加第十九条“本标准所称的国家规定，是指有关法律、行政法规、部门规章、国家标准、行业标准，以及国务院及其应急管理部门、国家矿山安全监察机构依法制定的行政规范性文件。”其内容是对 4 号令中所指的国家规定进行了规范界定。从内容上看，一些规范性文件也可作为判定重大事故隐患的依据，其范围要比 85 号令更加宽泛，可操作性更强。

（二）学习贯彻要点

（1）煤矿安全生产管理人员要认真研读 4 号令相关条文的内容，切实做到了解标准，掌握标准，对照标准开展自查自纠，确保合法合规做好生产组织和重大事故隐患排查治理工作。

（2）把握好一般隐患与重大隐患的关系。不在 81 项重大隐患范围内的隐患仍然是隐患，要及时整改；对存在的重大隐患要尽早排查列出整改措施，提前上报。

（3）坚持目标导向、问题导向，以深入开展煤矿安全生产大排查为抓手，积极开展隐患排查治理，推动煤矿安全生产形势保持总体稳定。

六、《矿山生产安全事故报告和调查处理办法》

《矿山生产安全事故报告和调查处理办法》（以下简称《办法》）经国家矿山安全监察局 2022 年第 39 次局务会议审议通过，自 2023 年 1 月 17 日起施行。

（一）主要内容

《办法》总计 7 章 35 条，包括总则、事故等级、事故报告、事故现场处置、事故调查、事故处理和整改措施评估、附则等。

（1）根据事故造成的人员伤亡或者直接经济损失，事故分为 4 个等级：

① 特别重大事故，是指造成 30 人以上死亡，或者 100 人以上重伤（包括急性工业中毒，

下同)，或者1亿元以上直接经济损失的事故；

② 重大事故，是指造成10人以上30人以下死亡，或者50人以上100人以下重伤，或者5 000万元以上1亿元以下直接经济损失的事故；

③ 较大事故，是指造成3人以上10人以下死亡，或者10人以上50人以下重伤，或者1 000万元以上5 000万元以下直接经济损失的事故；

④ 一般事故，是指造成3人以下死亡，或者10人以下重伤，或者100万元以上1 000万元以下直接经济损失的事故。

注：事故等级中所称的"以上"包括本数，所称的"以下"不包括本数。

(2) 事故造成的直接经济损失包括：人身伤亡后所支出的费用，含医疗费用、护理费用、丧葬及抚恤费用、补助及救济费用、歇工工资；善后处理费用，含处理事故的事务性费用、现场抢救费用、清理现场费用、事故赔偿费用；财产损失价值，含固定资产损失价值和流动资产损失价值。

(3) 矿山发生事故(包括涉险事故)后，事故现场有关人员应当立即报告矿山负责人；矿山负责人接到报告后，应当于1 h内报告事故发生地县级及以上人民政府矿山安全监管部门，同时报告国家矿山安全监察局省级局。发生较大及以上等级事故的，可直接向省级人民政府矿山安全监管部门和国家矿山安全监察局省级局报告。

(4) 报告事故应当包括下列内容：

① 事故发生单位概况。主要包括单位全称、所有制形式和隶属关系、生产能力、生产状态、证照情况等。

② 事故发生的时间、地点以及事故现场情况。

③ 事故类别。煤矿事故类别分为顶板、冲击地压、瓦斯、煤尘、机电、运输、爆破、水害、火灾、其他。非煤矿山事故类别分为物体打击、车辆伤害、机械伤害、起重伤害、触电、淹溺、灼烫、火灾、高处坠落、坍塌、冒顶片帮、透水、爆破、火药爆炸、中毒和窒息、溃坝、其他。

④ 事故的简要经过，入井人数、安全升井人数，事故已经造成伤亡人数、涉险人数、失踪人数和初步估计的直接经济损失。

⑤ 已经采取的措施。

⑥ 其他应当报告的情况。

(5) 事故按照等级实行分级调查。重大及以下等级煤矿事故由国家矿山安全监察局省级局牵头组织调查。重大、较大、一般非煤矿山事故分别由事故发生地省级人民政府、设区的市级人民政府、县级人民政府负责直接组织事故调查组进行调查，也可以授权或者委托有关部门组织事故调查组进行调查。未造成人员死亡的一般事故，县级人民政府或者国家矿山安全监察局省级局可以委托事故发生单位或者有关部门组织事故调查组进行调查。

(二) 学习贯彻要点

煤矿安全生产管理人员要认真学习《办法》，全面掌握《办法》的主要内容和精神实质。要把对《办法》的宣传贯彻作为安全生产工作的重点内容之一，与《刑法修正案(十一)》等法律法规的培训结合起来。通过深入的学习、培训和宣传贯彻，使相关人员熟悉和掌握《办法》的基本原则、事故报告的具体规定、事故调查处理的程序方法以及违反《办法》应承担的法律责任。

七、《煤矿安全培训规定》

《煤矿安全培训规定》(以下简称《培训规定》)于 2012 年 5 月 3 日由国家安全生产监督管理总局令第 52 号公布，根据 2018 年 1 月 11 日国家安全生产监督管理总局令第 92 号修订，自 2018 年 3 月 1 日起施行。

《培训规定》主要内容分为总则、安全培训的组织与管理、主要负责人和安全生产管理人员的安全培训及考核、特种作业人员的安全培训和考核发证、其他从业人员的安全培训和考核、监督管理、法律责任、附则等，共 8 章 50 条。

(一) 修订内容

一是理顺了煤矿安全培训管理体制。《培训规定》中明确：省、自治区、直辖市人民政府负责煤矿安全培训的主管部门负责指导、管理和监督本行政区域内煤矿企业从业人员的安全培训工作，煤矿安全监察机构对本行政区域内安全培训工作实施监察。

二是突出了煤矿企业安全培训主体责任。《培训规定》增加了"安全培训的组织与管理"章节，明确了煤矿企业应当明确安全培训工作的机构、配备安全培训管理人员、建立培训制度、制订培训计划、保障培训经费、具备培训条件、建立健全培训档案等安全培训主体责任，规范煤矿企业安全培训行为。

三是提高了煤矿企业从业人员准入条件。① 对煤矿矿长、副矿长、总工程师、副总工程师以及安全生产管理机构负责人任职条件，实行统一标准，不再按煤矿生产能力进行划分，即新任职的所有煤矿矿长、副矿长、总工程师、副总工程师应当具备煤矿相关专业大专及以上学历，具有 3 年以上煤矿相关工作经历；煤矿安全生产管理机构负责人应当具备煤矿相关专业中专及以上学历，具有 2 年以上煤矿安全生产相关工作经历。② 自 2018 年 6 月 1 日起新上岗的煤矿特种作业人员应当具备高中及以上文化程度。

四是改进了煤矿主要负责人和安全生产管理人员培训考核工作。细化了煤矿企业主要负责人和安全生产管理人员的考核对象、考核内容、考核程序等内容。同时，取消了必须经过培训方可参加考核的强制性要求。

煤矿企业安全生产管理人员考试内容包括：① 国家安全生产方针、政策和有关安全生产的法律、法规、规章及标准；② 安全生产管理、安全生产技术、职业健康等知识；③ 伤亡事故报告、统计及职业危害的调查处理方法；④ 应急管理的内容及其要求；⑤ 国内外先进的安全生产管理经验；⑥ 典型事故和应急救援案例分析；⑦ 其他需要考试的内容。

煤矿企业安全生产管理人员考试试题从国家级考试题库和省级考试题库随机抽取，其中抽取国家级考试题库试题比例占 80%以上。考试满分为 100 分，80 分以上为合格。考试合格后，考核部门应当在公布考试成绩之日起 10 个工作日内颁发安全生产知识和管理能力考核合格证明，该合格证明在全国范围内有效。

煤矿企业安全生产管理人员考试不合格的，可以补考一次；经补考仍不合格的，1 年内不得再次申请考核。考核部门应当告知其所在煤矿企业或其任免机关调整其工作岗位。

考核部门对煤矿企业安全生产管理人员的安全生产知识和管理能力每 3 年考核一次。

五是规范了特种作业人员的考核发证工作。《特种作业人员安全技术培训考核管理规定》(国家安全生产监督管理总局令第 30 号)规定：特种作业操作证有效期为 6 年，每 3 年复审 1 次。为了规范行政许可工作，减轻企业负担，《培训规定》中取消了对煤矿特种作业人员每3年复审1次的要求。

六是强化了安全培训事中、事后监管。

七是取消了从业人员年龄和健康规定的相关条款。

（二）学习贯彻要点

（1）煤矿企业要强化安全培训工作，做到培训学习“全覆盖”。

（2）各培训机构要将《培训规定》纳入煤矿企业“三项岗位人员”和其他从业人员安全培训内容，重点对《培训规定》新增的条款进行学习，对容易造成误解、多解的条款要联系实际，从理论和操作层面深入学、带着问题学，做到全面理解、精准把握。

（3）精心组织安全培训工作，提高从业人员业务水平和自主保安能力。

八、《煤矿领导带班下井及安全监督检查规定》

2010年9月7日，国家安全生产监督管理总局公布了《煤矿领导带班下井及安全监督检查规定》（以下简称《检查规定》），自2010年10月7日起施行，根据2015年6月8日国家安全生产监督管理总局令第81号修订。

（一）主要内容

《检查规定》共5章26条，包括总则、带班下井、监督检查、法律责任和附则等内容。其中明确煤矿领导带班下井和县级以上地方人民政府煤炭行业管理部门、煤矿安全生产监督管理部门，以及煤矿安全监察机构对其实施监督检查。煤矿、施工单位是落实领导带班下井制度的责任主体，每班必须有矿领导带班下井，并与工人同时下井、同时升井。《检查规定》要求，煤矿应当建立健全领导带班下井制度，并严格考核。煤矿领导带班下井制度应当按照煤矿的隶属关系报所在地煤炭行业管理部门备案，同时抄送煤矿安全监管部门和驻地煤矿安全监察机构。煤矿应当建立领导带班下井档案管理制度。煤矿没有领导带班下井的，煤矿从业人员有权拒绝下井作业。

（二）学习贯彻要点

认真学习《检查规定》，各单位主要负责人和班子成员要率先学习好、贯彻好《检查规定》的基本内容和具体要求，增强贯彻执行《检查规定》的自觉性；要将《检查规定》的各项要求传达贯彻到所有煤矿从业人员，增强贯彻执行《检查规定》的主动性。

九、《防治煤与瓦斯突出细则》

国家煤矿安全监察局于2019年7月16日公布了《防治煤与瓦斯突出细则》（以下简称《防突细则》），自2019年10月1日起施行。

（一）主要内容

《防突细则》主要内容分为总则、一般规定、区域综合防突措施、局部综合防突措施、防治岩石与二氧化碳（瓦斯）突出措施、附则等，共6章127条。

（二）修订要点

1. 与《煤矿安全规程》衔接和统一，贯彻落实防突工作理念和原则

强化发生突出和突出预兆采掘工作面的防突措施。《防突细则》重在引导和规范煤矿如

何结合自身实际做好和落实防突工作，如“按照‘一矿一策、一面一策’的要求，实现‘先抽后建、先抽后掘、先抽后采、预抽达标’”“突出煤层必须采取两个‘四位一体’综合防突措施，做到多措并举、可保必保、应抽尽抽、效果达标，否则严禁采掘活动”等。

2. 强化区域综合防突措施的目标管理和执行力度

一是严格区域预测要求。二是强化区域防突措施。三是提高区域防突措施效果检验的可靠性。

3. 新增综合防突措施实施过程管理和突出预兆管控

新增对两个“四位一体”综合防突措施的实施进行全过程管理和突出预兆管控，保证防突措施实施质量可靠、过程可溯，查找整个防突工作流程存在的问题和不足，遏制煤与瓦斯突出事故发生。

4. 吸取事故教训，防控突出风险，防突工作前移

《防突细则》注重吸取事故教训，密切关注煤层的突出危险性等重点内容。新增按《防突细则》第十三条要求鉴定但结果为非突出煤层，煤层部分突出危险性指标高于鉴定指标时，要求采掘作业时考察煤层的突出危险性的规定，同时要求提前测试煤层瓦斯参数，密切关注煤层的突出危险性，使防突工作前移。

5. 提高人员素质，依靠科技进步，引领防突技术发展

增加煤矿企业主要负责人、煤矿安全生产管理人员、防突作业人员加强防突知识学习，接受培训，合格上岗的规定；明确各层次管理人员的学历、工作年限和经历要求。

近年来，我国煤矿企业、科研院所积极投入防突技术的科学研究和产品研发工作，煤与瓦斯突出预测预报、保护层开采、地面井抽采、煤层瓦斯含量深孔定点快速测定技术、定向长钻孔或远程操控钻机施工技术、综合防突预警系统等，在部分矿区应用取得了良好的经济和社会效益。《防突细则》将这些先进的研究成果和有效的防治手段纳入日常防突工作中，指导今后一个时期的防突工作，引领煤矿防突技术的自动化、信息化、智能化发展方向。

（三）学习贯彻要点

(1) 有高瓦斯、煤与瓦斯突出矿井的省(区、市)，要结合本地实际研究制定宣贯方案，加强组织领导，明确责任部门、责任人和任务要求，建立责任清单，统筹推进本地区学习宣贯工作，督促煤矿企业严格落实《防突细则》各项规定。

(2) 有高瓦斯、煤与瓦斯突出矿井的煤矿企业负责人带头深入学习《防突细则》，做到应知应会，并认真组织相关负责人、安全生产管理人员、班组长、从业人员开展专题学习讨论，熟练掌握《防突细则》内容和要求。

(3) 煤矿安全监管监察部门要将《防突细则》相关内容和要求作为监管监察执法的重要内容，纳入明察暗访、调研督导、日常监管监察工作中，推动贯彻落实。

十、《煤矿防治水细则》

2018 年 6 月 4 日，国家煤矿安全监察局公布了《煤矿防治水细则》(以下简称《防治水细则》)，自 2018 年 9 月 1 日起施行。

（一）主要内容

《防治水细则》主要内容分为总则、矿井水文地质类型划分及基础资料、矿井水文地质补

充勘探、井下探放水、矿井防治水技术、露天煤矿防治水、水害应急处置、附则共8章138条。

(二) 修订要点

(1) 把成功经验和工作要求固化为标准。一是贯彻2015年全国煤矿水害防治工作现场会精神,在《防治水细则》第三条中规定煤矿必须落实防治水的主体责任,推进防治水工作"五个转变",构建"七位一体"的工作体系。二是落实2017年全国煤矿水害防治工作视频会要求,明确"三专两探一撤"措施具体要求。

(2) 坚持问题导向,明确不同类型水害防治工作要求。一是将地表水、顶板水、底板水、老空水等四种不同类型水害的防治要求分类归纳并细化补充,列入《防治水细则》第五章前四节。二是针对老空水害事故占比高的特点,总结近年来老空水透水事故教训和有效的技术手段,对受老空水害影响煤层实行分区管理,增加了关于老空水害防治的技术管理要求。三是吸纳部分矿区地面区域治理、水害监测预警等先进技术、做法和经验,补充底板水害的地面区域治理、突水监测预警系统等有关要求。四是吸取近年来典型的离层水害事故教训,完善离层水防治措施。

(3) 进一步完善了煤矿水害综合防治措施。在原《煤矿防治水规定》第三条"防、堵、疏、排、截"综合防治措施中新增了"探"和"监"两项措施,将"井下探放水"列为第四章,明确了"探"在水害防治措施中的核心地位和先导作用,并在第九条、第二十七条、第八十三条中补充完善了有关"监"的具体要求。

(4) 对《煤矿安全规程》中部分防治水要求进行细化。一是明确了以《煤矿安全规程》为遵循。二是细化矿井水文地质类型划分要求。三是区分了煤炭企业、煤矿与矿井的不同要求。

(三) 学习贯彻要点

煤矿安全生产管理人员要认真研读《防治水细则》修订的条款,既知其然又知其所以然;对照《防治水细则》的新要求、新规定,结合矿井实际,从完善相关机制、制度、装备,落实各项防治水技术管理措施等工作入手,修改完善防治水措施,严格管理,充分发挥《防治水细则》在煤矿安全生产中有效防范遏制重特大水害事故的重要作用。

十一、《煤矿防灭火细则》

《煤矿防灭火细则》(以下简称《防灭火细则》)由国家矿山安全监察局于2021年10月12日公布,自2022年1月1日起施行。《防灭火细则》的出台,对强化煤矿火灾事故隐患治理和防灭火工作将产生深远影响。

(一) 主要内容

《防灭火细则》主要内容分为总则、一般规定、井下火灾监测监控、防火技术、应急处置、井下火区管理、露天煤矿防灭火、附则等,共8章119条和1个附录。《防灭火细则》提出煤矿防灭火指导思想,强调火灾防范关口前移,实现火灾早期预警和措施优化改进,因地制宜选取两种及以上防灭火技术手段,变被动治理为主动预防。明确自然发火预兆和征兆的概念,分别对内因火灾与外因火灾的防治工作做了规定等。附录规定了煤矿防灭火专项设计的内容。

（二）学习贯彻要点

煤矿企业应加大对《防灭火细则》的宣传力度，组织相应的学习培训，开展对标检查，认真对照新规定、新要求，完善相关机构、制度、装备，强化应急处置，推进《防灭火细则》各项规定的落地。

各级煤矿安全监管部门、矿山安全监察机构应认真组织《防灭火细则》学习，同时严格按照《防灭火细则》的要求进行煤矿火灾防治的监管、监察和行政执法，监督煤矿企业切实落实《防灭火细则》各项条款，充分发挥《防灭火细则》在煤矿安全生产中的重要作用。

十二、《防治煤矿冲击地压细则》

随着我国煤矿开采深度的不断增加，冲击地压灾害已经成为安全高效开采面临的重大挑战，原规程规范无法满足当前防冲工作需要，因此，2018 年 5 月 2 日，国家煤矿安全监察局公布了《防治煤矿冲击地压细则》(以下简称《防冲细则》)，自 2018 年 8 月 1 日起施行。

（一）主要内容

《防冲细则》主要内容分为总则，一般规定，冲击危险性预测、监测、效果检验，区域与局部防冲措施，冲击地压安全防护措施，附则等，共 6 章 87 条。

煤矿企业(煤矿)的主要负责人(法定代表人、实际控制人)是冲击地压防治的第一责任人，对防治工作全面负责；其他负责人对分管范围内冲击地压防治工作负责；煤矿企业(煤矿)总工程师是冲击地压防治的技术负责人，对防治技术工作负责。开采具有冲击倾向性的煤层，必须进行冲击危险性评价。煤矿企业应当将评价结果报省级煤炭行业管理部门、煤矿安全监管部门和煤矿安全监察机构。

有冲击地压矿井的煤矿企业必须明确分管冲击地压防治工作的负责人及业务主管部门，配备相关的业务管理人员。

冲击地压矿井必须依据冲击地压防治培训制度，定期对井下相关的作业人员、班组长、技术员、区队长、防冲专业人员与管理人员进行冲击地压防治的教育和培训，保证防冲相关人员具备必要的岗位防冲知识和技能。冲击地压矿井应当按照采掘工作面的防冲要求进行矿井生产能力核定，在冲击地压危险区域采掘作业时，应当按冲击地压危险性评价结果明确采掘工作面安全推进速度，确定采掘工作面的生产能力。提高矿井生产能力和新水平延深时，必须组织专家进行论证。

冲击地压矿井必须建立区域与局部相结合的冲击危险性监测制度，区域监测应当覆盖矿井采掘区域，局部监测应当覆盖冲击地压危险区，区域监测可采用微震监测法等，局部监测可采用钻屑法、应力监测法、电磁辐射法等。人员进入冲击地压危险区域时必须严格执行人员准入制度。人员准入制度必须明确规定人员进入的时间、区域和人数，井下现场设立管理站。

（二）学习贯彻要点

(1) 有煤矿冲击地压或冲击地压潜在风险的省(区、市)煤矿安全监管监察部门和煤矿企业要高度重视《防冲细则》的学习宣贯工作，要结合实际研究制定宣贯方案，加强组织领导，明确责任部门、责任人和任务要求，建立责任清单，统筹推进本地区学习宣贯工作，督促煤矿企业严格落实《防冲细则》各项规定。

(2) 有冲击地压或冲击地压潜在风险的矿井和煤矿企业要组织专题学习，应采取举办专题培训班、召开主题研讨会、邀请专家辅导和经验交流等多种形式开展学习宣贯，企业负责人要带头学，并认真组织相关负责人、安全生产管理人员、班组长、从业人员开展专题学习讨论，了解先进防冲技术，熟练掌握《防冲细则》内容和要求。

十三、《煤矿防治水“三区”管理办法》

为进一步加强和规范煤矿防治水工作，有效预防煤矿水害事故，以满足当前防治水工作需要，2022 年 6 月 22 日国家矿山安全监察局公布了《煤矿防治水“三区”管理办法》(以下简称《办法》)，自印发之日起实施。

(一) 主要内容

煤矿应当按规定开展隐蔽致灾因素普查工作，根据普查结果，编制煤矿防治水“三区”管理报告，分煤层划分可采区、缓采区、禁采区。

煤矿防治水“三区”管理报告应当由煤矿上级公司总工程师组织审批，无上级公司的煤矿应当聘请专家会审。

当煤矿水文地质条件发生变化时，应当及时修订煤矿防治水“三区”管理报告。当发生较大以上水害事故或者因突水(透水、溃水)造成采掘区域或者煤矿被淹时，应当在恢复生产前重新编制煤矿防治水“三区”管理报告。

煤矿应当以采掘工程平面图为底图，分煤层绘制防治水“三区”管理图，分别用绿色、黄色、红色粗实线圈出可采区、缓采区和禁采区，并附文字注记说明不同的水害类型及划分时间。报告及图纸应当根据“三区”动态转换情况及时更新。

严禁在禁采区内进行采掘作业，严禁在缓采区内进行回采作业和与水害探查、治理无关的掘进作业。

(二) 学习贯彻要点

《办法》自印发之日起实施。但考虑到煤矿编制防治水“三区”管理报告需要一定时间，因此，煤矿应当根据隐蔽致灾因素普查结果，在 2022 年年底前完成煤矿防治水“三区”管理报告的编制和审批工作，各级煤矿安全监管监察部门应当加强指导服务。从 2023 年开始，各级煤矿安全监管监察部门应当将煤矿防治水“三区”管理纳入执法检查范围，发现煤矿和企业未按要求编制防治水“三区”管理报告的，应当依法依规进行处理，确保煤矿防治水“三区”管理工作落到实处，有效预防各类煤矿水害事故。

第六节　煤矿安全生产领域常见违法行为及法律责任

一、煤矿安全生产领域常见违法违规行为

(1) 未经批准擅自组织生产建设的行为。

(2) 超能力、超强度、超定员组织生产的“三超”生产行为。

(3) 重大灾害治理不到位组织生产的行为。

(4) 超层越界、违规开采的行为。

(5) 隐蔽致灾因素不清、重大风险没有管控措施冒险作业的行为。

(6) 隐瞒作业地点的行为。

(7) 瓦斯超限、无风、微风，出现透水、煤与瓦斯突出、冲击地压、冒顶等灾害预兆不撤人、冒险作业的行为。

(8) 违规爆破、动火作业的行为。

(9) 违法违规承包、分包、转包，以包代管的行为。

(10) 使用已公示列入淘汰退出名单应淘汰退出的设备或工艺的行为。

(11) 未按规定安装安全监控系统、人员位置监测系统或者系统不能正常运行的，以及修改、删除及屏蔽系统数据信息的行为。

(12) 拒绝、阻碍行政执法人员监督检查的行为。

(13) 未按规定提取使用安全生产费用的行为。

(14) 国家规定的其他安全生产必需的资金投入而未投入的行为。

(15) 下井人员不随身携带人员定位卡的行为。

(16) 火区、高冒区、采空区等管控治理和密闭管理不符合规定的行为。

(17) 假整合、假技改，以整合技改名义违规组织生产的行为。

(18) 主要负责人履行法定安全生产管理职责不到位的行为。

(19) 企业安全生产责任制不完善、不落实的行为。

(20) 安全管理机构设置和安全生产管理人员配备不符合规定的，特别是混合所有制、托管企业不具备相应管理能力的行为。

(21) 未严格执行矿领导带班下井制度的行为。

(22) 未按规定对井下作业人员进行安全教育和培训，或者特种作业人员无证上岗的行为。

(23) 拒不执行监管指令，违反操作规程或安全管理规定作业的行为。

(24) 违章指挥或强令人员冒险作业的行为。

(25) 发现从业人员违章作业不制止的行为。

(26) 对事故预兆或对已发现的事故隐患不采取措施的行为。

二、煤矿安全生产领域常见违法违规行为法律责任

【案例 1-1】　山西吕梁某煤矿“6·15”较大运输事故案例

1. 事故单位基本情况与事故经过

2023 年 6 月 15 日，山西吕梁某煤矿（以下简称 A 煤矿）副斜井发生一起较大运输事故，架空乘人装置突然反转，造成 3 人遇难、1 人重伤、15 人轻伤，事故直接经济损失 664.32 万元。事故发生后，煤矿迟报。

A 煤矿隶属于某集团山西公司（以下简称 B 公司）山西某投资有限公司（以下简称 C 公司），矿井核定生产能力 120 万 t/a，矿井主斜井设有主提升运输系统，副斜井井口设有辅助提升运料系统和运人系统。事故发生在副斜井井口至一水平井底车场，副斜井总斜长为 497 m，井口到一水平斜长为 385 m，井筒净断面为 14.65 m^2，中间设有滚筒单绳缠绕式提升装置，两侧安装架空乘人装置。

2. 事故原因

副斜井架空乘人装置驱动部减速器输出端联轴器尼龙柱销在运行中断裂，驱动轮失去动力，造成上行乘人侧反转；速度传感器损坏，本安操作台基准速度值设置错误，人为甩开速度保护运行；安全制动器未有效制动，钢丝绳制动器也未实现抓捕功能，造成事故发生。

3. 事故暴露出的主要问题

（1）煤矿机电运输管理混乱。矿机电运输制度规定乘人间距值小于设计值，未落实设备包机人制度，架空乘人装置检修包机人长期缺位；甩开速度保护运行架空乘人装置，未按规定定期检修，致使设备严重失修、长期带病运行，安全制动器制动力不足。

（2）煤矿安全主体责任不落实。对矿有关部门未履职、人员未落实岗位责任等失察；未认真开展机电运输专业安全风险管控和隐患排查治理工作，未对副斜井架空乘人装置关键部位、安全保护装置的风险进行辨识与评估，未发现架空乘人装置存在带病运行等严重问题。

（3）C公司安全管理不到位。督促A煤矿落实风险分级管控和隐患排查治理双重预防机制不力；定期检查和复产验收中均未能发现该矿架空乘人装置存在的严重失修、长期带病运行的安全隐患；未有效开展机电运输等专业安全教育培训。

（4）B公司安全管理流于形式。对C公司以及所属煤矿业务指导、业务保安、安全管控方面工作不力；对A煤矿落实机电运输责任制情况监督检查不到位，在开展的安全大检查和机电运输专项检查中未发现该矿架空乘人装置存在的安全隐患。

（5）D公司（检测检验公司）检测检验弄虚作假。检测检验A煤矿架空乘人装置时，现场检测检验人员未按照要求逐项开展检验工作，未入井实地开展检测，检测检验弄虚作假，机构审核把关不严，出具虚假检测检验报告。

（6）吕梁市应急管理局日常监管不力。市应急管理局未按规定对新聘用五人小组成员进行培训，对其日常履职情况监管不严；对该矿开展日常检查和复产验收工作中，未发现该矿架空乘人装置存在的安全隐患。

4. 事故责任者的处理

本次事故共对39名相关责任人员进行追责问责。其中，A煤矿机电副矿长、轨道队副队长、D公司对A煤矿架空乘人装置进行检测检验的主检员等7人已被公安机关采取强制措施。对A煤矿党委书记、矿长、安全副矿长、机电副总工程师等11人给予党纪政务处分或行政罚款；对C公司党委副书记兼总经理、党委委员兼副总经理、生产技术部总经理等9人给予党纪政务处分或组织处理；对B公司党委委员兼副总经理、党委委员兼安全监察局局长等5人给予组织处理；对D公司技术负责人、副经理等4人给予行政罚款；对吕梁市应急管理局副局长、煤矿安全事务服务中心主任等3人给予政务处分或组织处理。

对A煤矿罚款215万元；对D公司罚款20万元，并移交其资质认定单位依法处理；责成C公司向吕梁市政府作出深刻检查；责成吕梁市应急管理局向吕梁市委市政府作出深刻检查；责成B公司向山西省政府作出深刻检查。

【案例1-2】 内蒙古某煤矿“9·27”较大水害事故案例

1. 事故经过

2023年9月27日，内蒙古某煤矿发生一起较大水害事故，造成3人遇难，直接经济损失377.72万元。

某煤矿隶属于A公司，矿井水文地质类型为复杂型。事故出水点位于I0216302采煤工作面，采用综采放顶煤开采工艺，平均采厚为12.3 m，工作面直接充水含水层为Ⅲ含水层，间接充水含水层为Ⅱ含水层，工作面煤层顶板至Ⅱ含水层底板距离为139.33 m，其间岩层为粉砂岩和粉砂质泥岩。

9月13日20时，该I0216302综放工作面顶板出现涌水，涌水量约10 m^3/h，出水浑浊含泥沙且水量有增大的趋势。9月14日，A公司采用“井上打钻注浆堵水、井下沉积淤泥排水”的方式开展治水工作。9月17日，煤矿矿长开会决定在北一盘区七号联络巷内建防水密闭墙，用于沉淀和处置I0216302综放工作面淤泥水。至事故发生时，北一盘区回风大巷内积存的泥浆水约4 800 m^3。9月26日，瓦斯检查工检查时发现密闭墙前积水太深，无法到达密闭墙前检查。9月27日事故发生时，北一盘区底部水泵房内共有8名工人，其中5人抓着大巷两帮的管线撤至安全地点，另外3人被困遇难。事故后勘查现场，北一盘区七号联络巷防水密闭墙底部被水冲开，形成高0.4 m、宽4.1 m的空间，3根预埋出水管已被淤泥堵实。

2. 事故直接原因

某煤矿北一盘区七号联络巷防水密闭墙工程质量不合格，巷道内积存的泥浆水冲垮密闭墙底部，大量的泥浆水溃入北一盘区水泵房，造成3名工人溺水死亡。

3. 有关责任单位存在的主要问题

(1) 该矿未按标准施工防水密闭墙。未执行施工方案和标准，密闭墙底部掏槽深度、墙体厚度均小于设计要求；未将底槽内积水排出而直接进行墙体浇筑，强度未达到工程质量要求即投入使用。

(2) 该矿安全技术管理不规范。对《防水密闭墙安全措施》审批把关不严，设计参数变更未严格履行变更程序，审批后的《防水密闭墙安全措施》未组织贯彻学习；通风办、通风队、掘进二队等部门之间沟通协调不畅，职责划分不清，未组织验收即投入使用。

(3) 该矿安全风险研判和隐患排查不到位。对北一盘区回风巷构筑防水密闭墙存储淤泥水等工作，没有开展风险研判，也没有制定防范措施。

(4) A公司未认真履行安全监督管理职责，督导检查不力。A公司及相关业务部门对该矿防治水工作指导检查不严不实，对防治水工程技术指导和风险研判不到位。

4. 对有关责任人员和单位的处理

本次事故共对15名相关责任人员进行追责问责。其中，对该矿总工程师、掘进二队副队长2人移交公安机关依法处理；对矿长给予政务撤职处分并处行政罚款；对安全副矿长、生产副矿长、安全环保部主任等8人给予政务处分或组织处理，暂停或吊销“安全生产知识和管理能力考核合格证”，并处行政罚款。对A公司总经理、副总经理等4人给予政务处分或组织处理。解除市应急管理局驻矿1名安全监管员的聘用。

对该矿罚款150万元，撤销安全生产标准化体系等级。

【复习思考题】

1. 安全生产“红线意识”的内容是什么？

2. 煤矿高质量发展的内涵是什么？

3. 新形势下我国煤矿安全生产呈现哪些特点？
4. 煤矿企业如何贯彻落实安全生产方针？
5. 2021版《安全生产法》修订的主要内容是什么？
6.《刑法修正案(十一)》修订的要点是什么？
7.《煤矿安全监察条例》确立的法律制度有哪几项？
8. 根据《生产安全事故报告和调查处理条例》，安全生产事故是怎样分类的？
9. 2022版《煤矿安全规程》修订的要点是什么？
10.《煤矿防灭火细则》的要点是什么？

第二章　煤矿安全生产管理

【学习提示】

安全生产是煤矿企业永恒的主题，是煤矿安全生产管理人员的首要职责。在长期的煤炭生产建设中，特别是近年来，煤矿安全管理不断得以加强，已形成了许多行之有效的管理理念、管理原则、管理方法、管理制度和措施，煤矿安全生产管理人员应学习掌握这些已有的经验，将其应用于管理实践中，并不断对其进行完善和创新。

本章主要介绍了煤矿安全生产管理的基础知识、常用的管理工具和方法、煤矿安全生产管理制度等，重点阐述了煤矿正在开展的安全风险预控、隐患排查治理和标准化"三位一体"新体系建设工作，系统梳理了煤矿事故管理、煤矿安全生产组织与计划管理的基本要求与经验做法，对煤矿安全生产管理人员应具备的素质与能力建设提出了独到的观点。安全生产管理人员应了解和掌握这些管理要素的特性，运用现代科学技术手段统筹这些要素，包括人的系统、物质系统、能量系统、信息系统以及这些系统的组合，着力煤矿安全生产治理体系与治理能力现代化建设，实现煤矿的高质量发展。

第二章导学

第一节　煤矿安全生产管理基础知识

一、煤矿安全生产管理的基本原则与手段

（一）"安全第一、预防为主、综合治理"原则

"安全第一、预防为主、综合治理"既是安全生产方针，也是煤矿安全生产管理的基本原则。

这个原则要求我们，从事生产经营活动必须实行"安全优先"，不能以牺牲人的生命、健康为代价换取发展和效益；同时把安全生产工作的重心放在预防上，强化隐患排查治理、风险分级管控等有效的事前预防措施，通过改善劳动安全卫生条件消除事故隐患、控制危险因素，从根本上防止事故的发生；还要求我们综合运用法律、经济、行政等手段，多管齐下，充分发挥社会、职工、舆论的监督作用，形成标本兼治、齐抓共管的格局。

（二）"三管三必须"原则

《安全生产法》规定："安全生产工作实行管行业必须管安全、管业务必须管安全、管生产经营必须管安全，强化和落实生产经营单位主体责任与政府监管责任，建立生产经营单位负

责、职工参与、政府监管、行业自律和社会监督的机制。”

“三管三必须”原则写入法律，进一步明确了各方面的安全生产责任，建立了多维度的安全责任体系。

管行业必须管安全，明确了部门的安全监管责任。也就是负有安全监管职责的部门，要在职责范围内对分管的行业和领域的安全生产工作实行监督管理。

管业务必须管安全、管生产经营必须管安全，则明确了企业的决策层和管理层的安全管理责任。在企业里，主要负责人是第一责任人，其他副职要根据分管的业务对安全生产工作负相应的责任。

负有安全监管职责的部门之间要相互配合、齐抓共管、信息共享、资源共用，才能依法加强安全监管工作，让部门之间既责任清晰，又齐抓共管，形成监管的合力。

（三）“三不生产”原则

所谓三不生产原则，即不安全不生产、隐患不消除不生产、安全措施不落实不生产。

“三不生产”原则是国家安全生产方针在煤矿安全生产管理中落实落地的具体化表述。

生产前必须先确认人、机、环、管等安全，确保安全方可作业；如发现不安全因素，要逐项排查治理安全隐患；隐患治理过程中，要对照规程措施、标准规范逐项落实。

（四）“三同时”原则

“三同时”原则，是指煤矿建设项目的安全设施和职业病危害防护设施，必须与主体工程同时设计、同时施工、同时投入使用。

坚持“三同时”原则，要求企业按照国家标准和行业技术规范，解决投资与安全、环境保护、职业卫生设施的问题，避免因投资不足而随意砍掉相关设施，以保证安全、环保设施与职业卫生设施按质、按量、按时完成。

（五）“四并重”原则

“管理、装备、素质、系统”四要素并重，是我国煤炭行业在长期实践中总结出来的经验，也是煤矿安全生产管理的一项基本原则。

四并重与“管理、装备、培训”三并重相比较，不仅要素增加，而且要素的内涵也发生了改变。“管理”要素，将煤炭行业多年坚持的“质量标准化”上升为风险预控、隐患排查治理和标准化“三位一体”新体系。“装备”要素，从过去的综采、综掘是最高目标，到现在机械化已经是基本要求，以机器人为代表的自动化、信息化、智能化是装备先进的重要标志，代表着煤炭开采技术革命的方向。“素质”要素，从“培训”演变而来，是从过去仅强调培训过程上升到要求队伍素质过硬，不仅强调提高培训质量，更要强调提高从业人员准入标准，还强调培养人才、吸引人才、留住人才，致力于打造一支知识型、技能型、创新型的煤炭产业大军。“系统”要素是新增加的要素。安全管理中“人、机、环、管”四要素，对煤矿而言，“环境”就是“系统”。系统是由不同用途、不同角度的巷道、硐室，用串联、并联、角联方式组成的一个三维立体网络结构。

（六）“四不放过”原则

“四不放过”原则，是指发生事故后，要做到事故原因未查清不放过，事故责任人未受到处理不放过，事故责任人和广大群众没有受到教育不放过，没有制定切实可行的防范措施不放过。

事故处理的“四不放过”原则，要求对安全生产事故必须进行严肃认真的调查处理。首先要分析清楚事故原因，找出导致事故发生的真正原因，不能敷衍了事，不能在尚未找到事故主要原因时就轻易下结论；其次，对事故责任者要按照事故责任追究规定和有关法律、法规进行处理；第三，在调查处理事故时，还必须使事故责任者和广大群众了解事故发生的原因及所造成的危害，认识到搞好安全生产的重要性，从中吸取教训；第四，必须针对事故发生的原因，提出防止相同或类似事故发生的预防措施，并督促事故单位加以落实。

（七）安全生产和重大安全生产事故风险“一票否决”原则

安全生产和重大安全生产事故风险“一票否决”，包含两层意思：一是加大安全生产在考核当中的权重，如果企业发生重大以上事故或者重大安全生产风险管控不到位，根据问题严重程度，在企业及所属个人阶段性评优、评先时无论其他条件是否符合，直接予以资格否决；二是强化市场准入的安全标准，不论招商引资还是改扩建项目都要严把安全生产关，不具备安全生产条件一律否决。

（八）“安全发展，绿色发展”原则

习近平总书记指出，绿色发展是构建高质量现代化经济体系的必然要求，是解决污染问题的根本之策。必须坚持贯彻创新、协调、绿色、开放、共享的发展理念，加快形成节约资源和保护环境的空间格局、产业结构、生产方式、生活方式，给自然生态留下休养生息的时间和空间。

落实习近平总书记关于安全生产的一系列重要论述，必须坚持安全发展，绿色发展。统筹发展与安全、生态保护的关系，坚持发展和安全、生态并重，保持如履薄冰的高度警觉，实现高质量发展和高水平安全、绿色生态环境的良性互动与动态平衡。

二、煤矿安全生产管理的基本职能与主要职责

（一）煤矿安全生产管理的基本职能

1. 计划职能

煤矿安全生产管理的计划职能，就是对安全生产工作做出规划和安排，依据企业的现状，确定安全生产目标，对安全措施、经费使用、技术开发、组织管理、项目整改、安全生产检查、安全培训和教育等活动做出部署，制定方案。

2. 组织职能

煤矿安全生产管理的组织职能，就是为了保证安全生产计划目标实现，将企业内各种资源要素有效配置，并合理设置权力机构与边界，优化组合各管理体系和劳动作业体系，规定各部门的权、责、利、义务及协作关系，使之形成有机的整体。

3. 指挥职能

煤矿安全生产管理必须建立统一、权威、高效的指挥系统，加强对企业各部门、各环节、生产全过程的指导和监督，做到令行禁止。

4. 激励职能

煤矿安全生产管理除了必要的行政强制外，还应通过实行民主管理，开展劳动技能竞赛、技术比武，组织安全技术培训，实行安全结构工资、安全奖惩等手段，激发员工安全生产的积极性、主动性。

5. 控制职能

煤矿安全生产管理的控制职能主要是对人的不安全行为、物的不安全状态的控制，就是要检查和掌握安全生产的实际情况，并与安全目标、控制标准分析对比，及时发现问题，找出原因，采取措施整改。控制的工具是信息，要建立高效率的信息系统，疏通信息反馈渠道。

6. 协调职能

许多安全生产管理工作是在劳动管理、生产管理、设备管理、质量管理、技术管理和财务管理中进行的，应将各方面活动统一调节，使其不发生矛盾和脱节，建立良性互动关系。

（二）煤矿安全生产管理的主要职责

（1）贯彻执行党和国家关于安全生产的方针、政策、法律法规及文件精神。

（2）建立健全安全生产管理机构，配备足够的安全生产管理人员。

（3）建立健全以安全生产责任制为核心的各项管理制度。

（4）严格安全生产大检查、监督和内部监察。

（5）编制并落实安全生产技术措施计划（安全规划、安全技术措施工程计划、矿井灾害预防和处理计划等）。

（6）坚持“三同时”原则，严格工程质量检查验收。

（7）加强安全风险分级管控、隐患排查治理与标准化建设“三位一体”工作。

（8）开展安全技术教育培训与素质提升工程。

（9）安全信息和安全档案建设。

（10）做好矿山救护及事故的报告、抢救、调查、结案处理和统计分析。

（11）促进工业卫生、劳动保护和环境保护工作。

（12）及时总结安全生产经验和事故教训。

三、我国煤矿安全管理与监察体制

1999 年 12 月，经国务院批准，国家煤矿安全监察局正式成立。2018 年 3 月，经第十三届全国人民代表大会第一次会议审议通过，组建应急管理部，国家煤矿安全监察局划归应急管理部管理。2020 年 12 月，按照党中央决策部署，国家煤矿安全监察局更名为国家矿山安全监察局。

煤矿安全监察实行垂直管理、分级监察的管理体制。煤矿安全监察机构是负责矿山安全监察的行政执法机构，依法对煤矿履行国家监察职责，并履行对地方煤矿安全监管工作的检查指导职责。

（一）煤矿安全监察体制的特点

煤矿安全监察体制的特点包括：垂直管理、监察和管理分开、分区监察、国家监察。

（二）煤矿安全监察内容

煤矿安全监察的内容可以概括为：查思想、查制度、查安全技术措施、查事故隐患和事故处理，看被监察的煤矿企业是否符合有关法律、法规、标准的规定要求。其重点监察内容包括：

（1）是否建立、健全安全生产责任制。

（2）是否建立和实施安全管理的民主监督制度，充分发挥职工群众、职工代表大会和工会的监督作用。

(3) 是否按规定设置安全管理机构或者配备专职安全生产人员。

(4) 是否对职工进行安全教育、培训。

(5) 生产性建设项目是否做到“三同时”。

(6) 职工是否存在违章指挥、违章操作、违反劳动纪律的行为。

(7) 企业生产发展规划和年度计划是否包括下列隐患的预防措施：瓦斯爆炸、煤尘爆炸、煤与瓦斯突出；冒顶片帮、冲击地压、边坡滑落和地表塌陷；地面和井下火灾与水害；爆破器材和爆破作业事故与危害；粉尘、有毒有害气体、放射性物质和其他有害物质的危害；其他危害。

(8) 是否具有保障安全生产的图样、资料，是否设置安全标志、井下避灾路线等。

(9) 是否提取和使用安全保障基金和安全技术措施专项费用。

(10) 是否具备防治瓦斯、煤尘、火灾、水害、顶板事故的技术手段和装备。其抗灾能力与矿井灾害程度相适应。

(11) 所使用的有特殊安全要求的设备、器材、防护用品和安全检测仪器，是否符合有关标准，并通过安全认证。

(12) 是否在依法批准的开采范围内进行采矿作业。

(13) 在建筑物下、铁路下或者水体下开采煤炭(“三下”采煤)，是否制定安全措施，并报煤矿安全监察部门备案。

(14) 在停工或者恢复采煤作业时，是否采取安全措施。

(15) 是否录用未成年人从事井下劳动；是否分配女职工从事井下劳动。

(16) 是否按规定要求向职工发放劳动防护用品，是否对从事有职业危害的职工进行健康检查。

(17) 是否为职工办理工伤保险，是否为煤矿井下作业人员办理意外伤害保险。

(18) 是否建立救护和医疗急救组织，配备必要的装备、器材和药品。

四、煤矿安全生产管理机构与责任体系

(一) 煤矿安全生产管理机构

1. 国家监察

国家监察是一种带有强制性的监督，是安全监察机构运用国家权力，独立进行监察活动来实现的。因此，这种监察具有相对的权威性。

2. 地方监管

地方监管就是政府通过地方煤炭安全监督管理部门对本地区的煤炭安全生产进行管理、监督和检查，以保证国家法律、法规和方针、政策的贯彻落实，消除不安全因素，实现安全生产，保障职工的安全和健康。

3. 企业负责

煤矿企业必须履行安全生产主体责任，设置专门机构负责煤矿安全生产与职业病危害防治管理工作，配备满足工作需要的人员及装备。煤矿的“一通三防”、煤与瓦斯突出矿井的防突、电气设备防爆及水文地质等安全生产管理工作必须明确专门人员负责。

此外，煤矿企业还必须通过群众监督和劳动者的遵章守纪来实现安全生产。群众监督

包括各级工会、社会团体、民主党派、新闻舆论等对煤矿企业安全工作的监督，其中工会监督是最基本的监督形式；劳动者遵章守纪就是煤矿企业职工必须按照国家、行业以及企业内部的规章制度开展作业，杜绝"三违"现象。

（二）煤矿安全生产责任体系

煤矿安全生产必须建立健全"党政同责、一岗双责、齐抓共管、失职追责""管行业必须管安全，管业务必须管安全，管生产经营必须管安全"的责任体系，强化和落实生产经营单位主体责任与政府监管责任。

1. 建立健全责任体系相关制度

各级政府必须担起"促一方发展，保一方平安"的政治责任，统筹好发展与安全工作，将履行安全生产责任情况作为对政府领导班子和有关领导干部考核、有关人选考察的主要内容，建立完善巡查督查、考核考察、激励惩戒等制度，加强对安全生产工作的组织领导。各级政府应把安全发展理念具体落实到经济社会发展各领域、各环节，组织制定政府领导干部安全生产"职责清单"和"年度任务清单"，并加强督查检查。地方安全监管部门应依法依规编制安全生产权力与责任清单，公开接受社会监督。

煤矿企业应履行主体责任，结合各类岗位人员的工作内容，以落实岗位安全职责为重点，对各个管理层级和所有人员进行全面摸排梳理，逐级逐岗位建立健全覆盖企业管理人员、职能部门、区队、班组、各工种的岗位安全生产责任制，制定全员安全生产责任清单，明确各层级、各岗位的安全生产职责，明确考核标准、奖惩办法等内容，做到所有从业人员都有明确的岗位，任何岗位都有明确、清晰的安全生产职责，形成企业全员安全生产责任体系。

2. 推进安全生产责任网格化

推进安全生产责任网格化管理，目的就是把全员安全责任压实到现场、压实到岗位、压实到具体措施，形成"全员参与、责任到人、人人有责、逐级负责"的动态安全管理模式，解决安全生产管理与监督工作中的责任缺失问题。科学划分安全生产责任网格，确定网格安全生产责任人，制定网格化管理清单，制作网格划分平面布置图等，让各级安全生产管理人员"手中有清单、肩上有责任"，督促网格责任人对照责任清单，严格履职，做到"明责知责、履责免责、失责追责"，实现全员、全过程、全方位、全天候的安全生产全链条责任落实机制。

3. 加强安全生产责任落实的监督

煤矿安全生产管理要做到权责分明、分层管理，就要有行之有效的安全管理考核方法，以科学的考核奖惩制度，督促责任的落实。各级政府与安全生产监管部门必须依法开展安全生产大检查，排查重大风险隐患，列清单、明要求、压责任、促整改，严格执法，"打非治违"。煤矿企业必须拥有独立、完善的安全监督监察体系与流程，严格执行国家安全生产的法律制度，以严格的考核与奖惩落实相关责任。

五、煤矿安全管理人员的素质和能力

素质，是人的先天秉性加上后天学习而形成的稳定的心理和生理特性在思想和行为上的体现。能力，是素质的外在表现。这里所讲的煤矿安全生产管理人员的素质，是指其适应工作环境而养成的可保障其正确履行职责所需要的思维习惯、知识技能储备与职业化倾向；能力，则是通过学习培训和实践锻炼，表现出来的在日常和紧急状态下维护其个人、他人和集体的生命财产安全的能力。

（一）煤矿安全生产管理人员应具备的素质

煤矿安全生产管理人员在企业安全生产管理与发展中担负接受工作任务、落实工作责任、实现工作目标的重要职责。要成为一名合格的安全生产管理人员，主要应具备以下素质。

1. 政治素质

煤矿安全生产管理人员，应具有高度的政治责任感和敏感性。坚持学习了解上级的有关方针、政策和法令要求，坚定理想信念，明确政治方向，强化责任担当，有职业发展规划，始终把国家财产和职工生命安全放在首位。在企业里具备与企业文化相符的价值观，认同组织及其文化，践行企业文化要求；在工作中保持对事业及其理想的追求，坚持原则，有责任感，愿负责、敢负责、能负责，既务实重干又能高效执行。

2. 道德素养

道德是一种社会意识形态，是人们共同生活及行为的准则与规范，是社会主流价值观下的非强制性约束。作为煤矿安全生产管理人员，首先是正确认识所在岗位所应承担的社会责任和职业追求，加强自我教育、自我改造和自我完善，坚持维护社会公共利益，尽职尽责完成本职工作，对自己的职业行为负责。比如在工作中要做到爱岗敬业、诚实守信、遵章守法、安全第一、公道正派等。其次，要注意遵从社会公德，比如文明礼貌、乐于助人、爱护公物、保护环境等；修好个人品德，比如正直善良、勤奋努力、自立自强、见义勇为等；培养家庭美德，比如尊老爱幼、勤俭持家、男女平等、邻里和睦等。

3. 安全素质

安全素质是人们的安全意识、安全知识和安全技能的总和。作为煤矿安全生产管理人员，一是树立安全意识，善待生命，增强健康意识、风险意识、防范意识、科学意识和守法意识；二是熟悉安全知识，了解生活安全、公共安全、职业卫生、自然灾害等方面的安全知识，尤其是要学习煤矿安全生产技术知识，熟知其中的危险因素及预防和应对方法；三是掌握安全管理技能，运用现代科学技术辨识和管控工作中的风险，排查和治理事故隐患；四是从拓展意义上讲，安全素质还包括伦理、情感、价值观、职业道德、行为准则等人文素质，其内涵包括安全意识、法制观念、安全技能知识、文化知识结构、心理应变能力、承受适应能力和道德行为规范约束能力等。煤矿安全生产管理人员必须让安全成为一种习惯，做到自身安全、成长安全和工作区域的安全。

4. 法治素养

法治素养是人们通过学习法律知识、理解法律本质、运用法治思维、依法维护权利和依法履行义务的素质、修养和能力。作为煤矿安全生产管理人员，一要培养法治思维理念。首先，在工作中经常思考合不合法、合不合程序，使法治思维成为一种自发的心理需求，养成依法履职、依规办事的习惯；在遇到权力与权利冲突、公共利益与个人利益冲突时，要坚持依法办事，使决策既合法合规又合情合理。二要加强安全生产法律法规的学习。既要学习宪法、通用法律知识以及与履行职责相关的法律知识，又要重视法律原则、法治精神等法治思维能力的培养。三要提升依法履职水平。敬畏法律法规制度，并建立健全分管职责范围内的规章制度体系，严格执行。

5. 科学素质

煤矿安全生产是一项复杂的系统工程，只有用科学理论指导安全生产，保证各生产环节的稳定、可靠，才能确保安全生产。作为煤矿安全生产管理人员，一是尊重科学，正确认识煤矿安全生产与灾害防治的规律，切不可头脑发热盲目决策；二是发挥专业技术人员的智慧，向科学管理与煤矿技术体系要安全生产管理的手段和方法；三是依靠科技进步的力量，坚持"管理、装备、素质、系统"四并重，多措并举构建本质安全保障体系，确保矿井安全生产。

6. 心理素质

煤矿井下特殊的作业环境和工作节奏，容易对人产生不良影响，使人出现紧张、恐慌、焦虑、急躁等情绪。作为煤矿安全生产管理人员，一方面要学习一些心理学知识，适当运用知觉对强度的敏感特征，运用不同事物的对比，增强自己的知觉印象；学一些心理暗示方法，自我排解与疏导，培养自己抵抗诱惑的稳定性、临危不惧的胆略和缜密的思维方式。另一方面在开展安全生产管理和教育过程中，要重视职工的性格差异与情绪反应，不可简单粗暴，不顾职工的心理感受和承受能力，只有这样才能取得好的工作效果。

（二）煤矿安全生产管理人员应具备的能力

1. 感召能力

所谓感召能力，也就是以自己的人格魅力感召、吸引他人的能力。作为煤矿安全生产管理人员，一是注重个人的职场形象，有良好的状态和气质，在一个团队里发挥身先士卒、以身作则的示范作用。二是具备真才实学，不管是专业技术知识，还是现场经验阅历，都应该展示高度的理论政策水平和引领能力。三是真心实意对待自己的团队和下属，能够平等沟通、知人善任、公平公正等，帮助下属进步和成长。四是有令人信服的做事风格和方法，传递自己的理念与想法；用事实和结果，获得团队的信任和下属的支持。

2. 决策能力

企业管理人员的决策能力，主要包括开放的提炼能力、准确的预测能力和决断能力。作为煤矿安全生产管理人员，一是要以开放和包容的思想及态度获取尽可能广泛的决策方案，并对各种决策方案进行提炼，把握其本质和核心，分析各个方案实施的可能性；二是正确地评估每个方案的条件及效果，准确地预测确定方案后有符合本事项预期的满意结果；三是从众多的决策方案中选取满意的方案，当机立断应对危机。

3. 组织管理能力

在企业经营管理活动中的组织管理能力，一般包括计划与决策能力、组织与人事能力、领导与沟通能力、控制与信息处理能力、创新与团队精神等。作为煤矿安全生产管理人员，需要根据工作性质、任务、目标的不同，以较强的组织、协调与沟通的能力完成工作目标。一是有贯穿全局的工作思路，把握总体目标与具体措施之间的关系，不会"胡子眉毛一把抓"；二是建立制度并维持其严肃性，能够保证制度的稳定性、可操作性以及在执行过程中的原则性和激励性，全面体现制度的严肃性和人性化管理；三是有针对性的宣传鼓动及激励措施；四是及时与上级、同级、下级，单位内部、外部做有效的沟通协调。

4. 专业技术能力

专业技术能力是专门从事某一特殊领域工作或职业所需要的职业认知、理论、操作技能和技巧。作为煤矿安全生产管理人员，需要掌握管辖范围内矿井的生产环境、地质条件、主要灾害因素等，了解本专业生产技术的发展状况与主要装备的应用情况，能够合理运用本系统的生产要素开展管理工作，参加抢险救灾等。

5. 应变能力

应变能力，是指面对意外事件等压力，能迅速做出反应，并寻求合适的方法，使事件得以妥善解决的能力。煤矿生产处在一个变化多端的复杂环境中，管理就在这样一个内外环境条件下运作，条件的变化导致管理的重点与方式要随机应变。作为煤矿安全生产管理人员，一要有丰富的知识储备，能在变化中产生应对的创意与策略；二要能控制自己的情绪，冷静、忍耐，弄清事情的真相，从而审时度势、随机应变；三要保持定力，在变动中辨明方向，寻找突破，出奇制胜，比如在事故发生时要勇于负责，果断采取措施，将损失降到最小。

6. 创新能力

创新能力是技术和各种实践活动领域中不断提供具有经济价值、社会价值以及生态价值的新思想、新理论、新方法和新发明的能力。作为煤矿安全生产管理人员，一要做有心人，以总结以往的得失来积累知识、经验，形成新思路与新方法；二要善于学习，着眼于先进技术、装备与管理手段的应用，提升管理现状；三要钻研攻关，针对现场“卡脖子”问题，或重大缺陷，成立攻关小组或与科研院所合作，开展理论研究和技术提升。

六、煤矿安全管理中常用的理论及观点

（一）事故致因理论

事故是违背人们的意志而发生的意外事件，而且事故具有明显的因果性和规律性。阐明事故为什么会发生，是怎样发生的，以及如何防止其发生的理论，称为事故致因理论，其综合模型如图 2-1 所示。

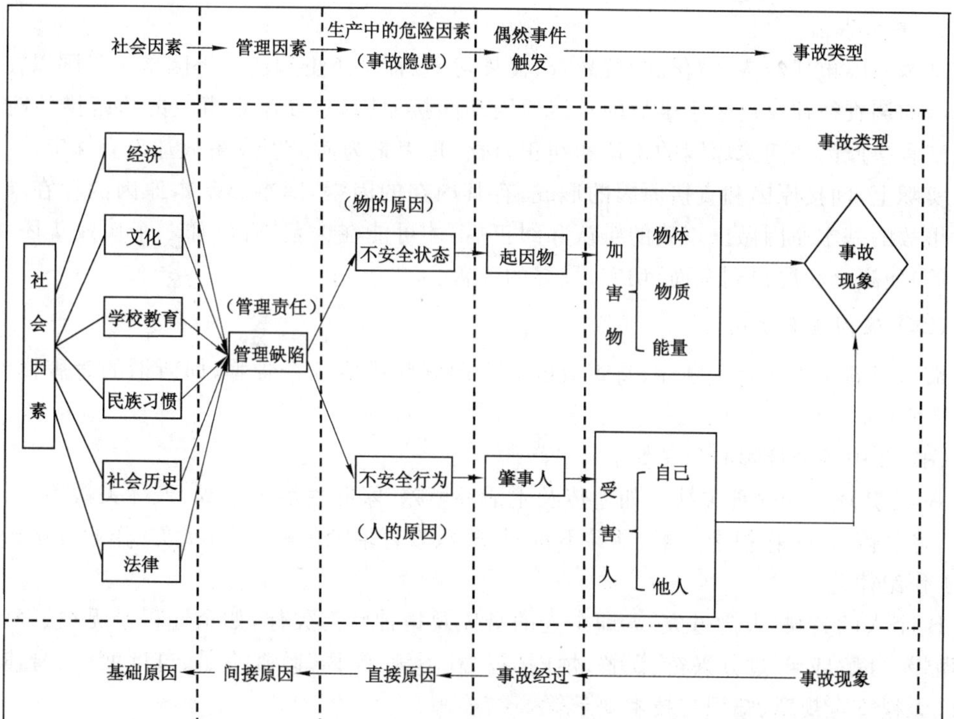

图 2-1　事故致因综合模型图

事故致因理论对于人们认识事故的本质，指导事故调查、事故分析、事故预防及事故责任者的处理有重要作用。

1. 直接原因

直接原因包括物的不安全状态和人的不安全行为。对于煤矿生产，人的不安全行为和物的不安全状态主要表现如下：

(1) 人的不安全行为：设备操作人员不合格，操作生产设备的速度不当，设备误操作，没有注意需重点保护的设备，没有配备个体防护装置，错误堆放和装载材料，不合理设置设备位置，工作体位不当，搬运重物的姿势不对，在设备运行时进行修理等。

(2) 物的不安全状态：井下危险的大气环境（如含有瓦斯、煤尘、烟雾、蒸汽等），支架或相应的保护装置不合格，工具、设备或材料有缺陷，工作场所拥挤，报警系统出现问题，噪声过大，井下照明不良，通风不良，辐射等。

2. 间接原因

间接原因是导致人的不安全行为、物的不安全状态产生的深层次原因。间接原因包括：

(1) 技术和设计上有缺陷——工业构件、建筑物、机械设备、仪器仪表、工艺过程、操作方法、检修检验等的设计、施工和材料使用存在问题。

(2) 教育培训不够，未经培训，缺乏或不懂安全操作技术知识。

(3) 劳动组织不合理。

(4) 对现场工作缺乏检查或指导错误。

(5) 没有安全操作规程或不健全。

(6) 没有或不认真实施事故防范措施，对事故隐患整改不力等。

3. 基本原因

基本原因包括经济、文化、学校教育、民族习惯、社会历史和法律等因素。我国以往对事故致因的调查往往仅局限于事故的直接原因和间接原因，且在制定事故的防范措施时也只注意到直接原因和间接原因的辨认和纠正，对管理因素为何会引发事故却没有深究。

实际上，间接原因和直接原因的形成，有其内在的因素，即事故基本原因的存在。只有在对事故的基本原因做出正确的辨认和纠正后，才可能在大范围内（如一个矿业集团、整个国家等）使安全状况得到全面、切实、最终的改善。

(二) 海因里希法则

海因里希按事故发生顺序，将事故的 5 个因素编排成 5 个骨牌，即所谓的骨牌模型，如图 2-2 所示。

图 2-2 中各个骨牌的含义如下：

A：社会环境和管理欠缺。如遗传及生活环境差、家庭生活不幸福、人际关系不好、无事业心、经济困难、工作担子太重、领导不重视安全、教育培训不够、领导无方、作业方法未标准化、工作纪律差等。

B：个人的欠缺（人为过失）。即个人的身体及精神状态欠佳，如个性粗暴无情、轻浮、幼稚、傲慢、自暴自弃、过分兴奋、误解、烦闷、担心、不满、酗酒、睡眠不足、过度疲劳、身体状况不好、无视安全规章、知识与技术缺乏等。

C：人的不安全行为和物的不安全状态。不安全行为是指造成事故的人为错误，常表现为冒险作业，错误操作，未经许可就进行操作，错误地运行设备，人为地使安全装置失效，向

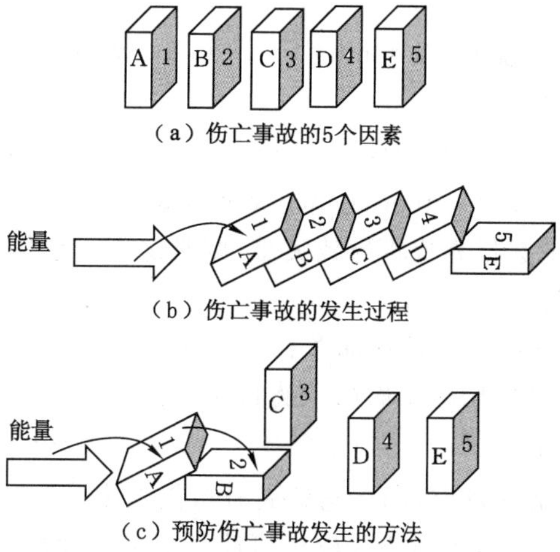

图 2-2　海因里希法则骨牌模型示意图

同事发出错误的警告或进行错误的防护，不正确地使用个人防护用品和用具，不正确地装载、放置设备或物体，作业姿势不良，作业位置不当，不正确地进行运输、提升，对运转中的设备进行检修，投掷工具，赤脚作业等。

物的不安全状态是指能导致事故发生的物质条件，常表现为没有充分地支撑或防护，使用不良的工具、设备或物资，工作场所过分狭小或条件恶劣，没有良好的预警系统，存在火灾和爆炸危险，工作面顶板破碎，水文地质条件复杂，存在着危险的大气条件（气体、粉尘、烟雾、水蒸气），噪声过大，照明不好，通风不良，工艺过程不合理，作业方法不当等。

D：事故。发生了与人的意志相违背的事情，是指前 3 种因素经连锁反应，使潜在的危险暴露出来，暂时或永久地迫使生产停止。

E：人身伤亡。由于事故发生而导致人体伤害。图 2-2(a)表明，若按因果顺序，伤亡事故为 5 个因素；A 的发生促使 B 的发生，而 B 的发生又造成 C 的发生，C 的出现促成了 D 的发生，由于 D 的发生，产生了 E 的结果。

显然，如果紧紧相挨的 5 个骨牌的前 3 个中的任一个倒下，则后边的骨牌也就会接连倒下，见图 2-2(b)。这就表明，事故和伤亡之所以产生是由于前 3 个因素的作用。图 2-2(a)、图 2-2(b)表现了事故的组成要素及其连锁反应。从图 2-2(c)可见，若抽掉中心的第三张骨牌 C，那么，即使第一、第二张骨牌倒下，也不至于发生事故。从预防事故和伤亡出发，在事故预防中，应集中精力，设法消除骨牌 C，使系列中断，则可避免事故和伤亡的发生。由此可见，安全工作的中心应放在排除人的不安全行为和物的不安全状态，清除事故隐患。

海因里希在调查了 5 000 多起伤害事故后发现，在 330 起类似的事故中，300 起事故没有造成伤害，29 起引起轻微伤害，1 起造成了严重伤害，即严重伤害、轻微伤害和没有伤害的事故起数之比为 1∶29∶300，这就是著名的海因里希法则。

海因里希法则反映了事故发生频率与事故后果严重程度之间的一般规律，且说明事故发生后其后果的严重程度具有随机性或者说其后果的严重程度取决于机会因素。

（三）墨菲定律

墨菲定律，是西方世界常用的俚语。简单来说就是事情往往会向你所想到的不好的方向发展，只要有这个可能性。

西方的墨菲定律是这样说的：Anything that can go wrong will go wrong.（凡事只要有可能出错，那就一定会出错）

墨菲定律的原话是：If there are two or more ways to do something, and one of those ways can result in a catastrophe, then someone will do it.（如果有两种或两种以上的方式去做某件事情，而其中一种选择方式将导致灾难，则必定有人会作出这种选择）

根据墨菲定律可以得出 4 条结论：

(1) 任何事都没有表面看起来那么简单；

(2) 所有的事消耗的时间都会比你预计的时间长；

(3) 会出错的事总会出错；

(4) 如果你担心某种情况发生，那么它就更有可能发生。

它道出了一个铁的事实：技术风险能够由可能性变为突发性的事实。

它揭示了一种独特的社会及自然现象。

它的极端表述是：如果坏事有可能发生，不管这种可能性有多小，它总会发生，并造成最大可能的破坏。

（四）木桶原理

木桶原理又称短板理论，木桶短板管理理论的核心内容为：一只木桶盛水的多少，并不取决于桶壁上最长的那块木块，而恰恰取决于桶壁上最短的那块。根据这一内容，可以有两个推论：其一，只有桶壁上的所有木板都足够高，那么木桶才能盛满水。其二，只要这个木桶里有一块高度不够，木桶里的水就不可能是满的。

在安全管理中导致事故的最薄弱环节就是木桶的最短板，要想方设法让短板达到长板的高度或者让所有的木板维持“足够高”的相等高度，才能保证安全。

（五）冰山理论

著名的冰山理论于 1895 年由弗洛伊德和布洛伊尔联合发表在《歇斯底里研究》上，随后该理论被应用到各个领域中。弗洛伊德认为，人的人格就像海面上的冰山一样，露出来的仅仅只是一部分，即有意识的层面；剩下的绝大部分处于无意识的层面，是看不见的，而这绝大部分在某种程度上决定着人的发展和行为。

冰山理论应用到安全管理领域，具有指导意义。一方面，在生产和行为过程中，水面上的事故是冰山一角，水面下可能隐藏着很大的事故隐患，仅凭表面现象不能判断危险程度，更不可忽视所谓的小事件；反过来，如果把露出水面的冰山看作事故的发生，那么要让冰山不露出水面，即事故不发生，就要减少冰山底部的体积，即从根源上消除隐患。如果把露出水面的冰山看作是人的安全行为，那么水下冰山就代表人的安全意识和安全知识，只有储备了大量的安全知识并具有很强的安全意识，才能保证具有安全行为，从而保证安全生产的顺利进行。

因此，冰山理论启示我们：事故的背后一定存在着事故隐患和不安全因素的理论吻合，要减少事故的发生，必须削减事故隐患和不安全因素的存量。同理，为了实现人的安全行为，要注重安全培训，尤其是安全文化的建设。

七、煤矿安全生产管理的保障措施

（一）制度保障

没有完善的安全管理制度就没有科学管理，也就无法实现安全生产。安全管理制度，既要有原则性，又要有针对性和可操作性。条文应简明、扼要、具体，便于检查考核。

煤矿企业安全生产管理制度主要有：各级负责人、各部门、各岗位安全生产责任制，安全生产目标管理、投入、奖惩、技术措施审批、培训、办公会议制度，安全检查制度，安全风险分级管控工作制度，事故隐患排查、治理、报告制度，事故报告与责任追究制度，重要设备材料的查验制度，各种设备、设施检查维修制度，入井检身制度和出入井人员清点制度，安全生产标准化管理制度，矿井主要灾害预防管理制度，煤矿事故应急救援制度，安全操作规程管理制度等。

（二）组织保障

煤矿企业应根据自己的生产经营特点、生产规模、经济体制等情况，建立健全安全生产指挥、技术保障、应急救援、教育培训、监督等组织保障体系，将各职能机构、基层班组、群众安全监督等纳入体系中来，使安全管理做到纵向到底，横向到边，形成网络。

安全生产管理体系的建立，可以从组织机构上实现分级管理，分线负责，协调统一，这是提升安全管理水平的组织保障。

（三）人力资源保障

煤矿企业人力资源在数量上供大于求，但质量上供不应求的现象仍很严重，特别是一线员工文化技术水平偏低，很大程度上制约了现代管理方法、高科技成果在煤矿企业的普及、推广和应用。因此，提高员工素质既是实现有效管理的基础保障和根本措施，又是安全管理的重要内容。

（四）资金、物质保障

安全工作需要财力、物力的保障，安全管理的效能常常受到企业财力、物力的制约。对安全资金要做到优先安排，提足用好，保证专款专用。在物力上，也必须提前计划、提前购置，保障数量和质量，保障按时供应。

（五）信息资源保障

实现安全管理的信息化，是提升安全管理水平，提高安全管理的工作效率，实现安全管理科学化和现代化的重要保障。现在，绝大多数煤矿企业都装备了计算机等信息处理设备，但总体应用水平有待提高。煤矿安全信息管理系统应是建立在计算机网络技术和专家系统基础上的信息管理系统，应实现信息资源共享，对资料进行综合分析、处理，为安全管理和决策指挥提供依据。

（六）安全文化保障

任何企业都处在一定的社会环境之中，要搞好企业的安全管理，离不开良好的企业人文环境的支持。因此，煤矿企业要努力营造企业安全文化氛围。

第二节 煤矿企业安全管理的工具与方法

一、安全文化

（一）安全文化的概念

所谓企业安全文化，就是企业在长期的安全生产活动中培育形成并由全体员工共同遵守的安全价值标准、基本信念、职业道德、理想、传统、风气、行为准则等。安全文化的核心是人，以人为本，以文化为载体。安全文化将安全问题由自然科学引申到人文科学，注重塑造人、关爱人、引导人，将“安全第一，预防为主”的原则浸透、深入员工的潜意识中，使他们在生产作业活动中，自觉地将安全作为一种职业习惯，从而减少由于人的不安全行为引发的事故。

（二）企业安全文化建设的主要内容

企业安全文化是企业安全治理技术的灵魂科学，通过发挥文化的功能来进行安全管理，注重通过提高人的思想观念和精神素质来实现各种安全管理要求，落实执行“顺理成章”，进而实现企业安全生产目标。企业安全文化应至少包括以下三个方面的内容。

1. 精神文化

企业安全文化首先是企业的一种安全精神文化，也可称为一种安全观念文化。精神文化着眼于塑造企业职工作为“企业人”的安全意识和提高人的安全素质，通过各种形式的安全思想教育、职业道德建设、安全生产榜样示范等，在企业成员的灵魂深处，把自我的安全要求与企业的发展结合起来，在企业全体成员中形成良好的职业素养、科学的思维方法以及安全观念。

2. 物质文化

企业安全文化是企业的一种物质文化。物质文化是利用物质条件，为企业所有人员创造有利于调动工作与生活的积极性、有利于提高效率与创造安全的工作环境。物质文化对人的感觉、心理产生一种影响，使人更加容易遵守安全生产管理的特定要求，规范自己在安全生产过程中的言行，达到企业安全生产的目的。

3. 治理文化

企业安全文化中的治理文化又包含以下三种文化，即目标文化、制度文化、行为文化。

（1）目标文化

目标文化是企业通过对自己的安全生产治理能力客观的评价，根据自身的客观实际、所处的社会环境和应尽的安全生产主体责任，确定企业的安全目标及发展战略。企业的目标文化不能脱离现实，空喊口号。目标文化对外宣示了企业做出的安全承诺，对内展示了企业全体成员同心同德为之奋斗的安全目标。

（2）制度文化

制度文化是指按照现代科学管理的原则，用科学的管理方法制定一系列保障安全生产的条文，规范、约束企业全体成员的行为，保护全体成员在生产过程中的安全和健康的制度管理机制。优秀的制度文化，体现在制度建立、执行、反馈的全过程，不仅要让制度成为全体成员的行为准则，而且要让制度成为激励成员前进的动力。制度建设要紧扣治理内容、工作范围，同时要具有可操作性，定性定量适宜，并要具有连贯性，易于贯彻执行。

(3) 行为文化

行为文化是企业全体成员的安全意识在实际行动中的体现，包括全体职工安全达标的行为方法，各级领导干部科学规范的管理方法及全体成员良好的素质等。它促进企业成员积极参与企业的安全生产活动，把理想、信念、激情转化为实际的行动。

(三) 安全文化建设的重要意义与创新

安全文化是作用于每一个人身上的一种无形的“磁场”，控制着每一个人的行为，因此，安全文化是预防事故的基础性工程。高度优异的安全文化能使人们认识到安全是发展的前提，理解安全的重要地位，进而明确自己的安全行为。安全文化贵在创新。要坚持“以人为本”，从人的需求出发，把关心人、理解人、尊重人、爱护人作为安全文化建设的出发点；注重总结群众性安全文化建设和发展的好经验，引导和启发人们从生命价值中体会安全文化建设的重要性，增强安全文化的亲和力和亲切感；注重环境的熏陶，寓教于乐，使人们在参与中得到启迪、受到教育，形成安全第一的习惯。

二、安全心理学

(一) 安全心理学的概念

安全心理学是用心理学的原理、规律和方法解决劳动生产过程中与人的心理活动有关的安全问题，其任务是减少生产中的伤亡事故；从心理学的角度研究事故的原因，研究人在劳动过程中心理活动的规律和心理状态，探讨人的行为特征、心理过程、个性心理和安全的关系，发现和分析不安全因素、事故隐患与人的心理活动的关联以及导致不安全行为的各种主观和客观的因素，从心理学的角度提出有效的安全教育措施、组织措施和技术措施，预防事故的发生。

(二) 安全心理学的研究对象

(1) 研究生产设备、设施、工具、附件如何适合人的生理、心理特点，如研究机械设备的显示器、控制器、安全装置如何适合人的生理、心理特点及其要求，以便于操作，减轻体力负荷，保持良好姿势，从而达到安全、舒适、高效的目的。

(2) 研究工作设计和环境设计如何适合人的心理特点。如研究改进劳动组织，合理分工协作，建立合理的工作制度(包括适宜的轮班工作制)，丰富工作内容，减少单调乏味的劳动，制定最合适的工时定额，改进适宜的工作空间、工作场所布置和环境，建立良好的群体心理气氛等。

(3) 研究人如何适应机器设备和工作的要求，包括通过人员选拔和训练，使操作人员能与机器的要求相适应；研究人的作业能力及其限度，避免对人提出能力所不及的要求。根据现代心理学的学习理论加速新工人的职业培训和提高员工的技术水平及对训练的绩效进行评价等。

(4) 研究人在生产过程中如何相互适应，诸如与安全生产有关的人的动机、需要、激励、士气、参与、意见沟通、正式群体与非正式群体、领导心理与行为、建立高效的生产群体等。

(5) 研究如何用心理学的原理和方法分析事故的原因和规律，诸如研究人的行为、与行为有关的事故模式、人在劳动过程中的心理状况、与事故有关的各种主观和客观的因素（如人机界面、工作环境、社会环境、管理水平、个人因素），特别是个人因素（如智力、健康和身体条件、疲劳、工作经验、年龄、个人性格特征、情绪）以及事故的规律等。

(6) 研究如何实施有效的安全教育，如根据心理学的规律研究切实可行、不流于形式的安全教育方法，以及引人注目的能起到宣传效果的安全标语和宣传画，培养员工的安全习惯等。

总之，在研究这些问题时，首先要研究人的心理过程的特点以及这些特点对劳动者个人的作用，其次还必须考虑个性心理以及某些个人生活因素。

三、安全目标管理

（一）安全目标管理的意义

安全目标管理是指企业内部各个部门以至每个职工，从上到下围绕企业安全生产的目标，层层展开确定各自的安全目标，确定行动方针，安排安全工作进度，制定实施有效组织措施，并对安全成果严格考核的一种管理方法。

（二）安全目标管理的主要内容

安全目标管理的实施过程可分为四个阶段，即安全目标管理体系的建立，安全目标的制定，安全目标的实施，安全目标的评价与考核。安全目标必须围绕企业生产经营目标和上级对安全生产的要求，结合安全生产的特点，按如下原则制定。

1. 突出重点，分清主次

安全目标应突出生产安全事故、重大灾害治理、安全生产标准化等级等指标，同时注意次要目标对重点目标的有效配合。

2. 安全目标预期结果做到具体化、定量化、数据化

如安全生产事故方面要做到零死亡、零重伤，重大灾害治理方面要做到零突出、零超限等。

3. 目标既要有综合性，又要有实现的可能性

制定的企业安全管理目标，既要保证上级下达指标的完成，又要考虑企业自身的安全生产实际。

安全目标管理涉及各层级各单位，是关系安全生产全局的大问题，为此应将总目标分解到各基层部门或系统，做到横向到边，纵向到底，纵横交错，形成网络。

安全目标管理是综合性很强的科学管理方法，它是企业安全管理的“纲”，是一定时期内企业安全管理的集中体现。在实现安全目标过程中，要依靠和发挥各种安全管理方法的作用，如建立安全生产责任制、制订安全技术措施计划、开展安全教育和安全检查等。只有两者有机结合，才能使企业的安全管理工作做得更好。

四、安全计划与决策管理

（一）安全计划的概念

安全计划是根据煤矿企业安全生产发展目标，结合内外部环境、地质条件、开采技术条件、各种资源状况及其发展特点，确定逐步解决安全问题的方针、策略、措施和基本对策。安全计划作为各类决策的基础、应变的前提、管理的保障、控制的手段，是企业发展计划的重要

内容，企业在制订发展计划时必须同时制订企业安全计划。

（二）安全计划种类

安全计划根据期限不同分为三种类型，即长期计划、中期计划和年度计划。

长期计划又称长期规划，计划期限一般为5～10年。长期安全计划是一种目标计划。

中期计划一般称发展计划，由长期计划衍生而来，是企业设定未来2～5年内欲努力发展的目标及战略，用以执行长期计划。安全中长期计划应包括企业安全生产方针、发展目标、基本对策和重点措施，确定安全投资计划、人才培训计划和安全装备计划。

年度计划一般称为执行计划，应包括安全工作的具体目标、内容、方法、措施、经费、实施日期、应取得的效果和评估方法、矿井灾害预防与处理等内容。

（三）安全计划的内容与编制

1. 安全计划的内容

《煤矿安全规程》规定的煤矿企业需编制的安全计划有：安全技术发展规划、安全技术措施计划、年度灾害预防和处理计划、突出矿井必须编制区域防突措施规划和年度实施计划、冲击地压矿井必须编制中长期防冲规划与年度防冲计划、应急演练计划等。

2. 安全计划编制的依据

安全计划的编制要充分分析和认真研究煤矿企业各方面情况，依据社会环境、经济环境、技术环境、地质条件、开采技术条件及安全生产各种数据、资料，通过对积累资料的系统分析，总结安全生产的规律，研究各种因素对安全生产的影响，预测发展趋势。要注意各类计划之间的内在关系以及长期、中期和年度计划的衔接。

3. 安全计划的编制程序与执行

安全计划由主要负责人组织，各单位和职能部门在认真研究并组织广泛讨论的基础上，编制本单位安全计划。安全计划与生产计划同时下达。安全计划的执行要按预定的目标、标准来控制和检查，经常对计划运行情况进行修订和调整，发现偏差，迅速予以解决。

（四）安全决策

安全决策是针对生产经营活动中的危险源或特定的安全问题，根据安全目标、安全标准和要求，运用安全科学理论和分析评价方法，系统收集、分析信息资料，提出各种安全措施方案，经过论证评价，从中选择最优控制方案并予以实施的过程。安全决策是事故预防与控制的核心，是安全管理的首要职能。

五、安全信息管理

安全信息是安全管理的基础。对于安全信息管理来说，信息收集与处理系统是否完善，很大程度上决定着企业的安全管理水平。随着社会的发展和科学的进步，安全信息化管理将在煤矿安全生产中发挥重大的作用。

（一）安全信息的概念

安全信息就是在生产中与安全有关的信息集合。在安全管理中所用到的安全信息，作为客观现象的一个方面，对于安全管理、危险分析、事故预测等都是必不可少的依据。

（二）安全信息管理

安全信息管理的基本内容是对各种类型的数据按照一定的规格进行加工处理和综合分

析处理，得出系统总体的安全信息。

（三）煤矿安全信息管理系统

煤矿安全信息管理系统就是对煤矿安全信息进行收集、整理、统计、计算、分析，并传递给操作者、管理者和决策者，以便进行安全管理和安全决策，保证煤矿生产安全的系统。煤矿安全信息管理系统建设的主要内容有：

(1) 建立安全信息管理机构。设立安全信息管理机构，设专人管理安全信息，负责安全信息的收集、筛选、处理、储存、传递、反馈等工作。

(2) 建立信息运行系统。安全信息管理系统的运行十分重要，信息运行系统由以下四部分组成。

① 信息收集系统。安全信息的收集有以下几个方面：上级部门的文件、指令等；本矿的安全文件、档案和技术资料等；各类安全检查获得的信息，包括各级安全生产管理人员、工程技术人员、安全检查员、青安岗员、群监员等提供的及安全监测设备收集的数据等。

② 信息处理系统。安全信息管理机构对收集到的安全信息按重要性和处理难易进行筛选，并按照分级、分类原则分别传递给安全决策系统。同时，利用安全信息定期进行安全预测评价。

③ 安全决策系统。安全决策人员根据安全信息进行决策，传递给有关单位处理解决。

④ 信息反馈系统。有关单位在接到决策后，应在限期内对安全信息（包括隐患）进行处理解决，处理完后，将此信息反馈回安全信息管理机构登记备案，并按照企业的管理程序跟踪、落实、反馈。

（四）计算机系统在安全信息管理中的应用

随着现代安全科学管理理论和安全工程技术，以及计算机软、硬件技术的发展，计算机管理系统作为安全生产辅助管理和事故信息处理的手段，在煤矿安全生产领域已经发挥着越来越重要的作用。煤矿安全信息管理应主动发挥计算机高速、自动、精确进行数据运算、过程控制、数据处理的功能，利用信息化的处理手段做到煤矿安全信息管理系统的高效运行。

六、煤矿重要设备及材料的安全管理

为防止不具备安全保障的技术、工艺、设备及材料等进入煤矿生产系统和生产过程，必须从源头上保证煤矿使用的产品、新技术、新工艺、新设备和新材料具备足够的安全性，以适应煤矿特殊作业条件和作业环境的要求。

（一）关于矿用产品安全标志管理的要求

我国自1990年开始对煤矿矿用产品实施安全标志管理。1992年写入《煤矿安全规程》，在以后修订的各版本《煤矿安全规程》中均强调了相关要求，2002年写入《安全生产法》。《国务院办公厅关于进一步加强煤矿安全生产工作的意见》（国办发〔2013〕99号）、《中共中央办公厅 国务院办公厅关于进一步加强矿山安全生产工作的意见》、相关国家和行业标准、原国家安全生产监督管理总局和原国家煤矿安全监察局出台的有关文件规定等也有明确要求。

对煤矿使用的矿用产品实施安全标志管理，能够更好地指导煤矿企业加强对矿用装备的安全管控。煤矿企业应做好以下工作：

（1）重视技术装备保障在煤矿安全生产中的地位和作用，深刻认识矿用产品安全标志管理的重要意义，严格执行国家的有关规定和要求。

（2）煤矿企业应了解纳入安全标志管理的产品范围。目前，纳入安全标志管理的煤矿矿用产品主要包括：电气设备、照明设备、爆破器材、通信信号装置、钻孔机具及附件、提升运输设备、通风防尘装备、阻燃及抗静电产品、安全监测监控仪器与装备、采掘机械及配套设备等共 12 个大类、118 个小类。

（3）在设备设计选型、采购时，对纳入煤矿矿用产品安全标志管理的设备，必须选择、采购取得安全标志且安全标志在有效期内的产品。

（4）产品到矿后应进行验收，核查安全标志标识（MA）、证书，以及与产品铭牌、使用说明书所载信息的一致性；核对产品，尤其是系统类或装置类产品的主要零（元）部件与安全标志证书中备注信息的一致性，包括部件名称、型号规格、安全标志编号（或其他强制性认证编号）等，必要时查询矿用产品安全标志网站（www. aqbz. org），以保证所采购到的产品与安全标志实际认证产品的一致性，防止假冒伪劣、以次充好；保存好安全标志证书及相关技术文件。

（5）严格设备设施安全管理。完善矿山井下特种设备安全标志审核发放和监督机制。定期对取得矿山井下特种设备安全标志的在用设备设施开展安全可靠性检验。建立矿用安全设备全生命周期智慧监管平台，实行矿用设备安全责任追究制度。

（二）关于新技术、新工艺、新设备、新材料管理的要求

在现场管理中，应注意以下问题：

（1）对新技术、新工艺的管理。由于新技术、新工艺的不完善性和不确定性，为防止其造成隐患甚至事故，在试验之前煤矿企业或其委托的第三方机构必须对试验的新技术、新工艺组织论证，并在充分论证的基础上制定和实施安全措施，对参与试验的人员进行充分的教育和培训。安全措施应包括预防、监测、控制、管理等措施及应急预案。同时，在试验过程中还应不断分析、总结和改进。

（2）对新设备、新材料的管理。煤矿企业应要求新设备、新材料研发单位，按照国家有关要求，取得产品工业性试验安全标志。考虑到新产品安全标志审核发放过程中仅考核了安全性能，可能存在诸多不确定性及潜在的危险因素，在井下试验时，煤矿企业应与研发单位共同研究制定相关安全保障措施，向参与试验的人员告知相关安全风险，确保试验安全，避免发生事故。

第三节 煤矿安全生产管理制度

一、煤矿企业建立安全生产管理制度应遵循的原则

（1）符合相关的法律、法规、规章、规程和标准。

（2）内容具体，责任明确，能够对照执行和检查，严格管理措施，有针对性、可操作。

（3）对违反制度的各种行为有明确、具体的处罚措施和责任追究办法。

（4）所引用的依据及适用范围和时间明确，表述规范，条款清晰，能确保相关人员了解

和掌握。

(5) 以正式文件发布,并确保其能够约束涉及的部门和个人。

二、煤矿安全生产主要管理制度

(一) 安全生产责任制

安全生产责任制是最基本的安全管理制度,是所有安全管理制度的核心。

安全生产责任制应覆盖本企业所有组织和岗位,其责任内容、范围、考核标准要简明扼要、清晰明确、便于操作、适时更新。安全生产责任制中应明确,主要负责人对本单位安全生产工作全面负责,主要技术负责人负有安全生产技术决策和指挥职责,其他分管负责人和相关人员在履行岗位职责的同时履行相应的安全生产工作职责。煤矿生产区队、班组、岗位从业人员等的安全生产责任制要通俗易懂,便于操作。

(二) 安全目标管理制度

安全目标管理是指煤矿企业将一定时期的安全工作任务转化为安全工作目标,制定安全目标体系,并层层分解到本企业的各个部门和个人,各个部门和个人按照所制定的目标,制定相应的对策措施。安全目标管理制度,应依据政府有关部门或上级下达的安全指标,结合实际制定年度或阶段安全生产目标,并将指标逐渐分解,明确责任、保证措施、考核和奖惩办法。

(三) 安全生产奖惩制度

安全生产奖惩制度是针对企业员工在安全生产中的表现,给予相应的奖励、惩罚的制度。其目的在于实行安全否决权,鼓励先进、鞭策落后,促进职工为搞好安全生产献计出力。安全生产奖惩制度是搞好煤矿安全工作不可缺少的重要安全管理制度,它既兼顾了职工在安全方面的责任、权利和义务,又运用经济、行政、安全制约和激励机制等手段,体现了奖优罚劣,奖罚对应的公正性、严肃性,同时还具有一定的规范性和可操作性。

(四) 安全工作制度

安全工作制度是指围绕安全管理实际所需制定的一系列安全生产管理制度。应当包括安全检查制度、安全办公会议制度、安全技术措施审批制度、双重预防体系建设管理制度、安全培训制度、安全投入保障制度等。

1. 安全检查制度

实行安全检查是国家有关安全生产法律、法规、方针、政策及煤矿企业安全管理制度得以贯彻执行的重要手段,也是我国煤矿安全工作历史经验教训的总结。实行安全检查有助于加强煤矿的安全管理,预防事故的发生。安全检查制度应当包括检查的内容、方式方法、依据及检查结果的应用等。

2. 安全办公会议制度

安全办公会议制度应当包括以下内容:

(1) 会议的召开频次、时段。

(2) 会议组织者(原则上由行政正职主持)、参会人员。

(3) 会议议程。可以包括:传达贯彻上级安全工作会议指示、指令、文件精神,听取有关专业部门安全汇报,分析讨论各类安全问题并提出相应的安全技术措施和整改处理意见,安排布置矿井的安全重点工作等。

(4) 会议成果及落实。应包括：形成安全办公会议纪要并妥善保管，以便接受上级有关部门的检查；会议纪要传达贯彻及落实情况等。

3. 安全技术措施审批制度

安全技术措施审批制度应包括以下内容：

(1) 安全技术措施编制和审批的依据。应包括《安全生产法》《矿山安全法》《煤矿安全规程》等法律、法规及上级主管部门颁发的各类文件、指令和技术标准。

(2) 安全技术措施审批内容、权限。安全技术措施审批的内容应包括涉及安全技术方面的方案、规划、论证、设计、作业规程、操作规程、安全技术措施、评判报告、"四新"技术(新技术、新设备、新工艺、新材料)应用与推广等安全技术事项。安全技术措施审批应明确总工程师及各级技术管理人员的审批权限，需要矿长审批的需单独明确。

(3) 安全技术措施审批程序：编制单位初审→报上一级单位审查→权限审批单位审查→权限审批单位起草审批意见→签署意见或行文批复。

(4) 安全技术措施审批管理办法。对安全技术措施审批管理的其他事项进行规范和明确。

4. 双重预防体系建设管理制度

双重预防体系建设工作已经成为煤矿企业安全管理的重要内容，煤矿应建立完善双重预防体系建设管理制度。双重预防体系建设应包含安全风险分级管控及事故隐患排查治理两部分内容。

5. 安全培训制度

煤矿企业需建立完善安全培训管理制度，加强从业人员安全培训工作。

6. 安全投入保障制度

足额的安全投入保障是安全高效管理的基础，加强安全投入管理，对于保证煤矿企业安全生产长效运行意义重大。煤矿企业应建立安全投入保障制度，足额提取和使用安全费用，确保安全生产。

(五) 事故预防制度

事故的预防就是防止能量意外释放，防止人体与过量的能量接触。在煤矿生产过程中，环境的不安全因素、物的不安全状态、管理上的缺陷为能量或危险物质的意外释放创造了条件。人的不安全行为导致了人员与意外释放能量的接触，安全生产事故也随之发生了。因此，煤矿企业的事故预防制度就是针对煤岩体、瓦斯、水、粉尘、火、电、机械设备、有毒有害物质及人体势能等能量体或能量制定的防止能量意外释放的对策及防止人员接触到这些意外释放能量的对策。

第四节　煤矿安全风险预控和隐患排查双重预防体系

一、双重预防机制的内涵及其应用现状

双重预防机制是指以安全风险分级管控和隐患排查治理两种手段相结合的生产安全事故预防工作机制，是党中央、国务院为全面加强安全生产工作，针对近年来发生的重特

大事故暴露出当前安全生产领域"认不清、想不到"的问题突出,以遏制重特大事故为目的,而提出的重大决策部署,强调安全生产的关口前移,源头治理,构建"把安全风险管控挺在隐患前面,把隐患排查治理挺在事故前面"的双重防火墙,对预防生产安全事故意义重大。

2016 年后,国务院颁布了一系列有关安全生产规划的指导意见,其中都将双重预防机制作为新时期提升生产安全的主要举措。

二、煤矿安全风险分级管控

(一) 风险分级管控概述

风险管理是指组织通过识别、衡量、分析风险,并在此基础上有效控制风险,用最经济合理的方法来综合处理风险,以实现最佳安全生产保障的科学管理方法。风险管理工作的目的在于确保生产运营过程的危险源能被全面识别,风险能被有效地鉴定和理解,划分风险等级并确定风险控制的重点,在现有控制措施基础上提出改进对策措施,将风险最小化,达到合理可接受的水平。风险管理的流程如图 2-3 所示。

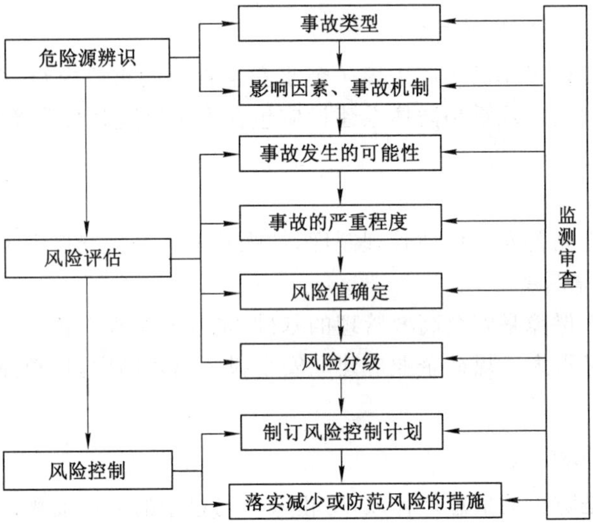

图 2-3 风险管理流程图

煤矿安全风险预控管理体系的核心内容是风险管理,在《煤矿安全风险预控管理体系规范》(AQ/T 1093—2011)中,对危险源辨识、风险评估、风险管理对象、管理标准和管理措施、危险源监测、风险预警、风险控制、信息与沟通等要素给出了规定,明确了煤矿风险管控的要求。

危险源辨识、风险评估和风险控制是风险管理的主要内容,也是实现煤矿安全风险预控管理的重要环节。危险源辨识确定安全管理对象;风险评估确定安全管理重点;风险控制通过制定管理标准确定如何做,通过制定管理措施确定如何管,通过明确责任确定如何落实。

在煤矿风险管理过程中,危险源辨识和风险评估是安全风险预控管理体系建立的基础。通过危险源辨识和风险评估,使煤矿清楚作业环境、设备设施、作业行为中存在的风险,有利于作业环境改善、设备设施维护、作业行为规范。同时在全员参与危险源辨识和风险评估的过程中，使员工的风险意识得到不断提高，实现安全管理由被动式经验管理向主动式风险预控管理的转变。

（二）危险源辨识和风险评估

1. 危险源辨识

煤矿应组织员工对危险源进行全面、系统的辨识，并做好以下工作。

（1）危险源辨识前应进行相关知识的培训。

（2）辨识范围覆盖本单位的所有活动及区域。

（3）对所有工作任务建立清册并逐一进行危险源辨识，并对危险源辨识资料进行统计、分析、整理、归档。危险源辨识中应注意下列事项：

① 危险源辨识应采用适宜的方法和程序，且与现场实际相符；

② 危险源辨识时考虑正常、异常和紧急三种状态及过去、现在和将来三种时态；

③ 采用事故树分析法对系统（采掘系统、机电运输系统、“一通三防”系统等）中存在的危险源进行辨识。

（4）工作程序或标准改变、生产工艺发生变化以及工作区域的设备和设施有重大改变时，应及时进行危险源辨识。

（5）发生事故（包括未遂）、出现重大不符合项时应及时进行危险源辨识。

2. 风险评估

煤矿应组织员工对辨识出的危险源进行风险评估，并做好以下工作。

（1）对所有辨识出的危险源逐一进行风险评估，并对风险评估资料进行统计、分析、整理、归档。风险评估应采用适宜的方法和程序，且与现场实际相符；根据风险评估结果对辨识出的危险源进行分级、分类。

（2）在以下情况时执行持续风险评估，并保留评估的记录：

① 新改扩建项目前；

② 新技术、新设备（设施）、新工艺和新材料应用前或有重大改变时；

③ 为特定项目（采煤工作面安装、初次放顶、收尾、回撤，采掘工作面过构造、过冲刷带、过富水区、过空巷，排放瓦斯、井下电气焊、大型设备安装与检修等）制定安全措施前；

④ 执行重大风险任务前；

⑤ 执行特定检查和实验前；

⑥ 审核发现重大不符合项；

⑦ 调查事故（包括未遂）暴露的新风险。

（三）危险源辨识和风险评估方法

危险源辨识和风险评估是事故预防、安全评价、重大危险源监督管理、应急预案编制和安全管理体系建立的基础。在危险源辨识和风险评估过程中，需根据具体对象的性质、特点以及分析人员的知识、经验和习惯等选择适合的方法。

1. 危险源辨识方法

常用的危险源辨识方法可分为经验对照分析和系统安全分析两大类。

经验对照分析方法：经验对照分析方法是一种通过对照有关标准、法规、检查表或依靠分析人员的观察分析能力，借助于经验和判断能力直观地评价对象危险性和危害性的方法。经验对照分析方法是一种基于经验的方法，适用于有可供参考先例、有以往经验可以借鉴的情况。

系统安全分析方法：系统安全分析方法常用于复杂系统、没有事故经验的新开发系统。为了能够使危险源辨识和风险分析更加系统，危险、危害事件及其产生的原因识别更加全面，需要应用一些科学的系统安全分析方法来帮助分析。常用的分析方法包括预先危险性分析（PHA）、事故树分析（FTA）、事件树分析（ETA）、危险与可操作性分析（HAZOP）、故障模式与影响分析（FMEA）等。

2. 风险评估方法

根据系统的复杂程度，风险评估可以采用定性、定量和半定量的评价方法。具体采用哪种评价方法，需根据行业特点以及其他因素进行确定。

定性风险评价方法：根据经验和直观判断能力对生产系统的工艺、设备、设施、环境、人员和管理等方面的状况进行定性分析，其评价结果是一些定性的指标，如是否达到了某项安全指标、事故类别和导致事故发生的因素等。

定量风险评价方法：在大量分析实验结果和事故统计资料的基础上获得指标或规律（数学模型），对生产系统的工艺、设备、设施、环境、人员和管理等方面的状况进行定量的计算，评价结果是一些定量的指标，如事故发生的概率、事故的伤害（或破坏）范围、事故致因因素的事故关联度或重要度等。

半定量风险评价方法：该方法建立在实际经验的基础上，结合数学模型，对生产系统的工艺、设备、设施、环境、人员和管理等方面的状况进行定性与定量相结合的分析，其评价结果是一些半定量的指标。半定量风险评价方法可操作性强，还能依据分值得出明确的风险等级，因而被广泛应用。常用的半定量风险评价方法有作业条件危险性评价法（LEC）、风险矩阵评价法、失效模式与影响分析评价法（FMEA）、改进的作业条件危险性评价法（MES）。

3. 危险源辨识和风险评估的应用

（1）危险源辨识和风险评估的准备

在进行系统的危险源辨识和风险评估之前，首先要进行整体规划，制订危险源辨识和风险评估的计划，确定危险源辨识和风险评估的范围和所要达到的目的，并将计划传达到煤矿内部所有部门，以得到管理层和各部门的支持、参与和帮助。

（2）危险源辨识和风险评估范围的确定

全面的危险源辨识和风险评估应覆盖煤矿所辖区域和生产运营的全过程，包括人、机、环、管四个方面。

煤矿在危险源辨识和风险评估之前应对其范围给予确定，在通常情况下，煤矿至少应对所有区域、活动、设备、设施、材料物质、工艺流程、职业健康、环境因素、工具及器具、火灾危险场所等存在的危险源进行辨识和风险评估。为了全面、准确地确定危险源辨识和风险评估范围，煤矿应借助工作场所平面布置图、生产系统图、生产工艺流程图等制订危险源辨识和风险评估计划，划分危险源辨识和风险评估区域。危险源辨识和风险评估范围可按区域或专业来划分，或将二者结合起来进行划分，并与专业范围和责任范围紧密结合。

（3）危险源辨识和风险评估标准及方法的确定

建立危险源辨识和风险评估标准。危险源辨识和风险评估标准是指导煤矿危险源辨识和风险评估工作的规范性文件，明确危险源辨识和风险评估工作的职责、程序、方法要求。其内容应包括：① 危险源辨识和风险评估与回顾的时间和周期；② 危险源辨识和风险评估的职责和流程要求；③ 危险源辨识和风险评估方法的要求；④ 危险源辨识和风险评估的工具表格；⑤ 危险源辨识和风险评估策划的要求；⑥ 危险源辨识和风险评估应用的要求；⑦ 危险源辨识和风险评估监测与更新的要求。

选择危险源辨识和风险评估方法。危险源辨识和风险评估方法是危险源辨识和风险评估工作所运用的重要工具，煤矿应根据自身实际情况，选择适当的危险源辨识和风险评估方法，保证危险源辨识和风险评估工作的全面性、系统性、科学性和合理性，为风险评估策划、风险管理标准和措施的制定奠定基础。

(4) 制订危险源辨识和风险评估计划

在危险源辨识和风险评估工作开展前，煤矿应制订具体的实施计划，保证危险源辨识和风险评估工作正常、有序地开展。其内容应包括：① 危险源辨识和风险评估小组及其具体职责；② 危险源辨识和风险评估详细内容；③ 危险源辨识和风险评估培训要求；④ 危险源辨识和风险评估时间要求。

(5) 成立危险源辨识和风险评估小组

煤矿应按照危险源辨识和风险评估工作的需求，在风险预控管理工作组下成立危险源辨识和风险评估小组。

矿级危险源辨识和风险评估小组成员应包括管理层、安检员、职业健康管理人员、有关部室、区队或班组的相关管理人员、专业技术人员、班组长、工作经验丰富的岗位员工。

区队、班组级危险源辨识和风险评估小组成员应包括区队或班组的相关管理人员、安检员、专业技术人员、班组长、工作经验丰富的岗位员工。

(6) 危险源辨识和风险评估知识的培训

在危险源辨识和风险评估小组成立后，应对小组成员进行培训，使其掌握危险源辨识和风险评估的方法和技巧。

(7) 资料收集

在开展危险源辨识和风险评估工作之前，危险源辨识和风险评估小组须召开预备会，明确各成员的职责和任务，讨论确定危险源辨识和评估过程所需要的工作程序和图表。

危险源辨识和风险评估小组成员应收集的相关资料包括：

① 相关法律、法规、规程、规范、条例、标准和其他要求。

② 煤矿内部的管理标准、技术标准、作业标准及相关安全技术措施。

③ 相关的事故案例、统计分析资料。

④ 职业安全健康监测数据及统计资料。

⑤ 本单位活动区域的平面布置图。

⑥ 生产工艺和系统的资料及图纸。

⑦ 设备档案和技术资料。

⑧ 其他相关资料。

4. 危险源辨识

根据煤矿安全生产和管理的特点，建议可采取工作任务分析法为主、其他方法为辅对煤矿危险源进行辨识。下面介绍利用工作任务分析法对煤矿危险源进行辨识的一般过程。

(1) 辨识单元划分及工作任务确定

在利用工作任务分析法对煤矿危险源进行辨识时，首先需对煤矿整体的辨识范围进行合理划分，确定危险源辨识子单元，将各个子单元的辨识职责落实到不同危险源辨识和风险评估小组。危险源辨识和风险评估过程中，应做到辨识工作是全方位、全过程的，并且尽可能做到全员参与风险评估。子单元可以按照空间进行划分，如掘进工作面及其附属巷道、采煤工作面及其附属巷道等；也可以按照劳动组织进行划分，如综采队、连采队、通风队、运转队等；还可以按专业进行划分，如采掘专业、通风专业、机电专业、洗选专业等。在对煤矿危险源辨识子单元划分完成后，可以进一步确定工作任务和工序。

(2) 能量物质或能量载体单元的识别

在危险源辨识过程中，煤矿可利用工具表格对其风险管理的基本对象进行调查和识别。具体调查和辨识对象包括设备、设施、材料物质、工艺流程、职业健康危害源、环境因素、工器具以及紧急情况等。

(3) 危险、危害事件识别

在对能量物质或能量载体单元识别的基础上，对照具体的任务和工序，分析和查找能够造成或可能造成事故的失效事件，它是导致事故的直接原因。这些失效事件主要是指可能直接导致事故的物的不安全状态、环境的不安全条件和人的不安全行为。

物的不安全状态和环境的不安全条件主要包括：① 防护或屏障不充分；② 个人防护装置不充分或不恰当；③ 有缺陷的设备、工具或材料；④ 通道或者工作场所拥塞或区域受限；⑤ 报警系统失效或者报警信号不充分；⑥ 工作场所存在火灾或爆炸危险；⑦ 文明生产差；⑧ 暴露于噪声；⑨ 暴露于辐射；⑩ 在温度极限下；⑪ 照明过度或不足；⑫ 通风不当；⑬ 缺乏识别标记等。

人员的不安全行为或不符合标准的操作主要包括：① 未经授权擅自操作设备；② 无视警告；③ 不采取任何安全措施，如无防护措施；④ 在不安全的速度下操作；⑤ 不使用或者不正确使用安全装备；⑥ 擅自挪动或者转移现场的健康和安全设施；⑦ 使用有缺陷的设备和工具；⑧ 进行不正确装载；⑨ 进行不正确布置和布局；⑩ 使用不正确的提升方法；⑪ 在不正确的位置上工作；⑫ 维修运行中的设备；⑬ 工作中玩闹；⑭ 在麻药、药物、酒精的影响下工作等。

(4) 危险、危害事件产生原因分析

危险、危害事件产生的主要原因是个人因素、工作因素和管理因素，正是因为生产运营过程中存在这些因素，导致产生了不安全行为和不安全状态，它们是事故的间接原因，是风险控制的关键。

① 个人因素：不适当的身体能力，较弱的精神能力，身体压力，精神压力，缺乏知识，缺乏技能，态度或动机不当。

② 工作因素：指挥或监管不当，工程设计不合理，采购控制不严格，维护保养与检修不完善，工具和设备有缺限，作业标准不合格。

③ 管理因素：管理职责和标准不健全，风险管理目标与计划不充分，管理监督不到位，组织管理不到位。

5. 风险管理标准和管控措施

在对危险源进行辨识、分析的基础上，应提炼出相应的风险管理对象，并符合下列要求：

(1) 风险管理对象的提炼应具体、明确,一般应按照人、机、环、管四种风险类型确定。

(2) 针对风险管理对象应制定相应的管理标准和措施并形成程序。

(3) 管理标准和措施的制定应遵从全面性、可操作性和全过程原则,并符合相关法律法规、技术标准和管理制度的要求。

(4) 煤矿应组织相关专业人员定期或不定期对管理标准和措施进行修订和完善。

6. 危险源监测与风险预警

(1) 危险源监测

煤矿应采取措施对危险源进行监测,以确定其是否处于受控状态,并确保:

① 危险源监测方法适宜,并在风险管理程序中予以明确;

② 危险源监测设备灵敏、可靠;

③ 危险源监测信息传递畅通、及时,相关信息能及时录入管理系统。

(2) 风险预警

煤矿应对生产过程中各类危险源的风险进行预期性评估,按照其严重度和特征设定风险预警等级,并根据危险源动态监测中暴露的各种风险及时发出危险预警指示,使管理层及相关人员及时采取相应的措施以消除或降低风险,达到可接受水平,从而避免不期望的结果出现。

煤矿应针对不同风险级别的危险源,制定适当的预警方法。建议有条件的煤矿可建立风险预控管理信息系统,实现对相关信息的处理。

① 风险等级划分。为便于管理,并且让工作人员清楚相关风险的严重度,煤矿应根据实际情况预先确定各类风险的等级,通常将风险预警等级设置为5级,并用不同的颜色加以表示。

② 风险预警管理。煤矿应建立完备的信息流通渠道,保证危险源预警信息传递畅通和及时。风险预警信息的传递可采取电话通知、短信通知、书面预警报告等方式,建议有条件的煤矿建立风险预控管理信息系统,通过信息系统传递预警信息。煤矿可同时利用风险预控管理系统对相关风险实施跟踪和闭环管理,直至风险得到有效控制、警情消除。

(3) 信息与沟通

煤矿应建立并保持程序,以确保员工与相关方能够及时获取风险管理信息,并可相互沟通、告知。煤矿应确保:

① 员工参与风险预控管理方针和程序的制定、评审;

② 员工参与危险源辨识、风险评估及管理标准、管理措施的制定;

③ 员工了解谁是现场或当班急救人员;

④ 组织员工进行班前、作业前风险评估,作业中存在情况不符应汇报,班后或作业后组织评估,并留有记录。

三、煤矿隐患排查治理

(一) 煤矿隐患排查治理概述

根据《安全生产法》《煤矿重大事故隐患判定标准》《煤矿安全生产标准化管理体系考核定级办法(试行)》的要求,开展对违反安全生产法律、法规、规章、标准、规程和安全生产管理制度的规定,或者因其他因素在生产经营活动中存在可能导致事故发生的物的危险状态、人的不安全行为和管理上的缺陷进行排查、检查及治理。

（二）事故隐患分类

(1) 按照可能造成的事故类型可分为20类：物体打击、机械伤害、车辆伤害、起重伤害、触电、淹溺、灼烫、火灾、高处坠落、坍塌、冒顶片帮、透水、爆破、火药爆炸、瓦斯爆炸、锅炉爆炸、容器爆炸、其他爆炸、中毒和窒息、其他伤害。

(2) 按照可能造成事故的原因分为3类：人的不安全行为、物的不安全状态、管理上的缺陷。

(3) 按照可能造成的严重后果和治理难度分为2大类：一般事故隐患和重大事故隐患。

① 一般事故隐患是指危害和整改难度较小，发现后能够立即整改排除的隐患。

② 重大事故隐患是指危害和整改难度较大，应当全部或者局部停产停业，并经过一定时间整改治理方能排除的隐患，或者因外部因素影响致使生产经营单位自身难以排除的隐患。

（三）事故隐患的特点

隐蔽性：它在一定的时间、一定的范围、一定的条件下，显现出好似静止、不变的状态，往往使人一时看不清楚，意识不到，感觉不出它的存在。

危险性：蝼蚁之穴，可以溃堤千里，在安全工作中小小的隐患往往引发巨大的灾害。

突发性：集小变而为大变，集小患而为大患是一条基本规律。

因果性：隐患是事故发生的先兆，而事故则是隐患存在和发展的必然结果。

重复性：只要煤矿的生产方式、生产条件、生产工具、生产环境等因素未改变，同一隐患就会重复发生。

意外性：有些隐患超出人们认识范围，或在短期内很难为劳动者所辨认，但由于它具有很大的巧合性，因而容易导致一些意想不到的事故发生。

连续性：一种隐患掩盖另一种隐患，一种隐患与其他隐患相联系而存在的现象。

（四）事故隐患排查治理

1. 月度煤矿事故隐患排查治理

每月由矿长组织，分管矿领导、副总工程师、相关科室及区队管理人员参加，对重大安全风险管控措施落实情况、管控效果及覆盖生产各系统、各岗位的事故隐患开展一次排查。排查前由矿长组织，结合矿井当前存在的突出问题，根据排查类型、人员数量、时间安排及季节性特点，制定工作方案，明确排查时间、方式、范围、内容和参加人员。

矿井月度事故隐患排查主要排查矿井是否存在重大事故隐患，以及重大安全风险管控、生产安全系统、各岗位、采掘接替、劳动组织、安全装备、设备运行状态、技术管理、安全管理、安全培训等方面存在的事故隐患。

排查出的事故隐患统一下发整改通知单，由责任单位按照“五定”原则落实整改。同时，建立矿井重大事故隐患管理台账，对重大事故隐患进行跟踪管理。

2. 月度煤矿专业领域事故隐患排查治理

每半月由分管矿领导组织，分管副总、相关业务科室、区队管理人员参加，对覆盖分管范围的重大安全风险管控措施落实情况、管控效果和事故隐患开展一次排查。排查出的事故隐患由牵头科室统一下发隐患整改通知单，由责任单位按照“五定”原则落实整改。同时，由牵头科室建立专业领域隐患管理台账，对业务范围内的重大事故隐患进行跟踪管理。

各专业领域事故隐患排查中排查出的本专业领域无法治理的隐患，由分管矿领导上报至事故隐患排查治理领导小组研究决定。

专业领域事故隐患排查由牵头科室做好记录并保存完好。

3. 区队事故隐患排查治理

区队每天要安排管理、技术、岗位和安检人员进行巡检，对作业区域开展事故隐患排查。

区队事故隐患排查内容包括：重大安全风险管控措施落实情况、管控效果，科室、矿领导及上级各类检查所发现的事故隐患整改情况，班组及个人所排查事故隐患的整改落实情况，区队在作业区域内存在的事故隐患。

区队排查出的各类事故隐患要做好登记，当班能够整改的，由当班跟班队长组织整改；当班不能整改的，由队长或值班队长组织整改，并做好整改过程监督及整改结果验收。区队无法整改的事故隐患及重大事故隐患，由队长或值班队长指定专人上报至相应业务科室。

区队要将上级部门排查出的事故隐患、矿井月度排查出的事故隐患、专业领域每半月排查出的事故隐患、矿领导和科室人员日常排查出的事故隐患及队内排查出影响本区队的事故隐患的主要内容、治理时限和责任人员等内容在区队办公区域公告或在班前会上通报。

区队要将事故隐患排查治理情况纳入对班组、个人的考核。

4. 班组、岗位事故隐患排查治理

班组在生产作业前由当班班组长负责组织进行一次现场事故隐患排查和安全确认，排查出的事故隐患必须做好记录并告知现场其他相关人员。

排查出的事故隐患由当班班组长立即组织人员进行整改，并负责督办和验收，同时做好登记。

对当班无法整改、没有整改结束的事故隐患及重大事故隐患，由当班班组长汇报区队值班队干，由区队组织人员进行治理或上报，并在交接班期间相互交接清楚。

职工到岗后开始作业前，必须首先进行事故隐患排查工作，对本岗位危险因素进行一次安全确认，在作业过程中随时排查事故隐患，发现危及人身安全的事故隐患时必须立即停止作业，排查出的事故隐患必须做好登记。

对能够立即治理的事故隐患，岗位工必须立即进行整改，并由下一班岗位工或当班班组长以上人员进行验收；对不能立即治理的事故隐患应报告当班班组长或跟班队长，由班组长或跟班队长组织人员进行整改，并负责督办和验收；对当班班组无法整改、没有整改结束的事故隐患由班组长或跟班队长汇报区队，由区队值班队干或队长组织治理或上报，并由岗位工在交接班期间相互交接清楚。

（五）其他情况下事故隐患排查治理

根据事故隐患排查治理相关法律、法规、标准等要求，当出现下列情况时，由相应业务科室组织开展专项事故隐患排查：

(1) 有关安全生产法律、法规、规章、标准、规程发布或者修改。

(2) 新建、改建、扩建项目。

(3) 周边环境、作业条件、设备设施、工艺技术及工艺参数发生改变。

(4) 复工复产、发生事故或险情。

(5) 地震风险影响期、汛期、冬季冷冻、极端或者异常天气、重大节假日、大型活动。

(6) 其他应当进行专项隐患排查的情况。

在隐患排查时、隐患排除前或隐患治理过程中，应当采取相应的安全防范措施，防止事故发生。

在排查过程中发现危及安全的重大事故隐患时，要立即停止受威胁区域内所有作业活动，撤出人员，采取措施进行处理。

在事故隐患排除前或者排除过程中无法保证人身安全的，要及时制定现场处置方案，治理过程中现场要有专人指挥，并设置警戒标志；安检员现场监督，应当从危险区域内撤出作业人员，并及时疏散可能危及的其他人员，暂时停产停业或者停止使用相关设施、设备和装置；对难以停产或者停止使用的，应当落实到人加强监护，防止事故发生。

(六) 事故隐患排查治理的流程

事故隐患排查治理流程如图 2-4 所示，隐患排查治理要进行闭环管理。

(七) 事故隐患排查方法

1. 作业任务分析法

作业任务分析法是对每一项作业任务进行分析，逐步查找作业过程中可能出现的事故隐患，主要步骤有：界定作业岗位、列出各岗位作业清单、界定各作业的实施步骤、分析每一步骤可能产生的危害、评审现有防范措施的有效性、提出改善建议。

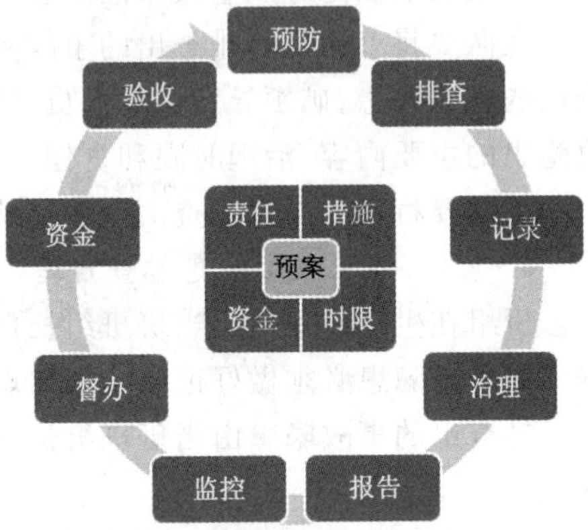

图 2-4 事故隐患排查治理流程图

2. 安全检查表法

安全检查表法是指对工程或系统的设计、装置条件、实际操作、维修等过程按照事先编制好的安全检查表逐项进行详细的检查，以发现其中存在的事故隐患。具体步骤如下：

(1) 选定一个检查的生产过程，收集相关的资料(法律法规、标准、工艺、规章制度、原料特性、以往可借鉴的事故案例等基本信息)。

(2) 对收集的材料进行分析整理，明确生产过程中可能存在的事故隐患，编制安全检查表。

(3) 按安全检查表进行逐项辨识。

3. 直观经验分析法

直观经验分析法主要是利用同行业以往的事故教训和专家的经验判断对系统存在的事故隐患进行辨识。主要有以下两种形式：

(1) 经验法：对照有关法规、标准进行检查，依靠人员的经验进行现场观察、分析和判断，发现系统中存在的事故隐患。

(2) 类比法：利用工程系统、作业条件的经验、劳动安全卫生的统计资料的相同或相似信息来进行类推、分析、评价，发现系统中存在的事故隐患。

4. 事故隐患提示表法

事故隐患提示表法是针对某一作业场所或装置的人、机、环、管状况，事先编制好事故隐患提示表，按表中的每项内容对系统存在的事故隐患进行全面辨识。

（八）事故隐患治理的基本要求

事故隐患应闭环管理，做到“四不推”“五落实”。

“四不推”——凡是能够解决的事故隐患，班组不推给区队（车间），区队（车间）不推给矿（厂），矿（厂）不推给主管部门，主管部门不推给上级部门。

“五落实”——落实责任、资金、措施、期限、应急预案。

隐患排查要常态化，每月定期报送排查情况到相关主管部门；重大事故隐患要挂牌督办，定期上报整改进展，直至整改完成验收后，方可摘牌。

四、风险预控和隐患排查双重预防机制建设

依据《国务院安委会办公室关于印发标本兼治遏制重特大事故工作指南的通知》（安委办〔2016〕3号）、《国务院安委会办公室关于实施遏制重特大事故工作指南构建双重预防机制的意见》（安委办〔2016〕11号），构建双重预防机制是指全面推行安全风险分级管控，进一步强化隐患排查治理，推进事故预防工作科学化、信息化、标准化，实现把风险控制在隐患形成之前、把隐患消灭在事故前面，遏制重特大事故的重要举措。

（一）构建双重预防机制的程序及方法

1. 全面开展安全风险辨识

煤矿开展安全风险辨识前，应按照有关制度和规范，针对本煤矿类型和特点，制定科学的安全风险辨识项目示意图，如图2-5所示。

2. 科学评定安全风险等级

煤矿全面开展安全风险辨识后应科学评定安全风险类别及等级，建立煤矿安全风险数据库，绘制煤矿“红橙黄蓝”四色安全风险空间分布图。

安全风险类别的划分，可以参照《企业职工伤亡事故分类》（GB 6441—1986），综合考虑起因物、事故的诱导性原因、致害物、伤害方式等，确定安全风险类别。

对不同类别的安全风险，可以采用相应的风险评估方法确定安全风险等级。安全风险等级从高到低分为重大风险、较大风险、一般风险和低风险，分别用红、橙、黄、蓝四种颜色标示，如图2-6所示。

图2-5　安全风险辨识项目示意图

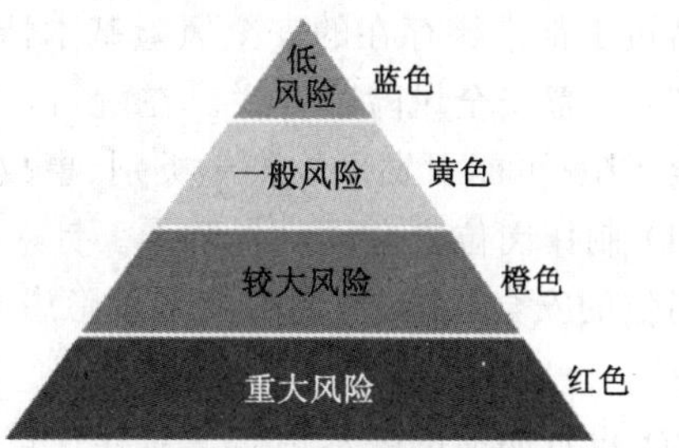

图2-6　风险等级示意图

对于确定的重大安全风险，煤矿应填写清单、汇总造册，按照职责范围报告属地负有安全生产监督管理职责的部门。

3. 安全风险的有效管控

煤矿要根据风险评估的结果,针对安全风险的特点,从组织、制度、技术、应急等方面对安全风险进行有效管控。具体要求如下:

(1) 实施安全风险公告警示。企业应建立完善安全风险公告制度,对辨识出的安全风险进行公告警示,如图 2-7 所示。

<table>
<tr><th colspan="2">重大安全风险公告警示牌</th></tr>
<tr><td>重大安全风险名称</td><td>无煤柱沿空掘巷顶板管理</td></tr>
<tr><td>重大安全风险区域</td><td>××迎头向外10 m范围内</td></tr>
<tr><td>风险描述</td><td>无煤柱沿空掘巷过顶板破碎带期间,支护失效可能发生冒顶事故</td></tr>
<tr><td>风险类别</td><td>环境</td></tr>
<tr><td>管控责任人</td><td>矿长、生产副矿长、掘进副总、生产技术科掘进专业组长、掘进队队长、掘进队跟班队长</td></tr>
<tr><td>作业范围人数上限</td><td>迎头向外10 m范围内作业人员不超过10人</td></tr>
<tr><td colspan="2">主要管控措施</td></tr>
<tr><td colspan="2">1. 做好隐患排查工作,确保顶板支护有效。
2. 掘进施工期间,必须严格执行安全检查制度和严格的“敲帮问顶”制度。
3. 采用钻爆法破煤(岩)时,必须多打眼、少装药、放小炮,尽量保持围岩的稳定性。
4. 施工临时支护时加强顶板管理,发现顶板压力变大、顶板离层、顶板有响声,要立即停止作业,撤出工作面人员,待顶板稳定后由外向里加强支护后方可继续施工。
5. 加强巷道变形量的观测,当巷道变形量较大时提前采取补打锚索、落底等针对性措施进行管控。
6. 业务科室加强现场检查,发现顶板异常时及时要求补强支护。</td></tr>
<tr><td>应急处置措施</td><td>警示标志</td></tr>
<tr><td>1. 工作面发生冒顶事故后,应立即停止事故影响范围内一切设备的运行,并从电源开关上断电,冒顶影响范围内的人员,立即沿撤离路线撤至安全区域。现场负责人清点安全撤离人员人数,确定是否有冒顶埋人现象,判断冒顶位置、规模、性质,并将冒顶位置、范围、人员伤亡等现场情况立即向矿调度室汇报,同时现场人员应积极开展自救与互救。
2. 出现冒顶伤人、埋人事故后,对冒顶埋住人员立即组织营救,人员营救工作应由现场负责人统一指挥,首先确认冒顶区域周围环境安全或经加固支护安全后,对冒顶区域实行由外向里临时支护。在不危及事故抢救人员安全的情况下,方准进行人员营救及事故抢救工作。
3. 若工作面因冒顶造成通风系统破坏,无法保证通风安全时,工作面所有工作人员必须立即全部撤离工作面,由救护队负责抢救遇难人员和恢复通风工作。
4. 事故处理完毕,现场跟班队长负责恢复现场生产秩序,并对进入现场的所有人员交待安全注意事项和恢复生产应注意的问题。</td><td></td></tr>
<tr><td colspan="2">举报电话:×××× 应急电话:××××</td></tr>
</table>

图 2-7 安全风险公告警示牌示例

(2) 加强风险教育和技能培训。企业定期组织风险教育和相关技能培训可确保管理层和每名员工都掌握存在的安全风险基本情况及防范、应急措施。

(3) 设置安全风险公告栏。在醒目位置和重点区域分别设置安全风险公告栏,标明主要安全风险、可能引发事故隐患类别、事故后果、管控措施、应急措施及报告方式等内容。

(4) 制作岗位安全风险告知卡。针对存在安全风险的岗位,制作岗位安全风险告知卡,写明岗位的安全风险、可能引发事故隐患类别、事故后果、管控措施、应急措施及报告方式等内容。

(5) 设置明显的警示标志。对存在重大危险源、严重职业病危害的工作场所和岗位,设置明显的警示标志,标明风险内容、危险程度、安全距离、管控措施、应急措施等。

4. 建立完善隐患排查治理体系

安全风险管控措施失效或弱化,极易形成隐患,最终酿成事故。企业应建立完善隐患排查治理体系,实施事故隐患排查治理闭环管理。

(1) 建立完善隐患排查治理制度,制定符合企业实际的隐患排查治理清单。

(2) 利用隐患排查治理信息系统，实现隐患排查、登记、评估、报告、监控、治理、销账的全过程记录和闭环管理。

(3) 对于排查发现的重大事故隐患，应当在向负有安全生产监督管理职责的部门报告的同时，制定并实施严格的隐患治理方案，做到责任、措施、资金、时限和预案"五落实"，实现隐患排查治理的闭环管理。

(二) 双重预防机制建设机构与职责

煤矿是双重预防机制建设和运行工作的责任主体，应当明确双重预防机制建设和运行的管理部门和人员，并明确以下内容：

(1) 矿长为本单位双重预防工作的第一责任人。

(2) 各分管负责人负责分管范围内的双重预防工作。

(3) 分管安全负责人按要求组织监督检查，负责双重预防工作的考核。

(4) 各科室(部门)、区队(车间)、班组、岗位人员的双重预防工作职责。

(三) 双重预防机制建设制度建设

根据《煤矿安全生产标准化管理体系基本要求及评分方法(试行)》等法律、法规、标准要求，双重预防机制建设要建立安全风险辨识、安全风险评估、安全风险分级管控、岗位作业流程标准化、事故隐患排查、事故隐患治理与验收、双重预防机制教育培训、运行考核、奖励处罚等制度。

(四) 风险、隐患公示

1. 风险公示

煤矿应在井口和存在重大安全风险区域的显著位置，公示存在的重大安全风险、管控责任人和主要管控措施。

2. 隐患公示

每月向从业人员通报事故隐患分布、治理进展情况；及时在井口(露天煤矿交接班室)或其他显著位置公示重大事故隐患的地点、主要内容、治理时限、责任人、停产停工范围；建立事故隐患举报奖励制度，公布事故隐患举报电话，接受从业人员和社会监督。

(五) 信息化平台建设

1. 基本要求

实现对安全风险记录、管控、统计、分析、上报等全过程的信息化管理；实现对岗位作业流程标准化的记录、培训和考核的信息化管理；实现对事故隐患排查治理记录统计、过程跟踪、逾期报警、信息上报的信息化管理；实现风险数据库和安全风险管控清单的更新维护功能；信息平台需具备风险及隐患的统计分析、风险预警和权限分级管理等功能，实现风险与隐患数据应用的无缝对接。

2. 信息上报

年度和专项辨识完成后，10 个工作日内上报辨识的基本信息；每年年底前上报本年度的运行分析报告和下一年度的年度风险辨识报告，以及风险点台账；年度和专项辨识完成后，上报、更新重大安全风险清单及管控方案；每月上报煤矿月度分析总结报告；排查发现重大隐患后，应录入信息系统，直接上报；煤矿应将信息平台的使用要求纳入考核。

（六）教育培训

(1) 煤矿每年应组织员工开展有关双重预防机制安全知识的培训。

(2) 年度风险辨识评估前组织对矿长和分管负责人等参与安全风险辨识评估工作的人员开展1次安全风险辨识评估技术培训，且不少于4学时。

(3) 年度辨识完成1个月内对入井人员和地面关键岗位人员培训与本岗位相关的安全风险，且不少于2学时；专项辨识评估完成后1周内，且需在应用前，对相关作业人员进行培训。

(4) 每年至少组织矿长、分管负责人、副总工程师及生产、技术、安全科室（部门）相关人员和区队管理人员进行1次事故隐患排查治理专项培训，且不少于4学时。

(5) 每年至少对入井岗位人员进行事故隐患排查治理基本技能培训，且不少于2学时。

（七）持续改进

1. 隐患持续改进

隐患的责任部门负责人每日应组织人员分析当天新发现隐患的产生原因，制定改进措施。

矿长每月应至少组织分管负责人及安全、生产、技术等业务科室（部门）责任人和生产单位责任人（区队长）召开1次月度分析总结会议，对隐患产生的根源进行分析。

2. 风险持续改进

矿长每月至少开展1次风险分析总结会议，对风险辨识的全面性、管控的有效性进行总结分析，并结合国家、省、市、县或主体企业出台或修订法律、法规、政策、规定和办法，补充辨识新风险、完善相应的风险管控措施，更新安全风险管控清单，并在该月度分析总结报告中予以体现。

3. 机制持续改进

煤矿矿长每年应组织相关业务科室（部门）至少进行1次双重预防机制的运行分析，对煤矿双重预防机制的各项制度与流程在本矿内部执行的有效性和对法律法规、规程、规范、标准及其他相关规定的适宜性进行评价，评估体系实施运行效果，适时调整相关制度、流程、职责分工等内容，并形成双重预防机制年度运行分析报告，用于指导下一年度机制运行。

4. 持续改进考核

煤矿应结合持续改进类型建立考核制度，明确考核的内容、形式和标准，并将考核结果纳入安全绩效管理。

5. 相关记录的保存

年度和专项风险辨识报告、重大事故隐患信息档案至少保存3年，其他风险辨识后和隐患销号后保存1年，其余相关性文件保存1年。

五、风险预控和隐患排查双重预防机制建设效果考核

双重预防体系建设考核机制应从以下几方面进行验证并不断完善补充：

(1) 各部门、各级人员是否牢固树立以双重预防体系建设统领安全生产工作的理念，是否把风险管控作为抓安全工作的根本，根据双重预防体系建设职责分工及各项要求，认真开展矿井双重预防体系运行工作。

(2) 双重预防体系监管部门是否结合煤矿实际，制定矿井双重预防体系建设运行考核奖惩办法，明确考核奖惩的标准、频次、方式方法等，并将考核结果与部门安全考核挂钩，各专业系统是否将双重预防体系建设工作纳入系统内部考核，各区队是否根据矿考核奖惩办法，制定本单位考核制度，将考核结果与员工安全考核挂钩。各部门是否坚持动态化、常态化、规范化、精准化、问题责任化的“五化”考核原则，将双重预防体系建设运行纳入日常安全检查、监管和考核。

(3) 煤矿企业内部考核是否实行自纠免责，各部门在安全风险管控与事故隐患排查治理过程中查出的问题，已整改落实或已制定安全、技术、组织措施，纳入整改程序限期整改落实，并已进行考核、追究处理的，企业内容检查考核时可以不扣分、不处罚、不追究，以提高执行单位不断完善机制的主动性和积极性。

(4) 是否按照“党政同责、一岗双责”和“三管三必须”的要求，对安全风险管控与事故隐患排查治理工作不主动、不落实、落实不到位的情况进行问责。

第五节　煤矿安全生产标准化管理体系建设

一、煤矿企业安全生产标准化管理体系建设应遵守的原则

(一) 突出理念引领

理念是行动的先导。贯彻落实“安全第一，预防为主，综合治理”的安全生产方针，牢固树立发展决不能以牺牲安全为代价的红线意识，坚持系统治理、依法治理、综合治理、源头治理，警惕“黑天鹅”，防范“灰犀牛”。推进煤矿安全生产标准化管理体系建设首先要在理念上进行引领，用先进的安全生产理念、明确的安全生产目标，指导煤矿开展安全生产各项工作。

煤矿企业经过多年的安全生产管理和安全文化建设，逐渐形成了具有自身特点的安全文化核心理念和一系列安全工作理念，这些理念的形成从不同层面和角度反映了煤矿对安全管理工作的认识水平、理解程度和价值观念，应该贯彻落实到位。

煤矿企业可结合自身实际将“一切事故都是可以预防和控制的”确立为事故防控理念，将“只有不到位的管理、没有抓不好的安全”确立为安全管理理念，将“安全是最大幸福、质量是最根本保证、违章是最大的威胁、事故是最大的损失”确立为安全价值理念，将“管生产必须管安全、自己的安全自己管”确立为岗位安全理念。

(二) 发挥领导作用

领导作用是煤矿安全生产管理的关键。煤矿领导包含煤矿企业主要负责人和煤矿企业安全生产管理人员。煤矿企业主要负责人主要包括煤矿企业的董事长、总经理、矿务局局长、煤矿矿长等人员；煤矿企业安全生产管理人员主要包括煤矿企业分管安全、采煤、掘进、通风、机电、运输、地测、防治水、调度等工作的副董事长、副总经理、副局长、副矿长、矿长助理、总工程师、副总工程师和技术负责人。

煤矿矿长应发挥领导表率作用，具有风险意识，实施并兑现安全承诺，落实安全生产主体责任，提供必要的机构、人员、制度、技术、资金等保障，有效推动安全生产标准化管理体系运行，实现安全管理全员参与。

（三）强化风险意识

煤矿矿长、总工程师等管理人员和专业技术人员要牢固树立风险意识，建立安全风险分级管控和隐患排查治理双重预防工作机制，把风险挺在隐患前面，把隐患挺在事故前面，切实把习近平总书记关于煤矿安全生产重要论述不折不扣落实到位，不断在推进安全生产上有新思路，在遏制重特大事故上有新举措，在保护职工生命安全上有新成效，实现风险源头管控，不断推动安全生产关口前移。

（四）注重过程控制

过程控制就是在煤矿生产经营活动过程中，通过对过程要素（项目、活动、作业）、对象要素（作业环境、设备、材料、人员）、时间要素和空间要素的系统控制，消除生产经营活动中可能出现的各种风险与隐患，实现安全生产的目标。过程控制的方法很多，如“四全”管理（全过程、全方位、全天候、全员管理）、标准化作业、安全检查、危险作业安全监护、手指口述安全确认法、安全审批制、风险分级管控法、定置管理法、安全站位管理等。

过程控制是煤矿安全生产管理的核心。要建立并落实管理制度，强化现场管理，定期开展安全生产检查和管理行为、操作行为纠偏，实现安全生产各环节、全过程的有效控制，确保安全生产。

（五）促进科技进步

健全技术管理体系，开展技术创新，推广先进实用新技术、新装备、新工艺，优化生产系统，推动煤矿减水平、减头面（头指掘进头，面指采煤工作面）、减人员；努力提升煤矿机械化、自动化、信息化、智能化水平，升级完善安全监控系统，持续提高安全保障能力。

1. 健全技术管理体系，开展技术创新

技术创新活动是煤矿安全生产的需要，起着举足轻重的作用，贯穿于煤矿安全生产管理各环节，具有涉及面广、技术性强和特殊工作多等特点。

健全技术管理体系，开展技术创新，必须把煤矿安全生产管理中的重点、难点和薄弱点作为创新的基础点。针对安全生产中存在的问题，开展降本增效、技术攻关等创新活动，促进技术进步和安全技能的提高。

2. 不断引进先进实用新技术、新装备、新工艺，优化生产系统

国家矿山安全监察局推进“一优三减”（优化生产系统、减少生产水平、减少开掘工作面、减少人员），依靠科技进步，实现煤矿安全高效发展。坚持“管理、装备、素质、系统”并重原则，不断引进先进实用新技术、新装备和新工艺，优化生产系统。

3. 推进科技创新，完善安全监控系统，大力推进“四化”建设和机器人推广应用

推进机械化、自动化、信息化、智能化建设，构建开拓设计、地质保障、生产、安全等主要环节的信息化传输、自动化运行技术体系，实现掘进工作面减人提效、智能快速掘进、复杂条件智能综采、连续化辅助运输、综采工作面内少人或无人操作、井下和露天煤矿固定岗位的无人值守与远程监控、重大危险源智能感知与预警等技术。加快推进大型煤机装备、煤矿机器人研发及产业化应用，实施机械化换人、自动化减人专项行动，提高智能装备的成套化和国产化水平。

（六）加强现场管理

现场安全管理是煤矿管理的重中之重。煤矿岗位现场安全管理的重点内容包括岗位安

全生产责任管理和岗位作业流程标准化管理两部分。

要加强岗位安全生产责任制落实，强化现场作业人员安全知识与技能的培养和应用，做到上标准岗、干标准活，实现岗位作业流程标准化。要根据不同岗位制定针对性的作业流程标准，在岗位作业过程中实行流程化管理、标准化作业。

（七）推动持续改进

煤矿生产是持续的动态过程，煤矿安全生产标准化考核结果仅能反映当时的安全生产状况。煤矿企业安全生产标准化管理体系构建与实施后，应当每隔一定时间（一般为一年）对煤矿安全生产标准化管理体系和运行机制的实施情况进行自查自评，检查安全生产工作目标、指标的完成情况，验证各项安全生产制度和措施的适宜性、充分性和有效性，查明存在的问题。对煤矿内部自查自评和外部检查的结果进行总结分析，对安全生产目标与指标、规章制度、操作规程等进行修改完善，持续改进，推动安全管理水平持续提升。此外，煤矿企业也应建立有效激励机制，激发员工自觉性，以经济手段引导全员参与持续改进。

二、煤矿现场安全生产标准化检查

煤矿安全生产标准化现场检查的主要方式有：直观检查、现场试验、现场操作、现场实测、抽样检测、计算检查、核对检查、询问检查等。

（一）直观检查

直观检查包括查阅资料检查和现场检查。

直观检查应围绕检查内容关键流程、关键环节、重要节点、效果指标（主要是瓦斯、水、火、冲击地压等灾害治理效果指标）等进行检查，检查过程中要注意检查相互之间是否关联、对应，做到相互对应、相互验证，防止出现造假情形。

（1）查阅资料检查：分为查看、查阅资料两种形式。

查看资料是粗放式的，就是看看有没有，其中还缺什么内容。查看资料大多数是只看最终资料不看中间资料、起始资料，这是粗放式的检查方式，检查结果难以令人置信不疑。

查阅资料比查看资料更仔细。查阅资料是详细阅读式，类似专家论证式，向编制资料人员提问很多问题，查证关键数据来源是否可靠，查看资料提供的结论是否令人信服。

（2）现场检查：分为浏览式、过筛式两种形式。

浏览式检查是粗放型的检查方法。安全检查中检查人员凭借自己的理解和经验走马观花地看一遍，只看到表面存在的问题或隐患，查不到眼睛看不到的隐患，甚至眼睛看到了却不知是隐患。

过筛式检查有安全检查表法和隐患排查法多种。安全检查表法是各种隐患排查法（风险辨识）的结果，也是安全检查中最简单的方法。不过，编制安全检查表的工程量巨大，但使用时简单。隐患排查法（风险辨识）有事故树分析法、鱼刺图分析法、工作条件危害因素分析法等。这些方法准备工作量小，但使用时工作量大。

（二）现场试验

按照规定的方法对有关设备设施和安全仪器仪表等现场进行试验，查看其功能是否符合规定。

（三）现场操作

由现场作业人员对所从事的工作进行实际操作，查看操作主要环节和过程是否符合规定。

（四）现场实测

使用仪器仪表按照规定的方法进行现场实测，检测相关参数。检查人员应将实测指标与现场相关实时监测的数据与被检查单位提供的数据进行比对、核对，误差超过规定的要认真核查。

（五）抽样检测

根据需要可按照规定的方法对设备、材料等进行抽样，委托相应的资质机构进行检测、检验，判定设备、材料等是否符合规定。

（六）计算检查

按照规定的方法（没有具体规定的，参照专业通用的方法）对有关可疑数据的准确性重新计算复核。

（七）核对检查

针对重大灾害治理方案措施、企业主体责任落实情况的检查，因其落实环节多、时间长、范围广，检查难以面面俱到，应按抽样原理随机抽检落实关键环节的一项或多项进行核对检查，对照相关规定与落实情况进行相互印证、追根溯源，以核对其是否相符。应当充分利用人员定位系统、安全监控系统、作业场所视频监控系统、生产调度系统等的历史和实时信息、数据进行核对。

（八）询问检查

询问检查包括谈话了解和询问职工调查。检查人员对检查项目的关键工作内容、关键工作要求、工作流程落实过程中存在的违法违规行为，检查中发现的疑点和问题难以直接取得证据的，或者需检查人员对安全管理规定和知识掌握情况的，可对相关人员进行谈话询问，询问可以与确定的对象单独进行。

（1）谈话了解。这种方式就是检查人员与矿领导或区队、科室有关负责人采用聊天的方式进行，在随意谈话中不经意间涉及主题，从中发现有关人员安全职责履行是否到位情况。这种方法的关键在于谈话技巧，看似简单实则更难。这种方法运用得好，可以检查到眼睛看不到、资料查不到的隐患，也可以查到违章指挥、违章作业的隐患。

（2）询问职工调查。这种方式和谈话了解一样，只是对象有所不同。井下爆破不执行“一炮三检”制和“三人连锁爆破”制、裸露爆破之类的违章行为在现场是不容易检查到的，但是和职工聊天就能了解到违章行为是否存在。这种方法的关键是询问技巧问题。

三、安全生产标准化管理与双重预防机制建设的关联性

（一）国家政策对安全生产标准化与双重预防机制的解读

2016 年 10 月 11 日，国务院安委会办公室下发的《关于实施遏制重特大事故工作指南构建双重预防机制的意见》（安委办〔2016〕11 号）中明确提出：要引导企业将安全生产标准化创建工作与安全风险辨识、评估、管控，以及隐患排查治理工作有机结合起来，在安全生产

标准化管理体系的创建、运行过程中开展安全风险辨识、评估、管控和隐患排查治理。

该意见明确指出了安全风险分级管控、隐患排查治理、安全生产标准化这三者之间的关系，即以安全生产标准化创建为主，在其过程中开展和融入风险分级管控和隐患排查治理的工作，也就是说双重预防体系与安全生产标准化管理体系是相互结合的，是一件事情，不应单独运行、各自为政。

(二) 安全生产标准化基本规范对安全生产标准化与双重预防机制的解读

2017 年 4 月 1 日正式实施的新版《企业安全生产标准化基本规范》(GB/T 33000—2016)是企业建立安全生产标准化体系的原则和要求。新版规范对原规范中的 13 个核心要素进行整合，将其优化为 8 个。为与国家提出的双重预防机制思路保持一致，更好地发挥各要素作用，新版规范将原来的“隐患排查与治理”和“重大危险源监控”，合并成“风险管控与隐患排查治理”，使二者之间的逻辑关系更加明显，也客观和全面地反映了对企业安全生产工作的思路和要求。

(三) 安全生产标准化管理体系与双重预防机制建设的关系

从事故预防的角度来说，安全生产标准化管理体系是双重预防机制的一部分。因为双重预防机制已经发展成贯穿企业安全事故预防的一条主线，已逐步成为一个大的风险管理体系，在运行过程中牵涉各项安全管理工作。

双重预防机制和安全生产标准化管理体系，其本质核心都是围绕风险的管理系统。双重预防机制强调的是方法论，没有设计一套形式化的文件；安全生产标准化管理体系更多的是一个指导思路，具体的实施还需要深入研究。两者是一个有机统一的整体，目标一致、侧重点不同，相互关联、相互支撑、相互促进。

双重预防机制是贯穿安全生产标准化体系的一条主线，上承日常安全管理工作，下启安全事故与持续更新，是安全管理体系中重要的一环。以安全生产标准化为主线，从隐患排查治理中完善风险管控措施，从风险管控中将日常管理的风险分级管控，逐级完善及落实岗位职责、管理制度、规程、现场管理等日常管理工作。通过层层落实，完善安全管理中各个要素，最终实现安全管理的长效机制。

第六节 煤矿事故管理

一、事故的概念与分类

(一) 事故的概念

事故是指造成人员伤害、死亡、职业病或设备设施等财产损失和其他损失的意外事件。事故有生产事故和企业职工伤亡事故之分。

生产事故是指生产经营活动(包括与生产经营有关的活动)过程中，突然发生的伤害人身安全和健康或者损坏设备、设施或者造成经济损失，导致原活动暂时中止或永远终止的意外事件。

职工伤亡事故是指在生产(工作)区域中发生的，与生产(工作)有关的职工负伤、死亡事故。对职工为了生产(工作)而发生的事故，或虽不在生产(工作)岗位上，但由于企业设备或劳动条件不良而引起的职工伤亡，均应算作因工伤亡事故。

（二）事故的分类

1. 按伤害程度分类

轻伤：指损失 1 个工作日至 105 个工作日以下的失能伤害。

重伤：指损失等于和超过 105 个工作日的失能伤害，重伤损失工作日最多不超过 6 000 个。

死亡：指损失超过 6 000 个工作日，这是根据我国职工的平均退休年龄和平均寿命计算出来的。

2. 按受伤性质分类

受伤性质是指人体受伤的类型，从医学角度给予创伤的具体名称，常见的有电伤、挫伤、割伤、擦伤、刺伤、撕脱伤、扭伤、倒塌压埋伤、冲击伤等。

3. 按事故损失分类

特别重大事故：是指造成 30 人以上死亡，或者 100 人以上重伤（包括急性工业中毒，下同），或者 1 亿元以上直接经济损失的事故。

重大事故：是指造成 10 人以上 30 人以下死亡，或者 50 人以上 100 人以下重伤，或者 5 000 万元以上 1 亿元以下直接经济损失的事故。

较大事故：是指造成 3 人以上 10 人以下死亡，或者 10 人以上 50 人以下重伤，或者 1 000 万元以上 5 000 万元以下直接经济损失的事故。

一般事故：是指造成 3 人以下死亡，或者 10 人以下重伤，或者 1 000 万元以下直接经济损失的事故。

本等级划分所称的“以上”包括本数，所称的“以下”不包括本数。

4. 按事故形成的因素分类

责任事故：是指在生产、作业中违反有关安全管理的规定，因而发生伤亡事故或者造成其他严重后果的行为。

非责任事故：是指由于自然界的因素而造成的不可抗拒的事故，或由于当前科学技术条件的限制而发生的难以预料的事故。

5. 按事故伤害的对象分类

伤亡事故：是指职工在生产区域中所发生的和生产有关的负伤或者死亡的事故，包括急性中毒事故。分为因工伤亡事故和非因工伤亡事故两类。因工伤亡事故指职工为了生产和工作而发生的事故，或虽不在生产或工作岗位上，但由于企业设备和企业劳动条件不良而引起的职工伤亡事故。

非伤亡事故：是指企业在生产进程中发生的生产中断、工程或物资损失的事件。

6. 按事故类别分类

物体打击：指失控物体的惯性力造成的人身伤害事故。如落物、滚石、锤击、碎裂、崩块、砸伤等造成的伤害，不包括爆炸、主体机械设备、车辆、起重机械、坍塌等引发的物体打击。

车辆伤害：指本企业机动车辆引起的机械伤害事故。如机动车辆在行驶中的挤、压、撞车或倾覆等事故，在行驶中上下车、搭乘矿车或放飞车所引起的事故，以及车辆运输挂钩、跑车事故。

机械伤害：指机械设备与工具引起的绞、辗、碰、割、戳、切等伤害，但属于车辆、起重设备伤害的除外。如工件或刀具飞出伤人，切屑伤人，手或身体被卷入机械设备，手或其他部位被刀具碰伤，被转动的机构缠压住等。常见伤害人体的机械设备有：带式运输机、球磨机、行车、卷扬机、干燥车、气锤、车床、辊筒机、混砂机、螺旋输送机、泵、压模机、破碎机、推焦机、榨油机、硫化机、卸车机、离心机、搅拌机、轮碾机、制毡撒料机、滚筒筛等。

起重伤害：指从事起重作业时引起的机械伤害事故。包括各种起重作业引起的机械伤害，但不包括触电，检修时制动失灵引起的伤害，上下驾驶室时引起的坠落式跌倒。

触电：指电流流经人体，造成生理伤害的事故。适用于触电、雷击伤害。如人体接触带电的设备金属外壳或裸露的临时线，漏电的手持电动工具；起重设备误触高压线或感应带电；雷击伤害；触电坠落等事故。

淹溺：指因大量水经口、鼻进入肺内，造成呼吸道阻塞，发生急性缺氧而窒息死亡的事故。适用于船舶、排筏、设施在航行、停泊、作业时发生的落水事故。

灼烫：指强酸、强碱溅到身体引起的灼伤，或因火焰引起的烧伤，高温物体引起的烫伤，放射线引起的皮肤损伤等事故。适用于烧伤、烫伤、化学灼伤、放射性皮肤损伤等伤害，不包括电烧伤以及火灾事故引起的烧伤。

火灾：指造成人身伤亡的企业火灾事故。不适用于非企业原因造成的火灾，如居民火灾蔓延到企业，此类事故属于消防部门统计的事故。

高处坠落：指由于危险重力势能差引起的伤害事故。适用于脚手架、平台、陡壁施工等高于地面的坠落，也适用于由地面踏空失足坠入洞、坑、沟、升降口、漏斗等情况。但排除以其他类别为诱发条件的坠落，如高处作业时，因触电失足坠落应定为触电事故，不能按高处坠落划分。

坍塌：指建筑物、构筑物、堆置物等倒塌以及土石塌方引起的事故。适用于因设计或施工不合理而造成的倒塌，以及土方、岩石发生的塌陷事故。如建筑物倒塌，脚手架倒塌，挖掘沟、坑、洞时土石的塌方等情况。不适用于矿山冒顶片帮事故，或因爆炸、爆破引起的坍塌事故。

冒顶片帮：矿井工作面、巷道侧壁由于支护不当、压力过大造成的坍塌，称为片帮；顶板垮落称为冒顶。二者常同时发生，简称为冒顶片帮。适用于矿山、地下开采、掘进及其他坑道作业发生的坍塌事故。

透水：指矿山、地下开采或其他坑道作业时，意外水源带来的伤亡事故。适用于井巷与含水岩层、地下含水带、溶洞或被淹巷道、地面水域相通时，涌水成灾的事故。不适用于地面水害事故。

放炮：指施工时，爆破作业造成的伤亡事故。适用于各种爆破作业，如采石、采矿、采煤、开山、修路、拆除建筑物等工程进行的爆破作业引起的伤亡事故。

瓦斯爆炸：是指可燃性气体瓦斯、煤尘与空气混合形成了达到燃烧极限的混合物，接触火源时，引起的化学性爆炸事故。主要适用于煤矿，同时也适用于空气不流通，瓦斯、煤尘积聚的场合。

火药爆炸：指火药与炸药在生产、运输、贮藏的过程中发生的爆炸事故。适用于火药与炸药生产在配料、运输、贮藏、加工过程中由于振动、明火、摩擦、静电作用，或因火药与炸药的热分解作用，贮藏时间过长或因存药过多发生的化学性爆炸事故，以及熔炼金属时，废料处理不净，残存火药与炸药引起的爆炸事故。

锅炉爆炸：指锅炉发生的物理性爆炸事故。适用于使用工作压力大于0.7个大气压(0.07 MPa)、以水为介质的蒸汽锅炉(以下简称锅炉)，但不适用于铁路机车、船舶上的锅炉以及列车电站和船舶电站的锅炉。

容器爆炸：容器(压力容器的简称)是指比较容易发生事故，且事故危害性较大的承受压力载荷的密闭装置。容器爆炸是压力容器破裂引起的气体爆炸，即物理性爆炸，包括容器内盛装的可燃性液化气在容器破裂后，立即蒸发，与周围的空气混合形成爆炸性气体混合物，遇到火源时产生的化学爆炸，也称容器的二次爆炸。

其他爆炸：凡不属于上述爆炸的事故均列为其他爆炸事故。

① 可燃性气体如煤气、乙炔等与空气混合形成的爆炸；

② 可燃蒸气与空气混合形成的爆炸性气体混合物如汽油挥发性气体引起的爆炸；

③ 可燃性粉尘以及可燃性纤维与空气混合形成的爆炸性气体混合物引起的爆炸；

④ 间接形成的可燃气体与空气相混合，或者可燃蒸气与空气相混合(如可燃固体、自燃物品，当其受热、水、氧化剂的作用迅速反应，分解出可燃气体或蒸气与空气混合形成爆炸性气体)，遇火源爆炸的事故。

中毒和窒息：人接触有毒物质，如误吃有毒食物或呼吸有毒气体引起的人体急性中毒事故；或在废弃的坑道、暗井、涵洞、地下管道等不通风的地方工作，因为氧气缺乏，有时会发生突然晕倒甚至死亡的事故，称为窒息，两种现象合为一体，称为中毒和窒息事故。不适用于病理变化导致的中毒和窒息事故，也不适用于慢性中毒的职业病导致的死亡。

其他伤害：凡不属于上述伤害的事故均称为其他伤害，如扭伤、跌伤、冻伤、野兽咬伤、钉子扎伤等。

7. 较大涉险事故

① 涉险10人以上的事故；

② 造成3人以上被困或者下落不明的事故；

③ 紧急疏散人员500人以上的事故；

④ 因生产安全事故对环境(人员密集场所、生活水源、农田、河流、水库、湖泊等)造成严重污染的事故；

⑤ 危及重要场所和设施(电站、重要水利设施、危化品库、油气站和车站、码头、港口、机场及其他人员密集场所等)安全的事故；

⑥ 其他较大涉险事故。

二、事故的报告、调查与处理

(一) 事故报告

1. 事故报告的时限和部门

《安全生产法》和《生产安全事故报告和调查处理条例》对事故报告做出了具体的规定。生产经营单位发生生产安全事故或者较大涉险事故后，事故现场有关人员应立即报告本单位负责人。单位负责人接到报告后，应当于1 h内向事故发生地县级以上人民政府安全生产监督管理部门和负有安全生产监督管理职责的有关部门报告。情况紧急时，事故现场有关人员可以直接向事故发生地县级以上人民政府安全生产监督管理部门和负有安全生产监督管理职责的有关部门报告。

2. 事故报告的内容

事故报告应当包括事故发生单位概况，事故发生的时间、地点以及事故现场情况，事故的简要经过，事故已经造成或者可能造成的伤亡人数(包括下落不明的人数)和初步估计的直接经济损失，已经采取的措施和其他应当报告的情况。事故报告应当遵照完整性的原则，尽量能够全面地反映事故情况。

(1) 事故发生单位概况

事故发生单位概况应当包括单位的全称、成立时间、所处地理位置、所有制形式和隶属关系、生产经营范围和规模、持有各类证照的情况、单位负责人的基本情况、劳动组织及工程(施工)情况等(矿山企业还应包括可采储量、生产能力、开采方式、通风方式及主要灾害等情况)以及近期的生产经营状况等。

(2) 事故发生的时间、地点以及事故现场情况

报告事故发生的时间应当具体，并尽量精确到分钟。报告事故发生的地点要准确，除事故发生的中心地点外，还应当报告事故所波及的区域。报告事故现场总体情况、现场的人员伤亡情况、设备设施的毁损情况以及事故发生前的现场情况。

(3) 事故的简要经过

事故的简要经过是对事故全过程的简要叙述，描述要前后衔接、脉络清晰、因果相连。

(4) 伤亡人数和初步估计的直接经济损失

对于人员伤亡情况的报告，应当遵守实事求是的原则，不做无根据的猜测，更不能隐瞒实际伤亡人数。对直接经济损失的初步估计，主要指事故所导致的建筑物的毁损、生产设备设施和仪器仪表的损坏等。由于人员伤亡情况和经济损失情况直接影响事故等级的划分，并因此决定事故的调查处理等后续重大问题，在报告这方面情况时应当谨慎细致，力求准确。

(5) 已经采取的措施

已经采取的措施主要是指事故现场有关人员、事故单位负责人、已经接到事故报告的安全生产管理部门为减少损失、防止事故扩大和便于事故调查所采取的应急救援和现场保护等具体措施。

(6) 其他应当报告的情况

对于其他应当报告的情况，根据实际情况具体确定。考虑到事故原因往往需要进一步调查之后才能确定，为谨慎起见，没有将其列入应当报告的事项。但是，对于能够初步判定事故原因的，还是应当进行报告。

事故现场有关人员需要准确报告事故的时间、地点、人员伤亡的大体情况，事故单位负责人需要报告事故的简要经过、人员伤亡和损失情况以及已经采取的措施等。

使用电话快报，应当包括下列内容：

① 事故发生单位的名称、地址、性质；

② 事故发生的时间、地点；

③ 事故已经造成或者可能造成的伤亡人数(包括下落不明、涉险的人数)。

事故报告后出现新情况的，应当及时补报。

自事故发生之日起30日内，事故造成的伤亡人数发生变化的，应当及时补报。

3. 事故的应急处置

事故发生单位负责人接到事故报告后，应当立即启动事故应急预案，或者采取有效措施，组织抢救，防止事故扩大，减少人员伤亡和财产损失。

事故发生后，生产经营单位应当立即启动相关应急预案，采取有效处置措施，开展先期应急工作，控制事态发展，并按规定向有关部门报告。

事故发生后，有关单位和人员应当妥善保护事故现场以及相关证据，任何单位和个人不得破坏事故现场、毁灭相关证据。因抢救人员、防止事故扩大以及疏通交通等原因，需要移动事故现场物件的，应当做出标志，绘制现场简图并做出书面记录，妥善保存现场重要痕迹、物证。

（二）事故调查

1. 事故调查的基本原则

（1）事故调查处理应当按照科学严谨、依法依规、实事求是、注重实效的原则，及时、准确地查清事故原因，查明事故性质和责任，评估应急处置工作，总结事故教训，提出整改措施，并对事故责任单位和人员提出处理建议。

（2）事故发生单位应当及时全面落实整改措施，负有安全生产监督管理职责的部门应当加强监督检查。

（3）负责事故调查处理的国务院有关部门和地方人民政府应当在批复事故调查报告后一年内，组织有关部门对事故整改和防范措施落实情况进行评估，并及时向社会公开评估结果；对不履行职责导致事故整改和防范措施没有落实的有关单位和人员，应当按照有关规定追究责任。

（4）生产经营单位发生生产安全事故，经调查确定为责任事故的，除了应当查明事故单位的责任并依法予以追究外，还应当查明对安全生产的有关事项负有审查批准和监督职责的行政部门的责任，对有失职、渎职行为的，依照《安全生产法》的规定追究法律责任。

（5）县级以上人民政府应当依照《生产安全事故报告和调查处理条例》的规定，严格履行职责，及时、准确地完成事故调查处理工作。

（6）事故发生地有关地方人民政府应当支持、配合上级人民政府或者有关部门的事故调查处理工作，并提供必要的便利条件。

（7）参加事故调查处理的部门和单位应当互相配合，提高事故调查处理工作的效率。

（8）工会依法参加事故调查处理，有权向有关部门提出处理意见。

（9）任何单位和个人不得阻挠和干涉对事故的报告和依法调查处理。

2. 事故调查的主要任务

（1）及时、准确地查清事故原因。

（2）查明事故性质和责任。

（3）总结事故教训，提出整改措施。

（4）对事故责任者提出处理意见。

3. 事故调查组的组成及职责

（1）事故调查

① 特别重大事故由国务院或者国务院授权有关部门组织事故调查组进行调查。

② 重大事故由事故发生地省级人民政府负责调查。省级人民政府可以直接组织事故

调查组进行调查，也可以授权或者委托有关部门组织事故调查组进行调查。

③ 较大事故由事故发生地设区的市级人民政府负责调查。设区的市级人民政府可以直接组织事故调查组进行调查，也可以授权或者委托有关部门组织事故调查组进行调查。

④ 一般事故由事故发生地县级人民政府负责调查。县级人民政府可以直接组织事故调查组进行调查，也可以授权或者委托有关部门组织事故调查组进行调查。

⑤ 未造成人员伤亡的一般事故，县级人民政府也可以委托事故发生单位组织事故调查组进行调查。

⑥ 特别重大事故以下等级事故，事故发生地与事故发生单位不在同一个县级以上行政区域的，由事故发生地人民政府负责调查，事故发生单位所在地人民政府应当派人参加。

（2）事故调查组的组成

① 事故调查组的组成应当遵循精简、效能的原则。

② 根据事故的具体情况，事故调查组由有关人民政府、安全生产监督管理部门、负有安全生产监督管理职责的有关部门、监察机关、公安机关以及工会派人组成，并应当邀请人民检察院派人参加。

③ 事故调查组可以聘请有关专家参与调查。

④ 事故调查组成员应当具有事故调查所需要的知识和专长，并与所调查的事故没有直接利害关系。

⑤ 事故调查组组长由负责事故调查的人民政府指定。事故调查组组长主持事故调查组的工作。

（3）事故调查组履行的职责

① 查明事故发生的经过，包括：事故发生前事故发生单位生产作业状况，事故发生的具体时间、地点，事故现场状况及事故现场保护情况，事故发生后采取的应急处置措施情况，事故报告经过，事故抢救及事故救援情况，事故的善后处理情况，其他与事故发生经过有关的情况。

② 查明事故发生的原因，包括：事故发生的直接原因、事故发生的间接原因、事故发生的其他原因。

③ 查明人员伤亡情况，包括：事故发生前事故发生单位生产作业人员分布情况，事故发生时人员涉险情况，事故当场人员伤亡情况及人员失踪情况，事故抢救过程中人员伤亡情况，最终伤亡情况，其他与事故发生有关的人员伤亡情况。

④ 查明事故的直接经济损失，包括：人员伤亡后所支出的费用，如医疗费用、丧葬及抚恤费用、补助及救济费用、歇工工资等；事故善后处理费用，如处理事故的事务性费用、现场抢救费用、现场清理费用、事故罚款和赔偿费用等；事故造成的财产损失费用，如固定资产损失价值、流动资产损失价值等。

⑤ 认定事故性质和事故责任分析。通过事故调查分析，对事故的性质要有明确结论。其中对认定为自然事故（非责任事故或者不可抗拒的事故）的，可不再认定或者追究事故责任人；对认定为责任事故的，要按照责任大小和承担责任的不同分别认定直接责任者、主要责任者、领导责任者。

⑥ 对事故责任者提出处理建议。通过事故调查分析，在认定事故的性质和事故责任的基础上，对事故责任者提出行政处分、纪律处分、行政处罚、追究刑事责任、追究民事责任的

建议。

⑦ 总结事故教训。通过事故调查分析，在认定事故的性质和事故责任者的基础上，要认真总结事故教训，主要是在安全生产管理、安全生产投入、安全生产条件、事故应急救援等方面存在的薄弱环节、漏洞和隐患，要认真对照问题查找根源、吸取教训。

⑧ 提出防范和整改措施。防范和整改措施是在事故调查分析的基础上针对事故发生单位在安全生产方面的薄弱环节、漏洞、隐患等提出的，要具备针对性、可操作性、普遍适用性和时效性。

⑨ 提交事故调查报告。事故调查报告在事故调查组全面履行职责的前提下由事故调查组完成，是事故调查工作成果的集中体现。事故调查报告在事故调查组组长的主持下完成，其内容应当符合《生产安全事故报告和调查处理条例》的规定，并在规定的提交事故调查报告的时限内提出。

(4) 事故调查组的职权

① 事故调查组有权向有关单位和个人了解与事故有关的情况，并要求其提供相关文件、资料，有关单位和个人不得拒绝。

② 事故发生单位的负责人和有关人员在事故调查期间不得擅离职守，并应当随时接受事故调查组的询问，如实提供有关情况。

③ 事故调查中发现涉嫌犯罪的，事故调查组应当及时将有关材料或者其复印件移交司法机关处理。

④ 事故调查中需要进行技术鉴定的，事故调查组应当委托具有国家规定资质的单位进行技术鉴定。必要时，事故调查组可以直接组织专家进行技术鉴定。技术鉴定所需时间不计入事故调查期限。

⑤ 事故调查组应当自事故发生之日起60日内提交事故调查报告；特殊情况下，经负责事故调查的人民政府批准，提交事故调查报告的期限可以适当延长，但延长的期限最长不超过60日。

(5) 事故调查组的纪律

① 事故调查组成员在事故调查工作中应当诚信公正、恪尽职守，遵守事故调查组的纪律，保守事故调查的秘密。

② 未经事故调查组组长允许，事故调查组成员不得擅自发布有关事故的信息。

(6) 事故调查报告

事故调查报告应包括以下内容：

① 事故发生单位概况。

② 事故发生经过和事故救援情况。

③ 事故造成的人员伤亡和直接经济损失。

④ 事故发生的原因和事故性质。

⑤ 事故责任的认定以及对事故责任者的处理建议。

⑥ 事故防范和整改措施。

事故调查报告应当附具有关证据材料，事故调查组成员应当在事故调查报告上签名。

事故调查报告报送负责事故调查的人民政府后，事故调查工作即告结束。事故调查的有关资料应当归档保存。

4. 事故现场调查分析规则

（1）事故现场的处理

事故现场是指事故发生后保持原始状态的事故地点，包括现场波及的范围及其与事故有关的场所。现场调查，首先要调查现场保护情况，因为现场将为事故调查的线索及确定事故的原因提供痕迹和物证。因此，事故发生后，任何人均有权及时保护好现场，不得任意清理和破坏。调查工作应按一定的顺序和方法进行，先在现场外围进行查询、观察；再进入现场内进行不变动现场物体原始位置的静态观察；最后再翻动或移动物体的原始位置，进行动态观察。调查前要准备好测绘、照相和录像等设备器材，调查时必须做好记录、拍照（录像）及绘制事故现场图。

（2）事故有关物证的收集

通常收集的物证应包括：

① 现场物证，包括破损部件、碎片、残留物、致害物的位置等。

② 在现场收集到的所有物件均应贴上标签，注明地点、时间、管理者。

③ 所有物件应保持原样，不准冲洗、擦拭。

④ 对健康有危害的物品，应采取不损坏原始证据的安全防护措施。

（3）事故事实材料收集

与事故鉴别、记录有关的材料包括以下内容：

① 发生事故的单位、地点、时间。

② 受害人和肇事者的姓名、性别、年龄、文化程度、职业、技术等级、工龄、本工种工龄等。

③ 受害人和肇事者的技术状况、接受安全教育情况。

④ 出事当天，受害人和肇事者什么时间开始工作、工作内容、工作量、作业程序、操作时的动作（或位置）。

⑤ 受害人和肇事者过去的事故记录。

事故发生的有关事实材料包括以下内容：

① 事故发生前设备、设施等的性能和质量状况。

② 使用的材料，必要时进行物理性能或化学性能试验与分析。

③ 有关设计和工艺方面的技术文件、工作指令和规章制度方面的资料及执行情况。

④ 关于工作环境方面的状况，包括照明、湿度、温度、通风、声响、色彩度、道路、工作面情况以及工作环境中的有毒、有害物质取样分析记录。

⑤ 个人防护措施状况，应注意它的有效性、质量、使用范围。

⑥ 出事前受害人和肇事者的健康状况。

⑦ 其他可能与事故致因有关的细节或因素。

（4）事故人证材料收集记录

事故发生后，应尽快寻找证人，收集证据。同时要与在事故发生之前曾在现场的人员，以及那些在事故发生之后立即赶到事故现场的人员进行交谈。要保证每一次交谈记录的准确性。

询访见证人、目击者和当班人员时，应采用谈话方式，不应采用审问方式。同时，必须寻找见证人，他们可提供与事故调查有关的各方面的信息，包括事故现场状态、周围环境情况及人为因素。

(5) 事故现场摄影、拍照及事故现场图绘制

在收集事故现场的资料时，可能要通过对事故现场进行摄影或拍照来获得更清楚的信息。

① 显示事故现场和受害者原始存息地的所有照片。

② 可能被清除或被践踏的痕迹，如刹车痕迹、地面和建筑物的伤痕，火灾爆炸引起损害的照片等。

③ 事故发生现场全貌。

④ 利用摄影或录像，以提供较完善的信息内容。

对事故发生地点经过全面地初步研究拍照之后，调查工作的一项重要任务是绘制事故现场图。一是确定事故发生地点坐标，伤亡人员相对于地理位置点的位置图；二是确定涉及事故的设备各构件散落的位置并做出标记；三是查看、测出和分析事故发生时留在地面上的痕迹，必要时，绘制现场剖面图。

事故现场图的形式，可以是事故现场示意图、流程图、受害者位置图等。

(三) 事故处理

事故调查组向负责组织事故调查的有关人民政府提出事故调查报告后，事故调查工作即告结束。有关人民政府按照《生产安全事故报告和调查处理条例》规定的期限，及时做出批复并督促有关机关、单位落实批复，包括对生产经营单位的行政处罚，对事故责任人行政责任的追究以及整改措施的落实等。

三、事故统计与分析

(一) 事故统计的基本任务

(1) 对每起事故进行统计调查，弄清事故发生的情况和原因。

(2) 对一定时间内、一定范围内事故发生的情况进行测定。

(3) 根据大量统计资料，借助数理统计手段，对一定时间内、一定范围内事故发生的情况、趋势以及事故参数的分布进行分析、归纳和推断。

事故统计的任务与事故调查是一致的。统计建立在事故调查的基础上，没有成功的事故调查，就没有正确的统计。调查要反映有关事故发生的全部详细信息，统计则抽取那些能反映事故情况和原因的最主要的参数。

事故调查从已发生的事故中得到预防相同或类似事故发生的经验，是直接的、局部性的，而事故统计对于预防事故发生既有直接性又有间接性，是总体性的。

(二) 事故统计的步骤

事故统计工作一般分为以下三个步骤。

1. 资料收集

资料收集又称统计调查，是根据统计分析的目的，对大量零星的原始材料进行技术分组，它是整个事故统计工作的前提和基础。资料收集是根据事故统计的目的和任务，制定调查方案，确定调查对象和单位，拟定调查项目和表格，并按照事故统计工作的性质，选定方法。我国伤亡事故统计是一项经常性的统计工作，采用报告法，下级按照国家制定的报表制

度，逐级将伤亡事故报表上报。

2. 资料整理

资料整理又称统计汇总，是将收集的事故资料进行审核、汇总，并根据事故统计的目的和要求计算有关数值。汇总的关键是统计分组，就是按一定的统计标志，将分组研究的对象划分为性质相同的组。如按事故类别、事故原因等分组，然后按组进行统计计算。

3. 综合分析

综合分析是将汇总整理的资料及有关数值，填入统计表或绘制统计图，使大量的零星资料系统化、条理化、科学化，是统计工作的结果。事故统计结果可以用统计指标、统计表、统计图等形式表达。

（三）事故统计指标体系

行业主管部门针对本行业特点，制定并实施了各自的事故统计报表制度和统计指标体系来反映本行业的事故情况。指标通常分为绝对指标和相对指标。绝对指标是指反映伤亡事故全面情况的绝对数值，如事故起数、死亡人数、重伤人数、轻伤人数、直接经济损失、损失工作日等。相对指标是伤亡事故的两个相联系的绝对指标之比，表示事故的比例关系，如千人死亡率、千人重伤率、百万吨死亡率等。生产安全事故死亡人数、亿元国内生产总值生产安全事故死亡人数、工矿商贸企业就业人员十万人生产安全事故死亡人数、煤矿百万吨死亡人数已成为每年国家统计局国民经济和社会发展统计公报的重要统计指标。事故统计指标体系如表 2-1 所列。

表 2-1　事故统计指标体系表

<table>
<tr><td rowspan="6">指标</td><td>绝对指标</td><td colspan="2">事故起数、死亡人数、重伤人数、轻伤人数、直接经济损失、损失工作日</td></tr>
<tr><td rowspan="5">相对指标</td><td>相对人员</td><td>千人死亡率、万人死亡率、十万人死亡率、百万人死亡率</td></tr>
<tr><td>相对劳动量</td><td>百万工时死亡率、百万工时伤害率</td></tr>
<tr><td>相对产值</td><td>亿元国内生产总值死亡率</td></tr>
<tr><td>相对产量</td><td>百万吨死亡率、万立方米死亡率、百万平方米死亡率</td></tr>
<tr><td>相对其他</td><td>万车死亡率、亿客公里死亡率、重大事故万时率、百万机车总走行公里死亡率</td></tr>
</table>

为了综合反映我国生产安全事故情况，原国家安全生产监督管理总局成立后，结合我国经济发展和行业特点，提出了适应我国的生产安全事故统计指标体系。

1. 综合类伤亡事故统计指标体系

综合类伤亡事故统计指标体系包括事故起数、死亡事故起数、死亡人数、受伤人数、直接经济损失、重大事故起数、重大事故死亡人数、特大事故起数、特大事故死亡人数、特别重大事故起数、特别重大事故死亡人数、重大事故率、特大事故率。

2. 工矿企业类伤亡事故统计指标体系

工矿企业类伤亡事故统计指标包含伤亡事故起数、死亡事故起数、死亡人数、重伤人数、轻伤人数、直接经济损失、损失工作日、重大事故起数、重大事故死亡人数、特大事故起数、特大事故死亡人数、千人死亡率、千人重伤率。另外，煤矿企业伤亡事故统计指标还包括百万吨死亡率。

（四）生产安全事故报表制度

真实完整地收集和记录每起事故数据，是进行统计分析的基础。每起事故所包含的信息量，对事故统计分析至关重要。事故所包含的信息量要能够体现事故致因的科学原理，体现判定事故原因的正确方法。《生产安全事故统计报表制度》（安监总统计〔2016〕116 号）设计了两张报表（A1 表和 A2 表），用来收集和记录企业发生的每起事故情况及伤亡人员情况。在两张报表的基础上，可以方便地派生出其他的统计报表。

（五）伤亡事故统计分析方法

伤亡事故统计分析方法是以研究伤亡事故统计为基础的分析方法，伤亡事故统计有描述统计法和推理统计法两种方法。

描述统计法用于概括和描述原始资料总体的特征。它可以提供一种组织归纳和运用资料的方法。最常用的描述统计有频数分布、图形或图表、算术平均值及相关分析等。

推理统计法是从一个较大的资料总体中抽取样本来推断结论的方法。它的目的是使人们能够用数量来表示可能的论述。对伤亡事故原因的专门研究以及事故判定技术等主要应用推理统计法。

（六）伤亡事故经济损失计算方法

伤亡事故经济损失计算方法和标准参照《企业职工伤亡事故经济损失统计标准》（GB/T 6721—1986）。

（七）事故伤害损失工作日

事故伤害损失工作日的计算，详见《事故伤害损失工作日标准》（GB/T 15499—1995）。

第七节　煤矿安全生产的组织与计划管理

一、煤矿安全生产组织管理

（一）煤矿企业安全生产组织的基本原则

煤矿企业生产过程组织的根本目的，是使企业生产过程各环节、各工序，在时间、空间、能力的配合上达到紧密衔接、协调配合，从而保证人力、物力、财力得到充分合理的使用，获得良好的效果。煤矿企业生产过程的组织一般应遵循连续性、均衡性、比例性、适应性、讲究经济效益、实现安全生产等原则。

1. 连续性原则

连续性是指生产过程中各环节、各阶段、各工序在时间上紧密衔接，不发生或少发生不必要的停顿和等待，通常称为减少或避免生产影响。保证和提高生产过程的连续性，对提高工时效率、设备利用率、产量和劳动生产效率都有重大意义。对煤矿生产过程来说，主要是采煤和掘进工作。所以，在采煤和掘进工作中，要采用先进合理的生产组织形式，以合理的工序安排劳动组织，做好生产准备工作和辅助服务性工作，有利于提高生产过程的连续性。

2. 均衡性原则

均衡性是指生产的均衡程度，即指企业各生产环节、产品的投入、加工和出产都按计划有节奏地进行，在相等时间内生产出相等或递增的产品，使各工作负荷均匀，不出现时松时紧的状况。对煤矿企业来说，在相同的时间周期内(月、旬、日、班、小时)，按照生产计划进度的要求，均衡地完成生产计划任务。充分利用人力和设备，优化生产组织，保证正规循环作业，加强设备检修，保证设备高效运转，有利于建立正常的生产秩序，实现安全生产。

3. 比例性原则

比例性是指生产过程的各环节、各阶段、各工序之间的生产能力要保持适当的比例关系。各个生产环节的工人人数、设备数量应相互协调适应。

在矿井和采区设计中，虽已考虑到这种比例性，在年度及月度计划中也进行了综合平衡，但在实际生产中由于受诸多因素的影响，仍会出现各环节、各阶段、各工序之间比例不协调的现象，生产组织工作就是要及时发现、调整、修改这种不协调现象，采取有力措施加以解决。

4. 适应性原则

适应性是指生产过程组织形式的灵活性，根据安全风险的变化、生产技术的进步、宏观经济政策的调控等在较短的时间内及时做出调整，具有适应上级整体调控、本矿客观条件要求和市场经济需求变化的特点。

5. 讲究经济效益原则

讲究经济效益是指用尽可能少的人力、物资消耗和资金占用，生产出尽可能多的适销对路的产品。煤炭生产要十分注意节约人力、物力、财力，提高煤炭资源回收率。根据市场需要，生产出品种多、煤质好的产品，以满足用户的需要。

6. 实现安全生产原则

煤矿生产环境恶劣，危险性较大，安全生产对煤矿企业具有特别重要的意义。煤矿企业要通过不断增强安全保障能力、持续改善安全生产条件、切实保障劳动者生命安全和健康，做到安全生产与经济社会发展各项工作同步规划、同步部署、同步推进，实现有安全保障的可持续生产。

(二) 煤矿企业正规循环作业及标准

煤矿企业正规循环作业是指工作面在规定的时间内，按照制定的作业流程，按质、按量、安全地完成作业循环图表所规定的全部工序和工作量，并周而复始地完成规定的循环次数。

煤矿企业正规循环作业主要包括采煤工作面和掘进工作面正规循环作业两部分。

1. 采煤工作面正规循环作业

(1) 采煤工作面正规循环作业的概念

采煤工作面正规循环作业是指采煤工作面在规定的时间内，保质、保量、安全地完成作业规程循环图表中所规定的全部工序和工作量，并完成规定的循环次数。采煤工作面循环作业内容主要包括破煤、装煤、运煤、支护、采空区处理等基本工序。

(2) 采煤工作面正规循环作业标准

采煤工作面正规循环作业标准包括：

① 有一个科学的、切实可行的作业规程和循环图表，完成规定的正规循环率。

② 完成作业规程中规定的产量、进度、效率、煤质和主要材料消耗以及工作面煤炭回收率等技术经济指标。

③ 工作面工程质量合格，机电设备完好率不低于90%，事故率不超过1%。

④ 安全生产，消除死亡和重大事故。

2. 掘进工作面正规循环作业

(1) 掘进工作面正规循环作业的概念

掘进工作面正规循环作业是指掘进工作面在规定时间内，按质、按量、安全地完成作业规程中循环图表所规定的全部工序和工作量，达到一次成巷的标准并完成规定的循环次数。掘进工作面循环作业内容主要包括破煤(岩)、装煤(岩)、运煤(岩)、支护等基本工序。

(2) 掘进工作面循环作业标准

掘进工作面循环作业标准包括：

① 有科学的、切实可行的作业规程和循环图表，完成规定的正规循环率。

② 完成掘进作业规程规定的进尺、效率、材料消耗等技术经济指标。

③ 掘进工作面工程质量合格，达到一次成巷，机电设备完好率不低于90%，事故率不超过1%。

④ 安全生产，消除死亡和重大事故。

(三) 煤矿生产调度

1. 矿井生产调度工作的任务和内容

矿井的生产调度工作是指对矿井的生产过程进行必要的监督、协调、控制和指挥。

矿井生产调度工作的主要任务是：按照矿井生产的客观规律和生产经营计划，对矿井的日常生产活动实行统一的指挥、检查和监督，协调各生产环节之间的配合，确保整个矿井均衡有序地生产。

矿井生产调度工作的主要内容包括：

(1) 负责日常的生产组织与指挥工作，检查分析各基层生产单位的作业计划执行情况，发现问题、找出原因，及时采取措施加以纠正。

(2) 抓好采煤、掘进工作面的正规循环作业，出现打破正规循环作业的苗头或结果时，及时组织力量进行调整。

(3) 组织和检查新工作面及新采区的生产准备工作的进展情况。

(4) 检查生产设备的运行情况。设备发生故障时，组织力量进行修理；检查督促机电部门严格执行设备修理计划。

(5) 检查、监督和指挥井上、下的运输工作，保证运输工作的正常运行及生产的连续性。

(6) 发生自然灾害和生产事故时，发挥统一集中指挥的强有力作用，调动一切力量进行救援，减少损失。

(7) 做好生产情况的统计分析工作，当好矿领导的参谋和助手。

2. 矿井生产调度工作组织形式

建立适合的调度组织形式是实现矿井统一生产指挥和完成调度工作任务的必要条件。调度组织机构按行政领导关系可以分为一级调度和二级调度，按调度工作的业务性质可以分为专业调度和综合调度。

一级调度是指矿井只设一个调度室，统管全矿生产过程各环节、各部门之间和生产环节内部的调度组织工作。

二级调度是指除矿总调度室集中处理各生产环节、各部门之间的调度业务外，各主要生产部门可以设立其他具体业务的调度，协助矿总调度室开展调度工作。

综合调度是由一个总调度室负责全矿各部门的全部调度业务，如公司总调度室就属于综合调度。

专业调度指专门业务调度，如运输、通风、运销、供应等专业调度。

3. 矿井生产调度工作制度

生产调度工作制度主要有以下四种：

(1) 领导调度值班制度。为了及时而有效地解决生产过程中所出现的重大问题，需要建立公司(矿级)领导轮流 24 h 调度值班的制度，负责组织当天的生产，处理发生的重大问题，听取基层生产系统汇报，做出指示，布置工作。值班领导遇有特殊情况需要离开时，应与调度室保持联系。

(2) 调度会议制度。定期召开调度会议是调度工作的重要方法。会议由调度室组织，值班领导或调度主任主持，参加会议的人员根据会议内容而定。会议内容主要是听取生产和工作情况简要汇报分析，总结经验教训，处理和解决各种问题，协调各单位之间的配合，布置下一阶段的生产和工作任务。

(3) 矿井班中汇报制度。各采掘区队的跟班区(队)长到现场后，要把工作面当时的情况立即向调度室进行汇报；班中可向调度室汇报一次生产进展情况；下班后向调度室汇报当班生产任务完成情况、存在问题及下班应注意的问题。遇有重大问题，应随时向调度室汇报。

(4) 分析总结制度。定期进行生产活动分析总结(每旬或每月进行一次)，分析内容主要是计划完成情况。针对分析出的问题，研究解决的办法，以便采取措施，加以克服。

(四) 煤矿生产现场组织管理

良好的生产现场组织管理是保证现场生产安全高效开展的保障，如果管理制度不健全、工序衔接不科学或执行不严，也不会取得好的效果。

1. 完善规章制度

生产组织现场管理制度应包括工种岗位责任制、现场交接班制度、生产汇报制度等。

岗位责任制依据岗位不同而制定不同的内容，大体上各种岗位责任制包括以下内容：

(1) 严格执行“三大规程”，坚守工作岗位。

(2) 要熟悉本岗位范围内的设备，做到“三懂”“四会”。

(3) 工作中要精神集中，时刻关注现场安全状况，发现问题及时汇报和处理。

(4) 做好自主保安，注重工程质量，搞好文明生产。

现场交接班制度内容大体如下：

(1) 必须在规定时间到达岗位，在接班人员没有到来之前，不得离开岗位。

(2) 交接班时，交接班人员必须将现场安全状况、设备的运转情况、遇到的问题及处理情况和接班后必须注意的问题交代清楚。

(3) 凡是能通过试运转交接的设备，必须进行试运转验收，发现问题共同处理。

(4) 接班人员必须在交班人员在场的情况下，按照设备与工程质量标准对分管范围内的设备和工程进行认真检查。

生产汇报制度主要包括接班汇报、班中汇报、班末汇报和事故汇报等。

(1) 接班汇报。跟班干部及工人到达工作地点首先进行交接班，经过对工作面检查、交接班并分配任务后，按规定汇报。主要汇报接班时的条件、设备状况、本班生产任务和可能发生的问题。

(2) 班中汇报。主要汇报前半班的生产情况,后半班的打算及要求调度室协助解决的问题。

(3) 班末汇报。是指在下班前对本班工作情况的汇报。汇报本班实际生产任务完成情况、本班遇到的问题、遗留的问题等。

(4) 事故汇报。发生事故后,跟班干部要在积极组织处理事故的同时,向调度室及时汇报所发生事故的时间、地点、经过和抢救措施。

2. 合理组织生产

(1) 加强工种、工序之间的配合。科学安排工种、工序之间的顺序和衔接关系。在保证生产的前提下,充分利用工作面的时间和工作空间,尽可能安排某些工序平行作业。

(2) 减少影响时间。要严格设备检修、保养制度,把责任落实到每一个人,减少设备影响。交接班必须交接设备的运转情况,要保持设备的正确使用,不得超负荷工作。一旦设备发生故障,尽可能把事故影响时间降低到最低限度。

3. 现场工序管理

工序管理是生产过程中的基本环节,是构成生产过程最基本的要素。煤矿生产工序管理是根据煤炭生产产品质量、工程质量和安全质量的要求,采取科学、有效的手段,对生产过程中影响工序质量的人员、机器、材料、方法、环境等因素进行控制,以保证工序质量处于稳定受控状态。它是煤矿生产过程中最有效、最常用的质量管理活动。开展工序管理活动的目的在于提高工程质量、产品质量,降低物资消耗,保证安全文明生产,提高企业的经济效益。

二、煤矿企业生产计划及其指标确定

(一) 煤矿生产计划的基本原则

(1) 严肃性。计划一经批准下达,必须严格遵照执行。

(2) 科学性。计划要符合客观实际,瞻前顾后,留有余地。

(3) 先进性。依据企业长远发展目标,赶超先进水平,积极高效。

(4) 规范性。计划任务和指标计算符合煤炭行业技术经济政策和计算办法。

(二) 煤矿生产计划与各专业的关系

生产计划规定着企业经济运行的大方向,是其他各部门各专业制订计划的依据。必须以生产计划为依据,统筹安排各项工作。计划指标采用统一计划,集中平衡,分部门、分级管理的办法,使各项计划综合构成一个统一的有机整体,促进企业生产经营活动有条不紊地正常运行。

1. 生产计划的基础工作

一是建立健全生产组织决策信息体系,经常收集、分析、预测国家经济政策和市场行情,煤炭外运销售情况,国内外煤炭技术发展趋势,同行业技术经济指标等外部资料;调查整理本企业资源储备情况,生产技术装备情况,矿井、水平、采区生产能力、历史及其指标、定额水平等内部资料。

二是建立健全各种计划台账,包括开拓开采部署、搬家准备、巷道消耗、设备动态、产销存情况、生产性技改工程及检修工程等。

三是建立健全与本专业相适应的有指导意义的生产、技术、经济档案，以及重大问题处理备忘录等。

2. 煤矿生产计划的内容及组成

生产计划的主要内容包括：产品产量、产值收入、外运销量、采掘关系、工作面接替、生产劳动效率、材料的消耗、能源的节约、煤炭资源的回收、采掘设备的平衡、安全生产等。

生产计划主要指标包括：工业总产值、原煤产量、商品煤产率、劳动效率、利润、原煤成本、掘进进尺、安全管理等。其他技术经济指标主要包括商品煤质量（灰分、水分、发热量及含矸指标）、原煤生产消耗（包括木材、油脂、建工材料、支护材料、配件、大型材料、专用工具、其他材料等）和采掘工作面能力利用程度（采煤机械化、掘进机械化、掘进装载机械化等指标）。

生产计划由三部分组成：计划指标表格、计划图纸（包括各采掘工程计划图，井上下对照图，开拓、运输、通风、排水、供电系统图）和文字说明。

3. 煤矿生产计划的分类

生产计划按计划期限长短可分为企业发展规划（10 年规划）、中长期计划（3～5 年）、短期计划（1 年）、作业计划（月度计划）。

企业发展规划、中长期计划可参照本行业国家总体发展规划和集团发展战略，规定企业生产发展战略目标和体现企业战略方向的发展性计划，是指导企业煤炭生产发展的蓝图，具有展望性、预见性和纲领性的特点。

短期计划即企业年度生产计划，是企业计划的最主要形式。

作业计划是短期计划的具体执行计划，直接用于指导日常生产和经营。

（三）煤矿生产计划的编制

煤矿生产计划编制的基本要求是必须依据企业发展规划、中长期计划和煤炭生产总目标，统筹安排，分步实施；力求符合客观规律，遵循实事求是、积极可靠、留有余地的原则；要处理好长远和当前的平衡，整体和局部的平衡，需要和可能的平衡，生产和效益的平衡；充分调动和发挥基层和员工的积极性，确保生产经营指标的顺利实现。

编制生产计划主要采用以下两种方法：

一是技术经济分析法。通过全面统计和典型调查、抽样调查、数理分析等方法，全面掌握报告期主要指标的完成情况，调查预测计划期经济运行趋势、煤炭市场供求状况、收入盈利水平。在技术经济分析的基础上，提出主要指标的初步预测和相应采取的重大措施，为编制和确定计划提供依据。

二是综合平衡法。综合平衡法是计划工作的基本方法，即在充分发挥市场机制的前提下，利用计划指标体系，合理配置生产要素，按市场规律科学地组织生产，提高生产要素的利用效率和质量水平。

编制生产计划的依据：一是国家产业政策及市场对煤炭产品的需求；二是集团公司下达的生产计划；三是矿区整体战略部署，矿井、水平、采区接替；四是企业现有的生产能力及可能增加的能力等。

三、煤矿生产计划执行控制

(一) 煤业公司对下属矿井的生产计划执行控制

煤矿生产计划执行控制由上级公司根据完成情况进行考核,主要包括月度、年度生产计划考核的组织实施、问题收集、信息反馈等工作。

执行控制的考核指标包括经营业绩、生产运营、专项工作、对标管理四部分。经营业绩主要考核利润总额完成情况;生产运营指标包括安全管理、关键业绩等指标。

(1) 安全管理指标包括安全管理及灾害治理。安全管理:由安全管理部门牵头,其他专业部室配合,按煤矿企业(公司)安全部门制定的考核办法执行。灾害治理:由通防部、地测部牵头,其他专业部室配合,按公司灾害治理相关考核办法执行。

(2) 关键业绩指标:根据各单位性质及业务内容设置不同的业绩指标,主要包括营业收入、单位完全成本、商品煤产量、岩巷进尺等。

(3) 专项工作:包括但不限于煤质考核、节能减排、双创考核、党建、信访稳定及其他专项工作等。

(4) 对标管理:包括但不限于矿井单位完全成本、材料消耗、非生产性支出、单产单进、人均工效、资金预算、刚性支出等,按相关专项办法执行。

(二) 矿井生产计划的执行控制

1. 年度生产指标控制

矿井根据生产接替安排,将年度指标分解到每个月进行控制。

2. 月度生产指标执行控制

煤矿月度生产计划下达后,矿井各单位应严格按计划组织实施,原则上不得调整。确因现场地质条件或其他原因导致计划无法完成需调整的,应履行严格的管理程序。

3. 生产计划完成情况纳入绩效工资考核

生产经营绩效工资与生产任务完成情况和经营管理情况挂钩,最大限度激发基层单位生产经营积极性、创造性,释放管理活力,助推矿井实现经济运行质量稳步提升。

四、安全生产技术措施经费的管理与使用

(一) 安全技术措施计划的资金来源

1. 编制安全技术措施计划的原则

一是安全技术措施计划应纳入企业生产经营计划中;二是要从实际出发,将确实需要改善的项目列入计划,同时要结合企业生产、技术设备状况和发展以及人力、财力、物力的实际,做到讲求实效;三是区别轻重缓急,突出治理重点,对危害严重、危害区域大的问题,要集中人、财、物优先解决,对因技术经济条件限制一时解决不了的,要制定规划分阶段治理,做到企业劳动条件年年有改善;四是与技术改造、技术革新、工艺改造相结合,从根本上消除煤尘、噪声、有毒有害物质产生的根源,应用现代化技术和方法,采用机械化、自动化控制和操作,减轻工人劳动强度。

2. 编制安全技术措施计划的依据

编制安全技术措施计划的依据是:① 党中央、国务院发布的有关安全生产的方针政策、

法律法规等；② 国务院所属各部委与地方人民政府发布的行政法规和技术标准；③ 在安全卫生检查中发现尚未解决的问题；④ 因生产发展需要所应采取的安全技术与劳动卫生技术措施；⑤ 安全技术革新的项目和职工提出的合理化建议。

3. 安全技术措施经费来源

根据财政部、国家安全生产监督管理总局发布的《关于印发企业安全生产费用提取和使用管理办法的通知》(财企〔2012〕16 号)，安全费用是指企业按原煤实际产量按照规定标准从成本中提取，专门用于完善和改进企业安全生产条件的专用资金。

（二）安全费用的使用与管理

1. 安全费用的使用范围

(1) 煤与瓦斯突出及高瓦斯矿井落实两个“四位一体”综合防突措施支出，包括瓦斯区域预抽、开展突出区域和局部预测、实施局部补充防突措施、更新改造防突设备和设施、建立突出防治实验室等支出。

(2) 煤矿安全生产改造和重大隐患治理支出，包括“一通三防”(通风、防瓦斯、防粉尘、防灭火)、防治水、供电、运输等系统设备改造和灾害治理工程，实施煤矿机械化改造，实施矿压(冲击地压)、热害、采空区治理等支出。

(3) 完善矿山安全避险六大系统及应急救援支出，包括完善监测监控、人员位置监测、紧急避险、压风自救、供水施救和通信联络系统的支出，应急救援技术装备、设施配置和维护保养支出，事故逃生和紧急避难设施设备的配置和应急演练支出等。

(4) 开展重大危险源和事故隐患评估、监控和整改支出。

(5) 安全生产检查、评价、咨询、标准化建设支出。

(6) 配备和更新现场作业人员安全防护用品支出。

(7) 安全生产宣传、教育、培训支出。

(8) 安全生产适用新技术、新标准、新工艺、新装备的推广应用支出。

(9) 安全设施及特种设备检测检验支出。

(10) 其他与安全生产直接相关的支出(含职业危害防治支出)。

2. 安全费用审批

所有在安全投入范围内列支的费用，均需经过专业部门审核，并加盖安全投入专用章后方可到财务部门办理入账核算。专业部门应明确安全费用与生产经营支出的划分标准，真实反映安全投入实际状况，严禁生产性支出挤占安全费用。

3. 安全费用的管理

(1) 安全费用必须设立专户管理，按规定范围安排使用。年度结余资金可结转下年度使用，企业提取的安全费用不能满足需要时，超支部分直接按正常成本费用渠道列支，矿提取的安全费用在缴纳企业所得税前列支。安全费用的提取和使用情况需网上备案并接受监督。

(2) 经上级公司批准的安全费用计划不得随意变更。

(3) 形成固定资产投资项目，应按有关规定进行质量监督和工程、设备管理。工程竣工和设备到货后，应及时进行验收交接。未按规定程序验收的计划项目，财务部门不得入账付款。

(4) 对于安全费用中列支的各项支出与生产经营支出容易混淆的费用，一是坚持与安全生产直接相关的原则；二是坚持与安全费用预算相结合的原则；三是坚持分配依据不充分时不计入安全费用的原则。

【复习思考题】

1. 煤矿安全监察的主要内容有哪些？
2. 煤矿安全生产的保障措施有哪些？
3. 企业安全文化建设的主要内容有哪些？
4. 煤矿有哪些重要设备、材料需重点管理？
5. 煤矿安全管理制度有哪些？
6. 煤矿安全生产管理人员的安全生产责任制如何制定？应包括哪些内容？
7. 煤矿双重预防体系包括哪些内容？
8. 安全风险评价的方法有哪些？
9. 安全生产标准化管理体系建设应遵循的原则有哪些？
10. 安全生产标准化的检查方法有哪些？
11. 煤矿事故类别如何划分？

第三章　煤矿地质与安全

【学习提示】

煤矿地质工作是从矿井基本建设开始，直到矿井开采结束闭坑为止，贯穿并指导建井、开拓、掘进、采煤全过程的一项重要技术基础工作。在煤矿开采过程中地质工作始终起到解疑释惑、处理地质问题、指导正确开采的作用。

本章深入浅出地介绍了影响煤矿生产的地质因素，尤其是对地质构造带与瓦斯赋存状况、瓦斯异常涌出、突出、冲击地压、火灾等动力灾害现象做了关联性分析，以期发现煤矿生产中过地质构造带时重大灾害频发的一些规律。本章还介绍了矿井水文地质与水害防治的相关知识，重点对矿井水害及其产生条件、突水征兆做了经验阐述，结合事故案例指明了矿井地质灾害防治中需要把握的关键、矿井水灾防治的安全管理要求与检查要点，以此帮助煤矿安全生产管理人员了解煤层地质条件，选择相适应的生产技术，降低地质灾害对矿井的威胁。

第三章导学

第一节　影响煤矿生产的地质因素

一、煤系地层与煤层

（一）煤系地层

煤系地层是在一定地质历史时期形成的具有成因联系的大致连续沉积的一套含煤岩系。当具备发育含煤盆地的构造条件、古气候和古植物条件以后，含煤沉积盆地的沉积古地理面貌就决定了聚煤特征。它的厚度从几十米至几千米不等。煤系是在潮湿气候条件下形成的，所以组成煤系沉积岩的颜色，主要是灰色、灰黑色、黑色和灰绿色。煤系的岩性以各种粒度的陆源碎屑岩和黏土岩为主，夹有石灰岩、燧石层等，也有的煤系主要是由石灰岩构成的，在近海型煤系中，常有海相石灰岩；在有火山活动的地区，可能含有火山碎屑岩。此外，煤系中还常见有铝土矿、耐火黏土、油页岩、菱铁矿、黄铁矿等。

（二）煤层

煤层是由植物残体大量堆积成泥炭，再经压实、脱水、变质、成煤作用形成的层状固体可燃矿产。煤层是煤系地层的重要组成部分，煤层的厚度及其变化是评价煤层工业价值的主要指标，也是选择采煤方法的主要依据。

煤层按照结构分类分为煤分层和岩石夹层，不含夹石层者称为简单结构煤层；反之，含有夹石层者称为复杂结构煤层。煤层中的岩石夹层俗称夹矸。夹矸一般为黏土岩、碳质泥岩或粉砂岩，有时为石灰岩、硅质岩、油页岩、细砂岩或砾岩等。

二、矿井地质构造

矿井中的地质构造主要是指褶曲构造和断裂构造。它们常常是岩浆侵入、矿井充水、矿井瓦斯等的控制因素，并直接影响矿井的开拓与煤层的开采。因此，对矿井地质构造的判断与处理具有普遍的和实际的意义。

根据矿井地质构造规模大小，以及对煤矿生产影响的范围和程度不同，通常将矿井地质构造分为大、中、小 3 种类型。大型构造，一般是指影响或决定井田划分和矿井总体开拓系统的大型褶曲、大型断层。此类构造在煤炭资源/储量详查阶段已基本查明，是矿井技术边界设计的依据之一。中型构造，通常是指在井田范围内，影响开采水平或辅助水平与采区划分和巷道部署的次一级的褶曲、断层。此类构造在煤炭资源/储量详查阶段往往不易查清，但对煤矿建设与生产的影响极大，是资源/储量勘探阶段地质构造判断与处理的重点。小型构造，是指在井巷或采煤工作面内比较容易观察到其全貌的更次一级的褶曲和断层。此类构造给煤矿的采掘工作增加了一定的困难，在小型构造特别发育的某些矿井，对煤矿生产影响往往较大，甚至比中型构造的影响还要严重，因此研究小型构造也是矿井地质工作的一项重要任务。此外，影响煤矿安全生产的地质因素还有陷落柱等。

（一）褶曲构造

岩层受到构造运动而发生波状弯曲，但仍保持岩层的连续性和完整性的构造形态称作褶曲构造，如图 3-1 所示。

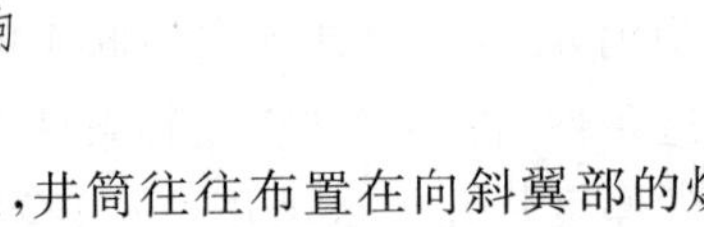

1—背斜；2—向斜。

图 3-1　褶曲构造

1. 褶曲对煤矿生产的影响

（1）影响井筒位置的选择

为了减少保安煤柱的损失，井筒往往布置在向斜翼部的煤系基底内，这样就增加了每个开采水平的主要石门的掘进长度，从而增加了石门的开拓费用和石门内的运输费用。

（2）影响巷道和工作面布置

褶曲构造使煤层起伏不平，影响主要大巷的布置，并给掘进造成困难；同时，对采区的布置和采煤方法的选择也有很大影响。

（3）影响煤层开采

受强烈侧压力作用形成的褶曲，其翼部的煤层常被挤压变薄，甚至失去开采价值；而背斜轴部和向斜槽部的煤层又往往增厚，因而增加了开采的困难。

处于背斜轴部的煤层，由于离地表较近，可提高煤层的开采价值，并能降低基本建设投资与生产的费用；处于向斜轴部的煤层则相反。

此外，小型褶曲使工作面的长度变化不一，因而影响机械化采煤。

（4）影响安全生产

褶曲构造的轴部，尤其是向斜轴部，煤层顶板压力较大，再加上瓦斯压力的共同作用，往往是发生瓦斯突出的危险区。

2. 褶曲的观测与探查

（1）褶曲的观测

① 小型褶曲。在巷道中能观察到其全貌的褶曲，应按一般的原始地质编录方法观测并编绘素描图。

② 中型褶曲。在巷道中不能观察到其全貌的褶曲，一般是将收集到的资料填绘到平面图和剖面图上，结合邻近钻孔和已采区的资料进行综合分析后推断其全貌。

（2）褶曲轴位置与方向的推断

褶曲轴的位置与采煤工作面划分和巷道布置的关系十分密切。在矿井生产中，大都取工作面的推进方向与褶曲轴向一致。褶曲轴的推断方法有 4 种：一是利用地表的地质资料推断；二是根据区域构造线方向推断；三是用巷道中实测与作图外推相结合的方法推断；四是根据已开采区或邻近区的开采地质资料推断。

（3）褶曲的探查

通常采取巷探和井下钻探等生产勘探手段，来查明褶曲轴的位置、方向和褶曲两翼岩、煤层的产状变化，以决定工作面的巷道布置方法。

① 巷探。探巷布置的总原则是既要探明地质变化，又要考虑探巷后期的利用。一般是能用煤巷探查的不用岩巷，能利用副巷探查的不布置专门的探巷，并采用副巷先行、主巷滞后的送巷方法。

② 井下钻探。当石门揭露的褶曲资料不足以推测或判断褶曲的基本形态，而生产上又要求准确掌握煤层的褶曲轴位置和高程时，可通过在石门中或邻近巷道的相应位置向预计褶曲枢纽部位打钻孔的方法确定褶曲轴的空间变化。

褶曲的形成，改变了煤、岩层的力学性质和受力状态。一般情况下，煤层在向斜、背斜的轴部往往增厚而两翼变薄。坚硬岩层在轴部的顶端常常产生断裂，岩体破碎，裂隙中常有其他充填物质；在轴部的内侧，有的岩层还存在残余应力，积聚着一定能量，而且在同一褶曲中，向斜轴部的残存应力要比背斜轴部的大，且易导致煤（岩）与瓦斯突出。当在上述条件下布置采区巷道时，要采取加强支护的措施以避免由于应力集中而引起的煤（岩）与瓦斯突出。

（二）断裂构造

岩层受力后遭到破坏形成断裂，失去了连续性和完整性的构造形态称为断裂构造。岩层断裂后，断裂体两侧岩层如没有发生显著错位的称为裂隙；如发生明显错位的，则称为断层。

1. 断层构造

断层就是断裂面两侧煤岩层发生显著位移的断裂构造。断层的基本组成部分有断层面、断层线、断层交面线、断盘和断距，通常称其为断层要素，如图 3-2 所示。

（1）断层面。断层的断裂滑动面称为断层面。它在空间的方位和形态用其产状要素描述，即断层面的走向、倾向和倾角。

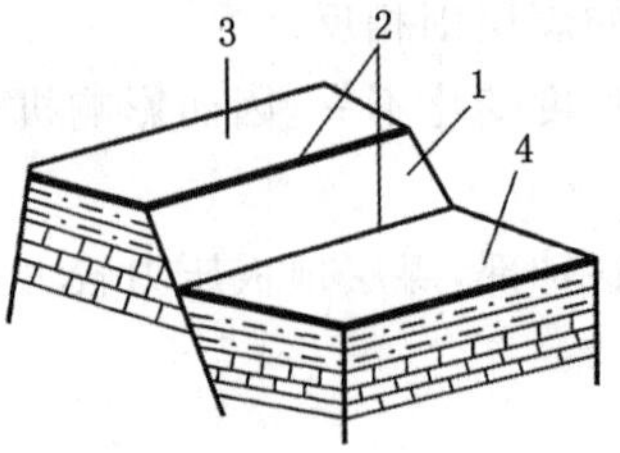

1—断层面；2—断层交面线；3—下盘；4—上盘。

图 3-2 断层要素

(2) 断盘。断盘是断层面两侧发生位移的岩块。如果断层面是倾斜的，位于断层面上侧的一盘为上盘，位于断层面下侧的一盘为下盘。如果断层面直立，按断盘相对于断层走向的方位描述，如东盘、西盘或南盘、北盘。在断层错动过程中，断层两盘的位移是相对的。两盘可能是同时错动，也可能是其中一盘相对于另一盘运动。凡沿断层面相对上升的一盘称为上升盘，沿断层面相对下降的一盘称为下降盘。

(3) 断层线和断层交面线。断层线指断层面在地表的出露线，也就是断层面与地面的交线，它反映了断层的延伸方向。

断层面与岩层面的交线称断层交面线。断层面与煤层底板面的交线称煤层交面线，或称断煤交线。

(4) 断距。断距指断层两盘相对错开的距离，包括真断距、地层断距、铅直断距和水平断距等。铅直断距也称为落差。对断距的描述，分别服务于生产过程中各类顶板管理。

根据断层上、下两盘岩体相对位移的不同，通常将断层分为正断层、逆断层和平推断层（见图 3-3）。岩层断裂后，上盘相对下降，下盘相对上升的称为正断层；上盘相对上升，下盘相对下降的称为逆断层；上、下盘做水平移动的称为平推断层。

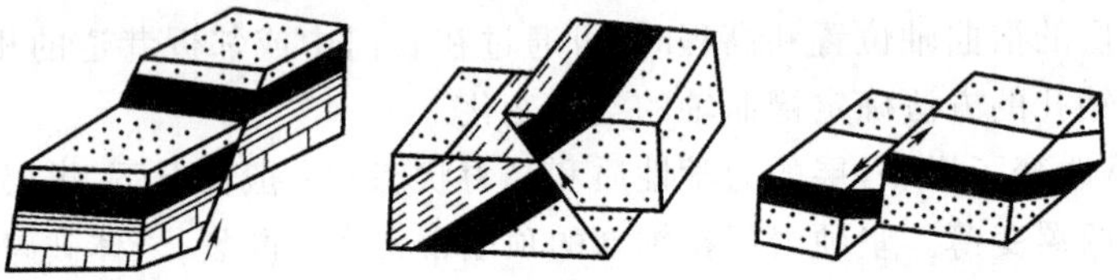

(a) 正断层 (b) 逆断层 (c) 平推断层

图 3-3 断层的基本类型

2. 断层构造对煤矿安全生产的影响

断层带岩石破碎，地表水和含水层中的水都能沿着断层破碎带流入井下，增加井下涌水量和矿井疏排水工作的困难，不但给安全生产带来威胁，同时也增加了排水费用。采掘工作面通过含水量较大的断层时，造成掘进和支护工作的困难，有时还会发生突水、透水事故。在瓦斯含量较大的煤层中，由于断层破碎带是瓦斯良好的通道，常常在断层破碎带积聚大量瓦斯，采掘工作面通过破碎带时，必须注意防止瓦斯事故的发生。由于顶板破碎，一定要采取安全措施，加强支护，预防发生冒顶等事故。

采掘工作面内存在断层时，会增加生产条件方面的困难，影响正规循环，同时也增加了生产的不安全因素。因此，工作面过断层时必须制定专项措施。同时，在煤矿生产中，在较大的断层两侧，必须按规定留设防隔水煤（岩）柱，以免采煤工作面接近断层时因突然发生大量涌水或有害气体涌出，而造成重大的灾害事故。采煤工作面通过一般断层带时，工作面支架和顶板安全管理工作就会变得复杂。所以，断层越多，煤炭资源的损失就越多，对安全生产越不利。

研究断层的目的，在于保证安全生产与采掘工作的正常进行。生产实践证明，完整的顶板，若无冲击地压、爆破等因素的影响是不易冒落的。而断裂发育的顶板，则容易冒落；同时，断层也使煤层的连续性遭受破坏等。因此，在矿井地质工作中，特别是在开采过程中，哪怕是一条落差很小的断层，也不容忽视。

3. 节理、裂隙对煤矿安全生产的影响

矿井生产过程中煤岩体常存在大量的节理、裂隙，它们常将顶板切割成各种形状的岩块。随着工作面的推进，如果支护不及时，极易发生局部冒顶和片帮。

当工作面与裂隙面互相垂直且采用炮掘时，如果炮眼与裂隙面互相平行，爆破率最低，而且掘进准备巷道时，瓦斯易大量排出；在瓦斯含量较大的矿井，采煤工作面的瓦斯含量会显著增加，给生产安全带来威胁。反之，当工作面与裂隙面互相平行时，爆破率可以大大提高，准备巷道可起到排泄回采区瓦斯的作用，但工作面容易大片垮落，严重影响生产和工人的安全。

若采用机械化开采，工作面的方向与主要裂隙组走向的夹角应大一些。

裂隙破碎带是水和瓦斯的良好通道，在破碎带发育的地区，矿井涌水量常常会增加，有时还可引起井下水灾；在易发生瓦斯积聚和高瓦斯矿井中，裂隙破碎带的瓦斯涌出量往往会突然增加，造成瓦斯事故。

（三）陷落柱

1. 陷落柱的形成

岩溶陷落柱又称喀斯特陷落柱，是指煤层下伏碳酸盐岩等可溶性岩层，因地下水溶蚀引起上覆岩层冒落而成的剖面上呈柱状的塌陷体。在塌陷体内，煤层完全遭到破坏，给煤矿开采造成困难。

岩溶陷落柱的形成过程如图 3-4 所示。我国华北地区的石炭二叠纪煤系，其基底为奥陶系石灰岩，因此岩溶陷落柱较发育，对煤层产生很大的破坏作用。

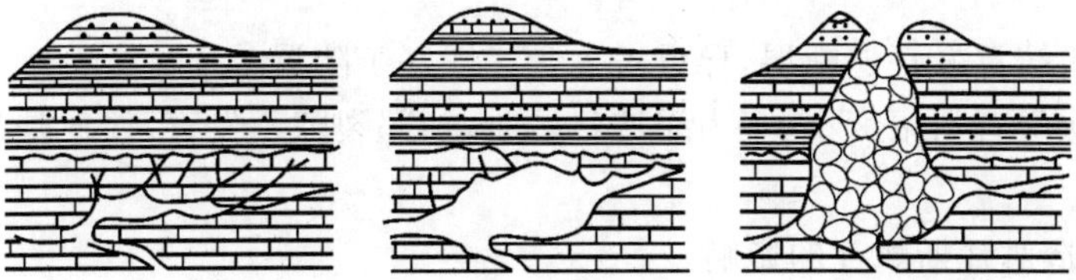

(a) 石灰岩中发育岩溶　(b) 岩溶逐渐扩大　(c) 陷落柱形成

图 3-4　陷落柱的形成过程示意图

2. 陷落柱对煤矿安全生产的影响

(1) 破坏可采煤层，减少煤炭储量

由于陷落柱内的可采煤层遭受严重破坏，失去开采价值，因而造成井田内的煤炭资源储量减少，缩短矿井服务年限或造成井巷报废的严重后果。

(2) 易发生顶板抽冒事故,甚至造成突水淹井事故

在主要开拓巷道遇到无水陷落柱时,为避免巷道拐弯,便于运输和通风,一般情况下按原计划施工,直接穿过陷落柱。因此,给巷道支护和顶板管理造成困难,易发生顶板抽冒事故。在水文地质条件复杂的矿区,陷落柱可能成为采掘工作面与地下水之间的通道,一旦打通,将会给生产和工人安全带来严重威胁,甚至造成突水淹井事故。因此,涌水和陷落柱的存在,对矿井安全生产的影响很大,必须给予高度重视。

由于地质条件复杂多变,在煤矿开采中,除常见的褶曲、断层、裂隙和陷落柱外,还可能遇到火成岩侵入带或冲刷带等地质变化。这些地质变化都会对采掘生产造成不利影响。因此,在组织生产前,一定要根据实际情况及时制定安全技术措施,确保生产的安全。

三、影响煤矿安全生产的地质因素关联性分析

(一) 地质构造带与瓦斯赋存状况及瓦斯异常涌出的关联性分析——瓦斯地质

1. 地质构造演化对煤层瓦斯赋存的影响

瓦斯是气态地质体,我国的石炭二叠纪含煤地层形成后主要经历了印支运动、燕山运动和喜马拉雅运动等。每次构造运动的规模、涉及范围、构造应力场等均不尽相同。

煤层形成后在历经构造运动中拉张裂陷、隆起剥蚀会使煤层瓦斯大量逸散;煤层形成后在历经构造运动中挤压拗陷有利于瓦斯赋存,挤压剪切易于形成构造煤及好的封闭条件。

2. 不同地质构造类型对瓦斯赋存的影响

(1) 向斜构造

宽缓向斜:向斜两翼发育轴向正断层时,煤层含气性往往在翘起端最好,且在轴部附近往往好于两翼。向斜两翼倾角变大并有逆断层发育时,形成较好的构造封闭条件,向斜内部含气量往往较高。

不对称向斜:若向斜陡翼发育逆断层,导致陡翼含气性相对于缓翼往往较高。向斜两翼均发育正断层,其陡翼断层可能具有反转性质,缓翼含气性好于陡翼。

(2) 背斜构造

对称背斜:区域性背斜,轴部张性断裂发育,两翼及倾伏端含气性较好,轴部含气性往往极差。当背斜轴部发育逆断层系统,对煤储层造成封闭,含气性好于上述轴部发育张性断裂的背斜。

不对称背斜:缓翼发育逆断层,导致缓翼含气性好于陡翼。

次级背斜:次级背斜幅度小,多为缓坡状褶曲,轴部裂隙不发育,往往是瓦斯气体局部富集的地段。

(3) 推覆构造对瓦斯赋存的影响

褶皱推覆:一方面可形成区域性封盖条件;另一方面又可能强烈破坏煤层原生结构而使煤层渗透性降低。

逆冲推覆:逆冲推覆断层面是阻隔瓦斯逸散的良好构造界面。

(4) 伸展构造对瓦斯赋存的影响

单斜断块:一般面积较小,连续性较差,断块边界附近含气性差,向断块内部延伸方向含气性变好。

断陷盆地:单断型,煤层上覆有效地层厚度较大,地层连续性相对较好,有利于瓦斯赋

存。双断型，煤层上覆有效地层厚度较大，但地层连续性往往差于单断型，瓦斯赋存条件较好。

滑动构造：位于煤层顶板附近或煤层中的滑面有利于对瓦斯形成封闭，构造煤发育使煤层透气性变差，若滑面远离煤层则对瓦斯赋存条件无直接影响。

（二）地质构造带与突出、冲击地压等动力灾害的关联性分析

1．地质构造与瓦斯突出的关系

（1）大量研究成果表明，对褶曲构造来说，褶皱强烈或紧密褶曲部位、层间滑动或层间揉皱发育地带、煤层产状变化大的块段、中小型向斜轴部、背斜倾伏段以及背斜中和面以下部位、牵引褶曲部位等，均是突出多发部位。

（2）断层对突出的影响比较复杂，大量实测资料和研究成果表明，突出具有明显的分区分带性，地质构造尤其是断层构造控制突出的分区分带性。一般认为断层的产生是地应力释放的过程，因而断层的产生在一定程度上减少了突出的危险性，但是在很多时候断层又作为煤与瓦斯突出的初始通道或突破口，因而需对其进行具体分析与研究。断层的性质不同其对突出的作用及影响截然不同，一般情况下，压性或压扭性断层为封闭性构造，瓦斯含量较高、瓦斯压力大，因而突出危险性也大；张性断层属开放性构造，突出危险性小或者不突出。在封闭的边界条件下，小断层密集发育的地带特别是低级别压扭性断裂发育地段、压性或压扭性结构面间所夹的块段、地堑式构造的中间块段等，均易发生突出。

对于压性或压扭性封闭性断层，根据实测资料其瓦斯压力分布具有一定的规律性，断层带附近，瓦斯压力及瓦斯涌出量一般比较小，随着距断层距离的增加其瓦斯压力及瓦斯涌出量有一定的增加并存在较高的峰值，至一定的距离后又变为正常值，从而在距断层一定的范围内存在瓦斯压力及瓦斯涌出量的低值区、高值区和正常区。工程实践表明，突出点通常都在瓦斯压力及瓦斯涌出量高值区范围内。

地质构造对突出有控制作用，但并不是所有的构造带内都发生突出，不同的地质构造，同一地质构造的不同块段，对煤与瓦斯突出的控制作用是不同的，掌握好这些规律对煤与瓦斯突出预测有一定的指导意义。

2．地质构造煤体结构破坏后对瓦斯突出的影响

在煤与瓦斯突出的机制中煤体物理力学性质主要受煤的机械强度制约，煤的机械强度越小突出阻力就越小，突出发生的可能性就越大。煤的机械强度受煤体结构的制约，因此，煤体结构一定程度上反映了煤与瓦斯突出的难易程度，控制着突出的发生。

煤体结构是指煤的构造结构。从地质意义上来说煤体结构实际上是一种构造形迹特征，它反映了煤层应变历史和应变特征。原生结构的煤结构稳定，层理好，煤质强度高；而原生结构遭受破坏后煤层层理紊乱，破碎严重，煤质松软酥碎、强度低。构造煤就是煤层受密集构造严重破坏的结果，其特殊的结构成为瓦斯集中区和应力弱面区，构造煤区常为煤与瓦斯突出的高发带。

构造应力的作用，一方面使煤体产生密集的裂隙，煤体结构遭到破坏，煤体的机械强度减小，抵御外力作用的能力变小，突出阻力和突出所需的能量降低；另一方面煤体结构遭到破坏，煤的孔隙间距和内表面积变大，煤分层空隙率大，可以保存更多的游离瓦斯，透气性差，一般能保持较高的瓦斯压力，这为突出创造了动力条件。同时，在构造应力的作用下，煤体结构遭到破坏之后碎块间发生相互挤压、摩擦和揉搓，煤体碎块逐步变小，甚至在其他高

强度的作用力下煤体碎块会变为粉末状，使煤与瓦斯突出往往发生在构造煤分层发育的地段。

构造煤发育区域为瓦斯突出的高发带，掌握和研究“构造煤”形成规律和空间分布状态，对研究煤与瓦斯突出的发生条件，预测突出的可能性和强度，都有重要的实际意义。因此在实际生产中，地质人员应对构造煤有足够的专业敏感度，遇到构造煤区就应特别注重研究该区的地质构造状况，力求准确判断该区煤与瓦斯突出的可能性，精确预测突出的规律。

3. 地质构造对矿井冲击地压的影响

地质条件中的顶底板岩性、煤层性质和开采深度对冲击地压发生的影响是公认的。从国内各冲击地压矿井的冲击位置统计分析结果来看，地质构造的影响是客观存在的。诚然，其中有些冲击地压发生位置并没有褶曲和断层等地质构造的存在，但这里并不能以此否定地质构造的影响，问题在于具体分析地质构造影响的实质。因为地质构造对冲击地压的影响可能是直接的，也可能是间接的。

通常，在地质构造带中尚存有一部分地壳运动的残余应力，形成构造应力。在煤矿中常有断层、褶曲和局部异常（如底板凸起、顶板下陷及煤层分岔、变薄和变厚等现象）等构造带，冲击地压常发生在这些构造应力集中的区域。

在形成断层的过程中，一般能释放一定的能量，使其两侧的构造应力降低。但在断层的尾端构造处，仍可积聚有较大的残余应力，如门头沟矿在向斜构造的断层附近也曾发生过多次较大的冲击地压。

国外的生产实践也证明了地质构造对冲击地压的产生构成影响。特别容易遭受冲击地压的一些地区，都分布于断层交叉处和断层面构成的三角地带。无疑，煤田的地质破坏是形成冲击地压的原因之一。苏联学者阿维尔申在其冲击地压专著中指出：地质构造与冲击地压有关，冲击地压常常在褶曲轴处发生，在背斜轴处冲击地压就很多。同时认为冲击地压的基本原因是矿山压力，其数值和特性主要取决于重力作用；但在特殊情况下，由地质变动生成的附加应力（构造应力等）作用也很重要。宜格洛夫研究了构造复杂矿床的断裂破坏对冲击地压的影响，这些矿床的特点是具有大裂隙和密集交错的正断层。

煤的裂隙性和层理对煤层的变形和强度也有直接影响。冲击地压的现场观测表明，裂隙方向对冲击地压的形成和显现有重要影响。

【案例 3-1】 辽宁省某煤矿“6·27”较大煤与瓦斯突出事故

2023 年 6 月 27 日，辽宁省某煤矿 N4306 回风平巷掘进工作面发生煤与瓦斯突出事故，突出煤量 273 t、瓦斯量 8 191 m^3，造成 7 人死亡、7 人受伤，直接经济损失 1 483.3 万元。

1. 事故直接原因

该煤矿违法超深越界开采至地质条件复杂区域，煤层具有突出危险性，防突措施不到位，综掘机割煤扰动引起煤体失稳，造成煤与瓦斯突出事故。

2. 事故暴露出的主要问题

（1）超深越界至危险区作业。发生事故的 N4306 回风平巷掘进工作面迎头超过采矿许可的下限标高 52.6 m，进入岩浆岩侵入区，瓦斯地质情况不明。

（2）未形成采区系统违法生产。隐藏作业区域未形成采掘、通风、排水等生产系统，N4306 回风平巷掘进工作面在 N3306 采煤工作面回风巷开口施工，掘进与回采同时作业，相互占用安全出口。

（3）蓄意逃避政府监管。采用假密闭、假图纸、假数据、假记录等手段隐瞒越界开采，进入隐藏作业区域人员未携带标识卡。

（4）瓦斯治理不到位。N4306 回风平巷掘进工作面瓦斯治理措施不符合《防治煤与瓦斯突出细则》等相关规定，未落实“四位一体”综合防突措施，也未按作业规程施工，钻孔控制范围存在盲区。

（5）冒险组织作业。在 N4306 回风平巷掘进工作面出现打钻喷孔动力现象、煤钻屑瓦斯解析指标异常的情况下，没有强化防突措施，瓦斯抽采钻孔未施工到位，事故当班未开展工作面突出危险性预测，冒险组织掘进。

（6）蓄意瞒报事故。事故发生后，不按规定报告，采取构筑密闭封闭事故地点、删除监控视频及人员位置监测系统数据、销毁相关记录、给遇难者家属高额赔偿、请托医疗机构出具虚假死亡医学证明、跨省转运火化遗体以及串供等方式蓄意瞒报事故。

四、矿井防治地质灾害的管理要求与安全检查要点

（1）矿井应设立地测部门，配备所需的矿井地质、水文地质、瓦斯地质、矿井储量管理、矿井测量、井下钻探、物探、制图绘图等方面的专业技术人员和仪器设备，建立健全煤矿地测工作规章制度。

（2）按照《煤矿安全规程》《煤矿防治水细则》《防治煤与瓦斯突出细则》《煤矿地质工作规定》和《煤矿测量规程》等相关要求，矿井应根据实际情况有针对性地编制相关地质报告、图件与台账。在不同生产阶段，按期完成各类地质报告修编、提交、审批等基础工作；原始记录、成果资料、地质图纸等基础资料要齐全，管理规范。

（3）矿井应建立地质资料档案室，并由专人负责管理；资料要齐全、完整，分类妥善保存，便于使用。

（4）对重大技术问题，应组织相关技术人员进行讨论，制定实施方案报请总工程师批准。

（5）矿井应组织或安排地质技术人员接受继续教育或业务培训，每 3 年至少进行 1 次。

（6）研究矿井地层、地质构造、煤层、煤质、瓦斯、水文地质和其他开采地质特征及其变化规律，开展地质类型和水文地质类型划分。矿井地质类型每 5 年应重新确定，当发生影响地质类型划分的突水和煤与瓦斯突出等地质条件变化时，煤矿应在 1 年内重新进行地质类型划分；矿井水文地质类型每 3 年修订 1 次，当发生较大以上水害事故或者因突水造成采掘区域或矿井被淹的，应当在恢复生产前重新确定矿井水文地质类型。

（7）矿井应查明影响安全生产的各种隐蔽致灾地质因素，根据普查结果，开展防治水“三区”（可采区、缓采区、禁采区）管理，编制防治水“三水”管理方案，并严格落实。同时做好相应的预测预报工作，以满足安全生产需要。

（8）进行地质补充调查与勘探、地质观测、资料编录和综合分析，提供矿井建设和生产各个阶段所需要的地质资料，解决矿井安全生产中的各种地质问题。

（9）工作面回采前宜采用瞬变电磁法或直流电法、槽波等物探技术手段，结合钻探手段对工作面范围内的老窑采空区、陷落柱、断层带等进行物探，尽量查明水文地质情况，以便采取地质灾害防治措施。

第二节 煤矿水文地质

一、矿井水害及其产生条件

（一）矿井水害的概念

矿井水害是指影响生产，威胁采掘工作面或矿井安全，增加吨煤成本和使矿井局部或全部被淹的矿井涌水事故。根据水源不同，可将矿井水害分为地表水水害、老窑水水害、孔隙水水害、裂隙水水害及岩溶水水害。

矿井水的主要危害有：

(1) 增加煤炭开采成本：由于矿井水的存在，在生产中必须进行排水工作，水量越大，排水费用越高，增加吨煤成本。

(2) 造成生产作业环境恶劣：顶板淋水、底板突水、两帮渗水等，对工人劳动条件和生产效率有很大影响。

(3) 缩短机电设备、管材等使用年限：酸性矿井水的腐蚀作用，使井下机电设备、器材的使用年限大大缩短。

(4) 影响煤炭资源开采利用：防隔水煤柱留设造成资源呆滞。

(5) 矿井大量排水使地下水位大幅度下降。

（二）矿井水害发生的条件

矿井水害的形成和发生是建立在特定的环境和条件之上的。矿井水害发生的条件：一是充水水源；二是充水通道。

二、矿井充水条件及突水预兆

（一）矿井充水条件

在矿井建设和生产过程中，通过各种通道渗入、滴入、淋入、流入、涌入和溃入井下的所有水源的水都称为矿井水，各种类型水源进入采掘空间的过程称为矿井充水。形成矿井充水的基本条件，一是必须有充水水源，二是必须有充水通道，两者缺一不可。

1. 矿井充水的水源

不同地质、气候和地形条件下会形成不同类型的矿井水害充水模式，具有不同类型的矿井充水水源。但总体来看，矿井充水水源主要包括大气降水、地表水、地下水和老空水。

(1) 大气降水及地表水

大气降水除一部分蒸发和随河流流走以外，另一部分会在低洼处汇流成河、湖等地表水体。当开采这些水体影响范围内的煤层或因洪水暴发、水位上升时，水会沿岩石的孔（裂）隙、溶洞、废弃老窑、井筒、地面沉陷等进入井下而形成水害或水灾。

大气降水和地表水能否成为矿井充水水源，主要与开采深度有关。在开采低洼且埋藏较浅的煤层时，大气降水和地表水往往会成为矿井主要水源。此外，还与气候、地层、构造和采煤方法有关。

(2) 地下水

地下水是矿井的直接充水水源。大多数煤矿开采都发生在地表以下，所以，地下水往往是造成矿井充水的最主要水源。

地下水可以流动并不断接受上覆水体补给，开采越深水压越大，裂隙溶洞越大含水越丰富，它是井下最直接、最常见的水源。

(3) 老空水

早期开采的小煤窑以及本矿井形成的采空区和废弃的巷道通常会有不同程度的积水。尤其是小煤窑，由于开采年代久远，老空范围、积水情况往往很难查清。存在大量积水的采空区一旦被揭穿或发生透水，会在很短时间内涌出较多水量，造成重大水灾事故。

一般来说，上述水源不是孤立存在的，往往是互相沟通、互相补给的。

2. 矿井充水通道

矿井充水通道是指可以沟通水源，使之涌入矿井的各种通道，常见的主要有以下几种：

(1) 构造断裂带

大量流入矿井的水往往和区域地质构造形态有关。断层破碎带常是地下水的通道和聚积区，沿断层破碎带可沟通各个含水层，并与地表水发生水力联系，是造成矿井大量涌水的原因。

(2) 导水裂隙带

煤层开采放顶后，根据采空区上方岩层变形和破坏情况不同可划分为垮落带、导水裂隙带和弯曲变形带。垮落带和导水裂隙带都能成为导水的通道，导水裂隙带的延伸高度决定了矿井发生充水的影响大小。不同的岩性、埋藏深度和开采技术，导水裂隙带高度都会有差异。

(3) 含水层的露头区

含水层在地表的露头区，起着沟通地表水和地下水的作用，大气降雨及地表水可以直接通过含水层暴露面对地下水进行补给。含水层出露的面积越大，接受大气降水的补给量就越多。

(4) 煤层底板水压导升带

开采煤层底板时常受到灰岩含水层影响。灰岩含水层因其埋藏较深，而且含水层顶底板都有稳定的隔水层，所以常伴有较大的压力，因水头压力过大，常常会对其顶板的隔水层下端造成压裂导升，形成水压导升带。

(5) 煤层底板破碎带

原本稳定的岩层经采掘活动后会出现矿压的应力分配，矿压应力分配期间会造成应力集中于巷道围岩的破坏带，加大破坏程度，导致巷道底板出现底板破碎带，常被称为下三带最上部。破碎带的延伸深度与其围岩的稳定情况有很大的关系。

(6) 封闭不良的钻孔

在煤田勘探和生产建设中，井田内要打许多施工勘探钻孔，虽然钻孔的深度不同，但有部分钻孔会打穿含水层，于是钻孔就成为沟通含水层及地表水的人为通道。若对其封闭不良，在开采揭露时，就会将煤层上方或下部含水层以及地表水引入矿井，造成涌水甚至突水事故。

(二) 突(透)水预兆

矿井突水是指含水层水的突然涌出，矿井透水是指老空水的突然涌出。因为井下采掘活动破坏了岩体天然平衡，采掘工作面周围水体在静水压力和矿山压力作用下，通过断层、隔水层和矿层的薄弱处进入采掘工作面。矿井突（透）水的发生与发展是一个逐渐变化的过程，有的表现很快（一两天或更短），有的表现较慢（采掘后数日或半个月），这与工作面具体位置、采场地质情况、水压力和矿山压力大小有关。从开拓工作面开始发展到突（透）水，在工作面及其附近会显现出某些预兆，识别和掌握这些预兆，可以及时采取应急措施，撤出危险区人员，防止人员伤亡事故。

突水预兆有：煤岩松软、片帮、来压或者钻孔中水压、水量突然增大和顶钻等。

透水预兆有：煤层变湿、挂红、挂汗、空气变冷、出现雾气、水叫、顶板来压、片帮、淋水加大、底板鼓起或者裂隙渗水、钻孔喷水、煤壁溃水、水色发浑、有臭味等。

(1) 挂红。因地下水中含有铁的氧化物，在水压作用下，通过煤（岩）裂隙时，附着在裂隙表面，出现暗红色铁锈。

(2) 挂汗。当采掘工作面接近积水区时，水在压力作用下，通过煤岩裂隙而在煤岩壁上凝结成许多水珠，但有时空气中的水分遇到低温煤岩壁也可凝结为水珠。

(3) 空气变冷。采掘工作面接近大量积水时，气温骤然降低，煤壁发凉，人一进去就有凉爽感，时间越长越感阴凉。

(4) 出现雾气。当巷道内温度较高时，积水渗到煤壁后引起蒸发而迅速形成雾气。

(5) 水叫。井下高压积水，向煤岩裂隙强烈挤压与两壁摩擦而发出嘶嘶叫声，说明采掘工作面距积水区已很近，若是煤巷掘进，则透水即将发生。

(6) 顶板淋水加大。原有裂隙淋水突然增大，应视作透水前兆。

(7) 顶板来压、底板鼓起。在地下水压作用下，顶、底板弯曲变形，有时伴有潮湿、渗水现象。

(8) 水色发浑、有臭味。老空水一般发红、味涩；断层水一般发黄、味甜；溶洞水常有臭味。

(9) 有害气体增加。积水区向外散发瓦斯、二氧化碳和硫化氢等有害气体。

(10) 裂隙出现渗水。水清即离积水区尚远，水浊则离积水区已近。

以上征兆不一定都同时出现，有时可能出现其中一个，有时可能出现多个，但有时透水征兆不明显甚至不出现，因此，应认真辨别。

三、矿井防治水技术路线及其基础资料

（一）矿井防治水的基本方针

矿井防治水工作应当坚持预测预报、有疑必探、先探后掘、先治后采的原则，根据不同水文地质条件，采取探、防、堵、疏、排、截、监等综合防治措施。

“预测预报”是水害防治的基础，是指在勘探查清矿井充水水文地质条件基础上，运用先进的水害评价预测理论和方法，分析与诊断矿井突（透）水水情，对矿井水害风险做出评价和预测分区；“有疑必探”是指根据矿井水害评价结论和具体预测分区，针对矿井具体的采掘工程规划方案，对可能存在水害威胁的具体采掘工作面，采用物探、化探和钻探等综合超前探放水技术手段，查明或排除水害威胁；“先探后掘”是指先综合超前探查，确定巷道掘进没有水害威胁后，方可掘进施工；“先治后采”是指根据查明的水害情况，采取有针对性的治理措施并排除水害隐患后，方可安排采掘工程。

“探、防、堵、疏、排、截、监”七字综合治理措施：“探”主要指对矿井充水水文地质条件的调查与勘探，对特殊的充水水文地质问题开展补充调查与勘探，具体包括地面和井下两部分。地面探主要是指地面水文地质(补充)调查、观测、勘探，井下探主要是指井下水文地质补充勘探、采掘工作面探测、局部防治水工程的勘探等。“防”主要指合理留设各类防隔水煤(岩)柱和修建各类防水闸门或防水墙等，防隔水煤(岩)柱一旦确定留设后，不得随意开采破坏。“堵”主要指注浆封堵具有集中补给通道边界的帷幕，地面或井下注浆加固区域隔水层强度和改造充水含水层渗透性能，封堵导水通道的局部注浆工程等。“疏”主要指预先疏水降压煤层底板高承压含水层，预先疏干煤层顶板强富水含水层或顶板强富水区段及老空水。“排”主要指完善矿井排水系统，排水管路、水泵、水仓和供电系统等必须配套。“截”主要指对地表水的截流治理或改道措施，充水河流的防渗处理等。“监”是指对充水水源、充水通道和充水强度的长期动态监测预警，主要包括对含水层或老空水等充水水源的水位(压力)、水质、微生物、水温等动态监测预警，对充水通道的应力、位移和导水性能等动态监测预警，对矿井整体和局部采区、工作面涌水量的动态监测预警。

（二）矿井防治水基础资料

(1) 矿井应当根据实际情况建立下列防治水基础台账，并至少每半年整理完善1次：

① 矿井涌水量观测成果台账；

② 气象资料台账；

③ 地表水文观测成果台账；

④ 钻孔水位、井泉动态观测成果及河流渗漏台账；

⑤ 抽(放)水试验成果台账；

⑥ 矿井突水点台账；

⑦ 井田地质钻孔综合成果台账；

⑧ 井下水文地质钻孔成果台账；

⑨ 水质分析成果台账；

⑩ 水源水质受污染观测资料台账；

⑪ 水源井(孔)资料台账；

⑫ 封孔不良钻孔资料台账；

⑬ 矿井和周边煤矿采空区相关资料台账；

⑭ 防水闸门(墙)观测资料台账；

⑮ 物探成果验证台账；

⑯ 其他专门项目的资料台账。

(2) 建设矿井应当编制下列主要成果及图件：

① 水文地质观测台账和成果；

② 突水点台账，防治水的技术总结，注浆堵水记录和有关资料；

③ 井筒及主要巷道水文地质实测剖面；

④ 建井水文地质补充勘探成果(如井筒检查孔等)；

⑤ 建井地质报告，应当包含防治水的相关内容。

(3) 生产矿井应当编制包括防治水内容的生产地质报告，并按照规定编制下列水文地质图件，矿井水文地质图件至少每半年修订1次：

① 矿井综合水文地质图；
② 矿井综合水文地质柱状图；
③ 矿井水文地质剖面图；
④ 矿井充水性图；
⑤ 矿井涌水量与相关因素动态曲线图。

第三节　矿井水害防治及其安全管理

一、地面防排水

煤矿应当查清矿区、井田及其周边对矿井开采有影响的河流、湖泊、水库等地表水系和有关水利工程的汇水、疏水、渗漏情况，掌握当地历年降水量和历史最高洪水位资料，建立疏水、防水和排水系统。

煤矿应当查明采矿塌陷区、地裂缝区分布情况及其地表汇水情况。

(1) 矿井井口和工业场地内建筑物的地面标高，应当高于当地历史最高洪水位；否则，应当修筑堤坝、沟渠或者采取其他可靠防御洪水的措施。不具备采取可靠安全措施条件的，应当封闭填实该井口。

在山区还应当避开可能发生泥石流、滑坡等地质灾害危险的地段。

(2) 当矿井井口附近或者塌陷区波及范围的地表水体可能溃入井下时，必须采取安全防范措施。

在地表容易积水的地点，应当修筑沟渠，排泄积水。修筑沟渠时，应当避开煤层露头、裂隙和导水岩层。特别低洼地点不能修筑沟渠排水的，应当填平压实。如果低洼地带范围太大无法填平时，应当采取水泵或者建排洪站专门排水，防止低洼地带积水渗入井下。

当矿井受到河流、山洪威胁时，应当修筑堤坝和泄洪渠，防止洪水侵入。

对于排到地面的矿井水，应当妥善处理，避免再渗入井下。

对于漏水的沟渠(包括农田水利的灌溉沟渠)和河床，如果威胁矿井安全，应当进行铺底或者改道。地面裂缝和塌陷地点应当及时填塞。进行填塞工作时，应当采取相应的安全措施，防止人员陷入塌陷坑内。

在有滑坡危险的地段，滑坡可能威胁煤矿安全时，应当进行治理。

在井田内季节性沟谷下开采前，需对是否有洪水灌井的危险进行评价，开采应避开雨季，采后及时做好地面裂缝的填堵工作。

(3) 严禁将矸石、炉灰、垃圾等杂物堆放在山洪、河流可能冲刷到的地段，以免淤塞河道、沟渠。

发现与煤矿防治水有关系的河道中存在障碍物或者堤坝破损时，应当及时报告当地人民政府，采取措施清理障碍物或者修复堤坝，防止地表水进入井下。

(4) 使用中的钻孔，应当按照规定安装孔口盖。报废的钻孔应当及时封孔，防止地表水或者含水层的水涌入井下，封孔资料等有关情况记录在案，存档备查。观测孔、注浆孔、电缆孔、下料孔、与井下或者含水层相通的钻孔，其孔口管应当高出当地历史最高洪水位。

(5) 报废的立井应当封堵填实，或者在井口浇筑坚实的钢筋混凝土盖板，设置栅栏和标志。

（6）每年雨季前，必须对煤矿防治水工作进行全面检查，制定雨季防治水措施，建立雨季巡视制度，组织抢险队伍并进行演练，储备足够的防洪抢险物资。对检查出的事故隐患，应当制定措施，落实资金，责任到人，并限定在汛期前完成整改。需要施工防治水工程的应当有专门设计，工程竣工后由煤矿总工程师组织验收。

（7）煤矿应当与当地气象、水利、防汛等部门联系，建立灾害性天气预警和预防机制。应当密切关注灾害性天气的预报预警信息，及时掌握可能危及煤矿安全生产的暴雨洪水灾害信息，采取安全防范措施；加强与周边相邻矿井信息沟通，发现矿井水害可能影响相邻矿井时，立即向周边相邻矿井发出预警。

（8）煤矿应当建立暴雨洪水可能引发淹井等事故灾害紧急情况下及时撤出井下人员的制度，明确启动标准、指挥部门、联络人员、撤人程序和撤退路线等，当暴雨威胁矿井安全时，必须立即停产撤出井下全部人员，只有在确认暴雨洪水隐患消除后方可恢复生产。

（9）煤矿应当建立重点部位巡视检查制度。当接到暴雨灾害预警信息和警报后，对井田范围内废弃老窑、地面塌陷坑、采动裂隙以及可能影响矿井安全生产的河流、湖泊、水库、涵闸、堤防工程等实施 24 h 不间断巡查。矿区降大到暴雨时和降雨后，应当派专业人员及时观测矿井涌水量变化情况。

二、井下防水

（一）防水闸门和防水闸墙

水文地质类型复杂、极复杂或者有突水淹井危险的矿井，应当在井底车场周围设置防水闸门，或者在正常排水系统基础上另外安设由地面直接供电控制，且排水能力不小于最大涌水量的潜水泵排水系统。不具备形成独立潜水泵排水系统条件，与正常排水系统共用排水管路的老矿井，必须安装控制阀门，实现管路间的快速切换。

有突水危险的采区，应当在其附近设置防水闸门；不具备设置防水闸门条件的，应当制定防突水措施，由煤炭企业主要负责人审批。

井下防水闸墙的设置应当根据矿井水文地质条件确定，其设计经煤炭企业总工程师批准后方可施工，投入使用前应当由煤炭企业总工程师组织竣工验收。报废的暗井和倾斜巷道下口的密闭防水闸墙必须留泄水孔，每月定期进行观测记录，雨季加密观测，发现异常及时处理。

（二）防隔水煤（岩）柱

相邻矿井的分界处，应当留设防隔水煤（岩）柱。矿井以断层分界的，应当在断层两侧留设防隔水煤（岩）柱。

有下列情况之一的，应当留设防隔水煤（岩）柱：

（1）煤层露头风化带。

（2）在地表水体、含水冲积层下或者水淹区域邻近地带。

（3）与富水性强的含水层间存在水力联系的断层、裂隙带或者与强导水断层接触的煤层。

（4）有大量积水的老空区。

(5) 导水、充水的陷落柱、岩溶洞穴或者地下暗河。

(6) 分区隔离开采边界。

(7) 受保护的观测孔、注浆孔和电缆孔等。

矿井应当根据地质构造、水文地质条件、煤层赋存条件、围岩物理力学性质、开采方法及岩层移动规律等因素确定相应的防隔水煤(岩)柱的尺寸。防隔水煤(岩)柱的尺寸需满足《煤矿防治水细则》要求。

防隔水煤(岩)柱应当由矿井地测部门组织编制专门设计,经煤炭企业总工程师组织有关单位审批后实施。矿井防隔水煤(岩)柱一经确定,不得随意变动。严禁在各类防隔水煤(岩)柱中进行采掘活动。有突水淹井历史或者带压开采并有突水淹井威胁的矿井,应当分水平或者分采区实行隔离开采,留设防隔水煤(岩)柱。多煤层开采矿井,各煤层的防隔水煤(岩)柱必须统一考虑确定。

三、探水、排水及堵水技术装备

(一) 矿井探放水技术

1. 探放水概述

生产矿井周围常存在有许多充水小窑、老窑、富水含水层以及断层,当采掘工作面接近这些水体时,可能发生地下水突然涌入矿井,造成水患事故。为了消除隐患,生产中使用探放水方法,查明采掘工作面前方的水情,并将水有控制地放出,以保证采掘工作面安全生产。

(1) 探放水目的

探放水包括探水和放水。探水是指采矿过程中用超前勘探方法,查明采掘工作面顶底板、侧帮和前方的含水构造(包括陷落柱)、含水层、积水老窑等水体的具体空间位置和状况等。放水是指为了预防水害事故,在探明积水情况后采用施工钻孔等安全方法将水体放出。

(2) 探放水原则

矿井井下采掘活动遇到下列情况之一时,必须进行探放水:

① 接近水淹或者可能积水的井巷、老空或者相邻煤矿时。

② 接近含水层、导水断层、溶洞或者导水陷落柱时。

③ 打开隔离煤柱放水时。

④ 接近可能与河流、湖泊、水库、蓄水池、水井等相通的导水通道时。

⑤ 接近有出水可能的钻孔时。

⑥ 接近水文地质条件不清的区域时。

⑦ 接近有积水的灌浆区时。

⑧ 接近其他可能突水的地区时。

2. 探放老空水

(1) 老空水探放目的

小煤窑或矿井采掘的废巷老空积水,其几何形状极不规则,积水量大者可达数百万立方米,一旦采掘工作面接近或揭露它们,常常造成突水淹井及人身伤亡事故,故必须预先探放老空水。

(2) 老空水探放原则

依老空积水数量的多少、矿井现有排水能力、老空水的动力补给量、水质和疏放后可能解放煤炭的资源量等因素综合考虑，以安全、经济、合理为原则。对老空水探放，视具体情况还可细分为以下几类：

① 积极探放。当老空区不在河沟或重要建筑物下面，排放老空区内积水不会过分加重矿井排水负担且积水区之下又有大量的煤炭资源急待开采时，这部分积水应千方百计地放出来，以彻底解除水患。

② 先隔离后探放。与地表水有密切水力联系且雨季可能接受大量补充的老空水，或老空的积水量较大，水质不好（酸性大），为避免负担长期排水费用，对这种积水区应先设法隔断或减少其补给水量，然后再进行探放水。若隔断水源有困难，无法进行有效探放，则应留设煤（岩）柱与生产区隔开，待到矿井生产后期再进行处理。

③ 先降压后探放。对水量大、水压高的积水区，应先从顶、底板岩层打穿层放水孔，把水压降下来，然后再沿煤层打探水钻孔。

④ 先堵后探放。当老空区被强含水层水或其他大小水源水所淹没，出水点有很大的补给量时，一般应先封堵出水点，然后再探放水。

3. 探放断层水

(1) 探放断层水的原则

凡遇下列情况必须探水：

① 采掘工作面前方或附近有含（导）水断层存在，但具体位置不清或控制不够严密时。

② 采掘工作面前方或附近预测有断层存在，但其位置和含（导）水性不清，可能突水时。

③ 采掘工作面底板隔水层厚度与实际承受的水压都处于临界状态（即等于安全隔水层厚度和安全水压的临界值），在掘进工作面前方和采面影响范围内，是否有断层情况不清，一旦遇到很可能发生突水时。

④ 断层已被巷道揭露或穿过，暂时没有出水迹象，但由于隔水层厚度和实际水压已接近临界状态，在采动影响下，有可能引起突水，需要探明其深部是否已和强含水层连通，或有底板水的导升高度时。

⑤ 井巷工程接近或计划穿过的断层浅部不含（导）水，但在深部有可能突水时。

⑥ 根据井巷工程和自设断层防水煤柱等的特殊要求，必须探明断层时。

⑦ 采掘工作面距已知含水断层 60 m 时。

⑧ 采掘工作面接近推断含水断层 100 m 时。

⑨ 采区内小断层使煤层与强含水层的距离缩短时。

⑩ 采区内构造不明，突水系数大于 0.06 MPa/m 时。

(2) 断层水探查的主要内容

① 查明断层位置、落差、走向、倾向、倾角，断裂带宽度、充填物和充填程度，断层的导水性与富水性。

② 查明断层两盘断裂带外裂隙、岩溶发育情况，两盘对接部位的岩层及其富水性。

③ 查明煤层与强含水层的实际间距（即隔水层的实际厚度）。

④ 查明断层探水孔不同深度处的水压、水量、冲洗液消耗量，确定或判断底板水在隔水层中的导升高度。

⑤ 通过放水试验和连通试验查明断层导水性、富水性以及通过断层的侧向补给水量，为安全采掘、矿井防治水措施提供实际资料与理论依据。

(3) 断层探放水方法

目前一般采用物探和钻探两种方法，先物探、后钻探。一般常用的物探方法有直流电法和瞬变电磁法等。

探放断层水时，探水钻孔沿掘进方向的正前方及含水体方向呈扇形布置，钻孔不得少于3个，其中含水体方向的钻孔不得少于2个。

4. 探放陷落柱水

煤层底板为厚层石灰岩的华北型煤田，由于导水陷落柱的存在，使某些处于上覆地层本来没有贯穿煤系基底强含水层的中、小型断层或一些张裂隙，成为水源充沛、强富水的突水薄弱带，一旦被揭穿，将引起突水。若导水陷落柱直接突水，其后果就更严重。

探查陷落柱时应当同时采用物探、钻探两种方法，常用的物探方法有：直流电法、瞬变电磁法和坑透法。钻探设计需根据陷落柱的预测规模布孔，但底板方向钻孔不得少于3个，有异常时加密布孔，其探放水设计由煤矿总工程师组织审批。

5. 导水钻孔的探查与处理

矿区在勘探阶段施工的各类钻孔，往往能贯穿若干含水层，有的还可能穿透多层老空积水区甚至含水断层等，若封孔或止水效果不好，人为沟通了本来没有水力联系的含水层或水体，使煤层开采的充水条件复杂化。

对导水钻孔的探查目前有2种方法：一是钻探方法；二是物探方法。对其处理有4种方法：一是在地面重新启封，进行注浆处理；二是在井下探测注浆封堵；三是在井下直接揭露进行处理；四是留设防水煤柱。

6. 探放含水层水

由于基岩裂隙水的埋藏、分布和水动力条件等都具有明显的不均匀性，煤层顶、底板砂岩水、岩溶水等在某些(或某一)地段对采掘工作面没有任何影响，而在另一些地段却带来不同程度的危害。为确保矿井安全生产，只有探清含水层的水量、水压和水源等，才能予以治理。

防治煤层顶、底板含水层的水害，既要从整体上查明水文地质条件，采取疏干降压或截源堵水等防治措施，又要重视井下采区的探查。

(二) 矿井疏水降压技术

1. 基本概念

疏干是指对煤层顶板或煤层含水层进行疏水；疏水降压是指对煤层底板含水层进行疏水，使煤层底板含水层水压降低至采煤安全水压。

矿井疏干的目的是预防地下水突然涌入矿井，避免灾害事故，改善劳动条件，提高劳动生产率，消除地下水静水压力造成的破坏作用等，是煤矿防治水的一种主要措施。对涌水量较大的矿区，为了减少矿井涌水量，应采取截流、浅排和排、供、生态环保“三位一体”相结合等辅助措施，与疏干工作统筹考虑，进行综合防治。

疏水降压，是指对受水害威胁和有突水危险的矿井或采区借助于专门的疏水工程(疏水石门、疏水巷道、放水钻孔、吸水钻孔等)，有计划、有步骤地对煤层上覆或下伏强含水层中的地下水进行疏放，使其水位(压)值降至某个水平安全采煤时水位(压)值以下的过程。其目的是预防地下水突然涌入矿井，避免灾害事故，改善劳动条件，提高劳动生产率，它是煤矿防治水的一种重要措施。

2. 疏放方式

疏放方式按其疏放工程所处位置来分，有地表疏放、地下疏放和联合疏放三种方式。

(1) 地表疏放

地表疏放是指在需要疏放降压地段在地表施工大口径钻孔，安装深井泵或潜水泵排水，预先降低含水层水位的疏放方法，常用于矿层埋藏浅的露天矿。适用条件是被疏放含水层的渗透性好、含水丰富。潜水含水层的渗透系数要大于 3 m/d，承压含水层要大于 0.5 m/d，疏放降压深度不超过水泵的扬程。

地表疏放的优点是施工简单，施工期限短，投资经营费用较低，安全可靠，且水质未受煤层污染，可供工业和民用供水之用等。根据疏放地段的地质和水文地质条件，疏放降压孔的布置有两种形式：① 直线孔群，适用于地下水一侧补给时；② 环形孔群，适用于地下水圆形补给时。

(2) 地下疏放

地下疏放用于平行疏放阶段，通常采用巷道疏放和井下钻孔疏放方法。

① 巷道疏放。当煤层直接顶为含水层时，常将采区巷道或采煤工作面的准备巷道提前开拓出来，利用采准巷道预先疏放顶板含水层水。在有利的地形条件下，开采侵蚀基准面以上的煤层时，还可以自行排水。

利用采准巷道疏放顶板水时，应注意以下两点：a. 采准巷道提前掘进的时间，应根据疏放水的水量和速度而定。提前时间过长会影响采掘计划平衡造成巷道长期闲置，有时会增加维修工作量；提前时间太短又会影响疏放效果。b. 当疏放含水层顶板水时，应视水量大小，考虑是否要扩大水仓容量和增加排水设备。

此外，当煤层的直接底是强含水层时，也可考虑将巷道布置在底板中，利用巷道直接疏放。

② 钻孔疏放。若煤层直接顶为水量不大的含水层，可利用采区和采煤工作面的巷道布置钻孔预先疏放顶板水，降低水头压力，避免回采时顶板突水，为采掘工作创造安全条件。其疏放方法有：用打入式过滤器疏放巷道顶部含水砂层或承压含水层水。即在巷道中每隔一定距离向顶板上打钻孔，终孔时立即将打入式过滤器的滤管沿钻孔压入含水层，使顶板水泻入巷道，通过排水沟向外排出。该法适用于巷道顶部离含水层不远(15～20 m)的情况。

若含水层离煤层较远(大于 30 m 时)，且水量与水压较大，为消除顶板水对采掘工作面的威胁，可由地面打钻孔，向下穿过含水层并与井下疏放巷道或排水硐室相通，将顶板含水层水有节制地泻入井下巷道或硐室，然后将水排出地面。

底板水的疏放降压，方法与疏放顶板水相同，即在欲疏水降压地段巷道中以一定间距向下打疏放钻孔，从钻孔中放出底板承压含水层水，构成干扰降落漏斗，使含水层中的水位降到安全水位以下，以达到防止底板突水、安全回采的目的。

(3) 联合疏放

水文地质条件复杂的大水矿井，单一方式的疏放不能满足矿井生产需要时，采用地表疏放和地下疏放相结合的方式称为联合疏放。它也包括一个矿井疏放达不到疏放目的时，几个矿井同时疏放。

(三) 注浆堵水技术

注浆堵水是指将注浆材料(水泥、水玻璃、化学材料以及黏土、砂、砾石等)制成浆液，压入地下预定位置，使其扩张、固结、硬化，起到堵水截流、加固岩层和消除水患的作用。

注浆堵水是防治矿井水害的有效手段之一，已广泛应用于井筒开凿及成井后的注浆，截源堵水，减少矿坑涌水量，封堵充水通道恢复被淹矿井或采区，巷道注浆保障井巷穿越含水层（带）等。

在矿山生产中常用的注浆堵水方法有以下5种。

1. 井筒注浆堵水

在矿山基建开拓阶段，井筒开凿必将破坏含水层。为了顺利通过含水层，或者成井后防治井壁漏水，可采用注浆堵水方法。按注浆施工与井筒施工的时间关系，井筒注浆堵水又可分为井筒地面预注浆、井筒工作面预注浆和井筒井壁注浆。

2. 巷道注浆

当巷道需穿越裂隙发育、富水性强的含水层时，巷道掘进可与探放水作业配合进行，将探放水孔兼作注浆孔，埋没孔口管后进行注浆堵水，从而封闭了岩石裂隙或破碎带等充水通道，减少矿坑涌水量，使掘进作业条件得到改善，掘进工效大为提高。

3. 注浆升压，控制矿坑涌水量

当矿体有稳定的隔水顶底板存在时，可用注浆封堵井下突水点，并埋没孔口管，安装闸阀的方法，将地下水封闭在含水层中。当含水层中水压升高，接近顶底板隔水层抵抗水压的临界值时（通常用突水系数表征），则可开阀放水降压；当需要减少矿井涌水量时（雨季、隔水顶底板远未达到突水临界位、排水系统出现故障等），则关闭闸阀，升压蓄水，使大量地下水被封闭在含水层中，促使地下水位回升，缩小疏干半径，从而降低了矿井排水量，可以缓和甚至防止地面塌陷等有害工程地质现象的发生。

4. 恢复被淹矿井

当矿井或采区被淹没后，采用注浆堵水方法恢复生产是行之有效的措施之一。注浆效果好坏的关键在于找准矿井或采区突水通道位置和充水水源。

5. 帷幕注浆

对具有丰富补给水源的大水矿区，为了减少矿坑涌水量，保障井下安全生产，可在矿区主要进水通道建造地下注浆帷幕，切断充水通道，将地下水堵截在矿区之外。该法不仅可减少矿坑涌水量，又可避免矿区地面塌陷等工程地质问题的发生，因此具有良好的发展前景。但是帷幕注浆工程量大，基建投资多，因此，采用该方法防治地下水应慎重。

四、矿井水灾防治的安全管理

矿井水灾主要是矿井突水（透水），是指矿井在建设或生产过程中，由于防治水措施不到位而导致地表水和地下水通过裂隙、断层等各种通道无控制地涌入矿井工作面，造成作业人员被困、伤亡或矿井财产损失的灾害事故。由于矿井突水来势猛、水量大，一旦防范不力或排水能力不足时，往往会造成严重经济损失甚至人身伤亡事故。矿井突水的突水量大小差异很大，对矿井的危害程度也不相同。

矿井水害的识别和防治

1. 矿井突水灾害的原因

造成矿井突水灾害的原因归纳起来有以下几个方面：

（1）思想麻痹大意。对水灾的危害意识不足，图省事、怕麻烦，心存侥幸，甚至有水情异常也不予重视。

(2) 防治措施不力,技术管理弱化。一些单位重生产、轻安全,安全生产主体责任不落实,"探、防、堵、疏、排、截、监"等综合防治措施执行环节出现漏洞。

(3) 技术决策和技术管理失误或瞎指挥,甚至违章违法。超层越界开采;乱采乱掘、破坏防隔水煤柱,误透老巷、老硐等。

(4) 井巷位置选择不合理。井巷布置在水文地质复杂或离强含水层较近,导致顶底板透水。

(5) 工程质量不合格。井巷严重塌落冒顶,沟通强含水层而突水。

(6) 防排水设施不健全。无防水闸门或虽然有防水闸门,因组织不当未及时关闭或因年久失修关闭不严而造成淹井。

(7) 排水设备能力不足或机电设备故障。

(8) 非法开采、违章作业、有章不循、违章蛮干。不坚持"预测预报、有疑必探、先探后掘、先治后采"的原则。

2. 矿井突水的应急措施

遇到矿井突水时,可采取以下应急措施:

(1) 撤出受水害威胁区域的人员,并清点人数。

(2) 查清事故前人员分布,判定遇险人数、位置及生存条件。

(3) 了解突水情况、影响范围,查明引起突水的老空区范围和老巷分布情况,收集出水前后水量变化、各长期观测孔水位变化资料,判断直接水源及补给水源,推测、判断水量变化趋势,安排专人统计涌水总量。

(4) 救护人员下井侦察、抢救遇险人员,侦察、抢险时,要管好水路,防止溃水冲垮巷道;采取措施,防止冒顶、掉底和二次出水。

(5) 若有被困人员,采取一切办法确定被困人员所在位置、人数及生存条件,采用压风管、水管、打钻孔等方法,向被困人员输送新鲜空气,给遇险人员创造生存条件。

(6) 根据情况选用排、疏、堵、截及开掘小巷等措施,营救遇险人员。

(7) 在井下要害地点快速构筑临时挡水闸墙,使涌水按照规定的路线流泄。

(8) 查明相关采区排水设施及排水能力,当排水能力小于突水水量时要尽快组织增加排水泵和排水管路。

(9) 加强通风,防止瓦斯和其他有害气体积聚。

(10) 抢救和运送长期被困井下人员时,要防止环境和生存条件突然改变造成意外。

五、矿井水灾防治的安全检查

(一) 采区、工作面充水条件,采掘工作面附近的采空区、废弃巷道的积水情况

(1) 参照《生产地质报告》《采区地质说明书》《工作面地质说明书》等各种水文地质资料,分析采区、工作面充水条件。

(2) 根据采区、工作面充水条件资料,分析各个采空区、废弃巷道的积水情况,并按照矿井生产接续计划,对照采掘工程平面图,排查采掘工程前方积水情况。

(二) 相邻矿井积水情况

定期搜集、调查和核实相邻煤矿边界附近的采掘活动、老空积水和废弃老窑积水情

况，并将矿界以外邻矿的采掘、积水情况标绘在井上下对照图、采掘工程平面图和充水性图上。

（三）矿井、水平、采区、采掘工作面排水系统综合排水能力和完善情况

根据每月3次的涌水量观测记录台账，分析矿井、水平、采区、采掘工作面预计正常涌水量和最大涌水量，按照《煤矿防治水细则》的要求，分析排水系统是否健全、完善、标准，能否满足排水需要。

（四）矿井密闭墙内侧涌、积水情况

密闭墙应加强日常观测，发现墙体变潮、泄水量变化较大等异常情况时，及时上报。由相关负责单位每月至少对充水密闭墙的涌水观测1次，及时发现出现承压状态的密闭墙。

（五）巷道通过的含水层、导水或可能导水的断层

根据工作面巷道设计，结合水文地质条件进行分析，预计巷道将要通过的含水层、导水或可能导水的断层。

（六）采掘工作面遇封闭质量不良的导水钻孔

根据采掘工作面设计及矿井封闭质量不良钻孔台账，预计采掘工作面可能遇到的封闭质量不良的导水钻孔。

（七）各类防隔水煤（岩）柱完好情况

查看各类防隔水煤（岩）柱台账、资料，并填绘在各种图纸上，结合采掘工程情况，确保各类防隔水煤（岩）柱不受破坏。

（八）地表水威胁情况排查

查清矿区及其附近地面水流系统的汇水、渗漏和疏水能力等情况；了解当地水库、河道、河道中障碍物等情况；同时掌握当地历年降水量和最高洪水位资料，且每月对地表水体进行观测。

（九）防排水设施

查明矿井水闸门、水仓、排水泵、管路等设施的完好情况，确保防排水系统正常运行。

（十）防治水工程

全面了解矿井正在或待进行的防治水工程的进展情况，查出其施工工程中可能存在的问题。

【案例3-2】 山西省某煤矿“1·27”较大水害事故

2023年1月27日，山西省某煤矿ZF1212掘进工作面发生一起较大水害事故，造成4人遇难，直接经济损失876.12万元。

1. 事故单位基本情况

该煤矿核定生产能力90万t/a，低瓦斯矿井，水文地质类型为中等。事故发生在3#煤层一采区北翼ZF1212掘进工作面迎头，该区域3#煤层平均煤厚为4.2～6.12 m，过去沿顶板采煤后形成诸多采空区，采空区存有积水。ZF1212巷掘进至90 m时遇地质构造，巷道揭露底板砂质泥岩，至117 m（事发位置）处该巷一直为半煤岩巷。

2. 事故原因

(1) 事故直接原因。该矿在未消除复采区域水害事故隐患的情况下安排掘进 ZF1212 巷，超前钻探(长探)违反《煤矿安全规程》，逐班探测(短探)违反作业规程，前方积水未探明，危险掘进，受老空水的长期浸泡和爆破对围岩(煤)的破坏，并叠加采场应力与水压力耦合的影响，3# 煤上部老空积水突破厚度有限的煤壁瞬间溃入工作面，导致事故发生。

(2)事故间接原因：

① 该矿重生产轻安全，盲目组织作业。ZF121 放顶煤工作面开采设计未经批复，在周边采空积水未疏放干净、隐患未消除的情况下，冒险开掘 ZF1211 巷、ZF1212 巷。

② 该矿防治水责任悬空，安全管理混乱。违反《煤矿防治水细则》规定，擅自将探放水钻孔超前距确定为 10 m；防治水制度不落实，探水钻孔钻探、验收、移交工作不符合有关要求；未认真开展物探，物探报告造假。

③ 该矿隐患排查流于形式，现场监督形同虚设。对辨识出的水害重大风险未采取管控措施，安全隐患大，排查浮于表面、流于形式；未有效利用工业视频，未落实探放水相关制度及作业规程，现场安全监督形同虚设。

④ 上级公司安全责任不落实，安全检查不严不细。疏于安全监督管理，对某煤矿日常安全监督检查不认真、不仔细，未发现 ZF121 放顶煤工作面未批先掘以及探放水方面存在的问题，未督促该煤矿及时上报事故，也未向有关部门报告事故。

⑤ 有关中介机构回避事实，出具严重失实报告。山西省某勘查院、山西某地质勘查公司在为该矿编制《山西某煤矿有限公司煤矿隐蔽致灾地质因素普查报告》和《山西某煤矿有限公司水文地质类型报告》时，不深入现场实地勘察，刻意回避事实，作出与事实严重不符的错误结论，出具严重失实的报告。

3. 事故防范措施及整改建议

(1) 建立健全安全生产责任制。建立健全各级领导、各部门、各岗位的安全生产责任制，明确责任范围、考核标准，切实让各岗位职工明责、履责、尽责，确保责任无空档。

(2) 强化煤矿技术管理体系建设。建立健全以总工程师为首的技术管理体系，配齐配强专业技术人员，严格执行规程措施编制、会审、审批和贯彻落实制度，切实强化矿井灾害防治等技术管理工作。

(3) 加大现场隐患排查力度，将预防为主落到实处。

(4) 加强现场安全管理，提高风险防控意识。要加强采掘工作面现场安全管理，针对不同的灾害制定有针对性的安全技术措施，坚决做到措施执行不到位不生产。

【复习思考题】

1. 简述煤矿安全高效矿井地质保障系统。
2. 井下如何在预计水压较大的地区探水钻进？
3. 断层对煤矿充水的影响有哪些？
4. 什么是矿井水？其来源有哪些？简述各类充水水源。
5. 断层对煤矿充水的影响有哪些？
6. 受水害威胁的矿井，在什么情况下应当留设防隔水煤(岩)柱？

7. 布置探放水钻孔应当遵循哪些规定？
8. 简述矿井水害防治措施。
9. 简述煤矿地面防水过程中应注意的事项。
10. 简述矿井突水后应采取的应急措施。

第四章　煤矿开采安全

【学习提示】

我国煤矿约90%以上是井工开采，地下作业是井工开采的基本特点。由于地下作业空间的限制，采掘工作地点不断移动和交替，与地面作业相比，地下作业存在许多不安全的因素。其中水、火、瓦斯、矿尘、冒顶是煤矿最为严重的灾害。了解灾害发生和发展的规律，鉴别其发生前的征兆，掌握防治的主要措施，是煤矿安全生产管理人员必须掌握的专业知识，也是煤矿安全培训的主要内容。

本章主要介绍了煤矿安全开采的基本条件、采掘生产技术知识和生产组织管理相关要求，对煤矿开采过程中采掘工作面频发的主要灾害、致灾特征及征兆、预防灾害的安全管理要求和检查要点作了重点阐述。针对近年来煤矿智能化和绿色开采技术发展的特点和趋势，本章描述了其核心技术与建设要求，并总结了部分智能煤矿在建设和运行过程中的经验和教训，指出了智能煤矿各系统安全管理的重点和检查要点。

第四章导学

第一节　煤矿安全开采的基本条件与管理要求

一、煤矿安全开采的基本条件

（一）生产系统的安全条件

煤矿开采是一个复杂的过程，不仅作业环节多，而且作业场所也在不断地发生变化。开采过程中，有害气体和矿尘大量产生，水分被蒸发，地层散热等，使进入矿井的空气成分、温度、湿度等发生了一系列的变化，形成恶劣的气候条件。特别是生产工作面的布置受到煤层的赋存条件、地质构造、顶底板特性以及水文地质情况等条件的限制。在这样的环境下进行开采，一旦某个环节出现问题，就可能导致人员伤亡、设备损坏和财产损失。

因此，煤矿开采必须遵循一定的规则，在开采生产前必须具有完整可靠的通风系统、排水系统、供电系统、运输系统、提升系统以及安全避险的六大系统（监测监控、人员定位、通信联络、紧急避险、压风自救、供水施救系统）等，而且这些生产系统的安全性、可靠性又相互联系，缺一不可。

（二）生产作业环境和生产设备、设施的安全条件

生产作业环境的安全条件主要指生产作业场所周围环境在生产过程中的安全可靠性，

它涉及生产作业过程中所选取的开采方式、开采方法、通风方式和支护形式。而生产设备、设施对安全的影响主要体现为这些设备、设施的选择、设置和使用必须符合《煤矿安全规程》的要求。

(三)生产管理组织与技术措施方面的安全条件

煤矿在建设和开采过程中,其生产的各个系统、生产作业环境、生产设备和设施以及与生产相适应的管理组织与技术措施,应能满足煤矿开采的安全需要,保护煤矿职工的身体健康和生命安全,减少事故的发生,保证正常生产。

生产管理组织和技术措施,主要是指"人"的因素。煤矿事故的发生,一方面是由于煤矿的生产系统、设备设施达不到要求,即物的不安全状态引起的;另一方面则是由于系统不合理或不完善、管理不到位、规章制度不健全、安全技术措施不合理或者不落实(包括人员的素质和职工的安全教育和培训不足),即人的不安全行为引起的。"物"的安全状态和"人"的安全行为,表现为生产安全问题的四个要素,即管理、装备、素质、系统,各要素相辅相成、相互补充。四要素并重,是我国煤矿安全生产在长期实践中总结出来的经验,也是煤矿安全管理的一项基本原则。

二、煤矿开采主要灾害及致灾特征

(一)瓦斯

瓦斯是煤矿生产经常遇到的一个问题,也是对煤矿安全生产威胁最大的一种自然灾害。在我国不仅过去瓦斯事故十分严重,直到现在也经常发生,因此,认识瓦斯的特点,掌握瓦斯事故发生的规律,采取相应的瓦斯治理措施,是煤矿安全生产重要的任务之一。

瓦斯的燃烧、爆炸是煤矿主要灾害之一。瓦斯爆炸产生的高温高压,促使爆源附近的气体以极大的速度向外冲击,造成人员伤亡,破坏巷道和设备设施,扬起大量煤尘并使之参与爆炸,产生更大的破坏力。另外,爆炸后生成大量的有害气体,造成人员中毒。因此,防止瓦斯爆炸是安全管理的重点。其主要措施是防止瓦斯局部积聚,防止煤(岩)与瓦斯突出,防止火源引燃瓦斯。

(二)矿尘

矿井主要的产尘地点是采煤工作面,掘进工作面,煤岩装运、转载点,其他作业场所也会产生矿尘。

煤矿井下作业产生的矿尘危害极大,它的存在不但导致生产环境的恶化,加剧机械设备的磨损,缩短机械设备的寿命,更重要的是危害职工的身体健康,导致各种职业病。人体长期吸入矿尘,轻者会引起呼吸道炎症,重者会引起尘肺病。可以说矿尘对人体健康和煤矿生产危害极大,煤矿企业管理人员必须高度重视,采取综合防尘措施。

(三)煤矿火灾

煤矿火灾对煤矿的危害非常巨大,井下一旦发生火灾,其火势一般较难控制,并且影响的范围也比较广,不仅会给煤炭资源造成一定的损失,打乱正常的生产部署,而且会对煤矿的安全生产造成一定的危害。

由于井下空间小,工作场所窄,电气设备多,坑木等易燃物多,煤本身就可以引燃,再加上防火设施不健全,灭火器材不齐全,井下又有新鲜风流,一旦发生火灾,不像地面火灾那样容易扑救。而且各种火灾(如电气失火、油料起火、瓦斯爆炸形成的火灾及煤炭自燃等)类型不同,扑救方法也各不相同。如果灭火不及时或处理不当,就会蔓延发展,往往酿成大火,这就使得灭火工作更加困难。同时,井下工作人员集中,当他们遇有火灾却不知道发生在何处时,难以躲避和疏散,这都会加重火灾造成的损失。

(四) 煤矿水害

煤矿水害的形成和发生是建立在特定的环境和条件之上的,对煤矿安全生产的影响和危害很大,一旦发生透水,不但影响煤矿正常生产,甚至会造成人员伤亡。因此,做好煤矿防治水害工作,是保证煤矿安全生产的重要内容之一。

在采矿过程中,煤矿水害一般都是由于采掘工作面与地下含水层、地表水、裂缝水带以及岩溶水带距离过近,从而引发一系列的煤矿水害事故,正常情况下,煤矿水害水量较大,且水势较猛,短时间内会充斥大量的水资源,因此当发生煤矿水害事故时采矿现场将受到极严重的破坏,且工作人员的人身安全很容易被威胁,甚至会造成大量人员伤亡。

因此,在安全生产和管理方面,应该在保证排水系统可靠的前提下加强采掘工作面的探放水等安全管理工作。

(五) 顶板事故

顶板事故是煤矿事故中最常见、最容易发生的事故,具有灾害性大、死亡率高等特点。冒顶事故是煤矿采掘工作面生产过程中经常发生的,特别是局部冒顶事故频繁发生,对煤矿生产安全的危害极大。

煤矿开采深度的增加会导致采场的矿压增大,深部煤岩体的应力环境、变形与破坏特性较浅部煤岩体发生了显著变化。深部煤岩体的变形特性有:岩体的扩容现象突出;岩体变形具有不连续性,巷道围岩变形量大。随着采深的增加,采场矿压显现强烈,表现为围岩剧烈变形、巷道和采场失稳,加大了顶板管理难度。

为防止顶板事故的发生,应制定和执行严格合理的顶板管理安全技术措施,建立一套顶板灾害发生的预警、预报系统,加强顶板安全控制的主动性。

(六) 冲击地压

随着我国煤矿开采深度的不断增加,冲击地压的危害也将更加突出。冲击地压又称岩爆,常伴有煤岩体抛出、巨响及气浪等现象。它具有很大的破坏性,也是煤矿重大灾害之一。

冲击地压主要受地质构造、矿体和围岩结构性质、开采深度、水文地质条件等多种因素影响。在褶皱和断裂构造带,矿体弹性高、强度(硬度)大,顶底板岩石致密、坚硬、裂隙少、厚度大,围岩含水量高,开采深度大的煤矿容易发生冲击地压。冲击地压常导致顶板事故,破坏井巷,并造成人员伤亡、设备毁坏、作业环境污染,影响生产。冲击地压有时导致强烈瓦斯涌出,有时还因大量粉尘引起爆炸,造成更大的破坏。

防治冲击地压措施应根据发生冲击地压的成因和机理制定,在煤层开采中,生产地质条件极为复杂,目前由于人们对冲击地压发生条件尚不能完全掌握,没有预先采取防范措施或防范措施不完善,形成局部煤层地段的高应力集中。因此,在煤层开采过程中必须对这些地段进行及时处理,以保证安全生产。

三、煤矿开采的安全管理要求与检查要点

煤矿开产是一种特殊环境下的作业生产，工作环境特殊，作业环境条件复杂多变，在煤矿开采过程中存在许多不安全因素，致使生产事故不断发生。因此，煤矿开采的安全管理工作是煤矿生产的重要内容之一。

（一）煤矿开采的安全管理要求

（1）新建非突出大中型煤矿开采深度（第一水平）不应超过 1 000 m，改扩建大中型煤矿开采深度不应超过 1 200 m，新建、改扩建小型煤矿开采深度不应超过 600 m。煤矿同时生产的水平不得超过 2 个。

（2）每个生产煤矿必须至少有 2 个能行人的通达地面的安全出口，各出口间距不得小于 30 m。

（3）采用中央式通风的新建和改扩建煤矿，设计中应当规定井田边界的安全出口。新建、扩建煤矿的回风井严禁兼作提升和行人通道，紧急情况下可作为安全出口。

（4）井下每一个水平到上一个水平和各个采（盘）区都必须至少有 2 个便于行人的安全出口，并与通达地面的安全出口相连。未建成 2 个安全出口的水平或者采（盘）区严禁回采。

（5）新建煤矿、生产煤矿新掘运输巷的一侧，从巷道道砟面起 1.6 m 的高度内，必须留有宽 0.8 m（综合机械化采煤及无轨胶轮车运输的煤矿为 1 m）以上的人行道，管道吊挂高度不得低于 1.8 m。

（6）生产煤矿已有巷道人行道的宽度不符合上述要求时，必须在巷道的一侧设置躲避硐，2 个躲避硐的间距不得超过 40 m。躲避硐宽度不得小于 1.2 m，深度不得小于 0.7 m，高度不得小于 1.8 m。躲避硐内严禁堆积物料。

（7）采用无轨胶轮车运输的煤矿人行道宽度不足 1 m 时，必须制定专项安全技术措施，严格执行“行人不行车，行车不行人”的规定。

（8）在人车停车地点的巷道上下人侧，从巷道道砟面起 1.6 m 的高度内，必须留有宽 1 m 以上的人行道，管道吊挂高度不得低于 1.8 m。

（二）煤矿开采的安全检查要点

（1）是否建立健全各级负责人、各部门、各岗位安全生产与职业病危害防治责任制。

（2）是否对从业人员进行安全教育和培训。培训不合格的，不得上岗作业。

（3）是否建立入井检身制度和出入井人员清点制度；是否掌握井下人员数量、位置等实时信息。

（4）是否制定停工停产期间的安全技术措施，保证煤矿供电、通风、排水和安全监控系统正常运行，落实 24 h 值班制度。

（5）是否建立应急救援组织，健全规章制度，编制应急救援预案，储备应急救援物资、装备并定期检查补充。

（6）煤矿建设、生产阶段，是否对揭露的煤层、断层、褶皱、岩浆岩体、陷落柱、含水岩层、煤矿涌水量及主要出水点等进行观测及描述，综合分析，实施地质预测、预报。

（7）建井期间应当尽早形成永久的供电、提升运输、供排水、通风等系统。未形成上述永久系统前，是否建设临时系统。

(8) 煤矿进入主要大巷施工前，必须安装安全监控、人员位置监测、通信联络系统。

(9) 巷道净断面是否满足行人、运输、通风和安全设施及设备安装、检修、施工的需要。

第二节　矿井开拓

煤田面积很大，有的煤田面积可达几百平方千米，储量达几百亿吨。对于这样的大煤田，如果由一座煤矿来开采，显然在技术、经济上是不合理的。因此，当一个煤田的范围较大时，必须把煤田划分为若干较小的部分，每一部分由一个煤矿来开采。划归一个煤矿来开采的那一部分煤田称为井田。将煤田划分为井田时，应合理地确定各井田的边界。

一、煤炭储量的分级与分类

煤矿储量指井田范围内可采煤层的全部储量。

为了说明不同块段煤层地质情况被查明的程度，常将储量划分成不同的级别，同一级别的储量代表的勘探程度相同。储量分为 A、B、C、D 四级。

根据工业要求、开采条件以及储量被查明的程度，煤矿的储量分为以下几类：

- 煤矿地质储量
  - 能利用的储量
    - 工业储量
      - 可采储量
      - 设计损失量
    - 远景储量
  - 尚难利用的储量

煤矿地质储量：煤矿技术边界范围内的全部煤炭储量。

能利用的储量：在目前的经济技术条件下能够开采的储量，为 A、B、C、D 级储量的和，也叫平衡表内储量。

尚难利用的储量：目前的经济技术条件下尚不能够开采的储量，也叫平衡表外储量。

工业储量：A、B、C 级储量和，是煤矿设计的资源依据。工业储量中预计可以采出来的煤量为可采储量，预计不可以采出来的煤量为设计损失量。

远景储量：D 级储量，因勘探程度不够，不能作为煤矿设计的依据。

可采储量与工业储量之间的关系为：

$$Z_k = (Z_g - P) \cdot C \tag{4-1}$$

式中 Z_k——可采储量；

Z_g——工业储量；

P——永久性煤柱损失量；

C——采区设计采出率，厚煤层不低于 75%，中厚煤层不低于 80%，薄煤层不低于 85%。

二、矿井生产能力、服务年限及井田的划分

(一) 矿井生产能力

矿井生产能力亦称井型，是指矿井设计的年产量，单位为 Mt/a 或万 t/a。矿井生产能力在一定程度上反映了煤矿生产技术与经济面貌，我国煤矿按其生产能力的大小分为三类。

大型：1.2、1.5、1.8、2.4、3.0、4.0、5.0、6.0 Mt/a 及以上；

中型：0.45、0.6、0.9 Mt/a；

小型：0.3 Mt/a 及以下。

选择矿井生产能力时，应结合井田尺寸和矿井储量，以及开发技术条件、装备水平和安全生产的要求等权衡确定。

(二) 矿井服务年限

矿井服务年限指煤矿从投产到报废的年限。确定矿井生产能力时必须保证矿井有合理的服务年限，也就是说矿井服务年限要与矿井生产能力相适应。大型矿井的服务年限应当长，中、小型矿井的服务年限则不宜过长。

矿井生产能力与服务年限之间有密切关系，可用下式表示：

$$T = Z_k / A \cdot K \tag{4-2}$$

式中 Z_k——矿井可采储量，万 t；

T——矿井设计的服务年限，a；

A——矿井设计的生产能力，万 t/a；

K——储量备用系数。

考虑储量备用系数的原因：投产后矿井生产能力被突破；地质构造造成的煤柱损失；风化带及小窑对煤层的破坏；矿井采出率达不到设计要求。计算水平和采区的服务年限时也要考虑储量备用系数。

(三) 井田的划分

井田范围通常比较大，为了开采方便，还需将井田划分为若干较小的部分，有计划地按顺序进行开采。井田再划分，一般是指沿井田的走向和倾斜方向进一步划分。

1. 井田划分为阶段和水平

在井田范围内，沿着煤层的倾向，按一定标高把煤层划分为若干平行于走向的长条部分，每个长条部分称为一个阶段。阶段的走向长度，为井田在该处的走向全长；阶段斜长决定于阶段垂高，一般可为 100～1 000 m 甚至更高。

每个阶段有独立的运输和通风系统，如在阶段的下部边界开掘阶段运输大巷，在阶段上部边界开掘阶段回风大巷，为整个阶段服务。

通过运输大巷或总回风巷的某一标高的水平面称为水平。水平常用水平标高、用途或开采顺序来表示。实际工作中，常把设有井底车场和主要运输大巷的水平及其所服务的开采范围称为开采水平，也简称水平。

根据煤层赋存条件，一个井田可以用一个水平开采，或者分多个水平开采，前者称为单水平开拓，后者称为多水平开拓。

单水平开拓是用一个开采水平把井田沿倾斜划分为两个阶段。在水平以上的阶段，采出的煤炭向下运到开采水平，称为上山阶段；在水平以下的阶段采出的煤炭向上运到开采水平，称为下山阶段。

单水平开拓一般用在煤层倾角较小(16°以下)、倾斜长度也比较小的井田；多水平开拓是用两个以上开采水平开采整个井田，一般用于煤层倾角和倾斜长度较大的井田。

2. 阶段内的布置

阶段范围内的面积还相当大，不能直接布置采煤工作面，还必须再划分为更小的块段。

常用的划分方法有以下 3 种：

(1) 分区式

在阶段范围内，沿走向把阶段划分为若干块段，每一块段称为采区。采区有独立的运输系统和通风系统。

采区的斜长即阶段斜长。阶段的斜长往往很大，有时长达 1 000～1 500 m。在这样的斜长范围内，通常再沿煤层倾斜划分成若干长条部分，每一长条部分称为区段。每个区段布置一个采煤工作面。区段的斜长等于采煤工作面长度、运输平巷和回风平巷的宽度与煤柱宽度的和。

在开采煤层倾角较小的近水平煤层时，按标高划分井田已无实际意义。这时，沿煤层主要延展方向布置水平大巷，在主要水平大巷两侧划分若干个采掘区，每个采掘区叫作一个盘区。每个盘区类似于采区，有独立的运输系统和通风系统。

分区式布置多用走向长壁采煤法开采。

(2) 分段式

在阶段范围内，沿煤层的倾斜方向将煤层划分成若干个走向条带，每个条带布置一个采煤工作面，称为分段。采煤工作面沿走向方向由井田中央向井田边界推进，或者由井田边界向井田中央连续推进。

分段的倾斜长度和区段斜长基本相同，分段的走向长度等于井田走向全长。

分段式与分区式比较，减少了采区上(下)山及其硐室的工程量；采煤工作面可以连续推进，减少了搬家次数；采煤工作面数量少，生产系统简单。但分段式布置易受地质条件限制。

(3) 分带式

在阶段内不划分采区，沿煤层走向划分成若干个倾斜条带，每个条带布置 1～2 个采煤工作面，称为分带。在分带内，采煤工作面沿煤层倾斜方向(仰斜或俯斜)连续推进，即由阶段的下部边界向上部边界或者由阶段的上部边界向下部边界连续推进。

分带式布置多用倾斜长壁采煤法开采。

分带式布置的优点：巷道布置系统简单，掘进工程量少，投资少，建井期短，见效快。其主要缺点为：倾斜巷道长，掘进比较困难，掘进效率低；下山开采时掘进工作面生产环境差；辅助运输困难。

三、矿井开拓的种类、方式及顺序

(一) 巷道的种类

矿井巷道按井巷与水平面夹角不同，可分为垂直巷道、水平巷道和倾斜巷道等；按照作用和服务范围的不同，可分为开拓巷道、准备巷道和回采巷道等，如图 4-1 所示。

1. 开拓巷道

一般说来，为全矿井、一个水平或若干采区服务的巷道，如井筒、井底车场、主要石门、运输大巷和回风大巷(或总回风道)、主要风井，称为开拓巷道。开拓巷道是从地面到采区的通路，这些通路在一个较长时期内为全矿井或阶段服务，服务年限一般在 10～30 a 以上。

2. 准备巷道

为一个采区或数个区段服务的巷道，如采区上下山、采区车场、采区硐室，称为准备巷道。准备巷道是在采区范围内从已开掘好的开拓巷道起到达区段的通路。这些巷道在一定

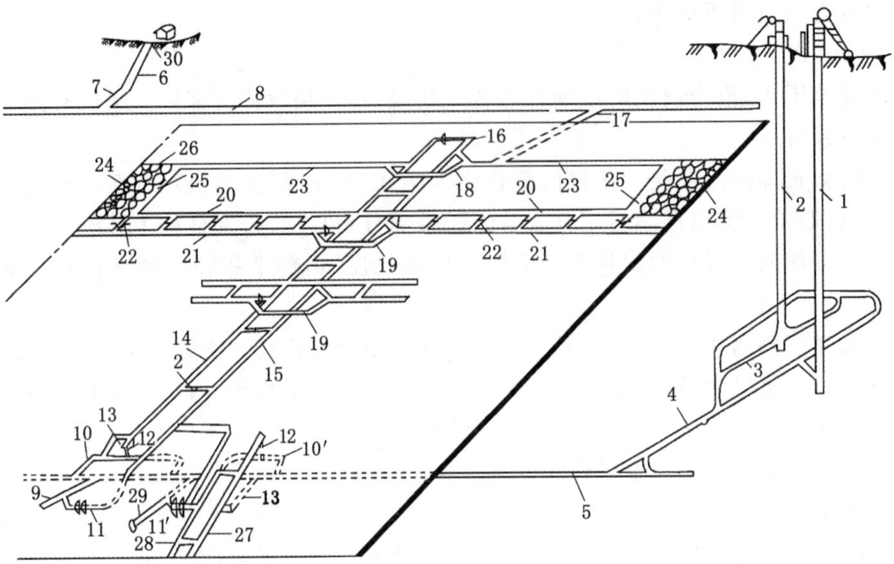

1—主井;2—副井;3—井底车场;4—主要运输石门;5—运输大巷;6—风井;7—回风石门;8—回风大巷;
9—采区运输石门;10—采区下部装煤车场;10′—下山采区上部装煤车场;11—采区下部材料车场;
11′—下山采区上部运料车场;12—采区煤仓;13—行人入风巷;14—运输上山;15—轨道上山;16—上山绞车房;
17—采区回风石门;18—采区上部车场;19—采区中部车场;20—区段运输平巷;21—下区段回风平巷;
22—联络眼;23—区段回风平巷;24—开切眼;25—采煤工作面;26—采空区;27—运输下山;28—轨道下山;
29—下山回风联络巷;30—风硐。

图 4-1 矿井巷道示意图

时期内为全采区服务,服务年限一般在 3～5 a 以上。

3. 回采巷道

仅为采煤工作面生产服务的巷道,如区段运输平巷、区段回风平巷、开切眼(形成初始采场的巷道),叫作回采巷道。回采巷道服务年限较短,一般在 0.1～1.0 a。

开拓巷道的作用在于形成新的或扩展原有的阶段或开采水平,为构成矿井完整的生产系统奠定基础。准备巷道的作用在于形成新的采区,以便构成采区的生产系统。回采巷道的作用在于切割出新的采煤工作面并进行生产。开拓、准备、回采是矿井生产建设中紧密相关的三个主要程序,解决好三者之间的关系,对于保证矿井正常生产运营具有重要意义。

(二) 开拓方式

根据进入煤层的井硐形式不同,井田的开拓方式分为立井开拓、斜井开拓、平硐开拓和综合开拓。

井田开拓方式是矿井建设中的重要问题,必须从地质、地形及技术经济条件等方面综合考虑。一个井田可有几种开拓方式,必须对各种开拓方式进行技术经济比较,确定其中最合理的一种开拓方式。

1. 立井开拓

在煤层埋藏较深、表土层厚时,一般采用立井开拓,常用的有立井多水平分区式开拓和立井单水平分区式开拓。

这种开拓方式的生产系统比较简单,运输环节少,建井速度快,投产早,但其上山阶段的分带风巷是下行风，应采取措施，防止分带回风巷中瓦斯积聚，保证安全生产。

2. 斜井开拓

斜井开拓是利用倾斜巷道由地面进入地下到达煤层的开拓方式。在埋藏较浅的缓斜煤层中，可以用斜井开拓。

斜井开拓时，对井筒的通风有不同的要求，主井用带式输送机运煤时，可兼作进风井，但风速不得超过 4 m/s，且不允许兼作回风井；箕斗提升时，井筒通风要求原则上与立井相同。

3. 平硐开拓

在山岭和丘陵地区，可以直接从地表用水平大巷进行开拓，叫作平硐开拓。

平硐开拓是技术经济上最合理、最有利的开拓方式，与立井、斜井开拓比较起来简便得多，电机车可直接从地面进入矿体，井下的水可沿平硐自流排到地面。

平硐开拓，一般以平硐为第一开采水平，水平内采区的划分、生产系统与立井或斜井开拓方式相同。

4. 综合开拓

在某些具体条件下，采用单一的井筒形式开拓，在技术上有困难、经济上不合理，可以采用不同井筒形式进行综合开拓。根据实际生产需要采用两种以上的井硐形式进入煤层进行井田开拓的方式，称为综合开拓。

综合开拓的方式有：平硐-立井、平硐-斜井、立井-斜井。

（三）开采顺序

井田划分后，必须按一定的顺序进行开采。井田的开采顺序包括：沿煤层倾斜和走向的开采顺序；煤层群分组开采时，组间及组内层间的开采顺序。

1. 沿煤层倾斜的开采顺序

井田沿煤层倾斜方向，一般自上而下按阶段依次回采，称为下行开采顺序。这种开采顺序，初期工程量少、投资少、投产快。

2. 沿煤层走向的开采顺序

在井田内，对井田的走向来说，一般以井筒或采区上（下）山的位置为准，将井田或采区的边界位置当作前方看待。在井田的一翼，由于沿煤层走向开采的方向不同，分区式或分段式布置又可分为前进式和后退式开采顺序。

3. 煤层群组间和组内层间的开采顺序

根据煤层群的赋存状况和自然条件，将其划分成组，并按一定顺序进行开采。

煤组与煤组之间，组内各煤层之间，一般均采用下行开采顺序，即先采上煤组（上层煤），后采下煤组（下层煤），为了避免下煤组（下层煤）开采对上煤组（上层煤）的影响，上煤组（上层煤）应超前下煤组（下层煤）开采。

四、矿井生产系统

矿井生产系统由井下生产系统和地面生产系统所组成。

（一）井下生产系统

为了采出煤炭，就需要开掘一系列巷道、硐室，并安装各种机电设备，完成各种生产任务，从而构成井下生产系统。

在埋藏较浅的缓斜煤层中，一般多用斜井开拓，如图 4-2 所示。图中表示为多水平开拓，井田划分为 3 个阶段，每个阶段划分为 4 个采区，每个采区划分为 3 个区段。

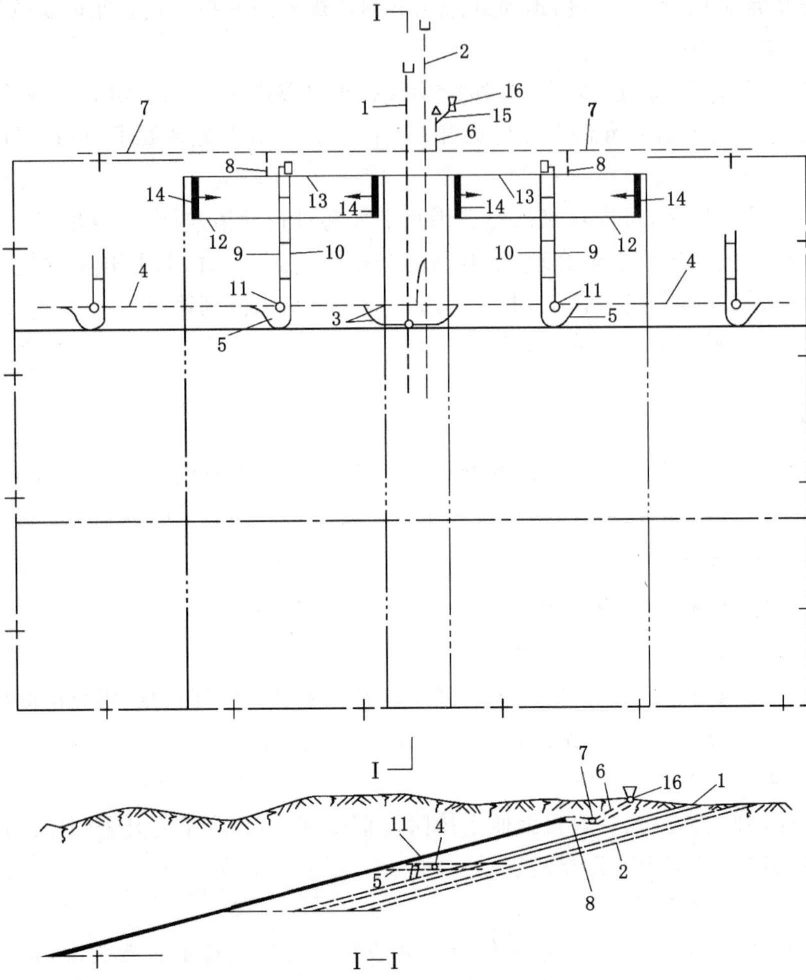

1—主井；2—副井；3—井底车场；4—阶段运输大巷；5—采区石门；6—回风井；
7—阶段回风大巷；8—采区回风石门；9—运输机上山；10—轨道上山；11—采区煤仓；
12—区段运输平巷；13—区段回风平巷；14—开切眼；15—风硐；16—通风机。

图 4-2 矿井生产系统

1. 运输系统

运煤：工作面产出的煤炭由刮板输送机→运输平巷→运输上山→采区煤仓→运输大巷→井底车场煤仓→主斜井带式输送机→地面原煤仓。

运料排矸：采煤工作面所需材料、设备用矿车由副斜井→井底车场→运输大巷→采区下部材料车场→轨道上山→区段回风平巷→采煤工作面。采煤工作面回收的材料、设备和掘进工作面运出的矸石，用矿车经由与运料系统相反的方向运至地面。

2. 通风系统

副斜井进风→井底车场→运输大巷→采区石门→轨道上山→中部车场→运输平巷→采煤工作面→运输平巷→运输上山→回风大巷→回风石门→回风井排至地面。

3. 排水系统

排水系统一般与进风风流方向相反，由采煤工作面→区段运输平巷→采区上山→采区下部车场→运输大巷→井底车场水仓→水泵房的排水泵→副斜井→地面贮水池。

4. 供电系统

高压电缆→井底中央变电所→运输大巷→采区石门→采区变电所降压→低压电缆→工作面配电点。

（二）地面生产系统

地面工业广场是煤炭生产的重要组成部分，地下采出的煤和地面各种器材、设备都要汇集在工业广场内。工业广场内不仅有煤炭洗选加工和储、装、运的各种生产环节和设施，而且还有各种行政福利设施，是全煤矿的生产指挥中心。

五、矿井开拓的主要灾害及致灾特征

矿井开拓期间常见的事故有：顶板冒落事故、立井施工的悬吊与提升事故、水灾事故、火灾事故、瓦斯煤尘事故等。

1. 顶板冒落事故

巷道冒顶事故主要发生在掘进工作面、巷道开岔或贯穿处、大断面硐室、裂开带等。

2. 立井施工的悬吊与提升事故

(1) 立井提升事故。建井过程中曾发生过提升吊桶上提时井盖门未打开而相撞以及吊桶下放到工作面未减速的蹲罐事故，吊桶底部黏结杂物坠入井筒事故，吊桶翻转使人员坠井事故等。

(2) 立井悬吊事故。立井悬吊事故中比较常见的是吊盘翻盘事故，其发生的原因可能是稳车提升不同步，也可能是提升罐笼或吊桶与喇叭口的碰撞。

3. 水灾事故

井巷施工时，岩层中的地下水和与井下相通的地表水突然大量涌入井下空间，均可能发生水灾事故。

4. 火灾事故

井巷施工期间的火灾事故依据火源不同可分为外因火灾和内因火灾。违章使用明火、电气着火或机械摩擦产生电火花、瓦斯和煤尘爆炸均可能引发外因火灾；煤炭在常温下氧化而产生热量，可能导致煤炭自然发火，形成内因火灾。

5. 瓦斯煤尘事故

井巷施工的瓦斯煤尘事故一般可能在井筒揭开煤层时或掘进采区巷道时发生。为防止揭开煤层时的煤与瓦斯突出事故，应首先确认所建矿井是否存在这种风险，以便采取预防措施。

六、矿井开拓的安全管理要求与检查要点

（一）矿井开拓的安全管理要求

(1) 矿井建设、生产阶段，必须对揭露的煤层、断层、褶皱、岩浆岩体、陷落柱、含水岩层，矿井涌水量及主要出水点等进行观测及描述，综合分析，实施地质预测、预报。

(2) 矿井建设期间必须按规定填绘反映实际情况的井巷工程进度交换图、井巷工程地质实测素描图及通风、供电、运输、通信、监测、管路等系统图。

(3) 矿井建设期间的安全出口应当符合下列要求：

① 开凿或者延深立井时，井筒内必须设有在提升设备发生故障时专供人员出井的安全设施和出口；井筒到底后，应当先短路贯通，形成至少2个通达地面的安全出口。

② 相邻的两条斜井或者平硐施工时，应当及时按设计要求贯通联络开凿平硐、斜井和立井，井口与坚硬岩层之间的井巷必须砌碹或者用混凝土砌(浇)筑，并向坚硬岩层内至少延伸5 m。

(4) 建井期间应当尽早形成永久的供电、提升运输、供排水、通风等系统。未形成上述永久系统前，必须建设临时系统。

(5) 矿井主要大巷施工前，必须安装安全监控、人员位置监测、通信联络系统。

(二) 矿井开拓的安全检查要点

(1) 矿井设计、采区设计及主要巷道是否符合《煤矿安全规程》《防治煤与瓦斯突出细则》《煤矿防治水细则》《煤炭工业矿井设计规范》等相关规定，是否按照设计规定的采掘工作面数量、核定生产能力、批准的劳动定员组织生产。

(2) 煤矿、水平、采区、采掘工作面主要安全生产系统和设施是否符合规定。

(3) 矿井开拓、准备、回采和安全煤量是否平衡，是否存在"采、掘、抽"接续紧张、"剃头开采"等情况。

(4) 是否如实填汇采掘工程平面图、井上下对照图等图纸。

(5) 是否存在超层越界、开采保安煤柱和危及相邻煤矿安全的施工行为。

(6) 是否采用以掘代采等国家明令禁止使用的采煤方法、工艺。

第三节 巷道掘进与支护

巷道掘进与支护是按照设计要求把煤岩从岩体中破碎下来，并对所形成的空间进行支护，防止围岩继续破坏和垮落。

一、巷道掘进的种类及工艺

(一) 巷道掘进的种类

在岩体中，采用一定手段把部分煤岩破碎下来，形成地下空间，接着对这个空间进行支护的工作，叫巷道掘进。掘进主要工序有破岩、装岩、运输、支护；辅助工序有排水、掘砌水沟、通风、铺轨等。在掘进巷道中，破碎岩石是一项主要工序，因此通常以破岩技术作为区分巷道掘进种类的依据。巷道掘进分钻爆法掘进和综合机械化掘进两种。

1. 钻爆法掘进(俗称炮掘)

钻爆法掘进是利用钻爆法破碎煤岩，用装载机把破碎下来的煤岩装入运输设备，通过矿车或转载机、刮板输送机、带式输送机等设备运走，由人工架设支架，用人工或调度绞车运送支护材料，局部通风机进行压入式通风，采用喷雾洒水的方式进行降尘。

钻眼爆破破岩法，简称钻爆法，就是采用钻眼机具在工作面布置一定数量的炮眼，然后在炮眼内装药进行爆破，把煤岩破碎下来的方法。干式钻眼时会产生大量岩尘，严重威胁工人的健康。为防止岩尘对人体的危害，必须坚持湿式钻眼。在采用钻爆法掘进时，施工工艺参数往往以钻爆工序为主配合其他工序而确定。钻爆参数主要包括炮眼深度、炮眼直径、炮眼数目、装药量、炮眼布置等。钻眼爆破技术主要包括岩巷光面爆破技术、毫秒爆破技术、断裂控制爆破技术等。随着高效能装岩机具和装岩台车的推广使用，为加大炮眼深度、提高钻眼速度提供了保证，深孔光面爆破技术成为目前钻眼爆破技术发展的主要方向。

2. 综合机械化掘进

综合机械化掘进逐渐形成了以掘进机为主的 3 种类型的掘进工艺：① 综合机械化掘进，主要掘进机械为悬臂式掘进机，简称掘进机；② 连续采煤机与锚杆钻车配套作业，主要掘进机械为连续采煤机；③ 掘锚一体化掘进，主要掘进机械为掘锚机组。

(1) 掘进机

掘进机是一种能够直接从工作面把煤或岩石截割采落，装载运输，并装入矿车或运输设备中，且可调动行走、喷雾除尘的综合作业设备。使用掘进机可以连续掘进，实现破、装、运一体化，减少掘进工序，提高掘进速度，是煤巷、半煤岩巷快速掘进的最佳途径。

掘进机破岩是指用掘进机的切割头将岩石或煤切割下来的破岩方法。目前，掘进机破岩主要适用于煤和半煤岩巷道的掘进。

掘进机快速掘进的主要途径是：组成综合机械化作业线、辅以运输机械化、掘进工作面临时支架机械化，采用先进的综掘技术及科学的组织管理等。

(2) 连续采煤机

连续采煤机是一种适用于短壁开采，集截割、装载、转运、移动行走、喷雾降尘于一体的综合机械化开采设备，具有体积小、调动灵活、使用方便等优点，不仅可开采煤炭，还能用于巷道掘进，已在内蒙古、山西等许多大型煤矿得到应用。

(3) 掘锚机组

掘锚机组将掘进与支护有机地组合起来，减少掘进与支护设备的换位作业时间，在同一台设备上完成掘进和支护工艺。掘锚机组与连续采煤机作业相比具有掘锚平行作业、单巷快速掘进及顶板及时支护等优点。

(二) 巷道掘进的工艺

1. 平巷掘进

(1) 岩石巷道掘进

水平岩石巷道的掘进目前还是以钻爆法为主，除钻眼爆破和工作面通风外，正确解决好装岩和调车、临时支护等问题，能保证水平岩巷掘进的安全高效。

① 装岩。平巷掘进中装运岩石工作是掘进作业中最繁重最耗费工时的工序，一般情况下，这项工序要占掘进循环总时间的 35%～50%。因此，发展机械化装运岩石，缩短装运岩石的时间，对减轻工人的劳动强度和提高掘进速度都有重大意义。装岩机械目前主要有耙斗式装岩机、铲斗式装岩机和蟹爪式装载机。

② 临时支护。在岩层中掘进巷道时，从掘进到架设永久支架前，为了防止岩块坠落，工作面应该预先架设临时支架。金属临时支架是最常用的一种，其优点是支架结构形式易于适应各个巷道断面形状，强度大，能保证工程质量和作业安全；架设拆除方便，可以重复使用。根据巷道围岩的稳定情况，可以采用无腿金属临时支架或有腿金属临时支架。

③ 排水。巷道一侧要设置排水沟，以便排出井下涌水，保证生产安全，并且创造较好的行人、运输条件，有利于巷道的维护。

(2) 煤巷掘进

煤巷掘进的工序与岩巷掘进基本一样，但施工方法有许多不同，主要表现在：

① 煤层比岩层的坚固性系数小，可采用效率较高的多种掘进机或掘进装载机，也可采用连续采煤机掘进巷道。由于煤层软，易于片帮，所以掘进断面一般不应大于设计断面。

② 煤层内多含有瓦斯，爆破后有大量煤尘飞扬，故爆破时要喷雾洒水，使用水炮泥。

③ 在煤巷掘进时，轨道上经常积有浮煤，为防止扬尘，在煤巷掘进时应选择履带式装载机或其他不致引起煤尘大量飞扬的装载机。

④ 在煤巷中掘进巷道，一般采用双巷掘进，每隔一定距离进行贯通，以利通风。也可采用单巷掘进。

⑤ 对于服务年限短的煤巷，一般可以在掘进的同时，架设永久支架。

(3) 半煤岩巷道掘进

① 巷道凿岩位置的选择。在半煤岩巷道开掘时，必须认真选择巷道断面内的凿岩位置。凿岩位置根据煤层倾角、顶底板岩性以及巷道用途等条件来选择。同时应注意：尽量避免破坏顶板，保持巷道稳定，尽可能掘凿软岩，并力求掘煤面积最大，减少开掘困难和费用，充分满足巷道运输、装车的要求。在一般情况下，缓倾斜煤层的半煤岩巷道，通常可采用卧底，倾斜煤层多采用挑顶兼卧底，急倾斜煤层一般采用卧底。

② 煤岩的开凿顺序。在半煤岩巷道掘进中，煤、岩的开掘顺序对掘进速度和效率影响很大。在通常情况下，应实行全断面一次开掘，并尽可能实行煤、岩分次爆破和装运。当岩石坚硬，煤层较厚时，根据挑顶或卧底的安排，可分别采用倒台阶工作面或正台阶工作面的掘进方法，使煤层超前于岩层开掘。

2. 倾斜巷道掘进

(1) 上山掘进

上山掘进时应注意通风排瓦斯工作。由于瓦斯比重小，常常积聚在上山掘进工作面附近，如果不采取措施，有可能发生瓦斯超限或爆炸，因此，在瓦斯煤矿上山掘进时，必须加强通风，采取双巷掘进(一条进风、一条回风)。

在近水平或缓倾斜煤层中，上山掘进一般用矿车或输送机运输。上山掘进使用的绞车，当提升斜长小于 150 m 左右时，可将绞车布置在上山一侧的小硐室内，如果斜长过大，应安装较大能力的提升设备，最好不要分段接力提升。如条件合适，可采用刮板输送机或溜槽。倾角大于 35°的巷道，煤、矸可以沿底板自溜，这时应在巷道一侧做一个密闭的溜矸间，限制矸石不能在巷道内任意滚溜，以免造成伤人或砸坏设备的事故。

在倾角小于 10°的上山可以使用装煤机，配合输送机运输，目前耙斗式装岩机应用广泛。耙斗式装岩机距离工作面应不小于 6 m，每 20～30 m 移动一次。如巷道倾角大，可用提升绞车和耙斗式装岩机绞车联合作业。使用耙斗式装岩机装岩时，一般与输送机和溜槽运输配合使用，这样耙斗式装岩机就能够连续作业，提高装岩效率，但在耙斗式装岩机卸载部位需要另加一斜槽。

(2) 下山(斜井)掘进

掘进下山时，运输和排水较为困难。

① 运输。掘进下山时，一般都采用箕斗或矿车提升(巷道坡度小时，也可采用输送机提升)。下山掘进的安全问题主要是防跑车。另外，巷道规格、铺轨质量都应符合设计要求，并采取切实可行的安全措施。例如，在提升钩头前连接一钢丝绳圈，在提升时将此圈套住矿车，这样当插销脱出或连接装置失灵时，矿车即被钢丝绳圈兜住，不致发生跑车事故。

《煤矿安全规程》规定：开凿或者延深斜井、下山时，必须在斜井、下山的上口设置防止跑车装置，在掘进工作面的上方设置跑车防护装置，跑车防护装置与掘进工作面的距离必须在施工组织设计或者作业规程中明确。

斜井(巷)施工期间兼作人行道时，必须每隔 40 m 设置躲避硐。设有躲避硐的一侧必须有畅通的人行道。上、下人员必须走人行道。人行道必须设红灯和语音提示装置。

② 排水。下山掘进时，上部平巷的渗水、煤层或岩层本身及其顶底板的涌水，都有可能流至掘进工作面。为了减少掘进工作面的排水工作量，有利于掘进施工，可以采取将上部平巷靠下山一段水沟加以封闭，在下山巷道中每隔一定距离(如 10～15 m)开掘一条横水沟等措施，拦截上部平巷渗水和煤岩涌水。下山掘进的排水方式，根据下山倾角和长度大小以及涌水地点，可采用单段排水或分段排水。

当下山倾角不超过 25°，长度不超过 300 m，有水直接从工作面涌出时，可采用单段排水。单段排水，是将水泵设置在工作面附近，直接把水排到上部水平，随着工作面的推进，每当水泵的吸水高度达到最大吸水高度(5～7 m)后，要向下移置水泵。

当下山倾角大于 25°，长度很大，且水沿巷道全长涌出时，适于采用分段排水。采用分段排水时，在巷道中应设置中间水仓。中间水仓应能容纳水泵从工作面排出的和从纵横水沟流入的水量。随着下山掘进的延伸，中间水仓和水泵亦应向下移设。

二、巷道支护的原理、类型及方式

(一) 巷道支护的基本原理

巷道未开掘以前，地下岩体处于相对平衡的原岩应力状态。巷道开掘以后，就破坏了这种原岩应力状态，打破了原有的应力平衡，应力重新分布，形成了集中应力，岩体从三向压缩转变为双向压缩。

巷道周边围岩是否破坏取决于集中应力的大小和围岩的强度。如果集中应力大于围岩的强度，岩体就会破坏，集中应力就会向围岩内部转移。在转移过程中集中应力降低，围岩越向里，其承载能力越强，直到重新平衡为止。

由此可见，巷道维护须从两方面采取措施：提高围岩强度，控制围岩应力。要使得巷道易于维护，就要合理选择巷道位置；减少对巷道围岩的震动与破坏；及时支护，提高巷道围岩强度，防止松动岩石脱落。只有提高支架的初撑力和强度，及时支护，才能够发挥支护的作用。巷道开掘后应及时支护，严禁空顶作业，因为工作面一旦空顶，极易发生冒顶、片帮、掉矸而造成人员伤亡。

(二) 巷道支护的类型及方式

1. 支撑式

支撑式是直接支撑岩体的支护方式。这种支护方式分为棚式支护和石材整体式支护两种。棚式支护的支架又可分为木棚、金属棚和装配式钢筋混凝土支架等。

《煤矿安全规程》规定：

(1) 掘进工作面严禁空顶作业。临时和永久支护距掘进工作面的距离，必须根据地质、水文地质条件和施工工艺在作业规程中明确，并制定防止冒顶、片帮的安全措施。

(2) 距掘进工作面 10 m 内的架棚支护，在爆破前必须加固。对爆破崩倒、崩坏的支架必须先行修复，之后方可进入工作面作业。修复支架时必须先检查顶、帮，并由外向里逐架进行。

(3) 在松软的煤（岩）层、流砂性地层或者破碎带中掘进巷道时，必须采取超前支护或者其他措施。

(4) 巷道架棚时，支架腿应当落在实底上；支架与顶、帮之间的空隙必须塞紧、背实。支架间应当设牢固的撑杆或拉杆，可缩性金属支架应采用金属支拉杆，并用机械或力矩扳手拧紧卡缆。倾斜井巷支架应设迎山角；可缩性金属支架可待受压变形稳定后喷射混凝土覆盖。巷道砌碹时，碹体与顶帮之间必须用不燃物充满填实；巷道冒顶空顶部分，可用支护材料接顶，但在碹拱上部必须充填不燃物垫层，其厚度不得小于 0.5 m。

(5) 更换巷道支护时，在拆除原有支护前，应当先加固邻近支护，拆除原有支护后，必须及时除掉顶帮活矸和架设永久支护，必要时还应采取临时支护措施。在倾斜巷道中，必须有防止矸石、物料滚落和支架歪倒的安全措施。

2. 补强式

补强式是补强岩体，利用围岩本身强度来维护巷道的支护方式。这种支护方式主要有锚杆支护、喷射混凝土支护、喷浆支护和锚索、锚喷支护等。

(1) 锚杆支护

巷道掘出后，向围岩中打锚杆眼，然后将锚杆安设在锚杆眼内，对巷道围岩予以加固，提高围岩自身的强度，以维护巷道的稳定。我国从 1956 年开始在煤矿巷道中使用锚杆支护技术，经过多年的实践和改进，这种支护已成为我国煤矿巷道的主要支护形式之一。曾发生过重大冒顶事故的锚杆支护煤巷，主要的原因是锚固力太低，锚固强度过小。现阶段，在一般排、间距情况下，顶板锚杆锚固力以大于 70 kN 为宜。

锚杆支护分集中锚固和全长锚固两种。集中锚固：通过眼底端的锚头和另一端的紧固部分，使锚杆受张拉而抑制围岩的变形与松动。集中锚固类有楔缝式锚杆、涨壳式锚杆、树脂锚杆和预应力锚索等。全长锚固：通过杆体与孔壁间的胶结材料，使锚杆在全长范围内与岩石黏结在一起对岩体产生锚固作用。全长锚固类有砂浆锚杆、树脂锚杆等。锚固方式可分为机械锚固型和全面胶结型（黏结锚固型）。锚固装置或锚杆杆体和锚杆孔壁接触，靠摩擦阻力起锚固作用的锚杆，属于机械锚固型锚杆。锚杆杆体部分或锚杆杆体全长利用树脂、砂浆、水泥等胶结材料，将锚杆杆体和锚杆孔壁黏结、紧贴在一起，靠黏结力起锚固作用的锚杆，属于黏结锚固型锚杆。

① 锚杆施工要求。

a. 锚杆的布置：在断面图上呈放射状，均匀布置，展成平面图为矩形或菱形。

b. 锚杆方向：在整体岩层中，锚杆应垂直于巷道轮廓线，在层状岩层中锚杆应垂直于岩层面。打眼时应先按作业规程规定的锚杆布置形式和间排距点好眼位，垂直于轮廓线或岩面打眼，角度不小于 75°。

c. 锚杆眼的深度必须与作业规程的要求和所使用的锚杆相一致。

d. 锚杆眼必须用压气或水流清理干净锚杆孔底的岩粉、碎块。

e. 保证锚杆有足够的锚固力。锚杆的锚固力要按照国家标准和规范确定，它与锚杆的材质和锚固方式有着密切关系。

② 锚杆施工质量要求。为了保证锚杆支护巷道施工的质量，确保锚杆支护巷道的安全性，应严格按照质量要求检查与验收，对不符合要求的部分要进行认真的处理。及时主动支护是锚杆形成锚固承载层的关键，在安装锚杆的同时，应立即施加足够的预紧力，不仅可以消除锚杆构件的初始滑移量，而且给围岩一定的预压力，防止顶板的早期离层。反之，如果锚杆没有预紧力，锚杆的初始滑移量较大，不能有效阻止顶板的变形、开裂、离层和松动，只有当顶板产生变形离层破坏以后，锚杆才起作用，这对顶板管理很不利。离层和松动降低了围岩的自承能力，安装锚杆后，锚杆效果也达不到设计要求，施工质量得不到保证，巷道存在安全隐患。因此，锚杆支护施工时，一定要在顶板刚刚暴露后就及时安装锚杆，并保证要有足够的预紧力，这是锚杆支护取得成功的关键。

③ 煤巷锚网支护安全管理。煤巷锚网是指“锚杆＋钢带(或梯子梁)＋金属网”。经过多年推广使用，锚网支护技术日趋成熟，应用范围逐渐扩大，煤巷锚网化程度逐年提高。煤巷锚网支护进尺在迅速增长的同时，也暴露出发展中存在的问题，在现场安全技术管理、支护强度及可靠性、支护参数的优化、支护材料及产品的质量监督管理等方面尚待进一步加强。在煤巷锚网支护施工过程中应满足以下要求：

a. 严格贯彻执行有关锚网支护的规定，建立健全煤巷锚网支护管理制度，完善安全技术管理体制。

b. 根据现有技术条件及工程质量可靠性，为确保巷道支护安全、有效、可靠，锚杆、锚固剂质量以及锚杆间、排距要严格按照设计控制。

c. 任何断面形状的巷道，其两肩部锚杆必须布置成与水平方向成一定角度的斜向锚杆。

d. 煤巷锚杆必须实施快速安装，并达到一定的预紧力。自搅拌树脂锚固剂之时起，5～8 min内必须达到设计锚固力的60%以上，现场锚固力检验应至少进行一次锚杆快速安装及快速承载检验。

e. 为确保锚杆实现快速安装和提高预紧效果，每孔锚杆眼至少使用1块超快速(CK)锚固剂，凝胶时间为30 s(±10 s)。推荐使用单向左旋无纵筋等强度螺纹钢杆体，塑料阻尼螺帽或穿销力矩螺帽，淘汰背帽搅拌、人工拧紧安装方式。顶(拱)部锚杆的打眼安装应完全使用单体锚杆钻机或机载锚杆钻机完成，不得使用煤电钻打眼安装，以确保搅拌及安装扭矩。

f. 树脂锚固剂除按要求进行正常检验外，还应进行不定期现场抽检，直接从使用单位抽取样品进行检验，并通报检验结果，严禁各单位使用不合格的或过期的锚固剂。

g. 煤巷锚网作业现场距工作面200 m以内必须备有5～10架备用棚及相应的复合支护材料，以备改变支护方式和抢险之需。

h. 煤巷锚网支护工作面在巷道跨度大于5 m，以及在综采开切眼、交叉点、硐室等地点，必须采用锚网、锚索联合支护。

i. 对于断层破碎带、煤质松软区、地质构造变化带、地应力异常区、动压影响区等围岩支护条件复杂区域，必须采取加密锚杆、全长锚固、锚索锚固、点柱及架棚等强化支护措施。

正常锚网作业时，如遇“放煤炮”、顶底板及两帮移近量显著增加、围岩层（节）理发育、突发性片帮掉渣、巷道不易成型、钻眼速度异常、顶板淋水等异常情况时，应立即停止作业，采取强化支护措施后方可继续作业。

j. 煤巷锚网支护长距离掘进超过一定长度（2 000 m）时，必须实施中间贯通，以改善通风、运输条件和提高抗灾变能力。

k. 严格执行事故汇报制度。煤巷锚网支护工作面如发生冒顶（片帮）事故，无论是否造成人员伤亡，均必须向调度室汇报，以便及时组织处理，分析原因，采取针对性措施，防止同类事故重复发生。

(2) 喷射混凝土和喷浆支护

喷射混凝土是将一定比例的水泥、砂、石的拌和料通过混凝土喷射机，用压缩空气做动力沿着管路送到喷嘴处与水混合后，以较高的速度（100 m/s）喷射在岩面上凝结硬化而成的一种支护形式。

喷射混凝土以很高的速度射入岩体张开的节理裂隙，把松动的岩块黏结、充填起来，产生黏结作用，大大提高了围岩的整体性和强度。喷射混凝土在一定程度上改善了围岩的应力状态，使围岩由二向应力状态转化为三向应力状态。

喷射混凝土支护形式的缺点是易产生粉尘。我国煤矿中应用喷射混凝土技术已有40多年的历史，为了降低粉尘浓度，抑制粉尘的产生，做了大量的科技革新、技术攻关，从喷浆机的改造到上料系统的革新，从干喷、潮喷、湿喷的演变中，得出了只有抑制水泥粉尘的飞扬，采取水泥与少量的水混合才能从根本上降低喷射混凝土工艺中粉尘浓度的结论。

三、掘进作业的组织与管理

巷道施工方法一般有两种：一次成巷施工法和分次成巷施工法。分次成巷施工法的实质是先以小断面掘进，架设临时支架，过一定时间后再刷大到设计的断面，并进行永久支护。实践证明，这种方法坑木消耗量大，围岩暴露时间长，受风化和其他外力作用，易引起冒顶、片帮，因此，造成施工中的困难多、速度慢。一次成巷的实质是把巷道施工中的掘进、支护、水沟掘砌、轨道铺设、线路安装看成是一个整体，统筹安排，最大限度地同时施工，做到一次成巷，不留收尾工程。在掘进施工中，由于地质条件、巷道规格尺寸、施工设备以及操作技术等条件的影响和限制，一般按其主要工序掘进和支护的相互关系，大致可分为三种作业形式：掘进与永久支护平行作业、掘进与永久支护顺序作业和掘进与永久支护交替作业。

巷道施工除了要合理选择施工作业方式外，还必须采用科学的施工组织形式。

正规循环作业是在规定时间内，以一定的劳动力和施工设备，按照作业规程、爆破图表和循环图表的规定，完成全部工序及工作量，并保证周而复始地进行工作。

在一次成巷施工中，为了充分利用工时，提高施工速度和质量，做到安全生产，减少材料消耗，在正确选择施工作业方式与合理的劳动组织的同时，还必须建立和健全以工种岗位责任制为中心的各项规章制度。

四、煤矿掘进安全检查要点

（一）煤巷炮掘和综掘工作面安全检查要点

(1) 巷道“一坡三挡”声光信号、绞车“四压两戗”、钢丝绳及绞车完好情况。

(2) 巷道牌板、电缆及风水管路吊挂情况。局部通风机实现风电闭锁、瓦斯电闭锁情况。

(3) 巷道顶板离层仪安设及轨道铺设、地辊安设情况。

(4) 巷道内行人过桥安设情况。

(5) 输送带跑偏、磨输送带、缺辊、坏辊及压柱情况。刮板运输机缺少刮板、飘链及压柱情况。

(6) 风筒吊挂、距迎头距离及逢环必挂情况。

(7) 甲烷传感器吊挂情况。

(8) 工作面前探梁支护、使用情况。巷道高度符合作业规程规定。掘进工作面距离煤层 5 m 时，应打超前探眼，探清煤层和瓦斯涌出、压力情况，以便采取安全加固措施，防止误揭煤。

(9) 综掘机截割头截齿、齿座及数量情况。

(10) 综掘机照明、警铃完好情况。停掘时，综掘机退后 5 m、切割头落地、落下铲板、切断电源情况。

(11) 局部坡度超过综掘机最大适应坡度时，专项行走安全措施的制定及执行情况。

(12) 减速器、液压缸及油管漏油、油箱油量情况。

(13) 按照作业规程要求正确使用前探梁等临时支护，工作面顶、帮支护，有无空帮、空顶、超挖、欠挖及迎山退山质量情况。

(14) 工作面顶、帮连网情况。锚杆角度、预紧力、外露长度情况。锚固剂使用情况。

(15) 各运输转载点喷雾洒水，机头机尾、带式输送机里侧卫生及输送带防滑执行情况。

(16) 机组各部位连接情况。操作按钮、声光信号及停送电执行情况。

(17) 职业危害警示牌齐全，劳动保护用品齐全并能正确佩戴使用情况。

(18) 各类机电设备距轨道的安全间距情况。

(19) 贯通措施现场落实及警戒、加固情况。

(20) 各工作地点及责任区内浮煤、杂物、卫生清理情况。

(二) 岩巷炮掘和综合机械化、自动化工作面安全检查要点

(1) 工作面前探梁支护、使用情况。

(2) 耙装机的设备完好及安全使用情况。

(3) 迎面墙及两帮活矸、活石情况；专用撬杠使用情况。

(4) 按照作业规程的要求正确使用前探梁等临时支护，工作面顶、帮支护，有无空帮、空顶、超挖、欠挖及迎山退山质量情况。

(5) 工作面顶、帮连网情况，锚杆角度、预紧力、外露长度情况，锚固剂数量、顺序情况。

(6) 导向辊使用及工作面光爆成型情况。

(7) 喷浆料配比及搅拌是否均匀。

(8) 喷雾降尘，巷道内风流净化装置安设、使用情况。

(9) 机电工配备验电笔、停电牌等执行情况。

(10) 各类机电设备距轨道的安全间距情况。

(11) 贯通与透点措施现场落实情况。警戒及贯通加固情况。

(12) 特殊工种及一般工种持证上岗情况。跟班队长、爆破工、班长及瓦斯检查工在爆

炸材料票上持证签字情况。

(13) 检查爆破正规操作情况。爆破作业必须编制爆破说明书,爆破作业人员必须依照爆破说明书进行爆破作业。爆破作业必须执行“一炮三检制”“三人连锁爆破制”,并在起爆前检查起爆地点的瓦斯浓度。爆破专业人员接到起爆命令后,必须先发出警号,至少再等5 s方可起爆。

(14) 炮眼封泥及洒水装置情况。无封泥、封泥不足或不实的严禁爆破。洒水装置齐全完好。在有煤尘爆炸危险的煤层中的掘进工作面爆破前后,附近20 m的巷道内必须洒水降尘。采用钻眼爆破法掘进的岩石巷道,必须采用光面爆破。靠近掘进工作面10 m内的架棚支护,在爆破前必须加固。

(15) 职业危害警示牌齐全,劳动保护用品齐全并能正确佩戴使用情况。

(16) 综掘机及施工工艺、工序的安全检查:

① 检查综掘机的启动油泵电机、喷雾装置、第一运输机与铲板、截割部、截割电机、截割部回转油缸、升降油缸、照明、泡沫抑尘装置是否全部完好,灵敏可靠。

② 检查切割顺序是否符合作业规程设计的切割路线示意图。

③ 切割后巷道成型质量达到帮直、顶平、不欠挖,局部超挖不大于100 mm,由于层理、节理发育造成局部超挖,每循环不超过2处,顶及两帮欠挖处用风镐挖够尺寸。岩层不应有明显的切割台阶。

④ 整个断面切割完成后,进行第二次整修时,是否严格按中腰线刷帮挑顶、先顶后帮、刷帮挑顶紧跟迎头。

⑤ 巷道采用临时支护的方式,锚杆、锚索支护时,采用带帽点柱作为临时支护;架棚支护时,采用金属前探梁作为临时支护。支护材料、支护参数的选用必须符合作业规程的具体要求。

⑥ 综掘机截割后退回截割头,应及时敲帮问顶,除掉活矸,找顶人员必须站在支护完好的地点进行。检查临时点柱是否打牢,是否垂直于顶板,发现失效点柱必须及时打好,发现顶板局部放线,要在该处及时补打点柱。

⑦ 架棚巷道前移前探梁时,必须先移顶部2根,后移两帮。

⑧ 锚网喷巷道前移吊环时一次只能移1个,必须保证同时有2个吊环固定前探梁。

⑨ 每班必须检查前探梁与吊环,如发现变形、弯曲等现象时必须及时更换。吊环与前探梁之间的木楔必须楔紧背牢。

⑩ 检查锚杆、锚索支护参数是否符合设计要求,巷道净高、净宽、锚杆(索)间排距、规格、锚固长度、排列形状、初锚力、锚固力、喷浆标号、喷混凝土配合比、喷混凝土水灰比、喷层厚度是否符合设计要求。

⑪ 检查架棚支护参数是否符合设计要求,巷道净高、净宽、棚距、棚梁节数、梁腿搭接长度、卡缆间距、螺母拧紧力矩、腿窝深度、材料规格、棚架间距、网片搭接长度是否符合设计要求。

⑫ 锚杆、锚索支护及锚网喷支护喷浆厚度、初喷厚度、复喷厚度、巷道净宽、净高必须符合作业规程设计要求。

⑬ 顶板、帮部、肩窝及底脚锚杆与岩石的夹角不小于75°,或垂直于巷道轮廓线,锚杆外露(露出螺母)10～40 mm。

⑭ 锚索钻孔轴线与设计轴线的偏差角不大于 2°，锚索钻孔深度不小于设计深度的95%，锚索外露 150～250 mm。

⑮ 装载运输与轨道铺设质量必须符合作业规程的要求。

第四节　采煤方法

一、采煤方法综述

（一）采煤方法

采煤方法主要由采区内的采煤系统和采煤工艺两部分组成。采煤系统是指采区内的巷道布置系统以及为了正常生产而必须建立的采区内用于运输、通风等的生产系统。采煤工艺是指采煤工作面内破煤、装煤、运煤、支护和采空区处理等工序在时间和空间上的进行程序和安排方式。

采煤方法的种类较多，按照工作面长度可分为长壁式和短壁式采煤法两类。长壁式采煤法的主要特征是采煤工作面长度较大，一般为 100～200 m 或更长。长壁式采煤法按照采煤工作面推进方向可分为走向长壁采煤法和倾斜长壁采煤法两类。如果将长壁工作面沿煤层倾斜布置，工作面沿走向推进，工作面的倾斜角度等于煤层的倾角，这种采煤法叫作走向长壁采煤法；如果将长壁工作面沿煤层走向布置，工作面沿倾斜方向推进，这种采煤法叫作倾斜长壁采煤法。短臂式采煤法是采煤工作面较短，常用保留煤柱进行顶板管理的一类地下采煤方法，现场使用较少。

（二）走向长壁采煤法的巷道布置

1. 单一煤层采区巷道布置

采区巷道布置是指在采区内布置准备巷道和回采巷道。对于单一煤层而言，采区巷道布置有其基本规律：

(1) 采煤工作面两侧需各布置一条巷道，一条为运输巷道，一条为轨道巷道（回风巷道），即采用单巷布置。另外还有双巷布置、多巷布置，以满足工作面通风量的要求和无轨胶轮车的运输。

(2) 采区内至少要布置两条上山，一条为运输上山，一条为轨道上山。高瓦斯矿井、有煤与瓦斯突出危险的矿井的每个采区和开采容易自燃煤层采区，必须设置至少一条专用回风巷。低瓦斯矿井开采煤层群和分层开采采用联合布置的采区，必须设置一条专用回风巷。

(3) 采区内要设采区车场。在每一区段的下部水平上，轨道上山与轨道巷相连，组成相应的采区车场。采区车场在上部的叫采区上部车场，在中部的叫采区中部车场，在下部的叫采区下部车场。采区上部车场一般应设置反向竖曲线，采区下部车场一般应设置正向竖曲线。

(4) 如果区段平巷和上山布置在同一煤层内，则存在巷道平面交叉问题。其巷道布置分为轨道巷水平绕过运输上山方式及轨道巷直接跨越运输上山方式，如图 4-3 所示。

(5) 当煤层厚度较大时，采区服务年限较长，为降低上山及平巷的维护费用，常将采区上山及区段集中平巷布置在煤层底板岩层中。如果上山布置在煤层底板岩层中时，区段巷

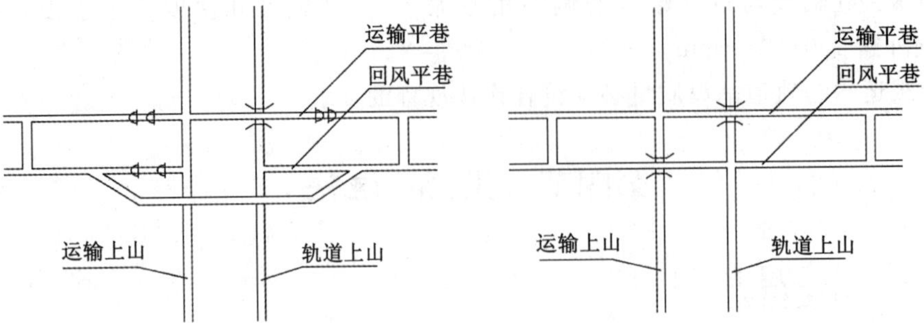

(a) 轨道巷水平绕过运输上山　　(b) 轨道巷直接跨越运输上山

图 4-3　巷道之间的平面交叉

与上山连接比较容易，不存在与上山交叉问题。

2. 区段平巷布置

区段平巷布置本着围岩稳定、煤岩均匀、避开地质破坏带和高应力区等原则进行。煤巷一般采用留煤柱和无煤柱两种布置方式。

(1) 留煤柱布置方式

区段平巷煤柱尺寸取决于煤层厚度和岩性，一般为 8～15 m。厚煤层分层开采时，区段平巷有三种布置方式，分别是倾斜式布置、水平式布置和垂直式布置。

(2) 无煤柱布置方式

采用留煤柱维护区段平巷时，巷道往往布置在高应力区，反而不利于巷道维护。根据支承压力沿煤层倾斜的显现规律可知，与采空区相邻的煤体边缘地区存在一个应力比原岩应力低的卸载带，当采煤工作面采过一定时间后，这个卸载带仍能较稳定地长期保存。因此，在这个地区内掘进和维护巷道可以减轻巷道承受的压力，达到维护巷道的目的。在无煤柱护巷方法中，其基本方式有两种，即沿空留巷和沿空送巷。

3. 多煤层采区联合布置

生产矿井大多开采两个以上煤层。如果每一煤层中都布置采区上山、硐室、区段平巷，建立彼此独立的采区生产系统，称为采区分层布置；如果几个煤层共用一套采区上山、硐室，甚至区段平巷，并采用适当方式将各煤层联系起来，就形成采区联合布置。共用的采区上山称为集中上山，共用的区段平巷称为区段集中平巷。这种联合布置的采区，不仅可以扩大采区储量，延长采区服务年限，减少采区搬家次数，还可以减少掘进量及维护量，降低掘进率，提高回采率。同时还可增加采区生产能力，减少井下同时生产的采区个数，实现井下集中生产。

当一个矿井开采十多个甚至几十个煤层，或开采几个远近相距悬殊的煤层时，应将煤层分为若干组，在每个组内设置共用的采区巷道，形成独立的采区生产系统，称为分组联合布置。

在联合布置采区中，不论是共用上山还是共用区段平巷，都必须将各煤层与共用上山或共用区段平巷联系起来。联系方式有石门、斜巷和立眼三种。

(三) 倾斜长壁采煤法的巷道布置

倾斜长壁采煤法的实质是工作面沿走向布置，沿仰斜向上推进或沿俯斜向下推进。倾斜长壁采煤法的巷道布置系统比较简单，一般是在开采水平上沿走向方向在煤层中或底板岩层中掘进水平的运输大巷和回风大巷(回风大巷也可以放在水平的上部边界)，然后便可以在煤层中沿仰斜向上掘回采斜巷，回采斜巷的间距根据工作面长度而定，斜巷一直掘到水平上部边界，并在该处沿走向掘进贯通两条斜巷的开切眼，形成采煤工作面，便可由上向下推进回采，形成俯斜长壁。水平以下的部分也可以由水平大巷向下掘回采斜巷，至下部边界后掘开切眼，形成回采系统，工作面自下向上推进回采，形成仰斜长壁。倾斜长壁采煤法只适用于倾角小于 12°的不存在走向断层的煤层，另外倾斜长壁采煤工作面的辅助运输也较困难。

(四) 采煤工艺

1. 爆破采煤工艺

爆破采煤工艺主要包括爆破落煤、人工装煤、刮板输送机运煤、推移输送机、顶板支护和回柱放顶等工序。

爆破落煤包括打眼、装药、填炮泥、连线和爆破等工序。

2. 普通机械化采煤工艺

普采工作面的回采工艺过程包括工作面内破煤、装煤、运煤、支护和采空区处理等工序，落煤和装煤是利用采煤机或刨煤机来完成的。

普采工作面配套的设备有单摇臂或双摇臂滚筒采煤机、刮板输送机、单体液压支柱、可配金属铰接顶梁。沿工作面每 6 m 设置一个移溜器推移刮板输送机，液压移溜器可用设置在平巷内的乳化液泵通过管路进行集中供液控制，也可手动控制。

3. 综合机械化采煤工艺

综合机械化采煤(简称“综采”)，其采煤工作面的落煤、装煤、运煤、支护、采空区处理等主要工序全部实现了机械化，形成连续作业。综采与普采最基本的区别是综采将支护与控顶这两种工序用自移式液压支架一体解决。

根据煤层赋存条件、生产能力以及动力供应等情况，采用不同的液压支架、采煤机、输送机等设备，可配套成多种合理的综采工作面成套设备。综采工作面成套设备以工作面所需为核心。工作面主要设备有液压支架、采煤机、刮板输送机和单体液压支柱；平巷主要设备有转载机、带式输送机、破碎机、乳化液泵、乳化液泵箱、喷雾泵站和液压安全绞车；端头主要设备有端头液压支架、单体液压支柱和金属铰接顶梁。电气设备包括移动变电站、配电点的馈电开关及各机械设备电动机的磁力启动器，其中采煤机、刮板输送机、转载机、带式输送机及破碎机开关均由生产厂随主机供货，综采工作面应配有照明和通信设备。

采用综采工艺时，必须遵守下列规定：

(1) 必须根据煤矿各个生产环节、煤层地质条件、厚度、倾角、瓦斯涌出量、自然发火倾向和矿山压力等因素，编制工作面设计。

(2) 运送、安装和拆除综采设备时，必须有安全措施，明确规定运送方式、安装质量、拆装工艺和控制顶板的措施。

(3) 工作面煤壁、刮板输送机和支架都必须保持直线。支架间的煤、矸必须清理干净。倾角大于 15°时，液压支架必须采取防倒、防滑措施；倾角大于 25°时，必须有防止煤(矸)窜出刮板输送机伤人的措施。

(4) 液压支架必须接顶。顶板破碎时必须超前支护。在处理液压支架上方冒顶时，必须制定安全措施。

(5) 采煤机采煤时必须及时移架。移架滞后采煤机的距离，应当根据顶板的具体情况在作业规程中明确规定；超过规定距离或者发生冒顶、片帮时，必须停止采煤。

(6) 严格控制采高，严禁采高大于支架的最大有效支护高度。当煤层变薄时，采高不得小于支架的最小有效支护高度。

(7) 当采高超过 3 m 或者煤壁片帮严重时，液压支架必须设护帮板。当采高超过4.5 m时，必须采取防片帮伤人措施。

(8) 工作面两端必须使用端头支架或者增设其他形式的支护。

(9) 工作面转载机配有破碎机时，必须有安全防护装置。

(10) 处理倒架、歪架、压架，更换支架，以及拆修顶梁、支柱、座箱等大型部件时，必须有安全措施。

(11) 在工作面内进行爆破作业时，必须有保护液压支架和其他设备的安全措施。

(12) 乳化液的配制、水质、配比等，必须符合有关要求。泵箱应当设自动给液装置，防止吸空。

(13) 采煤工作面必须进行矿压监测。

(五) 综采放顶煤技术

1. 放顶煤技术概念和类型

放顶煤技术主要是在厚煤层的某一底部位置布置采煤工作面，并利用顶板压力及其他措施将顶煤一起放落的采煤方法。根据国内的实践经验，放顶煤技术主要有一次采全厚放顶煤技术、预采顶分层的放顶煤技术及急倾斜特厚煤层分段放顶煤技术，其中一次采全厚放顶煤技术是我国当前使用的主要技术，它是在煤层下部沿着底板布置采煤工作面，在采煤的过程中，有步骤地放落顶煤。

2. 综采放顶煤采煤法的优越性

目前综采放顶煤技术已成为一种成熟的、安全高效的、先进的采煤技术，使厚煤层开采进入了一个新的发展时期。综采放顶煤技术容易实现高产，只要条件合适、支架架型选择恰当、设备配套合理，在优化工艺参数和劳动组织后，由于出煤点多，因此即使采用常规综采设备也能使产量有较大的提高，并且综采放顶煤的巷道掘进率低，可使巷道维护条件大幅度改善，工作面搬家次数少，可以明显提高综采设备的利用率，提高单套设备的年产量，减少搬家费用；同时由于综采放顶煤技术中顶煤基本是利用地压破煤、自重放煤的，因此是一种能源动力消耗最少的机械化回采工艺。

3. 综采放顶煤工艺

高位开天窗放顶煤工艺流程(两刀一放)：采煤机割煤→移架→推刮板输送机→反向斜切进刀→割煤→移架→放煤，割两刀放一次顶煤为一个循环，工作面只有一部刮板输送机。采煤机截深为 0.8 m，放煤步距为 1.6 m，割煤高度为 3 m。采煤机可以在工作面两端采用割三角煤的斜切进刀方式。采煤机由机尾向机头牵引时不放顶煤，防止放下大块煤；采煤机由机头向机尾牵引时，滞后采煤机放顶煤，滞后距离不得小于 20 m，防止工序之间互相影响。由于刮板输送机能力有限，采煤机割煤时的放煤量很小，停机时放煤量大。放煤工作分三段同时进行，各段的放煤方式均由机尾向机头方向放煤。

低位收尾梁放顶煤工艺流程(一刀一放)：采煤机割煤→移架→推移前刮板输送机→放

顶煤→拉移后刮板输送机。割一刀放一次顶煤为一个循环标志，工作面铺设两部刮板输送机。机采高度为 3.0 m 左右，滚筒截深为 0.8～1.0 m，放煤步距和截深相同。放顶煤支架紧跟采煤机推移，后续工序均间隔 15 m 平行进行。顶煤的放出是这种采煤工艺的关键，潞安五阳矿 4402 工作面的放煤工艺是：一刀一放间隔顺序多轮放煤法，即放煤滞后割煤 30 m（20 架支架），与采煤平行进行，两人放煤，一人放单号支架，另一人放双号支架，按顺序进行，前后间隔 3～4 架支架（约 5 m）的距离，放 3～5 轮，直到见矸为止。

4. 安全管理要求

采用放顶煤开采时，必须遵守下列规定：

(1) 煤矿第一次采用放顶煤开采，或者在煤层（瓦斯）赋存条件变化较大的区域采用放顶煤开采时，必须根据顶板、煤层、瓦斯、自然发火、水文地质、煤尘爆炸性、冲击地压等地质特征和灾害危险性进行可行性论证和设计，并由煤矿企业组织行业专家论证。

(2) 针对煤层开采技术条件和放顶煤开采工艺特点，必须制定防瓦斯、防火、防尘、防水、采放煤工艺、顶板支护、初采和工作面收尾等安全技术措施。

(3) 放顶煤工作面初采期间应当根据需要采取强制放顶措施，使顶煤和直接顶充分垮落。

(4) 采用预裂爆破处理坚硬顶板或者坚硬顶煤时，应当在工作面未采动区进行，并制定专门的安全技术措施。严禁在工作面内采用炸药爆破方法处理未冒落顶煤、顶板及大块煤（矸）。

(5) 高瓦斯、突出矿井的容易自燃煤层，应当采取以预抽方式为主的综合抽采瓦斯措施，保证本煤层瓦斯含量不大于 6 m^3/t，并采取综合防灭火措施。

(6) 严禁单体支柱放顶煤开采。

(7) 有下列情形之一的，严禁采用放顶煤开采：

① 缓倾斜、倾斜厚煤层的采放比大于 1∶3，且未经行业专家论证的；急倾斜水平分段放顶煤采放比大于 1∶8 的。

② 采区或者工作面采出率达不到矿井设计规范规定的。

③ 坚硬顶板、坚硬顶煤不易冒落，且采取措施后冒放性仍然较差，顶板垮落充填采空区的高度不大于采放煤高度的。

④ 放顶煤开采后有可能与地表水、老窑积水和强含水层导通的。

⑤ 放顶煤开采后有可能沟通火区的。

二、采煤工作面的组织管理

为了使采煤工作面各工序在时间、空间上均衡、协调和连续地进行，以保证人力、物力得到充分合理的运用，获得更高的经济效益，就必须对采煤工作面的生产过程进行合理的组织与管理。

（一）采煤工作面循环作业

采煤工作面循环作业就是完成“采、装、运、支、回”的全过程，且周而复始地进行，一般以放顶工序为标志。炮采、普采完成一个循环的标志是回柱，综采完成一个循环的标志是移架。

1. 循环方式

循环方式是循环进度和昼夜循环数的总称，即每循环进几米，每昼夜几个循环。每完成一个循环，工作面煤壁向前推进的距离则称为循环进度，等于工作面截深和截割次数的乘积。

正规循环作业是指在规定的时间内保质、保量、安全地完成循环作业的全部工作量，并周而复始地进行下去。如有甲、乙两班，甲班保质保量、安全地完成循环，乙班也完成循环，但柱子、煤壁不整齐，工作面乱七八糟，无法向下一班交代。则甲班是正规循环作业，而乙班就不是。

正规循环率是指正规循环占计划循环数的比例，一般不低于80%。

2. 作业形式

一昼夜内采煤班和准备班在时间上的配合关系，即何时进行检修，何时进行生产。如"两采一准""三班采煤，边采边准""三采一准，四班作业""交叉作业"等。"两采一准"就是将一昼夜划分成三个班，其中两班出煤，一班准备，采煤班内进行落煤、装煤、运煤、支护和移刮板输送机等工作，准备班内进行回柱放顶、检修机器、接长或缩短刮板输送机等工作。

3. 工序安排

确定工作面循环方式和作业形式时，应合理安排工序。对工序安排的要求是充分利用工作空间和时间，安排紧凑能避免各工序互相影响，工序利用率高，工作量均衡。

安排工序时应注意：保证主要工序的顺利进行；处理好主要工序和辅助工序之间的关系；利用平行作业，提高工作效率。

4. 劳动组织

劳动组织是各工作班中劳动力定员与各工种之间的相互配合关系，包括劳动力的配备和劳动组织形式。劳动组织形式主要有追机作业、分段作业、分段接力追机作业。

（二）采煤工作面循环作业图表

采煤工作面循环图表包括循环作业图、劳动组织表和技术经济指标表。

循环作业图用来表示工作面内各工序在时间上和空间上的相互关系。正规循环作业图中以工作面长度为纵坐标，昼夜24 h为横坐标，以规定的符号在图内绘出各工序所处的时间和地点，参见图4-4所示的综采工作面循环作业图。

劳动组织表是根据工作面的作业形式、循环作业各工种工作量和企业劳动定额的规定，计算确定各工种所需定员数目，列表表示工作面各工作班不同工种应出勤人员数目、工作时间、各班及工作面需配备人员总数。

三、采煤工作面的主要灾害和致灾特征

在实行综合机械化采煤之前，顶板事故在煤矿事故中所占比例高达75%。随着液压支架的使用及对顶板事故的研究和预防技术的逐步完善，顶板事故所占的比例有所下降，但仍然是采煤工作面的主要灾害。

（一）局部冒顶灾害及致灾特征

采掘工作空间或井下其他地点局部范围内顶板岩石坠落造成的顶板事故称为局部冒顶。采煤工作面发生局部冒顶的原因主要有两个：直接顶被破坏后，由于失去有效的支护而

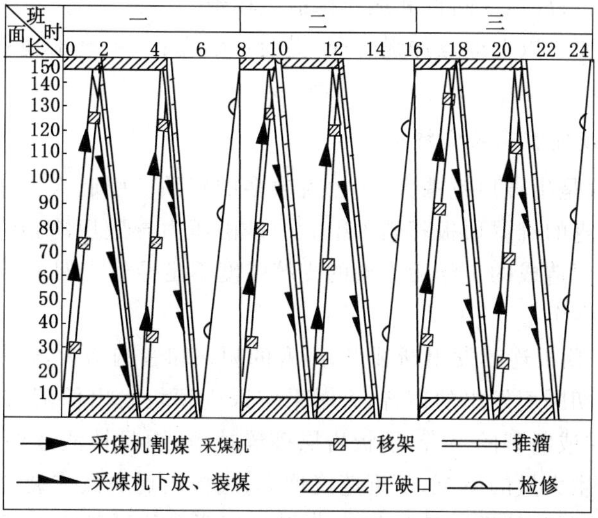

图 4-4　综采工作面循环作业图

造成局部冒顶；基本顶下沉压迫直接顶破坏工作面支架造成局部冒顶。

1. 局部冒顶的征兆

(1) 顶板发出响声，岩层下沉断裂。顶板压力急剧增大时，木支架会发出劈裂声，紧接着出现折梁断柱现象；金属支柱的活柱急速下缩，也发出很大响声；铰接顶梁的楔子被弹出或挤出；底板软时支柱发生钻底现象。有时也能听到采空区内顶板发生断裂的闷雷声。

(2) 顶板掉渣。顶板破裂严重时，折梁断柱就要增加，并出现顶板掉渣现象，掉渣越多，说明顶板压力越大。

(3) 煤质变酥，煤壁片帮增多，范围增大，工作面钻眼省力，采煤机割煤时负荷减小。

(4) 顶板出现裂缝，裂缝张开，裂缝增多。

(5) 顶板出现离层。"敲帮问顶"时，顶板发出"空空"的响声，说明上、下岩层之间已经离层。

(6) 顶板发生漏顶。破碎的伪顶或直接顶有时会因背顶不严和支架不牢出现漏顶现象，造成棚顶托空，支架松动造成冒顶。

(7) 瓦斯涌出异常。在含瓦斯煤层中，瓦斯涌出量突然增大。

(8) 顶板淋水增大。

2. 局部冒顶发生的规律

(1) 局部冒顶大多数发生在工作面的初次来压阶段，正常回采时冒顶次数相对较少。

(2) 局部冒顶大多数发生在工作面的上下端头、放顶线处、煤壁机道区、地质破碎带等地点。

(3) 落煤后、放顶时、刚开工、快下班时，是采煤工作面冒顶事故的多发时间。

(4) 多数冒顶事故是由"安全第一"思想不牢，作业人员麻痹大意、图省事、怕麻烦、不在乎、违章指挥、违章作业及工程质量低劣所造成的。

3. 易发生局部冒顶的地点

根据大量冒顶事故的统计数据分析，从发生地点来看，易发生局部冒顶事故的地点主要在煤帮附近、上下出口、放顶线附近和地质构造破坏带。

在生产过程中，要对以上地点加强管理，提前加强支护，一旦出现冒顶预兆，及时处理，确保安全生产。

（二）大面积冒顶灾害及致灾特征

大面积冒顶事故是指冒顶范围大、伤亡人数多的冒顶。引起大面积冒顶的原因主要有两个：一是大面积悬露的难冒顶板积累了很大的矿山压力导致压垮顶板破坏工作面支架造成冒顶；二是各种原因造成的工作面支架的支撑强度不足导致支架被压垮引起冒顶。

1. 大面积冒顶的征兆

（1）顶板预兆。顶板连续发出断裂声，声音的频率和音响增大，这是由于直接顶和基本顶发生离层，或顶板切断而发出的声音；有时采空区内顶板发出像闷雷的声音，这是基本顶和上方岩层产生离层或断裂的声音；顶板岩层破碎掉渣，而且掉渣逐渐增多，顶板的裂缝增加或裂隙张开，并产生大量的下沉，下沉速度增大；底板出现底鼓或裂缝。

（2）煤帮预兆。由于冒顶前压力增大，煤壁出现明显的受压和片帮现象。煤壁受压后，煤质变酥，片帮增多。使用钻机打眼时，钻眼省力。

（3）支架预兆。使用木支架时，支架被大量地压坏或折断，并发出响声。使用金属支柱时，耳朵贴在柱体上，可听见支柱受压后发出的声音。当顶板压力继续增加时，活柱迅速下缩，连续发出“咯咯”的声音。工作面使用铰接顶梁时，在顶板冲击压力的作用下，楔子有时被弹出或挤出。

（4）其他预兆：瓦斯涌出量突然增加；有淋水的顶板，淋水量增加。

2. 易发生大面积冒顶的地点

（1）开切眼附近。在这个区域顶板上部硬岩层基本顶两边都受煤柱支承而不容易下沉，这就给下部软岩层直接顶的下沉离层创造了有利条件。

（2）地质破坏带（断层、褶曲）附近。在这些地点顶板下部直接顶岩层破断后易形成大块岩体并下滑。

（3）老巷附近。由于老巷顶板破坏，直接顶易破断。

（4）倾角大的地段。这些地段由于重力作用而使得岩石倾斜下滑力大。

（5）顶板岩层含水地段。这些地段摩擦系数降低，阻力大幅度减小。

（6）局部冒顶区域附近也有可能发生大面积冒顶。

四、采煤工作面的安全管理要求与检查要点

（一）综采工作面的安全管理要求与检查要点

综采工作面的安全管理重点是采煤机和液压支架的安全使用、安全出口的安全、工作面冒顶片帮等，当然，防止瓦斯、煤尘事故也是安全管理的重点。

1. 工作面支护

（1）支架要排成直线，且排列偏差不应超过±50 mm；中心距要符合作业规程规定，中心距偏差不应超过±100 mm；相邻支架间不得存在明显错茬，错茬不应超过顶梁侧护板高的2/3，歪斜应小于±5°。

（2）支架架设要与顶、底板和刮板输送机垂直，不得超高；与顶板接触要严密，迎山有

力，不许空顶；支架顶梁与顶板平行支设，其最大仰、俯角小于 7°。

(3) 支架必须完好，无漏液、不串液、不失效，架内无浮煤、浮矸堆积。

(4) 采煤与移架之间的悬顶距离要符合作业规程的规定，超过规定距离或发生冒顶、片帮时，必须及时停止采煤。

(5) 支架间的煤、矸必须清理干净。倾角大于 15°时，液压支架要采取防倒、防滑措施。

(6) 支架必须采用编号管理。

(7) 支架初撑力不低于规定值。

2. 安全出口

(1) 必须按作业规程规定进行超前支护；安全出口 20 m 范围内支架必须完整无缺，并有超前支护；巷道高度不低于 1.8 m。

(2) 必须加强端头支护，并与工作面支架呈一条直线。

(3) 按作业规程规定采取支架防滑、防倒措施，倾角超过 15°时，排头支架安装防倒千斤顶，并经常保持拉紧状态；倾角大的工作面下部端头需架设木垛，以支撑第一架支架，防止其下滑。

3. 采煤作业

(1) 采煤机状态必须满足安全生产的要求，如备件要齐全，截齿要齐全、锋利，喷雾畅通、正常。

(2) 采煤机运行时，牵引速度必须符合规定。

(3) 采煤机割煤时，顶、底板要割得平整，油泵工作压力保持在规定范围内，乳化液泵站和液压系统完好、不漏液，压力不小于 30 MPa，乳化液浓度不低于 3%～5%。

(4) 采煤机停机后，速度控制、机头离合器、电气隔离开关必须打在断开位置，供水管路要完全关闭。

(5) 严禁用采煤机作牵引或推顶设备。

(6) 采煤工作面必须进行矿压监测。

4. 上、下平巷(工作面回风巷和工作面运输巷)

(1) 巷道断面和人行道宽度要符合作业规程的要求，其中上平巷净断面应不小于 10 m^2，下平巷净断面应不小于 12 m^2；人行道宽度不小于 1 m，另一侧宽度不小于 0.5 m。

(2) 巷道支护必须完整，无断梁折柱或空帮、空顶。

(3) 下平巷中横跨带式输送机或刮板输送机时要有过桥。

(4) 巷道不得出现积水、杂物、浮煤或浮矸，材料、设备一定要码放整齐，并有标志牌。

(5) 巷道维修有专人负责。

5. 液压支架移架

(1) 移架前整理好架前推移空间，清除架间杂物和顶梁上冒落的坚硬岩块。

(2) 倾斜煤层中的移架顺序坚持由下而上。

(3) 移架操作时，保持支架中心距相等和移架距相等；要追机作业，滞后采煤机后滚筒 4～8 架；移架工要站在架箱内，面向煤壁操作；升架必须有足够初撑力，与顶板接触严密。

(4) 移架前支架严禁前后窜动、频繁升降。

(5) 移架区内不得有人工作、停留或穿越。

(6) 移架应一次移好，不得随意升降支架，架间空隙要背严，无漏矸或采空区矸石窜入支架底部。

(7) 移架完成后，操作手柄必须打到零位，并关闭截止阀。

6. 推移刮板输送机

(1) 要严格掌握输送机的“平直”，遵循推移刮板输送机程序。

(2) 推移刮板输送机时应推移一个步距，上、下机头不落后也不超前。

(3) 推移刮板输送机滞后移架的距离要满足要求，严禁出现陡弯，推移刮板输送机时不得在输送机工作时进行。

(4) 倾角大于25°时，要有防止煤(矸)窜出刮板输送机伤人的措施。

7. 煤壁

(1) 工作面煤壁、刮板输送机和支架要保持一条直线，煤壁要平直，且与顶、底板垂直。

(2) 当采高超过3 m或片帮严重时，液压支架应及时打开护帮板，防止片帮伤人。

(3) 煤壁松软时，要采取有效措施防止煤壁片帮。

(4) 煤壁应进行注水。

8. 工作面

(1) 工作面设计和作业规程必须经技术负责人批准，并有效地贯彻执行。

(2) 工作面必须有施工图板。

(3) 必须坚持支护质量和顶板动态监测。

(4) 区(队)长必须跟班上岗，要有质量验收员。

(5) 严格执行开工牌制度和特殊工种持证上岗制度。

(二) 普采工作面的安全管理要求与检查要点

与综采工作面相比，普采工作面装备水平较低，支护强度较小，容易发生顶板事故。因此，工作面支护、上下安全出口、回柱放顶等是普采工作面安全管理的重点。

1. 工作面支护

(1) 支架柱距、排距必须符合作业规程规定，呈一条直线，支架架设偏差不应超过±100 mm。

(2) 顶梁铰接率应大于90%，严禁出现连续不铰接，机道与放顶线配足水平楔。

(3) 支柱初撑力、迎山、棚梁、背板、柱鞋、柱窝要符合作业规程规定，严禁出现连续3根以上支柱迎山角过大或支柱退山的现象。

(4) 不得存在失效柱、梁和空载支柱，不同型号支柱不得混用。

(5) 严格按作业规程及时架设密集支柱、木棚、木垛，其数量、位置要符合规定。

(6) 支柱应全部编号管理，并做到牌号清晰。

2. 安全出口

(1) 平巷至煤壁线20 m范围内支架要整齐，并有符合规定的超前支护。

(2) 端头支护符合规定，端头梁距工作面第一架支架的距离不应超过0.7 m。

(3) 巷道高度不低于1.6 m，人行道宽度不低于0.7 m。

(4) 采空区侧或煤壁侧要有宽度大于0.6 m、高度不低于工作面采高90%的人行通道。

(5) 安全出口处煤壁应至少超前一刀，斜长不小于2.0 m。

3. 上、下平巷(工作面回风平巷和运输平巷)

(1) 巷道断面必须符合作业规程要求，高度不小于1.8 m，人行道宽度不小于0.8 m。

(2) 巷道支护完整,无断梁、折柱,无空帮、空顶,架间撑木齐全。

(3) 巷道要有专人负责维护。

(4) 机电设备必须上架进壁龛,电缆悬挂要整齐。

(5) 巷道无积水、杂物、浮煤,材料码放要整齐。

4. 采煤作业

(1) 采煤机状态必须能满足安全生产的要求。

(2) 采煤机运转时牵引速度要符合规定,运行平稳,底板要割平。

(3) 采煤机工作时,液压油泵的工作压力应保持在规定的范围内,压力不小于 18 MPa,乳化液浓度不得低于 2%～3%。

(4) 采煤机停机后,速度控制、机头离合器、电气隔离开关必须打在断开位置,供水管路要完全关闭。

(5) 严禁用采煤机作牵引或推顶设备。

5. 煤壁与机道支护

(1) 煤壁要平直,并与底板垂直。

(2) 严禁出现超过规定的伞檐。

(3) 一次采全高时要见顶板。

(4) 按作业规程要求及时架设齐全的贴帮点柱。

(5) 悬臂梁要到位,端面距小于 300 mm;梁端要接顶,挂梁及时。

(6) 悬臂梁支柱支设应及时,在 15 m 内支柱与放顶不得平行作业,改临时柱时要做到先支后回。

6. 回柱放顶

(1) 必须按作业规程规定及时放顶,控顶距要符合规程要求,上、下平巷要与工作面放齐。

(2) 回柱应采用先支后回、由下而上、由里往外的三角回柱法。

(3) 回柱与支柱距离不得小于 15 m。

(4) 分段回柱距离应大于 15 m,掐头处要打上隔离柱。

(5) 回柱地点以上 5 m、以下 8 m 处不得有与回柱无关的人员滞留。

(6) 放顶人员要站在支架完整,无崩绳、崩柱、甩钩、断绳抽人等危险的安全地点工作。回柱放顶前,必须对放顶的安全工作全面检查,清理好退路。回柱放顶时,必须指定有经验的人员观察顶板。

(三) 炮采工作面的安全管理要求与检查要点

炮采工作面生产时容易出现冒顶、片帮和爆破事故。因此,炮采工作面安全管理的重点是工作面支护、安全出口、顶板管理和爆破安全作业等。

1. 工作面支护

(1) 工作面支柱布置必须符合作业规程规定,支柱要呈一条直线,柱距、排距偏差不超过±100 mm。

(2) 支柱初撑力、迎山、棚梁、背板、柱鞋、柱窝必须符合作业规程规定。

(3) 不得存在失效柱、梁和空载支柱。

(4) 顶梁铰接率不得小于 90%,不得有顶梁连续不铰接现象。

2. 安全出口

(1) 区段平巷至煤壁线 20 m 范围内支架必须完整。

(2) 严格按作业规程规定进行超前支护。

(3) 巷道高度不低于 1.6 m。

(4) 要有符合作业规程规定的端头对梁。

(5) 工作面要有超过 0.6 m 宽,且高度不低于工作面采高 90%的人行通道。

(6) 超前工作面煤层开采的距离要符合规程规定。

3. 顶板管理

(1) 严格执行敲帮问顶制度。

(2) 顶底板移近量不得超过每米采高 100 mm。

(3) 不得出现台阶下沉。

(4) 机道梁端至煤壁顶板不得出现高度大于 200 mm 的冒落,出现时要采取接实顶板的措施。

4. 工作面爆破

(1) 必须按作业规程规定布孔、钻孔。

(2) 要按规定装药量和装药方法装药,装药前必须清除炮眼内的煤粉。

(3) 要按规定使用炮泥封孔,不装空心炮,并使用水炮泥。

(4) 必须坚持一组装药一次起爆、"一炮三检"制和"三人连锁爆破"制。

(5) 雷管、炸药要分开存放,并且上锁。

(6) 拒爆处理必须按规程规定进行。

(7) 雷管、炸药要账物相符,领退有记录,并有签字。

第五节 智能化矿山建设与绿色开采

一、煤矿机械化、自动化、信息化和智能化技术装备发展概况

(一) 煤矿生产从手工作业到机械化、自动化、信息化和智能化的发展

随着国民经济的快速发展,煤炭需求量逐年加大,导致煤炭开采速度逐年加快,煤炭开采所面临的地质条件越来越复杂,开采难度越来越大。为了提高回采率,降低人力资源使用率,我国煤矿行业在推行机械化、自动化、信息化的实践中长期探索,煤炭生产方式发生了历史性的转变。

20 世纪初我国煤炭工业处于发展阶段,在此阶段内煤矿生产主要采用密集型人力劳动为主,随着煤矿生产能力的不断提升,单链刮板输送机、小功率耙岩机等投入使用,实现了机械设备辅助人力采煤工艺,采煤工作面采用爆破落煤,即采用能自动开启、关闭、检查及控制的机械设备进行煤矿采掘活动,从而代替人力劳动。

到 20 世纪中叶,随着煤矿发展水平不断提高,煤矿内实现了半机械化半人力回采模式,综采工作面掩护式支架、小功率采煤机等设备的投入,大大提高了煤炭回采效率,但是这些机械设备结构简单、故障率高且人工操作量大,无法实现集中控制。1978 年改革开放后,我国煤炭工业经历了从炮采、普通机械化采煤到综合机械化采煤,机械化程度进入快速发展时

期。1987 年重新修订的《煤炭工业技术政策》进一步推进综合机械化采煤，同时开始了综采放顶煤技术、连续采煤机房柱式采煤方法的研发和推广。1999 年，我国综合机械化采煤产量占国有重点煤矿的 51.7%，较 1975 年提高了 26 倍。与此同时，综合机械化掘进工艺集合了钻孔、装岩、运输、支护等多种作业为一体，巷道支护模式也从木支护、钢铁支护发展到锚杆支护。

进入 21 世纪后，煤炭行业发展处于鼎盛时期，与此同时，我国加快了大型煤矿机械装备自主研发，煤矿科学技术水平有了很大的进步和突破，主要表现在采掘面液压支架、大采高采煤设备以及各种监控设施的应用，年产 1 000 万 t 的综采设备、采煤机、液压支架和运输机全部实现了国产化，并达到世界先进水平。到 2020 年，大型煤矿企业的采煤机械化程度由 1978 年的 32.34%提高到 98.9%。

在煤矿综合机械化不断升级发展的基础上，经过多年的持续攻关与创新实践，实现了炮采、普通机械化开采、综合机械化开采到自动化工作面开采的跨越，走上了智能化发展之路。2010 年，国家发展和改革委员会、工业和信息化部组织开展智能制造专项研究，首个煤矿智能化工作面项目落户陕煤集团神木红柳林矿业有限公司(以下简称“红柳林矿”)。红柳林矿以厚煤层为主，开采条件好，适合超大采高智能化综采，也是国内外第一个成功实现 7 m 超大采高智能化综采的煤矿。2011 年，黄陵矿业一号煤矿开始设计首个 1.1～2.2 m 薄煤层和中厚较薄煤层智能化工作面，解决了无人化作业等一系列难题。2014 年，该工作面建成并通过鉴定，成为全国第一个智能化示范工作面，开创了“工作面一人巡视，无人操作”常态化远程控制采煤的“黄陵模式”。由此，智能化开采成为煤炭行业发展的新主题。

目前，煤矿智能化建设的新高潮正在全国兴起，企业的积极性空前高涨。2023 年底，全国智能化采掘工作面已达到 1 400 多个，已有 31 种煤矿机器人在煤矿现场应用。

(二) 煤矿智能化建设对煤炭产业高质量发展的意义

煤矿智能化将人工智能、工业物联网、云计算、大数据、机器人、智能装备等与现代煤炭开发利用深度融合，形成煤矿全时空多元信息实时感知、实时互联、分析决策、自主学习、动态预测、协同控制的智能系统，实现煤矿采掘、运输、通风、洗选、经营管理等过程的智能化运行，对提升煤矿安全生产水平、保障煤炭稳定供应具有重要意义。

一是能够实现煤矿生产本质安全。加快煤矿智能化建设，通过机械化换人、自动化减人、智能化无人，可减少高危岗位人员一半以上，条件好的还可形成井下工作面无人采煤、少人值守的场景，避免矿工直接面对灾害事故风险，减少人员误操作，大幅度消除安全生产隐患，从根本上遏制重特大事故的发生。

二是能够提升煤炭安全保障水平。加快煤矿智能化建设，提升煤矿柔性生产能力，可以根据市场供需形势灵活释放生产能力，增强供给质量和供给弹性。从近年煤炭保供情况看，实现机械化、自动化并已开展智能化建设的大型先进煤矿发挥了骨干作用，是稳定煤炭供应的主力军。

三是能够助推能源低碳转型。在大规模低成本储能尚未突破、以新能源占比逐渐提高的新型电力系统加快构建的情况下，仍需煤电及煤炭发挥调峰和兜底保障作用。加快煤矿智能化建设，可以提高煤矿绿色安全生产素质，形成部分生产能力储备，这样既可以更好地保证能源供需总量的平衡，又可以在水电来水偏枯、新能源出力波动以及不确定因素影响的情况下，及时弥补缺口，为能源绿色低碳转型提供有力支撑。

（三）煤矿智能化建设取得的新成果

煤矿智能化作为学术研究与工程应用的结合，正在经历着一个伴随自动化、数字化和智能化技术的发展和演化的过程。近年来，国家层面加强顶层设计和政策支持，广大煤炭企业、科研单位、高等院校、高新技术企业顺应科技发展大势，大力推动信息技术与煤炭产业深度融合，加快开展煤矿智能化技术装备研发攻关，取得了积极成效。

2020年以来，国家能源局联合多部门印发《关于加快煤矿智能化发展的指导意见》《煤矿智能化建设指南（2021年版）》《"十四五"机器人产业发展规划》等，推动建设更多智能化矿山。山西、内蒙古、山东、河南、陕西等14个省份也先后出台文件，对智能化矿山建设提供政策、资金、项目等支持。目前，国家矿山安全监察局已推动制定智能化控制系统、生产辅助系统等92个相关标准，并指导成立全国信标委大数据标准工作组矿山行业组，组织编制《智能化矿山数据融合共享规范》等。智能化矿山的发展对我国煤矿事业具有深远的影响，开拓了我国采矿事业的新天地。

目前，数字煤矿及智能化开采基础理论体系现已基本形成，开启了矿山多学科、多系统交叉融合的新方向。煤炭行业搭建了数据、通信、装备、安全、管理等40余项团体标准，智能化建设有标可依，有据可查，有章可循。

各地各企业坚持试点探路、典型引路、经验开路，以点带面加快国家级智能化示范项目建设，将示范模式推广到省级、集团级项目。截至2023年11月初，全国已累计建成智能化采掘工作面1 400余个，有智能工作面的煤矿700余处，年产能达21亿t。智能化建设投资总规模接近2 000亿元，现场应用的煤矿机器人达到311 000台（套），约300台无人驾驶车辆在30余处露天煤矿运行。

煤炭行业顺应智能化发展要求，强化企业创新主体地位，涌现出一批自主研发的煤矿智能化技术装备。中国煤炭工业协会牵头组建煤矿智能化创新联盟，发布《5G＋煤矿智能化白皮书》，引导5G等新一代信息技术在行业加快应用。中国煤炭科工集团联合行业各方开展技术攻关，煤矿智能化取得10大技术突破：一是智能化煤矿透明地质保障技术；二是"煤科云"智能化一体化管控平台；三是煤矿多系统智能互联控制技术；四是AI视频监控系统；五是煤矿机器人及煤矿机器人群协同控制技术；六是钻锚一体化智能掘进技术；七是煤矿碎软煤层透气性增透抽采新技术；八是煤矿冲击地压超前区域性防控技术；九是煤矿粉尘达标治理综合技术；十是煤炭全粒级智能化干选分选技术。国家能源集团突破掌握了"5类智能采煤、5类智能掘进、3类卡车无人驾驶、5类机器人"等关键技术，并携手华为公司研究开发"矿鸿系统"，推动国产操作系统工业化应用。中国矿业大学等高校开设"智能煤矿建设"本科专业，开创了煤矿智能化专业人才培养模式。

（四）新形势下煤矿智能化的发展方向

煤矿智能化代表煤炭先进生产力的发展方向，是行业迈向更高质量发展的必由之路。矿业在为经济社会可持续发展和人类生活水平不断改善而提供物质财富的过程中，与科技发展相融合，引入一种全新理念，即构建一种新的采矿模式，实现资源与开采环境数字化、技术装备智能化、生产过程控制可视化、信息传输网络化、生产管理与决策科学化。在该目标的实现过程中，智能化矿山已经成为矿业科技和矿山管理工作者的美好憧憬，人们希望未来能够在井下安全场所或地面对采矿设备进行远程遥控，乃至全面采用无人操控的智能设备进行井下作业，逐步实现无人化开采。

针对煤矿智能化的特征与基本要求，煤矿智能化的发展必须实现安全、可靠、可持续、敏感性、全面服务和智慧等六个目标，简称“6S”（Safety、Security、Sustainability、Sensitivity、Service、Smartness）。具体而言，第一是安全，煤矿智能化的各个系统、设备、信息、功能等要保证各方面的安全性，自身安全且不能给煤矿生产带来附加隐患。第二是可靠，煤矿智能化的各个系统、设备的运行要稳定可靠，零故障。第三是可持续，煤矿智能化必须保证运行质量和效率，实现资源可持续、生态可持续、发展可持续。第四是系统敏感性或系统柔性，煤矿智能化系统的柔性主要体现在技术核心要素、技术架构上，这需要对供需链条上的信息敏感、响应敏感等持续关注与开发。第五是系统的全面服务，煤矿智能化建立产供销新型的服务体系，从提供设备向提供全生命周期增值服务转变。第六是智慧，系统智能与人文智慧高度融合，形成煤矿综合智慧生态。

社会科技发展进入智能化时代，煤矿智能化必将迎来新时代。新一代信息技术与传统产业融合发展，是社会基本发展规律。煤矿安全生产管理人员需要做的，就是了解规律、适应规律，在社会科技变革、工业革命的过程中不掉队、有作为，使煤炭行业实现健康、高质量发展。

二、智能化采煤工作面与智能化掘进工作面

（一）智能化采煤工作面

1. 智能化采煤工作面现状

针对我国煤矿综采工作面生产过程复杂、开采装备系统庞大、作业环境恶劣等特点，煤炭行业产、学、研合作，经过“十二五”“十三五”期间不懈探索和技术攻关，攻克了综采成套装备感知、信息传输、动态决策、协调执行、高可靠性等关键技术且达到国际领先水平。采煤机、刮板输送机、液压支架、工作面视频与远程控制都进行了不同程度的智能化开发，但由于缺乏协同联动机制，各系统之间相互独立，协同作业能力不足。

2. 智能化采煤工作面技术装备

当前国内的综采设备智能化感知与控制技术水平，在控制系统架构、控制方式、响应时间、智能功能、产能等主要技术指标方面处于国际领先地位，设计了人工干预下模糊控制多工序的采煤工艺。

（1）智能化开采技术。工人只需坐在综采工作面监控中心即可观察到工作面设备的运行情况，实现远程控制。实现综采设备智能化感知与控制，需要对采煤方法和工艺进行技术创新，主要包括：一是采煤机精确空间定位。在采煤机牵引部安装位置传感器，通过控制器的数据处理模块，计算采煤机的位移信息，输入数学模型，精确实现采煤设备位置定位。二是三机姿态适时感知。需要对综采工作面三机设备适时进行工况检测、姿态检测和故障诊断等，保证整个工作面设备在最佳状态下运行。三是煤流负荷变频反馈。实时检测刮板运输机上的煤流分布负荷，通过变频技术控制传输速度，实现工作面采、装、运的自动协调运行。

（2）煤岩监测识别技术。综采工作面自动化还需要高清晰度的视频监控。采集的视频数据通过工业以太网传输到矿用显示器，并增加了图像处理后的煤岩分界标线。

（3）远程控制技术。通过远程计算机进入记忆截割，采煤机在工作面按设定程序自动

运行，自动调高、卧底、加速、减速；通过远控计算机随时调整采煤机的运行。

(4) 连续推进技术。煤层的起伏和地质环境的变化，导致设备的非可视测量成为技术难题，还要考虑采煤机截割时工作面煤尘对测量结果的影响，因此不能简单地采用地面常规的激光定位技术和经纬测量技术，应采用激光矩阵测量技术实现支架对齐，从而保证刮板输送机的平直度。

应用物联网、云计算、大数据、人工智能等先进技术，使工作面采煤机、液压支架、输送机(含刮板输送机、转载机、破碎机、可伸缩带式输送机)及电液动力设备等形成具有自主感知、自主决策和自动控制运行功能的智能系统，实现工作面落煤(截割或放顶煤)、装煤、支护、运煤作业工况自适应和工序协同控制的开采方式(作业空间)。

工作面实现主煤流运输系统自动化集中控制和主煤流系统的主要设备监测参数的采集；采煤机工况及姿态参数监测、机载无线遥控器、惯性导航、滚筒记忆割煤、故障诊断、运行实现自动化控制；乳化液泵实现流量调节功能，实现高压自动反冲洗、自动配比补液、高低液位自动控制、远距离供液控制；液压支架跟随采煤机实现自动跟架控制，并常态化运行；建立远距离供电监控系统、智能喷雾降尘系统和视频监控系统。

3. 智能化采煤工作面需要解决的问题

以大数据分析和深度学习为基础，通过系统地自主学习与数据训练形成自主分析与决策机制，解决智能控制系统自主决策难题。由于基于神经网络的深度学习模型数学机理不清晰，相关研究正在深入，距离实际应用尚有差距。现阶段，切实可行的方法是在智能感知、智能控制技术基础上，建立协同联动机制，通过各设备的协同控制，智能协调工作面各设备自动运行，解决工作面装备智能决策缺失的难题。

(1) 地质围岩智能探测难题。智能探测是指通过对采场未知区域的自动探查和检测生成工作面地质模型，用于指导采煤机俯仰采控制和摇臂调高、自适应牵引、围岩控制等，从而保障智能化采煤装备的高效运行。

(2) 开采智能决策难题。目前的智能化开采系统与生产管理过程还没有有效地衔接，不能有效地对综采关键设备进行智能管理，为生产管理者提供决策建议。

一是设备可靠性问题。智能化离不开高可靠性的综采设备，在此基础上增加感知、决策、控制和智能化功能，必须由单机向成套智能化装备转变。

二是恶劣环境下的可视化难题。由于作业时产生的粉尘会严重影响视频图像的采集，因此需要研究高清晰度和低延时性的作业场景再现技术，对人的远程干预和机器视觉都能提供实时捕捉现场运行变化的特征。

三是复杂条件下的自感知技术难题。由于采煤工作面条件复杂多变，对条件变化数据实时跟踪、准确记录、分析判断、科学利用等，是智能化采煤工作面作业遇到的最大技术难题。

(二) 智能化掘进工作面

1. 智能化掘进工作面现状

2018 年以来，国内一些高校、科研单位和重点矿业公司都在煤矿智能化掘进工作面研究方面进行了规划。中国矿业大学与石家庄煤矿机械有限责任公司在掘进机器人领域进行深度合作，辽宁工程技术大学联合多家科研单位组建了煤矿机器人协同创新中心。河南能源、山东能源、平煤集团等矿业公司快速推进智能化掘进工作面建设，山西天地煤机装备有限公司、三一重型装备有限公司、上海创力集团股份有限公司、佳木斯煤矿机械制造有限公司等在掘进工作面智能控制方面重点攻关。上述公司在视频监控、远程控制、姿态检测、定位截割等方面有相关应用，但在掘进工作面成套装备智能化控制系统的应用方面暂无突破。国外山特维克集团等公司重点研究掘锚机的智能控制技术，在姿态检测、自主定位、巷道扫描和人员定位等技术上取得了突破，并应用于国外煤矿，助推了智能化掘进工作面的进程。

2019 年 1 月，原国家煤矿安全监察局发布《煤矿机器人重点研发目录》，提出了掘进机器人的基本功能，在煤矿"机械化换人、自动化减人"政策指引下，研究智能化掘进工作面符合煤矿目前对掘进工作面建设的需求。2021 年 12 月 28 日，工业和信息化部等 15 个部门联合印发《"十四五"机器人产业发展规划》，2023 年 12 月 29 日，应急管理部与工业和信息化部发布《关于加快应急机器人发展的指导意见》(应急〔2023〕148 号)，提出加快推动机器人技术发展与实战应用，推进应急管理体系和能力现代化的指导意见。

2. 智能化掘进工作面技术装备

一是掘进机(盾构机)：采用激光、雷达扫描或惯性导航等技术实现精确定位或三维定位；利用倾角、摆角等姿态传感器实现姿态感知；具备随机视频图像采集和定位或仿形切割功能；具备第三方协同控制接口；实现掘进机(盾构机)的远程控制。

二是集控系统：能够接入千兆及以上工业环网，实现地面或井下集控中心控制；具备设备故障诊断与信息推送，以及井上下可视化通信功能；具备设备及生产工况数据采集、分析、预警或决策功能；支持移动终端展示，具备云端接入功能；能够具备实现带式输送机尾的自移；能够实现掘进工作面的人员精确定位，并具备掘进机联动闭锁控制功能。

三是支护设备：掘进工作面临时支护和永久支护实现机械化或自动化；具备巷道顶板离层、表面位移、锚杆(索)受力数据的采集、分析和预警功能。

四是辅助运输设备：使用单轨吊、无极绳绞车或无轨胶轮车运输，具备视频图像采集功能；运输车辆能够实现定位与远程调度功能。

五是局部通风机：具备远程控制接口，实现远程试验自动倒台功能；实现远程监测局部通风机运行状态和末端风筒状态；实现远程监测备用风机电源状态，具备失电报警功能。

3. 智能化掘进工作面发展方向

采用掘进、支护、运输"三位一体"高效快速掘进技术体系，基于配套设施建设一套集多信息融合智能协同监测、设备间防碰撞预警、人员接近安全预警、设备三维动画人机交互和多设备机载远程集中协同控制等功能于一体的掘进工作面成套装备智能化控制系统。推广煤巷掘、支、运高效快速掘进成套装备与技术，应用掘进远程控制、智能截割、掘支平行快速作业等先进技术与装备，推进巷道硬岩掘进机(TBM)应用，实现掘进快速化、智能化。

(三) 智能化采掘工作面关键技术及发展方向

未来综采综掘设备将是配备灵活、精确的视觉和触觉等感官系统，能够自动识别煤岩分界和周围的环境状况，能够预知自身元部件运行状态，可以与工作面其他设备进行实时相互通信，并通过发达的大脑(智能控制系统)处理这些信息，制定并可实时调整控制策略的工业机器人。

1. 智能化采掘工作面关键技术

(1) 听觉：设备运行振动与截割对象特性分析技术。机器听觉是设备智能化仿生控制的关键能力。对设备截割煤岩破碎形成的声音发射以及配套设备工作形成的环境噪声特性实时分析与正确判断，有助于实现设备运行智能化。

(2) 视觉：机器运行环境状况的综合感知技术。综采综掘设备运行过程中对当前截割对象（煤、矸石、煤层夹持岩块）的自动识别检测，是影响设备实现自主智能化运行的难点之一，由于煤矸层及煤夹矸层界面极不规则，不能自动识别煤岩界面的变化，也就难以彻底实现无人化采掘作业。随着工作面机载视频（可见光、热红外测温、多参数协同融合）技术逐步向机器视觉进展，可望为设备运行智能化另辟蹊径。

(3) 非常规视觉与触觉：运行空间综合状况探测技术。在运行过程中，智能化设备可能会与异常动作状态的配套设备等产生碰撞、严重的异常截割，造成设备损坏。自动判断设备运行空间是否有阻挡物或者是否会有干涉，也是设备智能化运行的一个关键点。如有必要可发展适应性好的干涉探测雷达、接触与碰撞检测传感系统等。

(4) 内部感知：设备自身健康状态感知技术。通过传感检测系统，智能化设备可以对自身工作部件进行状态感知，并对工作能力、剩余寿命进行评估，实现预测维护。如当部件性能出现异常温升等状态时，应当进行故障预诊断保护，并提示操作人员进行日常维护。

2. 智能化采掘工作面智能感知与控制的发展方向

信息技术尤其是光电技术的发展对煤炭智能化感知与控制的作用越来越大，适时地引入新的技术对综采综掘自动化技术升级是必要的。

(1) 基于实时三维 GIS（地理信息系统）的智能技术。实时三维 GIS 的开发，将地理信息、三维可视化及工作面相关探测技术结合，建立工作面地质数据模型，形成精确的三维建模模型示意图，分析模型的拓扑关系，开发形成工作面三维可视化 GIS 信息系统，为工作面智能化管理与决策提供依据，更为采煤机的自适应智能导航系统提供技术基础及保障。其核心内容包括三维空间定位、工作面扫描、工作面智能控制、三维可视化技术等。

(2) 巡检机器人在智能化作业中的应用。通过在采掘设备上加装智能控制的遥控机器人，可以辅助智能化工作面的维护和管理；通过加装合适光源和视觉、听觉、振动等传感器，经过人工智能化处理，可以进行智能化工作面的自主开采作业。开采机器人是智能化采掘系统强有力的补充，机器人技术将是未来综采综掘智能化技术的发展方向。

三、无人值守提升、运输、排水、供电、压风及通风系统

无人值守是指采用智能监测、自动控制技术和远程监控信息平台，应用煤矿提升、运输、排水、通风、供电、压风等煤矿自动化监测监控子系统，与机器人巡检系统、视频监控系统配合联动，抓拍、推送异常现象的图片与数据并预警、报警，自动优化运行方式，生成各种数据报表，实现各系统的安全运行。

（一）无人值守提升系统

提升系统接入该系统后可实现对主井提升系统运行状态进行实时监测，监测数据包括行程值、电压、电流、速度、提升信号、提升方式、提升斗数以及各种保护状态等；对主井装载硐室运行状态进行实时监测，监测数据包括给煤机运行状态、箕斗到位状态、带式输送机运行状态、定量斗扇形闸门到位状态以及定量斗容量称重等参数。通过集控室远程监控系统，就能随时掌握箕斗装载、设备运行情况，提升量统计上报情况，提升中出现粘煤、稀煤等不正常状态，通过远程控制达到无人值守的目的，并对接智慧矿山云平台进行数据交换。

（二）无人值守运输系统

单台带式输送机运输系统的无人值守，是以可编程控制箱为控制核心，接入驱动装置、张紧装置、给煤机、供电系统等设备的检测、控制与保护单元，并接入带式输送机的各种监测保护单元，与机器人巡检系统、视频监控系统配合联动，抓拍、推送异常现象的图片与数据，实现单台带式输送机的安全运行。

多台带式输送机运输系统的无人值守是在多台带式输送机运输系统实现联合集中自动化控制的基础上，以可编程控制箱经光纤传输后，实现多胶带联锁控制，使煤矿带式输送机运输系统安全可靠、节能高效地运行，并对接智慧矿山云平台进行数据交换。

（三）无人值守排水系统

煤矿井下主排水系统采用以 PLC（可编程逻辑控制器）为核心的远程监控系统，根据预置模式、用电负荷、峰平谷分时电价、水仓水位、水文监测系统等控制电机的启停和轮值，实现排水系统的无人值守。系统通过触摸屏以图形、图像、数据、文字等方式，直观、形象、实时地反映系统工作状态以及水仓水位、电机工作电流、电机温度、轴承温度、多趟排水管路流量等参数，通过通信模块与智慧矿山云平台进行数据交换，通过远程控制实现排水功能。

（四）无人值守供电系统

无人值守供电系统以地面电力监控站为管理中心，通过工控机、服务器、交换机、数据分站、保护器等的有机结合，对井上、下变电所高、低压系统进行监控，并对变电所的供电设备实行远程控制。供电设备的各项操作均采取远程集控方式，能够实现对供电设备的遥测、遥信、遥控功能。该系统将供电系统的日常运行、检修维护、故障处理等数据整合于一个大数据系统，通过电力监控中心采集到的有功功率、无功功率、母线电压、电流、故障录波曲线等数据，分析供电系统的运行状态，为电网经济安全运行提供了有效支撑。该系统可在集控中心实现对地面及井下电气设备的监测监控、数据采集、数据分析、故障预警、故障跳闸、远程操作等功能。

（五）无人值守压风系统

无人值守的空气压缩机监控系统采用以 PLC 为核心的远程监控系统，根据预置模式、用电负荷、压力情况等控制空气压缩机的启停和加载。系统以图形、图像、数据、文字等方式，直观、形象、实时地反映空气压缩机工作状态及排气压力、电机工作电流、电机与轴承温度、排气量等参数，通过通信模块与云平台进行数据交换，对多台并网运行的空气压缩压缩机进行集中监测控制。监控系统对空气压缩机及管路各种参数监控与分析并优化配置空气压缩机的投入与退出，发挥不同空气压缩机的性能，使压风系统在保证供气质量的前提下，实现最大限度地节能和各台空气压缩机运行时间的均衡。该系统可实现对空气压缩机的远程控制和各种运行参数的实时监控，具备故障预警、故障分析、故障停机等功能。

（六）无人值守通风系统

无人值守通风系统由多种传感器、变送器、取压装置、主通风机性能在线监测装置、传输接口、监控计算机及软件等设备组成。系统能够在线连续监测煤矿主通风机风量、负压、轴温、电流、电压、振动等参数数据以及风门、风机开停等运行状态；具有煤矿主通风机就地/远程监测监控、不间断切换风机、自动倒风等功能。

四、工业控制安全与视频监控系统

（一）工业控制安全

1. 工业控制安全系统

工业控制安全系统是指对工业生产过程安全、信息安全和可靠运行产生作用和影响的人员、硬件、策略和软件的集合。包括但不限于：可编程逻辑控制器（PLC）、分布式控制系统（DCS）、数据采集与监控系统（SCADA）等工业生产控制系统；紧急停车系统（ESD）、安全仪表系统（SIS）等工业控制过程安全保护系统；制造执行系统（MES）、煤矿综合自动化及监测监控系统、企业资源计划系统（ERP）等工业生产调度与信息管理系统；工业云平台、工业大数据平台等工业服务应用系统。

2. 工业控制安全系统运行的日常维护与安全管理

（1）工业控制安全系统网络与外部网络（指企业办公网络、互联网、无线网络等工业控制安全系统网络以外的其他网络）需要数据交换时，两个网络之间必须安装防火墙、网闸等安全防护设备，确保工业控制安全系统网络安全。计算机在使用过程中发生异常情况，立即停止当前操作，通知业务主管部门和相关维修人员。

（2）控制系统严格按照权限进行操作，无关人员不准使用。严禁在计算机控制系统中使用其他无关软件。除非有软件升级或安装补丁的需要，严禁在计算机控制系统中使用U盘、光盘等。

（3）更新、升级计算机系统软件、应用软件或下载数据，其存储介质须是本计算机控制系统专用存储介质，不允许与其他计算机系统交换使用。禁止向DCS网络中连接系统外接计算机、手机。

（4）对系统软件（包括操作系统和应用软件）的任何修改，包括版本升级和安装补丁，都应及时进行备份。在连接到DCS中的计算机上进行操作时，使用的可读写存储介质必须是固定的一个设备，每次使用前应先对其进行格式化处理，然后才可以接入以上计算机。

（5）工业控制安全系统具有对实时数据、历史数据、OPC数据、组态数据、控制方案等重要数据的定期备份功能；对于数据安全性要求高的工业控制安全系统应用，可采用对系统正常运行数据进行完整备份的措施，备份周期应不大于3个月。

（二）视频监控系统

视频监控系统作为安全生产综合信息平台的独立模块，可实现对瓦斯抽采钻孔视频、石门揭煤处监视点视频、重点防治水监视点视频、大型设备监视点视频的信号采集、调用显示、视频文件管理等功能。其中对视频文件，可根据多条件组合方式对视频文件进行查询、点播、导出、下载。

1. 系统设计选型原则

（1）系统应运行可靠、技术先进、经济实用、易扩展，选用标准结构系统及输入输出，能降低造价和维护费用。在扩展时只需简单增加设备，避免不必要的人力、物力、财力等重复投入。

（2）系统操作应具有灵活简便、易于掌握的特点，操作人员能够方便地进行系统使用及维护，使整个系统发挥最大的功用。

2. 系统主要技术指标

(1) 视频联网软件支持 ONVIF、GB/T 28181 标准协议。

(2) 视频部署点的地图，其底图为煤矿采掘工程平面图。

(3) 图像具有同步更新功能。

(4) 在煤矿采掘工程平面图中，分层集成矿视频采集点分布图，双击图标打开对应关联设备的视频信号。

(5) 与模拟视频监控系统的互联：当视频监控系统无法兼容模拟矩阵控制协议时，在模拟信号进入模拟矩阵前设置视频分配器设备，对源视频信号进行分路，一路维持既有运用模式，另一路接入视频编码器设备进行压缩编码，转换成数字视频信号，接入综合视频监控系统，与平台互联互通，实现跨地点、跨部门的视频调用。

(6) 与数字视频监控系统的互联：当其他数字视频系统与视频联网平台的国标控制协议、编码标准兼容时，可直接以 GB/T 28181 标准纳入平台。当其他数字视频系统与平台的控制协议、编码标准不兼容时，可在节点处设置联网网关，实现系统间非标向国标控制协议、音视频编码的转换，满足图像调用和控制需求。

(7) 采用统一平台/软件系统实现煤矿的数字视频录像机(DVR)、网络视频录像机(NVR)、网络视频编码器(DVS)、中心级视频网络存储设备(CVR)等级联。

(8) 用户 B/S 端软件处理功能：能够支持的视频点播并发路数不小于 20 路；能够支持的用户数不少于 500 个；视频图像满足 1 080p(1920×1080 像素)格式，25 帧/s，传输码率为 1.5 Mb/s。

(9) 施工瓦斯抽采钻孔时，当该地点的 CH_4 浓度、CO 浓度超限时，智慧管控平台应关联煤矿采掘工程平面图(视频采集点分布图)，并自动弹出异常点视频画面。

3. 系统主要组成

矿山视频监控系统主要由摄像、传输、控制、显示、网络分控部分组成。

摄像部分：摄像镜头包括手动光圈定焦镜头和自动光圈变焦镜头两种，定焦镜头又分为标准镜头和广角镜头两种。其中手动光圈定焦镜头适用于监测环境光照度变化不大的地方，自动光圈变焦镜头适用于室外光照变化较大的地方，广角镜头适用于距离较近的拍摄环境，标准镜头适用于距离适中的拍摄环境。选择适宜的防护罩，可以起到防尘、隐蔽、防晒、防雨的作用。

传输部分：主要由视频线、双绞线、光纤和接线盒等组成，是煤矿视频监控系统图像信号处理的重要通道。

控制部分：是视频监测监控系统的核心部分，担任整个系统的指挥中心，起着对前端摄像机和图像信号处理设备的控制作用。

显示部分：电脑和监视器作为显示部分，可以直接将数据和信息进行显示，矿用视频监控系统在设计时宜采用数字化硬盘来对视频显示进行记录，这样不仅费用较低，而且还有利于传输和实现远程监控。

网络分控部分：矿用视频监控系统通过网络分控部分来将其网络化特点体现出来，这对于实现远程监控具有极其重要的意义。目前煤矿企业采用的内部局域网可以采用硬盘录像网络分控方式，从而利用数字化方式将监控点信号传输至中央处理设备。

4. 系统管理维护要点

(1) 每季度进行一次设备除尘、清理，扫净监控设备显露的尘土，对摄像机、防护罩等部件要卸下彻底吹风除尘，之后用无水酒精棉将各个镜头擦干净，调整清晰度，防止由于机器运转、静电等因素将尘土吸入监控设备机体内，确保机器正常运行。同时检查监控机房通风、散热、净尘、供电等设施。

(2) 根据监控设备的使用说明，每月检测其技术参数及监控系统传输线路质量，处理故障隐患，设定使用级别等数据，确保设备各项功能良好，能够正常运行。

(3) 对容易老化的监控设备部件每月进行一次全面检查，一旦发现老化现象应及时更换，如视频传感器等。

(4) 对易吸尘部位每季度定期清理一次，如监视器暴露在空气中，由于屏幕的静电作用，会有许多灰尘被吸附在监视器表面，影响画面的清晰度，应定期擦拭，校对监视器的颜色及亮度。

(5) 对长时间工作的监控设备每月定期维护一次，如硬盘录像机长时间工作会产生较多的热量，一旦其电风扇有故障，会影响排热。

(6) 每月定期对监控系统和设备进行优化，合理安排监控网络的需求，如带宽、IP 地址等。每月检测一次监控系统网络的性能，包括网络的连通性、稳定性及带宽的利用率等；实时检测所有可能影响监控网络设备的外来网络攻击，实时监控各服务器运行状态、流量及入侵监控等。

五、安全生产智能管控平台与网络通信系统

(一) 安全生产智能管控平台

以工业物联网、互联网+、大数据、云计算等概念为指导，以煤矿综合自动化技术、在线数据检测技术、计算机技术、3S 技术[遥感技术(RS)、全球定位系统(GPS)、地理信息系统(GIS)]、网络技术和采矿专业技术为支撑，建设集信息采集、数据分析、综合展示、协同调度、集中管控的安全生产智能管控平台。

1. 系统功能

安全生产智能管控平台可集成各类安全、生产、生产辅助、工业视频、网络通信、经营管理等信息自动化数据，实现全煤矿采、掘、机、运、通、地测、调度、防治水、人、财、物、产、供、销等所有系统的信息融通。可在系统中定义故障条件，当各系统设备出现故障时，实时弹出报警窗口，报警窗口需人工确认后关闭，并且联动工业视频和综合告警系统，用户可进行远程视频查看。综合自动化全景管控平台可以直接发布成网页，采用最新的 HTML5 技术，支持跨平台，可以在安卓、iOS、Linux 等系统下运行，实现主要生产场景的实时数据监控和真实设备运行动画展示。系统可集成安全监控系统、人员定位系统、视频监控系统、水文监测系统、矿压监测系统、束管监测系统、粉尘防治系统、井上下环境监测系统等系统的所有环境、人员数据、文字信息，实现数据共享、综合利用以及定制化的功能展示。实现模拟曲线类、数字显示类、流动方向类、跟踪定位类、组合开关类、储藏仓位类、位置监控类、音视频播放类的维度组态和视点布局，实现实时数据的增强现实展示、报表查询、声光报警、快速定位和关联分析，使煤矿各子系统做到远程控制，实现无人值守。

2. 总体架构设计

(1) 平台架构。平台架构采用面向服务的架构(SOA),其将应用程序的不同功能单元(服务)通过在这些服务之间调用完成应用。服务化解决方案使得整体的系统可拆分为多个子服务,通过互联网的注册发现、熔断、配置中心、动态更新配置、负载均衡、全链路跟踪、服务网关 API 等组件应用,保证平台的水平扩展和快速开发。基于整体解决框架,可实现各服务之间解耦,实现异构系统的集成,避免重复建设,并可实现水平扩展,为后期智慧矿山建设提供支持。

(2) 云部署。智能管控平台的核心业务主要有安全生产综合信息平台、大数据分析平台,涵盖煤矿安全生产子系统集成与人、财、物、产、供、销信息综合集成。基于私有云进行云化部署,以提高资源利用率和可管理性,应用云化以提高研发软件效率及并发支持,满足互联网化,支持应用层面的弹性伸缩,更好地应对高并发挑战,支持快速的业务变更,决策层的新想法可以快速变成软件产品,满足业务数据化,从生产服务层面获得相关数据,通过数据分析与应用,加速企业创新。

(3) ESB(企业服务总线)设计。ESB 是 SOA 的重要实现手段。在实现 SOA 时,ESB 作为中心、媒介,集成的系统将只与它进行交互,通过 ESB 实现与各系统间的协议转换、数据转换、透明的动态路由功能,ESB 要有良好的可伸缩性,支持集群。成熟的 ESB 产品中,一般采用开放性的传输协议和消息格式。例如使用 HTTP 传输协议携带查询请求、使用 FTP 传输协议携带上传的文件信息;采用 XMPP 消息格式描述 IM 即时通信内容;采用 MQTT 消息格式描述物联网设备采集内容;使用 AMQP 消息格式描述 MQ 的内容。

3. 系统管理与检查要点

(1) 做好安全生产智能管控平台的维护和完善,确保平台安全稳定运行,同时提高技术维护人员的运维能力,打造强有力的运维保障。

(2) 以管理流程信息自动化为主线,达到“让人少跑腿,让数据多跑路”,实现所有业务流程的线上无纸化办公;各专业、各系统之间实现数据共享互通,实现所有数据的查询、分类、汇总、分析功能。

(3) 提升底层子系统、传感器的稳定和数据准确性,真实反馈各子系统的运行情况,为大数据分析提供真实有效的基础参数。

(二) 网络通信系统

1. 系统组成

网络通信系统是煤矿各类自动化、信息化系统运行的重要保障,主要包括工业以太网交换机、UPS 电源、光缆及网线等通信线路、配线柜等。工业以太网交换机指煤矿安全监控环网、千兆工业以太网、万兆工业以太网等主干网络设备。通信系统主要包括煤矿行政、调度、无线 WiFi、应急广播等系统。

2. 系统管理与检查

(1) 井下工业以太网交换机由变电所专用开关和各设置地点就近供电,必须保证各个供电电源的稳定可靠。

(2) 对分管区域内的交换机、线路,指定责任单位进行日常维护管理,每班指定专人巡检,发现问题及时与业务主管部门联系处理。

(3) 业务主管部门负责工业以太网平台的日常维护管理,负责对井上下交换机的配置管理、网络划分等工作，指导各系统设备接入网络工作，为工业以太网建设做好规划。

(4) 各系统设备需接入网络的，由责任单位提前申请，申请内容包括设备类型、用途、安装地点、MAC 地址等信息，业务主管部门为接入设备分配接入端口及 IP 地址，设备接入网络前，必须按分配地址设置好。严禁私自接入无关设备。

(三) 5G 技术在煤矿的应用

第五代移动通信技术(5G)具有高速率、低时延和大连接特点。5G 通信设施是实现人机物互联的网络基础设施。

1. 系统构成

基本框架由核心网络平台、地面 5G 信号基站、井下 5G 信号基站构成。采用有源天线单元(AUU)进行全面的覆盖，且通过 Ir 接口与室内基带处理单元(BUU)进行连接；井下采用的是微型射频拉远单元(PRRU)进行全面的无线网络覆盖，并与地面的 5G 信号基站相连。

2. 组网方式

组网方式包括非独立网(NSA)和独立网(SA)两种。NSA 结合当前使用的 4G 网络基站及其基础设施，使得 5G 通信网络能够正常使用，这种方式不用单独建立 5G 网络信号基站，只需要对现有的 4G 通信网络基站进行升级，改造成本较低，网络建设速度较快，但是缺乏灵活性，只是在原有的信号基站上进行升级。SA 则需要搭建全新的 5G 通信网络，并建立全新的信号基站，虽然建设施工成本较高，但是具有很高的灵活性，可以采用全新的建设方案，在使用性能上能够得到很大的保障。

3. 煤矿应用技术路线

面对煤矿井下煤尘大、巷道长、设备多、干扰因素多等条件，主要从两个方面实现 5G 无线网络覆盖。

(1) 井下部分：工作面进风巷和回风巷每隔一段距离布置一台 RRU(远端射频单元)5G 基站，起到接收信号和发射信号的功能。通过 5G 基站发送无线信号与各种终端设备相连，所有 5G 基站与井下的 BBU 和 PTN(分组传送网)通过光纤连接至地面。

(2) 地面部分：通过 PTN 连接边缘计算(MEC)服务器和用户面功能(UPF)核心网。MEC 在靠近数据源或用户的地方提供计算、存储等基础设施，并为边缘应用提供云服务和 IT 环境服务。可以把 MEC 与传统的数据中心做比较，传统的数据中心可以简单理解为集中式的大数据处理平台，而 MEC 可以简单理解为边缘式的大数据处理平台，即把传统的数据中心切割成各种小型数据中心后放置到网络的边缘，以期更靠近用户，为用户提供更快的服务和实现更好的网络性能。UPF 作为 5G 核心网的基本组成部分，是 MEC 系统的一个组成网元，负责将边缘网络的流量分发导流到 MEC 系统。

4. 场景应用

煤矿采用轻量化 5G 核心网建设，5G 核心网全部下沉到矿区，保证了数据不出矿区，提高数据传输的安全性和可靠性。在场景应用上，可实现 5G＋无人机巡检，提高巡检效率；5G＋无人驾驶，实现电机车遥控作业及变速巡航自动运行；5G＋智能采掘，实现井下设备远程操作；5G＋4K 高清视频，实现人员安全预警、机器状态监视、环境隐患预警。

(1) 以 5G 为基础的井下安全巡检和防护。使用 5G 在井下实现精确的实时定位，借助高速数据传输实时情况，利用端对端物联增强巡检效果，进行全面的防护。例如，使用 5G

网络来准确定位井下的人员和设施设备，将各项信息数据传递给有关的部门和人员。系统能够针对移动终端设备开展自动识别操作，按照相关的需求将信息数据传递给相关的部门，保障井下安全巡检防护工作能够更加顺利地进行。

(2) 以5G为基础的生产远程控制。开展井下工作时，掌握的大多数信息主要来自数据的上传下达，相关的指令层层传递给有关部门。使用5G，能够帮助各部门获取更加准确的信息，保障信息传递的实时性，而且可以增强对各个部门工作的监督和管理，掌握井下生产的实际情况，及时找出存在的问题，选择合理的措施应对，从而提升远程控制的质量。

(3) 以5G为基础的精确定位和应用服务。以5G服务于井下定位，可以获取精确度更高的信息，帮助工作人员做出合理的判断和决策。同时，相关的服务系统可以实现实时监控和有效管理，增强对井下车辆的管理，提升开采推进的准确性。

(4) 以5G为基础的井下远程维护操作。5G可以把井下现场的音视频信息及时地传递给远端的专家，给远端的专家提供更加精准的信息。同时也可把有关的虚拟模型图像传递到现场设备中开展虚拟操作，借助虚拟交互远程专家和现场工作人员实现同步操作。在特殊情况下，能够选择借助智能机器人帮助工作人员在井下开展运营维护工作。

5G凭借高速率、低时延、大连接三大基础能力和边缘计算、切片等增强能力，与各项数字技术深度融合，成为驱动智能矿山建设的加速器。同时，为满足智能化采掘工作面网络传输需求和低延迟视频与控制需要，融合5G＋AI＋云“新基建”，打造智能化矿山新一代高速、智能基础通信设施与云平台，满足未来可持续的智能化提升与信息化需求，构建智能化矿山信息高速传输及融合通信一张网。

六、煤矿绿色开采

煤矿绿色开采就是使煤炭开采对矿区环境的扰动量小于区域环境容量，实现资源开发利用最优化和生态环境影响最小化的一种开采技术。

(一) 煤矿绿色开采技术概念

绿色开采技术主要是指在开采煤炭资源过程中，遵循生态发展和可持续发展的原则，减少对煤矿开采区域周围环境的破坏、降低环境污染，积极践行和推广一种能够把社会生态、资源保护和矿企经济效益结合起来的煤矿开采技术。采用绿色开采技术，可以把矿产资源开采中社会生态效益和资源配置效益结合，达到社会、经济效益最优化。依靠绿色开采技术促进和提升我国煤炭行业向高利用、低开采以及低排放的趋势发展。

(二) 煤矿绿色开采意义

(1) 煤矿开采过程中会产生废土、矸石，而绿色开采技术就是将产生的废土、矸石回收再利用，填充到建筑领域或者充当其他填充物，这样就大大减少了土地资源的破坏，实现了土地资源循环利用。

(2) 在煤矿开采过程中，利用绿色开采技术可以保护地表水资源不受污染，减少粗放开采对地下水系统的冲击，地下水系统得到了进一步稳定，确保了采矿区域地下水资源的循环和正常流动。

(3) 采用绿色开采技术，将采矿区域内的混合气体通过技术分离，并通过不同的渠道分类回收、合理地排放，达到减少对空气污染的目的，从而大大降低采矿周围发生酸雨的概率，提高了采矿区周围的生态环境。

(4) 利用该技术能够减少煤炭开采过程中产生的气体损害,尤其是瓦斯隐患,煤与瓦斯共采技术能够消除瓦斯的重大隐患,也就切断了瓦斯排放到大气中污染大气和环境的路径。

(三) 煤矿绿色开采的技术体系

绿色开采技术主要包括以下内容:

(1) 水资源保护——形成保水开采技术;

(2) 土地与建筑物保护——形成离层注浆、充填与条带开采技术;

(3) 瓦斯抽放——形成煤与瓦斯共采技术;

(4) 煤层巷道支护技术与减少矸石排放技术;

(5) 煤炭地下汽化技术。

这些内容构成的绿色开采技术体系如图 4-5 所示。

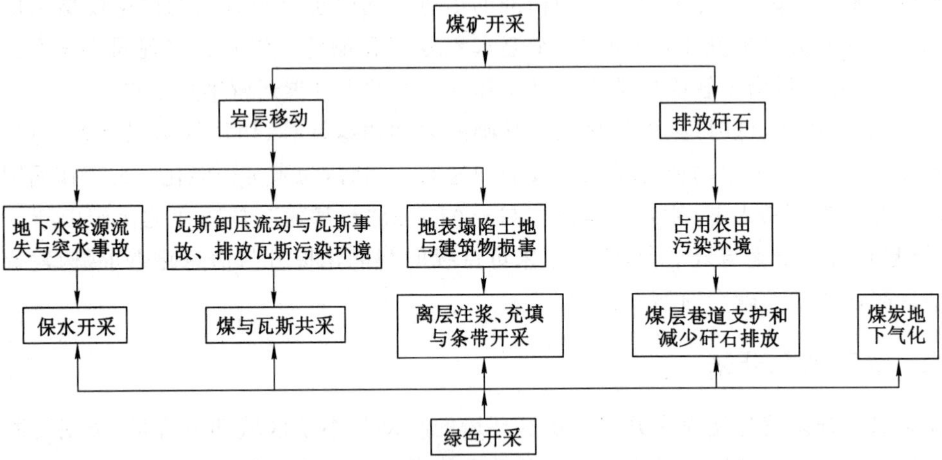

图 4-5 绿色开采技术体系

(四) 我国煤矿绿色开采技术的发展方向

1. 保护水资源开采技术的发展

煤矿开采过程中,如果不注意对水资源的保护,将会极大地浪费和污染水资源。煤矿开采对水资源的破坏主要表现为造成水资源的流失和水资源的污染。针对这种情况,在发展绿色开采技术的时候,就要做到两点。其一,注意对水资源的保护和利用。在开采煤的过程中,要尽量避开地下含水层,防止造成地下水流向的改变。这种保护水资源的方式主要应用在水资源比较匮乏的地区。其二,要减少对水资源的污染,预防水灾。在煤矿开采之前,要对煤矿周围的水文地质进行详细的勘探,防止在开采过程中引发水灾,并且要将使用过的污水进行严格处理后再进行排放,避免因为煤矿开采而对周围的水资源造成污染。这种保护水资源的方式主要应用于水资源比较丰富的地区。

2. 充填开采技术的发展

在煤矿开采过程中,要保护好周围的土地资源,发展绿色的充填开采技术是一种必要的手段。一是矸石充填开采技术。矸石是指在煤矿开采过程中开采出来的废石。当煤矿被开采之后,煤矿中会形成采空区,利用矸石对采空区进行充填,一方面,可以使煤矿开采产生的废石更方便处理；另一方面，采空区也能够被充填，降低煤矿坍塌的可能性。虽然我国现如今要实现矸石充填还有一定的难度，但随着开采技术的发展，一定会得到很好的解决。二是水砂充填开采技术。水砂充填是指将砂粒进行开采、破碎后储存起来，煤矿开采形成采空区之后，就将这些砂粒与水进行混合，再经过输送，将水砂混合物充填进去，从而解决煤矿采空区的问题。这种方法的使用还有更多的效果：一方面，可以再次利用采矿过程中产生的废水；另一方面，能够有效地减少煤矿中的粉尘，净化井下的空气环境。

3. 煤矿井下气化开采技术的发展

在煤矿开采过程中，有部分煤炭资源受到地理位置、地质环境、开采技术的限制，无法将其以固态的形式开采出来，或者采用传统采矿方式将会对当地的环境造成较为恶劣的影响，为了能够达到绿色开采的要求，可以采用气化开采的方式，即将固态的煤炭通过特定的技术手段，转化为气态再开采出来，从而减少对环境的影响。目前，这种技术还处于探索阶段，实现成本高，且效果受到许多条件的限制。

七、智能化矿山的安全管理要求与检查要点

（一）智能化矿山在建设和运行过程中的经验与教训

1. 统一规划，避免信息孤岛

煤矿生产经营管理部门多，由于各部门专业技术水平的差异性，与系统供应商技术交流时，偏重于系统功能需求的层面，至于组网方式、服务器的配置及安装位置、通信接口方式及通信协议等技术要求，往往由系统供应商根据自己的特点或利益倾向确定。这就容易造成煤矿各部门在智能化建设上各自为政，建设的生产、经营、管理系统之间难以实现数据的互联互通，系统建成后易形成信息孤岛，为后期各系统融合、数据采集与智能分析埋下隐患。

针对以上情况，煤矿在智能化建设时须有专业管理部门进行统一规划，统筹煤矿智能化建设的顶层设计。以专业管理部门的角色，统筹煤矿各生产经营管理部门智能化建设的需求。专业管理部门负责系统组网方式、服务器的配置及安装位置、通信接口方式及通信协议等技术要求的统一规划，其他生产经营管理部门根据本部门专业技术要求及功能需求提出要求。

在顶层设计及规划中应跳出传统的逻辑架构和思维方式，避免按照原系统进行堆砌建设。要从智能化视角进行流程再造和管理再造，以系统思维和智能化视角重塑原有架构完成规划方案，在顶层设计指导下进行流程再造和关联关系重塑。

2. 周密调研，合理顶层设计

煤矿智能化建设的方案规划需要各生产经营管理部门参与，在智能化建设专业部门的统一协调下进行密集的调研、分析与讨论，共同开展智能化规划工作。为确保智能化建设方案的科学性、合理性、可行性、前瞻性，需要重点考虑以下几个方面。

(1) 利用系统的观点，多视角地对全矿井生产经营的全部业务范围进行分析、描述和设计，建立安全生产信息化的总体架构。把安全生产业务看作一个整体，在各个生产、经营、管理系统设计和实施之前就进行总体架构的分析和设计，使各个系统有统一的标准和架构参照。

(2) 为便于后期各系统融合，煤矿各生产自动化控制系统的组态软件配置要统一，组态软件尽量是国际一流的正版软件，比如 IFIX、InTouch 等。各生产自动化控制系统的组态

软件配置统一，应有利于以下几个因素：有利于系统运维技术人员的培养（只需针对一种组态软件开展培训）；有利于组建专业化运维队伍，使运维队伍功能发挥到最大化；有利于智能化建模与分析的数据采集；有利于集中控制平台的建设。

(3) 根据煤矿生产能力、服务年限、生产系统布局（供电、通风、排水、压风、提升、瓦斯抽采、安全监控等），确定煤矿各生产自动化子系统的数量、实现的业务功能、I/O 点数等。

(4) 根据煤矿安全生产经营管理的特点及人、财、物、产、供、销各专业管理部门的需求，确定各子系统的数量及业务功能。各子系统除了各自具有完善的管理功能外，必须提供开放的二次开发接口，能与其他系统集成，满足上下游管理的需要。

(5) 根据煤矿生产自动化系统、经营管理系统的数量和业务功能需求，进行机房选址及设计、工控机位选址及设计，避免后期系统数量增加导致机房、工控机位的空间大小或位置不合理。

(6) 进行充分的考察与调研，重点考察调研以下几个方面：① 主要应用技术的先进性与成熟性；② 系统供应商专业技术人员的数量与技能水平；③ 系统供应商关键设备采用的技术与质量；④ 系统供应商的市场占有率。

(7) 服务器、工控机的配置与选型，根据系统需求（容量、内存、冗余量）配置选型，严禁出现因系统配置不合理导致系统运行频繁卡机、死机，造成软硬件配置及建设资金的浪费。

(8) 现场控制设备的选型与配置，重点考虑以下几个方面：① 煤矿各生产自动化系统控制设备的统一，宜选择国际一流的自动化控制设备，如西门子 PLC、三菱 FR 系列 PLC；② 根据系统的控制点数及感知数据的采集点数，合理选择控制设备的容量（30%左右的冗余量）；③ 考虑控制设备的体积与重量要利于现场安装、布线及后期运维。

(9) 现场感知设备的选型与配置，重点考虑以下几个方面：① 感知设备的精确度（为后期智能分析与研判提供准确的数据支撑）；② 便于安装及后期运维；③ 感知设备的接口方式。

(10) 专业化运维人才队伍建设。煤矿智能化建设涉及矿业工程、自动化工程、信息工程、机器人以及人工智能等多学科，迫切需要与之匹配的人才队伍。在智能化改造过程中容易出现人员结构与当前工作不匹配的情况，比如原有采矿专业人员占比较大，但现在智能设备配套、安装、使用和维护等工作越来越多，信息化人员已不能满足现有需求。另外，需要越来越多掌握一定信息化和智能装备使用能力的人员，还需要一些具备采矿基础、自动化控制基础和设备运维基础的复合型人才。

3. 分步实施，科学组织

煤矿应成立智能化专职机构，强化“一把手”工程，由一把手担任专职机构负责人，确保煤矿智能化建设各项工作有序推进。按照“顶层设计、基础先行、重点突破、全面接入”的建设步骤，一是充分考虑井下信号的传输、网络承载能力、传输速度，减少井下线缆的铺设量，提高数据传输的可靠性；二是对“采、掘、机、运、通、压、提、排、供”等环节智能化系统要优先建设和重点突破，采用工业控制软件、人工智能、数字孪生等新一代智能化技术，实现安全生产设备的状态感知、实时分析、科学决策、精准执行的闭环赋能体系；三是各子系统融入智慧管控平台，禁止出现“数据孤岛”；四是智能管控平台系统通过数据仓库和各种服务软件实现深度集成和互联互通，对各类数据进行抽取、清洗、聚集、汇总和压缩定制，自动显示常规信息，具备预警发布、导航查询、智能搜索、综合分析、辅助决策、协同办公、操作培训等功能。

4. 开放协议，互联互通

煤矿智能化建设的关键是各系统数据的相互融合、互联互通，通过对各系统采集的数据进行智能分析、超前研判，要求各系统通信接口能支持多种数据业务、通信协议，如：TCP/IP、HTTP、DDS、DDE/NetDDE、COM/DCOM、OPC、Rs232/Rs485、FTP 等。

煤矿智能化需要建设基础网络平台，实现各类信息化管理系统之间的数据兼容、网络兼容、业务兼容和控制兼容。煤矿设备品类众多、工业协议"七国八制"、数据格式规范各不相同，为避免建设后不能与其他系统融合、联通，就要在各子系统建设规划时，提前统一通信接口规范，各系统供应商的通信接口必须符合要求，能够从数据采集与监控（SCADA）系统、集散控制系统（DCS）、PLC、远程终端单元（RTU）、板卡、仪表、动态数据交换机制（DDE）、端口等多种软件、设备、协议获取数据，并从各种服务系统、应用系统和控制端获取命令，自动转发和执行。

5. 网络容量，数据通道

工业网络需要井上下统一规划、统一运维，形成基于业务隔离网络统一的系统。煤矿网络系统建设，重点考虑以下几个方面：

（1）安全监控系统采用专用网络，尽量避免与其他系统共用，减少因日常网络接入、维护等对监控系统运行造成影响。

（2）监测类系统、自动控制类系统对于网络带宽要求较低，实时性要求较高，应优先保证该类系统的数据传输。对于视频监控业务，需采用主干带宽 10 000 Mb/s 的工业网络，保障视频传输流畅。在建设中可优先选用 F5G 无源全光工业网络系统，实现"万兆上联、千兆接入"。

（3）主干网络具备冗余保护，井下网络主要节点间物理线路应至少 2 条，在井筒、巷道中尽量分开布设，避免因线路故障造成网络中断。各个网络节点间采用环形、网状结构，减少单点故障造成网络大面积瘫痪。

（4）核心设备应配备冗余，支持三层路由，具备自诊断功能，自愈时间小于 50 ms。

（5）支持对不同类型的业务分配端到端管道资源，管道带宽可灵活配置；支持优先级标记功能，不同的业务流可以根据优先级别配置；支持优先级、权重等拥塞管理机制，保障重要系统的实时性。

（6）无线网络应采用 4G/5G/Wi-Fi6 主流无线通信技术，不同制式通信网络均能通过其通信网关实现终端节点基于 IPv4 或 IPv6 进行网络层级访问。

6. 网络、信息安全、防护做到三同时

煤矿网络应用规模和复杂度大幅度提高，网络信息安全问题愈加突显。传统的 IT、OT 隔离格局逐渐打破，工业网络与办公网络的融合，给工业控制系统带来的风险越来越多。一旦出现网络信息安全事件，将对煤矿正常秩序带来严重影响，轻则造成生产影响，重则造成人身伤害事故。网络信息安全防护系统用来保护网络及信息系统的硬件、软件、数据等，不受偶然的或者恶意的原因而遭到破坏、更改、丢失、泄露，保障信息系统连续可靠稳定运行，网络服务不中断。网络安全建设应满足国家网络信息安全法规规定，需达到等保 2.0 二级要求，有条件的要达到等保 2.0 三级要求。

煤矿智能化规划时，网络信息安全防护体系建设需要与智能化建设同时规划、同时建设、同时投入使用。对于监测监控系统、传感系统、工业自动化系统、软件系统等业务系统之间既要互相访问，又要互相隔离，满足信息安全要求。主要从以下几方面考虑：

(1) 基础网络防护。通过对煤矿办公网络、工业网络分区分域，并在各区域根据功能特性不同，部署边界安全防护设备，保障网络具备初步的网络防护能力，形成主动、全面、高效的技术防御、检测、响应闭环体系，将面临的各种风险控制在可以接受的范围内，且出现网络信息安全事件后，能够快速定位、响应。

(2) 工业网络防护。随着智能化建设推进，工业网络与办公网络互联互通，一旦发生攻击，没有有效的阻断机制和隔离机制将难以遏制攻击扩散造成严重的影响。在工业控制系统中，终端设备包括现场的仪表、传感器、PLC、RTU 等，也包括 SCADA 系统中的各类操作终端和服务器及 PLC 对应的操作员站。这些终端，既有不同厂商生产的自动化设备，也有使用 Windows 系统安装工业组态软件的工控计算机。这些设备中存在大量的可被利用的隐患，且存在难以修复、难以利用防病毒软件进行保护的特点。在工业控制系统网络边界、网络内部及现场的关键终端需要分别落实必要的安全防护技术手段，实现安全威胁的闭环处置。

(3) 数据安全与灾备。为保障业务系统的连续性，防止由于硬件故障、操作系统升级、软件崩溃、逻辑错误等生产环境造成的业务停顿及数据丢失等情况的发生，重要的业务系统需要考虑建立应用级灾备，在因外部原因导致业务系统中断时，可以快速地完成整个业务系统的重建工作，保障业务系统数据的完整性和业务的连续性。

(4) 完善网络信息安全管理制度。建立完善的网络信息安全管理制度，对接入煤矿网络的人员、设备采取严格的管控措施，建立网络信息安全事件应急预案并定期进行演练。定期扫描病毒和恶意软件、定期更新病毒库、查杀临时接入设备（如临时接入 U 盘、移动终端）等；以满足工作要求的最小特权原则来进行系统账户权限分配，确保因事故、错误、篡改等原因造成的损失；定期审计分配的账户权限是否超出工作需要；强化工业控制设备、SCADA 系统、工业通信设备等的登录账户及密码，避免使用默认口令或弱口令，定期更新口令；严格禁止工业控制系统面向互联网开通 HTTP、FTP 等高风险通用网络服务，严禁私自通过工业网络连接互联网远程调试；外来人员携带 U 盘、笔记本等设备接入煤矿内部网络调试设备的，要严格检查确认。

7. 机房安全，重中之重

煤矿数据中心机房是所有信息化、智能化设备运行的中枢，机房的设计、布局要考虑安装使用方便、管理容易、安全可靠等各方面的因素，同时要考虑为今后容量增加预留一定余量。主要考虑以下方面：

(1) 可靠性。具有抵御一般自然灾害如地震、水灾、水害、鼠虫害等的能力。具备可靠稳定的电力系统（双回路供电）、空调系统、防雷系统、抗电磁干扰系统、防静电系统、事故照明、消防系统，确保电力系统及空调系统运行的连续性。

(2) 先进性。采用先进的设备和技术，对机房内包括供配电、空调与新风、环境、安保、消防等系统设备运行情况进行数据采集，结合动环监控系统平台进行有效的运行管控。

(3) 灵活性。考虑到未来不断发展的需要及投资效益，综合考虑机房面积、供配电系统容量、空调系统容量、数据接入量等，预留合理的余量及可扩充的空间，使机房的投资及今后的发展都能得到可靠的保障。

(二) 智能化采煤工作面建设经验及注意事项

1. 应用工作面超前主动支护技术

合理确定超前支护参数,构建"综采工作面超前主动支护"技术体系,由传统的单体柱或超前液压支架被动支护方式升级为锚索主动支护方式。同时配套KJ-24型顶板压力在线监测系统,对液压支架工作阻力、锚杆(索)受力、顶板离层情况、围岩应力分布及巷道收敛变形情况进行实时在线监测,井上计算机实时动态显示监测参数、云图和直方图,出现异常可实时报警并记录报警事件,利于分析矿压显现规律、对回采应力集中情况进行监测预警,确保智能化工作面巷道支护满足安全要求。

2. 超前谋划设计,优化生产布局

超前谋划设计,优化生产系统布局,尽可能构建成大采长工作面(长度大于300 m)。同时考虑辅助运输的需求,保证设备的运输空间,为智能化设备的运行提供了空间保障。

设置远程恒压供液系统,远程供液设备应布置在车场内,回采期间无须移动设备。乳化泵站配有两泵一箱,供液距离最长可达1 600 m。供液系统配套有净化水装置和乳化液自动配比装置,且设置专用水源,保证供液系统水质安全;同时采用ϕ88型高压钢管作为工作面供回液管路,增加大采长工作面供液流量,满足多支架成组操作的要求。

3. 加强人才队伍建设,助力智能化发展

培养一批智能化高素质人才,通过以老带新的方式,完善智能化人才队伍的建设,由原来的仅有骨干人员参与建设到全员参与智能化工作面运维,做到岗位作业人员会安装、会维护、会调试、会操作。

4. 优化辅助运输系统,提升运输安全

因地制宜,优化辅助运输系统。设备安装期间的辅助运输优先考虑单轨吊,如果轨道平巷运输距离超过1 000 m,为提升运输效率,建议使用2台单轨吊,可在巷道约800 m位置施工接替地坑,前后接力运输支架安装,其中一台负责运输,一台负责工作面安装,以提高安装效率。支架组装可推广使用矿用液压起吊装置,组装一台支架仅需半小时。

5. 执行大件运输交接单制度

为确保大件设备的运输安全,做到明确管理责任、规范交接流程,堵塞安全漏洞,对入井的支架、采煤机、运输机、转载机、破碎机、综掘机、移动变电站、液压泵站、大型水泵、绞车等设备的装车、运输环节实行运输交接单制度,对运输大件物品的车辆在每一个转运点和关键点都要执行安全检查和安全确认,并履行交接检查、签单制度。

6. 信息沟通要及时

安装调试期间及时的信息沟通非常重要。地面存放几台支架,井下各地点备用几台支架,轨道坡根据供车、供料情况能下几台支架,车场能存放几台支架等,信息精准及时才能保证智能化建设秩序和精准调度。在设备调试中矿方要安排专人与厂家对接,包括设备、工具的准备,光纤融合,网络IP地址的分配,协助厂家人员完成监控通信系统的建立。

(三) 智能化工作面日常维护及安全管理

智能化工作面是以集控操作系统为主体,分别控制采煤机、支架电液控系统和一键启停集控操作系统。采煤机实现了记忆割煤,配合跟机视频异地操作,以及其状态、速度、电流、温度等数据的上传。支架电液控系统实现了工作面跟机移架、自动推刮板输送机、自动调直、支架姿态、采高、立柱压力、推移行程、人员位置等数据上传，配合人员异地操作支架。一键启停集控操作系统是通过固定点视屏配合，对运输沿线进行一键启停，并实现对转载机胶带尾远控自移、远控放煤、乳化泵站自动配比、自动加水、自动对进回液反冲等功能。

但如果工作面地质条件复杂，采煤机割煤和液压支架自移仍需要人工干预。采煤机记忆割煤率达到95%以上。煤层赋存条件稳定时人工干预率低于25%，工作面遇地质构造、过煤厚变化区、煤层倾角过渡带等，采煤机需要重新采集数据，学习人工操作，人工干预率达到70%以上。由于液压支架自动升降、移架靠时间控制，当液压支架挤架、顶梁挤到煤墙时，降架阻力大，在设定时间内无法完成自降但仍会执行移架动作，因移架阻力大无法移架到位，需要人工辅助移架，这时跟机移架率达到90%以上，人工辅助移架率在40%左右。

使用过程中常出现的问题及注意事项如下：

(1) 工作面煤层厚度变化和过断层时，需要调整回采层位，起刮板输送机角度过大时容易出现煤机截割支架顶梁等现象。这就要求工作面起刮板输送机前必须先挑顶，只有当支架顶梁相对于运输机的仰角达到5°及以上时，才可以起刮板输送机。由于现场条件变化，存在趁支架或拉移超前架影响挑顶现象，针对这种情况，应总结经验，采用两种挑顶作业方式：一是底部岩石割过后，采取适当推刮板输送机形成斜三角，利用斜切进刀方式进行挑顶作业，该作业应采取逐段进行，回刀距离应缩短，避免在机身处看护电缆，防止滚矸、甩矸伤人；二是采取底刀割岩通排过后，返空刀至需要挑顶段上方，适当推刮板输送机后下行挑顶截割。

(2) 采煤机电控箱内控制线及插头细且强度低，受震动易折断影响采煤机开启。使用过程中可以去掉控制线接头，更换为1.5 mm^2的控制线直接接在线排上。

(3) 液压介质管理要求配置清水过滤站、高压过滤站、回液过滤站等系统。要建立良好的供水系统，尽量减少用水的铁锈类固体杂质，避免导致电磁先导阀或主阀频繁故障。

(4) 工作面支架在进行自动跟机移架时底调油缸不能自动收回，易造成油缸把邻架底座销子挡板碰坏，且增加了支架拉移过程中的阻力。

(5) 电液控液压支架方面，每班对控制器接线插头进行检查确认，确保控制器架间连接通信正常。设置好自动反冲洗时间，确保新设备中附带的杂质不堵塞过滤阀芯。对乳化液供液管路接头进行排查，发现有漏液、封闭不严现象及时处理。

(6) 三机运行方面，每班对采煤机、运输机和转载机进行运转测试，确保采煤机自动割煤控制正常运转，惯导系统自动找直功能运行正常，三机协调配合到位，同时在无岩石段对记忆截割功能进行使用。

(7) 供液系统方面，每班对乳化泵、净化水装置及乳化液自动配比装置传感器进行检查，确保供液系统监控正常。

(8) 集中控制系统方面，每班开机前首先对工作面所有设备巡查一遍，方可使用一键启停功能开启设备，条件较好地段使用集控中心操作采煤机及液压支架，尽量减少人工干预操作。

(9) 通信系统方面，每班接班后对工作面通信系统进行安全确认，摄像头模糊不清的及时进行擦拭，通信线路不通的及时进行排查处理，确保工作面设备通信安全可靠。

(10) 现场管理方面，智能化采煤工作面与传统采煤工作面最明显的区别就是生产期间工作面人员较少，必须确保早班检修人员充足，各种设备检修到位，一旦设备出现问题而现场处置人员不足将影响生产。

第六节　煤矿顶板灾害防治

一、采煤工作面顶板灾害预防

顶板事故是指在井下生产过程中，顶板意外冒落造成的人员伤亡、设备损坏、生产中止等事故。按冒顶范围的不同，可将煤层顶板事故分为局部冒顶和大型冒顶两类。按发生冒顶事故的力学原因进行分类，可将煤层顶板事故分为压垮型冒顶、漏垮型冒顶和推垮型冒顶三类。

矿井顶板灾害的识别和防治

局部冒顶：范围不大，有时仅在 3～5 个支架范围内，伤亡人数不多（1～2人）的冒顶，常发生在靠近煤壁附近、采煤工作面两端以及放顶线附近。在实际煤矿生产过程中，局部冒顶事故的次数远远多于大型冒顶事故，约占采煤工作面冒顶事故的 70%，总的危害比较大。从开采工序与煤层顶板事故发生的地点来看，局部冒顶可分为靠近煤壁附近的局部冒顶，采煤工作面两端的局部冒顶，放顶线附近的局部冒顶，以及地质破坏带附近的局部冒顶。

大型冒顶：范围较大，伤亡人数较多（3 人以上）的冒顶，包括基本顶来压时的压垮型冒顶、厚层难冒顶板大面积冒顶、直接顶导致的压垮型冒顶、大面积漏垮型冒顶、复合顶板推垮型冒顶、金属网下推垮型冒顶、大块游离顶板旋转推垮型冒顶、采空区冒矸冲入采煤工作面的推垮型冒顶，以及冲击推垮型冒顶等。

（一）局部冒顶事故的防治

从生产工序上来看，局部冒顶可分为采煤过程中发生的局部冒顶和回柱过程中发生的局部冒顶两类。前者由于采煤过程中有破碎顶板得不到及时支护，或者虽及时支护，但支护质量不好造成的；后者是由于单体支柱回柱操作方式不合理，如先回承压柱，使邻近破碎顶板失去支撑而造成的。

1. 煤壁附近的局部冒顶

（1）局部冒顶的原因

在煤层的直接顶中，常存在多组相交裂隙，这些相交的裂隙容易将直接顶分割成游离岩块，极易发生脱落，在采煤机采煤或爆破落煤后，如果支护不及时，这类游离岩块可能突然冒落，造成局部冒顶事故。局部冒顶的原因一般有三种：

① 直接顶被密集裂隙切割，形成了游离岩块；

② 采高过大，在基本顶来压期间，煤壁片帮，扩大了无支护空间；

③ 放顶煤开采，顶煤破碎。

（2）单体支柱采煤工作面预防靠近煤壁附近局部冒顶的措施

① 采用能及时支护悬露煤层顶板的支架，如正悬臂支架、错梁直线柱支架、Ⅱ型梁对棚迈步支架等，并使端面距不大于 200 mm，还应提高支柱的初撑力，以使端面冒高不超过 200 mm。架设支架前必须敲帮问顶，以防止掉岩块伤人。

② 爆破采煤时，炮眼布置及装药量应合理，尽量避免崩倒支架。

③ 尽量使采煤工作面与煤层的主要节理方向垂直或斜交，避免煤层片帮。一旦煤层有

片帮，应掏梁窝超前支护，防止冒顶。

(3) 综采工作面预防靠近煤壁附近局部冒顶的措施

① 在支架设计上，采用伸缩前探梁和护帮板，增大支架向煤壁方向的水平推力，提高支架的初撑力。

② 在工艺操作上，采煤机过后，及时伸出伸缩梁，及时擦顶带压移架，顶梁的俯视角不超过7°。

③ 当碎顶范围较大时(比如过断层破碎带等)，应采取对破碎直接顶注入树脂类黏结剂使其固化等方法，以防止发生冒顶。

2. 采煤工作面两端的局部冒顶

(1) 局部冒顶的原因

① 在采煤工作面两端机头、机尾处暴露的空间大；

② 若巷道提前掘进，巷道周边围岩可能已变形与破坏；

③ 曾受集中支承压力作用，顶板已遭破坏；

④ 经常要进行机头机尾的移置工作，在拆除旧支柱支设新支柱时，破碎的煤层顶板可能进一步松动冒落。

(2) 局部冒顶的预防措施

为预防采煤工作面两端发生冒顶，可在机头机尾处各应用四对“一梁三”柱的钢梁抬棚支护(即“四对八梁”支护)，每对抬棚随机头、机尾的推移逐步前移；采煤工作面两端还可以采用十字铰接顶梁以防冒顶。在超前支护20 m的范围内靠近采煤工作面10 m以内，巷道支架应加双中心柱；10 m以外，巷道支架可以采用单中心柱加强支护。

综合机械化采煤时，工作面两端必须使用端头支架或增设其他形式的支护。其他形式的支护主要有普通液压支架和单体液压支柱。若采用单体液压支柱，在采煤工作面与巷道相连处，需用一对迈步抬棚。

3. 放顶线附近的局部冒顶

(1) 局部冒顶的原因

放顶线附近的局部冒顶主要发生在使用单体支柱的采煤工作面。放顶线上的支柱受力是不均匀的，当工人回拆“吃劲”的柱子时，往往柱子一倒下煤层顶板就冒落，如果回柱工来不及撤退到安全地点，就可能被砸着而造成事故。

当煤层顶板中存在被断层、裂隙、层理等切割而形成的大块游离岩块时，回柱后游离岩块就会旋转，可能推倒采煤工作面的支架，导致局部冒顶。

此外，在金属网假顶下回柱放顶时，由于网上有大块游离岩块，也可能会发生上述的因游离岩块旋转而推倒支架而造成局部冒顶。

(2) 局部冒顶的预防措施

① 加强地质及观察工作，弄清大岩块的位置及尺寸；

② 在大岩块范围内采用木垛等加强支护；

③ 当大岩块沿采煤工作面推进方向的长度超过一次放顶步距时，在大岩块的范围内要延长控顶距；

④ 如果采煤工作面采用的是单体支柱，在大岩块范围内要用木支柱替换单体支柱，待大岩块全部都处在放顶线以外的采空区时，再用绞车回木支柱。

（二）大型冒顶事故的防治

1. 基本顶来压时的压垮型冒顶

(1) 冒顶发生的条件

① 直接顶比较薄，其厚度小于煤层采高的 2～3 倍，直接顶冒落后不能充填满采空区。

② 直接顶上面基本顶分层厚度小于 5～6 m，初次来压步距为 20～30 m，或更大一些。在采煤工作面中，当支柱的初撑力较小时，基本顶往往断裂在煤壁之内。实践证明，随基本顶其支撑条件不同，基本顶在煤壁内的断裂位置距煤壁有 1～10 m 不等。当采煤工作面推进到基本顶断裂线附近时，煤层顶板可能出现台阶下沉，这时基本顶岩块的重量全部由采煤工作面支架承担。

(2) 冒顶事故的原因

① 垮落带基本顶岩块压坏采煤工作面支架导致冒顶。

② 由于采煤工作面支架初撑力不足，在基本顶岩块未明显运动之前，直接顶与基本顶已发生离层；当基本顶岩块向下运动时，采煤工作面支架要承受冲击载荷，支架容易被损坏，从而导致冒顶。

③ 综合机械化采煤工作面如遇基本顶冲击来压时，可能将支架压死、压坏（立柱油缸炸裂、平衡千斤顶拉坏等）或压入煤层底板，从而导致煤层发生顶板事故。

(3) 预防措施

① 采煤工作面支架的支撑力应能平衡垮落带直接顶及基本顶岩层的重量；

② 采煤工作面支架的初撑力应能保证直接顶与基本顶之间不离层；

③ 采煤工作面支架的可缩量应能满足裂隙带基本顶下沉的要求；

④ 遇到平行采煤工作面的断层时，如果采煤工作面的支护是单体支柱，当断层刚露出煤壁时，在断层范围内就要及时加强采煤工作面的支护（最好用木垛），不得采用正常回柱法，要扩大控顶距，并用木支柱替换金属支柱，待断层进到采空区后再回柱；如果采煤工作面支护是液压自移式支架，若支架的工作阻力有较大的富余时，则采煤工作面可以正常推进，若支架的工作阻力没有太大的富裕时，则应考虑使采煤工作面与断层斜交或在采空区采取挑顶的措施过断层。

2. 厚层难冒顶板大面积冒顶

当煤层顶板是整体厚层硬岩层（如砂岩、砂砾岩、砾岩等，其分层厚度大于 5～6 m）时，它们要悬露几千平方米、几万平方米，甚至十几万平方米才冒落。这样大面积的煤层顶板在极短时间内冒落下来，由于重力的作用不仅会产生严重的冲击破坏力，而且更严重的是会把已采空间的空气瞬时挤出，形成巨大的暴风，破坏力极强。

(1) 冒顶的预兆

① 煤层顶板断裂声响的频率和音响增大；

② 煤帮有明显受压与片帮现象；

③ 煤层底板出现底鼓或沿煤柱附近的煤层底板发生裂缝；

④ 巷道（上、下平巷）超前压力较明显；

⑤ 采煤工作面中支柱载荷和煤层顶板下沉速度明显增大；

⑥ 有时采空区煤层顶板发生裂缝或淋水加大，向煤层顶板中打的钻孔由流清水变为流白糊状的液体（断裂岩块互相摩擦形成的岩粉与水的混合物）。

（2）预防措施

对大型冒顶可以用微震仪、地音仪和超声波地层应力仪等进行预测，因为厚层坚硬岩层的破坏过程，常在冒顶前几十天就出现声响和其他异常现象，也有在冒顶前几天甚至几小时才会出现预兆。因此，根据仪器测量结果，再结合历次冒顶预兆的特征，可以对大型冒顶进行较准确的预报。防止和减弱大型冒顶危害的措施是改变岩体的物理力学性质，以减小煤层顶板悬露及冒落面积，减小煤层顶板冒落高度，降低空气排放速度。具体的措施如下：

① 煤层顶板高压注水。从采煤工作面平巷向煤层顶板打深孔，进行高压注水，注水水泵最大压力达 15 MPa。煤层顶板注水可以起到弱化煤层顶板和扩大岩层中的裂隙及弱面的作用。

② 强制放顶。用爆破的方法人为地将煤层顶板切断，使煤层顶板冒落一定厚度形成矸石垫层。切断煤层顶板可以控制煤层顶板冒落面积，减弱煤层顶板冒落时产生的冲击力；形成矸石垫层则可以缓和煤层顶板冒落时产生的冲击波及暴风。

3. 大面积漏垮型冒顶

（1）冒顶的原因

由于煤层倾角较大，直接顶又异常破碎，采煤工作面支护系统中如果某个地点失效就发生局部漏冒，这时破碎的煤层顶板就有可能从这个地点开始沿采煤工作面往上全部漏空，造成支架失稳，导致采煤工作面发生漏垮型冒顶。

（2）预防措施

① 选用合适的支柱，使采煤工作面支护系统有足够的支撑力与可缩量；

② 煤层顶板必须背严背实；

③ 严禁爆破、移刮板输送机等工序弄倒支架。

4. 复合煤层顶板推垮型冒顶

推垮型冒顶是指因水平推力作用使采煤工作面支架大量倾斜而造成的冒顶事故。复合煤层顶板由下软上硬岩层构成。下部软岩层可能是一个整层，也可能是由几个分层组成的分层组。这里的软岩层与硬岩层只是个形象的说法，实际上是指采动后下部岩层或因岩石强度低，或因分层薄，其挠度比上部岩层大，向下弯曲得多，而上、下部岩层间又没有太大的黏结力，因此下部岩层与上部岩层形成离层。从外表看，似乎下部岩层较软，上部岩层较硬。

（1）典型复合煤层顶板的特征

① 煤层顶板由下软上硬不同岩性的岩层组成；

② 软硬岩层间有煤线或薄层软弱岩层；

③ 下部软岩层的厚度通常情况下不小于 0.5 m 且不大于 3 m。

（2）冒顶的原因

由于支柱的初撑力小，在煤层顶板下位软岩层的自重作用下，软岩层与支柱同时萎缩或下沉，而煤层顶板上部硬岩层未下沉或下沉较慢，也就是软硬岩层下沉不同步，软岩层下沉快而硬岩层下沉慢，从而导致软岩层与其上部硬岩层离层，进而引发冒顶。

（3）预防措施

① 应用伪俯斜采煤工作面并使垂直采煤工作面方向的向下倾角达 4°～6°；

② 掘进上下平巷时不破坏复合煤层顶板；

③ 采煤工作面初采时不要反推；

④ 控制采高，使软岩层冒落后能超过采高；

⑤ 尽量避免上下平巷与采煤工作面斜交；

⑥ 在开切眼附近于控顶区内，系统地布置树脂锚杆。但是，在采取这个措施时应考虑在采煤工作面中打锚杆钻孔的可能性，以及煤层顶板硬岩层折断垮落时，由于没有已垮落的软岩层作垫层，来压是否会过于强烈等问题。

二、掘进工作面顶板灾害预防

巷道掘进过程中的顶板事故一般发生在掘进工作面、巷道交叉处。造成掘进工作面顶板事故的主要原因是空顶作业、未及时支护或遇地质变化、支护形式或结构不合理、违章爆破作业等。

（一）掘进工作面冒顶事故的防治

1. 冒顶的原因

（1）掘进破岩后，顶部存在将与岩体失去联系的岩块，如果支护不及时，该岩块可能与岩体失去联系而冒落。

（2）掘进工作面附近已支护部分的顶部存在与岩体完全失去联系的岩块，一旦支护失效，就会冒落而引发事故。

2. 预防措施

（1）根据掘进工作面岩石性质，严格控制空顶距。当掘进工作面遇到断层、褶曲等地质构造破坏带或层理裂隙发育的岩层时，棚子支护时应紧靠掘进工作面，并缩小棚距，在掘进工作面附近应采用拉条等把棚子连成一体，防止棚子被推垮，必要时还要打中柱；锚杆支护时应采取特殊措施。

（2）严格执行“敲帮问顶”制度，危石必须挑下，无法挑下时应采取临时支撑措施，严禁空顶作业。

（3）掘进工作面冒顶区及破碎带必须背严接实，必要时要挂金属网防止漏空。

（4）掘进工作面炮眼布置及装药量必须与岩石性质、支架与掘进工作面距离相适应，以防止因爆破而崩倒棚子。

（5）采用前探掩护式支架，使工人在煤层顶板有防护的条件下出渣、支棚腿，以防止冒顶伤人。

（二）巷道交叉处冒顶事故的防治

1. 冒顶的原因

巷道交叉处冒顶事故往往发生在巷道开岔的时候，因为开岔口需要架设抬棚以替换原巷道棚子的棚腿，如果开岔处巷道顶部存在与岩体失去联系的岩块，并且围岩正向巷道挤压，而新支设抬棚的强度不够或稳定性不够就可能造成冒顶事故。

（1）抬棚架设一段时间后才能稳定，过早拆除原巷道棚腿容易造成抬棚不稳。

（2）开岔口处围岩尖角如果被压碎，抬棚腿失去依靠也会失稳。至于抬棚的强度，则与选用的支护材料及其强度有关。

2. 预防措施

(1) 开岔口应避开原来巷道冒顶的范围。

(2) 必须在抬棚支设稳定后再拆除原巷道棚腿，不得过早拆除，切忌先拆棚腿后支护抬棚。

(3) 注意选用抬棚材料的质量与规格，保证抬棚有足够的强度。

(4) 当开岔口处围岩尖角被挤压坏时，应及时采取加强抬棚稳定性的措施。

(三) 支架支护巷道冒顶事故的防治

1. 冒顶的原因

(1) 压垮型冒顶是因巷道顶板或围岩施加给支架的压力过大，损坏了支架，从而导致巷道顶部已破碎的岩块冒落。

(2) 漏垮型冒顶是因无支护巷道或支护失效(非压坏)巷道顶部存在游离岩块，这些岩块在重力作用下冒落，造成事故的发生。

(3) 推垮型冒顶是因巷道顶帮破碎岩石，在其运动过程中存在平行巷道轴线的分力，如果这部分巷道支架的稳定性不够，可能被推倒而发生冒顶。

2. 预防措施

(1) 在可能的情况下，巷道应布置在稳定的岩体中，并尽量避免采动的不利影响。

(2) 巷道支架应有足够的支护强度以抗衡围岩压力。

(3) 巷道支架所能承受的变形量，应与巷道使用期间围岩可能的变形量相适应。

(4) 尽可能做到支架与围岩共同承载。支架选型时，尽可能采用有初撑力的支架；支架施工时，要严格按工序质量要求进行，并特别注意顶与帮的背严背实问题，杜绝支架与围岩间的空顶与空帮现象。

(5) 凡因支护失效而空顶的地点，重新支护时应先护顶，再施工。

(6) 巷道替换支架时，必须先支新支架，再拆旧支架。

(7) 在易发生推垮型冒顶的巷道中要提高巷道支架的稳定性，可以在巷道的架棚之间严格地用拉撑件连接固定，增加架棚的稳定性，以防推倒。倾斜巷道中架棚被推倒的可能性更大，其架棚间拉撑件的强度、密度要适当加大。

三、处理顶板事故的基本原则

(一) 基本原则

1. 先外后里

先检查冒顶处前后 5 m 范围内支架的完整情况，有问题先处理。必要时可采取临时加固措施，例如加密支架，加打木垛，前后支架拉紧支牢，加打抬板，插严背牢等，以增加后路、外围支架的支护能力和稳定性，确保后路畅通。

对一段巷道进行冒顶处理时，也必须坚持先处理外面的(离安全出口近的那一头)，再逐渐向里面前进，直至全部完成。禁止在巷道只存一个安全出口的情况下，两头同时进行处理工作，以防止再一次发生冒顶时，将人员堵在里面。

2. 先支后拆

更换巷道支护时，在拆除原有支护前，应先加固临近支护，拆除原有支护后，必须及时除掉顶帮后面的碎矸并架设永久支护，必要时还应采取临时支护措施。

如需更换柱腿，应该先用单体液压支柱在顶梁下打好立柱，再拆去旧柱腿。

3. 先上后下

倾斜巷道处理冒顶时应该由上至下进行，特别是倾角在 15°以上时，必须有防止矸石、物料滚落和支架歪倒的安全措施。

4. 先近后远

当一条巷道存在几处需要处理冒顶的地段，应该先处理距安全出口较近的那段，再向前处理较远的那一段，直至把巷道内的各段都处理通。这样可以避免因距安全出口较近的那一段再次冒顶，而将里面那一段的作业人员堵在里面。

5. 先顶后帮

为了保证操作人员的人身安全，在处理程序上必须注意先维护，支撑住顶板，再维护好两帮。如巷道一侧片帮需要处理，这时必须在顶梁下靠片帮侧打上一根立柱，使顶板稳住，然后对片帮空间进行架设支架。

（二）处理方法

1. 直接支架法

在巷道围岩已经稳定，冒落矸石又不多，冒顶范围为 2～3 架时，可采用直接支架法，即先扒掉碍事的矸石，在两帮掏出柱窝，然后立好柱腿，紧接着架设顶梁，并且插背好，最后清理底部煤矸。再往前依次照上述程序操作，直至处理完毕为止。

2. 撞楔法

当巷道冒落矸很碎，可采用撞楔法处理。在冒顶的地方先用撞楔向冒落碎矸深处打入，在撞楔的保护下，清理冒落的煤矸，重新架设支架。如图 4-6 所示。

撞楔的材料可选用钢轨或小圆木。

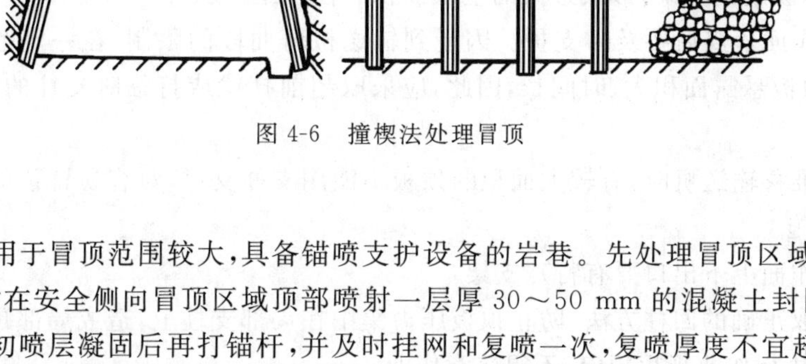

图 4-6　撞楔法处理冒顶

3. 锚喷法

锚喷法适用于冒顶范围较大，具备锚喷支护设备的岩巷。先处理冒顶区域内顶板及两帮活矸，人员站在安全侧向冒顶区域顶部喷射一层厚 30～50 mm 的混凝土封固顶板，然后再封两帮。当初喷层凝固后再打锚杆，并及时挂网和复喷一次，复喷厚度不宜超过200 mm。冒顶处理完后，按要求立模砌碹，也可架设金属支架。如图 4-7 所示。

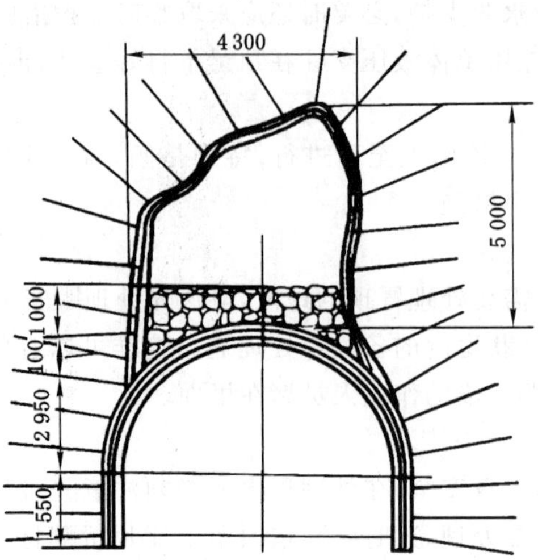

图 4-7 锚喷法处理冒顶

4. 木垛法

如果巷道冒顶范围较大、冒落高度较高，且冒落空洞以上顶板基本稳定，可以采用木垛法。

先在冒落空洞里以下部的冒落煤矸为底加打木垛接顶，然后在木垛保护下清理煤矸，重新支架。在冒落空洞里加打木垛是带有一定危险的工作，操作时必须十分注意安全。操作前要站在有支架掩护的地点，用长柄工具敲帮问顶，并设专人观察顶板变化情况。

四、预防顶板事故的安全管理要求与检查要点

（一）预防顶板事故的安全管理要求

1. 采煤工作面预防局部冒顶的安全管理要求

（1）工作面支架方式要与顶板岩性相适应。较坚硬的顶板可采用点柱，松软破碎的顶板要用棚子加背板。

（2）采取措施预防爆破造成冒顶。根据顶板条件选择炮眼布置、角度、装药量及一次爆破量，防止爆破崩倒支架，形成过大的空顶面积和控顶距。

（3）工作面落煤后要及时支护。因受到输送机弯曲段的限制，在一定范围内不能及时打基本柱，顶板悬露面积大、时间长，因此，应采取超前挂梁或打临时支柱的方法，防止局部冒顶。

（4）在推移输送机时，有较大面积的顶板不能用支柱支撑，对容易冒顶的破碎顶板必须采取相应措施。

（5）工作面上下出口要有特殊支架。

（6）采取正确的回柱方法，防止顶板压力集中在局部支柱上，造成局部顶板破碎及回柱困难。严格执行作业规程规定，不得违章作业。

（7）严格执行各项顶板管理制度。如“敲帮问顶”制度、验收支架制度、岗位责任制度、顶板分析制度和交接班制度等。

(8) 保证工作面正规循环作业，加快推进速度。

2. 采煤工作面预防大型冒顶的安全管理要求

(1) 了解顶板活动规律，有条件时应对采煤工作面顶板进行矿压观测，对顶板来压进行预测预报。

(2) 对于坚硬顶板有大面积悬顶，并有大型冒顶危险时，要采取顶板高压注水措施。

(3) 坚硬顶板要进行强制放顶。

(4) 提高支架的稳定性及单体支柱的初撑力和刚度。

(5) 严格控制工作面采高。

(6) 采煤工作面在开切眼初采时不要反向开采。

(7) 掘进上下平巷时不得破坏复合顶板。

(8) 重视初次放顶，加强有效的安全措施。

(9) 对于直接顶破碎的大倾角工作面，为防止出现大面积漏垮型冒顶，应合理选用支架，保证支柱有足够的支撑力和可缩量，顶板背严接实，严禁爆破崩倒支架，移刮板输送机推倒支架。

3. 掘进工作面预防冒顶的安全管理要求

(1) 掘进工作面要坚持使用前探梁支护。爆破前要加固棚子，实行“三人连锁爆破制”，防止崩倒棚子引起冒顶。

(2) 及时处理局部漏顶，以免引起大型冒顶。

(3) 坚持“敲帮问顶”制度。在进入掘进工作面装煤、支护前要“敲帮问顶”，处理已离层的顶板，如果处理不下来，要先用点柱支撑。

(4) 在破碎带或斜巷掘进时，要采取缩小支架间距、控制控顶距、用拉撑件联结支架、顶帮背实等预防冒顶的措施。

(5) 必须按作业规程的规定及时支护，严禁空顶作业。

(二) 预防顶板事故的检查要点

(1) 采煤工作面所有安全出口与巷道连接处超前压力影响范围内必须加强支护，且加强支护的巷道长度不得小于 20 m；综合机械化采煤工作面范围内的巷道高度不得低于 1.8 m，其他采煤工作面范围内的巷道高度不得低于 1.6 m。安全出口和与之相连接的巷道必须设专人维护，发生支架断梁折柱、巷道底鼓变形时，必须及时更换、清挖。

(2) 采煤工作面不得任意留顶煤和底煤，伞檐不得超过作业规程的规定。采煤工作面的浮煤应当清理干净。阶檐的宽度、台阶面长度和下部超前小眼的个数，必须在作业规程中规定。

(3) 采煤工作面必须存有一定数量的备用支护材料。严禁使用折损的坑木、损坏的金属顶梁、失效的单体液压支柱。

(4) 在同一采煤工作面中，不得使用不同类型和不同性能的支柱。在地质条件复杂的采煤工作面中使用不同类型的支柱时，必须制定安全措施。

(5) 单体液压支柱入井前必须逐根进行压力试验。

(6) 对金属顶梁和单体液压支柱，在采煤工作面回采结束后或者使用时间超过 8 个月后，必须进行检修。检修好的支柱，还必须进行压力试验，合格后方可使用。

(7) 采煤工作面严禁使用木支柱(极薄煤层除外)和金属摩擦支柱支护。

(8) 采煤工作面必须及时支护，严禁空顶作业。所有支架必须架设牢固，并有防倒措施。严禁在浮煤或者浮矸上架设支架。单体液压支柱的初撑力，柱径为 100 mm 的不得小于 90 kN，柱径为 80 mm 的不得小于 60 kN。对于软岩条件下初撑力确实达不到要求的，在制定措施、满足安全的条件下，必须经矿总工程师审批。严禁在控顶区域内提前摘柱。碰倒或者损坏、失效的支柱，必须立即恢复或者更换。移动输送机机头、机尾需要拆除附近的支架时，必须先架好临时支架。

(9) 采煤工作面遇顶底板松软或者破碎，过断层、老空区、煤柱或者冒顶区，以及托伪顶开采时，必须制定安全措施。

(10) 采煤工作面用垮落法管理顶板时，必须及时放顶。顶板不垮落、悬顶距离超过作业规程规定的，必须停止采煤，采取人工强制放顶或者其他措施进行处理。

(11) 放顶的方法和安全措施，放顶与爆破、机械落煤等工序平行作业的安全距离，放顶区内支架、支柱等的回收方法，必须在作业规程中明确规定。

(12) 放顶人员必须站在支架完整，无崩绳、崩柱、甩钩、断绳抽人等危险的安全地点工作。

(13) 回柱放顶前，必须对放顶的安全工作进行全面检查，清理好退路。回柱放顶时，必须指定有经验的人员观察顶板。

(14) 采煤工作面初次放顶及收尾时，必须制定安全措施。

(15) 采煤工作面采用密集支柱切顶时，两段密集支柱之间必须留有宽 0.5 m 以上的出口，出口间的距离和新密集支柱超前的距离必须在作业规程中明确规定。采煤工作面无密集支柱切顶时，必须有防止工作面冒顶和矸石窜入工作面的措施。

(16) 巷道架棚时，支架腿应落在实底上；支架与顶、帮之间的空隙必须塞紧、背实。支架间应设牢固的撑杆或拉杆，可缩性金属支架应采用金属支拉杆，并用机械或力矩扳手拧紧卡缆。倾斜井巷支架应当设迎山角；可缩性金属支架可待受压变形稳定后喷射混凝土覆盖。巷道砌碹时，碹体与顶帮之间必须用不燃物充满填实；巷道冒顶空顶部分，可用支护材料接顶，但在碹拱上部必须充填不燃物垫层，其厚度不得小于 0.5 m。

(17) 采用锚杆、锚索、锚喷、锚网喷等支护形式时，应当遵守下列规定：

① 锚杆(索)的形式、规格、安设角度，混凝土强度等级、喷体厚度，挂网规格、搭接方式，以及围岩涌水的处理等，必须在施工组织设计或者作业规程中明确。

② 采用钻爆法掘进的岩石巷道，应当采用光面爆破。打锚杆眼前，必须采取敲帮问顶等措施。

③ 锚杆拉拔力、锚索预紧力必须符合设计。煤巷、半煤岩巷支护必须进行顶板离层监测，并将监测结果记录在牌板上。对喷体必须做厚度和强度检查并形成检查记录。在井下做锚固力试验时，必须有安全措施。

④ 遇顶板破碎、淋水，过断层、老空区、高应力区等情况时，应加强支护。

(18) 开工前，班组长必须对工作面安全情况进行全面检查，确认无危险后，方准人员进入工作面。

(19) 严格执行敲帮问顶及围岩观测制度。

【案例 4-1】 山西长治某矿“8・4”较大顶板事故

2022 年 8 月 4 日，山西长治某矿发生较大顶板事故，造成 5 人遇难，直接经济损失 1

982.28 万元。该矿隶属于 A 公司，核定生产能力为 90 万 t/a，属低瓦斯矿井，水文地质类型中等。事故发生在 3# 煤层 31 采区 3102 胶带平巷掘进工作面，为该采区南翼布置的第一个工作面，巷道为半煤岩巷，左右均为实体煤，上覆为 2# 煤层采空区，采用锚网梁索支护。

1. 事故直接原因

3102 胶带平巷掘进工作面现场作业人员违反过断层安全技术措施中“掘一排，支一排”规定，在架棚支护已滞后工作面迎头 2.4 m 的情况下，未进行架棚补强支护，继续冒险掘进，造成工作面迎头 4.5 m 范围内仅有锚网梁索支护，不足以支撑顶板压力，顶板结构失衡发生冒顶，导致事故发生。

2. 事故间接原因

(1) 煤矿现场安全管理缺失。3102 胶带平巷掘进工作面在过断层期间没有安排专职安全员进行现场安全监督；事故当班带班矿领导、跟班驻矿安全检查工未到事故地点进行检查，未发现事故地点存在顶板管理方面的重大隐患；事故当班班长违章指挥，未及时进行架棚补强支护。

(2) 煤矿施工技术管理缺位。未查清掘进工作面上覆 2# 煤层开采历史和老空巷道布置情况；未组织作业人员认真学习 3102 胶带平巷掘进面过断层安全技术措施，未督促现场施工人员严格执行。

(3) 煤矿日常安全管理混乱。未严格执行入井检身登记制度，人员识别卡管理不严格，代打卡现象长期存在，有些入井人员不带人员识别卡；特种作业人员配备严重不足，存在冒名顶替、人证不符等问题；矿领导带班下井不在现场交接班、提前升井现象普遍。

(4) 煤矿建设、施工、监理三方安全责任未落实。一是建设单位未落实安全管理责任。该矿 3# 煤层建设项目施工队伍机构设置不健全、安全技术人员配备不足；不重视 3# 煤层建设项目施工期间的安全管理，没有及时发现和消除施工过程中的安全隐患。二是施工单位未落实安全主体责任。3# 煤层建设项目施工过程中，A 公司仅派驻 1 名项目部经理，且未实质性参与该项目，也未到施工现场履行职责。三是监理单位未落实项目监理责任。监理部总监理工程师未到施工现场履行职责，专业监理工程师未认真履行职责，监理日志造假，工程监理缺位。

(5) 上级企业安全管理责任未落实。该公司未认真履行主要股东职责，对该煤矿在安全管理上存在的问题失察；事故发生后，对矿长迟报、谎报事故行为未予制止；未督促该煤矿落实安全生产主体责任。

3. 事故教训

(1) 切实加强顶板管理。煤矿企业在井巷维修时，必须认真分析作业地点顶、帮岩性，科学确定支护参数、支护工艺及支护材料，制定针对性的安全技术措施，现场落实到位；严格执行敲帮问顶及围岩观测制度，在拆除原有支架前要先加固临近支架，并采取有效的临时支护措施，严禁空顶作业；维修前存放一定数量的单体液压支柱，并有冒顶堵塞井巷时保证人员撤退的出口；独头巷道维修时必须保证通风、撤人安全，并由外往里逐架进行；采掘工作面、巷道维修严禁采用木支护等淘汰、落后的支护材料，遇地质构造必须加强支护。

(2) 强化安全生产主体责任。煤矿企业要认真落实企业主体责任，提升安全意识，依法依规进行安全管理。在复工复产前进行隐患排查、清理及巷道维修作业前，必须配备齐全工程技术人员，以及安全员、瓦斯检查工等特种作业人员；深入研判作业地点瓦斯、顶板、水害威胁等风险，制定安全技术措施，组织从业人员学习贯彻后方可进行；认真开展风险防控及隐患排查治理，提升从业人员安全风险意识，及时消除事故隐患；按规定对从业人员进行入职前培训，经考核合格后，方可安排上岗作业。

(3) 切实提升依法办矿、依法管理意识。煤矿企业要严格落实全员安全生产责任制，确保责任到岗到人；发生事故后，必须按规定及时报告煤矿安全监管部门及矿山安全监察机构，以便组织抢险及处理善后等工作，防止贻误事故抢救，发生次生灾害。

(4) 严格落实煤矿建设、施工、建立三方责任，加强安全监督管理。

第七节 冲击地压及其防治

冲击地压是煤矿巷道和采场周围煤岩体由于积聚的弹性变形能的突然释放，而产生的以突然、急剧、猛烈破坏为特征的特殊的矿山压力现象，是煤矿重大灾害之一。其主要显现特征是突发性，发生前无明显征兆，冲击过程短暂；多样性，表现为煤爆、浅部冲击(煤壁内2～6 m范围)和深部冲击；破坏性强，往往造成煤壁片帮、顶板下沉和底鼓、支架折损、巷道堵塞、人员伤亡；复杂性，冲击地压可简单地看作承受高应力的煤岩体突然破坏的现象。

一、冲击地压的形成机理、特征与分类

(一) 冲击地压的形成机理

所谓冲击地压发生机理，就是指冲击地压发生的原因、条件、机制和物理过程。冲击地压的发生机理就其主要方面来讲，就是在一定的地质因素和开采条件下，煤(岩)受外力引起变形，发生突然破坏的力学过程。

地下岩体处在复杂与强大的自重应力、构造应力和开采附加应力场中，地下赋存的煤体与岩体，在强大的应力作用下产生变形。当岩块处于弹性状态，且应力不能解除时，外力做的功将会以能量的形式储存在岩体内，获得弹性变形能。在地下采掘过程中，随着开采场所的不断变更，原岩应力发生改变，煤岩体原有应力平衡状态遭到破坏后，煤岩体寻找一种新的动力平衡状态，当应力超过煤岩的强度极限时，积聚在煤岩体中的能量就会突然释放，动力平衡条件就会被破坏，从而引发冲击地压灾害。

对冲击地压成因和机理的解释主要有强度理论、刚度理论、能量理论、冲击倾向性理论和失稳理论。

(二) 冲击地压的特征

(1) 突然爆发。冲击地压发生前，预兆不明显。

(2) 巨大声响。冲击地压爆发的瞬间伴有雷鸣般的响声。

(3) 冲击波强。煤体内积聚的弹性变形能突然释放，产生强大的冲击波。它能冲倒几十米至几百米内的风门、风墙等设施。

(4) 弹性震动。冲击地压发生时在围岩内引起弹性震动，人员被弹起摔倒，甚至输送机、轨道等重型设备可能被震动和推移，连地面人员有时都能感到这种震动。

(5) 煤体移动。据现场观测，浅部冲击时煤体发生移动，煤体移动时在顶板接触面上留有明显的棕褐色擦痕。

(6) 顶板下沉或底板鼓裂。冲击地压发生时,常导致顶板下沉或底鼓。

(7) 煤帮抛射性塌落。塌落多发生在煤帮上部到顶板的一段,越靠近顶板塌落越深,强烈冲击时,塌落深度可达 1.5～2.0 m。

(三) 冲击地压的分类

冲击地压可分为重力型冲击地压、构造型冲击地压和综合型冲击地压三类。

(1) 重力型冲击地压是受重力作用,在一定的顶底板和深度条件下,由采掘影响引起的冲击地压。

(2) 构造型冲击地压主要指受构造应力作用引起的冲击地压。

(3) 综合型冲击地压是指在重力和构造应力共同作用下引起的冲击地压。

二、引发冲击地压的条件与因素

(一) 自然地质条件

(1) 煤层性质:煤的强度、冲击倾向性、弹脆性等力学性质;煤的厚度、埋深、含水率、孔隙度、煤层结构等物理性质。

(2) 煤层顶底板岩层性质:坚硬岩层的厚度、强度、冲击倾向性等。

(3) 地质构造:褶曲构造、断裂构造展部形态,局部地应力异常,煤层厚度和倾角突变等。

(二) 生产技术因素

(1) 人为造成高应力集中区,为冲击地压的发生提供力源条件。

(2) 人工作业造成应力状态的突变和煤层约束条件的改变。

三、冲击地压的预测预防

为了对有冲击危险的煤层及时采取防治措施,必须进行预测。冲击地压虽是瞬时发生,但发生之前有预兆,进行预测是可能的。

(一) 冲击地压的预测方法

1. 顶板动态法

冲击地压发生之前的预兆表现为:煤岩层向已采空间运动加剧,顶板岩层断裂声加剧,有炮声,采空区有雷声,顶板下沉,煤壁片帮;打煤层眼时,钻杆卡住不易拔出,支柱折断,柱帽压缩等;采煤工作面和巷道压力有明显的增大现象。只要认真观察分析,掌握其规律,就能及时进行预报。

2. 钻屑法

钻屑法又称钻粉率指数法或钻孔检验法。此法是通过在煤层中打直径为 42～50 mm 的钻孔,根据排出的煤粉量及其变化规律和有关的动力效应,鉴别冲击危险的一种方法。

3. 微震法或地音监测法

岩石在压力作用下发生变形、破坏过程中,必然产生声响和震动,以脉冲形式向周围岩体传播,产生应力波或声发射现象。这种声发射也称地音。因此,用微震仪或地音仪记录这一系列地震波,根据地震波的强弱变化规律和正常地震波相比可以判断煤层或岩体发生冲击的倾向程度。

此外，还有电磁辐射法、能量法、综合指数法及综合预测法等。

(二) 冲击地压的防治方法

根据发生冲击地压的成因和机理，冲击地压的主要防治措施应是避免产生应力集中。因此，对已产生应力的区域、因地质构造等因素存在高应力区的区域，应采取改变煤岩体物理力学性质，降低或释放煤岩体积聚的弹性变形能等措施。

1. 选择合理的开采方法

(1) 选择合理的开采方法。开采有冲击地压危险的煤层时，应尽量采用长壁采煤法、全部垮落法管理顶板。煤柱支撑法、房柱式及其他留煤柱的开采方法，将使冲击地压发生频繁。

(2) 选择合理的巷道布置方式。开采有冲击地压危险的煤层时，应尽量将主要巷道和硐室布置在底板岩石中。

(3) 合理安排开采程序。要合理安排开采程序，防止采煤工作面三面被采空区包围，形成“半岛”。采煤工作面应采用后退式开采，避免相向采煤。

2. 煤层预注水

煤层预注水的目的主要是降低煤体的弹性和强度。采用向煤层注水的方法，使相邻巷道、采煤工作面的煤岩层边缘区减少内部黏结力，降低其弹性，减少其潜能。

大量的研究表明，煤岩层的单向抗压强度随着其含水量的增加而降低，同样，煤的强度与冲击倾向指数也随煤的湿度的增加而降低。

3. 钻孔卸压法

钻孔卸压法是利用钻孔释放积聚在煤层中的弹性变形能的一种方法。一般利用直径约为 100 mm 的钻头钻孔，现已有直径为 300 mm 的钻头。由于钻孔后，周围的煤体受力状态发生了变化，约束条件减弱，使煤体卸载，支承压力的分布发生了变化，峰值向煤体深部转移。当支承压力不超过煤层孔壁稳定范围时，孔壁不破坏，钻孔不变形，排出的煤粉量为正常值，煤层没有卸压。当支承压力超过煤层孔壁稳定范围时，钻孔被破坏。支承压力愈高，钻孔破坏范围愈大。因此，煤层积聚的应力愈高，利用钻孔卸压愈有效。

4. 震动爆破法

震动爆破法是在安全条件下，用爆破方法释放煤层积聚的能量，使煤层裂隙松动。这也是预防冲击地压的有效方法，一般有卸载爆破和诱发爆破两种方式。

卸载爆破就是在高应力区附近打钻，在钻孔中装药进行爆破，其主要目的是改变支承压力带的形状和减小峰值，炮眼布置尽量接近支承压力带峰值位置。

诱发爆破就是在具有冲击地压危险的区域进行大药量的爆破，人为地在工作人员撤出后诱发冲击地压。

四、预防冲击地压的安全管理要求与检查要点

煤矿经过多年的开采，随着开采深度的逐渐增加，地质构造更加复杂，冲击地压的显现形式和破坏规模都有增大的趋势，给安全生产带来巨大威胁。因此，在生产中做预测预报和采取防治措施工作，是煤矿今后安全管理的重点。

(一) 冲击地压的安全管理要求

(1) 煤矿企业(煤矿)的主要负责人(法定代表人、实际控制人)是冲击地压防治的第一

责任人，对防治工作全面负责；其他负责人对分管范围内冲击地压防治工作负责；煤矿企业（煤矿）总工程师是冲击地压防治的技术负责人，对防治技术工作负责。

（2）新建煤矿和冲击地压煤矿的新水平、新采区、新煤层有冲击地压危险的，必须编制防冲设计。

（3）冲击地压防治费用必须列入煤矿企业（煤矿）年度安全费用计划，满足冲击地压防治工作需要。

（4）冲击地压煤矿必须编制冲击地压事故应急预案，且每年至少组织一次应急预案演练。

（5）冲击地压煤矿必须进行区域危险性预测和局部危险性预测。区域与局部危险性预测可根据地质与开采技术条件等，优先采用综合指数法确定冲击危险性。

（6）必须建立区域与局部相结合的冲击地压危险性监测制度。

（7）开采具有冲击倾向性的煤层，必须进行冲击危险性评价。

（8）冲击地压危险区域必须进行日常监测预警，预警有冲击地压危险时，应当立即停止作业，切断电源，撤出人员，并报告矿调度室。在实施解危措施、确认危险解除后方可恢复正常作业。

（9）冲击地压煤矿应当选择合理的开拓方式、采掘部署、开采顺序、采煤工艺及开采保护层等区域防冲措施。

（二）煤矿防治冲击地压的检查要点

（1）检查冲击地压煤矿是否明确冲击地压防治工作的负责人，设立专门的防冲机构，并配备专业防冲技术人员与施工队伍；防冲队伍人数是否满足煤矿防冲工作的需要，建立防冲监测系统，配备防冲装备，完善安全设施。

（2）检查是否建立冲击地压防治岗位责任制、安全技术管理制度、教育培训制度、事故报告制度、危险区域“人员准入”制度和限员制度等相关制度。

（3）检查冲击地压煤矿中长期防冲规划和年度防冲计划完善情况，是否落实到位。

（4）检查冲击地压煤矿是否依据冲击地压防治培训制度，定期对井下相关的作业人员、班组长、技术员、区队长、防冲专业人员与管理人员进行冲击地压防治的教育和培训，保证防冲相关人员具备必要的岗位防冲知识和技能。

（5）检查作业规程是否包含防冲专项措施，内容是否完整。

（6）检查煤矿企业与煤矿负责人的定期检查防冲措施落实记录和隐患整改通知单。

（7）检查监控系统传感器布置图、报警断电、复电浓度设置及断电范围。

（8）检查防冲设计是否依据不同的预测结果制定相应的防治措施。

（9）人员进入冲击地压危险区域时是否严格执行“人员准入制度”。准入制度是否明确规定人员进入的时间、区域和人数，井下现场是否设立管理站。

（10）进入严重（强）冲击地压危险区域的人员是否采取穿戴防冲服等特殊的个体防护措施。

（11）有冲击地压危险的采掘工作面，供电、供液等设备是否放置在采动应力集中影响区外。

（12）冲击地压危险区域巷道扩修时，是否制定专门的防冲措施。

【案例 4-2】 山东省某煤矿冲击矿压事故

2018 年 10 月 20 日 22 时 37 分 51.79 秒，山东省某煤矿 1303 工作面泄水巷及 3 号联络巷发生重大冲击地压事故，造成 21 人死亡、4 人受伤，直接经济损失 5 639.8 万元。

1. 煤矿基本情况

该煤矿于 2017 年 4 月正式投产，设计生产能力为 240 万 t/a。

井田属全隐蔽的华北型石炭-二叠系煤田。井田范围由 20 个拐点坐标圈定，面积为 198.3 km^2，开采标高为－450～－1 750 m。井田处于郓城断裂、巨野断裂、曹县断裂和汶泗断裂的“井”字形中间区内，井田的典型构造特征为断块型。井田总体呈走向近南北、倾向东的单斜构造，勘查发现全井田共有断层 130 个，煤矿水文地质类型复杂，煤矿正常涌水量为 879.6 m^3/h，最大涌水量为 1 196.3 m^3/h。煤矿为低瓦斯煤矿，3 煤层煤尘具有爆炸危险性，煤层自然发火等级为Ⅱ类自燃，最短自然发火期为 57 d。冲击倾向性鉴定 3 煤层有弱冲击倾向性，顶板有强冲击倾向性，底板有弱冲击倾向性；3 煤层经冲击危险性评价为冲击地压煤层，煤矿为冲击地压煤矿。

2. 事故经过

事故当班，综掘队和防冲项目部在 1303 工作面泄水巷及 3 号联络巷施工。

(1) 综掘队施工情况。10 月 20 日中班 14 时，综掘队党支部书记张旭鑫、副队长王战胜组织召开班前会，安排当班工作，当班出勤 28 人（含 3 名管理人员），井下分成两队施工。掘一队 16 人，负责 3 号联络巷正常掘进；掘二队 7 人，负责距离拐点 155 m 以外砌筑水沟；机电班 2 名机电工负责外围机电设备维护；跟班副队长王某、技术副队长迟某、验收员夏某等 3 名管理人员负责当班安全管理、技术指导、工程验收等工作。事故发生时，掘一队已完成顶部支护，开始准备帮部支护，为方便帮部支护，掘进机司机正在调整机头位置。班长张某在掘进机后整理风筒，听到轰的一声，感觉被冲击一下就失去知觉了，后被救援人员救出。事故发生时，掘二队 7 人正在距离拐点 155 m 以外砌筑水沟，当班验收员夏某也在这个位置，冲击气浪将其安全帽冲掉。发生事故后，夏某和其他 7 人一起往外撤。

(2) 防冲项目部施工情况。10 月 20 日中班 14 时 30 分，防冲项目部机台长韩某组织召开班前会，当班出勤 18 人。安排 7 名工人分两组到 3 号联络巷下段掘进机二运尾部打卸压孔。其余 11 人安排至 3 号联络巷上段搬运两部整套卸压钻机到 1303 工作面胶带巷。17 时左右，7 名钻孔施工人员到达 3 号联络巷施工地点。事故发生时，两组人员正在施工帮部卸压钻孔。

该煤矿于 21 日 2 时 16 分、2 时 28 分、2 时 52 分、2 时 59 分先后向原山东省煤炭工业局、山东煤矿安全监察局鲁东监察分局、山东煤矿安监局、菏泽市煤炭管理局电话报告了事故。

3. 事故原因

(1) 事故直接原因

该煤矿 3 煤层及其顶、底板具有冲击倾向性；事故区域埋深为 1 027～1 067 m，煤岩体自重应力高；采掘及疏放释水、3 煤层分岔合并及构造影响、巷道临近贯通等，形成高应力集中区；采用的防冲措施没有有效消除冲击危险，在当班掘进、施工卸压钻孔扰动和田桥断层带滑移影响下，诱发冲击地压事故发生。

① 事故区域具有冲击危险。该煤矿 1303 工作面泄水巷及 3 号联络巷埋藏深度为

1 027～1 067 m，自重应力高；事故区域具备冲击地压发生的应力条件与冲击倾向性条件。

② 构造与高应力共同作用。该井田处于郓城断裂、巨野断裂、曹县断裂和汶泗断裂的“井”字形中间区内，井田的典型构造特征为断块型，开采区位于八里庄断层与田桥断层控制的地垒构造内，该区域构造应力集中，断裂构造活动频繁。事故区域处于 3 煤层分岔合并线及构造应力区附近。一采区实测最大水平地应力为 34.5 MPa，是垂直应力的 1.40～2.20倍。

③ 巷道临近贯通，围岩处于应力调整期。事故发生于巷道贯通期间，剩余 3 m 煤柱，煤柱减小使其周边应力调整加剧。

④ 掘进和帮部卸压钻孔施工的扰动作用。掘进和帮部卸压钻孔施工对处于应力调整状态的临近贯通巷道围岩具有扰动作用。

⑤ 田桥断层带滑移动载作用。山东地震台网测定，2018 年 10 月 20 日 22 时 37 分 51 秒在山东省菏泽市郓城县(北纬 35.61 度，东经 116.02 度)发生 1.5 级近地表、非天然地震事件，震源位于田桥断层带，为本次事故提供了外部动载作用。

(2) 事故间接原因

① 采掘活动对覆岩结构的影响。由于该区域厚表土薄基岩的特殊结构，1300、1301 工作面开采后地表最大下沉 3.1 m，影响范围波及事故区域上部，使事故区域的应力状态受到影响。

② 顶板疏放水对地层区域应力分布的影响。龙郓煤矿顶板岩层富含水，2013 年 3 月至 2018 年 9 月期间，开采采区顶板疏放水总量达 1 464 万 m^3，顶板砂岩水水位降低 30 m。顶板砂岩水疏放释水及前期采掘活动会导致地层区域性应力调整和重新分布，改变了本区域内构造的稳定状态，并可能造成覆岩大范围的结构性改变。

③ 巷道支护系统没有承受住强动载冲击。事故巷道沿底板托顶煤掘进，上部为顶煤和泥岩组成的复合顶板，节理发育，受到冲击后易碎胀破坏。从事故现场情况看，煤矿按照《煤巷锚杆支护技术规范》设计的巷道支护，但这次冲击载荷超过现在支护的承载能力，造成事故区域巷道破坏。

④ 对卸压钻孔施工时发生的卡钻现象重视不够。10 月 1 日至 17 日，现场施工卸压钻孔曾发生卡钻现象，施工区队、防冲办公室分析认为只是风压不足的原因，未进行深入分析。

⑤ 劳动组织不合理。3 号联络巷综掘队施工与防冲卸压孔施工，没有研究优化施工的工序和时间；《1303 工作面泄水巷掘进工作面作业规程》中循环图表未明确卸压钻孔施工工序，冲击地压发生时，冲击区域内作业人员数量较多。

⑥ 个体防护措施落实不严格。1303 泄水巷 2 号联络巷有 100 m 长度区域评价为强冲击危险区域，现场配备了 10 套防冲服，作业人员进入该区域时未穿防冲服。

⑦ 防冲制度修改不及时。冲击地压防治管理制度没有根据《防治煤矿冲击地压细则》及时修改完善。

⑧ 防冲安全教育培训效果差。防冲培训内容少、针对性差，考试组织不严格、不认真，防冲作业人员未掌握基本的岗位防冲知识。

⑨ 对大采深、复杂条件下实体煤掘进巷道冲击地压复杂性和危险性认识不足、重视不够。没有针对疏放释水、3 煤层分岔合并影响形成的高应力集中进行深入分析，防冲技术措施针对性差。

⑩ 对该煤矿采深大、地垒构造、3 煤层分岔合并等产生的高应力集中认识不足，未及时督促该煤矿对顶板疏放水与地层区域应力调整的影响进行分析研究；防冲技术监督管理工作不严格，对该煤矿存在的劳动组织不合理、防冲个体防护措施落实不严格、防冲技术措施针对性差、防冲制度修改不及时等监督检查不到位。

⑪ 菏泽市煤炭管理局对冲击地压防治安全监管重视不够，对该煤矿冲击地压防治工作监管不力。负责监管的煤矿均为冲击地压煤矿，2018 年度执法工作计划中没有冲击地压专项检查内容；落实山东省煤炭工业局关于开展冲击地压防治专项监督检查的文件要求不到位；对该煤矿冲击地压防治专项监督检查不严不细；对该煤矿违法违规行为处理处罚不严格、不规范。

4. 防范措施及建议

(1) 严格落实企业主体责任。

煤矿企业要严格落实冲击地压防治工作主体责任，要以冲击地压防治安全为前提，科学制定生产经营指标，凡经冲击地压危险性评价不能保证安全开采的区域，严禁安排组织开拓开采。主要负责人要认真落实冲击地压防治第一责任人的责任，对冲击地压防治工作全面负责；其他负责人要认真落实分管范围内冲击地压防治责任；总工程师要认真落实冲击地压防治技术责任。

(2) 加强和改进冲击地压防治工作。

煤矿要严格限制开采深度，遵守国家有关规定，深度超过 1 000 m 的工作面开采前应当组织专家进行安全性论证，不能保证安全开采的，不得开采。要严格限制开采强度，不得核增产能，严格按照设计的采掘工作面个数组织生产，严格控制采掘工作面推进速度。要严格限制劳动定员。

(3) 加强地质构造及疏放水对冲击地压影响的研究。

一是加强区域构造应力与构造活动规律的研究；二是加强对厚表土断块型地垒构造条件下开采覆岩结构、围岩移动、围岩应力场的演化规律、矿压显现规律研究；三是加强顶板岩层疏放水可能导致采场覆岩结构与周围应力场改变对冲击地压的影响规律研究，合理选择煤矿水的治理方式，优先选用自然疏水和钻孔疏水方式；四是加强巷道贯通期间冲击地压防治措施研究，掌握应力调整规律，采取有针对性的防治措施。

(4) 加强巷道防冲支护。

冲击危险区域的巷道必须采取加强支护措施，采煤工作面巷道超前支护要加大支护范围和支护强度，采用液压支架支护；有冲击危险的掘进巷道应加强支护研究，根据巷道围岩与支护结构的破坏状况，深入分析围岩冲击破坏特征与支护失效机制，探索进一步提高巷道防冲支护强度的措施；中等以上冲击危险区的厚煤层托顶煤掘进巷道除了采取抗冲击主动支护方式外，还应当采取可缩式 U 型钢棚、液压支架等加强支护。

(5) 优化矿井开拓布局。

针对煤矿实际开采条件，优化煤矿的开拓布局、回采巷道布置、开采顺序、煤柱留设、采煤方法、采掘工艺等，选择合理的采掘推进速度和开采强度，避免形成高应力集中区。新开拓及新采区准备巷道布置层位应充分考虑地应力因素，不得布置在有冲击危险性的煤层中；煤矿禁止开采孤岛工作面。

(6) 强化防冲监测预警能力建设。

提高技术人员对微震监测、钻屑法检测、应力在线监测等数据的综合分析研判能力，提升预测、预判、预警水平，同时要加强对各类监测系统的检测、检验和日常维护，为冲击地压防治工作提供技术支撑。

(7) 加强防冲安全教育培训。

(8) 强化复产措施落实。

(9) 切实加强安全监管监察。

第八节 煤矿热害防治

矿内高温、高湿环境严重影响井下作业人员的身体健康和生产效率，已形成了煤矿面对的一类新的灾害——热害。热害已逐渐成为与瓦斯、煤尘、顶板、火、水一样需要认真处理的煤矿自然灾害之一。

一、煤矿热害

(一) 煤矿热害形成的原因

地壳最表层的温度受地面温度周期性变化的影响，这种影响是随着深度的增加而逐渐减弱的；到一定深度，这种影响基本消失，从而地温保持恒定。地温常保持恒定的地带称为恒温带。在恒温带以上，地温受太阳辐射热的影响而具有周期性的变化，故称为变温带。在恒温带以下，地温的变化受控于地球的内热；随着深度的增加而不断增温，故称为增温带。恒温带则是变温带与增温带的分界面。

由于恒温带的深度大多为十余米、数十米，而煤矿生产的深度大多为数百米，甚至上千米，远远大于恒温带的深度；随着温度的增加，地温增高，当地温超过某一温度时，就产生了热害问题。可以说，热害是煤矿生产向深部发展过程中不可避免的。

影响井下气温的主要因素有：① 煤矿进风温度；② 井下风流的压缩和膨胀；③ 机电设备散热；④ 氧化放热；⑤ 人体散热、散湿；⑥ 地下热水散热；⑦ 围岩与井下空气的热交换。

(二) 煤矿热害的主要危害

1. 高温对人体的危害

在高温作业环境中，能使人产生一系列生理功能的改变：① 体温调节发生障碍，主要表现为体温和皮温升高；② 水盐代谢出现紊乱，使机体的机能受到影响；③ 循环系统、消化系统、泌尿系统、神经系统等均会因高温下的机体大量失水，改变正常的功能，甚至致病。

2. 高温环境对劳动效率及安全的影响

在高温环境中，人的中枢神经系统容易失调，从而感到精神恍惚、疲劳、周身无力、昏昏沉沉，这种精神状态称为事故的原因。在高温煤矿中，一般生产率均较低，有的矿山其相对劳动率仅为30%～40%。

此外，煤矿井下高温也是造成我国煤矿火灾事故频繁发生的一个不可忽视的因素。

3. 高温中常见的热病

在高温、高湿、繁重体力劳动的条件下，能量代谢大大加快，产热量增多，出汗量也加大，相对排汗量下降，体内热量散发不出去，积热增多，导致人体产热与散热的动平衡状态遭到破坏，此时极可能发生热病。其中最常见的热病有中暑、热衰竭、热虚脱及热痉挛。

二、煤矿热害防治办法

(一) 通风降温

1. 选择合理的通风系统

按照煤矿地质条件、开拓方式等选择进风风路最短的通风系统，可以减少风流沿途吸热，降低风流温升。在一般情况下，对角式通风系统的降温效果要比中央式的好。

2. 改善通风条件

增加风量，提高风速，可以使巷道壁对空气的对流散热量增加，风流带走的热量随之增加，而单位体积的空气吸收的热量随之减少，使气温下降。与此同时，巷道围岩的冷却圈形成的速度又得到加快，有利于气温缓慢升高。适当加大工作面的风速，还有利于人体对流散热。

在可能的条件下，可以采用采煤工作面下行风流，使工作面运煤方向与风流方向相同和缩短工作面的进风路线等措施。实践证明，采用这些措施，有利于降低工作面的气温。

另外，采煤工作面的通风方式也影响气温。在相同的地质条件下，由于 W 型通风方式比 U 型和 Y 型通风方式更能增加工作面的风量，所以降温效果较好。

3. 调热巷道通风

利用调热巷道通风一般有两种方式：一种是在冬季将低于 0 ℃的空气由专用进风道通过浅水平巷道调热后再进入正式进风系统。在专用风道中应尽量使巷道围岩形成强冷却圈，若断面许可还可洒水结冰，储存冷量。当风温向 0 ℃回升时，即予关闭，待到夏季再启用。淮南九龙岗矿曾利用－240 m 水平的旧巷作为调热巷道，冬季储冷，春季封闭，夏季使用，总进风量的一部分被冷却，使－540 m 水平井底车场降温 2 ℃。另外一种方式是利用开在恒温带里的浅风巷作调温巷道。

4. 其他通风降温措施

采用下行风对于降低采煤工作面的气温有比较明显的作用。

对于发热量较大的机电硐室，应有独立的回风路线，以便把机电设备所产生的热量直接导入采区的回风流中。

在局部地点使用水力引射器或压缩空气引射器，或使用小型局部通风机，以增加该点风速也可起降温的作用。向风流喷洒低于空气湿球温度的冷水也可降低气温，且水温越低效果越好。

(二) 矿内冰冷降温

冰冷降温系统就是利用地面制冰厂制取的粒状冰或泥状冰，通过风力或水力输送至井下的融冰装置，在融冰装置内，冰与井下空调回水直接换热，使空调回水的温度降低。煤矿降温系统一般分为冰冷降温系统和空调制冷降温系统，其中，空调制冷降温系统为水冷却系统。

(三) 矿内空调的应用

1. 井下集中式空调系统

该系统的制冷机设在井下，通过管道集中向各工作面供冷水，在井下设置高低压换热器将一次高压冷冻水转换成二次低压冷冻水，最后在用风地点上用空冷器冷却风流。

井下集中式空调系统的优点是：供冷管道短、冷损少；无高压冷水系统；可利用煤矿水或回风流排热；供冷系统简单，冷量调节方便。

井下集中式空调系统的缺点是：井下要开凿大断面的硐室；对制冷设备要求严格；设备安装、管理和维护不方便。

2. 地面集中式空调系统

地面集中式空调系统将制冷站设置在地面，冷凝热也在地面排放，而在井下设置高低压换热器将一次高压冷冻水转换成二次低压冷冻水，最后在用风地点上用空冷器冷却风流。

3. 井上、下联合式空调系统

这种布置形式是在地面和井下同时设置制冷站，冷凝热在地面集中排放。它实际上相当于两级制冷，井下制冷机的冷凝热借助于地面制冷机冷水系统冷却。

联合空调系统的优点是：可提高一次载冷剂回水温度，减少冷损；可利用一次载冷剂将井下制冷机的冷凝热带到地面排放。

联合空调系统的缺点是：系统复杂；设备分散，不便管理。

根据上述三种集中式煤矿空调系统的优缺点，设计时究竟采用何种形式应根据煤矿的具体条件而定。

【案例 4-3】 山东省某煤矿热害防治案例

山东省某煤矿下开采深度达到－1 000 m，地温一般大于 37 ℃，处于一级高温区。为有效解决夏季高温热害。煤矿设计采取全风量降温技术治理煤矿热害，选用水源热泵机组制备低温冷冻水，通过管道输送到设置在主、副井口的空气换热站，实现夏季对主、副井进行降温；冬季利用煤矿水＋蒸汽作为热源，由热泵机组制备热水并通过管道将输送到设置在井口空气换热站，对主、副井口供热。

热害治理与余热利用改造项目有效解决了夏季高温热害及冬季井筒防冻两大问题。

三、预防煤矿热害的安全管理要求与检查要点

随着社会的发展和煤炭资源需求的日益增加，煤炭产量日益增大，浅部资源越来越少，深部开采逐渐增大。开采深度增大以后，地温也随之升高，煤矿热害影响越来越大，已严重影响了井下作业人员的身体健康。因此，做好煤矿热害防控安全管理工作，也是煤矿生产的重要内容。

（一）预防煤矿热害的安全管理要求

（1）当采掘工作面空气温度超过 26 ℃、机电设备硐室超过 30 ℃时，必须缩短超温地点工作人员的工作时间，并给予高温保健待遇。

（2）当采掘工作面的空气温度超过 30 ℃、机电设备硐室超过 34 ℃时，必须停止作业。

（3）新建、改扩建煤矿设计时，必须进行煤矿风温预测计算，超温地点必须有降温设施。

（4）有热害的井工煤矿应当采取通风等非机械制冷降温措施。无法达到环境温度要求时，应当采用机械制冷降温措施。

（5）采用非人工制冷降温，应根据煤矿的具体条件，综合采用天然冷源、增加供风量或提高作业人员集中处的局部风速、下行通风或同流通风等有利于降温的通风方式、回避井下热源、隔绝或减少热源向进风流散热、疏放或封堵热水、个体防护等措施。

(6) 采用人工制冷降温，应根据煤矿地质条件、开拓开采系统、巷道布置、煤矿通风系统、制冷降温范围、采深、冷负荷、煤矿涌水量及水质和水温、回风风量和温度、采掘机械化程度、热源及条件类似煤矿的经验，进行技术经济论证后，选用井下移动式空调或压缩空气制冷等局部降温措施，以及地面集中空调系统、地面与井下联合空调系统等降温方式。

(7) 制冷机冷凝热排除方式应根据降温方式、冷凝热量、水源的水质和水量及水温、煤矿回风风量和温度、采深等因素确定。

(8) 制冷剂的选择，应符合防火、不爆炸、无毒、冷凝温度高、冷凝压力低、价廉、环保等要求。

（二）预防煤矿热害的安全检查要点

(1) 采煤、掘进工作面和机电设备硐室是否设置温度传感器。

(2) 当空气温度超过《煤矿安全规程》要求时，是否缩短超温地点工作人员的工作时间，并给予劳动者高温保健待遇。

(3) 井工煤矿是否采取通风降温、采用分区式开拓方式缩短入风线路长度等措施，降低工作面的温度；当采用上述措施仍然无法达到作业环境标准温度的，是否采用制冷等降温措施。

【复习思考题】

1. 煤矿安全开采的基本条件都有哪些？

2. 叙述矿井开拓的主要灾害及致灾特征？

3. 关于矿井开拓的安全管理要求有哪些？

4. 煤巷掘进的工序与岩巷掘进基本上一样，但施工方法有许多不同之处，主要表现在哪些方面？

5. 综采放顶煤采煤法的优越性体现在哪些方面？

6. 综采工作面中工作面支护方面的安全管理要求与检查要点有哪些？

7. 处理顶板事故的基本原则是什么？

8. 煤矿智能化建设对煤炭产业高质量发展有什么意义？

9. 煤矿智能化发展的目标是什么？

10. 煤矿绿色开采技术主要包括哪些内容？

11. 冲击地压的特征有哪些？

12. 煤矿热害的检查要点有哪些？

第五章　煤矿“一通三防”安全管理

【学习提示】

煤矿在开采过程中，“一通三防”工作仍然是当前各级煤矿安全生产管理的重要工作。部分煤矿通风系统存在问题，或“一通三防”系统管理不善酿成伤亡事故，特别是重大事故的现象时有发生。因此，在煤矿开采过程中企业需要加强通风管理，使得“一通三防”技术能够在生产过程中发挥保障和促进作用，为煤矿企业的持续健康发展提供支撑。

本章重点讲解了矿井通风的基础知识及管理要点，煤矿瓦斯、火灾、煤尘防治的技术手段、安全管理要点及检查重点。同时，结合事故案例分析了“一通三防”管理工作的重点和难点，帮助读者进一步理清“一通三防”工作的思路，以有效措施针对性地开展“一通三防”专业安全风险分级管控和事故隐患排查治理，确保矿井生产安全与高质量发展。

第五章导学

第一节　矿井通风

一、矿井通风基础知识

（一）矿井通风的基本任务

矿井通风就是利用动力机械把地面的新鲜空气由进风井送入井下，空气在井下经过各个用风地点后，再由出风井排到地面的完整过程。它在矿井建设和生产期间始终占有非常重要的地位，是保障煤矿生产安全的重要技术手段。

矿井通风的基本任务：

（1）向井下各个场所连续不断地输送足够的新鲜空气，供人员呼吸，保障其身体健康和生命安全。

（2）冲淡并排除井下煤岩层中涌出或在煤炭生产过程中产生的有毒有害气体、粉尘和水蒸气。

（3）调节煤矿井下的气候条件，给作业人员创造良好的生产工作环境；保证井下的设备、仪器、仪表正常运行。

（4）增强矿井的防灾、抗灾能力，使作业人员发挥劳动效能，提高生产率，从而达到高效、安全、健康的目的。

（二）矿井空气中的有害气体及主要防治措施

1. 矿井空气中的有害气体

地面空气进入矿井以后就称为矿井空气。地面空气进入井下后，由于受到污染，其成分和性质要发生一系列变化，如氧气浓度降低，二氧化碳浓度增加；混入各种有毒有害气体和矿尘；空气的成分、温度、湿度和压力都会发生改变。一般来说，将井巷中经过用风地点以前、受污染程度较轻的进风巷内的空气，称为新鲜空气；经过用风地点以后、受污染程度较重的回风巷内的空气，称为污浊空气。

尽管矿井空气与地面空气相比，在性质上存在许多差异，但在新鲜空气中其主要成分仍然是氧气、氮气和二氧化碳。

矿井空气中有毒有害气体的来源、性质及危害性见表 5-1。

表 5-1　矿井空气中常见有害气体的来源、性质及危害性

气体名称	主要来源	相对密度	色和味	溶水性	危害性
一氧化碳（CO）	井下爆破，矿井火灾，煤炭自燃，煤尘、瓦斯爆炸事故	0.97	无色、无味、无臭	微溶	剧毒。一氧化碳与血红素的亲和力比氧和血红素的亲和力大 250～300 倍，阻碍了氧与血红素的结合而使人体缺氧，引起窒息和死亡；一氧化碳能燃烧，当空气中一氧化碳浓度达到 13%～75%内时有爆炸的危险
二氧化碳（CO_2）	井下爆破，矿井火灾，煤炭自燃，瓦斯、煤尘爆炸，煤（岩）中涌出	1.52	无色、略带酸臭	易溶	有微毒。对呼吸系统有刺激作用，在肺中的含量增加时使血液酸度变大，刺激呼吸中枢
二氧化氮（NO_2）	井下爆破作业	1.59	褐红色、有强烈刺激气味	极易溶	有强烈毒性。能和水结合成硝酸，对肺组织起破坏作用，造成肺水肿；对眼睛、鼻腔、呼吸道等有强烈刺激作用
硫化氢（H_2S）	有机物腐烂，硫化矿物水解，矿物氧化和燃烧，从老空区和旧巷道积水中放出	1.19	无色、微甜、臭鸡蛋味，浓度为 0.000 1%时即可嗅到	易溶	剧毒。不但能引起鼻炎、气管炎和肺水肿，而且还能阻碍生物的氧化过程，使人缺氧；当空气中硫化氢浓度较高时能引起人体迅速昏迷或死亡；能燃烧，空气中 H_2S 的浓度为 43%～45.6%时有爆炸危险
二氧化硫（SO_2）	含硫矿物氧化与自燃，含硫矿物中爆破，含硫矿层中涌出	2.22	无色、有强烈的硫黄气味及酸味，浓度为 0.000 5%时即可嗅到	易溶	遇水后生成硫酸，与眼、呼吸道的湿表面接触后能形成亚硫酸，因而对眼、呼吸器官有强烈的腐蚀作用，严重时会引起喉炎和肺水肿；空气中 SO_2 浓度达 30%时有爆炸危险
氢气（H_2）	蓄电池充电时放出	0.07	无色、无味、无臭	不溶	浓度达 4%～7%时有爆炸性

表 5-1(续)

气体名称	主要来源	相对密度	色和味	溶水性	危害性
氨气（NH_3）	爆破作业	0.6	无色、有恶臭	易溶	刺激皮肤、呼吸道，使人流泪、咳嗽、头晕，严重中毒者会引起窒息，发生肺水肿，空气中 NH_3 浓度达到30%时有爆炸危险
甲烷（CH_4）	煤层和采空区涌出	0.554	无色、无味、无臭	微溶	无毒。具有很强的扩散性，在一定条件下会引起窒息，发生燃烧和爆炸

(1) 矿井空气中有害气体对井下作业人员的生命安全危害极大，因此《煤矿安全规程》对常见有害气体的安全标准都做了明确的规定。矿井空气中有害气体的最高容许浓度见表 5-2。

表 5-2　矿井空气中有害气体的最高容许浓度

有害气体名称	符号	最高容许浓度/%
一氧化碳	CO	0.002 40
氧化氮(换算成二氧化氮)	NO_2	0.000 25
二氧化硫	SO_2	0.000 50
硫化氢	H_2S	0.000 66
氨气	NH_3	0.004 00

注：① 瓦斯、二氧化碳和氢气的允许浓度按《煤矿安全规程》的有关规定执行。
② 矿井中所有气体的浓度均按体积的百分比计算。

(2) 风速过高或过低都是有害的。风速过高尤其是在采煤工作面，不仅使人体散热多，易患感冒，而且会引起矿尘的飞扬，恶化工作环境，危害人员健康，增加矿尘爆炸的可能性；同时通风阻力和漏风率增大，增加通风成本。风速过低，不利于排除瓦斯和矿尘。因此，《煤矿安全规程》对井巷中的风流速度规定见表 5-3。

表 5-3　井巷中的允许风流速度

井巷名称	允许风速/(m/s)	
	最低	最高
无提升设备的风井和风硐		15
专为升降物料的井筒		12
风桥		10
升降人员和物料的井筒		8
主要进、回风巷		8
架线电机车巷道	1.00	8
运输机巷，采区进、回风巷	0.25	6
采煤工作面、掘进中的煤巷和半煤岩巷	0.25	4
掘进中的岩巷	0.15	4
其他通风行人巷道	0.15	

(3)《煤矿安全规程》对矿井空气温度作出规定：进风井口以下的空气温度（干球温度，下同）必须在2 ℃以上。生产矿井采掘工作面空气温度不得超过26 ℃，机电设备硐室的空气温度不得超过30 ℃；当空气温度超过时，必须缩短超温地点工作人员的工作时间，并给予高温保健待遇。新建、改扩建矿井设计时，必须进行矿井风温预测计算，超温地点必须有制冷降温设计，并按要求配备降温设施。

(4) 矿井空气湿度是指空气中所含的水蒸气量，空气的潮湿程度一般用“相对湿度”来表示。相对湿度是指每立方米空气中实际含有的水蒸气量和同一温度下的饱和水蒸气量的百分比。对人体比较适宜的相对湿度为50%～60%。

2. 矿井空气中有害气体主要防治措施

(1) 加强通风。

(2) 加强检测。

(3) 抽采瓦斯。

(4) 喷雾洒水减少生成。

(5) 加强火区管理，防止火灾、瓦斯和煤尘爆炸产生大量的有害气体。

(6) 禁入险区避免窒息。

二、矿井通风系统

矿井通风系统是矿井通风方法、通风方式、通风网络与通风设施的总称，包括从进风到回风的全部路线。安全可靠的通风系统是矿井安全生产的保证。

(一) 矿井通风方法

1. 自然通风

利用自然风压产生的通风动力，使空气在井下流动的方法称为自然通风。自然风压的大小及其作用方向，受地面空气温度变化等因素的影响。采用机械通风的矿井，自然风压也是存在的，并在各个时期影响矿井通风工作。当自然风压与机械风压方向相反时，矿井风量减小，特别是浅部矿井作用明显。

2. 机械通风

矿井利用通风机械运转产生的通风动力，使空气在井下巷道流动的通风方法称为机械通风。

按主要通风机的工作方法和安装位置不同，机械通风分为抽出式通风、压入式通风及混合式通风三种。

(1) 抽出式通风

矿井抽出式通风如图5-1所示。将矿井主通风机安设在出风井一侧的地面上，在抽出式通风机的作用下，整个矿井的通风系统处于低于当地大气压力的负压状态，由于井下风流处于负压状态，当主要通风机因故停止运转时，井下风流压力提高，可使采空区瓦斯涌出量减少，比较安全。目前我国大部分矿井一般多采用抽出式通风。

(2) 压入式通风

矿井压入式通风如图5-2所示。压入式通风是将矿井主要通风机安设在进风井一侧的地面上，新风经主要通风机加压后送入井下各用风地点，污风再经过回风井排出地表的一种矿井通风方法。其优点为矿井风压呈正压状态，可减少井巷、采空区、围岩裂隙中有毒有害气体的析出量；新鲜风流通过主要通风机，腐蚀性较小。

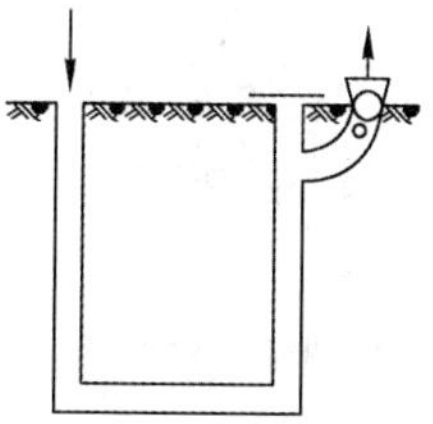

图 5-1　矿井抽出式通风

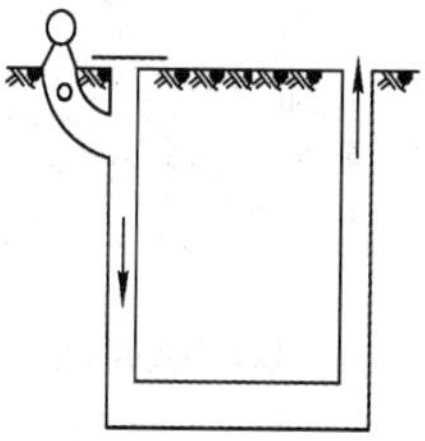

图 5-2　矿井压入式通风

矿井浅部开采时，由于地表塌陷出现裂缝与井下沟通，为避免用抽出式通风将塌陷区内的有害气体吸入井下，可在矿井开采第一水平时采用压入式通风，当开采下水平时再改为抽出式通风。此外，当矿井煤炭自然发火比较严重时，为避免将火区内的有毒有害气体抽到巷道中，有时也可采用压入式通风。

（3）混合式通风

混合式通风是在进风井和回风井一侧都安设矿井主要通风机，新风经压入式主要通风机送入井下，污风经抽出式主要通风机排出井外的一种矿井通风方法。

上述三种通风方法，矿井主要通风机均安装在地面。

（二）矿井通风方式

矿井通风方式是指矿井进风井与回风井的布置方式。按进、回风井的位置不同，矿井通风方式分为中央式、对角式、区域式和混合式四种。

1. 中央式

中央式是进、回风井均位于井田走向中央。按进、回风井沿倾斜方向相对位置的不同，又可分为中央并列式和中央边界式两种。

（1）中央并列式

如图 5-3(a)所示，进、回风井均并列布置在井田走向和倾斜方向的中央，两井底可以开掘到第一水平，也可以将回风井只掘至回风水平。后者只适用于较小型矿井。

（2）中央边界式（又称中央分列式）

如图 5-3(b)所示，进风井仍布置在井田走向和倾斜方向的中央，回风井大致布置在井田上部边界沿走向的中央，回风井的井底标高高于进风井井底标高。

2. 对角式

进风井大致布置于井田的中央，回风井分别布置在井田上部边界沿走向的两翼上。根据回风井沿走向的位置不同，又分为两翼对角式和分区对角式两种。

（1）两翼对角式

如图 5-3(c)所示，进风井大致位于井田走向中央，在井田上部沿走向的两翼边界附近或两翼边界采区的中央各开掘一个出风井。如果只有一个回风井，且进、回风井分别位于井田的两翼称为单翼对角式。

（2）分区对角式

如图 5-3(d)所示，进风井位于井田走向的中央，在每个采区的上部边界各掘进一个回风井，无总回风巷。

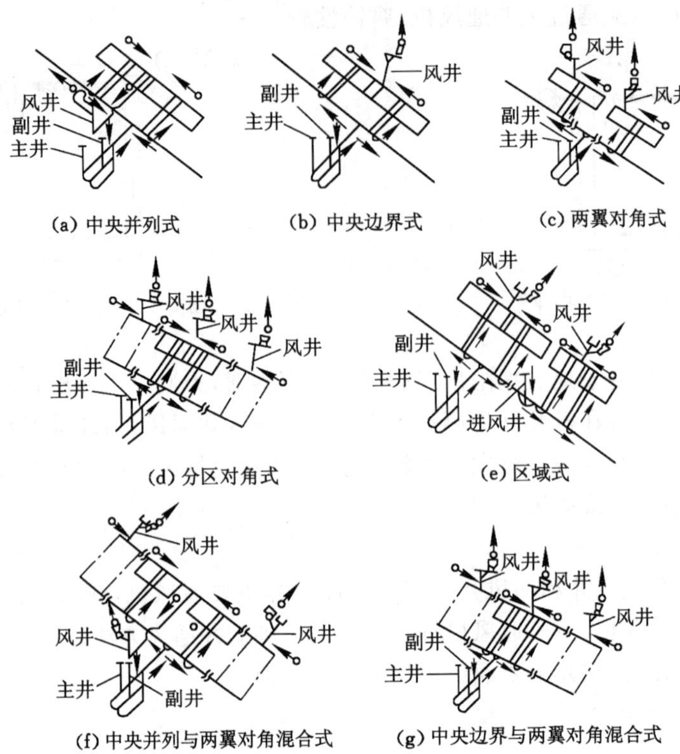

图 5-3 矿井通风方式

优点：各采区之间互不影响，便于风量调节；建井工期短；初期投资少，出煤快；安全出口多，抗灾能力强；进回风路线短，通风阻力小。

3. 区域式

在井田的每一个生产区域开凿进、回风井，分别构成独立的通风系统，如图 5-3(e)所示。

4. 混合式

混合式是中央式和对角式的混合布置，因此混合式的进风井与出风井数目至少有 3 个。混合式包括中央并列与两翼对角混合式和中央边界与两翼对角混合式，如图 5-3(f)、(g)所示。混合式一般是老矿井进行深部开采时所采用的通风方式。

总之，矿井的通风方式应根据矿井的设计生产能力、煤层赋存条件、地形条件、井田面积、井田走向长度、矿井瓦斯等级、煤层的自燃倾向性等情况，从技术、经济和安全等方面加以分析，通过方案比较确定。

(三) 矿井通风网络

矿井通风网络是指所有井筒、巷道、车场和硐室、工作面等相互连接构成的全部风流流经的路线。矿井通风系统中的井巷连接关系一般比较复杂，为了便于分析通风系统中各井巷间的连接关系及特点，把矿井或采区中风流分岔、汇合线路的结构形式和控制风流的通风构筑物统称为通风网络。通风网络的连接形式有串联网络、并联网络和角联网络 3 种。

(四) 主要通风设施

为了使井下风流沿指定路线流动分配，就必须在某些巷道内建筑引导控制风流的构筑物即通风设施，它分为引导风流和隔断风流的设施。

按其作用不同，矿井通风设施可分为三类：引导风流的设施（如主要通风机的风硐、风桥、风窗、风障、风筒等）；调节控制风流的设施（如调节风窗）；隔断风流的设施（如防爆门、风门、密闭等）。

1. 引导风流的设施

（1）风硐：风硐是连接通风机装置和风井的一段巷道。风硐多用混凝土、砖石等建材构筑成圆形或矩形巷道，这是由风硐的特点所决定的。

（2）风桥：风桥是将两股平面交汇的新、污风流隔成立体交汇的新、污风流并将其分开的一种通风设施。根据结构特点不同，风桥可分为三种：绕道式风桥、混凝土风桥、铁筒风桥。

（3）风窗：在巷道内设墙或门，在墙或门上留一个可调空间窗口，通过调节空间窗口面积从而达到调节风量的目的。

（4）风障：在巷道内利用木板、苇席、风筒布做布障起到引导风流的作用。常用此方法处理高冒处、落山角等处积聚瓦斯。

（5）风筒：在巷道中利用正压或负压通风动力通过管道把指定的风量送到目的地，这个管道就叫风筒。

2. 隔断风流的设施

（1）防爆门：防爆门装在回风井筒，为防止井下发生煤尘、瓦斯爆炸时产生的冲击波毁坏通风机的安全设施。当井下发生煤尘、瓦斯爆炸时，防爆门即能被气浪冲开，爆炸波直接冲入大气，从而起到保护通风机的作用。

（2）密闭：在不允许风流通过，也不允许行车、行人的井巷（如采空区、旧巷、火区以及进风与回风大巷之间的联络小眼）都必须设置密闭，将风流截断，以免造成漏风或风流形成短路使通风系统失去稳定性而发生事故。密闭分为临时密闭和永久密闭。

（3）风门：在不允许风流通过，但需行人或行车的巷道内，必须设置风门。按结构分，风门分为普通风门和自动风门。

三、矿井通风安全管理要求与检查要点

（一）矿井通风系统安全管理

（1）矿井必须有完整的独立通风系统。每一通风系统至少有一个进风井和一个回风井，常以罐笼提升井兼作进风井，回风井则常是专用风井。

（2）改变全矿井通风系统时，必须编制通风设计及安全措施，由企业技术负责人审批。

（3）进、回风井之间和主要进、回风巷之间的每个联络巷中，必须砌筑永久性风墙；需要使用的联络巷，必须安设 2 道连锁的正向风门和 2 道反向风门。

（4）进风井口必须布置在粉尘、有害和高温气体不能侵入的地方。已布置在粉尘、有害和高温气体能侵入的地点的，应制定安全措施。

（5）矿井必须采用机械通风。

（6）溜煤眼不得兼作风眼使用。

（7）多风机并联运转时，总进风道不宜过小，尽量减少公共风路的风阻，其公用段阻力应小于任一风机风压的 20%。

(8) 消除或尽量减少主要供风巷道处于有害角联分支。

(9) 矿井通风系统图必须标明风流方向、风量和通风设施的安装地点。必须按季绘制通风系统图,并按月补充修改。多煤层同时开采的矿井,必须绘制分层通风系统图。矿井应绘制矿井通风系统立体示意图和矿井通风网络图。

(二) 主要通风机安全管理

矿用通风机按其用途,分为主要通风机、辅助通风机、局部通风机三种。

矿用通风机按其结构和工作原理,分为离心式通风机和轴流式通风机两种。

1. 主要通风机安装与使用的规定

(1) 主要通风机必须安装在地面;装有通风机的井口必须封闭严密,其外部漏风率在无提升设备时不得超过 5%,有提升设备时不得超过 15%。

(2) 箕斗提升井或装有带式输送机的井筒兼作风井筒使用时,应遵守下列规定:

① 箕斗提升井兼作回风井时,井上下装、卸载装置和井塔(架)必须有完善的封闭措施,其漏风率不得超过 15%,并应有可靠的防尘措施。装有带式输送机的井筒兼作回风井时,井筒中的风速不得超过 6 m/s,且必须装设甲烷断电仪。

② 箕斗提升井或装有带式输送机的井筒兼作进风井时,箕斗提升井筒中的风速不得超过 6 m/s,装有带式输送机的井筒中的风速不得超过 4 m/s 并应有可靠的防尘措施,井筒中必须装设自动报警灭火装置和敷设消防管路。

(3) 必须保证主要通风机连续运转。

(4) 必须安装 2 套同等能力的主要通风机装置,其中 1 套作备用,备用通风机必须能在 10 min 内开动。

(5) 严禁采用局部通风机或风机群作为主要通风机使用。

(6) 装有主要通风机的出风井口应安装防爆门,防爆门每 6 个月检查、维修 1 次。

(7) 至少每月检查 1 次主要通风机。

(8) 改变通风机转数、叶片角度或者对旋式主要通风机级数时,必须经矿技术负责人批准。

(9) 矿井必须制定主要通风机停止运转的应急预案。

(10) 主要通风机技术改造及更换叶片后必须进行性能测试。

2. 主要通风机的防爆设施

矿用的主要通风机,除主机外还有一些附属装置。附属装置有风硐、扩散器(扩散塔)、防爆设施(防爆门或防爆井盖)和反风装置等。

在装有主要通风机的出风井口,必须安装防爆设施。在斜井口设防爆门,在立井口设防爆井盖。其作用有两个:一是当井下一旦发生瓦斯或煤尘爆炸时,受高压爆炸冲击波的作用,防爆设施自动打开,保护主要通风机免受毁坏;二是爆炸冲击波过后,防爆设施能自动关闭,迅速恢复矿井通风。在正常情况下,它是气密的,以防止风流短路。

3. 矿井反风的安全要求

生产矿井主要通风机必须装有反风设施,并能在 10 min 内改变巷道中的风流方向;当风流方向改变后,主要通风机的供给风量不应小于正常供风量的 40%。

每季度应至少检查 1 次反风设施,每年应进行 1 次反风演习;矿井通风系统有较大变化时,应进行 1 次反风演习。

4. 主要通风机房的安全管理

严禁主要通风机房兼作他用。主要通风机房内必须安装水柱计、电流表、电压表、轴承温度计等仪表，还必须有直通矿调度室的电话，并有反风操作系统图、司机岗位责任制和操作规程。主要通风机的运转应由专职司机负责，司机应每小时将通风机运转情况记入运转记录簿内。发现异常，立即报告。

5. 主要通风机停风应急管理要求

矿井必须制定主要通风机停止运转的应急预案。因检修、停电或者其他原因停止主要通风机运转时，必须制定停风措施。变电所或者电厂在停电前，必须立即停止工作、切断电源，工作人员先撤到进风巷道中，由值班矿领导组织全矿井工作人员全部撤出。主要通风机停止运转期间，必须打开井口防爆门和有关风门，利用自然风压通风；对由多台主要通风机联合通风的矿井，必须正确控制风流，防止风流紊乱。

（三）风量管理

《煤矿安全规程》规定矿井需要的风量应按下列要求分别计算，并选取其中最大值：

（1）按井下同时工作的最多人数计算，每人每分钟供给风量不得少于 4 m^3。

（2）按采掘工作面、硐室及其他地点实际需要风量的总和进行计算。各地点的实际需要风量，必须使该地点的风流中的甲烷、二氧化碳和其他有害气体的浓度、风速、温度及每人供风量符合本规定的有关规定。

使用煤矿用防爆型柴油动力装置机车运输的矿井，行使车辆巷道的供风量还应当按同时运行的最多车辆数增加巷道配风量，配风量不小于 4 $m^3/(min \cdot kW)$。

按实际需要计算风量时，应当避免备用风量过大或者过小。煤矿企业应当根据具体条件制定风量计算方法，至少每 5 年修订 1 次。

矿井测风应符合《煤矿安全规程》规定：矿井必须建立测风制度，每 10 d 至少进行 1 次全面测风。对采掘工作面和其他用风地点，应当根据实际需要随时测风，每次测风结果应当记录并写在测风地点的记录牌上。

应当根据测风结果采取措施，进行风量调节。

（四）矿井通风阻力管理

矿井通风阻力是矿井通风困难的顽症。矿井风量不足、有效风量低、漏风大，主要原因是矿井通风阻力大。矿井通风阻力使矿井风量不能满足要求，通风机不能发挥高效作用，甚至造成通风机不能正常运转，引发事故。

风流在井巷中流动时，沿途要遇到因井巷和其他障碍物的摩擦、阻挡、冲击所产生的阻力，这些阻力总称为矿井通风阻力。矿井通风阻力包括摩擦阻力和局部阻力。

矿井通风阻力测定工作是通风技术管理的重要内容之一。测量方法常用的有两种，一是压差计测量法，二是气压计测量法。通风阻力测定的基本内容及要求包括测算井巷风阻、摩擦阻力系数及通风阻力的分布情况。

（五）采区通风安全管理

1. 采区通风系统管理要求

采区通风系统是指矿井风流经主要进风巷进入采区，流经采区进风巷道，清洗采掘工作面、硐室和其他用风巷道后，沿采区回风巷排至矿井主要回风巷的整个网络。

(1) 生产水平和采区必须分区通风。

① 准备采区,必须在采区构成通风系统后,方可开掘其他巷道。采煤工作面必须在采区构成完整的通风、排水系统后,方可回采。

② 高瓦斯矿井、有煤(岩)与瓦斯(二氧化碳)突出危险的矿井的每个采区和开采容易自燃煤层的采区,必须设置至少1条专用回风巷。低瓦斯矿井开采煤层群和分层开采采用联合布置的采区,必须设置1条专用回风巷。

③ 采区进、回风巷必须贯穿整个采区,严禁一段为进风巷、一段为回风巷。

④ 矿井开拓新水平和准备新采区的回风,必须引入总回风巷或主要回风巷中。在有瓦斯喷出或有煤(岩)与瓦斯(二氧化碳)突出危险的矿井中,开拓新水平和准备新采区时,必须先在无瓦斯喷出或无煤(岩)与瓦斯(二氧化碳)突出危险的煤(岩)层中掘进巷道并构成通风系统。

⑤ 矿井开拓新水平和准备新采区,为构成通风系统的回风,可以引入生产水平的进风中,该回风流中的瓦斯和二氧化碳浓度都不得超过0.5%,其他有害气体浓度必须符合《煤矿安全规程》的规定,并制定安全措施,报企业技术负责人审批。

(2) 采掘工作面都应独立通风。

① 同一采区内,严禁两个采煤工作面之间串联通风。同一煤层上下相连的2个同一风路中的采煤工作面、采煤工作面与其相连接的掘进工作面、相邻的2个掘进工作面,布置独立通风有困难时,在制定措施后,可采用串联通风,但串联通风的次数不得超过1次。

② 采区内为构成新区段通风系统的掘进巷道或采煤工作面遇地质构造而重新掘进的巷道,布置独立通风确有困难时,其回风可以串入采煤工作面,但必须制定安全措施,且串联通风的次数不得超过1次;构成独立通风系统后,必须立即改为独立通风。

③ 开采有瓦斯喷出或有煤(岩)与瓦斯(二氧化碳)突出危险的煤层或者在距离突出煤层垂距小于10 m的区域掘进施工时,严禁任何2个工作面之间串联通风。

④ 对于上述的串联通风,必须在进入被串联工作面的风流中装设甲烷断电仪,且瓦斯和二氧化碳浓度都不得超过0.5%,其他有害气体浓度都应符合《煤矿安全规程》的规定。

(3) 有煤(岩)与瓦斯(二氧化碳)突出危险的采煤工作面不得采用下行通风。

(4) 无煤柱开采沿空送巷和沿空留巷时,应采取防止从巷道的两帮和顶部向采空区漏风的措施。

(5) 井下爆破材料库、充电室、采区变电所都必须有独立的通风系统。

2. 通风设施的安全管理

矿井主要通风设施有风桥、密闭、风门、调节风窗等。应满足下面要求:

(1) 通风设施必须可靠。

(2) 在倾斜运输巷中不应设置风门。

(3) 开采煤与瓦斯突出煤层时,工作面回风侧不应设置风窗。具体要求如下:

① 风桥。应采用绕道式,风桥两端接口要严密,四周要固定在实帮和实顶底之中,壁厚不应小于0.45 m;其前后6 m以内的巷道中,支架要加固;风桥断面不小于巷道断面的4/5;风桥成流线型,风速不大于10 m/s;

② 密闭墙。密闭墙的质量标准由煤矿企业制定,例如永煤公司的标准为:

永久性挡风墙,要用不燃性材料(如砖、料石、水泥等)建筑,墙体厚度不小于0.5 m;挡风墙前后 5 m 以内的巷道支护要完好且为防腐支架;无积煤,无片帮、冒顶;四周要掏槽,在煤中槽深不小于 0.5 m,在岩石中槽深不小于 0.2 m;墙面要抹严、抹平、不漏风;挡风墙内有涌水时,应在墙上装设放水管,放水管应制成“U”形,利用水封防止放水管漏风。

临时性挡风墙,可用木桩、木板、可塑性材料等建造。木板需鱼鳞式搭接,用黄泥、石灰抹面,无裂缝,基本不漏风,要设在帮顶良好处,四周要掏槽,在煤中槽深不小于 0.5 m,在岩石中槽深不小于 0.2 m(临时性的挡风墙可不掏槽);墙内外 5 m 巷道支护要良好,用防腐支架,无积煤;墙外要设置栅栏和警标。

③ 风门。风门分为普通风门和自动风门两类。自动风门是借助各种动力来开启与关闭的一种风门,有机械传动式、电动式、气动式和水动式等。风门不少于两道,行车风门间距要大于一列车长度,行人风门间距不小于 5 m,并实现自动连锁。门墙两帮和顶底都要掏槽,在煤中槽深不小于 0.5 m,在岩石中槽深不小于 0.2 m,槽中要填实;墙体厚度不小于 0.8 m;门板要错口接缝,木板厚不小于 50 mm,铁板厚不小于 2 mm;行车巷道的门槛下部要设挡风帘;通过电缆、水管和风管的孔口要堵严;风门前后 5 m 内的巷道要支护好,无空帮和空顶,使漏风率不大于 2%。

(六) 掘进通风安全管理

1. 掘进通风方法

掘进通风又称局部通风,是指利用局部通风机或主要通风机产生的风压对局部地点进行通风的方法。其方法主要有全风压通风和局部通风机通风。

2. 掘进通风安全管理要点

(1) 矿井开拓或者准备采区时,在设计中必须根据该处全风压供风量和瓦斯涌出量编制通风设计。掘进巷道的通风方式、局部通风机和风筒的安装及使用等应当在作业规程中明确规定。

(2) 掘进巷道必须采用矿井全风压通风或局部通风机通风,不得采用扩散通风。

(3) 煤巷、半煤岩巷和有瓦斯涌出的岩巷的掘进通风方式应采用压入式,不得采用抽出式;如果采用混合式,必须制定安全措施。瓦斯喷出区域和突出煤层的掘进通风方式必须采用压入式。

(4) 局部通风机必须由指定人员负责管理,保证正常运转。

(5) 压入式局部通风机和启动装置,必须安装在进风巷道中,距掘进巷道回风口不得小于 10 m;全风压供给该处的风量必须大于局部通风机吸入风量,局部通风机安装地点到回风口间的巷道中的最低风速必须符合《煤矿安全规程》的有关规定。

(6) 采用抗静电、阻燃风筒,风筒口到掘进工作面的距离、正常工作的局部通风机和备用局部通风机自动切换的交叉风筒接头的规格和安设标准,应当在作业规程中明确规定。

(7) 高瓦斯矿井、突出矿井的煤巷、半煤岩巷和有瓦斯涌出的岩巷掘进工作面正常工作的局部通风机必须配备安装同等能力的备用局部通风机,并能自动切换。正常工作的局部通风机必须采用三专(专用开关、专用电缆、专用变压器)供电,专用变压器最多可向 4 个不同掘进工作面的局部通风机供电;备用局部通风机电源必须取自同时带电的另一电源,当正常工作的局部通风机故障时,备用局部通风机能自动启动,保持掘进工作面正常通风。

(8) 严禁使用 3 台以上(含 3 台)的局部通风机同时向 1 个掘进工作面供风。不得使用 1 台局部通风机同时向 2 个作业的掘进工作面供风。

(9) 使用局部通风机供风的地点必须实行风电闭锁和甲烷电闭锁,保证正常工作的局部通风机停止运转或者停风后自动切断停风区内全部非本质安全型电气设备的电源。正常工作的局部通风机故障,切换到备用局部通风机工作时,该局部通风机通风范围内应当停止工作,排除故障;待故障被排除,恢复到正常工作的局部通风后方可恢复工作。使用2台局部通风机供风的,2台局部通风机都必须同时实现风电闭锁。

(10) 使用局部通风机通风的掘进工作面,不得停风;因检修、停电、故障等原因停风时,必须将人员全部撤至全风压进风流处,切断电源,设置栅栏、警示标志,禁止人员入内。局部通风机因故停止运转,在恢复通风前,必须首先检查瓦斯,只有停风区中最高瓦斯浓度不超过1.0%和最高二氧化碳浓度不超过1.5%,且局部通风机及其开关附近10 m以内风流中的瓦斯浓度都不超过0.5%时,方可人工开启局部通风机,恢复正常通风。

(11) 其他掘进工作面和通风地点正常工作的局部通风机可不配备备用局部通风机,但正常工作的局部通风机必须采用三专供电;或者正常工作的局部通风机配备安装一台同等能力的备用局部通风机,并能自动切换。

(12) 局部通风机必须保持正常运转,临时停工时,也不得停风。如果因临时停电、检修或其他原因,局部通风机停止运转,风电闭锁装置立即切断局部通风机供风巷道的一切非本质安全电气设备的电源,人员撤至全风压通风的进风流中,独头巷道口设置栅栏,并悬挂明显警标牌,严禁人员入内。

(13) 停风的独头巷道,每天在栅栏处至少检查1次瓦斯。如发现栅栏内侧1 m处瓦斯浓度超过3%,应采用木板密闭予以封闭。

(14) 局部通风机停风后,停风区中瓦斯浓度超过1%或二氧化碳浓度超过1.5%时,最高瓦斯浓度和二氧化碳浓度都不超过3.0%时,必须采取专门的安全措施,控制风流排放瓦斯。

(15) 停风区中瓦斯浓度或二氧化碳浓度超过3.0%时,必须制定安全排除瓦斯措施。

3. 巷道贯通安全管理

(1) 巷道贯通前应当制定贯通专项措施。掘进巷道贯通前,综合机械化掘进巷道在相距50 m前、其他巷道在相距20 m前,必须停止一个工作面作业,做好调整通风系统的准备工作。矿井在同一煤层、同翼、同一采区相邻正在开采的采煤工作面沿空送巷时,采掘工作面严禁同时作业。停掘的工作面必须保持正常通风,设置栅栏及警标,每班必须检查风筒的完好状况和工作面及其回风流中的瓦斯浓度,瓦斯浓度超限时,必须立即处理。

(2) 掘进的工作面每次爆破前,必须派专人和瓦斯检查工共同到停掘的工作面检查工作面及其回风流中的瓦斯浓度,瓦斯浓度超限时,必须先停止在掘工作面的工作,然后处理瓦斯,只有在2个工作面及其回风流中的瓦斯浓度都在1.0%以下时,掘进的工作面方可爆破。每次爆破前,2个工作面入口必须有专人警戒。

(3) 贯通后,必须停止采区内的一切工作,立即调整通风系统,风流稳定后,方可恢复工作。间距小于20 m的平行巷道的联络巷贯通,必须遵守以上规定。

(4) 突出煤层中掘进工作面与煤层巷道交叉贯通前,被贯通的煤层巷道必须超过贯通位置,其超前距不得小于5 m,并且贯通点周围10 m内的巷道应加强支护。在掘进工作面与被贯通巷道距离小于60 m的作业期间,被贯通巷道内不得安排作业,并保持正常通风。

第二节　矿井瓦斯灾害防治

一、瓦斯基础知识

（一）基本概念

从广义上讲，矿井瓦斯是指以甲烷（CH_4）为主的所有有毒有害气体的总称，包括二氧化碳（CO_2）、氮气（N_2），还有少量的硫化氢（H_2S）、一氧化碳（CO）、氢气（H_2）、二氧化硫（SO_2）及其他碳氢化合物气体等。

从狭义上讲，矿井瓦斯就是指甲烷（CH_4）。因为甲烷在煤矿井下各种有害气体中所占的比重最大，可达 80%～90%，同时甲烷对煤矿的危害也很大。

矿井瓦斯灾害的识别和防治

瓦斯是一种无色、无味、无臭的气体，相对密度为 0.554。由于甲烷比空气轻，因此它常积聚于巷道的顶部、独头巷道或冒落的高顶处。瓦斯的扩散能力是空气的 1.6 倍，微溶于水，不助燃也不能维持呼吸，达到一定浓度时，能使人缺氧窒息，并能燃烧或爆炸。

（二）瓦斯的赋存状态

瓦斯在煤层中的赋存状态主要有游离状态和吸附状态两种。

(1) 游离瓦斯：瓦斯以自由的气体状态存在于煤体和围岩的孔隙、裂隙或空洞中，瓦斯分子在孔隙中可以自由运动。

(2) 吸附瓦斯：分为吸着瓦斯和吸收瓦斯。

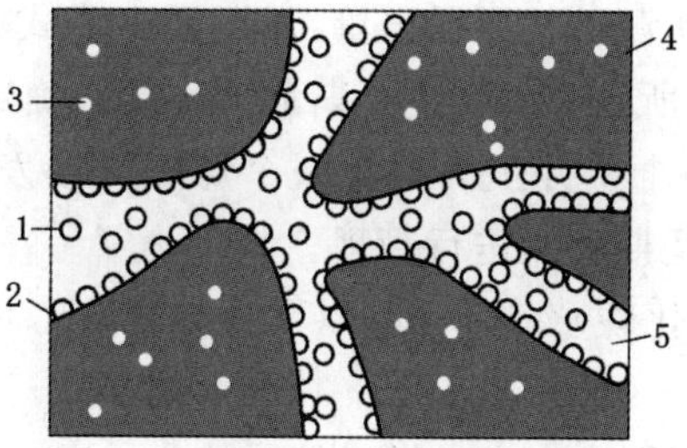

1—游离瓦斯；2—吸着瓦斯；3—吸收瓦斯；4—煤体；5—孔隙。

图 5-4　煤体中瓦斯的赋存状态示意图

吸着瓦斯：在被吸附瓦斯中，通常把附着在煤体表面的瓦斯称为吸着瓦斯。

吸收瓦斯：把进入煤体内部的瓦斯称为吸收瓦斯。

在煤体中，无论是深部还是浅部，吸附的瓦斯量占煤层瓦斯含量的 80%～90%，而游离状态的瓦斯只占 10%～20%。吸附瓦斯和游离瓦斯在外界条件不变的情况下处于动态平衡状态，吸附状态的瓦斯分子和游离状态的分子处于不断的交换之中；当外界的瓦斯压力和温度发生变化或给予冲击，影响了分子的能量时，则会破坏其动态平衡，从而产生新的平衡状态。吸附瓦斯变为游离瓦斯的现象称为解吸现象。

瓦斯沿煤层垂深有特征明显的四个分带，从上向下依次为 CO_2-N_2 带、N_2 带、N_2-CH_4

带、CH_4 带，前面三个分带统称为瓦斯风化带。

（三）瓦斯的涌出

1. 瓦斯涌出形式

矿井瓦斯涌出形式分为普通涌出和特殊涌出两种。特殊涌出又分为喷出和煤与瓦斯突出。

2. 瓦斯涌出量

瓦斯涌出量是指矿井建设和生产过程中涌进采掘空间的瓦斯量。瓦斯涌出量大小的表示方法有绝对瓦斯涌出量和相对瓦斯涌出量两种。

绝对瓦斯涌出量：矿井在单位时间内从煤层以及采落的煤（岩）涌入矿井风流中的气体总量，单位为 m^3/d 或 m^3/min。

相对瓦斯涌出量：矿井在正常生产条件下，平均日产一吨煤同期所涌出的瓦斯量，单位为 m^3/t。

影响矿井瓦斯涌出量的因素主要有自然因素和开采技术因素。

（1）地面大气压力的变化对瓦斯涌出产生的影响。

（2）煤层瓦斯含量。

（3）开采规模影响。

（4）采煤方法与顶板管理影响。

（5）生产工序影响。

（6）采空区管理影响。

（四）矿井瓦斯等级鉴定

1. 矿井瓦斯等级

矿井瓦斯等级应当依据实测的瓦斯涌出量、瓦斯涌出形式以及实际发生的瓦斯动力现象、实测的突出危险性指标等所划分的煤矿瓦斯危险程度来确定。

《煤矿安全规程》规定：一个矿井中只要有一个煤（岩）层发现瓦斯，该矿井即为瓦斯矿井。瓦斯矿井必须依照矿井瓦斯等级进行管理。

（1）煤（岩）与瓦斯（二氧化碳）突出矿井（以下简称突出矿井）。具备下列情形之一的矿井为突出矿井：

① 在矿井的开拓、生产范围内有突出煤（岩）层的；

② 经鉴定具有煤（岩）与瓦斯（二氧化碳）突出煤（岩）层的；

③ 依照有关规定有按照突出管理的煤层，但在规定期限内未完成突出危险性鉴定的。

（2）高瓦斯矿井。具备下列情形之一的矿井为高瓦斯矿井：

① 矿井相对瓦斯涌出量大于 10 m^3/t；

② 矿井绝对瓦斯涌出量大于 40 m^3/min；

③ 矿井任一掘进工作面绝对瓦斯涌出量大于 3 m^3/min；

④ 矿井任一采煤工作面绝对瓦斯涌出量大于 5 m^3/min。

⑤ 矿井发生过瓦斯（二氧化碳）喷出现象。

（3）低瓦斯矿井。同时满足下列条件的矿井为瓦斯矿井：

① 矿井相对瓦斯涌出量小于或等于 10 m^3/t；

② 矿井绝对瓦斯涌出量小于或等于 40 m^3/min；

③ 矿井任一掘进工作面绝对瓦斯涌出量均小于或等于 3 m^3/min；

④ 矿井任一采煤工作面绝对瓦斯涌出量均小于或等于 5 m^3/min。

2. 相关规定

(1) 低瓦斯矿井每 2 年必须对低瓦斯矿井进行瓦斯等级和二氧化碳涌出量的鉴定。高瓦斯矿井和突出矿井不再进行周期性瓦斯等级鉴定工作，但应每年测定和计算矿井、采区、工作面瓦斯和二氧化碳涌出量，并报省级煤炭行业管理部门和煤矿安全监察机构。经鉴定或者认定为突出矿井的，不得改定为瓦斯矿井或高瓦斯矿井(以下统称非突出矿井)。

(2) 低瓦斯矿井出现下列情况之一的，应当在 6 个月内完成瓦斯等级鉴定工作：

① 新建矿井建设完成的；

② 矿井核定生产能力提高的；

③ 改扩建矿井改扩建完成的；

④ 开采新水平或新煤层的；

⑤ 资源整合矿井整合完成的。

(3) 新建矿井在可行性研究阶段，应当依据地质勘探资料、同一矿区的地质资料和相邻矿井相关资料等，对矿井内采掘工程可能揭露的所有平均厚度在 0.3 m 以上的煤层进行突出危险性评估，评估结果应当在可行性研究报告中表述清楚。

经评估认为有突出危险性煤层的新建矿井，建井期间应当对开采煤层及其他可能对采掘活动造成威胁的煤层进行突出危险性鉴定或者认定；未进行突出危险性鉴定的，按突出煤层管理。

(4) 低瓦斯矿井生产过程中出现高瓦斯矿井情形之一的，煤矿企业应当立即认定该矿井为高瓦斯矿井，并报省级煤炭行业管理部门批准变更矿井瓦斯等级。高瓦斯矿井应当测定可采煤层的瓦斯含量、瓦斯压力和抽采半径等参数。

(5) 非突出矿井或者突出矿井的非突出煤层出现下列情况之一的，该煤层应当立即按照突出煤层管理：

① 采掘过程中出现瓦斯动力现象的；

② 煤层瓦斯压力达到 0.74 MPa 以上的；

③ 相邻矿井开采的同一煤层发生突出的。

(6) 矿井有按照突出管理的煤层，可以直接申请省级煤炭行业管理部门批准认定为突出矿井；不直接申请认定的，应当在确定煤层按照突出管理之日起半年内完成该煤层的突出危险性鉴定。

(7) 新建突出矿井设计生产能力不得低于 0.9 Mt/a，第一生产水平开采深度不得超过 800 m。中型及以上的突出生产矿井延深水平开采深度不得超过 1 200 m，小型的突出生产矿井开采深度不得超过 600 m。

(8) 煤矿发生生产安全事故，经事故调查认定为突出事故的，发生事故的煤层直接认定为突出煤层，该矿井为突出矿井。

二、煤与瓦斯突出防治

在地应力和瓦斯(或二氧化碳)的共同作用下，破碎的煤、岩和瓦斯在极短的时间内由煤体内或岩体内突然向采掘空间抛出的异常动力现象，称为煤与瓦斯突出。

(一) 煤与瓦斯突出机理

煤与瓦斯突出机理有很多假说，如瓦斯主导说、地压主导说、综合作用假说等。目前被多数人承认的是综合作用假说，该假说是指煤与瓦斯突出是煤的物理性质、瓦斯、地应力三个因素综合作用的结果。

(二) 煤与瓦斯突出的分类

按动力现象的力学特征，可分为突出、压出和倾出。

按突出强度可分为：

(1) 小型突出：强度小于 100 t。

(2) 中型突出：强度等于或大于 100 t 且小于 500 t。

(3) 大型突出：强度等于或大于 500 t 且小于 1 000 t。

(4) 特大型突出：强度等于或大于 1 000 t。

(三)《煤矿安全规程》对采掘工作面防突的规定

(1) 矿井在采掘过程中，只要发生过一次煤(岩)与瓦斯(二氧化碳)突出(简称突出)，该矿井即为突出矿井，发生突出的煤层即为突出煤层。突出煤层和突出矿井的鉴定工作应当由具备煤与瓦斯突出鉴定资质的机构承担。煤矿企业应当将突出矿井及突出煤层的鉴定或者认定结果，按照突出煤层管理的情况，及时报省级煤炭行业管理部门、煤矿安全监管部门和煤矿安全监察机构。

(2) 开采突出煤层时，必须采取突出危险性预测、防治突出措施、防治突出措施的效果检验、安全防护措施等综合防治突出措施。

(3) 开采突出煤层时，每个采掘工作面的专职瓦斯检查工必须随时检查瓦斯，掌握突出预兆。当发现有突出预兆时，瓦斯检查工有权停止工作面作业，并协助班组长立即组织人员按避灾路线撤出、报告矿调度室。

(4) 有突出危险的采掘工作面爆破落煤前，所有不装药的炮眼、孔都应用不燃性材料充填，充填深度应不小于爆破孔深度的 1.5 倍。

(5) 井巷揭穿煤层和在突出煤层中进行采掘作业时，必须采取震动爆破、远距离爆破、避难硐室、反向风门、压风自救系统等安全防护措施。

(6) 突出矿井的人员入井必须携带隔离式自救器。

(四) 石门(井筒)揭煤的其他防突措施(工作面防突措施)

石门和其他岩石井巷揭穿突出危险煤层时，工作面防突措施中除抽采瓦斯外，还有水力冲孔、煤体固化、金属骨架等。

【案例 5-1】 山西省某矿"3·25"较大煤与瓦斯突出事故案例

2021 年 3 月 25 日 3 时 50 分 56 秒，某矿 15210 进风巷掘进工作面发生一起煤与瓦斯突出事故，突出煤量为 244 t，涌出瓦斯量为 22 882 m^3，造成 4 人死亡。

1. 事故的基本情况

该矿设计生产能力为 0.90 Mt/a，批准开采 15# 煤层，属于煤与瓦斯突出矿井。采用斜井开拓，布置混合提升斜井、猴车斜井、瓦斯管路斜井、回风立井四个井筒。一个开采水平划分为两个采区。二采区布置 1 个回采工作面(15212 工作面),7 条掘进工作面(3 煤,4 岩)。中央分列式通风,总进风量为 11 210 m^3/min,总回风量为 11 299 m^3/min。

2021 年 3 月 25 日 3 时 51 分许,15210 进风巷工作面甲烷传感器 T1 信号中断,15210 进风巷钻机下风侧甲烷传感器浓度超限报警,4 时 05 分,掘一队职工梁某电话报告调度室,15210 进风巷掘进工作面发生煤与瓦斯突出。波及范围:15210 进风巷迎头、15210 进风巷、15210 进风巷回风系统巷、15210 进风巷防突门之间、二区回风巷、矿井总回风二翼、矿井回风立井井底。

2. 防突措施实施情况

(1) 区域防突措施:① 地面水砂压裂井预抽,钻孔间距为 260 m。② 顺层机械造穴钻孔预抽煤巷条带瓦斯,19 个孔,孔深为 80～100 m,每隔 6 m 造一个直径为 0.5 m、长度为 1 m 的穴,抽采 22 天。

(2) 区域防突措施效果检验:

2021 年 3 月 17 日,矿井编制了《15210 综采工作面进风巷抽采达标评判报告(第八循环)》:地面钻井预抽后煤层残存瓦斯含量为 8.626 8 m^3/t;顺层钻孔机械造穴预抽条带瓦斯后,瓦斯预抽率为 60%,实测最大残余瓦斯含量为 6.888 2 m^3/t,计算残余瓦斯压力为 0.23 MPa;钻孔施工过程中无吸钻、顶钻、喷孔等瓦斯异常现象。

评判:预抽区域抽采达标,允许进尺 80 m。

(3) 区域验证:采用钻屑指标法验证,由掘进队派人配合防突工现场测定 K_1 值和 S 值。

(4) 局部防突措施情况:

3 月 22 日晚 8 点班,施工了 3 个长 15 m 的排放钻孔。

3 月 23 日早上,防突矿长召集总工、防突部长、防突技术员等人员进行专题讨论,决定工作面执行加强局部防突措施,补充施工 26 个孔深为 30 m 的排放钻孔。

3 月 23 日晚 8 点班,施工完成所有 29 个排放钻孔,经效果检验,K_1 值最大为 0.31 mL/(g·$min^{1/2}$)、S 值最大为 2.9 kg/m,检验指标不超标。

3 月 24 日早 8 点班工作面恢复掘进。

3 月 25 日 3 时 51 分,发生煤与瓦斯突出。

3. 事故直接原因

(1) 突出地点存在小断层,构造煤变厚,煤层突出危险性急剧增加。煤层顶部有厚度为 1.6～1.8 m 的构造煤,坚固性系数为 0.20～0.24,属于Ⅳ类强烈破坏煤。

(2) 突出地点煤层地应力较大,多重应力叠加,具备激发突出的能量。突出地点 15# 煤层埋藏深度为 389.35 m,垂直应力达到 9.73 MPa;构造煤厚度由正常区域的 0.3 m 增加至 1.6～1.8 m,预计水平构造应力在 15 MPa 以上;15210 进风巷突出地点距离 5# 地面水砂压裂预抽井的直线距离仅为 26.6 m,掘进工作面前方采动应力和预裂井周边残余压裂应力叠加;沿底板托顶煤掘进,顶煤自重应力有利于突出发生。

(3) 预抽时间短,实际抽采效果并未达标,区域防突措施和局部防突措施未能有效消除工作面前方煤体突出危险性。效检钻孔数量偏少,没有穿透顶部构造煤(软分层/软煤)的钻孔,既未探测出工作面前方煤层顶部构造煤厚度异常,也未有效判识出工作面前方煤体依然存在的瓦斯突出危险性。

(4) 综掘机割煤作业诱发了瓦斯突出。综掘机割煤作业引起工作面应力重新分布,打破了本已经应力高度集中的工作面前方煤体的应力平衡，诱发了煤与瓦斯突出。

4. 事故暴露出的主要问题

(1) 隐瞒突出预兆，效果检验数据造假。在15210进风巷第八循环顺层钻孔施工中发现喷孔、卡钻等动力现象，应当继续预抽时，管理层却刻意隐瞒突出预兆，未按规定延长预抽时间；在明知区域效果检验瓦斯含量严重超标、应当继续预抽的情况下，编造瓦斯含量数据，出具“允许进度”的虚假效果检验报告单，经层层审核签字，编制出可以正常掘进瓦斯抽采达标评判报告，并下达可以掘进的通知，冒险在未消除突出危险的区域安排掘进作业。

(2) 防突责任体系有缺陷，防突技术管理有漏洞。以“一事一契”任务书形式明确防突工作由防突副总经理全权负责，妨碍总工程师等关键防突岗位人员按规定全面履职；防突机构不健全，部分管理人员职责不清；防突技术力量薄弱，防突技术管理人员配备不到位，且普遍存在从事防突工作时间短、防突工作经验不足等问题；对防突措施实施过程中区域预测、钻孔施工、区域预抽、效果检验、区域验证等措施监督落实层层失责；编制工作面防突设计时未考察预抽煤层瓦斯钻孔(造穴孔)的有效抽采半径、超前钻孔(排放瓦斯)排放半径，没有明确超前钻孔的排放时间；瓦斯地质工作不扎实，未及时发现煤层顶部构造煤(软分层)变厚。

(3) 安全生产责任悬空，现场管理混乱。主要负责人依法管矿意识差，罔顾责任与风险，授意造假，胆大妄为；有关管理人员不依法履行职责，反而集体参与造假，无人反对、制止；安全生产责任制不健全，专职安全检查工由生产队组配备管理，经常被随意安排从事其他作业，不能有效发挥安全检查工的现场安全监督作用；井下瓦斯检查工配备不足，煤巷掘进工作面未配备专职瓦斯检查工；矿井隐患排查和安全检查流于形式，对掘进队夜班组织掘进作业、特种作业人员无证上岗、掘进工作面未配备专职瓦斯检查工等熟视无睹，不予制止，安全管理层层失控。

(4) 安全教育培训不够，职工业务素质、安全意识差。防突工、防突工长等从业人员业务水平低，对两个“四位一体”综合防突措施掌握不清，防突知识和业务不熟悉；现场作业人员安全意识淡薄，自保互保意识差，缺乏煤与瓦斯突出预兆和灾害防治等知识。

5. 事故教训及防范措施

(1) 牢固树立安全发展理念，依法管矿。矿井要加强安全生产有关法律法规的宣传教育和贯彻落实，增强各级安全责任意识、法治意识，坚持依法办矿、依法管矿，健全有效安全生产责任体系，狠抓各级责任落实，杜绝安全生产管理过程数据造假、冒险蛮干等严重违法违规行为，切实抓好抓实安全生产工作。

(2) 健全防突管理机构，提高业务素质和技能。要健全防突管理机构，尤其要强化煤矿瓦斯治理和防突技术管理体系建设，建立健全以总工程师为首的技术管理体系，配齐配强技术管理人员；加强对防突专业有关人员业务培训、安全培训，加强井下各类作业人员的防突技能和防突知识培训，实现全员熟悉突出预兆、掌握防突基本常识和技能，提高防范意识和能力。

(3) 严肃防突技术管理，确保防突措施落到实处。要严格落实两个“四位一体”综合防突措施，坚决做到“不采突出面、不掘突出头”；加强瓦斯抽采科研攻关，积极推进、依法进行保护层开采的可行性论证，研究地面钻井水砂压裂瓦斯预抽的时效性，优化区域防突措施，优先选择穿层钻孔(水力或机械造穴)预抽区域防突措施，提升矿井瓦斯治理能力。要及时、准确测定煤层原始瓦斯含量、原始瓦斯压力、煤的瓦斯放散初速度、坚固性系数、煤层透气性、瓦斯涌出量等瓦斯基本参数，考察预抽煤层瓦斯钻孔（造穴孔）的有效抽采半径、超前钻孔（排放瓦斯）的排放半径和时间等参数；加大对两个“四位一体”综合防突措施的监督检查力度，确保区域预测、区域效果检验、抽采钻孔施工验收、达标评判等环节跟踪管控到位，防突管理责任落实到位；掘进工作面在接近、通过地面压裂抽采井的影响范围前，必须制定专项安全措施，做好井上下协调工作；强化煤层瓦斯地质和预测预报工作，加强对掘进巷道前方构造煤、断层等地质构造的探测工作，充分利用人工观测、物探和钻探等手段，提高地质构造预报的准确率。

（4）强化现场安全管理，切实做到层层把关。要从上至下全面落实制度健全、分工明确、措施有力、落实到位的安全风险分级管控和隐患排查治理双重预防性工作机制，切实开展现场隐患排查和安全风险辨识评估，全面进行智能化升级改造，切实增强煤矿安全生产源头治理能力。加大反“三违”力度，严格持证上岗，提高职工自保互保意识。严格执行省政府严禁夜班组织生产的有关规定。

（5）上级公司要深刻汲取矿井主体责任不落实、防突技术资料弄虚作假、瓦斯抽采不达标、两个“四位一体”综合防突措施执行不到位等事故教训，认真落实安全生产主体责任，正确处理好安全与生产的关系，加强对所属矿井的管控力度，加强对突出矿井防突措施监督落实和隐患排查治理工作；要抓好以矿长为首的安全管理团队、以总工程师为首的技术管理团队和专业队伍建设，针对所属矿井灾害特点，按照有关规定配齐选优领导班子；要加强对所属矿井的技术服务指导工作，督促所属突出矿井严格执行防突各项规定，开展保护层开采的可行性论证，两个“四位一体”综合防突措施的相关参数要在实践中考察明确。

（6）地方政府与煤矿安全监管部门要认真落实国家安全生产方针、政策，完善工作制度，提高工作人员业务水平和履职能力，落实监管责任，推进专业监管，提高监管成效。

三、瓦斯抽采与管理

在治理瓦斯的过程中，建立以抽采工程（巷道或钻孔）、管网、计量、抽采泵及安全装置为一体的瓦斯抽采系统，利用机械设备和专用管道造成的负压，将煤层、岩层和采空区内的瓦斯直接抽至地面或井下安全排放地点，这种治理瓦斯的方法称为矿井瓦斯抽采。

矿井瓦斯抽采是减少煤层瓦斯含量、采区瓦斯涌出量，防治煤与瓦斯突出的有效方法，可以有效减少瓦斯事故，保障煤矿安全生产。

（一）矿井建立瓦斯抽采系统的条件

煤矿瓦斯抽采应当坚持“应抽尽抽、多措并举、抽掘采平衡”的原则。《煤矿安全规程》规定：突出矿井必须建立地面永久抽采瓦斯系统。

有下列情况之一的矿井必须进行瓦斯抽采，并实现抽采达标：

（1）开采有煤与瓦斯突出危险煤层的；

（2）任一采煤工作面绝对瓦斯涌出量大于 5 m^3/min 或者任一掘进工作面绝对瓦斯涌出量大于 3 m^3/min 的；

（3）矿井绝对瓦斯涌出量大于或等于 40 m^3/min 的；

（4）矿井年产量为 1.0～1.5 Mt，其绝对瓦斯涌出量大于 30 m^3/min 的；

（5）矿井年产量为 0.6～1.0 Mt，其绝对瓦斯涌出量大于 25 m^3/min 的；

(6) 矿井年产量为 0.4～0.6 Mt,其绝对瓦斯涌出量大于 20 m^3/min 的;

(7) 矿井年产量等于或小于 0.4 Mt,其绝对瓦斯涌出量大于 15 m^3/min 的。

(二) 瓦斯抽采基本参数

瓦斯抽采基本参数是抽采与利用瓦斯规划、设计和技术管理的基本科学依据,应当保证数据的真实与准确。按照《煤矿安全规程》规定进行瓦斯抽采,效果受到抽采难易程度和可行性分析影响。对基本参数测算会影响到抽采效果。

1. 瓦斯压力

煤层瓦斯压力是瓦斯从煤层向外释放的能力,决定煤层瓦斯含量和突出危险性大小的因素之一,煤层瓦斯压力越大,瓦斯抽采越容易,是瓦斯管理的基础参数。

2. 煤层瓦斯含量

煤层瓦斯含量是指每吨煤或每立方米煤体中含有的瓦斯量,单位为 m^3/t 或 m^3/m^3。

3. 矿井瓦斯储量

瓦斯储量是指在煤田开发过程中能够向矿井排放瓦斯的煤层及围岩所赋存的瓦斯总量。

4. 矿井瓦斯抽采量

矿井瓦斯抽采量是标准状态下($p=101\ 325$ Pa,$T=20$ ℃),从煤岩层中抽出的纯瓦斯量。

5. 瓦斯抽采率

(1) 矿井(或采区)抽采率:矿井(或采区)的抽出瓦斯量占其风排瓦斯量与抽采瓦斯量之和的百分比。

(2) 工作面(开采层)瓦斯抽采率:开采层抽出的瓦斯量占开采层涌出及其抽出瓦斯量的百分比。

(3) 工作面(邻近层)瓦斯抽采率:从邻近层抽出的瓦斯量占邻近层涌出及其抽出量的百分比。

(4) 工作面总抽采率:工作面开采层与邻近层抽出的瓦斯量占其涌出及其抽出量的百分比。

6. 煤层透气性系数

煤层透气性系数是衡量瓦斯等气体在煤层内流动难易程度的物理量,是从宏观上评价煤层可抽性的指标之一。由于煤是一种多孔介质,因此,在一定压力梯度下,瓦斯可以在煤体内流动。煤的透气性系数越大,瓦斯在煤体中流动越容易,反之越困难。在生产实践中,增加煤层透气性的方法主要有深孔预裂控制爆破、水力造穴、水射流割缝、水力冲孔、顺层(穿层)钻孔水力压裂等。

7. 钻孔瓦斯流量衰减系数

钻孔瓦斯流量衰减系数是指不受采动影响条件下,煤层内钻孔的瓦斯流量随着时间延续呈衰减变化关系的系数。钻孔瓦斯流量衰减系数越大,表明抽采煤层瓦斯越难。它可以作为评价煤层预抽瓦斯难易程度的一个指标。

(三) 瓦斯抽采基本方法

瓦斯抽采工作经过多年的实践和发展,根据矿井地域分布、煤层条件、巷道布置、技术条件、抽采瓦斯的目的等不同，形成了多种瓦斯抽采方法。

(1) 按抽采瓦斯的来源，分为本煤层瓦斯抽采、邻近煤层瓦斯抽采、采空区瓦斯抽采；

(2) 按抽采瓦斯煤层是否卸压，分为未卸压煤层瓦斯抽采和卸压煤层瓦斯抽采；

(3) 按抽采瓦斯与采掘作业的先后顺序，分为煤层预抽采、边作业边抽采、采后抽采；

(4) 按汇集瓦斯的方式，分为钻孔抽采、巷道抽采和钻孔巷道混合抽采；

(5) 按瓦斯抽采作业场所不同，分为地面抽采和井下抽采。

(四) 瓦斯抽采系统

煤矿瓦斯抽采系统是指借助钻孔、巷道或向采空区埋管等工程设施收集瓦斯源，经专用管路和瓦斯抽采设备形成的负压进行安全抽采、检测或监测监控和压送工作系统的总称。

瓦斯抽采系统主要由瓦斯抽采泵、抽采管路系统、流量计、安全装置等组成。

1. 瓦斯抽采泵

常用的瓦斯泵有水环式真空泵、离心式瓦斯泵和回转式瓦斯泵。

水环式真空泵的特点是真空度高、抽采负压大、流量小、安全性好(工作室内充满介质，不会发生瓦斯爆炸)，结构简单，运转可靠。它适用于煤层透气性低、管路系统阻力大和需要高负压抽采瓦斯的矿井，特别适用于抽采低浓度瓦斯或瓦斯浓度变化大的抽采系统。

离心式瓦斯泵负压低、流量大，适用于瓦斯抽出量大(20～1 200 m^3/min)、管道阻力不高(4～5 kPa)、负压要求不高、瓦斯浓度大于25%的矿井。

回转式瓦斯泵的特点是流量不受阻力变化影响，流量大小接近一个常数，因此，运行稳定、供气均匀。但是缺点是噪声大，检修复杂。当压力高时，气体漏损较大，磨损较严重。适用于流量要求稳定而阻力变化大，以及负压高的瓦斯浓度高于25%的瓦斯抽采系统。

由于水环真空泵安全性好，抽放负压大，因此使用较为广泛。

2. 抽采管路系统

井下敷设的用于瓦斯抽采的各种管路统称为矿井瓦斯抽采管路系统，由主管、干管、支管、连接管和封孔管等组成。管材分为金属管道和非金属管道。

3. 流量计

为了全面掌握与管理井下瓦斯抽采情况，需要在总管、支管和各个钻场内安设测定瓦斯流量的流量计。孔板流量计比较简单、方便，目前井下一般采用孔板流量计。

4. 安全装置

安全装置包括“三防”装置、放水装置、干粉抑爆阻火器、避雷装置。

(五) 瓦斯抽采达标评判

瓦斯抽采矿井应根据《煤矿瓦斯抽采达标暂行规定》，同时结合矿井生产实际，建立瓦斯抽采达标工作体系，制定瓦斯抽采达标评判细则。

抽采瓦斯矿井应当对瓦斯抽采的基础条件和抽采效果进行评判。在基础条件满足瓦斯先抽后采要求的基础上，再对抽采效果是否达标进行评判。工作面采掘作业前，应当编制瓦斯抽采达标评判报告，并由矿井技术负责人和主要负责人批准。

(1) 有下列情况之一的，应当判定为抽采基础条件不达标：

① 未按本规定要求建立瓦斯抽采系统，或者瓦斯抽采系统没有正常、连续运行的；

② 无瓦斯抽采规划和年度计划，或者不能达到《煤矿瓦斯抽采达标暂行规定》第十一条要求的；

③ 无矿井瓦斯抽采达标工艺方案设计、无采掘工作面瓦斯抽采施工设计，或者不能达到《煤矿瓦斯抽采达标暂行规定》第十八条要求的；

④ 无采掘工作面瓦斯抽采工程竣工验收资料、竣工验收资料不真实或者不符合《煤矿瓦斯抽采达标暂行规定》第十九条要求的；

⑤ 没有建立矿井瓦斯抽采达标自评价体系和瓦斯抽采管理制度的；

⑥ 瓦斯抽采泵站能力和备用泵能力、抽采管网能力等达不到本规定要求的；

⑦ 瓦斯抽采系统的抽采计量测点不足、计量器具不符合相关计量标准和规范要求或者计量器具使用超过检定有效期，不能进行准确计量的；

⑧ 缺乏符合标准要求的抽采效果评判用相关测试条件的。

(2) 预抽煤层瓦斯效果评判应当包括下列主要内容和步骤：

① 抽采钻孔有效控制范围界定；

② 抽采钻孔布孔均匀程度评价；

③ 抽采瓦斯效果评判指标测定；

④ 抽采效果达标评判。

(3) 预抽煤层瓦斯，应当同时满足以下要求：

① 钻孔有效控制范围应当满足《煤矿瓦斯抽采基本指标》《防治煤与瓦斯突出细则》的要求。

② 预抽瓦斯效果应当满足如下标准：

a. 对瓦斯涌出量主要来自开采层的采煤工作面，评价范围内煤的可解吸瓦斯量满足表5-4规定的，判定采煤工作面瓦斯抽采效果达标。

表 5-4 采煤工作面回采前煤的可解吸瓦斯量应达到的指标

工作面日产量/t	可解吸瓦斯量/(m^3/t)
≤1 000	≤8
1 001～2 500	≤7
2 501～4 000	≤6
4 001～6 000	≤5.5
6 001～8 000	≤5
8 001～10 000	≤4.5
>10 000	≤4

b. 对于突出煤层，当评价范围内所有测点测定的煤层残余瓦斯压力或残余瓦斯含量都小于预期的防突效果达标瓦斯压力或瓦斯含量，且施工测定钻孔时没有喷孔、顶钻或其他动力现象时，则评判为突出煤层评价范围预抽瓦斯防突效果达标；否则，判定以超标点为圆心、半径100 m范围未达标。预期的防突效果达标瓦斯压力或瓦斯含量按煤层始突深度处的瓦斯压力或瓦斯含量取值；没有考察出煤层始突深度处的瓦斯压力或含量时，分别按照0.74 MPa、8 m^3/t取值。

c. 对于瓦斯涌出量主要来自突出煤层的采煤工作面，只有当瓦斯预抽防突效果和煤的可解吸瓦斯量指标都满足达标要求时，方可判定该工作面瓦斯预抽效果达标。

(4) 对瓦斯涌出量主要来自邻近层或围岩的采煤工作面，计算的瓦斯抽采率满足表 5-5 规定时，其瓦斯抽采效果判定为达标。

表 5-5 采煤工作面瓦斯抽采率应达到的指标

工作面绝对瓦斯涌出量 $Q/(m^3/min)$	工作面瓦斯抽采率/%
$5 \leqslant Q < 10$	$\geqslant 20$
$10 \leqslant Q < 20$	$\geqslant 30$
$20 \leqslant Q < 40$	$\geqslant 40$
$40 \leqslant Q < 70$	$\geqslant 50$
$70 \leqslant Q < 100$	$\geqslant 60$
$100 \leqslant Q$	$\geqslant 70$

(5) 采掘工作面同时满足风速不超过 4 m/s、回风流中瓦斯浓度低于 1%时，判定采掘工作面瓦斯抽采效果达标。

(6) 矿井瓦斯抽采率满足表 5-6 规定时，判定矿井瓦斯抽采率达标。

表 5-6 矿井瓦斯抽采率应达到的指标

矿井绝对瓦斯涌出量 $Q/(m^3/min)$	矿井瓦斯抽采率/%
$Q < 20$	$\geqslant 25$
$20 \leqslant Q < 40$	$\geqslant 35$
$40 \leqslant Q < 80$	$\geqslant 40$
$80 \leqslant Q < 160$	$\geqslant 45$
$160 \leqslant Q < 300$	$\geqslant 50$
$300 \leqslant Q < 500$	$\geqslant 55$
$500 \leqslant Q$	$\geqslant 60$

四、从瓦斯防治“十二字方针”到瓦斯治理“十六字工作体系”

(一) 瓦斯防治“十二字方针”

自中华人民共和国成立至 2005 年，全国煤矿发生 22 起一次死亡百人以上事故，其中 20 起为瓦斯事故。2005 年，煤矿发生的一次死亡 10 人以上重特大事故中，瓦斯事故占 70%。2006 年前五个月，全国煤矿共发生一次死亡 10 人以上重特大事故 15 起，除了三起是透水事故外，其余 12 起都是瓦斯事故。鉴于瓦斯事故多发，2006 年，国家煤矿安全监察局在山西召开全国煤矿瓦斯治理和利用工作现场会。这次会议提出了瓦斯灾害防治的十二字方针。

瓦斯防治“十二字方针”为：先抽后采、监测监控、以风定产。这是对瓦斯防治工作规律性和瓦斯治理的三个最基本环节的高度总结和概括。

先抽后采是指利用一切可利用的条件和一切能够采用的技术手段，将煤层瓦斯预抽到有关规定的指标以下后，再进行煤炭开采。先抽后采是瓦斯防治的基础，是从源头上治理瓦斯灾害的治本之策。

监测监控是指采用瓦斯检测、控制仪器和装备，及时掌握瓦斯涌出异常情况，并加以断电控制。监测监控的目的就是预防发生瓦斯超限和积聚等隐患，从而控制瓦斯事故。

以风定产是指按照《煤矿通风能力核定办法（试行）》每年进行一次矿井通风能力核定工作，根据核定的矿井通风能力科学合理地组织生产，严禁超通风能力进行生产。

（二）瓦斯治理"十六字工作体系"

瓦斯综合治理工作"十六字工作体系"是 2008 年 7 月 8 日国务院安全生产委员会在辽宁省沈阳市召开的全国煤矿瓦斯治理现场会上提出的。十六字工作体系是煤矿瓦斯治理实践经验的概括总结，是对瓦斯治理规律认识的深化，是针对当时瓦斯治理存在的问题，今后一个时期治理防范瓦斯灾害的基本要求，是把瓦斯治理工作推向新水平的重要举措。十六字工作体系是十二字方针的具体体现、深化和发展。

瓦斯治理"十六字工作体系"：通风可靠、抽采达标、监控有效、管理到位。通风可靠是系统合理、风量充足、风流稳定、设施完好。抽采达标是多措并举、应抽尽抽、抽采平衡、效果达标。监控有效是装备齐全、数据准确、处置迅速、断电可靠。管理到位是责任明确、制度完善、执行有力、监督严格。

瓦斯治理工作必须在"通风可靠、抽采达标、监控有效、管理到位"十六字工作体系的指导下开展。

五、瓦斯治理两个"四位一体"措施

防治煤与瓦斯突出的"四位一体"措施是我国总结的一套行之有效的综合措施，习惯称为"四位一体"防突措施。综合防突措施有两个"四位一体"，即区域"四位一体"和局部"四位一体"，也叫双"四位一体"。

区域"四位一体"是指区域突出危险性预测、区域防突措施、区域防突措施效果检验、区域验证。

局部"四位一体"是指工作面突出危险性预测、工作面防突措施、工作面防突措施效果检验、安全防护措施。

防突工作必须坚持"区域综合防突措施先行、局部综合防突措施补充"的原则，按照"一矿一策、一面一策"的要求，实现"先抽后建、先抽后掘、先抽后采、预抽达标"。突出煤层必须采取两个"四位一体"综合防突措施，做到多措并举、可保必保、应抽尽抽、效果达标，否则严禁采掘活动。在采掘生产和综合防突措施实施过程中，发现有喷孔、顶钻等明显突出预兆或者发生突出的区域，必须采取或者继续执行区域防突措施。

煤矿的"四位一体"措施是《防治煤与瓦斯突出细则》中的具体要求。突出矿井发生突出的必须立即停产，并分析原因；在强化实施综合防突措施、消除突出隐患后，方可恢复生产。非突出矿井首次发生突出的必须立即停产，按《防治煤与瓦斯突出细则》要求建立防突机构和管理制度，完善安全设施和安全生产系统，配备安全装备，实施两个"四位一体"综合防突措施并达到效果后，方可恢复生产。

（一）区域综合防突措施

1. 区域突出危险性预测

（1）阶段划分

突出矿井应当对突出煤层进行区域突出危险性预测（简称区域预测）。经区域预测后，突出煤层划分为无突出危险区和突出危险区。未进行区域预测的区域视为突出危险区。

（2）区域预测方法

区域预测一般根据煤层瓦斯参数结合瓦斯地质分析的方法进行，也可以采用其他经试验证实有效的方法。

区域预测所依据的主要瓦斯参数测定应当符合要求，煤层瓦斯压力、瓦斯含量等参数应当为井下实测数据，用直接法测定瓦斯含量时应当定点取样；测定煤层瓦斯压力、瓦斯含量等参数的测试点在不同地质单元内根据其范围、地质复杂程度等实际情况和条件分别布置；同一地质单元内沿煤层走向布置测试点不少于 2 个，沿倾向不少于 3 个，并确保在预测范围内埋深最大及标高最低的部位有测试点。

2. 区域防突措施

区域防突措施包括开采保护层和预抽煤层瓦斯两类，优先采用开采保护层。

（1）开采保护层

开采保护层分为开采上保护层和开采下保护层 2 种。

具备开采保护层条件的突出危险区，必须开采保护层。选择保护层应当遵循下列原则：

① 优先选择上保护层；选择下保护层开采时，不得破坏被保护层的开采条件。

② 优先选择无突出危险的煤层作为保护层。矿井中所有煤层都有突出危险时，应当选择突出危险程度较小的煤层作为保护层。

③ 当煤层群中有几个煤层都可作为保护层时，优先开采保护效果最好的煤层。

④ 开采煤层群时，在有效保护垂距内存在厚度为 0.5 m 及以上的无突出危险煤层的，除因与突出煤层距离太近威胁保护层工作面安全或者可能破坏突出煤层开采条件的情况外，应当作为保护层首先开采。

（2）预抽煤层瓦斯

采取预抽煤层瓦斯区域防突措施时，应当遵守下列规定：

① 预抽区段煤层瓦斯区域防突措施的钻孔应当控制区段内整个回采区域、两侧回采巷道及其外侧如下范围内的煤层：倾斜、急倾斜煤层巷道上帮轮廓线外至少 20 m，下帮至少 10 m；其他煤层为巷道两侧轮廓线外至少各 15 m。

② 穿层钻孔预抽煤巷条带煤层瓦斯区域防突措施的钻孔应当控制整条煤层巷道及其两侧一定范围内的煤层。该范围与①中巷道外侧的要求相同。

③ 穿层钻孔预抽井巷揭煤区域煤层瓦斯区域防突措施的钻孔应当在揭煤工作面距煤层最小法向距离 7 m 以前实施，并用穿层钻孔至少控制以下范围的煤层：石门和立井、斜井揭煤处巷道轮廓线外 12 m（急倾斜煤层底部或者下帮 6 m），同时还应当保证控制范围的外边缘到巷道轮廓线（包括预计前方揭煤段巷道的轮廓线）的最小距离不小于 5 m。

④ 顺层钻孔预抽煤巷条带煤层瓦斯区域防突措施的钻孔应当控制煤巷条带前方长度不小于 60 m 及其两侧一定范围内的煤层。该范围与①中巷道外侧的要求相同。

⑤ 厚煤层分层开采时，预抽钻孔应当一次性穿透全煤层，不能穿透的，应当控制开采分

层及其上部法向距离至少 20 m、下部 10 m 范围内的煤层，当遇有局部煤层增厚时，应当对钻孔布置做相应的调整或者增加钻孔。

⑥ 当煤巷掘进和采煤工作面在预抽煤层瓦斯防突效果有效的区域内作业时，工作面距未预抽或者预抽防突效果无效区域边界的最小距离不得小于 20 m。

⑦ 应当采取保证预抽瓦斯钻孔能够按设计参数控制整个预抽区域的措施。

3. 区域防突措施效果检验

(1) 开采保护层的保护效果检验

① 开采保护层的保护效果检验主要采用残余瓦斯压力、残余瓦斯含量及其他经试验证实有效的指标和方法。

② 采用残余瓦斯压力、残余瓦斯含量检验的，应当根据实测的最大残余瓦斯压力或者最大残余瓦斯含量对被保护区域的保护效果进行检验。若检验结果仍为突出危险区，保护效果为无效。

(2) 预抽煤层瓦斯区域措施的效果检验

对预抽煤层瓦斯区域防突措施进行检验时，均应当首先分析、检查预抽区域内钻孔的分布等是否符合设计要求。不符合设计要求的，不予检验。

采用预抽煤层瓦斯区域防突措施的，必须对区域防突措施效果进行检验，检验指标优先采用残余瓦斯含量指标，根据现场条件也可采用残余瓦斯压力或者其他经试验证实有效的指标和方法进行检验。

4. 区域验证

(1) 对井巷揭煤区域进行的区域验证，应当采用《防治煤与瓦斯突出细则》第八十七条所列的井巷揭煤工作面突出危险性预测方法进行。

② 在煤巷掘进工作面和采煤工作面应当分别采用《防治煤与瓦斯突出细则》第八十九条、第九十三条所列的工作面预测方法结合工作面瓦斯涌出动态变化等对无突出危险区进行区域验证。

(二) 局部综合防突措施

1. 工作面突出危险性预测

(1) 工作面突出危险性预测的主要任务

工作面突出危险性预测(以下简称工作面预测)是预测工作面煤体的突出危险性，包括井巷揭煤工作面、煤巷掘进工作面和采煤工作面的突出危险性预测等。工作面预测应当在工作面推进过程中进行，经工作面预测后划分为突出危险工作面和无突出危险工作面。

应当采取局部综合防突措施的采掘工作面未进行工作面预测的，视为突出危险工作面。

(2) 工作面预测的方法和指标

① 钻屑指标法；

② 复合指标法；

③ R 值指标法；

④ 其他经试验证实有效的方法。

2. 工作面防突措施

(1) 石门和立井揭煤工作面防突措施

① 井巷揭煤工作面的防突措施包括超前钻孔预抽瓦斯、超前钻孔排放瓦斯、金属骨架、

煤体固化、水力冲孔或者其他经试验证明有效的措施。

② 立井揭煤工作面可以选用前款规定中除水力冲孔以外的各项措施。

③ 金属骨架、煤体固化措施，应当在采用了其他防突措施并检验有效后方可在揭开煤层前实施。

④ 对所实施的防突措施都必须进行实际考察，得出符合本矿井实际条件的有关参数。

⑤ 井巷揭穿(开)突出煤层必须遵守下列规定：

a. 在工作面距煤层法向距离 10 m(地质构造复杂、岩石破碎的区域 20 m)之外，至少施工 2 个前探钻孔，掌握煤层赋存条件、地质构造、瓦斯情况等。

b. 从工作面距煤层法向距离大于 5 m 处开始，直至揭穿煤层全过程都应当采取局部综合防突措施。

c. 揭煤工作面距煤层法向距离 2 m 至进入顶(底)板 2 m 的范围，均应当采用远距离爆破掘进工艺。

d. 厚度小于 0.3 m 的突出煤层，在满足 a 的条件下可直接采用远距离爆破掘进工艺揭穿。

e. 禁止使用震动爆破揭穿突出煤层。

(2) 煤巷掘进工作面防突措施

① 煤巷掘进工作面应当选用超前钻孔预抽瓦斯、超前钻孔排放瓦斯的防突措施或者其他经试验证实有效的防突措施。

② 不得选用水力挤出(挤压)、水力冲孔措施；倾角在 8°以上的上山掘进工作面不得选用松动爆破、水力疏松措施。

③ 采用松动爆破或者其他工作面防突措施时，必须经试验考察确认防突效果有效后方可使用。

④ 前探支架措施应当配合其他措施一起使用。

(3) 采煤工作面防突措施

① 采煤工作面可以选用超前钻孔预抽瓦斯、超前钻孔排放瓦斯、注水湿润煤体、松动爆破或者其他经试验证实有效的防突措施。采取排放钻孔措施的，应当明确排放的时间。

② 突出煤层的采掘工作面，应当根据煤层实际情况选用防突措施，并遵守下列规定：

a. 不得选用水力冲孔措施，倾角在 8°以上的上山掘进工作面不得选用松动爆破、水力疏松措施。

b. 突出煤层煤巷掘进工作面前方遇到落差超过煤层厚度的断层，应当按井巷揭煤的措施执行。

c. 采煤工作面采用超前钻孔预抽瓦斯和超前钻孔排放瓦斯作为工作面防突措施时，超前钻孔的孔数、孔底间距等应当根据钻孔的有效抽排半径确定。

d. 松动爆破时，应当按远距离爆破的要求执行。

3. 工作面防突措施效果检验

(1) 石门和其他揭煤工作面防突措施效果检验

① 对井巷揭煤工作面进行防突措施效果检验时，应当选择《防治煤与瓦斯突出细则》第八十七条所列的钻屑瓦斯解吸指标法，或者其他经试验证实有效的方法，但所有用钻孔方式检验的方法中检验孔数均不得少于 5 个，分别位于井巷的上部、中部、下部和两侧。

② 如果工作面措施检验结果的各项指标都在该煤层突出危险临界值以下，且未发现其他异常情况，则措施有效；否则，判定为措施无效，必须重新执行区域综合防突措施或者局部综合防突措施。

(2) 煤巷掘进工作面防突措施效果检验

① 煤巷掘进工作面执行防突措施后，应当选择《防治煤与瓦斯突出细则》第八十九条所列的方法进行措施效果检验。

② 检验孔应当不少于 3 个，深度应当小于或者等于防突措施钻孔。

③ 如果煤巷掘进工作面措施效果检验指标均小于指标临界值，且未发现其他异常情况，则措施有效；否则，判定为措施无效，必须重新执行区域综合防突措施或者局部综合防突措施。

④ 当检验结果措施有效时，若检验孔与防突措施钻孔向巷道掘进方向的投影长度(以下简称为投影孔深)相等，则可在留足防突措施超前距并采取安全防护措施的条件下掘进。当检验孔的投影孔深小于防突措施钻孔时，则应当在留足所需的防突措施超前距并同时保留至少 2 m 检验孔投影孔深超前距的条件下，采取安全防护措施后实施掘进作业。

(3) 采煤工作面防突措施效果检验

① 对采煤工作面防突措施效果的检验应当参照采煤工作面突出危险性预测的方法和指标实施。但应当沿采煤工作面每隔 10～15 m 布置 1 个检验钻孔，深度应当小于或者等于防突措施钻孔。

② 如果采煤工作面检验指标小于指标临界值，且未发现其他异常情况，则措施有效，为无突出危险工作面；否则，判定为措施无效，必须重新执行区域综合防突措施或者局部综合防突措施。

③ 当检验结果为措施有效时，若检验孔与防突措施钻孔深度相等，则可在留足防突措施超前距并采取安全防护措施的条件下回采。当检验孔的深度小于防突措施钻孔时，则应当在留足所需的防突措施超前距并同时保留有 2 m 检验孔超前距的条件下，采取安全防护措施后实施回采作业。

4. 安全防护措施

(1) 井巷揭穿突出煤层和在突出煤层中进行采掘作业时，必须采取避难硐室、反向风门、压风自救装置、隔离式自救器、远距离爆破等安全防护措施。

(2) 在突出煤层的井巷揭煤、煤巷和半煤岩巷掘进工作面进风侧，必须设置至少 2 道牢固可靠的反向风门。风门之间的距离不得小于 4 m。工作面爆破作业或者无人时，反向风门必须关闭。

(3) 突出煤层采掘工作面附近、爆破撤离人员集中地点、起爆地点必须设有直通矿调度室的电话，并设置有供给压缩空气的避险设施或者压风自救装置。工作面回风系统中有人作业的地点，也应当设置压风自救装置。

(4) 井巷揭煤采用远距离爆破时，必须明确起爆地点、避灾路线、警戒范围，并制定停电撤人等措施。

(5) 清理突出的煤(岩)时，必须制定防煤尘、片帮、冒顶、瓦斯超限、出现火源，以及防止再次发生突出事故的安全措施。

六、矿井瓦斯治理要求与检查要点

（一）矿井瓦斯管理应达到的质量标准

（1）采掘工作面和其他工作地点必须做到无瓦斯超限作业，无瓦斯积聚。

（2）每班检查次数符合《煤矿安全规程》的规定；瓦斯检查工在井下指定地点交接班，并有记录可查；无空班漏检、表中无虚报瓦斯数。

（3）井下所有爆破地点，都要执行“一炮三检”和“三人连锁爆破”制度。

（4）临时停风地点要立即断电撤人，设置栅栏，揭示警标。长期停风区必须在 24 h 内封闭完毕。

（5）排放瓦斯要有经批准的专门措施，并严格执行。

（6）瓦斯检查做到井下记录牌、检查手册、瓦斯台账三对照，通风（瓦斯）调度日报（其内容反映当日瓦斯情况、隐患情况、重大问题领导处理意见，“一通三防”重点调度内容等）每日上报矿长、总工程师审阅。

（7）矿井通风瓦斯管理机构和人员的配备符合《煤矿安全规程》的有关规定。

（8）对井下停风地点要进行瓦斯、氧气检查，并符合《煤矿安全规程》的规定。

（二）矿井瓦斯防治的安全检查

1. 瓦斯防治检查要点

（1）对矿井瓦斯抽采系统进行安全检查：一是检查抽采系统的完备性，设计是否合理；二是采煤、掘进、抽采关系比例是否合理；三是瓦斯抽采泵站是否符合要求；四是瓦斯抽采管路系统是否符合相关规定；五是抽采钻场、钻孔和抽采区域是否符合规定；六是抽采效果和指标是否达到规定要求。

（2）检查矿井安全监测监控系统是否正常运行，系统配置的分站与传感器是否符合规定，管理台账与运行报表是否规范，监控设备及传感器是否按期调校、测试，监测监控布置图是否根据采掘工作的变化情况及时修改等。

（3）检查矿井瓦斯事故预防措施是否到位。

（4）检查矿井通风系统设计是否合理。

（5）检查矿井瓦斯浓度以及有无局部瓦斯积聚，出现积聚后处理措施是否到位。

2. 瓦斯重大隐患的安全检查要点

（1）在瓦斯超限情况下是否照常作业，不采取措施。

（2）采煤工作面上隅角、回风巷瓦斯经常超限，未采取有效措施；掘进巷道瓦斯超限未及时处理；巷道出现层状瓦斯积聚。

（3）对瓦斯涌出异常区域未编制和执行专门的安全措施；对瓦斯涌出严重的采掘工作面，不按规定进行装备、检查、检验维修和正常使用。

（4）瓦斯检查空班、漏检、伪造数据；不按规定检查盲巷。

（5）工作区域瓦斯超限不及时切断电源、撤出人员、停止工作，未及时汇报和采取措施进行处理。

（6）作业地点瓦斯或二氧化碳浓度达到 3% 又不能立即处理时，未能在 24 h 内封闭。

（7）处理巷道积聚瓦斯时，不制定和执行排放瓦斯措施；瓦斯排放未执行分级管理；瓦斯排放时，回风区域不断电、撤人和警戒，不控制向盲巷供风。

(8) 有煤与瓦斯突出危险的采掘工作面未采取切实可行的防突措施，存在较大发生突出的可能。

(9) 随意改变瓦斯监测探头吊挂位置，擅自调整瓦斯监测仪指标或堵塞防护罩，造成监测失真。

（三）突出矿井的安全管理

(1) 编制防治突出的专项设计。在矿井新水平和新采区设计时，必须编制防治突出措施的专项设计。专项设计应包括开拓方式、煤层开采顺序、采煤方法、煤层突出危险性预测、保护层选择或预抽煤层瓦斯、局部防治突出措施等内容。突出矿井新水平、新采区移交生产前，必须经煤矿安全监察部门按管理权限进行防突专项验收，未通过验收的，不得移交生产。

(2) 通过突出区域预测，对突出煤层进行分区管理。在突出煤层开采过程中，如果确切掌握了突出的区域分布规律，并具有可靠的测定资料，则可通过突出区域预测，划分出煤层不同区域的突出危险程度，并进行突出煤层的分区管理。

(3) 加强地质预测工作，为突出预测提供可靠的技术资料。地质预测工作中，要及时掌握煤层厚度、倾角和走向的变化以及地质构造条件变化等，严防岩石巷道误穿煤层。突出煤层应编制瓦斯地质图。

(4) 积累突出资料，掌握突出规律。突出矿井在每次突出发生后，必须指定专人负责收集资料，做好详细记录，填写突出卡片。特大型突出发生后，除填写突出卡片外，还须编写专题报告，分析突出发生的原因，总结经验教训。每年年末应对已记录的突出卡片进行系统整理分析。

(5) 应有可靠的通风系统。为了避免突出事故扩大，在突出矿井严禁任何两个工作面串联通风，并应有可靠的措施防止突出后破坏通风系统。对于一个突出矿井来说，如有条件，可以把矿井通风分为几个独立的分区系统，一旦一个区域发生突出，不致波及另外的区域。采掘工作面回风巷应畅通无阻，不应设置风门、风窗等设施。

(6) 正确布置巷道。突出矿井的巷道布置，应符合下列要求：

① 主要巷道应布置在岩层或非突出煤层中。

② 井巷揭穿突出煤层的次数，应尽可能减少。

③ 井巷揭穿突出煤层的地点，应尽可能避开地质构造带。

④ 在突出煤层中的掘进工程量，应尽可能减少。

⑤ 开采保护层的采区，应充分利用保护层的保护范围。

⑥ 突出煤层的掘进工作面，应尽可能避开本煤层或邻近煤层采煤工作面的应力集中带。

⑦ 同一煤层的同一个阶段，在应力集中影响范围内不得布置两个工作面相向采煤或掘进。

(7) 设置防治突出措施的专门机构。开采突出煤层的矿务局（总公司）、矿（公司）都应设置专门机构，负责掌握突出的动态和规律，填写突出卡片，积累资料，总结经验教训，制定防治突出的措施。

(8) 进行防治突出措施的安全培训。突出矿井的井下工作人员必须学习防治突出的基础知识，熟悉本矿突出预兆的特征和征象。在突出煤层中工作的区队长，应由从事采掘工作不少于3年的工程技术人员或经过专门培训考试合格的人员担任。

(9) 加强瓦斯检测。突出矿井中每个采掘工作面都应有专职瓦斯检查工,必须经常检查工作面瓦斯浓度,掌握突出预兆,当发现有突出危险时,有权停止工作面作业,并协助班组长立即组织人员按避灾路线撤出,并及时向矿调度室报告。突出工作面应装设瓦斯断电仪和瓦斯传感器。

(四) 煤与瓦斯突出重大隐患判定

《煤矿重大事故隐患判定标准》第六条将“煤与瓦斯突出矿井,未依照规定实施防突出措施”列为重大事故隐患,是指有下列情形之一的:

(1) 未建立防治突出机构并配备相应专业人员的;

(2) 未装备矿井安全监控系统和地面永久瓦斯抽采系统或者系统不能正常运行的;

(3) 未进行区域或者工作面突出危险性预测的;

(4) 未按规定采取防治突出措施的;

(5) 未进行防治突出措施效果检验或者防突措施效果检验不达标仍然组织生产建设的;

(6) 未采取安全防护措施的;

(7) 使用架线式电机车的。

(五) 煤与瓦斯突出防治的安全检查要点

(1) 区域防突措施的检查包括开采保护层、预抽煤层瓦斯和区域验证的安全检查。

(2) 局部防突措施的检查包括石门揭穿突出危险煤层时的检查、煤巷掘进防突措施的检查,以及防突管理措施的检查。

(3) 突出煤层在施工中主要检查突出煤层中施工的通风系统、突出矿井巷道的布置。

(六) 煤矿防突工作异常信息管控

在煤矿安全生产中经常会出现影响、威胁煤矿安全生产的“一通三防”和防突工作方面的异常征兆、信号或设备异常工作状态。要对异常信息引起足够重视,采取及时有效的处置措施,避免引发严重事故。

(1) 要对异常信息进行收集汇总,根据出现的信息情况进而按照程序完成信息的处理。异常信息列举如下:

① 采掘活动中突然出现地应力异常。

② 瓦斯超限区域没有断电。

③ 井下作业区域出现无风、微风、循环风。

④ 瓦斯防治、地质前探、验证等打钻过程中顶钻、夹钻,出现突出预兆(有声和无声),喷孔和煤炮现象,指标超限。

⑤ 石门揭煤、过煤门出现瓦斯涌出异常;采掘过程中过老巷时瓦斯涌出异常。

⑥ 安全监测监控系统运行异常。

⑦ 出现瓦斯局部积聚,瓦斯浓度超过规定标准。

⑧ 通风设施损坏,通风机工况参数波动异常。

⑨ 瓦斯抽采出现故障停转,负压、轴温、声音异常,粉尘浓度超标。

⑩ 采掘过程中出现断层、褶皱等地质构造或煤厚变化较大。

(2) 建立异常信息管理制度，明确责任，保证各环节措施落实到位，积极应对突发情况。

(3) 发现异常要及时按照要求上报，不同类别采取不同的处置方式。停止作业，严重的要停电、撤人。

(4) 出现异常信息要及时评价，根据现场情况，分析原因，制定防范和整改措施。为确保“一通三防”和防突工作正常开展，要定期对通风系统、监测监控系统、瓦斯抽采及防灭火系统及防尘系统进行周期评价。

(5) 对于处置的异常信息要建档管理，积累重要信息，方便指导后期工作开展。

第三节　矿井火灾防治

火灾是煤矿严重的灾害事故，严重威胁着矿井及周边人员的生命健康及安全，并会阻碍矿井的可持续发展。

一、矿井火灾概述

凡发生在矿井内或地面，并威胁到井下安全生产，造成资源和经济损失或人员伤亡的非控制燃烧均称为矿井火灾。

导致矿井火灾发生的三个要素为热源、可燃物和空气。火灾的三个要素必须同时存在，且具备一定的能量，才能引起矿井火灾。

(一) 矿井火灾的分类

(1) 根据引火热源的不同，矿井火灾分为外因火灾和内因火灾。

(2) 根据发火地点的不同，矿井火灾分为井筒火灾、巷道火灾、工作面火灾、煤柱火灾、采空区火灾和硐室火灾等。

(3) 根据燃烧物的不同，矿井火灾可分为机电设备火灾、火药燃烧火灾、油料火灾、坑木火灾、瓦斯燃烧火灾和煤炭自燃火灾等。

矿井火灾的识别和防治

(二) 矿井火灾的危害

矿井火灾对煤矿安全生产及人员安全的危害主要有以下几个方面。

1. 产生大量有毒有害气体

矿井火灾对人身的危害主要是在火灾发展过程中产生的大量有毒有害气体。火灾产生CO、CO_2、SO_2、烟尘等，另外坑木、橡胶、聚氯乙烯制品的燃烧也会生成大量的CO、醇类、醛类及其他复杂的有机化合物。

2. 在火源近邻处产生高温

高温往往引燃附近的可燃物，使火灾范围迅速扩大，危及其他区域。

3. 引发瓦斯、煤尘爆炸

矿井火灾发生后，提供了瓦斯、煤尘爆炸的引火火源，如果瓦斯浓度、煤尘浓度在爆炸范围之内，便会发生爆炸事故。

4. 烧毁设备和资源，甚至烧毁整个矿井

井下火灾一旦发生，火势无法及时控制时，会使生产设备设施和煤炭资源遭到严重破坏，或由于封闭火区导致一些设备长期被封闭而破坏，使矿井区域性或全矿性停产，损失更加惨重。

5. 引起矿井风流状态紊乱，扩大灾害

矿井发生火灾后，高温浓烟流经的区域气温升高，产生的火风压可造成风流逆转，使通风系统紊乱，扩大灾害，增加了救灾的难度。

6. 冻结煤量，影响生产，造成重大经济损失

对火灾采取控制的同时，封闭火区也会烧掉大量的煤炭资源，冻结煤量，同时消耗大量的人力、物力、财力，造成矿井局部或全部停产，破坏矿井的正常生产秩序。

二、矿井外因火灾及其预防

外因火灾是由外部火源（如明火点、爆破、电流短路、摩擦等）引起的火灾。矿井在建设和生产过程中，除煤层自燃原因而形成的各种火灾外都属于外因火灾。

（一）外因火灾发生的条件

火源（热源）、可燃物、充足的氧气（空气）属火灾发生的三个必要条件。

1. 火源（热源）

机械能产生的热，如采掘机械运转时冲击或摩擦产生的热（摩擦火花）；电能转换的热，如短路、设备过负荷运行、静电放电等；化学反应产生的热，如不合格的炸药或爆破、瓦斯与煤尘爆炸等；其他明火，如电、气焊、吸烟等。

2. 可燃物

井下存放的坑木、荆条等木质材料；润滑油、液压油、变压器油等各种液体燃料；胶带等橡胶制品；棉纱、布头等擦拭材料；瓦斯、CO 等可燃气体等。

3. 氧气

燃烧是剧烈的氧化反应，发生火灾必须有足够的新鲜空气。

（二）外因火灾的预防

1. 外因火灾预防的分析

以上火灾发生的三个必要条件同时存在，并相互作用时才会产生燃烧。

由于必须向井下提供充足的空气，以供人员呼吸及满足井下需求，因此预防火灾必须从火源和可燃物两方面着手：一是防止失控的高温热源产生和存在；二是尽量采用不燃或阻燃材料支护和不燃或难燃制品，不得不用时应与潜在热源保持一定的安全距离，同时防止可燃物大量积存。

2. 外因火灾的预防措施

预防外因火灾的主要措施有：煤矿井下禁止吸烟和明火照明；电气设备和器材的选择、安装与使用，必须严格遵守有关规定，配备完善的保护装置；机械运转部分要定期检查，防止因摩擦产生高温，采煤机械截割部必须有完善的喷雾装置，防止引燃瓦斯或煤尘；易燃物和炸药、雷管的运送、保管、领发和使用，均应遵守有关规定；尽量用不燃材料代替易燃材料；一些主要巷道和机电硐室必须砌碹或用不燃性材料支护；严格按照相关要求构筑防火门。

3. 外因火灾处置

（1）任何人发现井下火灾时，应当视火灾性质、灾区通风和瓦斯情况，立即采取一切可能的方法直接灭火，控制火势，并迅速报告矿调度室。矿调度室在接到井下火灾报告后，应

当立即按灾害预防和处理计划通知有关人员组织抢救灾区人员和实施灭火工作。

(2) 处理矿井外因火灾时，应当遵守下列原则：

① 控制烟雾的蔓延，防止火灾扩大。

② 保持通风系统稳定，防止引起瓦斯、煤尘爆炸。必须指定专人检查瓦斯和煤尘，观测灾区的气体和风流变化。当瓦斯浓度达到2.0%以上并继续增加时，全部人员立即撤离至安全地点。

③ 有利于人员撤退和保护救灾人员安全。

④ 创造有利的灭火条件。

三、矿井内因火灾及其预防

内因火灾是由于煤炭或者其他易燃物质自身氧化蓄热，发生燃烧而引起的火灾。煤的自燃倾向性分为容易自燃、自燃、不易自燃3类。

(一) 内因火灾发火原因

1. 煤炭自然发火与自然发火期

(1) 自然发火是指有自燃倾向性的煤层被开采破碎后在常温下与空气接触，发生氧化，产生热量使其温度升高，出现发火和冒烟的现象。

(2)煤层自然发火期是指从(火源处的)煤层被开采破碎、接触空气之日起，至出现上述定义的自燃现象或温度上升到自燃点为止，所经历的时间，以月或天为单位。

2. 煤炭自燃条件

煤炭自燃的必要充分条件是：

(1) 煤炭自身具有自燃倾向性且以破碎状态存在，堆积厚度一般要大于0.4 m。

(2) 煤炭氧化生成的热量易于积聚，即有较好的蓄热条件。

(3) 对煤炭有连续的供氧条件，即有适量的通风供氧。通风是维持较高氧浓度的必要条件，是保证氧化反应自动加速的前提。试验表明，氧浓度>15%时，煤炭氧化方可较快进行。

(4) 上述条件持续稳定足够的时间，即上述三个条件共存的时间大于煤炭自然发火期。

上述四个条件缺一不可。

3. 煤的自燃倾向性

煤的自燃倾向性是煤自燃的固有特性，是煤炭自燃的内在因素。新建矿井的所有煤层的自燃倾向性由地质勘探部门提供煤样和资料，送国家授权的相关单位做出鉴定。生产矿井延深新水平时，也必须对所有煤层的自燃倾向性进行鉴定。

(二) 内因火灾预防措施

自燃火灾多发生在风流不畅通的地点，如采空区、压碎的煤柱、巷道顶煤、断层附近、浮煤堆积处等，给煤矿安全生产带来极大的影响，必须引起足够的重视。预防自燃火灾的措施主要有以下几种。

1. 开采技术措施

矿井的开拓方式、采区巷道布置、回采方法和回采工艺、通风系统选择以及技术管理水平等因素，对煤层的自燃起着决定性的影响。从防止煤炭自然发火的角度，对于开拓、开采的要求是：注意提高回采率，减少煤柱和采空区遗煤，破坏自燃的物质基础；加快回采速度，回采后及时封闭采空区，缩短煤炭与空气接触的时间，减少漏风，消除自燃的供氧条件，破坏煤炭自燃的过程，从而达到防止自燃的目的。

2. 预防性灌浆

预防性灌浆就是利用不燃性材料和水按一定比例配成浆液，经输浆管路输送至可能发生自燃的采空区。浆液中的固体物沉降下来，水则经巷道排出。

3. 阻化剂防火

阻化剂是抑制煤氧结合、阻止煤氧化的化学药剂。所谓阻化剂防火就是将阻化剂喷洒于煤壁、采空区或压注入煤体内，以抑制或延缓煤炭氧化，达到防止自燃的目的。

4. 凝胶防灭火

20 世纪 90 年代初期，随着特厚煤层综采放顶煤开采技术的发展，常规的注水、灌浆、注阻化剂等防灭火技术均不能完全适应综放开采技术煤层火灾的防治要求。因此，根据煤体自燃机理，针对煤层火灾的特点，开发和研制出了适用于矿井不同条件的系列胶体灭火材料和相应注胶设备及应用工艺，成为煤矿一项主要的防灭火技术。该技术在现场实际灭火过程中已取得了很好的灭火效果。

5. 均压防灭火

所谓均压防灭火技术即设法降低采空区两侧风压差，从而减少向采空区漏风供氧，达到抑制和窒息煤炭自燃的方法。实践证明，均压防灭火技术与其他防灭火措施（阻化剂、灌浆、惰性气体、密闭等）相比具有以下特点：可以在不影响工作面生产的前提下实施及采用；均压通风加强了密闭区的气密性，减少了采空区的漏风，从而加速了密闭区（或采空区）里的空气惰化；工程量小，投资少，见效快。

6. 惰性气体防灭火

使用惰性气体防灭火是指使用低氧、不燃烧、不助燃的混合气体防止或扑灭井下火灾的作业。惰性气体（在煤矿经常使用的有 N_2 和 CO_2）进入封闭性较好的区域可以很好地降低该区域 O_2 浓度，低温的惰性气体吸收热量降低周围煤体的温度，同时会有一定量的惰性气体渗入煤体裂隙表面，阻止 O_2 的进入，大大降低煤的吸氧量，从而降低氧化速度，阻止煤自燃发生。

7. 密闭防火技术

(1) 采煤工作面回采结束后的采空区、报废煤巷的自燃火灾预防，以及采煤工作面长期停产等特殊条件的采空区自燃火灾预防，应当采用密闭防火。

(2) 采用密闭防火时，必须分析掌握自然发火隐患区域，查明隐患区域的漏风分布、流向和漏风通道及其连通性，确定合理的封闭范围和密闭数量。

(3) 必须加强对封闭区的管理，定期检查其邻近区域生产活动对密闭的采动影响，及时对密闭进行维修，保证封闭区良好的密闭状态。

(4) 定期测定封闭区密闭内外压差、气体浓度及空气温度，进行漏风分析，掌握密闭区的自然发火趋势。

8. 采用三相泡沫防火

三相泡沫是由气（氮气或空气）、固（粉煤灰或黄泥等）、液（水）相经发泡而形成的具有一定分散体系的混合体。三相泡沫集固、液、气三相防灭火介质的防灭火性能于一体，利用粉煤灰或黄泥的覆盖性、氮气的窒息性和水的吸热降温性进行防灭火。

（三）内因火灾处置

(1) 当井下自然发火监测数据出现异常，达到自然发火预警值或者出现自然发火预兆时，应当采取应急处置措施，并从预防措施设计、实施和现场管理等方面分析原因，改进措施，消除隐患。

(2) 当井下发现自然发火征兆时，必须停止作业，立即采取有效措施处置。在发火征兆不能得到有效控制时，必须撤出人员，封闭危险区域。进行封闭施工作业时，其他区域所有人员必须全部撤出。

(3) 巷道高冒区、煤柱（煤壁）破碎区自燃火灾处置，应当符合下列规定：

① 采取下风侧撤人，上风侧封堵、注水、注浆（胶）等直接灭火措施进行灭火。当火情不能有效控制时，立即对火区区域进行封闭。

② 火区封闭后，应当采取措施减少漏风，并向封闭区内连续注入惰性气体，保持封闭区域氧气浓度不大于5.0%。

③ 为加速封闭火区熄灭，可向火区施工钻孔注入灭火材料。

④ 灭火过程中应当连续观测火区内气体、温度等参数，考察灭火效果，完善灭火措施，直至火区达到熄灭标准。

四、矿井火灾处理与控制

（一）灭火原理

灭火是破坏燃烧三个条件同时存在，至少消退燃烧三个条件中的一个。灭火的实质就是把正在燃烧体系内的物质冷却，将其温度降低到燃点之下，使燃烧停顿。

灭火原理：① 冷却，把燃烧物质的温度降低到燃点以下。② 隔离和窒熄，使燃烧反响体系与环境隔离，抑制参与反响的物质。③ 稀释，降低参与反响物（液、气体）的浓度。④ 中断链反应。现代燃烧理论认为，燃烧反应是由于可燃物分解成游离状态的自由基与氧原子相结合，发生链反应后才能形成的。因此，阻挡链反应发生或不使自由基与氧原子结合，就可以抑制燃烧，达到灭火目的。

灭火就其方法而言，可分为直接灭火、隔离灭火和综合灭火三类。

（二）直接灭火

在火源附近利用灭火材料（如水、砂子或岩粉、化学灭火器）或挖除火源等方法把火直接扑灭的方法称直接灭火法，这是一种积极的灭火方法。

1. 用水灭火

水是经济、有效、来源最广的灭火材料。一般采用水射流和水幕两种方式来灭火。

电气火灾和油类火灾不宜用水来扑灭；井巷顶板受高温作用后易破坏，被冷水冷却后易冒顶垮落；要铺设供水管路，并在地面建造蓄水池。用水灭火适用于发火地点明确、人能够接近火源的情况下：一是处于发火初期，火势不大，范围较小，对其他区域无影响；二是火源地点通风系统正常，风路畅通无阻，瓦斯浓度低于2%；三是附近水源充足，供水系统完善；四是灭火地点顶板较好，能在支架掩护下进行灭火作业。

2. 用砂子或岩粉灭火

把砂子或岩粉直接撒盖在燃烧物体上将空气隔绝，使火熄灭。砂子或岩粉不导电并有吸收液体的作用，故适用于扑灭包括电气和油类火灾在内的各类初起火灾。

砂子或岩粉成本低廉，易于长期保存，灭火时操作简单，因此在机电硐室、材料仓库、炸药库、绞车房、通风机房等地点，都应备有防火砂箱。

3. 用化学灭火器灭火

应按灭火器的性能和使用的范围以及燃烧物和场所选择合适的灭火器灭火，可以达到理想的灭火效果。否则，不但不能奏效，还会使事故扩大，甚至在灭火过程中造成人员伤亡。

4. 高倍数泡沫灭火

高倍数泡沫是高倍数空气机械泡沫的简称，是以表面活性物为主要成分的泡沫剂，按一定比例混入压力水中，并均匀喷洒在发泡网上，借助风流吹动而连续产生气液两相、膨胀倍数很高(200～1 000)的泡沫集合体。

高倍数泡沫灭火成本低、水量损失小、速度快、效果明显，可在远离火区的安全地点进行灭火。

5. 燃油惰气灭火

燃油惰气灭火就是用惰气发生装置产生惰气，注入火区灭火。用惰气扑灭矿井火灾，一般是在不能接近火源，以及用其他方法直接灭火具有很大危险或不能获得应有效果时采用。

6. 挖除火源

挖除火源灭火就是将着火带及附近已经发热或正在燃烧的可燃物挖除并运出井外。这是一种扑灭火灾最简单、最彻底的方法，一般适用于火灾初始阶段，燃烧物较少、火势和火灾范围都不大的情况下，特别适用于煤炭自燃火灾。但前提是火源位于人员可直接到达的地点。

这种灭火方法具有一定的危险性，特别是在高瓦斯矿井，处理不当可能会引起瓦斯爆炸。因此挖除火源工作要组织足够的力量，制定严格的安全措施，力求用最短的时间完成。

手提式二氧化碳灭火器使用方法及注意事项	手提式干粉灭火器使用方法	手提式水基型灭火器使用方法	消火栓的使用方法

(三) 隔离灭火法(封闭火区)

隔绝灭火就是用密闭墙将火区封闭，使空气无法进入火区，断绝向火区供氧，以达到灭火的目的。

这类灭火方法是在采用直接灭火法达不到预期效果，或人员不能接近火区时使用。

1. 常用的封闭顺序

在多风路的火区建造密闭墙时，应根据火区范围、火势大小、瓦斯涌出量等情况来决定封闭火区的顺序。封闭火区时，一般是将对火区影响不大的主要风路的巷道先封闭起来，然后封闭火区的主要进、回风巷。

(1) 先封闭进风侧,后封闭回风侧

一般来说,在火区的进风侧建立密闭墙要比回风侧容易得多。只要封闭了进风侧,进入火区的风量会大大减少,使火势减弱,涌出的烟量减少,就有利于回风侧密闭墙的建立。因此,在非瓦斯矿井中,通常都是先封闭进风口,后封闭回风口。

(2) 先封闭回风侧,后封闭进风侧

当火势不大、温度不高、无瓦斯存在时,为了迅速截断火源蔓延可采用此法。密闭墙建立后,墙前压力局部升高,墙后压力局部下降。在瓦斯矿井,如果前一个建立的是进风侧密闭墙,此墙和火源之间有老空区存在时,在构筑密闭墙的过程中,流向火源的风量将逐步减少,与此同时,在局部负压的作用下,从老空区涌出的瓦斯量将增多,易使风流中瓦斯浓度达到爆炸界限而引起爆炸。因此在密闭墙和火源之间有瓦斯源存在时,封闭进风侧的密闭墙是极其危险的。而首先封闭回风侧密闭墙可能要安全一些。因为它能够在火区内造成正压,抑制老空区的瓦斯涌出。

(3) 进、回风口同时封闭

在砌筑密闭墙的过程中,留有一定断面积的通风口,保证供给的风量使火区内瓦斯不超限聚积;当砌筑密闭墙工作完成时,在约定的时间同时将进、回风侧密闭墙上的通风口迅速封闭并立即撤出人员。由于这种方法能很快封闭火区,切断供氧,火区瓦斯也不容易达到爆炸界限,可保证人员的安全,因此它是瓦斯矿井封闭火区常用的封闭顺序。

2. 封闭火区时的防爆措施

火区被封闭后,空气中瓦斯含量将逐渐增加,氧含量逐渐减少。经过一定时间,如果氧含量减到12%以下,即使瓦斯达到爆炸界限也不会爆炸。但是,如果在砌墙过程中瓦斯浓度上升较快,一旦达到爆炸界限,即可能发生爆炸。因此,在火势条件允许的情况下,应先加大火区的供风量,排除瓦斯,再开始建造密闭墙。

封闭火区期间,必须指定专人检查瓦斯、一氧化碳、煤尘及其他有害气体和风流的变化,当瓦斯浓度达到2%或有爆炸危险浓度的瓦斯向火区移动时,所有救灾人员应撤至安全地点,并在进回风侧巷道中建防爆墙。

(四) 综合灭火法

综合灭火法就是在火区封闭后,采用向火区注入泥浆、惰性气体或调节风压等方法,使火灾尽快熄灭,是隔绝灭火与其他灭火方法的综合应用。如向火区灌入泥浆、惰性气体或调节风压等,加速火灾熄灭。

五、火区的封闭、管理与启封

(一) 火区的封闭

1. 火区封闭的条件及工作原则

(1) 火区封闭条件:火势发展迅猛,范围较大,直接灭火无效时,采取封闭火区的方法最合适。另外在采用直接灭火处理任何类型的火灾的同时都需做好封闭火区的准备,一旦灭火失败,便可利用封闭火区来予以挽救。

(2) 封闭火区的工作原则:"密、小、少、快"。"密"是指密闭墙要严密,尽量少漏风;"小"

是指密闭范围要尽量小;"少"是指密闭墙的道数要少;"快"是指密闭墙的施工速度要快。

2. 封闭火区的方法和适用条件

(1) 锁风封闭火区。在不维持通风的情况下,同时在进、回风两侧构筑密闭墙,从火区的进回风侧同时密闭,封闭火区时不保持通风。这种方法适用于氧浓度低于瓦斯爆炸界限(氧浓度<12%)的火区。

(2) 通风封闭火区。在保持火区通风的条件下,在火区进、回风侧同时构筑带通风孔的密闭墙,适用于在火区有可能形成可燃气体达到爆炸下限的情况。这时火区中的氧浓度高于失爆界限(氧浓度>12%),封闭时存在着瓦斯爆炸的危险性。

(3) 注惰气封闭火区。在封闭火区的同时,注入大量的惰性气体,使火区中的氧浓度达到失爆界限所经过的时间比爆炸气体积聚到爆炸下限所经过的时间要短。既可以防止火区发生爆炸,又能加速火灾的熄灭,但采用这种方法需要装备一整套注惰装置和惰气源。

3. 密闭墙的类型

(1) 临时密闭墙。其作用是暂时切断风流,控制火势发展。为砌筑永久密闭墙或直接灭火创造条件。对临时密闭墙的要求是结构简单,建造速度快,具有一定的密闭性,位置上尽量靠近火源。传统的临时密闭墙是木板上钉不燃的风筒布,或在木板墙上涂黄泥。

此外,还用一些快速临时密闭墙来封闭火区。如伞式密闭、充气密闭及泡沫塑料密闭等。伞式密闭又称伞式风幛,用乳胶玻璃丝纤维布做成。

(2) 永久性密闭墙。构筑密闭墙材料有木段、料石、混凝土、片石、黄泥等。

密闭墙可用料石、砖或混凝土块等材料与水泥砂浆砌筑,内外抹面。砌筑前要在墙周围巷道壁上挖 0.5～1.0 m 深的槽,打好基础。为了增加严密性,在墙的外侧与槽的四周需涂抹一层黏土、砂浆或水玻璃、橡胶乳液等。密闭墙内外 5～6 m 内应加强支护,防止冒顶或产生裂隙而漏风。

(3) 耐爆密闭墙。有砂袋、砂段(5～10 m)、石膏等构筑的密闭墙。

封闭有瓦斯爆炸危险的火区时,为防止瓦斯爆炸伤人,需建造防爆墙。防爆墙常用砂袋或土袋堆砌而成,堆砌厚度一般为巷道宽度的 2 倍。防爆墙建造好以后,在其掩护下再构筑永久性密闭墙。

(二) 火区的管理

火区封闭后,配合灭火工作的进行,日常对火区所进行的观察、检测、资料分析整理等工作,统称为火区的管理。具体内容有以下几个方面:

(1) 建立火区档案。矿井通风部门应对火区实行统一编号,建立火区档案,妥善保存。记录发火时间、原因、位置、火区处理过程、原矿井通风系统图或采区巷道布置图及相应的通风设施等。

(2) 密闭墙的管理。密闭墙要编号,记录密闭墙的厚度,位置与矿井通风系统图相一致。密闭墙前要设栅栏、悬挂警标,禁止人员入内;墙外悬挂木牌,标明瓦斯、一氧化碳、温度的测定数据和日期、测定人员姓名。

(3) 火区的检查。刚封闭的火区要连续检查,稳定后每天检查一次瓦斯浓度,急剧变化时每班检查一次,如果发现密闭墙封闭不良及有害气体变化时,要采取措施及时处理。

(三) 火区熄灭的条件

《煤矿安全规程》规定封闭的火区,只有经取样化验证实火已熄灭后,方可启封或者注销。火区同时具备下列条件时，方可认为火已熄灭：

（1）火区内的空气温度下降到 30 ℃以下，或者与火灾发生前该区的日常空气温度相同。

（2）火区内空气中的氧气浓度降到 5.0%以下。

（3）火区内空气中不含有乙烯、乙炔，一氧化碳浓度在封闭期间内逐渐下降，并稳定在 0.001%以下。

（4）火区的出水温度低于 25 ℃，或者与火灾发生前该区的日常出水温度相同。

（5）上述 4 项指标持续稳定 1 个月以上。

（四）火区的启封

火区启封要十分慎重，处理不当，可以引起火灾复燃，甚至发生瓦斯爆炸。封闭的火区，只有经过长期取样分析，确认火灾已经熄灭后，方可启封。启封前，必须制定安全措施和实施计划，并报主管领导批准。

启封火区的方法包括通风启封火区法和锁风启封火区法两种。

（1）通风启封火区。火区范围不大，确认火源已经熄灭，可采用此法。启封前要预先确定火区有害气体的排放路线，撤出路线上的所有工作人员；然后选择一个出风侧密闭墙首先打开，过一段时间后再打开进风侧密闭墙。待火区内有害气体排出一段时间无异常现象时，可以相继打开其余的密闭墙。打开第一个密闭墙时，应先开一个小孔，然后逐渐扩大，严禁一次将密闭墙全部扒开。

（2）锁风启封火区。火区发生范围较大，难以确认是否完全熄灭，先在原有火区墙外 5～6 m 构筑带门的风墙形成一个封闭空间，再将原有的密闭墙打开，确认一段范围内无火源，再选择适当地点重新构筑临时密闭墙，火区要求始终处于封闭隔离状态。

无论采用哪种启封火区的方法，在工作过程中都要经常检查火区气体，如果发现有火灾复燃征兆要及时采取措施进行处理。

【案例 5-2】 河南省某煤矿“5·9”较大火灾事故

2023 年 5 月 9 日 13 时 39 分许，河南省某煤矿发生一起较大火灾事故，造成 5 人死亡，直接经济损失 1 483.26 万元。

1. 矿井概况

该矿核定生产能力 360 万 t/a；主采 2^{-3}煤，煤层厚度为 0.24～26.06 m，自燃倾向性等级为Ⅱ类自燃，煤尘具有爆炸危险性；为高瓦斯、冲击地压矿井；水文地质类型中等；事故发生前处于正常生产状态，属证照齐全生产矿井。

该矿为分区式通风方式，通风方法为抽出式，主井、副一井、副二井、东风井进风，服务 12 采区的西风井、服务 13 采区的南风井回风，矿井总进风量为 9 891 m^3/min（12 采区为 4 697 m^3/min、13 采区为 5 194 m^3/min），矿井总回风量为 10 124 m^3/min（12 采区为 4 814 m^3/min、13 采区为 5 310 m^3/min）；采用双回路供电，建有注浆、注氮等防灭火系统和自然发火监测系统，安装 KJ70X 型安全监控系统和 KJ602 型人员位置监测系统，建立有紧急避险、压风自救、供水施救、通信联络、应急广播等系统。

2. 事故发生、救援经过和报告情况

2023 年 5 月 9 日八点班，该矿正常组织生产，当日值班矿领导为副矿长杨某寒，井下带班领导为工会主席刘某。到 13 时 39 分，井下共有 339 人，其中 13 采区 186 人、12 采区 141 人、井底车场 12 人。13 采区人员主要分布在 13120 采煤工作面、13200 采煤工作面、13 采区第一联络巷及第二联络巷掘进工作面等作业地点。

13 时 39 分前后，信息运维队值机员彭某通过监测监控系统发现 13 采区上部回风联络巷下风侧烟雾传感器报警、13120 采煤工作面瓦斯抽采泵站（地面）管道内 CO 浓度开始升高、13 采区回风下山 CO 传感器显示浓度异常，立即向调度员黄某、信息运维队支部书记董某汇报。得知上述情况后，董某和通风队值班员王某分别通知正在井下的通风队支部书记孙某、队长杨某民排查报警和异常原因。杨某民于 13 时 51 分从南风井井底沿着 13 采区回风下山向上排查，走到 13120 下巷回风联络通道口附近，用 CO 便携检测报警仪测试显示 CO 浓度为 3 ppm（$1\ ppm = 10^{-6}$），并看到前方有烟气后，原路返回通过 13 采区延伸联络巷进入回风下山后向下排查，大约走了七八十米到达中部车场水仓泵房回风联络巷口附近，发现从联络巷口向回风下山冒烟，且有火星。杨某民返回至 13 采区延伸机头处，于 14 时 16 分通过电话向调度室汇报："赶快协调送洒水软管，13 采区回风下山有异常。"14 时左右，通风队支部书记孙某到达 13 采区第二联络巷掘进工作面、13 采区上部回风联络巷下风侧烟雾传感器处进行排查，均未发现问题，就通过 13120 上巷联络巷进入 13 采区回风下山后向下排查，走到距中部车场水仓泵房回风联络巷口时，发现回风联络巷与回风下山交叉口的左侧顶板处有明火和烟雾，随后在 13 采区延伸机头周围找水管时碰到杨某民，2 人用找到的 ϕ10 mm 高压管到回风下山着火点灭火，由于管径细、水流小，灭火效果不佳。

在通风队人员灭火期间，矿井地面值班人员发现 13 采区回风下山、总回风巷 CH_4、CO、风速等传感器于 14 时 30 分突然断线，15 时南风井井口开始持续冒出烟雾，14 时 22 分到 16 时 10 分南风井负压持续下降至 0 kPa。

15 时 24 分，该矿所属煤业公司救护大队第二中队中队长李某接到矿通风副总工程师王某电话通知后，带领一小队 6 人入井进行灭火监护。16 时 50 分到达 13 采区延深机头，现场检测气体 CH_4、CO 浓度为 0 ppm。随后，杨某民和随后到达 13 采区回风下山的通风队四点班跟班队长张某、班长杜某和救护队员李某等 7 人，使用 ϕ10 mm 和 ϕ25 mm 水管（15 时 40 分左右 ϕ25 mm 水管接通）灭火，同时进行监护。17 时 19 分之后，离开 13 采区回风下山的孙某先后组织人员在 13 采区 2 号回风联络巷、南风井底附近灭火。在此期间，15 时 26 分，调度室通过应急广播通知 13 采区采掘工作面人员停止作业，中部车场以下人员撤离至中部车场，中部车场以上人员撤到进风巷道，此时四点班人员继续入井，井下人数为 446 人，其中 13 采区 225 人。15 时 30 分到 16 时 30 分间，矿总工程师朱某等人员对火情进行研判，认为火情可控，并将有关情况告知杨某寒。随后，杨某寒通过电话向正在外地学习的矿长汇报了事故情况，并于 16 时 50 分启动了"三级（基层单位）响应"，继续组织火灾处置；17 时 39 分左右，调度员彭某接到王某通知，让通风队四点班瓦斯检查工进入作业地点检查气体。瓦斯检查工胡某从 13120 上巷进入检查气体。

18 时 06 分许，中部车场水仓泵房回风联络巷里的火已被扑灭，并顺着回风向下灭了 10 m 左右，这时突然有人喊"撤"，正在灭火点以上十多米处的杨某、杜某等 3 人看到巷道内充满烟雾，风流逆转带着烟雾向上涌来，3 人便通过 13 采区延伸机头联络巷撤至带式输送机机头附近，正在火点附近灭火的张某和监护灭火的李某、何某、陈某未撤出。

18 时 13 分，调度室通过应急广播通知 13 采区一部缆车机头以下人员紧急撤离至 13120 上巷行人通道处、一部缆车机头处等安全地点。18 时 40 分到 19 时 29 分左右，在井下现场指挥的朱某先后组织救护队员2次尝试进入13采区回风下山搜救被困人员，均因搜救通道CO浓度高、温度高和能见度低未成功。

18时54分，彭某通过13120上巷电话联系到胡某，要求立即撤离；19时03分至19时07分，彭某又通过应急广播对13120采煤工作面区域进行呼叫，胡某在13120上巷65#定位基站处通过应急广播回复请求救援。

18时58分，杨某寒再次通过电话向矿长汇报，并启动“二级(矿级)响应”，进一步组织火灾处置和救援工作。杜某某于19时5分赶到调度室，协调指挥事故救援。

19时10分，矿井调度室调动救护大队二中队第二小队6名救护队员下井搜救被困的胡某，至21时55分共进行了3次救援行动，均因搜救通道坍塌和CO浓度高、温度高、能见度低未成功。

5月10日1时25分，该矿先后向上级公司和地方政府有关部门报告了事故情况。接到事故报告后，该矿所属煤业公司启动应急预案(一级响应)；该市成立了市、县联合应急救援指挥部；国家矿山安全监察局河南局主要领导和省工信厅、应急管理厅等部门领导及时赶到现场指导抢险救援。

5时20分左右，13120上巷行人通道处出现CO，浓度约为40 ppm，现场指挥部通知人员撤离至13采区一部缆车机头处；随后13采区一部缆车机头处也出现CO，井下现场指挥部将人撤离至13采区第一联络巷与13采区石门交叉口以外。5时52分，应急救援指挥部根据井下灾情态势，决定立即撤出井下全部人员。截至7时08分，除5名被困人员外，其余人员全部安全撤离至地面。经防灭火专家综合分析研判，5名被困人员已无生存可能，且不具备继续搜救条件。为避免灾情扩大，应急救援指挥部决定对矿井所有井口进行封闭，并组织实施灾害治理工作。截至5月12日12时44分，矿井所有井口封闭完成。

3. 事故原因

(1) 事故直接原因

该矿开采的煤层为自燃煤层，13采区中部水仓泵房回风联络巷调节风窗周边破碎煤体自燃，火势发展至13采区回风下山，引燃巷道内的木背板和破碎煤体，并沿回风侧迅速蔓延，形成较大火风压，导致风流逆转和紊乱，高温烟气和高浓度CO阻断逃生通道，造成5名人员死亡。

(2) 事故间接原因

① 风险研判不全面。发现火灾后，未按照该煤矿《综合应急预案》有关要求召开应急会议研判应急处置过程中的各种风险。井上下各种信息汇报、汇总和综合分析不及时，未能准确分析研判火势发展蔓延速度和波及范围，未认识到直接灭火存在的风险。火灾应急处置期间，未及时分析研判13采区回风下山和总回风巷的风量、风速、负压变化等情况，缺乏下山巷道火灾火风压导致烟流逆转的研判，没有采取防止火风压逆转风流的措施。

② 隐患排查治理不深入。安全生产综合整治工作不深不细，未按照河南《全省煤矿全生产综合整治工作方案》“全系统各环节”的要求开展自查自改，排查出的23条问题中涉及防灭火方面的只有1条；未严格落实《安全生产法》的规定，日常检查和定期巡查均未发现13采区中部车场水仓泵房回风联络巷存在的自然发火隐患。

③ 安全监控系统有缺陷。矿井安全监控系统CO传感器保护设置存在缺陷，未将CO传感器瞬时超限(>1 000 ppm)认定为有效监测值，从而导致CO浓度超限未报警。矿井安

全监控系统CO浓度监测存在问题，矿井安全监控系统未监测到本次煤层自然发火初期和发展期状态变化信息（CO浓度从3 ppm升至1 000 ppm的过程未显示），不能反映自然发火发生、发展及变化情况；火灾事故发生后，与之相关的10个CO传感器，均未显示CO浓度从3 ppm升至1 000 ppm（满量程）的过程，也未报警。

④ 应急处置工作不力。在井下出现火灾事故险情后，未按照《国家矿山安全监察局关于做好煤矿灾害情况发生重大变化及时报告和出现事故征兆等紧急情况及时撤人工作的通知》有关要求及时撤出受威胁区域人员，出现险情时井下有339人，四点班照常安排人员入井，灾情扩大时井下有381人，直至下达撤离井下全部人员命令前，井下仍有105人；在18时06分许火灾未得到有效控制、已超出矿井处置能力后，没有按照该煤矿《综合应急预案》有关规定立即报告上级公司启动"一级响应"；事故区域灭火器材储备不足，从14时16分开始调运高压水管，直到15时40分才运到火灾现场，耗时1小时24分，贻误了灭火时机。

⑤ 火灾防治技术管理存在漏洞。没有认识到专用回风巷存在自然发火的潜在风险，在安全风险辨识、"一通三防"管理制度、防灭火措施、隐患排查治理等方面均未体现专用回风巷相关内容，存在技术管理漏洞。

⑥ 事故上报不及时。在5月9日18时06分许火情突然扩大、13采区回风下山风流逆转、CO和烟雾扩散至进风巷道造成人员涉险，且于19时许已知有5人被困后，没有按照《矿山生产安全事故报告和调查处理办法》的规定及时上报，而是"反复确认被困人数"，直至5月10日1时27分才向政府有关部门报告事故情况。

4. 事故防范和整改措施

（1）树牢安全发展理念。要认真吸取事故教训，深入学习贯彻习近平总书记关于安全生产重要论述，始终把安全生产摆在重要位置，牢固树立安全发展理念，坚决落实企业安全生产主体责任，扛起防范化解重大安全风险的政治责任，提升安全生产治理水平，着力从根本上消除隐患，从根本上解决问题。

（2）加强矿井煤层自然发火规律研究。正确认识矿井火灾的特点，加强煤层自然发火早期监测预警，定期对井下容易发生自然发火的地点进行排查和分析研判，及时发现自然发火征兆并采取治理措施，有效防范事故发生。

（3）认真制定并严格执行应急预案。修订完善矿井应急预案，加强救援物资、装备储备，并结合应急预案和典型事故案例，开展救援指挥人员应急处置指挥决策能力、现场救援人员专业技能培训，提升安全意识和应急处置能力。险情处置过程中，要按照应急预案要求及时召开应急会议，综合分析、研判应急处置过程中的各种风险，准确掌握险情发展态势和波及范围，及时启动相应级别应急响应，严格按照《国家矿山安全监察局关于做好煤矿灾害情况发生重大变化及时报告和出现事故征兆等紧急情况及时撤人工作的通知》要求及时撤出危险区域作业人员。

（4）强化隐患排查治理工作。建立健全并落实事故隐患排查治理制度，及时发现、消除事故隐患。修订《"一通三防"专业管理制度》，完善矿井灾害预防和处理计划，明确界定各分管人员的职责，对回风联络巷等其他回风巷检查做出要求。对照煤矿"一规程四细则"和《煤矿重大事故隐患判定标准》等规定，深入开展全系统、各环节自查自改，聚焦关键岗位、关键环节和重大灾害治理，逐系统过筛子，逐环节找漏洞，杜绝出现检查盲区和漏洞。

（5）加强矿井安全监测监控系统管理及维护。严格按照《煤矿安全监控系统及检测仪器使用管理规范》(AQ 1029)、《煤矿感知数据联网接入规范》(MT/T 1201)等标准要求，完善煤矿安全监测系统，并加强管理和维护，确保系统灵敏可靠。

(6) 依法依规上报事故。加强生产安全事故报告有关法律法规宣传教育，事故发生后严格按照《生产安全事故报告和调查处理条例》等规定及时、准确、完整上报事故情况。

六、矿井火灾防治的安全管理要求与检查要点

(一) 矿井火灾防治的安全管理要求

(1) 煤矿企业应当明确防灭火工作负责部门，建立健全防灭火管理制度和各级岗位责任制度。开采容易自燃和自燃煤层的矿井应当配备满足需要的防灭火专业技术人员。

(2) 煤矿企业必须保证火灾防治费用投入，满足煤矿防灭火工作需要。

(3) 开采容易自燃和自燃煤层的矿井，必须建立注浆系统或者注惰性气体防火系统，并建立煤矿自然发火监测系统。

(4) 煤矿年度灾害预防和处理计划中的火灾防治内容必须根据具体情况及时修改。煤矿必须编制火灾事故应急预案，每年至少组织 1 次应急预案演练。

(5) 煤矿防灭火工作必须坚持预防为主、早期预警、因地制宜、综合治理的原则，制定井上、下防灭火措施。

(6) 煤矿应当遵循灾害协同防治的原则，综合考虑多种灾害因素影响，选择合理的开拓布置、矿井通风方式、采煤方法及工艺、巷道支护方式等。

(7) 煤矿企业、煤矿必须对从业人员进行防灭火教育和培训，定期对防灭火专业技术人员进行培训，提高其防灭火工作技能和有效处置火灾的应急能力。

(8) 煤矿闭坑时应当制定闭坑矿井防灭火专项措施，防止闭坑期间及闭坑后发生井下火灾。

(9) 鼓励煤矿企业、煤矿和科研单位开展煤矿火灾防治科技攻关，研发、推广新技术、新工艺、新材料、新装备，提高煤矿火灾防治能力和智能化水平。

(二) 矿井火灾防治的安全检查要点

1. 地面消防水池和井下消防管路系统

(1) 消防水池是否经常保持 200 m^3 以上的水量。

(2) 井下消防管路是否每隔 100 m 设置支管和阀门，带式输送机巷道中的消防管路是否每隔 50 m 设置支管和阀门。检查时，应按照要求对照现场进行逐段检查。

2. 防火措施

(1) 木料场、矸石山距进风井的距离是否小于 80 m，小于 80 m 时是否经上级主管部门批准。

(2) 进风井口是否装设防火铁门，或有防止烟火进入矿井的措施。

(3)《煤矿安全规程》中禁止使用可燃性材料支护的地点是否仍然使用可燃性材料进行支护。

(4) 井下进行电焊、气焊和喷灯焊接时是否制定安全措施并严格遵守《煤矿安全规程》的有关规定。

(5) 井上、下是否按照《煤矿安全规程》要求设置消防材料库，并遵守其相应的规定。

(6) 井下爆破材料库、机电设备硐室、检修硐室、材料库、井底车场、使用带式输送机或液力耦合器的巷道，以及采掘工作面附近的巷道中是否备有灭火器材，其数量、规格和存放地点是否在灾害预防与处理计划中有明确规定。

(7) 井上、下的消防管路系统、防火门、消防材料库和消防器材是否按照《煤矿安全规程》要求进行定期检查。

3. 灌浆系统

(1) 灌浆站的容积、蓄水池的水量、取土场的大小是否满足矿井防灭火的要求。检查时应根据井下实际需浆量进行分析。

(2) 灌浆管路管径是否与灌浆量相适应,管路架设是否平直、靠帮、靠腰线以上,管路每隔 200～500 m 是否有安全阀;管路压力倍数是否大于 3.5 倍。检查时应一段一段地检查,发现问题应及时通知有关部门进行整改。

(3) 采区设计中是否明确灌浆系统、疏水系统,是否有疏水和灌浆后防止遗浆、突水的措施。

4. 注氮系统

(1) 氮气是否充足,其浓度是否达到 97%以上。

(2) 是否有氮气专用输送管路及其附属安全设施。

(3) 注氮管路是否平直、严密不漏气,低洼处是否有放水设施。

(4) 是否有能连续监测采空区气体变化的监测系统;是否有专人定期进行检查、分析和整理有关记录。

5. 火区管理

(1) 是否绘制火区位置关系图和建立火区管理卡片。

(2) 火区所有永久性防火墙是否都有编号,并在火区位置关系图中注明。

(3) 是否按《煤矿安全规程》要求进行防火墙的管理。

(4) 启封已扑灭火区前是否制定安全措施。

第四节 矿井粉尘防治及安全管理

一、矿井粉尘的产生及危害

矿井粉尘是矿井生产过程中产生的固体物质细微颗粒的总称,简称矿尘。

(一) 矿尘的分类

(1) 按其成分,可分为岩尘、煤尘。

(2) 按矿尘存在状态划分为:

① 浮游粉尘:悬浮于矿井内空气中的粉尘,简称浮尘。

② 沉积粉尘:从矿内空气中沉降下来的粉尘,简称落尘。

(3) 按矿尘粒径组成范围划分为:

① 全尘(总粉尘):各种粒径的矿尘之和。对于煤尘,常指粒径为 1 mm 以下的尘粒。

② 呼吸性粉尘:主要指粒径在 5 μm 以下的微细尘粒,它能通过人体上呼吸道进入肺区,是导致尘肺病的病因,对人体危害甚大。

矿井粉尘灾害的识别和防治

(二) 矿尘的产生

采煤工作面的主要产尘工序有采煤机落煤、装煤、运煤、液压支架移架、运输转载、人工攉煤、爆破及放煤口放煤等。

掘进工作面的产尘工序主要有机械破岩(煤)、装岩(煤)、爆破、煤矸运输转载及锚喷等。

巷道维修的锚喷现场、煤炭的装卸点等也都会产生高浓度的矿尘,尤其是煤炭装卸处的瞬时矿尘浓度,有时甚至达到煤尘爆炸浓度界限,十分危险,应予以充分重视。

(三) 矿尘的危害

矿尘具有很大的危害性,主要表现在以下几个方面:

(1) 矿尘污染作业环境,降低生产场所的能见度,增加工伤事故的发生。

(2) 长期吸入矿尘后,会引起身体器官的病变,引起职业病。

(3) 某些矿尘(如煤尘、硫化尘)在一定的条件下可能发生爆炸。

(4) 矿尘还会加速机械、电气设备的损坏,缩短精密仪器、仪表的使用寿命。

二、煤尘爆炸及预防

(一) 煤尘爆炸的机理及特征

1. 煤尘爆炸的机理

煤尘爆炸是在高温或一定点火能的热源作用下,空气中氧气与煤尘急剧氧化的反应过程,是一种非常复杂的链式反应。一般认为其爆炸机理及过程如下:

(1) 煤本身是可燃物质,当它以粉末状态存在时,总表面积显著增加,吸氧和被氧化的能力大大增强,一旦遇见火源,氧化过程迅速展开;

(2) 当温度达到 300~400 ℃时,煤的干馏现象急剧增强,放出大量的可燃气体;

(3) 形成的可燃气体与空气混合在高温作用下吸收能量,在尘粒周围形成气体外壳,即活化中心,当活化中心的能量达到一定程度后,链反应过程开始,游离基迅速增加,发生了尘粒的闪燃;

(4) 闪燃所形成的热量传递给周围的尘粒,并使之参与链反应,导致燃烧过程急剧地循环进行,当燃烧不断加剧使火焰速度达到每秒数百米后,煤尘的燃烧便在一定临界条件下跳跃式地转变为爆炸。

2. 煤尘爆炸的特征

(1) 形成高温、高压、冲击波。煤尘爆炸火焰温度为 1 600~1 900 ℃,爆源的温度达到 2 000 ℃以上,这是煤尘爆炸得以自动传播的条件之一。

在矿井条件下煤尘爆炸的平均理论压力为 736 kPa,但爆炸压力随着离开爆源距离的延长而跳跃式地增大,爆炸过程中如遇障碍物,压力将进一步增加,尤其是连续爆炸时,后一次爆炸的理论压力将是前一次的 5~7 倍。煤尘爆炸产生的火焰速度可达 1 120 m/s,冲击波速度为 2 340 m/s。

(2) 煤尘爆炸具有连续性。由于煤尘爆炸具有很高的冲击波速,能将巷道中落尘扬起,甚至使煤体破碎形成新的煤尘,导致新的爆炸,有时可如此反复多次,形成连续爆炸,这是煤尘爆炸的重要特征。

(3) 煤尘爆炸也有一个感应期，即煤尘受热分解产生足够数量的可燃气体形成爆炸所需的时间。根据试验，煤尘爆炸的感应期主要取决于煤的挥发分含量，一般为 40～280 ms，挥发分越高，感应期越短。

(4) 挥发分减少或形成“黏焦”煤尘爆炸时，参与反应的挥发分约占煤尘挥发分含量的40%～70%，致使煤尘挥发分减少。根据这一特征，可以判断煤尘是否参与了井下的爆炸，对于气煤、肥煤、焦煤等黏结性煤的煤尘，一旦发生爆炸，一部分煤尘会被焦化，黏结在一起，沉积于支架和巷道壁上，形成煤尘爆炸所特有的产物——焦炭皮渣或黏块，统称“黏焦”。“黏焦”也是判断井下发生爆炸事故时是否有煤尘参与的重要标志。

(5) 产生大量的 CO，煤尘爆炸时产生的 CO 在灾区气体中的浓度可达 2%～3%，甚至高达 8%左右。

(二) 煤尘爆炸的条件

(1) 煤尘本身具有爆炸危险性。

(2) 浮游煤尘的浓度。井下空气中只有悬浮煤尘达到一定浓度时，才可能引起爆炸，一般为 30～2 000 g/m^3，其中爆炸力强度最强的浓度范围为 300～500 g/m^3，低于下限浓度或高于上限浓度的煤尘都不会发生爆炸。

(3) 引燃煤尘爆炸的高温热源一般为 610～1 050 ℃，多数为 700～800 ℃。

(4) 空气中氧浓度大于 18%。

(三) 影响煤尘爆炸的因素

1. 煤的挥发分

煤尘爆炸主要是在尘粒分解的可燃气体(挥发分)中进行的，因此煤的挥发分数量和质量是影响煤尘爆炸的最重要因素。一般说来，煤尘的可燃挥发分含量越高，爆炸性越强。

2. 煤的灰分和水分

煤内的灰分是不燃性物质，能吸收能量，阻挡热辐射，破坏链反应，降低煤尘的爆炸性。煤的灰分对爆炸性的影响还与挥发分含量的多少有关，挥发分小于 15%的煤尘，灰分的影响比较显著，大于 15%时，天然灰分对煤尘的爆炸性几乎没有影响。水分能降低煤尘的爆炸性，因为水的吸热能力强，能促使细微尘粒聚结为较大的颗粒，减少尘粒的总表面积，同时还能降低落尘的飞扬能力。

3. 煤尘粒度

粒度对爆炸性的影响极大。粒径为 1 mm 以下的煤尘粒子都可能参与爆炸，而且爆炸的危险性随粒度的减小而迅速增加，粒径在 75 μm 以下的煤尘特别是 30～75 μm 的煤尘爆炸性最强，粒径小于 10 μm 后，煤尘爆炸性增强的趋势变得平缓。

4. 空气中的瓦斯浓度

瓦斯的参与使煤尘爆炸下限降低。随着瓦斯浓度的升高，煤尘爆炸浓度下限急剧下降，这一点在有瓦斯煤尘爆炸危险的矿井应引起高度重视。

5. 空气中的氧含量

空气中的氧含量高时，点燃煤尘的温度可以降低，氧含量低时，点燃煤尘云困难，当氧含量低于 18%时，煤尘就不再爆炸。氧含量高，爆炸压力高；氧含量低，爆炸压力低。

6. 引爆热源

煤尘爆炸必须有一个达到或超过最低点燃温度和能量的引爆热源。引爆热源的温度越高，能量越大，越容易点燃煤尘云，而且煤尘初爆的强度也越大；反之温度越低，能量越小，越难以点燃煤尘云，且即使引起爆炸，初始爆炸的强度也越小。

（四）煤尘爆炸性鉴定

鉴定煤尘爆炸性的方法有两种：一种是在大型煤尘爆炸试验巷道中进行，这种方法比较准确可靠，但工作繁重复杂，因此一般作为标准鉴定用；另一种是在实验室内使用大管状煤尘爆炸性鉴定仪进行，方法简便，目前多采用这种方法。

（五）预防煤尘爆炸的措施

预防煤尘爆炸的技术措施主要包括防止煤尘达到爆炸浓度（即减、降尘措施）、防止煤尘引燃措施及隔绝煤尘爆炸措施三个方面。

1. 减、降尘措施

煤矿上采取了以煤层注水、湿式打眼、水炮泥、喷雾洒水降尘、冲洗巷道等多种防尘手段。

(1) 煤层注水。煤层注水是采煤工作面最重要的防尘措施之一，在回采之前预先在煤层中打若干个钻孔，通过钻孔注入压力水，使其渗入煤体内部，增加煤的水分，从而减少煤层开采过程煤尘的产尘量。

(2) 湿式打眼、水炮泥。《煤矿安全规程》规定井工煤矿炮采工作面应当采用湿式钻眼、冲洗煤壁、水炮泥、出煤洒水等综合防尘措施。井工煤矿掘进井巷和硐室时，必须采取湿式钻眼、冲洗井壁巷帮、水炮泥、爆破喷雾、装岩(煤)洒水和净化风流等综合防尘措施。

(3) 喷雾洒水降尘。《煤矿安全规程》规定采煤机必须安装内、外喷雾装置。液压支架和放顶煤工作面的放煤口，必须安装喷雾装置，降柱、移架或者放煤时同步喷雾。破碎机必须安装防尘罩和喷雾装置或者除尘器。

井工煤矿采煤工作面回风巷应当安设风流净化水幕。

井工煤矿掘进机作业时，应当采用内、外喷雾及通风除尘等综合措施。

(4) 冲洗巷道。对于巷道壁帮的沉积煤尘，用高压水枪冲洗，防止煤尘飞扬。

2. 防止煤尘引燃措施

(1) 加强明火管理，提高防火意识。

(2) 防止爆破火源，井下爆破作业都必须使用取得产品许可证的煤矿爆破器材，严格按要求进行爆破作业。

(3) 防止电气火源和静电火源。

(4) 防止摩擦和撞击火花。

3. 隔绝煤尘爆炸措施

(1) 定期清除煤尘，防止沉积煤尘参与爆炸，可有效降低爆炸威力，使爆炸由于得不到煤尘补充而逐渐熄灭。

(2) 撒布岩粉。定期在井下某些巷道中撒布惰性岩粉，增加煤尘的灰分，使煤尘失去爆炸性。

(3) 设置水棚。隔爆水棚按隔绝煤尘爆炸作用的保护范围，分为主要隔爆棚和辅助隔爆棚。

(4) 设置岩粉棚。岩粉棚是由安装在巷道中靠近顶板处的若干块岩粉台板组成，台板的间距稍大于板宽，每块台板上放置一定数量的惰性岩粉，当发生煤尘爆炸事故时，火焰前的冲击波将台板震倒，岩粉即弥漫于巷道中，火焰到达时，岩粉从燃烧的煤尘中吸收热量，使火焰传播速度迅速下降，直至熄灭。

(5) 设置自动隔爆棚。自动隔爆棚是利用各种传感器，将瞬间测量的煤尘爆炸时的各种物理参量迅速转换成电信号，指令机构的演算器根据这些信号准确计算出火焰传播速度后选择恰当时机发出动作信号，让抑制装置强制喷撒固体或液体等消火剂，从而可靠地扑灭爆炸火焰，阻止煤尘爆炸蔓延。

三、综合防尘措施

矿山综合防尘是指采用各种技术手段减少矿山粉尘的产生量、降低空气中的粉尘浓度，以防止粉尘对人体、矿山等产生危害的措施。综合防尘措施主要有以下几种。

(一) 煤层注水

按国内外注水状况，目前有以下三种方式。

1. 短孔注水

在采煤工作面垂直煤壁或与煤壁斜交打孔注水，注水孔长度一般为 2～3.5 m。

对于煤层赋存不稳定，地质构造复杂，产量较低的采煤工作面，或者顶、底板岩性易吸水膨胀而影响顶板管理的工作面，采用短孔注水较合理，对生产能力高的工作面不适用，注水效果不如另外两种。短孔注水在机械化采煤工作面很少采用，炮采工作面在爆破前利用炮眼注水在国内应用比较普遍。

2. 深孔注水

在采煤工作面垂直煤壁打钻孔注水，孔长一般为 5～25 m，如图 5-5 所示。

由于钻孔比较长，采用深孔注水方式时要求煤层赋存稳定。它具有适应顶、底板吸水膨胀等特点，要求注水压力高，注水工艺设备较复杂，而且准备班的时间较长。

3. 长孔注水

从采煤工作面的运输巷或回风巷、沿煤层倾斜方向平行于工作面打上向孔或下向孔注水(如图 5-6 所示)，孔长为 30～100 m；当工作面长度超过 120 m 而单向孔达不到设计深度或煤层倾角有变化时，可采用下向、上向钻孔联合布置钻孔注水(如图 5-7 所示)。

长孔注水是一种先进的注水方式，它是在原始应力区的煤体中注水，湿润较大区域的煤体，注水时间长，煤体湿润均匀，注水与回采互不干扰。缺点是对地质条件变化的适应性相对于短孔注水和深孔注水较差。这种方法被国内外广泛采用。

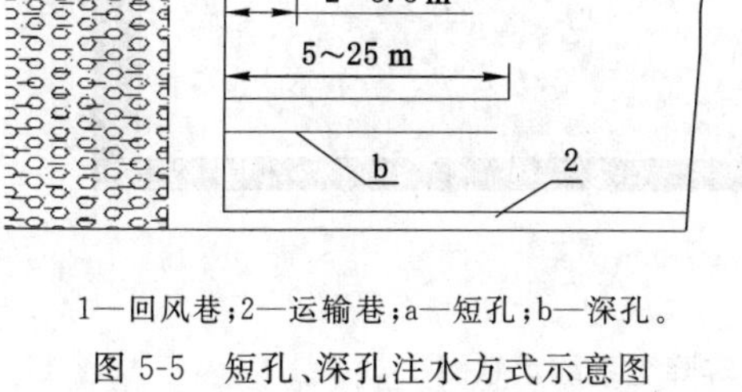

1—回风巷；2—运输巷；a—短孔；b—深孔。

图 5-5　短孔、深孔注水方式示意图

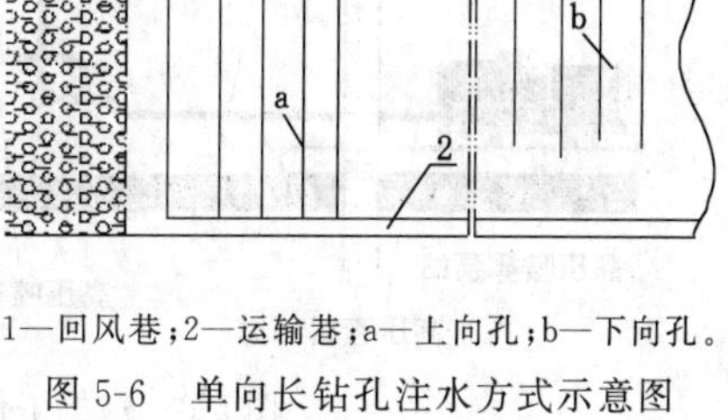

1—回风巷；2—运输巷；a—上向孔；b—下向孔。

图 5-6　单向长钻孔注水方式示意图

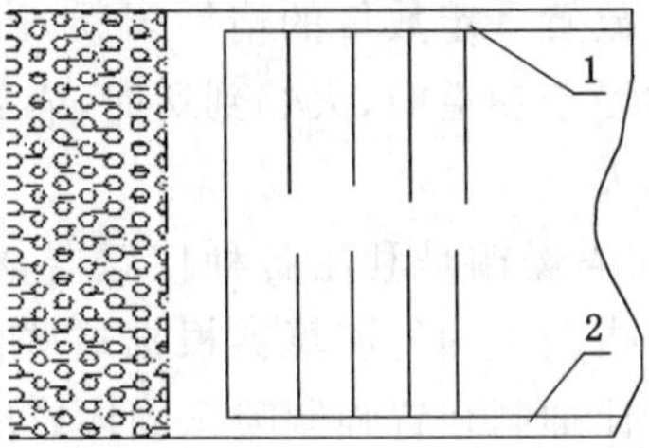

1—回风巷；2—运输巷。

图 5-7　双向长钻孔注水方式示意图

（二）湿式作业

湿式作业是利用水或其他液体，使之与尘粒相接触而捕集粉尘的方法。它是矿井综合防尘的主要技术措施之一，具有所需设备简单、使用方便、费用较低和除尘效果较好等优点。缺点是增加了工作场所的湿度，恶化了工作环境，能影响煤矿产品的质量，除缺水和严寒地区外，一般煤矿应用较为广泛，我国煤矿较成熟的经验是采取以湿式凿岩为主，配合喷雾洒水、水封爆破、水炮泥以及煤层注水等防尘技术措施。

（三）净化风流

净化风流是使井巷中含尘的空气通过一定的设施或设备，将矿尘捕获的技术措施。目前使用较多的是水幕和湿式除尘装置。

1. 水幕净化风流

水幕是在敷设于巷道顶部或两帮的水管上间隔地安装数个喷雾器喷雾形成的。喷雾器的布置应以水幕布满巷道断面尽可能靠近尘源为原则。

净化水幕应安设在支护完好、壁面平整、无断裂破碎的巷道段内。

2. 除尘装置

所谓除尘装置（或除尘器）是指把气流或空气中含有的固体粒子分离并捕集起来的装置，又称集尘器或捕尘器。

（四）炮掘工作面高压喷雾降尘技术

炮掘工作面高压喷雾降尘技术利用高压喷雾泵产生高压水，通过高压管路输送到固定在喷雾装置上的高压喷嘴，由此形成密度大、速度高、带电荷的细微水雾粒，在工作面回风侧形成近 10 m 的水雾屏障区，工作面爆破产生的粉尘经过水雾屏障区时，与水雾粒相互碰撞而凝结并加速沉降（如图 5-8 所示），从而达到降低炮掘工作面粉尘浓度的目的。

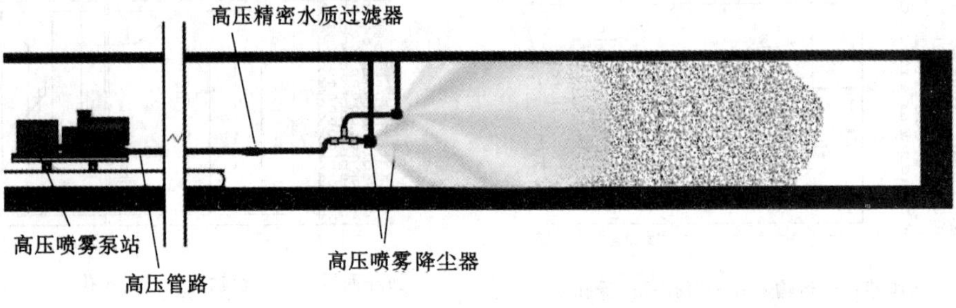

图 5-8　炮掘工作面高压喷雾降尘系统示意图

（五）喷射机上料除尘一体化工艺技术

喷射机上料处产尘主要来自四个方面：上料扬尘、上料口余气产尘、机身余气口产尘、摩擦板与转子之间的间隙产尘，如图 5-9 所示。

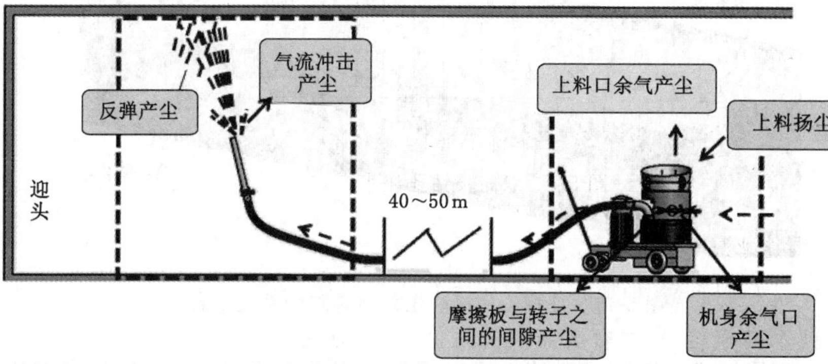

图 5-9　锚喷作业区域示意图

根据上述喷射机产尘特点，拟通过降低上料高度减少上料过程中的扬尘；针对上料口余气产尘、机身余气口产尘、摩擦板与转子之间的间隙产尘，采用密闭罩将喷浆机、输送装置进行全密闭从而控制粉尘；控尘罩内的粉尘通过除尘器抽尘净化，为了减小除尘器的体积和质量，除尘器拟采用压缩空气为动力，最终形成喷射机上料除尘一体化装备。喷射机上料除尘一体化装备示意图如图 5-10 所示。

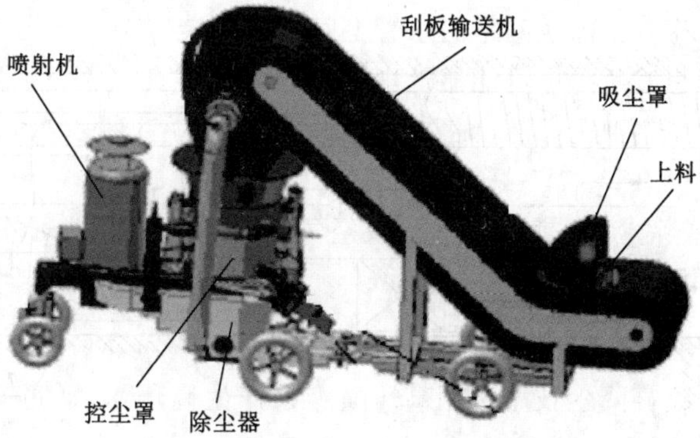

图 5-10　喷射机上料除尘一体化装备示意图

（六）综掘工作面高压喷雾降尘技术

高压喷雾降尘系统利用高压喷雾泵产生 8～12 MPa 高压水，通过高压管路输送到固定在掘进机喷雾装置上的高压喷雾装置，由此形成密度大、速度高、带电荷的细微水雾粒，掘进机割煤时产生的粉尘经过水雾屏障时，与水雾粒相互碰撞而凝结并加速沉降，从而达到降低综掘工作面粉尘浓度的目的。

高压外喷雾降尘系统如图 5-11 所示。

（七）可调式控风抽尘净化技术

工作面可调式控风抽尘净化系统主要由压入式风机、压入式风筒、附壁风筒、吸尘罩、骨

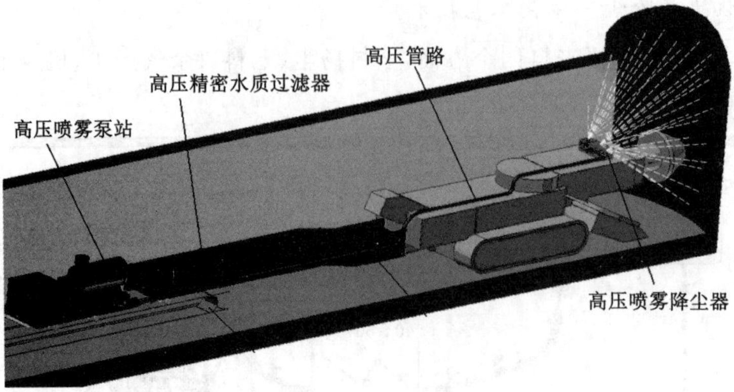

图 5-11 综掘工作面高压外喷雾降尘系统示意

架风筒及除尘器等组成。压入式风筒出风口连接附壁风筒形成涡旋风流，在掘进机司机的前方建立起空气屏幕，形成控尘系统；除尘器、骨架风筒、吸尘罩等形成除尘系统（如图 5-12 所示）。通过除尘器运行中产生的负压，在工作面迎头形成一个负压区，使含尘空气由吸尘罩经骨架风筒进入除尘器中净化处理，干净的风流再排至巷道中。

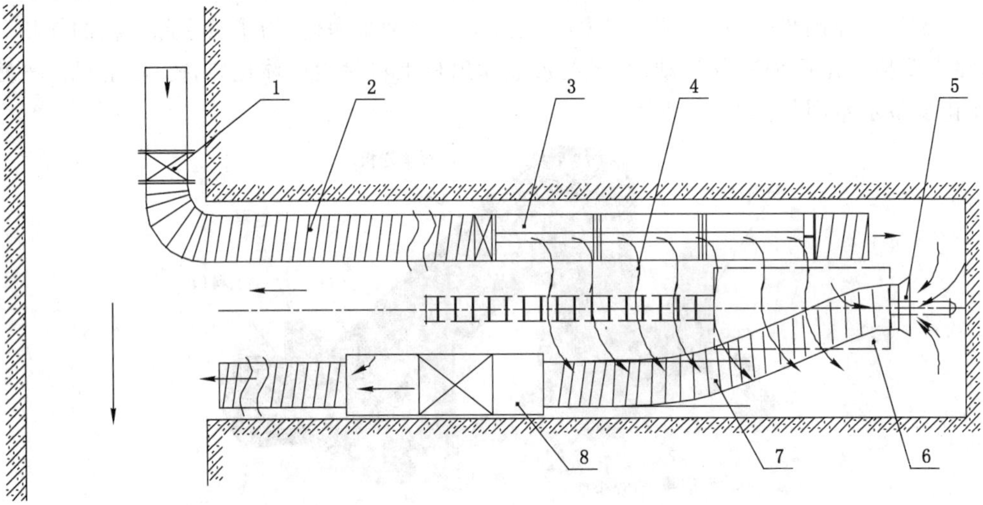

1—压入式风机；2—压入式风筒；3—附壁风筒；4—涡旋风流；
5—吸尘罩；6—掘进机；7—骨架风筒；8—除尘器。

图 5-12 综掘工作面涡旋风流流场示意图

（八）采煤机智能多点喷雾降尘系统

通过在采煤机滚筒尘源处形成从支架上方自上而下的始终覆盖滚筒范围的喷雾水幕，与采煤机机身上安装的采煤机高压喷雾引射降尘装置配合，在滚筒处形成“三维立体”控尘水幕，尤其是在产尘强度高的采煤工作面，可显著降低采煤机割煤时的粉尘浓度。

系统主要由控制箱、传感器（可包含发射器和接收器）、水路执行元件（防爆电磁阀或电动球阀）、遥控发送器、连接管路及配件等组成，如图 5-13 和图 5-14 所示。系统工作原理是当采煤机经过设置在支架上的接收器时，接收器接收到设置在采煤机上的发射器

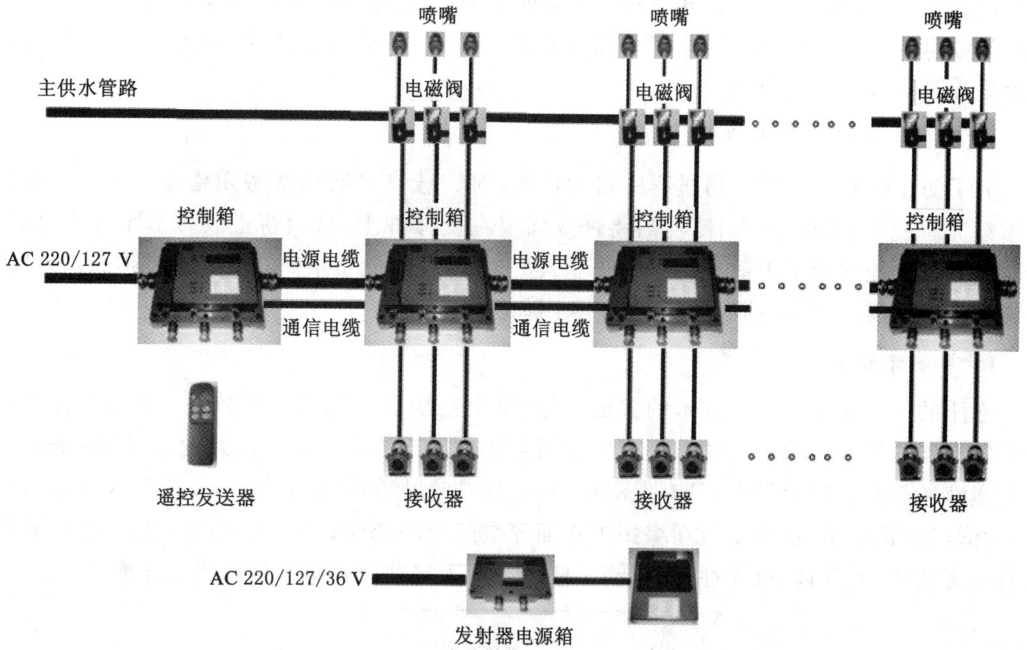

图 5-13　采煤机智能多点喷雾降尘系统组成示意图

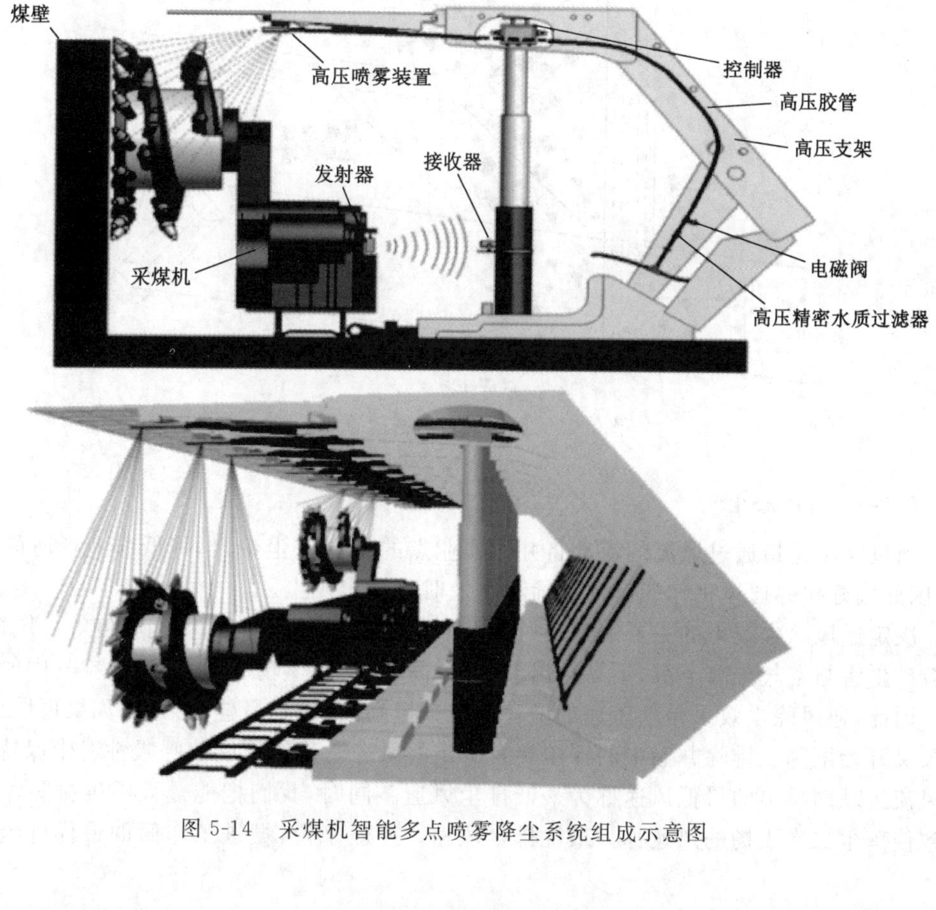

图 5-14　采煤机智能多点喷雾降尘系统组成示意图

产生的信号，送至控制箱推动电磁阀启动，使安装在支架顶梁或前探梁处喷雾系统按预设时间喷雾降尘，实现对采煤机滚筒及采煤机下风流自动喷雾降尘，减小粉尘产生量并消除采煤机下风流粉尘污染。

（九）转载点半密闭罩设计

为了防止转载点煤炭下落过程中粉尘扩散，对转载点采取局部密闭措施。即在上胶带支撑架上通过螺栓固定支撑杆，然后将铁皮固定在支撑杆上，从而将上胶带密闭起来；同时为防止落煤过程中粉尘扩散且不影响作业人员视线，在上胶带下侧布置条形胶带，对转载点落煤处进行包围。胶带转载点密闭罩示意图如图 5-15 所示。

（十）泡沫除尘

泡沫的产生是泡沫除尘技术的关键，因此整个系统中发泡部件是核心。发泡器主要有网式发泡器和管式发泡器两种。管式发泡器主要应用于消防领域。网式发泡器靠机械通风将发泡液送至金属网上发泡，具有发泡倍数高、泡沫产生量大的特点，对水质和风源要求较低，发泡器体积较小，适合安装在综掘工作面等空间狭小场所；同时由于压风携带泡沫，泡沫具有很高动能，射程远、抗风性强，能够很好地适用于局部风速很高的掘进工作面。

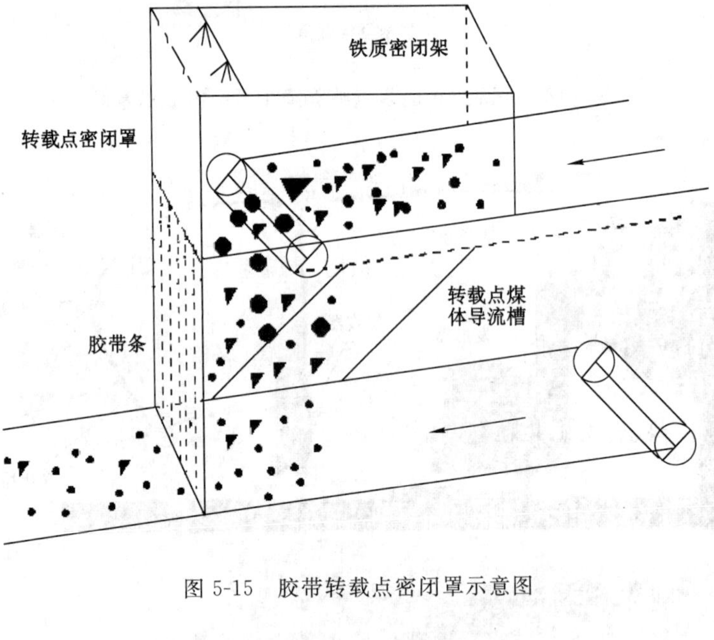

图 5-15　胶带转载点密闭罩示意图

（十一）通风除尘

通风除尘是指通过风流的流动将井下作业点的悬浮矿尘带出，降低作业场所的矿尘浓度，因此搞好矿井通风工作能有效地稀释和及时地排出矿尘。

决定通风除尘效果的主要因素是风速及矿尘密度、粒度、形状、湿润程度等。风速过低，粗粒矿尘将与空气分离下沉，不易排出；风速过高，能将落尘扬起，增大矿内空气中的粉尘浓度。因此，通风除尘效果是随风速的增大而逐渐提高的，达到最佳效果后，如果再增大风速，效果又开始下降。排除井巷中的浮尘要有一定的风速。我们把能使呼吸性粉尘保持悬浮并随风流运动而排出的最低风速称为最低排尘风速。同时，我们把能最大限度排除浮尘而又不致使落尘二次飞扬的风速称为最优排尘风速。一般来说，掘进工作面的最优排尘风速为

0.4～0.7 m/s，机械化采煤工作面的最优排尘风速为 1.5～2.5 m/s。

（十二）个体防护

个体防护是指通过佩戴各种防护面具以减少吸入人体粉尘的一项措施。井下各生产环节虽然采取了一系列防尘措施，但仍会有少量微细矿尘悬浮于空气中，甚至个别地点不能达到卫生标准，因此个体防护是防止矿尘对人体伤害的最后一道关卡。个体防护的用具主要有防尘口罩、防尘风罩、防尘帽、防尘呼吸器等，其目的是使佩戴者能呼吸净化后的清洁空气而不影响正常工作。

个体防护不可以，也不能完全代替其他防尘技术措施。防尘是首位的，但采取一定的个人防护措施也是必要的。

四、矿井防尘安全管理要求与检查要点

（一）矿井防尘安全管理要求

（1）新建矿井或者生产矿井每延深一个新水平，应当进行 1 次煤尘爆炸性鉴定工作，鉴定结果必须报省级煤炭行业管理部门和煤矿安全监察机构。

（2）开采有煤尘爆炸危险煤层的矿井，必须有预防和隔绝煤尘爆炸的措施。矿井的两翼、相邻的采区、相邻的煤层、相邻的采煤工作面间，掘进煤巷同与其相连的巷道间，煤仓同与其相连的巷道间，采用独立通风并有煤尘爆炸危险的其他地点同与其相连的巷道间，必须用水棚或者岩粉棚隔开。

必须及时清除巷道中的浮煤，清扫、冲洗沉积煤尘或者定期撒布岩粉；应当定期对主要大巷刷浆。

（3）矿井应当每年制定综合防尘措施、预防和隔绝煤尘爆炸措施及管理制度，并组织实施。

矿井应当每周至少检查 1 次隔爆设施的安装地点、数量、水量或者岩粉量，及安装质量是否符合要求。

（4）高瓦斯矿井、突出矿井和有煤尘爆炸危险的矿井，煤巷和半煤岩巷掘进工作面应当安设隔爆设施。

（5）粉尘监测应当采用定点监测、个体监测方法。

（6）煤矿必须对生产性粉尘进行监测。

（7）矿井必须建立消防防尘供水系统。

（8）井工煤矿采煤工作面应当采取煤层注水防尘措施。

（9）井工煤矿炮采工作面应当采用湿式钻眼、冲洗煤壁、水炮泥、出煤洒水等综合防尘措施。

（二）矿井防尘安全检查要点

矿井防尘系统检查的要点：一是检查防尘洒水系统的有效性，水量、水压、供水管路是否满足矿井降尘的需要；二是检查矿井喷雾降尘、洒水降尘等工作是否正常进行，以及降尘效果等。具体内容包括：

（1）蓄水池容积水量是否满足矿井防尘洒水的需要；水压是否达到洒水、注水的要求。

（2）供水管径能否满足需要；大巷供水管路每 50 m 是否设置调节阀门；供水管路是否

靠帮靠顶；供水管路通过巷道交叉处时是否妨碍行人和通车。

(3) 工作地点的喷洒头是否足够；喷雾时是否呈雾状；水质是否清洁，不清洁时有无过滤装置。

(4) 井巷清扫、冲洗是否正常进行，巷道有无积尘。

(5) 矿井是否有完备的防尘资料，包括煤尘爆炸鉴定报告、矿井综合降尘措施、清扫煤尘记录、防尘洒水系统图、注水钻场、钻孔台账、防尘洒水月报季报等。

【复习思考题】

1. 矿井空气中有害气体的防治措施主要有哪些？
2. 矿井通风系统重大隐患判定标准有哪些？
3. 河南省某煤矿"6·4"较大煤与瓦斯突出事故案例有何启示？
4. 瓦斯防治"十二字方针"与"十六字体系"是什么？它们之间有何关系？
5. 瓦斯防治及重大隐患的安全检查要点有哪些？
6. 矿井火灾的危害有哪些？
7. 灭火的原理是什么？
8. 煤尘的危害有哪些？
9. 影响煤尘爆炸的因素有哪些？
10. 综合防尘有哪些做法？

第六章　煤矿爆破安全

【学习提示】

煤矿井下作业环境特殊，因爆破作业的实施环境或采取措施不当而引发重大事故的概率非常高，国内外因爆破作业管控失效而发生重特大事故的案例一再警示着我们。因此，在煤矿生产过程中需要实施爆破作业时，从炸药、起爆器材、起爆方法的选用到爆炸物品的运输、发放、清退及销毁管理都有严格的安全要求。

本章介绍了煤矿爆破安全的相关知识，爆炸物品的性能和井下作业环境等。详细阐述了爆破作业安全管理的重点环节，爆破材料储存、运输、使用的安全管理与检查要点；结合事故案例分析了爆破事故及由此可能引发更大次生事故的预防和处理措施。煤矿安全生产管理人员必须了解这些知识点与管理要领，采取严格的管控措施，才能确保井下爆破安全。

第六章导学

第一节　爆破器材与起爆的安全管理

一、煤矿许用炸药

凡是允许在有瓦斯和可燃性煤层爆炸危险性矿井中使用的炸药称为煤矿许用炸药。在科学研究的基础上并在长期的生产实践中总结经验，对炸药进行严格检验后确定煤矿许用炸药的分级和使用范围。必须对照矿井瓦斯等级，使用不同等级的煤矿许用炸药。

（一）煤矿许用炸药的安全等级

由于矿井瓦斯等级不同，对煤矿许用炸药的要求也不同，矿井瓦斯等级高的，要求使用相应的高安全等级的煤矿许用炸药。煤矿许用炸药的安全等级是指在特定条件下，就炸药爆破对瓦斯、煤尘的引爆能力而言的。在相同的条件下，炸药的安全等级越低，爆破时引爆瓦斯、煤尘的可能性就越大。

《煤矿安全规程》规定，井下爆破作业，必须使用煤矿许用炸药。煤矿许用炸药的选用必须遵守下列规定：

（1）低瓦斯矿井的岩石掘进工作面，使用安全等级不低于一级的煤矿许用炸药。

（2）低瓦斯矿井的煤层采掘工作面、半煤岩掘进工作面，使用安全等级不低于二级的煤矿许用炸药。

（3）高瓦斯矿井，使用安全等级不低于三级的煤矿许用炸药。

（4）突出矿井，使用安全等级不低于三级的煤矿许用含水炸药。

(二) 常见煤矿许用炸药的种类

根据炸药的组成和性质,我国煤矿常用的煤矿许用炸药一般有水胶炸药、乳化炸药、被筒炸药、离子交换型炸药和当量炸药等。

1. 水胶炸药

水胶炸药是一种在煤矿中应用比较广泛的煤矿许用炸药,其品种主要有二级煤矿许用水胶炸药和三级煤矿许用水胶炸药两种。二级煤矿许用水胶炸药适用于低瓦斯矿井,三级煤矿许用水胶炸药可用于低瓦斯矿井、高瓦斯矿井及煤与瓦斯突出矿井。表 6-1 列出了安徽雷鸣科化有限公司的煤矿许用水胶炸药主要性能指标。

表 6-1　煤矿许用水胶炸药主要性能指标

项目	指标					
	二级煤矿许用水胶炸药		三级煤矿许用水胶炸药		三级煤矿许用水胶炸药(高性能)	
		ϕ32 mm/ϕ35 mm	ϕ27 mm	ϕ32 mm/ϕ35 mm	ϕ27 mm	ϕ32 mm/ϕ35 mm
炸药密度/(g/cm^3)	0.95～1.25	0.95～1.25	0.95～1.25	0.95～1.25	0.10～1.25	0.10～1.25
殉爆距离/cm	≥2	≥2	≥2	≥2	≥2	≥2
爆速/(m/s)	$\geqslant 2.5\times10^3$	$\geqslant 3.2\times10^3$	$\geqslant 2.5\times10^3$	$\geqslant 3.0\times10^3$	$\geqslant 3.0\times10^3$	$\geqslant 3.0\times10^3$
猛度/mm	≥10	≥10	≥10	≥10	≥10	≥10
做功能力/mL	≥220	≥220	≥190	≥190	≥220	≥220
熄爆直径/mm	≤18	—	≤18	—	≤18	—
抗间隙效应	在内径 ϕ32 mm 无缝钢管中的爆轰长度不小于 2 m	—	在内径 ϕ32 mm 无缝钢管中的爆轰长度不小于 2 m	—	在内径 ϕ32 mm 无缝钢管中的爆轰长度不小于 2 m	—
抗水性能	在 98 kPa 水压下浸泡 2 h 后能完全爆轰	—	在 98 kPa 水压下浸泡 2 h 后能完全爆轰	—	在 98 kPa 水压下浸泡 2 h 后能完全爆轰	—
爆炸后有毒气体含量/(L/kg)	≤50					
撞击感度	爆炸概率≤2%					
摩擦感度	爆炸概率≤2%					
热感度	不燃烧,不爆炸					
抗爆燃性	合格					
可燃气安全度	(以半数引火量计)$g\geqslant180$		(以半数引火量计)$g\geqslant400$		(以半数引火量计)$g\geqslant400$	
煤尘-可燃气安全度	(以半数引火量计)$g\geqslant150$		(以半数引火量计)$g\geqslant250$		(以半数引火量计)$g\geqslant250$	
使用保质期	120		120		180	

注:表内数据均为使用期内有效,使用保证期自炸药制造完成之日起计算。

2. 乳化炸药

乳化炸药是通过乳化剂的作用，形成油包水型膏状含水炸药，具有密度可调范围较宽，抗水性能强，爆速高，爆轰感度和爆炸性能好，生产、使用安全等一系列优点，是当前工业炸药发展的重点。

煤矿许用乳化炸药分为五级，主要有二级、三级和四级。二级煤矿许用乳化炸药适用于低瓦斯矿井，三级和四级煤矿许用乳化炸药适用于高瓦斯矿井和煤与瓦斯突出矿井。

3. 被筒炸药

被筒炸药的特点是安全性能高，爆温、爆热、做功能力、猛度和爆轰感度低，制作工艺复杂，药卷直径大，被筒易于破裂。

除松散结构的惰性被筒外，还有固体被筒(由惰性盐和缩合酚醛树脂压制的外壳)、盐的饱和水溶液被筒(以聚乙烯作外壳)，以及含有爆炸成分可以爆炸的活性被筒，或可以实现爆轰选择的被筒(装药裸露爆炸时为惰性被筒，封闭正常爆炸时为活性被筒)等。

安全被筒品种比较多，可分为惰性被筒和活性被筒两类。

惰性被筒是用非爆炸性材料制成的，有以下几种类型：

(1) 刚性被筒：用石膏、黏土、水泥等作黏合剂，把消焰剂黏合固结成型。

(2) 半刚性被筒：由浸有消焰剂的植物纤维(或纸板壳)制成。

(3) 软性被筒：把消焰剂和黏结物涂在纸上卷制而成。

(4) 粉状被筒：由粉状消焰剂如食盐、碳酸氢钠等制成。

(5) 液体被筒：如用60%～70%的硝酸铵水溶液装入塑料袋内制成的被筒。

活性被筒是用消焰剂和具有爆炸性质的材料制成的，被筒本身具有一定的爆炸性。

4. 离子交换型炸药

离子交换型炸药具有一种“选择爆轰”的独特性质，在不同的爆破条件下，它会自动调节消焰剂的有效数量和作用。例如，在密封状态下，炸药爆炸强烈、交换盐的反应更完全，生成的氯化钠更多，其消焰降温的作用更强。

离子交换型炸药是我国现有煤矿许用炸药中安全性能最高的煤矿许用炸药，具有安全性能好，间隙效应小，低温(－20 ℃)不会冻结的特点，可用于煤与瓦斯突出矿井，根据使用的气温条件，应在不低于－20 ℃的条件下使用。当炸药冻结或半冻结后感度高，使用时要特别注意，尤其注意不要和酸、碱、油脂类杂物接触。离子交换型炸药是以硝酸钠和氯化铵的混合物为主，再加入敏感剂硝化甘油制成的。

离子交换型炸药的安全度约为被筒炸药的两倍。

5. 当量炸药

盐量分布均匀，而且安全性与被筒炸药相当的炸药称为当量炸药。当量炸药的含盐量要比被筒炸药高，做功能力、猛度和爆热远比被筒炸药低，正常爆轰条件下，具有很高的安全性。

二、常用起爆器材

起爆器材是用于使炸药获得必要引爆能量的器材，包括激发系统、连通部分和起爆体。激发系统有点火器、电源、激发笔、激发雷管等；连通部分有导电线、导火索、导爆管、导爆索、导爆管连接件、继爆管等；起爆体常用的有雷管、导爆索、起爆弹和中继药包等。

常用的工业雷管是主要起爆器材，有火雷管、电雷管和导爆管雷管等。电雷管又有普通电雷管、电磁感应雷管、数码电子雷管之分。在普通电雷管中有瞬发电雷管、秒和半秒延期电雷管、毫秒延期电雷管等品种。数码电子雷管是新近发展起来的产品，代表着当今工业雷管的发展方向。

(一) 电雷管

电雷管是利用电能引起雷管爆炸，进而激发炸药爆轰的基本元件。

1. 瞬发电雷管

瞬发电雷管是一种通电即刻爆炸的电雷管。瞬发电雷管的装药部分与火雷管相同，不同之处在于其管内装有电点火装置。电点火装置由脚线、桥丝和引火药组成。

根据电点火装置的不同，瞬发电雷管的结构有两种。

图 6-1(a)所示为直插式，其特点是正起爆药 DDNP(二硝基重氮酚)是松散的，取消了加强帽。点火装置的桥丝上没有引火药。桥丝直接插入松散的 DDNP 中，DDNP 既是正起爆药，又是点火药。当电流经脚线传至桥丝时，灼热的桥丝直接引燃 DDNP，并使之爆轰。

图 6-1(b)所示为引火头式，桥丝周围涂有引火药，做成一个圆珠状的引火头。当桥丝通电灼热时，引起引火药燃烧，火焰穿过加强帽中心孔，即引起正、副起爆药的爆炸。

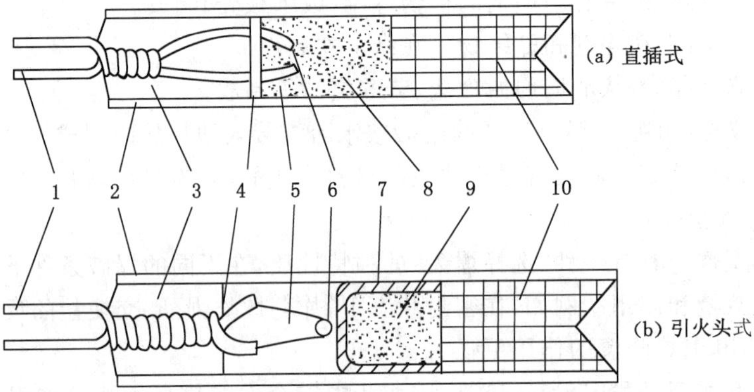

1—脚线；2—管壳；3—密闭塞；4—纸垫；5—线芯；6—桥丝(引火药)；
7—加强帽；8—散装 DDNP；9—正起爆药；10—副起爆药。

图 6-1 瞬发电雷管结构图

为了固定脚线和封住管口，在管口灌以硫黄或装上塑料塞。若灌以硫黄，为防止硫黄流入管内，还应安装厚纸垫或橡皮圆垫；使用金属管壳时，则在管口装一个塑料塞，再用卡钳卡紧，外面涂以不透水的密封胶。

2. 延期电雷管

延期电雷管是装有延期元件或延期药，以电能激发后间隔一定时间爆炸的电雷管。它由引火元件、延期元件和火雷管三部分组成。延期间隔时间以秒和毫秒计，由不同延期间隔时间的雷管组成延期电雷管系列。

(1) 秒或半秒延期电雷管

秒或半秒延期电雷管的电引火元件与起爆药之间的延期装置是用精制导火索或在延期体壳内压入延期药构成的，延期时间由延期药的装药长度、药量和配比来调节。在有瓦斯和煤尘爆炸危险的工作面不准使用秒延期电雷管。

（2）毫秒延期电雷管

毫秒延期电雷管通电后爆炸的延期时间是以毫秒数量级来计量的，其结构如图 6-2 所示。

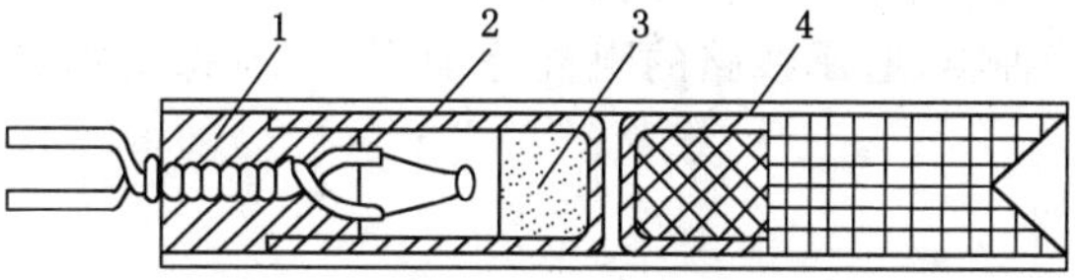

1—塑料塞；2—延期内管；3—延期药；4—加强帽。

图 6-2　毫秒延期电雷管结构图

毫秒延期电雷管的组成基本上与秒和半秒延期电雷管相同，不同点在于延期装置。毫秒延期电雷管的延期装置是延期药，常采用硅铁（还原剂）和铅丹（氧化剂）的混合物，并掺入适量的硫化锑，以调解药剂的反应速度。

3. 煤矿许用电雷管

允许在有瓦斯和煤尘爆炸危险的煤矿井下使用的电雷管统称为煤矿许用电雷管。

电雷管爆炸时产生高温高压气体，并将灼热的残渣和残片作用于周围瓦斯和煤尘，当爆炸火焰温度、持续时间和灼热粒子所释放的能量达到引爆瓦斯煤尘的能量时，就会引起瓦斯煤尘爆炸。因此，应抑制电雷管传爆药爆炸火焰和温度，减少灼热的飞散产物，使电雷管在规定检验条件下引爆率达到合格标准。

4. 数码电子雷管

数码电子雷管与传统延期电雷管的根本区别在于管壳内部的延期结构和延期方式。数码电子雷管和传统延期电雷管的"电"部分是不同的，对延期电雷管来说，这部分是一根电阻丝和一个引火头，点火电流通过时，电阻丝加热引燃引火头和邻近的延期药，由延期药长度来决定雷管的延期时间；在数码电子雷管内，也有一个这种形式的引火头，但电子延期芯片取代了电和非电雷管引火头后面的延期药。

数码电子雷管的优点是：

（1）电子延时集成芯片取代传统延期药，雷管发火延时精度高，准确可靠，有利于控制爆破效应，改善爆破效果。

（2）前所未有地提高了雷管生产、储存和使用的技术安全性。

（3）使用雷管不必担忧段别出错，操作简单快捷。

（4）可以实现雷管的国际标准化生产和全球信息化管理。

山西壶化集团股份有限公司顺利通过国家矿用产品安全标志中心组织的工厂评审，并于 2022 年 6 月 24 日取得煤矿许用数码电子雷管安全标志证书，标志着煤矿井下开采进入数码电子雷管时代。2022 年 7 月 20 日工业和信息化部安全生产司发布《关于进一步做好数码电子雷管推广应用工作》（工安全函〔2022〕109 号），要求煤矿许用工业电雷管于 2022 年 9 月底前停止生产、11 月底停止销售，开启了煤矿数码电子雷管的全面应用。由于数码电子雷管起爆系统的高精度、高可靠性，延期时间的灵活性，以及对射频电、杂散电流的可控性，其正在成为起爆器材领域中的新星。

（二）发爆器与起爆电源

1. 常用发爆器

发爆器是供给电爆网路上的雷管起爆电能的器具，有防爆型和非防爆型两种。按结构原理不同，有发电机式和电容式两种。发爆器的选用应根据有无煤尘和瓦斯爆炸危险、一次起爆雷管数量、使用雷管种类、起爆线路的阻抗等确定，保证每个雷管的端电能满足发火电流的要求。

（1）发电机式发爆器

发电机式发爆器是一个小型手摇发电机，当手摇转柄时可发出瞬时脉冲直流电，由输出端钮供电雷管起爆。这种发爆器重量大、起爆能力不稳定、受潮时能力降低，已退出历史舞台。

（2）电容式发爆器

工业雷管时期应用最广泛的发爆器是电容式发爆器。

2. 电子雷管发爆器

数码电子雷管发爆器是为煤矿许用数码电子雷管爆破作业而开发设计，集激光扫码录入、脚线录入、电源逆变、无线网络通信、在线联网申请爆破授权、爆破记录上报、双线无极性通信等技术于一体的手持式起爆设备；具有携带方便、操作简易、扫描快速、充电状态可监测以及可远程维护管理等特点。

数码电子雷管发爆器以实现电子雷管现场可靠性检测、爆破组网延时方案建立、雷管入孔后网络检测、雷管入孔后的起爆控制、雷管爆破的工程管理（监管单位授权文件的在线获取和解码；爆破地点位置信息和爆破时间的获取、延时比对；雷管爆破密码、状态的校验；爆破记录存储和上传等）等功能。下面以洛阳正硕电子科技有限公司生产的 FBH-200-B 型煤矿许用发爆器为例简介如下。

数码电子雷管发爆器外观见图 6-3。

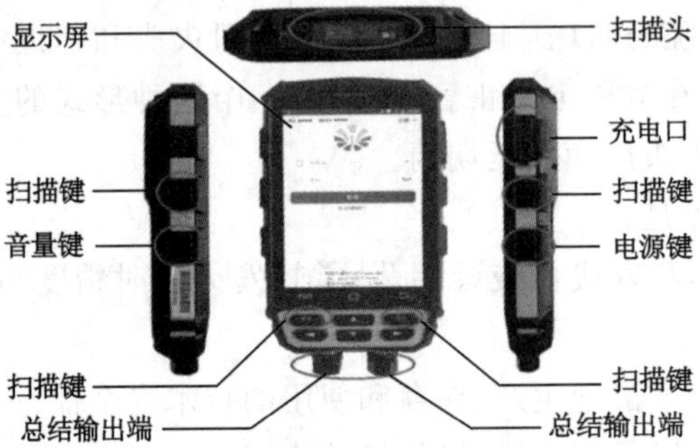

图 6-3　数码电子雷管发爆器外观

基本参数指标：

① 额定工作电压：3.7 V；

② 充电电源：5 V，2 A；

③ 电池容量：2 800 mA・h；

④ 使用温度：－20～40 ℃；

⑤ 防水等级：IP54；

系统主菜单见图 6-4。

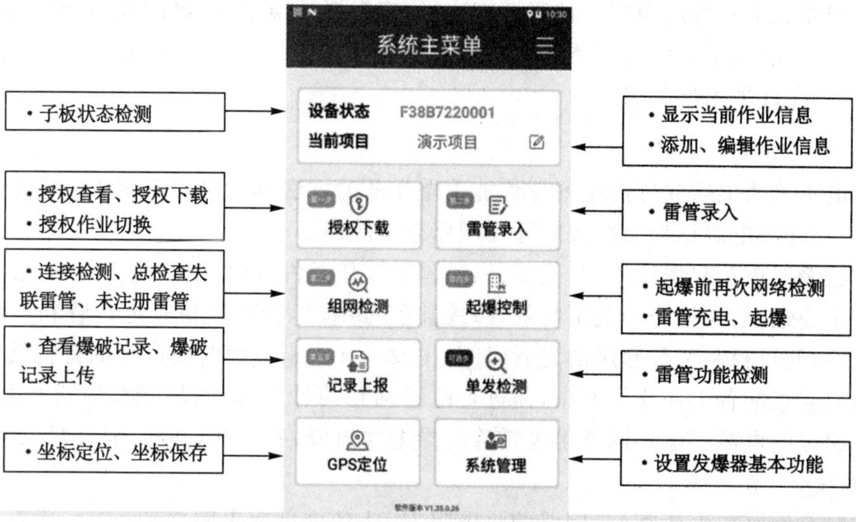

图 6-4 系统主菜单介绍

3. 起爆电源

起爆电源指直接引爆电雷管所用的电源。目前的主井、斜井、大断面隧道等炮眼较多的爆破多使用 220 V 或 380 V 的交流电源。这种电源的电流强度大，因此在电爆网路中的雷管数量多、网路连接复杂、需要总电流强度大时应用较多。《煤矿安全规程》第 365 条规定：井下爆破必须使用发爆器。开凿或者延伸通达地面的井筒时，无瓦斯的井底工作面中可使用其他电源起爆，但电压不得超过 380 V，并必须有电力起爆接线盒。

采用交流电源时，必须在安全的地点设置爆破接线盒，并满足：

(1) 设置电源开关刀闸和爆破刀闸两个开关，且都必须是双刀双掷刀闸；

(2) 设置指示灯，当电源开关刀闸合上以后，指示灯发光表明电源接通；

(3) 在煤矿立井施工中，在接近和通过瓦斯煤层时，在接线盒上应设置毫秒限时开关。

三、电力起爆法

起爆技术是指确定起爆方法，选择、运用起爆材料和起爆所需的其他用品，敷设爆破网络等技术。

(一) 起爆方法类型

工程爆破中，为了使工作炸药起爆，必须由外界给炸药局部施加一定的能量。根据施加能量的方法不同，起爆方法大致可分为下列三类：

1. 非电起爆法

属于这类起爆方法的有火雷管起爆法、导爆索起爆法和导爆管起爆法。

2. 电起爆法

电起爆法是指采用电能来起爆工业炸药。如工程爆破中广泛使用各种电雷管的起爆方法。

3. 其他起爆法

其他起爆法包括水下超声波起爆法、电磁波起爆法和电磁感应起爆法等。

在工程爆破中究竟选用哪一种起爆方法好，应根据环境条件、爆破规模、经济技术效果、是否安全可靠，以及工人掌握起爆操作技术的熟练程度来确定。在有瓦斯爆炸危险的煤矿井下环境，只允许采用电起爆法。

（二）电力起爆法的形式

利用电雷管通电后起爆产生的爆炸能引爆炸药的方法称为电力起爆法。它是通过由电雷管、母线和起爆电源三部分组成的起爆网路来实施的。

电力起爆与火花起爆比较，其优点是：改善了工作条件，降低了爆破工作的危险性，能同时引爆许多药包，增大爆破的范围与效果；爆破前可用仪表测量，检查电雷管和电爆网路起爆的可能性，并可控制药包起爆的先后时间，也没有导火索点燃时所产生的有害气体。

但电力起爆准备工作比较费事，需进行电爆网路的计算和敷设，用仪表进行测量检查，还必须有起爆的电源。电爆网路由电雷管与导电线组成，有串联、并联、混合联三种形式。

1. 串联

串联时全网路中电流相同，网路的总电阻 $R_{串}$ 为各个部分电阻之和。

当电源的电压 U 为已知时，串联电爆网路通过每个雷管的电流 $I_{串}$ 为：

$$I_{串} = U/R_{串} \tag{6-1}$$

为了可靠起见，电流 $I_{串}$ 应不小于每个电雷管的起爆电流 i，即直流电源不得小于 2.5 A，交流电源不得小于 4.0 A。

串联的优点是网路计算、敷设和检查比较简单，连接线消耗量较少，并且由于起爆所需的电流小，故可使用功率较小的电源。其缺点是起爆不十分可靠，因为当网路中有任一处断路就会使整个网路拒爆，所以只适用于炮眼数较少的爆破。

2. 并联

并联时通过主线的电流等于通过各支线电雷管的电流之和。此时网路的总电阻为 $R_{并}$。

并联电爆网路通过主线的电流 $I_{并}$ 为：

$$I_{并} = U/R_{并} \tag{6-2}$$

同样，通过每个电雷管的电流 i' 为：

$$i' = I_{并}/n \tag{6-3}$$

电流 $I_{并}$ 也不应小于每个电雷管的起爆电流强度，这一点与串联起爆的规定相同。

并联起爆的优点是：当网路中某一支路或雷管发生故障时，不会影响其他电雷管起爆；缺点就是所需电流大，因而需要功率较大的电源及断面大的母线，线路较复杂，连接线消耗量比较大，检查频繁，并且当各支路的电阻不同时，必须进行电阻平衡，否则容易拒爆。因此，并联起爆在工业雷管时代应用较少，而数码电子雷管则采用不分极性并联卡接。

3. 混合联

混合联是串联和并联的混用，有串并联和并串联两种。

（三）电力起爆的相关工作

电力起爆的主要工作有检查母线和电雷管，制作起爆药卷，计算和敷设电爆网路，接通电源起爆等。

1. 检查母线和电雷管

(1) 检查母线：检查母线连通情况，电阻值是否正常，有无断线，外表绝缘是否良好等。

(2) 检查电雷管：电雷管的质量检查主要在生产厂，现场应用时主要是检查电雷管脚线破皮和电雷管电阻值，同一爆破网路中必须使用同厂、同批、同牌号的电雷管，且最大和最小电阻差不得超过 0.25 Ω。因为电阻值不同的电雷管不能同时爆炸，先爆炸的电雷管会将电路切断，产生拒爆。

2. 制作起爆药卷

为防止在装填药卷过程中将电雷管从药卷中拉出，应先在药卷的一端上部用尖木棍(或竹棍)穿一斜孔，把电雷管脚线弯成一圈环并穿过斜孔，再将圈环套过药卷后拉紧。在药卷中心线上穿孔插入雷管，最后将线绕在一起，扎紧即可。

3. 计算和敷设电爆网路

(1) 计算电爆网路。

按设计的网路形式，进行网路总电阻和电流、各支路的电阻和电流的计算，校核起爆电源能力是否满足电雷管安全准爆要求。

电爆网路的总电阻应当先进行计算，再实际测量，其差数不应超过 10%，否则应找出问题所在并消除。

(2) 敷设电爆网路。

在敷设电爆网路时，母线必须短接。为了减少接头的电阻，先将母线端头绝缘包皮切下 5～10 cm 长，刮去金属线上的氧化层，再把两端头短接牢固，外面用胶布包裹，以免发生短路或漏电。

在任何条件下，爆破母线两端的彼此连接，以及连接线与爆破母线的连接，必须在所有炮眼都装填完毕、人员都撤至安全距离以外后方可进行。

在爆破以前的所有时间内，爆破母线两端应相接成短路，以保安全。

【案例 6-1】 发爆器打火检测电爆网路引发爆炸事故

2019 年 7 月 6 日 21 时 10 分，贵州省某煤矿一采区水泵房掘进工作面开口处发生一起使用发爆器打火放电的方法检测电爆网路，引起爆炸，造成 1 人死亡。

第二节 爆破作业的安全管理

一、爆破有害效应及防护

(一) 爆破地震效应及防护

1. 爆破地震安全距离计算

在爆破设计时，为避免爆破地震，炸药在煤岩中爆炸时，一部分能量破碎煤(岩)，一部分能量在煤(岩)中以波的形式向外传播，产生地震作用，还有一部分能量会在空气中产生空气冲击波。虽然爆破地震的频率比天然地震高、持续时间短、衰减速度快、破坏性小，但对距离不远的地下建(构)筑物，爆破地震同样可以产生严重的破坏。当爆破工作距离地表不是很深时，还可能对地面建筑物产生破坏作用。《爆破安全规程》对矿山巷道规定的最大允许质点振动速度为：围岩稳定，有良好支护的，其速度为 10 cm/s；围岩中等稳定，有良好支护的，其速度为 20 cm/s；围岩稳定，无支护的，其速度为 30 cm/s。

爆破地震安全距离的计算公式为：

$$R = (K/v)^{1/\alpha} Q^{1/3} \tag{6-4}$$

式中 R——爆破地震安全距离，m；

Q——炸药量(齐发爆破取总装药量，微差爆破或秒差爆破取最大一段药量)，kg；

v——地震安全速度，即最大允许质点振动速度，cm/s；

K，α——爆破安全系数和衰减指数，可按表 6-2 选取，或通过现场试验确定。

表 6-2 爆区不同岩性的 K、α 值

岩性	K	α
坚硬岩石	50～150	1.3～1.5
中硬岩石	150～250	1.5～1.8
软岩石	250～350	1.8～2.0

减小爆破地震效应的具体措施有：采用微差爆破技术；减小最大一段爆破药量；采用低爆速炸药和不耦合装药结构；设计合理的起爆顺序；采用预裂爆破技术等。

2. 爆破地震效应的安全设计

(1) 控制一次爆破的最大用药量。根据爆破类型和爆破周围需保护对象，按表 6-3 确定爆破震动安全允许速度 V 后，即可利用下式计算出一次爆破的最大用药量 Q_{max}：

$$Q_{max} = R^3 (V/K)^{3/\alpha} \tag{6-5}$$

表 6-3 爆破震动安全允许标准

序号	保护对象类别	安全允许质点振动速度 V/(cm/s)		
		$f \leqslant 10$ Hz	10 Hz $< f \leqslant 50$ Hz	$f > 50$ Hz
1	土窑洞、土坯房、毛石房屋	0.15～0.45	0.45～0.9	0.9～1.5
2	一般民用建筑物	1.5～2.0	2.0～2.5	2.5～3.0
3	工业和商业建筑物	2.5～3.5	3.5～4.5	4.2～5.0
4	一般古建筑与古迹	0.1～0.2	0.2～0.3	0.3～0.5
5	运行中的水电站及发电厂中心控制室设备	0.5～0.6	0.6～0.7	0.7～0.9
6	水工隧洞	7～8	8～10	10～15
7	交通隧道	10～12	12～15	15～20
8	矿山巷道	15～18	18～25	20～30
9	永久性岩石高边坡	5～9	8～12	10～15
10	新较大体积混凝土(C20) 龄期：初凝～3 d 龄期：3～7 d 龄期：7～28 d	1.5～2.0 3.0～4.0 7.0～8.0	2.0～2.5 4.0～5.0 8.0～10.0	2.5～3.0 5.0～7.0 10.0～12.0

爆破震动监测应同时测定质点振动相互垂直的三个分量。

注：① 表中质点振动速度为三个分量中的最大值，振动频率为主振频率；

② 频率范围根据现场实测波形确定或按如下数据选取：硐室 f 小于 20 Hz，露天深孔爆破 f 在 10～60 Hz 之间，露天浅孔爆破 f 在 40～100 Hz 之间；地下深孔爆破 f 在 30～100 Hz 之间，地下浅孔爆破 f 在 60～300 Hz 之间。

当设计药量大于 Q_{max} 而又没有其他可靠的降振措施时，就必须采用分次爆破来控制一次爆破的最大用药量。

(2) 采用延时爆破，合理安排起爆顺序。理论与实践表明，延时爆破比齐发爆破具有明显的降振效果，但在井下有瓦斯与煤尘爆炸危险的工作面爆破时，从起爆到最后一段的延期时间不得超过 130 ms。

不同的起爆顺序，主振方向不同，如排间起爆时，主振方向为排间方向，因此应根据爆破环境合理安排起爆顺序。

(3) 开挖减振沟槽或采用预裂爆破。在爆破体周围合理位置的土体中开挖一定宽度(以便于施工为原则)和深度(超过药包底部 20～30 cm)的减振沟槽，或在主爆区边界钻凿一定深度、间距和孔径的单排或多排隔振孔，可以降低爆破震动的破坏性。矿山爆破一般采用预裂爆破降低爆破震动效应。作为预裂爆破用的孔、缝和沟，应注意防止充水，否则降振效果将大大降低。

(4) 采用空气间隔装药结构或使用做功能力低、爆速低的炸药。根据爆破工程类别，采用适宜的空气间隔、不耦合、垫层装药结构或使用做功能力低、爆速低的炸药均可达到降振的目的。

(二) 爆破空气冲击波效应及防护

炸药在空气中爆炸时，爆炸产物高速向空中膨胀，使周围空气受压缩，形成压力很高的冲击波，这种冲击波称为爆破空气冲击波。

1. 爆破空气冲击波安全距离计算

爆破空气冲击波对物体的破坏和对人体的伤害主要取决于空气冲击波的超压值。目前，尚未有公认的对井下爆破空气冲击波超压的计算公式，但空气冲击波的强度显然取决于一次爆破的装药量、传播距离、起爆方法和封泥质量。在封泥质量良好的情况下，可以这样确定：

(1) 地表裸露爆破大块时，一次爆破的炸药量不应大于 20 kg，应按下式确定躲避物爆破空气冲击波最小安全距离：

$$R_k = 25Q^{1/3} \tag{6-6}$$

式中 R_k——作业人员爆破空气冲击波最小允许距离，m；

Q——一次爆破的炸药量，秒延时爆破取最大分段药量计算，毫秒延时爆破按一次爆破的总药量计算，kg。

(2) 地表大药量爆破加工时，应核算不同保护对象所承受的空气冲击波超压值，并确定相应的安全距离。在平坦地形条件下爆破时，超压的计算式为：

$$\Delta p = 14(Q/R^3) + 4.3(Q^{2/3}/R^2) + 1.1(Q^{1/3}/R) \tag{6-7}$$

式中 Δp——爆破空气冲击波超压值，10^5 Pa；

Q——一次爆破的梯恩梯炸药当量，秒延时爆破为最大一段药量，毫秒延时爆破为总药量，kg；

R——装药至保护对象的距离，m。

爆破空气冲击波的安全超压标准：对人员为 0.02×10^3 Pa。

爆破空气冲击波安全允许距离，应根据保护对象、所用炸药品种、地形和气象条件由设计确定。

(3) 爆破作用指数 $n<3$ 的爆破作业，对人员和其他保护对象的防护，应首先考虑个别飞散物和爆破地震安全允许距离。

(4) 井下爆破时，对人员和其他保护对象的爆破空气冲击波安全允许距离由设计确定。一般按能量计算，即将实际装药量 Q 转变为爆破产生空气冲击波的裸露药包炸药量 Q'，然后以 Q' 计算超压：

$$Q' = \eta Q \tag{6-8}$$

式中 Q'——裸露药包炸药量；

η——转换系数，深孔爆破时 $\eta=0.08\sim0.12$，浅孔爆破时 $\eta=0.05\sim0.10$。

表 6-4 列出了空气冲击波在不同超压作用下对巷道内设施的破坏情况。

表 6-4 巷道内冲击波超压和破坏情况对照表

结构类型		$\Delta p/10^5$ Pa	破坏点
25 cm 厚的钢筋混凝土墙		2.80～3.50	强烈变形，混凝土脱落，出现大裂缝
24～37cm 厚的混凝土墙		0.49～0.56	强烈变形，混凝土脱落，出现大裂缝
24～36 cm 厚的砖墙		0.14～0.21	出现裂缝，遭到破坏
直径为 14～16 cm 的圆木支撑		0.10～0.13	因弯曲而破坏
1 t 重的设备（通风机、电耙）		0.40～0.60	翻倒、破坏、脱离基础
机车	车尾朝爆破中心	1.40～1.70	脱轨、车厢变形
	倾向朝爆破中心	0.40～0.75	脱轨、车厢变形
提升机械		1.40～2.50	翻倒、部分变形、零件损坏
风管		0.15～0.35	因支撑折断而变形
电线		0.35～0.42	折断

2. 爆破空气冲击波的安全防护

为了确保人员和建筑物的安全，爆破作业时，必须对空气冲击波加以控制，使之低于允许的超压值。爆破空气冲击波产生的根源主要是裸露药包爆破或炮孔、装药位置不当及封泥质量不好，因此如果要从根本上消除空气冲击波的危害，应避免裸露爆破。煤矿井下严禁裸露药包爆破，其他爆破类别如果作业条件不能满足装药量和爆破空气冲击波安全距离的要求，可采用以下技术措施对爆破空气冲击波进行安全防护：

(1) 煤矿井下严禁使用非煤矿许用雷管起爆网路。

(2) 控制一次起爆药量。从空间、时间上将总装药量平均分配到各个爆破部位，防止产生强烈的冲击波。

(3) 优化爆破参数，选择适宜的装药结构。合理控制最下抵抗线大小和方向，选择空气间隔、不耦合装药结构，确保封泥长度和质量，以有效控制空气冲击波的产生。

(4) 在爆破区附近采用薄膜水袋阻波墙既可削弱冲击波又可降尘，还可稀释有毒有害气体浓度。

(三) 爆破飞散物及防护

1. 爆破飞散物的产生和危害

在工程爆破中，个别飞散物由于获得较大的能量常常会飞得较远，因其飞散方向和距离难以准确预测，往往给爆破地点附近人员和设备等安全造成严重威胁。根据矿山爆破事故的统计，爆破飞散物伤人事故占整个爆破事故的27%，因此，必须对爆破个别飞散物的危害予以高度重视。

2. 爆破飞散物的防护

爆破飞散物的安全防护必须从爆破设计、施工以及主动防护三方面入手，具体措施为：

(1) 选择并确定合理的爆破参数。合理的装药量、最小抵抗线大小与方向、封泥长度、起爆顺序与时差，以及爆炸作用指数是控制爆破个别飞散物的主要参数。过大的装药量、爆炸作用指数，过小的最小抵抗线和封泥长度均可导致爆破飞散物的飞散距离较远。

(2) 选择适宜的炸药及其装药结构。在满足工程要求基础上，选用做功能力低、爆速低的炸药，采用不耦合装药结构、反向起爆等技术有利于控制爆破飞散物。

(3) 做好地质、地形勘测工作，合理确定炮孔位置，严防将炮孔布置在软弱地质破碎带。

(4) 严格控制封泥质量。爆破施工中，既要保证一定的封泥长度，又要保障封泥密实，还要严防封泥中夹杂碎石。

(5) 在复杂环境条件下需严格控制爆破个别飞散物时，必须采取主动防护措施，对人员可设置掩体，以设防个别飞散物。

（四）爆破有害气体及防护

炸药爆炸生成的气体产物中，CO和氮的氧化物都是有害气体。炸药内含硫或硫化物，炸药在含硫矿床中爆破作业时，还会生成 H_2S、SO_2 等有害气体。人体吸入上述有害气体后轻则中毒，重则死亡，俗称炮烟中毒。某些有害气体对煤矿井下瓦斯起催爆作用(如 H_2S)，或引起二次火焰(如CO)。因此，研究爆破产生的有毒气体，尽量降低其危害，对保障施工人员的身心健康有现实意义。

1. 爆破有害气体的产生

首先，一般而言，爆破有害气体产生主要与炸药的氧平衡有关。其次，起爆药卷的类型和做功能力、炸药加工质量和使用条件(如装药密度、炮眼直径、炮眼内的水和岩粉等)对有害气体的产生也有一定的影响。

正氧平衡过大的炸药爆炸时，过剩的氧将使氮元素氧化成氧化氮(NO_2、N_2O_5)；负氧平衡过大的炸药爆炸时，由于氧不足，碳原子不能完全氧化，因而生成较多的一氧化碳(CO)。

通常用CO表示爆破有害气体的总量，其他气体在折算成CO气体量时，须根据其毒性乘以折算系数，其中 N_nO_m 的折算系数为6.5；SO_2、H_2S 的折算系数为2.5。

一般来说，起爆能量越大，生成的有毒气体越少；相反，如起爆条件不好，炸药爆轰不完全或炸药发生爆燃等将会产生较多的 NO_2。炸药的加工质量对有害气体的生成也会产生影响。粉碎和混合得较好的混合炸药，爆炸生成的CO和 NO_2 较少。

2. 爆破有害气体的允许浓度

井下爆破产生的有害气体会随风流向井下其他空间扩散，或者滞积在通风不良的巷道、硐室，以及其他独头工作面内，如不及时稀释会对作业人员构成较大威胁。

《煤矿安全规程》规定，井下空气成分必须符合下列要求：① 采掘工作面的进风流中，氧气浓度不低于20%，二氧化碳浓度不超过0.5%。② 有害气体的浓度不超过表6-5规定。

表 6-5 矿井有害气体最高允许浓度

名称	最高允许浓度/%
一氧化碳(CO)	0.002 4
氧化氮(换算成 NO_2)	0.000 25
二氧化硫(SO_2)	0.000 5
硫化氢(H_2S)	0.000 66
氨(NH_3)	0.004

注:甲烷、二氧化碳和氢气的允许浓度按《煤矿安全规程》的有关规定执行。矿井中所有气体的浓度均按体积百分比计算。

《爆破作业规程》规定:地下爆破作业点有害气体的浓度,不应超过表 6-6 的标准。

表 6-6 地下爆破作业点有害气体允许浓度

有害气体名称		CO	N_nO_m	SO_2	H_2S	NH_3
允许浓度	按体积/%	0.002 4	0.000 25	0.000 5	0.000 66	0.004
	按质量/(mg/m^3)	30	5	15	10	30

3. 爆破有害气体的安全防护

工业炸药不良的爆炸反应会生成一定量的 CO、NO、NO_2 等气体。爆破产生的有害气体量除与爆破规模有关外,主要取决于炸药及其化学反应的特性。非零氧平衡炸药或化学反应不完全的炸药产生的有害气体量较大,因此从根本上消除爆破有害气体,就必须提高炸药质量,并确保其产生完全氧化反应。

井下炮烟的扩散受井下通风条件、相邻巷道的分布情况、爆破药量、炸药质量等的影响。为避免炮烟中毒,应采取以下措施:

(1) 掘进工作面停风或风量不足,或局部通风机的风筒口距离掘进工作面太远时,禁止爆破。对于爆破后出现停风或风量不足时,应采取有效措施,增加掘进工作面风量如把风筒漏风处堵住等,将炮烟吹散排出。

(2) 正确选择适合井下条件,并符合质量规定的炸药。

(3) 加强炸药质量管理,定期检验炸药质量,不使用硬化、含水量超标、过期变质的炸药。

(4) 控制一次爆破量,避免产生的炮烟量超过通风能力。

(5) 采掘工作面避免串联通风,回风巷应保证有足够的通风断面,不应在巷道内堆积坑木、煤、矸石等障碍物。

(6) 加强炸药的防水与防潮,保证炸药质量,避免炸药产生不完全的爆炸反应。

(7) 装药时,要清理干净炮眼内的煤、岩粉和水,保证炸药爆炸时的零氧平衡。

(8) 爆破的起爆点必须设在有新鲜风流的巷道或硐室内。爆破时,除警戒人员外其他人员都要在进风巷道内躲避等候;独头掘进巷道内所有人员要远离爆破地点,同时风量要充足。

(9) 加强工作面通风,一切人员必须在炮烟稀释到《煤矿安全规程》及《爆破安全规程》

规定的允许浓度以下时，方可进入工作面。爆破后，爆破工、瓦斯检查工、班组长必须等待工作面通风规定时间后，才能进入工作面检查爆破效果。经检查各项指标符合规定后，其他人员方能进入工作面恢复工作。

(10) 掘进工作面爆破后，待炮烟吹散吹净，作业人员方可进入爆破地点作业。当要通过较高浓度的炮烟区时，要用潮湿的毛巾捂住口鼻，并迅速通过。

(11) 爆破前后，在工作面 20 m 范围内充分洒水，以吸收、溶解有毒气体、煤岩尘，净化空气。如果条件允许，也可洒一定浓度的碱性溶液，如石灰水等，以更好地减少炮烟。

(12) 炮眼封孔时应使用水炮泥，并且封泥的质量和长度符合作业规程的规定以抑制有害气体的生成。

二、爆破作业安全管理要求与检查要点

在井巷施工爆破事故中，不少事故都与起爆有关。因为炸药具有爆炸的可能性，只要外部给以一定的能量，炸药就会瞬间燃爆，产生巨大能量。这些外界能量有热能、摩擦、撞击、雷管起爆能等多种类型。雷管和其他起爆材料的感度又高于工业炸药。设计不合理、操作不善、违反《爆破安全规程》，就可能导致爆破事故的发生。因此，必须按操作规程正确作业，严防爆破事故的发生。

【案例 6-2】 江西省某矿“2·28”爆破事故

1. 事故经过

2021 年 2 月 28 日 15 时，回采一区值班副区长司某清召开进班会，安排 25 名作业人员到 2319B 采煤工作面扩削及搞好文明生产等工作。15 时 10 分至 30 分，跟班副区长蔡某龙、爆破工邹某林、打眼工袁某泉(兼刮板输送机司机)等 5 人没有参加进班会，先行下井到 2319B 采煤工作面进行打眼、装药作业。16 时左右，班长刘某新、刘某亮带领其他作业人员陆续下井，16 时 25 分左右到达 2319B 采煤工作面。班长刘某新、刘某亮与跟班副区长蔡某龙商量后，决定 1 组人在工作面第二部刮板运输机机尾采煤(5 块槽板)、1 组人在中段采煤(7 块槽板)、1 组人在第一部刮板运输机机头采煤(4 块槽板)，其余人员配合作业。17 点左右，蔡某龙在第二部刮板运输机中段安排爆破工邹某林处理老巷口处的工字钢棚腿。19 时 30 分，爆破工邹某林先后在第二部刮板运输机机尾和第一部刮板运输机机头处进行了爆破作业。20 时左右，爆破工邹某林到老巷口处，他要求在第二部刮板运输机作业的班长刘某亮放警戒，不要让人下来，要求第二部刮板运输机司机袁某泉撤到下边。20 时 08 分，邹某林在距离老巷口约 18.5 m 处煤墙侧起爆，炮响之后，紧接着邹某林大喊“救命，我的手断了”。袁某泉躲在邹某林身后约 1 m 处的老塘侧，听到呼救后，立即过去，看到邹新林右手臂已断，流了很多血，就赶紧跑下去叫人。跟班副区长蔡某龙和班长刘某新等人赶到后，发现邹某林右臂断了，下腹部受伤，就立即用绳子绑住邹某林右上臂止血，同时安排刘某新向调度室汇报。20 时 10 分，刘某新打电话向调度室汇报事故情况，请求派救护队下井救援，随后找来担架，和蔡某龙等人一起抬邹某林升井。21 时 10 分，邹某林被护送到副井口，此时还能说话、有意识，120 急救中心医师对其进行了检查和紧急处理，随即送往丰城市人民医院，21 时 35 分到达，经检查，邹某林右肘部离断，颈部有一裂口，右下腹部有一大裂口，可见肠外漏。经抢救无效，于 22 时 07 分确认死亡。

2. 事故原因

(1) 事故直接原因

2319B采煤工作面爆破处理工字钢棚腿时，炸飞的碎钢片反弹击中邹某林，致其受伤死亡。

(2) 事故间接原因

① 违章作业。爆破工违章裸露爆破处理工字钢棚腿，且起爆点距爆破点只有18.5 m，安全距离不够。

② 现场工作安排随意。跟班副区长安排爆破工处理工字钢棚腿时，未明确工作流程及要求，也未交代安全注意事项。

③ 矿井安全管理松懈。一是落实停产整改要求不到位，事故当天矿长在早调会上要求2319B采煤工作面停产整改，实际未严格落实，而是以扩削名义进行了采煤。二是执行爆破作业相关制度不严，事故当天早、中班爆破工冒签值班工区干部姓名领取火工品，事故当班爆破未执行“一炮三检”和“三人连锁爆破”制度。

④ 技术管理不到位。贯彻落实2319B工作面二部刮板输送机过老巷安全技术措施不到位，措施在流转中遗失，回采一区干部职工事故前均不知道有此措施。

⑤ 安全教育培训效果差。一是组织开展职工安全思想教育工作不到位，职工安全意识淡薄，自主保安意识差。二是安全技术培训针对性不强，效果差，事故当天爆破工、瓦斯检查工、班组长等人未掌握本岗位的基本安全知识。

事故后对爆破作业的认知：

煤矿企业必须严格执行火工品的领用审核程序，严格落实火工品入库、保管、发放、运输、清退等管理制度，火工品必须由专人领取并如实编号登记，严禁违规管理和发放火工品。井下爆破作业必须严格执行“一炮三检”和“三人连锁爆破”制度。爆破作业必须由专职爆破工执行，严禁无证人员从事爆破作业。爆破前要按规定设置警戒，且工作面所有人员必须撤离警戒区域。严禁用煤粉、块状材料或者其他可燃性材料封堵炮眼，严禁裸露爆破。

因此，在井下爆破作业必须严格按照相关操作标准，规范作业。

(一) 爆破作业的基本要求

井下爆破工作必须由专职爆破工担任。突出煤层采掘工作面爆破工作必须由固定的专职爆破工担任。

爆破说明书是采掘作业规程的主要内容之一，是爆破作业贯彻《煤矿安全规程》的具体体现，是爆破工进行爆破作业的依据。《煤矿安全规程》第348条规定：爆破作业必须编制爆破作业说明书，钻眼、爆破人员必须依照说明书进行作业。

爆破作业必须执行“一炮三检”和“三人连锁爆破”制度。“一炮三检”指在采掘工作面装药前、爆破前和爆破后爆破工、班组长和瓦斯检查工都必须在现场，由瓦斯检查工检查瓦斯，爆破地点附近20 m以内风流中瓦斯浓度达到1%时，不准装药、爆破；爆破后瓦斯浓度达到1%时，必须立即处理，并不准用电钻打眼。“三人连锁爆破”指爆破时，爆破工、班组长、瓦斯检查工都必须在现场。爆破工装好药，检查线路无误后，将自己携带的“警戒牌”交给班组长；班组长接到警戒牌后，检查顶板、支架、设备等情况，无问题后，安排专人警戒，然后将自己携带的“爆破命令牌”交给瓦斯检查工；瓦斯检查工接到爆破命令牌后，检查工作面瓦斯、煤尘、通风等情况，合格后将自己携带的“爆破牌”交给爆破工；爆破工接到爆破牌后发出爆破工警示开始爆破。爆破结束后三牌各归原主。“三人连锁爆破”制示意图参考图 6-5。

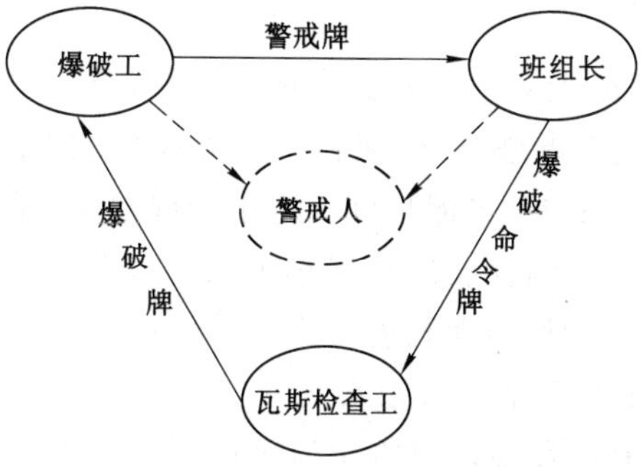

图 6-5　“三人连锁爆破”制示意图

（二）爆破作业的安全管理

爆破作业的主要工序有准备（领取工具和爆炸物品—运送爆炸物品—装配起爆药卷和存放）—检查瓦斯—爆破操作（装药—封孔—设警戒—连线—起爆—炮后检验—撤警戒）—收尾工作。

1. 安全领取爆炸物品

爆破工在领取爆炸物品时，必须遵守下列规定：

（1）不论在井上还是在井下，爆破工接触爆炸物品时，必须穿棉布或抗静电衣服。

（2）领取的爆炸物品必须符合国家规定质量标准和使用条件；井下爆破作业，必须使用煤矿许用炸药和煤矿许用雷管。

（3）爆破工携带“爆破资格证”和班组长签章的爆破工作指示单到爆炸物品库领取爆炸物品。

（4）领取爆炸物品时，必须当面检查品种、规格和数量，并从外观上检查其质量。

2. 安全选取装配起爆药卷地点

装配起爆药卷必须在顶板完好、支架完整、避开电气设备和导电体的爆破工作地点附近进行。严禁坐在爆炸物品箱上装配起爆药卷。

3. 安全装配起爆药卷

（1）了解炮眼布置情况。爆破工应了解炮眼布置情况，然后装配起爆药卷。

（2）从成束雷管中抽出单个雷管。从成束的电雷管中抽取单个电雷管时，不得手拉脚线硬拽管体，也不得手拉管体硬拽脚线，应将成束的电雷管顺好，拉住前端脚线将电雷管抽出。

（3）药卷扎眼装配：电雷管必须由药卷的顶部装入，严禁用电雷管代替竹、木棍扎眼。

4. 安全装药程序

（1）清孔。装药前，首先将等待装药的炮眼用掏勺或压缩空气吹眼器清除净炮眼内的煤、岩粉和积水，以防煤、岩粉堵塞炮眼。

（2）验孔。炮眼清理后，再用炮棍检查炮眼的深度、角度、方向和炮眼内部情况。

（3）装药方法。爆破工必须按作业规程、爆破说明书规定的各号炮眼的装药量、起爆方式进行装药。

(4) 封孔。装填炮泥时，要一只手拉住雷管脚线，使脚线紧贴炮眼侧壁；另一只手装填炮泥。最初填塞的炮泥应慢慢用力，轻捣压实；以后各段炮泥须依次用力一一捣实。

5. 安全封泥要求

(1) 炮眼深度小于 0.6 m 时，不得装药、爆破；在特殊条件下，如挖底、刷帮、挑顶确需进行炮眼深度小于 0.6 m 的浅孔爆破时，必须制定安全措施并封满炮泥。

(2) 炮眼深度为 0.6～1 m 时，封泥长度不得小于炮眼深度的 1/2。

(3) 炮眼深度超过 1 m 时，封泥长度不得小于 0.5 m。

(4) 炮眼深度超过 2.5 m 时，封泥长度不得小于 1 m。

(5) 深孔爆破时，封泥长度不得小于孔深的 1/3。

(6) 光面爆破时，周边光面爆破炮眼应用炮泥封实，且封泥长度不得小于 0.3 m。

(7) 工作面有 2 个及以上自由面时，在煤层中最小抵抗线不得小于 0.5 m，在岩层中最小抵抗线不得小于 0.3 m。浅孔装药爆破大块岩石时，最小抵抗线和封泥长度都不得小于 0.3 m。

6. 安全连接网路

(1) 连线前，必须认真检查爆破工作面的瓦斯浓度、顶板、两帮、工作面煤壁及支架情况，确认安全后方可进行连线。

(2) 脚线的连接工作可由经过专门训练的班组长协助爆破工进行。

(3) 连线时，脚线之间、脚线与连接线之间的接头必须扭紧，不得虚接，并要悬空；不得与任何物体相接触。

7. 安全起爆

(1) 爆破前，爆破工必须把爆炸物品箱放到警戒线以外，做好爆破准备。

(2) 爆破工在检查连线工作无误后，通知班组长布置警戒。

(3) 班组长必须清点人数，确认无误后，瓦斯检查工对爆破地点附近 20 m 内风流中瓦斯进行检查，瓦斯浓度在 1%以下、煤尘符合规定后，方准下达起爆命令。

(4) 爆破工接到爆破命令后，将爆破母线与连接线(或脚线)进行连接。

(5) 若网路正常，必须先发出爆破警号，高喊数声“爆破”或鸣笛数声，至少再等 5 s，方可起爆。

(6) 爆破后，爆破工必须立即取下发爆器把手或钥匙，并把爆破母线从发爆器电源上摘下，扭结成短路。

8. 爆破后安全巡检

(1) 爆破后，待工作面的炮烟被吹散，爆破工、瓦斯检查工和班组长必须首先巡视爆破地点，检查通风、瓦斯、煤尘、顶板、支架、拒爆、残爆等情况。发现情况，必须立即处理。

(2) 验炮后，工作面无拒爆、残爆，爆破工作完成。

(3) 处理拒爆。通电以后拒爆时，爆破工必须先取下把手或者钥匙，并将爆破母线从电源上摘下，扭结成短路；再等待一定时间(使用瞬发电雷管，至少等待 5 min；使用延期电雷管，至少等待 15 min)，才可沿线路检查，找出拒爆的原因。处理拒爆、残爆时，应当在班组长指导下进行，并在当班处理完毕。如果当班未能完成处理工作，当班爆破工必须在现场向下一班爆破工交接清楚。

第三节　爆炸物品储存、运输、使用的安全管理

一、爆炸物品的安全储存

爆炸物品库分为矿区总库和地面总库。总库专对地面分库或井下爆炸物品库供应炸药，禁止从总库将炸药直接发给爆破工。

各种级别的爆炸物品库，其具体位置、布局、结构和设施必须经由主管部门批准，并经当地县(市)公安机关许可。

库房周围 40 m 内一切针叶树、枯草、干枝等易燃物应清除掉。在药库地区禁止点火、吸烟。不准带火柴、点火用具、易燃易爆品进入库房。

为了能及时消灭可能发生的火灾，必须备有足够数量的消防器材。消防用储水池和消防水管，应该经常检查，使之保持良好状态。储水池的水量必须充足。天冷时，要防止易冻的消防器材冻结。

不同性质的炸药必须分别贮存。因为不同性质的炸药的感度和安定性不一样，贮存它们的危险程度也不同。假如不同性质的炸药贮存在一起，感度低、安定性高的炸药的危险性就会增大。各种炸药能不能贮存在同一个库房里，需按下列规定分别确定：

(1) 雷管和导火索可以贮存在同一个库。

(2) 黑火药和导火索可贮存在同一个库。

(3) 导火索、导爆索和硝酸铵类炸药可以贮存在同一个库。

(4) 硝化甘油类炸药、硝酸铵类炸药、黑火药和雷管，任何两种都不准贮存在同一个库房里。

(5) 雷管、黑火药、导爆索和硝化甘油类炸药，任何两种都不准贮存在同一个库房。

(6) 硝化甘油类炸药和导火索不准贮存在同一个库房里。

允许同库贮存的爆炸物品，不得存放任何氧化剂、可燃物、酸、碱、盐、溶剂、汽油，以及能产生火星的金属及工具等无关物品。

库房里的空气应保持干燥。如果库外的湿度大于库内的湿度，应该将库房的门窗关严；如果库外湿度小于库内湿度，可打开库房的门窗通风。

二、爆炸物品的安全运输

爆炸物品的运输包括从地面运输到用户单位或爆破物品库，以及把爆炸物品运输到爆破现场(包括井下运输)。

(一) 地面运输爆炸物品

在运输爆炸物品时要注意：

硝化甘油类炸药、硝酸铵类炸药、黑火药和雷管，任何两种都不准一同运输。硝化甘油类炸药和导火索不准一同运输。

运输爆炸物品的路线必须取得当地公安部门的同意，除非在途中临时遇到火灾或某些障碍不能或不易通过时，不得随意改变路线。运输爆炸物品的车辆，不准无关人员乘坐，不准装运其他物品(包括汽车备用燃料)，不准在人多的地方和交叉路口停留。

运输硝化甘油类炸药，要注意防冻的有关规定。已冻结或半冻结的硝化甘油类炸药禁止运输，因为轻微的摩擦、震动就会引起爆炸事故。

（二）井筒内运送爆炸物品必须遵守的规定

1. 井筒内运送爆炸物品规定

《煤矿安全规程》第339条规定，在井筒内运送爆炸物品时，应当遵守下列规定：

(1) 电雷管和炸药必须分开运送；但在开凿或延深井筒时的装配起爆药卷工作，必须在地面专用的房间内进行。专用房间距井筒、厂房、建筑物和主要通路的安全距离必须符合国家有关规定，且距离井筒不得小于50 m。严禁将起爆药卷与炸药装在同一爆炸物品容器内运往井底工作面。

(2) 必须事先通知绞车司机和井上、下把钩工。

(3) 运送电雷管时，罐笼内只准放置1层爆炸物品箱，不得滑动。运送炸药时，爆炸物品箱堆放的高度不得超过罐笼高度的2/3。采用将装有炸药或者电雷管的车辆直接推入罐笼内运送时，车辆必须符合《煤矿安全规程》的下述规定，即：电雷管必须装在专用的、带盖的、有木质隔板的车厢内，车厢内部应铺有胶皮或麻袋等软质垫层，并只准放置1层爆炸物品箱。炸药箱可以装在矿车内，但堆放高度不得超过矿车上缘。运输炸药、电雷管的矿车或者车厢必须有专门的警示标识。

(4) 在装有爆炸物品的罐笼或吊桶内，除爆破工或护送人员外，不得有其他人员。

(5) 罐笼升降速度，运送电雷管时，不得超过2 m/s；运送其他类爆炸物品时，不得超过4 m/s。吊桶升降速度，不论运送何种爆炸物品，都不得超过1 m/s。司机在启动和停止绞车时，应当保证罐笼或吊桶不震动。

(6) 在交接班、人员上下井的时间内，严禁运送爆炸物品。

(7) 禁止将爆炸物品存放在井口房、井底车场或其他巷道内。

2. 其他要求

除遵守上述规定外，同罐运送爆炸物品，还应遵守国家《爆破安全规程》的有关规定：

(1) 电雷管、导爆索、导爆管和硝化甘油类炸药任何两种都不准同罐运送。

(2) 乳化炸药同硝铵类炸药、硝化甘油类炸药、水胶炸药、雷管、导爆索等任何一种都不准同罐运送。

（三）井下用机车运送爆炸物品时的规定

1.《煤矿安全规程》井下用机车运送爆炸物品规定

《煤矿安全规程》规定，井下用机车运送爆炸物品时，应遵守下列规定：

(1) 炸药和电雷管在同一列车内运输时，装有炸药与装有电雷管的车辆之间，以及装有炸药或者电雷管的车辆与机车之间，必须用空车分别隔开，隔开长度不得小于3 m。

(2) 电雷管必须装在专用的、带盖的、有木质隔板的车厢内，车厢内部应铺有胶皮或者麻袋等软质垫层，并只准放置1层爆炸物品箱。炸药箱可以装在矿车内，但堆放高度不得超过矿车上缘。运输炸药、电雷管的矿车或者车厢必须有专门的警示标识。

(3) 爆炸物品必须由井下爆炸物品库负责人或者经过专门训练的人员专人护送。跟车人员、护送人员和装卸人员应坐在尾车内，严禁其他人员乘车。

(4) 列车的行驶速度不得超过2 m/s。

(5) 装有爆炸物品的列车不得同时运送其他物品。

2. 其他要求

用电机车运送爆炸物品时,除遵守上述规定外,对照国家《爆破安全规程》有关“用电机车运送爆破器材”的规定,还应遵守下列规定:

(1) 列车前后设“危险”标志。

(2) 用架线电机车运输爆破器材,装卸时机车应停电。

(3) 运输电雷管时,应采取可靠的绝缘措施。

【案例 6-3】 炸药同电雷管混装引发重大炸药爆炸事故

2018 年 6 月 5 日,本溪市某矿基建期间,措施井井口发生炸药爆炸事故,造成 12 人死亡、2 人失踪、10 人受伤(含井下受伤 1 人)。在措施井地面井口处,准备用主提升吊桶向井下转运炸药时,工人将一塑料袋雷管扔进装有炸药的吊桶内,雷管与吊桶内壁发生碰撞,产生的机械能超过了雷管的机械感度,导致雷管爆炸,进而引发炸药爆炸。

(四) 用钢丝绳牵引的车辆运送爆炸物品时的规定

《煤矿安全规程》第 341 条规定:水平巷道和倾斜巷道内有可靠的信号装置时,可以用钢丝绳牵引的车辆运送爆炸物品,炸药和电雷管必须分开运输,运输速度不得超过 1 m/s。运输电雷管的车辆必须加盖、加垫,车厢内以软质垫物塞紧,防止震动和撞击。

严禁用刮板输送机、带式输送机等运输爆炸物品。

【案例 6-4】 串车运送电雷管,机车脱轨事故引发煤尘爆炸事故

1990 年 11 月 29 日,四川省某煤矿一号井用串车运送 5 000 发电雷管时,由于运输速度过快,加上轨道质量差,当串车运行至斜巷中部时,装运雷管的机车突然脱轨,雷管发生爆炸,相继引起斜巷内的煤尘爆炸。爆炸后的冲击波及高温烟流迅速波及上部车场及绞车房,造成 15 人死亡、10 余人中毒的重大事故。

(五) 人力运送爆炸物品时的规定

由爆炸物品库或爆炸物品发放硐室(站)直接向工作地点用人力运送爆炸物品,是井下最常用的运送方法。

1.《煤矿安全规程》中人力运送爆炸物品规定

《煤矿安全规程》第 342 条规定,由爆炸物品库直接向工作地点用人力运送爆炸物品时,应当遵守下列规定:

(1) 电雷管必须由爆破工亲自运送,炸药应当由爆破工或者在爆破工监护下运送。

(2) 爆炸物品必须装在耐压和抗撞、防震、防静电的非金属容器内,不得将电雷管和炸药混装。严禁将爆炸物品装在衣袋内。领到爆炸物品后,应直接送到工作地点,严禁中途逗留。

(3) 携带爆炸物品上、下井时,在每层罐笼内搭乘的携带爆炸物品的人员不得超过 4 人,其他人员不得同罐上下。

(4) 在交接班、人员上下井的时间内,严禁携带爆炸物品人员沿井筒上下。

2. 其他要求

用人力运送爆炸物品时,除必须遵守上述规定外,还必须遵守国家《爆破安全规程》下列有关规定:

(1) 不应提前班次领取爆破器材,不得携带爆破器材在人群聚集的地方停留。

(2) 一人一次运送的爆破器材数量不得超过:雷管 1 000 发;拆箱(袋)搬运炸药 20 kg;背运原包装炸药 1 箱(袋);调运原包装炸药 2 箱(袋)。

(3) 运送人员在井下应随身携带完好的矿用灯具。

煤矿井下爆破工若使用软帆布袋或绳子捆扎运送炸药,容易引起药卷破损、变形,特别是对药态较软的含水炸药更容易发生这种情况。破损、变形的药卷直径不均匀,也难以保证药卷连接良好,这种情况易造成爆轰不稳定,引起爆燃或拒爆。

(六) 运送爆炸物品时常见安全事故

(1) 爆破工携带爆炸物品行走中,没有把爆炸物品装在规定的耐压和抗撞、防震、防静电的非金属容器内,而是装在衣袋里或炸药和雷管混装在一起,使雷管受到挤压、撞击、摩擦或与电缆、轨道、金属导体等接触,导致雷管、炸药爆炸。

(2) 单人运送爆炸物品的重量超过有关规定,运送人员疲劳过度,且搬运爆炸物品时未轻拿轻放,而是乱扔乱放导致雷管、炸药爆炸。

(3) 雷管由非爆破工运送,导致运送人员不懂运送要求而发生雷管爆炸事故。

(4) 携带爆炸物品上、下罐时,不乘专罐,并且人员拥挤,挤响雷管。

(5) 机车运送、斜巷矿车运送爆炸物品时,未按《煤矿安全规程》规定,使爆炸物品受到挤压或震动过大,或用带式输送机、刮板输送机运送爆炸物品,引起雷管、炸药爆炸。

(6) 人力运送时,不注意来往车辆,被车辆碰伤或撞响爆炸物品。

(7) 运送爆炸物品时,粗心大意,或乱扔乱放,造成爆炸物品丢失。

三、爆炸物品的安全使用

领退、运送爆炸物品是爆破工作的一个重要环节,《煤矿安全规程》规定,煤矿企业必须建立爆炸物品领退制度、电雷管编号制度和爆炸物品丢失处理办法。电雷管(包括清退入库的电雷管)在发给爆破工前,必须用电雷管检测仪逐个做全电阻检查,并将脚线扭结成短路。严禁发放电阻不合格的电雷管。煤矿企业必须按《民用爆炸物品管理条例》的规定,建立爆炸物品销毁制度。与此同时,还对井下爆炸物品的运送做了明确的规定。因此,爆破工必须遵守《煤矿安全规程》和《爆破作业规程》的有关要求和规定,保证领退、运送爆炸物品过程安全。

(一) 装配起爆药卷

装配起爆药卷(引药)就是把电雷管装进药卷,形成起爆药卷。必须符合下列条件:

(1)《煤矿安全规程》规定,装配起爆药卷必须在顶板完好、支架完整、避开电气设备和导电体的爆破工作地点附近进行。严禁坐在爆炸物品箱上装配起爆药卷。

(2) 只准爆破工装配起爆药卷,不得由其他人代替。

(3) 装配起爆药卷时,必须防止电雷管受震动、冲击、折断脚线或损坏脚线绝缘层。

(4) 一个起爆药卷内只准插放一个电雷管。

1. 装配起爆药卷的操作方法

装配起爆药卷时,电雷管只许由药卷的顶部(非聚能穴端)装入,装入的方法有两种:

(1) 药卷扎眼装配

先将药卷顶部揉软，再用一根略大于电雷管直径的尖头木棍或竹棍，在药卷顶端中心垂直扎一孔眼，将电雷管全部插入孔眼中，然后用电雷管脚线在药卷上套一个扣，剩余脚线全部缠绕药卷，以便把电雷管固定在药卷内，并把电雷管脚线末端扭结短路。

(2) 启开药卷封口装配

先用手将药卷揉搓松软，再打开药卷顶部封口，用木竹棍在药卷顶端中心扎略大于雷管直径的孔眼，再将电雷管全部装入药卷，用雷管脚线把封口扎牢，同时把电雷管脚线末端扭结成短路，不得用电雷管代替竹、木棍扎眼；电雷管必须全部插入药卷内；严禁将电雷管从侧面斜插入药卷或捆在药卷上。

在现场装配起爆药卷操作中，有的爆破工为了图省事，怕麻烦，采用不正确的装配方法，不仅不利于正常地引爆药卷，还有可能会使炸药的爆速和传爆性能降低，甚至有可能产生爆燃和拒爆。

2. 起爆药卷数目的确定

起爆药卷的数量应以当时爆破工作面的需要数量为限，用多少装配多少。

3. 起爆药卷的保存

爆破工必须把炸药、电雷管分开存放在专用的爆炸物品箱内。装配好的起爆药卷也要整齐摆放在容器内，点清数，并加锁；严禁乱扔乱放。爆炸物品箱必须放在顶板完好、支架完整，且避开机械、电气设备的地点。爆破时，必须把爆炸物品箱放到警戒线以外的安全地点。

(二) 安全装药事项

1. 安全装药条件要求

爆破工在装药之前，必须与班组长、瓦斯检查工对装药工作面附近及炮眼等进行全面检查，对所查出的问题应及时处理，有下列情况之一时，严禁装药：

(1) 采掘工作面的控顶距离不符合作业规程的规定，或者支架有损坏，或者伞檐超过规定；采煤工作面炮道宽度不符合作业规程规定；采掘工作面上下出口支护状态不好。

(2) 装药前未检查瓦斯，或装药地点附近 20 m 以内风流中瓦斯浓度达到 1%。

(3) 在装药地点 20 m 以内，矿车、未清除的煤矸或其他物体堵塞巷道断面 1/3 以上。

(4) 炮眼内发现异状、有显著瓦斯涌出、煤岩松散、温度骤高骤低、透老空等情况。

(5) 采掘工作面风量不足，风向不稳，或风筒末端距掘进工作面的距离超过作业规程规定，循环风未处理好以前。

(6) 炮眼内煤、岩粉没有清除干净。

(7) 炮眼深度与最小抵抗线小于《煤矿安全规程》规定。

(8) 发现炮眼缩小、坍塌或有裂缝。

(9) 装药安全警戒范围内，正在打眼、装岩。

(10) 没有合乎质量和满足数量要求的黏土炮泥和水炮泥。

(11) 有冒顶、透水、瓦斯突出预兆，过断层、冒顶区无安全措施，以及发现拒爆未处理时。

2. 装药时的安全注意事项

(1) 装药时，必须注意起爆药卷的方向，不得装“盖药”“垫药”或采用其他不合理的装药结构；不得使起爆药卷爆炸后产生的爆轰波方向与药卷排列方向相反。

在现场把正向起爆药卷以外的药卷称为盖药；把反向起爆药卷以里的药卷称为垫药。

根据试验结果，垫药和盖药在大部分情况下不传爆。这是由于爆轰的传播是有方向性的。他总是以电雷管为起点，顺着电雷管起爆的方向，沿着药柱向前传播。在一般情况下，相反的方向，得不到足以激发炸药的能量，导致盖药、垫药的拒爆。即使个别传爆，也达不到炸药的正常爆速。

(2) 不得装错电雷管的段数。

对于这样的要求，一是从安全角度来考虑；二是从爆破效果来考虑。

如果装错雷管延期段数，应先爆的未爆，应后爆的却先爆了。原定后爆的炮眼，是按2～3个自由面装的药量，由于提前起爆，结果只有一个自由面，抵抗线太大，必然造成放空炮(打洞)，无法使工作面形成有效的爆破效果。一方面影响作业进度和工程质量，另一方面容易引爆瓦斯和煤尘。

因此，爆破工必须按爆破说明书规定的雷管段数进行装药，防止装错。

(3) 一个炮眼内不得装两个起爆药卷。

严格说来，雷管起爆的时间是很难达到一致的，一般都有一定的时间差。不同段的雷管在设计上就有时间差，即使同一厂家同一批产品，其同一段的雷管也有一定的误差值。例如3段毫秒延期雷管的秒量为50±10 ms，即秒量在40～60 ms之间都属于同一段雷管，如果把秒量差别较大的雷管装在同一个炮眼里，眼底的雷管秒量小先爆，中间的电雷管因秒量大而后起爆，先爆的炸药冲击波将外部的起爆药卷抛在自由面外边爆炸，就有可能引爆瓦斯、煤尘，同时，后爆的炸药也无法起到作用而影响爆破效果。因此，井下爆破装药时，一个炮眼内不得装两个起爆药卷。

(4) 坍塌、变形、有裂缝或用过的炮眼不准装药。

坍塌、变形、有裂缝或用过的炮眼都不完整，装药时容易将药卷卡住，不是装不到底，就是互不衔接，而且还容易把起爆药卷的电雷管拽出，或将药卷包皮刮破。由于眼壁不规整，炮泥充填不易达到要求。炮眼的裂缝泄漏爆生气体，容易引燃瓦斯和煤尘。这不仅收不到预期的爆破效果，而且不利于安全。

(5) 装药时要清除炮眼内的煤、岩粉，并使药卷彼此密接。

炮眼内存有煤、岩粉，容易发生瓦斯爆炸事故或爆破事故。原因是：第一，炮眼内的煤、岩粉使装入炮眼的药卷不能装到眼底，或者药卷之间不能密接，影响爆炸能量的传播，以致造成残爆、拒爆和爆燃，并留下残眼。第二，煤粉是可燃物质，极易被爆炸火焰燃烧，喷出孔外，有点燃瓦斯、煤尘的危险。第三，若煤粉参与炸药爆炸的反应过程，就会改变原有爆炸的氧平衡，成为负氧平衡，爆生气体的一氧化碳含量增高，影响人身健康。

(6) 装药时要用炮棍将药卷轻轻推入，并保证聚能穴端部都朝着传爆的方向。

若用炮棍把炸药捣实，使炸药密度大于最佳密度，就会降低炸药的敏感度，造成炸药反应不完全，有时还会出现爆轰中断而产生拒爆。对于水胶炸药，则要避免浆液外流，保证炸药的爆破性能。同时，应避免捣破雷管脚线或捣响雷管。

(三) 安全封泥注意事项

井下常用炮泥有两种：一种是在塑料圆筒袋中充满水的水炮泥；另一种是黏土炮泥。

为了保证封孔的质量，封孔时必须使用质量合格的炮泥。

(1) 黏土炮泥是用具有不燃性和可塑性的松散材料制成的。它是由比例为1∶3的黏土和砂子，加上含有2%～3%食盐的水拌和搓制而成。炮泥应干湿适度，过干或过软都无法使炮泥有足够的可塑性和强度。

(2) 水炮泥是将水注入筒状聚乙烯塑料袋并封住口而制成的充填材料。其长度一般在 250～300 mm 之间，直径略小于炮眼直径。作炮眼封泥用时，塑料袋内应有足够的水量，对漏水的水炮泥不得使用。

(3) 严禁用煤粉、块状材料或其他可燃性材料做炮眼封泥。这是因为：

① 这些材料不是可塑性的，不能起到堵塞炮眼的作用，无法使炮眼堵塞严密，阻止不了爆生气体的外逸，容易造成“放空炮”现象；

② 这些材料具有可燃性，当这些材料参与炸药爆炸反应时，改变了炸药本身的氧平衡关系而变成负氧平衡，从而产生更多的有害气体并生成二次火焰，引燃、引爆瓦斯或煤尘；

③ 炸药爆炸时，将使燃烧的煤炭颗粒等可燃材料抛出，易引燃瓦斯、煤尘。

【案例 6-5】 四川省某煤矿违章爆破引发瓦斯爆炸事故

2019 年 7 月 28 日，四川省某煤矿发生瓦斯爆炸事故，造成 3 人死亡、2 人受伤，直接经济损失 404 万元。

事故直接原因：在瓦斯浓度达到 1.2%且未检查附近环境瓦斯浓度的情况下违章裸露爆破，引爆积聚瓦斯，导致事故发生。

(四) 爆破母线和连接线

爆破母线和连接线必须符合下列要求：

(1) 爆破母线符合标准。

(2) 爆破母线和连接线、电雷管脚线和连接线、脚线和脚线之间的接头必须互相扭紧并悬空，不得与轨道、金属管、金属网、钢丝绳、刮板输送机等导电体相接触。

(3) 巷道掘进时，爆破母线应随用随挂。不得使用固定爆破母线，特殊情况下，在采取安全措施后，可不受此限。

(4) 爆破母线与电缆、电线、信号线应分别挂在巷道的两侧。如果必须挂在同一侧，爆破母线必须挂在电缆的下方，并应保持 0.3 m 以上的距离。

(5) 只准采用绝缘母线单回路爆破，严禁用轨道、金属管、金属网、水或大地等作回路。

(6) 爆破前，爆破母线必须扭结成短路。

(7) 爆破母线要有足够的长度，必须大于规定距离。

(8) 爆破母线接头不应过多，以免增加网路电阻、断线、漏电或断路故障。每个接头要刮净锈垢后接牢，并用绝缘胶布包好。

(9) 发现母线外皮破损，必须及时包扎，避免网路与外界相连，发生漏电、短路或雷管提前爆炸等意外事故。

(10) 严禁用多芯或多根导线做爆破母线。不得用两根材质、规格不同的导线做爆破母线。

(11) 在井下，爆破母线要放在干燥安全的地点，使用后要升井干燥、检查，并定期做电阻测定和绝缘性能测定。

(五) 安全爆破

爆破工在爆破前，发现有下列情况之一时，必须报告班、队长，及时处理。在做出妥善处理前，爆破工有权拒绝爆破：

(1) 采掘工作面的控顶距离不符合作业规程的规定，或者支架有损坏，或者伞檐超过规定。

(2) 爆破前未检查瓦斯，或爆破地点附近 20 m 以内风流中瓦斯浓度达到 1%。

(3) 在爆破地点 20 m 以内，矿车、未清除的煤矸或其他物体堵塞巷道断面 1/3 以上。

(4) 炮眼内发现异状、有显著瓦斯涌出、煤岩松散、温度骤高骤低、透老空等情况。

(5) 采掘工作面风量不足，风向不稳，或风筒末端距掘进工作面的距离超过规定，循环风未处理好以前。

(6) 工具未收拾好，机器、液压支架和电缆等未加以可靠地保护或未移出工作面时。

(7) 在有煤尘爆炸危险的煤层中，在掘进工作面爆破前，爆破地点附近 20 m 的巷道内，未洒水降尘。

(8) 爆破前，靠近掘进工作面 10 m 长度内的支架未加固时；掘进工作面到永久支护之间，未使用临时支架或前探支架，造成空顶作业时；或者采煤工作面爆破与放顶工作执行平行作业不符合作业规程规定的距离。

(9) 爆破母线的长度、质量和敷设质量不符合规定。

(10) 工作面人员未撤离到警戒线外，或各路警戒岗哨未设置好，或人数未点清。

四、爆炸物品的安全销毁

由于管理不当，贮存条件不好或贮存时间过长，致使爆炸物品安全性能不合格或失效变质时，必须及时销毁。

应当指出，销毁爆炸物品必须经过检验，不能只根据出厂有效期作为使用和销毁爆炸物品的唯一标准。在爆炸物品运输、贮存过程中，由于外界条件恶化可能引起爆炸物品变质，这种变质的爆炸物品虽然没有超过有效期，但继续使用可能会发生各种不安全事故，因此，是否需要销毁必须经过检验。

爆炸物品是否失效变质，不同爆炸物品有各自的质量标准及检验方法。经检验后确定已经失效或不符合技术要求和国家标准的爆炸物品，必须登记造册并编写书面报告。报告中应注明需要销毁的爆炸物品的名称、数量、销毁方法、销毁地点和时间、销毁的原因，报请上级主管部门批准，由爆破专业人员按照《爆破安全规程》的规定进行销毁。

（一）销毁场地与安全设施

炸毁或烧毁爆炸物品，必须在专用空场内进行。销毁场地应尽量选择在有天然屏障的隐蔽地方。场地周围 50 m 内，要清除树木杂草与可燃物。在不具备天然屏障的隐蔽地方，要考虑销毁时爆炸冲击波对周围企业、单位、民用建筑、铁路、高压线等设施的最小安全距离。

在销毁场内应建立销毁人员掩蔽所，爆炸物品临时存放废品库和起爆材料准备室。互相之间距离，应符合最小允许内部安全距离的规定。它们分别到销毁场地的距离也应符合安全规定。具体数值由最小允许距离公式进行计算，但最低不得小于 50 m。

在销毁场地的周围应设铁丝网或围墙。

（二）销毁方法

安全地销毁爆炸物品是对销毁工作的基本要求；选择合理的销毁方法，是能否安全彻底销毁爆炸物品的重要措施。

1. 炸毁法

如果被销毁的炸药能完全爆炸，同时不宜采用其他方法销毁时，则应采用炸毁法。一般一次销毁量为10～15 kg。如果一次销毁量大于20 kg，则应考虑和计算空气冲击波对人和建筑物的危害。销毁时，一般采用电力起爆法，如使用雷管起爆。

工业雷管炸毁时，每次不得超过1 000发。销毁前，把电雷管脚线剪下，将雷管放在土坑中爆炸。

如果带有坚固外壳的爆破弹、爆破筒和射孔弹，必须在2 m以下深坑或废旧巷道中进行，销毁人员必须在安全距离之外的掩蔽体内起爆。

2. 烧毁法

对没有爆炸性或已失去爆炸性，烧毁时不能转为爆炸的爆炸物品和导火索等宜采用烧毁法，但不能烧毁雷管和导爆索等起爆材料。

对感度高的雷汞、氮化铅和二硝基重氮酚等起爆药，一经点燃，就立即爆炸，因此在处理前，把起爆药放在废机油中钝化1 d，然后运到销毁场地，铺成薄层长条，用导火索在下风方向点燃。也可将销毁的起爆药倒入烧毁桶内，混入废机油，均匀搅拌后再点燃处理。

烧毁炸药时，应将废炸药铺成长条，厚2 cm，宽15～20 cm，每米可铺1～1.5 kg，药条长25 m。可并列进行，分别点火，两条相距不小于5 m。

导火索烧毁时，要放在高1 m、壁厚5 mm的铁筒内均匀烧毁，每次投入数量不超过200 g。

只有确认燃料堆已完全熄灭，才准走进焚烧场地检查；发现未完成燃烧的爆破器材，应从中取出，另行焚烧。焚烧场地完全冷却后，才准开始焚烧下一批爆破器材，焚烧场地可用水冷却或用土掩埋，在确认无再燃烧的可能性时，才允许撤离场地。

3. 溶解法

对失去爆炸性能的硝铵类炸药和黑火药，可在桶或其他容器中用水溶解，不得丢在江河湖泊中污染水质。每次销毁15 kg，所需水量不少于400～500 kg。

有些起爆药，数量不多时可根据其化学特性采用化学分解法处理。例如，少量雷汞的销毁可用硫代硫酸钠（$Na_2S_2O_3$）或硫化钠（Na_2S）分解处理，氮化铅可利用稀硝酸分解处理。

第四节　爆破事故的预防与处理

一、早爆的预防

在爆破施工中，杂散电流、静电感应、雷电、射频感应电等均可引起电爆网路中雷管早爆。

（一）杂散电流的防治

杂散电流是指来自电爆网路之外的电流。它有可能使电爆网路发生早爆事故。因此在井巷掘进中，要经常监测杂散电流，超过30 mA时，必须采取可靠的预防杂散电流的措施。

由于杂散电流可引起电雷管爆炸，具有很大危害性，因此，一般需测定流过电雷管的杂散电流值。量测仪器可采用ZS-1、B-1、701等杂散电流测定仪，测量时间取0.5～2 min。按规定，采用电雷管起爆时，杂散电流不得超过30 mA，大于30 mA时，必须采取必要的安全措施。

尽量减少杂散电流的来源，特别要注意防止架线式电机车牵引网路的漏电。一般可在铁轨接头处焊接铜导线以减少接头电阻；采用绝缘道砟或疏干巷道底板与铁轨之间的电阻，以减少漏电等。

确保电爆网路的质量，爆破母线不得有裸露接头；防止损伤母线的绝缘包皮；雷管脚线或已与雷管连接的母线两端，在接入起爆电源前，均应扭结短路，防止杂散电流流入。

在爆区采取局部或全部停电的方法可使杂散电流迅速减小，必要时可将爆区一定范围内的铁轨、风水管等金属导体拆除。

采用紫铜桥丝低电阻电雷管或无桥丝电雷管，但必须相应地采用高能发爆器作为起爆电源。

（二）静电的防治

静电是指绝缘物质上携带的相对静止的电荷，它是由不同的物体接触摩擦时在物质间发生电子转移而形成的带电现象。

静电表现为高电压、小电流，静电电位往往高达几千伏特甚至上万伏特。

静电之所以能够造成危害，主要是由于它能聚积在物体表面上面达到很高的电位，并发生静电放电火花。当高电位的带电体与零电位或低电位物体接触形成不大的间隙时，就会发生静电放电火花。这种贮存起来的静电荷可能通过电雷管脚线向大地放电，而引起雷管爆炸。雷管脚线上的分流屏蔽和绝缘，在这样的条件下不能提供可靠的保护，因为此时电压高到足以使绝缘击穿，有可能引起爆区发生早爆事故。

除摩擦能引起静电外，固体颗粒的运动，特别是在干燥条件下的颗粒运动，也将产生静电。这些颗粒可能处于自由悬浮状态，如狂风刮起的尘暴和雪暴，这些颗粒可能嵌入正在运动的绝缘材料中。

近年来，在矿山采用了压气装药器装药。当压气输送固体颗粒时，可能产生静电。当作业地点相对湿度小而炸药与输药管之间的绝缘程度高时，则药粒以高速在输药管内运行所产生的静电电压可达 20 000～30 000 V，对电爆网路有一定引爆危险。

压气装药时，静电火花放电的电场能量与装药系统的电容量的一次方和静电电压的二次方成正比。

压气装药中，装填像铵油炸药这样的小颗粒散装爆破剂，炸药颗粒在压气作用下，经过输药软管进行装填时，由于药粒间彼此接触与分离，可以产生少量的电荷。如果设法阻止这些电荷的积累，那么产生的电流就很小，不会危及爆破作业。但是，如果容许这些电荷积累起来并突然放电，就有可能形成足够的能量，使雷管引爆，至少是操作工人有可能遭受痛苦的冲击。实验室试验表明，压气装药过程中，可以积累大于 30 000 V 电压，甚至达到60 000 V。

为了预防静电引起的早爆事故，可采取以下措施：

(1) 在压气装药系统中要采用半导体输药管。

一般输药胶管，其体积电阻值很高，极易聚集静电，采用半导体软管和接地装置以后，可以显著地降低静电引爆的可能性。半导体输药管在低压时，导电性差，随着电压升高其导电性也相应提高，因而静电不容易聚集起来。

(2) 对装药工艺系统采用很好的接地装置。

在装药过程中，装药器和输药管都必须接地以防止静电聚集。操作人员应穿半导体胶靴，始终手持装药管，随时导走身上的电荷。深孔装药完毕，再在孔口处装电雷管，以免在装药过程中引起电雷管的早爆。

对导电性极不好的岩石，为了确保良好的接触，需要用接地杆将装药容器与充水炮孔连接起来。

在装药期间，雷管的脚线应当短路，但不接地。在导电性比较好的岩石中，脚线接地可能受杂散电流影响。在导电不好的岩石中，脚线接地可能增加静电引爆的危险。

（3）采用抗静电雷管。

抗静电雷管与普通电雷管的区别是采用体积电阻为 1 000 Ω/cm^3 的半导体塑料塞，代替普通电雷管的绝缘塞。穿过半导体塑料塞的一段脚线，一根是裸露的，裸露脚线与金属管壳之间就构成静电通路，使管壳与雷管引火头之间的电位相等或接近，而不因火花放电而引爆。测定静电电压，可使用 Q3-V 型静电电压表或 KS-325 型集电式电位测定仪。如测定压气输药管静电时，可采用金属集电环。将集电环紧密地固定在输药管的内壁或外壁，并用静电电压表分别测出电压值。

（4）预防机械产生的静电影响。

对爆区附近的一切机械运转设备，除要有良好的接地外，雷管和电爆网路要尽量远离。必要时，在可能产生静电的区域附近，当连接电爆网路时，以及整个网路起爆之前，让机械运转设备暂停运行。

机械系统的接地导线和接地极应远离钢轨、导线和管路，避免钢轨和金属管线将杂散电流传送到爆破网路。

二、拒爆(瞎炮)的预防

（一）拒爆(瞎炮)的原因

根据大量拒爆(瞎炮)事故的调查分析，产生拒爆(瞎炮)的原因有以下几方面。

1. 雷管方面

雷管是起爆药卷的爆炸能源。一般是以串联和串并联形式连接在网路中，一发不爆，就会导致一部分拒爆(瞎炮)。大致有以下几个原因：

（1）雷管受潮或因雷管密封防水失效；

（2）雷管电阻值之差大于 0.3 Ω，或采用了非同厂同批生产的雷管；

（3）雷管质量不合格，又未经质量性能检测。

2. 起爆电源方面

（1）通过拒爆雷管的起爆电流太小，或通电时间过短，雷管得不到所必需的点燃冲能；

（2）发爆器内电池电压不足；

（3）发爆器充电时间过短，未达到规定的电压值；

（4）交流电压低，输出功率不够。

3. 爆破网路方面

（1）爆破网路电阻太大，未经改正，即强行起爆；

（2）爆破网路错接或漏接，导致发爆电流小于雷管的最小发火电流；

（3）爆破网路有短路现象；

（4）爆破网路漏电、母线破损并与积水或泥浆接触，此时实测网路电阻值远小于计算电阻值。

4. 炸药方面

(1) 炸药保管不善受潮或超过有效期,发生硬化和变质现象;

(2) 粉状混合炸药装药时药卷被捣实,密度过大。

5. 其他方面

(1) 药卷与炮孔壁之间存在间隙效应;

(2) 药卷之间有岩粉阻隔。

(二) 拒爆(瞎炮)的预防和处理

1. 拒爆(瞎炮)的预防措施

(1) 禁止使用不合格的爆破器材;

(2) 不同类型、不同厂家、不同批次的雷管不得混用;

(3) 连线后检查整个线路,查看有无错连或漏连;

(4) 进行爆破网路准爆电流的计算,起爆前用专用爆破电桥测量爆破网路的电阻,实测的总电阻值与计算值之差应小于10%;

(5) 检查爆破电源并对电源的起爆能力进行计算;

(6) 对硝铵类炸药在装药时要避免压得过紧,密度过大;

(7) 对硝铵类炸药要注意间隙效应的发生,装药前可在药卷上涂一层黄油或黄泥;

(8) 装药前要认真清除炮孔内岩粉;

(9) 所有雷管脚线用绝缘胶布或绝缘套管进行保护;

(10) 吊挂爆破母线挂钩以使爆破母线不漏电;

(11) 底板眼采用阻燃胶带,便于查找底板眼残爆情况。

2. 拒爆的处理方法

(1) 因连线不良、错连、漏连,要重新连线爆破,经检查确认起爆线路完好时,方可重新起爆。

(2) 因其他原因导致的拒爆,在距拒爆炮眼0.3 m以外另打与拒爆炮眼平行的新炮眼,重新装药起爆。

(3) 严禁用镐刨或从炮眼中取出原放置的起爆药卷,或从起爆药卷中拉出电雷管。不论有无残余炸药,严禁将炮眼残底继续加深;严禁使用打孔的方法往外掏药;严禁使用压风吹拒爆炮眼。

(4) 处理拒爆的炮眼爆炸后,爆破工必须详细检查炸落的煤矸,收集未爆的电雷管。

(5) 在拒爆处理完毕以前,严禁在该地点进行与处理拒爆无关的工作。

【案例6-6】 拒爆(瞎炮)处理不到位引发爆炸事故

2022年2月4日17时7分,甘肃省某矿1300东部边界回风下山掘进工作面发生事故,造成1人死亡、4人受伤。

事故原因:2月3日岩巷二队早班人员在1300东部边界回风下山掘进工作面耙岩机簸箕口前方10 m范围内爆破挖底,当班钻眼48个,其中装药45个,爆破后只检查出4个拒爆,二次处理拒爆后未检查发现耙岩机簸箕口处留有的1个拒爆;2月4日中班人员铺设轨道使用风镐挖底时触发拒爆引起爆炸,造成现场5名工人受伤。

三、爆燃的预防

炸药爆燃现象是指炸药爆炸时,未能形成稳定的爆轰,爆速下降,爆轰波衰减或熄灭,由爆炸转为激烈燃烧。影响炸药稳定爆轰的因素是造成炸药产生爆燃的主要原因。

实践证明，发生爆燃使爆破作业达不到设计的预期要求，以致产生较大危害，特别是煤矿井下爆破及其影响和危害最大，因为对有瓦斯和煤尘存在的矿井，炸药爆燃产生的炽热微粒和明火往往会引起潜在的瓦斯和煤尘的爆炸或燃烧。

（一）生产过程中的爆燃控制

1. 控制各组分的细度和混拌时间

质量决定产品性能。设法减小颗粒直径、增大比表面积可明显提高炸药的爆炸性能。选择最佳的混合方式、适当延长混合时间可以明显改善爆炸效果，提高爆轰感度，降低爆燃发生的概率。

2. 控制炸药的装药密度

爆速随装药密度增大而增大，但密度过大，爆速反而减小，至极限密度炸药将不能爆炸，因此应严格控制药卷密度。

3. 严格控制成品和半成品炸药的水分

在起爆过程中若水分增加，将吸收大量热量，降低热点，也可引起爆燃。因此，在生产过程中应严格控制炸药水分。

（二）使用过程中的爆燃预防

(1) 炸药通常是依靠起爆器材爆炸产生的能量来激发其完全爆轰，爆轰的激发、成长和传播过程取决于起爆冲量的特性，如果起爆能量不足，不能瞬间达到炸药爆轰所需的能量，是可以引起爆燃现象的，选择起爆能量匹配的起爆器材是十分必要的。

(2) 加强对炸药的保管和使用检查，以防使用过期和变质的炸药。

(3) 合理布置炮眼和装药对防止爆燃有一定效果。

(4) 装药过程中严格控制炮孔中的积水或做好药卷的防水措施，否则，采用具有防水作用的煤矿许用乳化炸药。

(5) 采用不耦合装药、间隔装药，要采取措施确保可靠和稳定的传爆。

(6) 采用散装炸药时，在装药过程控制好装药密度，不宜过大或过小。

四、爆破伤人的预防

（一）爆破崩人的原因

1. 爆破崩人的原因

(1) 爆破母线短，躲避处选择不当，造成飞煤、飞石伤人。

(2) 爆破时，未执行《煤矿安全规程》中有关爆破警戒的规定，有漏警戒的通道，或警戒人员责任心不强，人员误入正在爆破作业的地点。爆破未完成，擅自进入工作面检查作业。

(3) 处理拒爆、残爆未按《煤矿安全规程》规定的程序和方法操作，随意使用《煤矿安全规程》严禁使用的处理方法，致使拒爆炮眼突然爆炸崩人。

(4) 通电以后出现拒爆时，等候进入工作面的时间过短，或误以为是电爆网路故障而提前进入，造成崩人。

(5) 连线前，电雷管脚线没有扭结成短路，导致杂散电流等通过爆破网路或雷管，造成雷管爆炸而崩人。

(6) 爆破作业制度不严,发爆器及其把手、钥匙乱扔乱放;任意使用固定爆破母线,造成爆破工作混乱,当工作面有人工作时,另有他人用发爆器通电起爆,造成崩人。

(7) 一个采煤工作面使用两个发爆器同时进行爆破。

2. 炮烟熏人的原因

(1) 掘进工作面停风或风量不足,风筒有破损漏风处,或局部通风机的风筒口距离迎头太远,无法把炮烟吹散排出。

(2) 掘进工作面爆破后,炮烟尚未排除就急于进入爆破地点。

(3) 炸药变质引起炸药爆燃,使一氧化碳、氮的氧化物大量增加,导致作业人员中毒的可能性增大。

(4) 采煤工作面爆破时,爆破工在回风流中起爆,或爆破距离太近,炮烟浓度大,而又不能及时躲避。

(5) 长距离单孔掘进工作面爆破后,炮烟长时间飘游在巷道中,使人慢性中毒。

(6) 工作面杂物堆积影响通风或使用串联通风。

(7) 未按规定使用水炮泥;封泥长度和质量达不到要求。

(二) 预防爆破伤人的措施

1. 预防爆破崩人的措施

(1) 爆破母线要有足够的长度;

(2) 躲避处选择能避开飞石、飞煤袭击的安全地点;

(3) 掩护物要有足够的强度;

(4) 爆破时,安全警戒必须执行《煤矿安全规程》的规定;

(5) 通电以后装药炮眼不响时,不能提前进入工作面,以免炮响崩人;

(6) 爆破工应最后一个离开爆破地点,并按规定发出数次爆破信号,爆破前应清点人数;

(7) 采取措施,避免因杂散电流造成突然爆炸崩人;

(8) 处理拒爆(瞎炮)时必须按《煤矿安全规程》规定的程序和方法操作。

【案例 6-7】 违章爆破引发爆破伤人事故

2023 年 12 月 9 日 3 时 56 分许,河南省某煤矿发生一起爆破事故,造成 1 人死亡,直接经济损失 122.18 万元。

事故原因:事故当班爆破工在沉淀池施工地点进行爆破时,起爆器提示有 2 个炮眼的雷管脚线未卡接的异常情况,但爆破工违反规定程序继续进行爆破。爆破工在回收雷管脚线和连接线时,触发起爆的雷管、炸药发生爆炸,造成本人当场受伤,经送往医院抢救无效后死亡。

2. 预防炮烟熏人的措施

(1) 工作面爆破后,作业人员要待炮烟吹散吹净后,方可进入爆破地点作业;

(2) 控制一次爆破量,避免产生的炮烟量超过通风能力;

(3) 不使用硬化、含水量超标、过期变质的炸药;

(4) 采掘工作面避免串联通风,不应在巷道内长期堆积坑木、煤矸等障碍物,应保证回风巷有足够的通风断面;

(5) 装药时要清理干净炮眼内的煤、岩粉和水,保证炸药爆炸时零氧平衡;

(6) 炮眼封泥时应使用水炮泥,并且封泥的质量和长度符合作业规程的规定;

(7) 爆破时，除警戒人员以外，其他人员都要在进风巷道内躲避等候；

(8) 单孔掘进巷道内所有人员要远离爆破地点，同时风量要充足；

(9) 作业人员通过较高浓度的炮烟区时，要用潮湿的毛巾捂住口鼻，并迅速通过；

(10) 爆破前后，爆破地点附近应充分洒水，以利吸收部分有害气体和煤、岩粉。

第五节　防止爆破事故引发更大次生事故的措施

一、防止爆破引发瓦斯、煤尘爆炸事故

(一) 爆破引爆瓦斯、煤尘的原因

煤矿生产中的爆破作业，在炸药爆炸瞬间会产生 2 000 ℃以上高温和高压冲击波，为瓦斯爆炸提供了高温热源条件，并产生很大的气体压力，也大大降低了引爆火源温度，容易发生引爆瓦斯事故。归结起来，爆破引爆瓦斯的主要原因有三条。

1. 炸药爆生气体产物的直接作用

在炸药爆炸生成的高温、高压气体的高速膨胀过程中，由于扩散和渗透作用，逐渐与瓦斯、空气混合气体相作用。经过若干时间，在膨胀产物的前部形成爆炸产物与瓦斯空气混合的可燃性混合物，如果混合物的温度高于瓦斯爆发点，并且存在的时间超过感应期，就会产生火焰引爆瓦斯。

若爆炸产物内含有剩余的氧、氮氧化物、过氧化物和一氧化碳等成分时，还会降低瓦斯发火下限，并加速瓦斯的氧化反应，使发火的可能性增大。炸药爆炸的爆温和爆热愈大，引燃瓦斯的可能性也愈大。因此，煤矿安全炸药应按零氧平衡配制，以减少爆炸产物中的氧或过氧化物；应根据所要求的安全等级对爆温和爆热加以限制。

2. 炸药爆炸过程中炽热固体颗粒的作用

当炸药爆炸产物中的炽热固体产物，或当爆炸不完全使一部分尚未分解或正处于燃烧的炸药颗粒从炮孔中飞出落入瓦斯、空气的混合气体中时，接触时间超过感应期就能使其发火燃烧。因此，要求煤矿安全炸药必须具有良好的反应性能和完全爆轰性能，以保证炸药能完全爆轰，而且爆轰产物全部都是气体。

3. 炸药爆破形成的空气冲击波的作用

根据冲击波理论，当瓦斯与空气的混合气体被爆破产生的冲击波压缩时，会引起压力和温度急剧升高。如果冲击作用的温度超过瓦斯的爆发点，而且冲击波的正压作用时间大于瓦斯引燃的感应期，就能引起瓦斯燃烧和爆炸。因此，井下爆破设计时，应采取加强炮孔堵塞和减少同段起爆的炸药量来减小爆破冲击波的作用，对预防引燃瓦斯是非常有用的。

(二) 防止爆破引爆瓦斯的对策

瓦斯作业环境是煤矿井下爆破最具危险性的作业环境，需要有严格的作业规程和实施方案。为确保井下爆破作业安全，应采取如下对策：

(1) 掘进和采煤工作面要有足够的新鲜风流，当采掘工作面风流中瓦斯浓度达到 1% 时，应停止用煤电钻打眼；爆破地点附近 20 m 以内风流中的瓦斯浓度达到 1%时，严禁爆破，并应及时汇报，待相关技术人员采取有效措施后，方可继续作业。

(2) 采掘工作面使用的爆破器材,要选用与瓦斯等级相适应的煤矿许用爆破器材。在有瓦斯爆炸危险的采掘工作面使用毫秒电雷管或煤矿许用的毫秒电雷管时,其起爆总延时间不得超过 130 ms,严禁使用秒延期电雷管和半秒延期电雷管。

(3) 在高瓦斯矿井爆破时,都应采用正向起爆,禁止反向起爆;炮孔堵塞可用水炮泥或具有不燃性、可塑性的黏土炮泥。使用水炮泥时,其后部必须用不小于 0.15 m 的炮泥将炮孔填满堵严。在煤层中爆破,其填塞长度至少应为炮孔深度的 1/2;无填塞或填塞长度不足的炮孔严禁爆破。

(4) 掘进工作面风流中瓦斯浓度达到 1.5%,或局部积聚瓦斯浓度达到 2%,体积大于 0.5 m^2,或掘进工作面回风巷风流中瓦斯浓度超过 1%时,都必须停止工作,撤出人员,切断电源,进行处理。

(5) 井下爆破作业严禁在一个炮孔中使用两种不同品种的炸药;在有瓦斯爆炸危险的掘进工作面,应采用毫秒雷管实行全断面一次爆破,长壁采煤工作面不准分区段同时爆破。

(6) 井下爆破 15 min 后,瓦斯检查工进入工作面和电气设备附近检测瓦斯浓度,正常时方可恢复送电;爆破工和班组长必须巡回检查爆破地点的通风、瓦斯、煤尘和拒爆(瞎炮)等情况,遇有险情应立即处理。只有在工作面的炮烟被吹散、无险情时,方可进入工作面继续作业。

(三) 防止爆破引爆煤尘的对策

为了预防煤矿井下爆破引起煤尘爆炸,目前采取的措施可分为降尘、防止引燃和阻止爆炸三类。

降尘措施主要包括:采煤工作面煤层注水,采用湿式打眼和水炮泥,采煤机和掘进机安装喷雾装置,爆破后喷雾或洒水等。

防止引燃的措施包括:按煤矿瓦斯等级选用相应的爆破器材,应采用加强松动爆破方案,合理设计爆破参数,严格执行"一炮三检"制度,按规程进行爆破作业。

阻止煤尘爆炸是指将已发生的煤尘爆炸限制在较小的范围内,阻止其继续传播与发展。通常采用的措施是在掘进巷道中装设岩粉棚或水槽棚。

二、防止爆破引发火灾事故

(一) 爆破引发火灾的原因

1. 炸药爆燃引起火灾事故

当炸药水分增大到 1%左右时,其瓦斯引火率可达 30%~40%,安全性下降。如含有 20%消焰剂的二级煤矿炸药,在雨季贮存时间长,产生吸湿结块硬化现象会导致爆燃事故。除了炸药质量不合格使炸药发生爆燃之外,炮眼布置太近时,先爆炮孔的冲击压力使与其相邻的炮孔壁产生变形,炸药受挤压密度增大导致爆燃。

2. 分次爆破、电火花引起火灾事故

有瓦斯爆炸危险的工作面必须采用瞬发爆破,工作面雷管的总延期时间不应超过130 ms。严禁一次装药,分次起爆。在有瓦斯的工作面进行分次爆破,因先爆炮孔中的药包极易在未爆炮孔周围产生较大的爆破裂缝,二次爆破的爆炸火焰从裂缝中喷出,会引发瓦斯燃烧和瓦斯爆炸。尽管工作面加强通风排出工作面瓦斯,但局部仍然积存一定量的瓦斯,裂缝中喷出的火焰会引起瓦斯爆炸。煤电钻橡套电缆一定要完好，并在爆破前断电，防止产生火花。

3. 炮泥封堵长度不足引起瓦斯爆炸事故

炮泥的堵塞质量和长度直接影响爆破效果和安全。炮泥能阻止爆炸气体自炮孔逸出，增加爆炸应力波的作用时间和冲量，从而影响岩石的破碎过程和炸药能量利用率。有瓦斯的工作面，炮泥除降低爆炸气体逸出自由面时的温度和压力外，还会起到阻止雷管壳碎片等灼热固体颗粒从炮孔内飞出。由于工作面遇断层瓦斯浓度增大，风筒断路造成瓦斯积聚，而炮泥封堵长度不足，不按作业规程规定使用水炮泥，爆破时炸药打筒会产生火花，进而可能导致局部瓦斯爆炸。

（二）防止爆破引发火灾的对策

(1) 爆燃的控制。

① 生产过程中的爆燃控制：控制各组分的细度和混拌时间；控制炸药的装药密度；严格控制成品和半成品炸药的水分。

② 使用过程中的爆燃预防：选择与起爆能量匹配的起爆器材是十分必要的；加强对炸药的保管和使用检查；合理布置炮眼和装药对防止爆燃有一定效果；装药过程中严格控制炮孔中积水或做好药卷的防水措施；采用不耦合装药、间隔装药，要采取措施确保可靠和稳定的传爆；采用散装炸药时，在装药过程控制好装药密度，不宜过大或过小。

(2) 严禁工作面一次装药，分次起爆。

(3) 炮眼深度和炮眼的封泥长度必须符合《煤矿安全规程》和《爆破安全规程》的相关规定。

(4) 使用有效期内煤矿许用炸药和煤矿许用雷管，煤矿许用毫秒延期电雷管，其起爆总延时间不得超过 130 ms，严禁使用秒和半秒延期电雷管。

(5) 违规爆破（裸露爆破）。

(6) 爆破作业未严格执行“一炮三检”和“三人连锁爆破”制度。

(7) 炮眼封泥材料不符合规定要求，采用煤泥封孔。

(8) 无封泥、封泥不足、无水炮泥或者不实的炮眼进行爆破。

(9) 爆破孔与老孔（探煤钻孔、抽采孔、水力冲孔等）连通，爆破引燃积存瓦斯或煤尘。

(10) 顶板来压期间进行切顶爆破作业（重点在装药）；处理采空区悬顶，在工作面上下隅角、架间、架后向采空区打眼爆破。

三、防止爆破引发水灾事故

（一）爆破引起突水事故的原因

爆破引起突水事故的主要原因如下：

(1) 对矿井水文地质情况掌握不准，对井田范围内的水文地质情况及采掘区域内存在的可能突水情况不清楚，不能正确估算出涌水量。特别是在对老窑和矿井上部或附近小煤窑的积水情况不清楚时，未采取任何措施就实施采掘爆破作业，很容易盲目揭穿而造成透水事故。

(2) 井下爆破施工时，忽视安全，投机取巧，违章作业。有些矿井对透水隐患基本上是掌握的，但因盲目追求进度和产量，不采取防水和探水的规定措施，而是侥幸心理作祟，导致突水事故。

(3) 井下施工人员缺乏安全技术培训，素质差，对突水发生前的征兆认识不清，也不知道及时反映或汇报井下发生的异常情况，因而没有及时采取措施或停止工作和撤离人员，而是照常实施爆破作业，造成重大突水事故和人员伤亡。

（二）防止爆破引发突水事故的对策

在有突水危险的区域进行爆破作业，需对可能导致突水事故发生的因素采取有效的防范措施，制定严格的作业规程，井下突水事故是可以预防的。目前常采取的主要措施有：

(1) 对矿井水源和水文地质资料进行深入调查研究。认真了解井下岩层组成和性质，掌握可能出水的断层和裂隙的分布；查清含水层的补给来源和补给通道。查清井田内老窑和小煤窑的数量、分布地点和水量大小；划出积水区域，编制爆破区域的详细水文地质资料，做到有的放矢。

(2) 坚决贯彻有疑必探、先探后掘、边探边掘的防水安全规定，制定切实可行的探、放水措施。一般在突水前，采掘工作面可能会有如下征兆：① 煤层发潮变软，颜色变暗，煤壁挂汗；② 巷道中忽然变冷，产生雾气；③ 巷道顶板淋水加大，出现压力水流或底板鼓起；④ 工作面产水量比以前明显增大，出现水温异常、水色发浑或水流声；⑤ 钻眼时发现钻孔中水有压力、水量增大和压力顶钻等异常现象，掘进工作面岩石发软且有片帮时，应立即停止钻孔，查明原因，采取有效处理措施。

(3) 进行探水作业时，一定与掘进相结合，即探水→掘进→探水，循环进行，切忌一次探水无问题就不再探了。发现有突水预兆时，在未查明原因之前，将工作面作业人员撤离到安全地点，严禁进行装药爆破。

(4) 在爆破作业时要特别注意爆破后可能发生的突水事故，遇到以下几种情况时，要停止爆破作业，进行探水处理：① 当掘进到老空区、可能水淹井巷区域或接近含水层、导水断层、溶洞和陷落区时，要停止爆破作业，先进行探水；② 接近水文地质复杂的区域并有出水征兆或接近有出水可能的钻孔时，应立即探水；③ 打开隔离煤柱防水或接近可能的河流、湖泊、水库等相通的断层破碎带时，必须停止爆破作业先进行探水；④ 打完探水钻孔后，当炮眼或掘进头有出水征兆，可能是超前距离不够或偏离探水方向，要认真分析，可再打不同方位的探水孔，切忌盲目装药爆破。

(5) 有些井下掘进工作面涌水严重，如果仅依靠排水措施不经济或无法奏效时，可通过工作面注浆堵塞涌水通道，阻隔透水水源后再进行掘进爆破作业。

四、防止爆破引发顶板垮塌事故

（一）爆破崩倒支架及造成冒顶的原因

1. 爆破崩倒支架的原因

(1) 支架（柱）架设质量不好。如采煤工作面支架（柱）的迎山不够，楔子打得不紧，或棚顶有空，没有接到实茬，只打在浮煤、浮矸上。掘进工作面支架帮顶背得不实，柱脚浅，没上拉条、木楔，爆破时支架被崩倒。

(2) 炮眼排列方式与煤层硬度、采高不适应，有大块煤崩出造成支柱被崩倒。

(3) 爆破参数、炮眼角度不合理，炮眼浅、装药量过多，封泥质量差、封孔长度不够，爆破时冲击力过大而崩倒支架（柱）。

2. 爆破造成冒顶的原因

(1) 工作面顶眼距顶板距离太小或打入了顶板内，爆破时造成冒顶。

(2) 采掘工作面遇到地质构造，顶板破碎、松软、裂隙发育时，未采取少装药放小炮的方法，而仍按正常的装药量、炮眼数量、深度等爆破参数进行爆破。

(3) 一次爆破的炸药量或顶眼装药量过大，对顶板、支架冲击强烈。

(4) 工作面空顶面积大，支护不全、不牢，崩倒的支架(柱)未及时扶起；空顶时，照样装药爆破。

(5) 全部陷落法采煤工作面基本顶未冒，煤帮顶板出现大的裂缝，直接顶爆破时，撤、打放顶支柱时间、顺序和距离不合理，也能引发冒顶。

(二) 防止爆破崩倒支架及造成冒顶的对策

1. 防止爆破崩倒支架的对策

(1) 爆破前，必须检查支架并对爆破地点附近 10 m 内的支护进行加固。掘进工作面的顶帮要插严背实，并打上拉条、撑木，实行必要的加固；采煤工作面支架要用紧楔和打撑木的办法进行必要的加固。

(2) 掘进工作面要选择合理的掏槽方式、炮眼布置、角度、个数等参数。打眼应靠近支架开眼，使眼底正处于两支架的中间。

(3) 采煤工作面要留有足够宽的炮道，掘进工作面要有足够的掏槽深度。

(4) 严格按作业规程规定的装药量进行装药，避免出现装药量过大现象。

2. 防止爆破造成冒顶事故的对策

(1) 采掘工作面遇到地质构造，顶板破碎、松软、裂隙发育时，应采用少装药、放小炮，或直接挖过去的办法，减少对顶板的震动或破坏。

(2) 顶眼眼底要与顶板离开 0.2～0.3 m 的距离；顶眼装药量要按爆破说明书的要求装填，以防止爆破时对顶板冲击强烈而造成冒顶。

(3) 一次爆破的炮眼数和装药量应控制在作业规程范围以内。炮眼布置的角度、位置合理。

(4) 爆破前，应对爆破地点及其附近的支护加固，防止崩倒支架。崩倒的支架应及时扶起。空顶时，严禁装药爆破。

【复习思考题】

1. 试述爆破作业的安全流程。
2. 拒爆的处理方法有哪几类？
3. 造成早爆的原因主要有哪几种？
4. 煤矿许用炸药、煤矿许用电雷管的保质期是多长时间？
5. 电力起爆法的网路连接有多少种方法？
6. 爆破作业过程执行的“一炮三检”和“三人连锁爆破”制是如何执行的？
7. 爆破封泥有哪些要求？
8. 装配起爆药卷需要注意哪些事项？
9. 爆破引起火灾的预防措施有哪些？

第七章　煤矿机电运输提升安全管理

【学习提示】

在煤矿生产中，从井上到井下，从采掘到辅助，无论是供电系统、通风系统、排水系统、提升运输系统，还是采掘生产系统，乃至通信及安全监控系统，机电设备越来越多，系统越来越复杂，技术越来越先进，机电管理发挥的作用越来越重要。其中任一台设备管理不善，就有可能造成事故，甚至引发重大灾难。因此，只有抓好机电管理工作，保证每一台设备都能正常运转，每一次操作都能标准规范，才能保证煤矿的安全生产，减少事故发生。

本章从煤矿电气安全管理的特性与风险控制，讲到矿井提升设备、运输设备、采掘设备、大型固定设备的安全管理重点工作，着重对煤矿机电运输提升系统安全管理的相关规定要求、常见问题、现场管理与安全检查要点做了详细阐述与分析，以帮助安全生产管理人员理清机电管理的思路，抓住机电管理的关键要素，创新性地开展机电管理工作，提升现场管理的能力与水平。

第七章导学

第一节　煤矿电气安全

一、煤矿电气安全管理中的风险辨识与控制

煤矿井下具有多工种、多方位、多系统立体交叉、连续作业的特点，不论哪个环节出现问题，都可能引发事故，甚至发生重特大事故。井下电气设备及供电网络系统管理涉及的安全风险、有害因素众多，其危害范围之广、程度之重触目惊心。

安全生产管理人员必须掌握电力系统及其设备安全运行的技术要领，分析现场操作人员作业习惯可能存在的缺陷对人身安全的威胁，梳理排查由于生产要素变化导致机电设备系统运行状况变化而可能存在的风险，开展年度、季度或月度安全风险辨识评估。结合全矿井机电运输及电力系统管理重大和较大风险辨识要素清单，运用经验对照分析法及风险矩阵分析法，针对可能导致群死群伤或零打碎敲事故的危险因素，对全矿井“采、掘、机、运、通”所有工作地点及地面区域的电力系统及场所进行安全风险辨识、风险评估，并分级分类采取管控措施。

在实施单项的电气安全管理过程中，要准确运用安全双预控管理机制。以安全风险辨识和风险评估为基础，以风险预控为核心，以重大安全风险管控为重点，为作业人员的安全操作制定针对性的操作规程和作业标准，为设备的安全运行制定完善的检修质量标准和安

全防范措施，而且重点工作要放在强化对现场管理人员与操作人员的教育培训与应急演练上，提高现场管理人员与操作人员的安全意识与业务能力。要建立健全安全检查和事故隐患排查治理的责任体系与工作制度，明确事故隐患排查治理工作职责，对排查出的隐患分级分类，按“五定”原则进行登记、治理、验收、销号。要防范事故的发生，必须综合运用危险预知、安全确认、安全站位、流程作业等“四位一体”管理措施手段，围绕“上标准岗、干标准活”的工作基调，以“物”的标准化为基础，抓好“人”的标准化管理，创造“环境”的标准化模式，促进职工养成规范操作的行为习惯，到达“人、机、环、管”的最佳匹配，才能确保矿井电气管理得以有效实施。

二、矿用电气设备的类型、特点及正确选用

（一）矿用电气设备的特点及一般规定

1. 矿用电气设备具有六大特点

（1）电气防爆：在有爆炸危险的场所，必须使用防爆电气设备。

（2）防护性好：防滴水、防潮气、防锈蚀、防霉变、防机械冲击等防护性能好。

（3）电网电压波动适应能力强：地面电气设备应能适应额定电压90%～110%的变化范围，井下电气设备应能适应额定电压75%～110%的变化范围。

（4）过载能力强：为适应生产，井下电气设备必须有较强的过载能力。

（5）保护能力强：井下电气设备必须有较强的自我保护能力。

（6）可靠性高：电气设备有较高的可靠性。

2.《煤矿安全规程》对井下电气设备的一般规定

（1）电气设备的检查、维护和调整，必须由电气维修工进行。高压电气设备和线路的修理和调整工作，应当有工作票和施工措施。高压停、送电的操作，可以根据书面申请或者其他联系方式，得到批准后，由专责电工执行。采区电工，在特殊情况下，可对采区变电所内高压电气设备进行停、送电的操作，但不得打开电气设备进行修理。

（2）操作井下电气设备应当遵守下列规定：① 非专职人员或者非值班电气人员不得操作电气设备。② 操作高压电气设备主回路时，操作人员必须戴绝缘手套，并穿电工绝缘靴或者站在绝缘台上。③ 手持式电气设备的操作手柄和工作中必须接触的部分必须有良好绝缘。

（3）井下防爆电气设备的运行、维护和修理，必须符合防爆性能的各项技术要求。防爆性能遭受破坏的电气设备，必须立即处理或者更换，严禁继续使用。

（4）井下不得带电检修电气设备。严禁带电搬迁非本安型电气设备、电缆，采用电缆供电的移动式用电设备不受此限。检修或者搬迁前，必须切断上级电源，检查瓦斯，在其巷道风流中瓦斯浓度低于1.0%时，再用与电源电压相适应的验电笔检验；检验无电后，方可进行导体对地放电。开关把手在切断电源时必须闭锁，并悬挂“有人工作，不准送电”字样的警示牌，只有执行这项工作的人员才有权取下此牌送电。

（5）容易碰到的、裸露的带电体及机械外露的转动和传动部分必须加装护罩或遮栏等防护设施。

（6）井下各级配电电压和各种电气设备的额定电压等级，应当符合下列要求：① 高压不超过10 000 V。② 低压不超过1 140 V。③ 照明和手持式电气设备的供电额定电压不

超过 127 V。④ 远距离控制线路的额定电压不超过 36 V。⑤ 采掘工作面用电设备电压超过 3 300 V 时，必须制定专门的安全措施。

（7）井下配电系统同时存在 2 种或者 2 种以上电压时，配电设备上应当明显地标出其电压额定值。

（8）防爆电气设备到矿验收时，应当检查产品合格证、煤矿矿用产品安全标志，并核查与安全标志审核的一致性。入井前，应当进行防爆检查，签发合格证后方准入井。

（9）井下严禁使用油浸式电气设备。40 kW 及以上的电动机，应当采用真空电磁起动器控制。

（10）井下高压电动机、动力变压器的高压控制设备，应当具有短路、过负荷、接地和欠压释放保护。井下由采区变电所、移动变电站或者配电点引出的馈电线上，必须具有短路、过负荷和漏电保护。低压电动机的控制设备，必须具备短路、过负荷、单相断线、漏电闭锁保护及远程控制功能。

（11）井下配电网路（变压器馈出线路、电动机等）必须具有过流、短路保护装置；必须用该配电网路的最大三相短路电流校验开关设备的分断能力和动、热稳定性以及电缆的热稳定性。必须用最小两相短路电流校验保护装置的可靠动作系数。保护装置必须保证配电网路中最大容量的电气设备或者同时工作成组的电气设备能够起动。

（12）井上、下必须装设防雷电装置，并遵守下列规定：① 经由地面架空线路引入井下的供电线路和电机车架线，必须在入井处装设防雷电装置。② 由地面直接入井的轨道、金属架构及露天架空引入（出）井的管路，必须在井口附近对金属体设置不少于 2 处的良好的集中接地。

（二）矿用电气设备的类型及适用条件

煤矿井下使用的电气设备，按使用场所、设备类型可分为矿用一般型和矿用防爆型电气设备。

1. 矿用一般型电气设备

矿用一般型电气设备是一种没有采取防爆措施的电气设备，其外壳的明显处有“KY”标志。它和一般电气设备在爬电距离、绝缘、电气间隙、防潮防尘和井下运输条件等方面有很多不同，包括：外壳坚固、封闭；防潮防溅；爬电距离及电气间隙较大；有电缆引入装置，并能防止电缆扭转、拔脱和损伤；开关的手把和门盖有联锁装置等。

矿用一般型电气设备主要适用于煤矿井下无瓦斯、煤尘爆炸的场所，还可用于瓦斯矿井的井底车场、总进风巷和主要进风巷，也适用于使用架线电机车运输的巷道中及沿该巷道的机电硐室内。

2. 矿用防爆型电气设备

根据《爆炸性环境 第 23 部分：用于瓦斯和/或煤尘环境的 Ⅰ 类 EPL Ma 级设备》（GB/T 3836.23—2017），矿用防爆型电气设备按防爆原理的不同分为 4 种形式：

（1）由隔爆外壳“d”保护的设备。内装可能点燃爆炸性气体环境的部件，能承受内部爆炸性混合物爆炸产生的压力，并阻止爆炸传播到周围爆炸性气体环境的外壳。

（2）由本质安全型“i”保护的设备。将设备内部和暴露于爆炸性气体环境的连接导线可能产生的电火花或热效应能量限制在不能产生点燃的水平，分为 ia、ib、ic 保护级别。

（3）由充砂型“q”保护的设备。将能点燃爆炸性气体的部件固定在适当位置上，且完全埋入填充材料，以防止点燃爆炸性气体环境。

（4）由浇封型“m”保护的设备。将可能产生点燃爆炸性混合物的火花或发热的部件封入复合物中，使其在运行和安装条件下不能点燃爆炸性气体环境，分为ma、mb、mc保护级别。

矿用防爆型电气设备按保护级别的不同分为2种形式：

（1）EPL Ma级设备。它是安装在煤矿甲烷爆炸性环境中的设备，具有“很高”的保护级别，该级别具有足够的安全性，使设备在正常运行、出现预期故障或罕见故障，甚至在甲烷气体突然出现，而设备仍带电的情况下均不可能成为点燃源。

（2）EPL Mb级设备。它是安装在煤矿甲烷爆炸性环境中的设备，具有“高”的保护级别，该级别具有足够的安全性，使设备在正常运行中或在气体突然出现和设备断电之间的时间内出现的预期故障仍条件下不可能成为点燃源。

《煤矿安全规程》规定，在爆炸性环境中使用的设备应当采用EPL Ma保护级别。

防爆电气设备按使用环境不同分为三类。Ⅰ类设备用于煤矿瓦斯气体环境；Ⅱ类设备用于除煤矿瓦斯气体环境之外的其他爆炸性气体环境，又分为ⅡA（代表性气体是丙烷）、ⅡB（代表性气体是乙烯）、ⅡC（代表性气体是氢气和乙炔）；Ⅲ类设备用于除煤矿之外的爆炸性粉尘环境。用于煤矿的设备，当其环境中除瓦斯外还可能含有其他爆炸性气体时，应按照Ⅰ类和Ⅱ类相应可燃性气体的要求进行制造和试验。矿用防爆型设备铸“Ex”字样和煤矿矿用产品安全标志“MA”，适用于有瓦斯煤尘爆炸危险的场所。矿用防爆设备种类较多，但使用最多的是矿用隔爆型设备和本质安全型设备。

为了保证各种类型的电气设备在运行中不产生引燃爆炸性混合物的温度，对Ⅱ类电气设备运行时能允许的最高表面温度分为T_1～T_6组，分组情况见表7-1。

表7-1　电气设备的允许最高表面温度

电气设备类型	温度组别	电气设备的允许最高表面温度/℃	说明
Ⅰ类	—	150	电气设备表面可能堆积煤尘
	—	450	电气设备表面不会堆积煤尘
Ⅱ类	T_1	450	
	T_2	300	
	T_3	200	
	T_4	135	
	T_5	100	
	T_6	85	

注：不同的环境温度及不同的外部热源和冷源可能有一个以上温度组别。

（三）煤矿常用的供配电设备

1. 高压开关设备

高压开关设备主要包括高压断路器、高压隔离开关和高压负荷开关等。

（1）高压断路器。高压断路器不仅可以切断或闭合高压电路中的空载电流和负荷电流，而且当系统发生故障时通过继电器保护装置的作用，切断过负荷电流和短路电流。它具有相当完善的灭弧结构和足够的断流能力，可分为：油断路器（多油断路器、少油断路器）、六氟化硫（SF_6）断路器、真空断路器、压缩空气断路器等。

（2）高压隔离开关。高压隔离开关是高压电路中重要的开关电器，需与高压断路器配套使用。

（3）高压负荷开关。这是一种功能介于高压断路器和高压隔离开关之间的电器，常与高压熔断器串联配合使用，用于控制电力变压器。

2. 矿用变压器（移动变电站）

矿用变压器是一种可移动的成套的供、变电装置，用来改变交流电压的大小，具有机械强度高、温升低、散热效果好等优点，可在高温下持续满负荷运行。中央变电所、采区变电所一般使用 KBSG 型隔爆型干式变压器，采掘工作面一般使用 KBSG 型矿用隔爆型干式变压器或 KBSGZY 型矿用隔爆型移动变电站。

移动变电站由矿用隔爆型干式变压器、隔爆型高压负荷开关箱、隔爆型低压馈电开关箱组成，具有容量大、体积小、功能完善、安全可靠、运输方便等特点。

3. 高压配电装置

高压配电装置包括高压配电柜和高压隔爆型配电开关。

高压配电柜起通断、控制和保护电路的作用，地面使用的型号有 GG-1A、KGN、KYGG、KYN28 等。

在具有瓦斯及煤尘爆炸危险的矿井中作为配电使用的高压隔爆型配电开关，也可作为高压电动机的控制开关，主要型号有 BGP3、BGP9L、BGP10 等。

4. 低压配电开关

矿用低压配电开关有低压配电柜和低压隔爆型配电装置两类。

低压配电柜具有分断能力强、动热稳定性好、组合方便、系列性、实用性强、结构新颖等特点，型号有 GCS、GCK、MNS、GGD、PGL 等。

井下使用的低压隔爆型配电装置有馈电装置和电磁起动器两大类，一般配置真空断路器或真空接触器。矿用隔爆型馈电装置的功能是控制馈电主回路的供电，一般具有短路、过负荷和漏电保护功能。常用的真空馈电装置有 KBD、KJZ、KBZ、BBD、KZDF 等型号。矿用隔爆型电磁起动器是控制电动机运转的重要设备，一般具有失压保护、过载保护、短路保护和断相保护的功能，主回路具有接通和分段能力。常用的真空电磁起动器有 QCZ、QJZ、BQD、QBZ 等型号。

（四）井下常用电气设备的选择与配置

1. 电气设备选型的要求

《煤矿安全规程》规定，选用井下电气设备必须符合表 7-2 的要求。

2. 低压电气设备选型应遵循的原则

（1）在采区一律选择隔爆型或隔爆兼本质安全型电气设备。

（2）按工作机械对控制的要求选择电气设备的型式：供电线路的总馈电尽可能选择真空馈电开关，如 KBZ、KZDF 型；电磁起动器要考虑是否频繁启动、正反转要求，如 QCZ、QJZ、BQD 系列。

（3）开关的额定电压、额定电流按电网额定电压和长时最大工作电流选择。

表 7-2　井下电气设备选用规定

设备类别	突出矿井和瓦斯喷出区域	高瓦斯矿井、低瓦斯矿井				
		井底车场、中央变电所总进风巷和主要进风巷		翻车机硐室	采区进风巷	总回风巷、主要回风巷、采区回风巷、采掘工作面和工作面进、回风巷
		低瓦斯矿井	高瓦斯矿井			
1. 高低压电机和电气设备	矿用防爆型（增安型除外）	矿用一般型	矿用一般型	矿用防爆型	矿用防爆型	矿用防爆型（增安型除外）
2. 照明灯具	矿用防爆型（增安型除外）	矿用一般型	矿用防爆型	矿用防爆型	矿用防爆型	矿用防爆型（增安型除外）
3. 通信、自动控制的仪表、仪器	矿用防爆型（增安型除外）	矿用一般型	矿用防爆型	矿用防爆型	矿用防爆型	矿用防爆型（增安型除外）

注：① 使用架线电机车运输的巷道中及沿该巷道的机电设备硐室内可以采用矿用一般型电气设备（包括照明灯具、通信、自动控制的仪表、仪器）。

② 突出矿井井底车场的主泵房内，可以使用矿用增安型电动机。

③ 突出矿井应当采用本安型矿灯。

④ 远距离传输的监测监控、通信信号应当采用本安型，动力载波信号除外。

⑤ 在爆炸性环境中使用的设备应当采用 EPL Ma 保护级别。非煤矿专用的便携式电气测量仪表，必须在甲烷浓度 1.0%以下的地点使用，并实时监测使用环境的甲烷浓度。

(4) 电气设备的保护装置要适应电网和工作机械对保护的要求。移动变电站的高压馈电线上，必须装设有选择性的动作于跳闸的单相接地保护装置；变压器二次侧的总馈电应有过流和漏电保护；采区的一般工作机械如局部通风机、绞车和带式输送机等必须有短路保护；大型采掘机械必须有过负荷和短路保护。

(5) 电气设备喇叭嘴的数目要满足电网接线的需要，内径要与电缆的外径相适应。

3. 移动变电站主变压器的选择与配置

矿用隔爆型移动变电站是一种可移动的成套供、变电装置，它将 6 kV 或 10 kV 电源转换成 133 V(127 V)、693 V(660 V)、1 200 V(1 140 V)、3 450 V(3 300 V)等煤矿井下所需的低压电源。

移动变电站型号为 KBSGZY 型，由矿用隔爆型高压真空配电装置、矿用隔爆型干式变压器、矿用隔爆型低压综合保护箱三部分组成。

干式变压器外壳为全波纹，有两边开盖式和上开盖式结构，具有机械强度高、温升低、散热效果好等优点。铁芯选用优质低损耗硅钢片，空载损耗低，空载电流小，噪声小。它采用 H 级绝缘材料及先进的绝缘结构，热稳定性好，可在高温下持续满负荷运行。

移动变电站主变压器的容量通常有 200 kV · A、315 kV · A、500 kV · A、630 kV · A、800 kV · A、1 000 kV · A、1 250 kV · A、1 600 kV · A、1 800 kV · A、2 000 kV · A、3 150 kV · A 等几种，根据容量计算结果选取较大规格的即可。

三、煤矿电气灾害及其防治

（一）杂散电流及其防治

1. 杂散电流的产生及危害

任何不按指定路径流动的电流，统称杂散电流。杂散电流分为直流杂散电流和交流杂散电流。运输巷道以直流杂散电流为主，而采区以交流杂散电流为主。

杂散电流的危害：① 在井下，杂散电流可能引起电雷管的误爆炸。② 杂散电流对井下金属管道和铠装电缆外皮造成腐蚀，缩短金属管道和铠装电缆的使用寿命。③ 杂散电流可能产生电火花，引起瓦斯、煤尘爆炸。④ 杂散电流可能使漏电保护、高压隔爆型配电装置发生误动作。

2. 杂散电流的防治

(1) 直流杂散电流的防治措施

牵引电网对架线的要求：① 当有两个以上牵引变流所向架空线供电时，牵引变流所供电区域之间应设绝缘和分段联络开关。当电机车为双弓时，架线上要装设两处绝缘，其间距应大于电机车双弓之间的距离。② 架线每隔 500 m 左右应设分段绝缘和分段开关。③ 馈电线与架线应用不少于 2 个铜质馈电夹子连接，每个夹子与导线的接触面积应不小于导线截面的 1.5 倍，连接应紧固、可靠。④ 多水平生产的矿井，每个生产水平要有单独的直流供电系统，严禁一个牵引变流所向多个水平供电。⑤ 为了减少回电点附近电缆外皮的腐蚀，宜将电源的负极经馈电线接架线，正极经回电线接轨道。如果有几个牵引变流所向架线供电时，必须采取相同极性的接线方法。⑥ 牵引变流所应设在架线区间的中央，最佳供电半径不宜大于 1.5 km。

对轨道的要求：① 回电轨道的接缝应进行电气连接，即采用长度不小于600 mm、截面积不小于 50 mm^2 的铜线进行焊接，焊接点的面积不小于 255 mm^2。② 不同规格的轨道接缝电阻值，应符合《煤矿安全规程》的要求。③ 回电的平行钢轨间，每隔 50 m 应用截面积不小于 30 mm^2 的钢板进行电气连接。④ 回电轨道在道岔处导轨和主轨道之间应进行电气连接，连接电阻值与轨道接缝电阻值的要求相同。⑤ 不回电的轨道和回电的轨道相连时，必须加以绝缘。⑥ 平巷与斜巷间的轨道分别设置两道绝缘。两道绝缘间的距离应不大于一列串车的长度，并保证在任何情况下，第二道绝缘处不回电侧轨道与回电侧轨道之间不得被串车等形成连接。

(2) 交流杂散电流的防治措施

防治交流杂散电流主要采取两种措施：一是提高交流电网的绝缘水平；二是采取屏蔽电缆。

（二）触电事故及其预防

1. 触电的危害及预防

触电事故是指人体接触低压带电体或靠近高压带电体时，电流流过人体而造成的伤害事故。触电对人体的伤害可分为电击和电伤。电击是指电流通过人体，损坏人体内部器官，导致触电者伤残或死亡。电伤是指电弧对人体表面造成的烧伤。触电死亡事故大多数是电击造成的。

(1) 触电对人体的影响

人体触电时,触电电流会对心脏、呼吸和神经系统等造成影响。一般认为,凡是能引起心室颤动的电流,或者使触电者不能自主地摆脱带电体的电流均是危险电流。只有触电者能自主地摆脱带电体的触电电流才是安全电流。电流对人体的作用分为感知电流(5 mA)、摆脱电流(30 mA)、致命电流(50 mA 以上)三级。

(2) 触电的方式

① 按是否接触带电体,触电事故包括接触触电和非接触触电。

② 按电流流经人体的路径,触电可分为单相触电、两相触电和跨步电压触电。

(3) 影响触电伤害的因素

① 电流的大小。通过人体的电流越大,人死亡危险性也越大。通过人体的电流强度取决于触电电压和人体电阻。人体电阻一般在 1 000~2 000 Ω 之间。

② 持续时间。通电时间越长,对人体的伤害程度越重。

③ 电流的途径。电流通过心脏、呼吸系统和中枢神经系统时,危险性最大。从外部看,左手至脚的触电最危险。

④ 电流频率。常用的 50~100 Hz 的工频交流电对人体的伤害最严重。

⑤ 其他因素,包括性别、人体健康状况、心理准备等。

2. 触电的原因

(1) 低压触电主要原因

① 违章作业:带电安装、带电检修、带电搬迁电气设备。

② 不严格执行停送电制度,停错、送错电;不执行“谁停电,谁送电”制度,不挂牌、不验电。

③ 对设备及电缆漏电、保护装置失灵等未及时处理和检查不认真等。

(2) 高压触电主要原因

① 带电清扫、带电检查、带电搬运、带电作业。

② 没有执行停电、验电、放电及在停电的电源侧设三相短路接地线,以及部分停电应加遮拦等规定和要求。误操作、误停送电,误认开关和电缆等。

③ 保护装置及防护设施不齐全,不可靠。

(3) 直流架线触电主要原因

① 人员站在矿车上,或人员上、下矿车时触及直流架线。

② 没有执行“人员上下车地点要有照明,架线必须安设分区开关,人员上下车时切断该区段架线电源,或使用架线式机车的人行车场要装设分区开关,保证上下人时架线无电”的规定。

③ 没有使用有顶盖的专用平巷人车运送人员。

④ 人员扒车或乘坐空载矿车。

⑤ 行人穿过矿车之间孔隙时,脚踏矿车连接处。

⑥ 人员手持、肩抗金属材料和工具在有架线的运输巷内行走。

⑦ 架线电机车车弓子或其带电部分安设高度过低。

3. 触电的预防措施

(1) 煤矿井下变压器中性点严禁直接接地。

(2) 井下电气设备必须设有保护接地。

(3) 矿井变电所的高压馈电线和井下低压馈电线，应装有漏电保护装置。

(4) 井下电缆敷设应符合规定，并加强管理；电机车架线应符合要求。

(5) 对人员易接触的电气设备尽量采用较低电压，电气设备控制回路的电压不得大于36 V(安全电压)。

(6) 操作高压电气设备时，工作人员必须戴绝缘手套，穿电工绝缘靴或站在绝缘台上，维修电气装置时要使用保安工具。容易碰到的、裸露的带电体必须加装护罩或遮栏等防护设施。

(7) 设置电气防护使人体不能触及或接近带电体。对操作时需触及的电气设备加强绝缘；将可能触及的带电部分封闭在外壳内，并设置闭锁机构，停电时外壳才能打开，外壳打开时送不上电；无法封闭的，采用栅栏门隔离并设置闭锁机构；架空线等无法隔离的裸露带电体应安装在一定高度，防止人员触及。

4. 安全电流与安全电压

(1) 安全电流。安全电流指发生触电时不会使人致死、致伤的通过人体的最大触电电流。我国规定安全电流为30 mA。其含义是：对于任何供电系统，必须保证当发生人员触电时，触电电流不得大于30 mA，否则必须设置触电保护装置。

(2) 安全电压。安全电流与人体电阻的乘积称为安全电压。在我国，对于人员可能经常接触的电气设备，在没有高度危险的条件下(如干燥洁净的场所)，安全电压采用65 V；在有高度危险的条件下(如煤矿井下)，安全电压采用36 V。因此，从触电的危险性看，36 V以上为危险电压。

(三) 电气火灾及其预防

随着煤矿采掘机械化和电气化程度的提高，电气火灾发生的比例也在增加。低压电缆着火、矿用变压器着火、架线式电车电弧引燃易燃物着火等电气火灾时有发生。一旦发生火灾，井下众多生产设备遭受破坏，并引发其他一系列的矿井事故，具有很大的危害性。

1. 电气火灾的主要特征

(1) 不易被发现。由于漏电与短路通常发生在电气设备内部及电线的交叉接头部位，因此电气起火的最初部位是看不到的，只有当火已形成并发展成明火后才能看到，但此时火势已大，矿井井巷较多，电气线路错综复杂，给火灾扑救带来很大困难。

(2) 变化性大。煤矿井下电气设备布置分散，发火的位置很难进行常规性预测，对起火时间和概率很难定量预估。这种突发性、意外性和随机性给矿井电气火灾的预防和管理带来难度。

(3) 燃烧速度快。电缆着火时，由于短路或过流的电缆温度高，导致火焰沿着电缆燃烧的速度非常快，并借助巷道风流及其他助燃物质的影响，燃烧速度加快。事故一旦发生，容易酿成恶性事故，损失惨重。

2. 电气火灾的危害

一旦发生矿井电气火灾事故，可能会在井下引起连锁反应，火焰通过电缆、电气设备以及矿井风流、瓦斯和煤尘等引发其他事故。电气火灾的危害性表现为以下几个方面：

(1) 火灾可能烧毁设备和破坏现场工作条件，给矿井生产带来严重影响。

(2) 火灾造成矿井电气设备、生产材料的损失和破坏。

(3) 火灾会改变主要通风机的工作状态，导致井下通风系统紊乱，火烟弥漫井巷，还可能引起瓦斯或煤尘爆炸事故，造成更大的损失。

(4) 火灾造成矿井内部环境污染，矿井电缆、电线及电气设备的绝缘材料燃烧时会释放各种有毒有害气体，造成整个矿井内部或局部空气污染，致使灾区或波及区域的工作人员中毒或窒息死亡。

3. 电气火灾发生的原因

(1) 短路电流。导线短路时，因有大量的电流流过设备而使导线发热，导线在几秒时间内就可能燃烧并引燃邻近的可燃物品造成火灾。

(2) 过负荷。当设备长时间处于超负荷工作状态将达到使其失去绝缘性能的危险温度，最后引起电气设备的线路短路而发火燃烧。

(3) 接触不良。线路中个别部位接触电阻的增加导致线路接触不良。井下电缆或设备之间的连接部位(接头)做得不好，常会使设备发热而引发火灾。

(4) 漏电。漏电是引起电气火灾的主要原因。电缆绝缘材料性能不好，绝缘等级不够，电缆已有砸伤未发现而漏电，电缆两相短接时漏电等，都可能引起周围可燃物燃烧形成火灾。

(5) 静电。在井下，静电的产生可能是因为砂砾或其他含在压缩空气中的混合物与橡胶管、金属管壁摩擦，或输送带在带式输送机滚筒上摩擦等，从而产生电弧火花易引起瓦斯爆炸或火灾。

4. 电气火灾的预防对策

(1) 严格执行《煤矿安全规程》《煤矿防灭火细则》中的电气规定及防火要求。井下电气设备的选用和安装要严格照要求执行。加强对电气设备管理，确保"三大保护"完善可靠，严禁电气设备超负荷运行；定期检查电缆线路的绝缘程度及设备的运行情况，防止因设备内部的故障等原因导致设备起火；防止人为因素导致电气设备及线路发生机械损伤或漏电。

(2) 加强矿井电气管理，提高职工防火意识。严格落实电气设备包保制度，建立健全电气设备的操作规程，完善设备的检修、维护、保养等制度。做好职工的安全教育和培训，提高防火意识。经常组织井下消防和设备隐患排查，消除电气火灾的事故隐患。建立矿井电气火灾应急预案，并进行事故模拟演练。开展电气设备预防性试验，经常开展事故的演习，确保职工在发生火灾时能够采取相应的灭火、避难、救援等防范措施。

(3) 推广应用新技术、新设备、新材料、新工艺，提高矿井防灭火能力。积极开展对矿井电气火灾发生、发展机理和规律性的研究。推广利用矿用火灾报警设备、灭火设备和逃生新设备。

四、矿用电气设备的防爆管理

电气设备正常运行时或故障状态下可能出现的火花、电弧、热表面等，都具有一定的能量，可以成为点燃矿井瓦斯和煤尘的点火源。因此，煤矿井下使用防爆电气设备，对防止瓦斯、煤尘爆炸具有重要的意义。

(一) 常见的电气失爆现象

电气失爆是指电气设备的隔爆外壳失去了耐爆性或隔爆性。已经失爆的防爆设备，如果其内部发生爆炸，必将炸坏外壳引起壳外爆炸；从缝隙中喷出的高温气体也能引起壳外的爆炸，这是十分危险的。因此，凡是《煤矿安全规程》规定必须使用防爆电气设备的场所，防爆设备失爆时，禁止使用。井下隔爆型电气设备常见的失爆现象有以下几种：

1. 用螺栓固定的隔爆接合面的失爆现象

发生这种失爆现象的原因有：

(1) 隔爆接合面缺螺栓、弹簧垫圈或螺母，螺栓或螺孔滑扣，螺栓折断在螺孔中，螺栓未上满扣。

(2) 隔爆接合面的弹簧垫圈未压平或螺栓松动，弹簧垫圈断裂或无弹性且间隙超限。

2. 电缆引出、引入装置的失爆现象

发生这种失爆现象的原因有：

(1) 密封圈老化、失去弹性、变质、变形，有效尺寸配合间隙达不到要求，起不到密封作用。

(2) 密封圈外径与进线装置内径差值不符合规定。

(3) 密封圈内径与引入电缆外径差大于 1 mm。

(4) 密封圈宽度小于电缆外径 0.7 倍的，或最小宽度小于 10 mm 的。

(5) 密封圈厚度小于电缆外径 0.3 倍的（70 mm^2 及以上电缆除外），或最小厚度小于 4 mm 的。

(6) 密封圈的单孔内穿进多根电缆。

(7) 把密封圈割开套在电缆上，或密封圈没有完全套在电缆护套上。

(8) 密封圈刀削后凹凸不平、不整齐，锯齿直径差大于 2 mm。

(9) 线嘴压紧而没有余量（1 至 3 扣），线嘴与密封圈之间没有加装金属垫圈（金属圈与进线嘴不匹配）。

(10) 线嘴压紧而引入深度不足 6 扣。

(11) 进线嘴压紧后没有余量或进线嘴内缘压不紧密封圈，或密封圈端面与器壁接触不严，或密封圈能活动。

(12) 引入、引出电缆压线板未压紧电缆，用单手扳动喇叭嘴上下左右晃动时有明显空隙，在引入装置处能轻易来回抽动电缆。

(13) 高压铠装电缆终端接线盒没有灌绝缘胶；绝缘胶没有灌到电缆三岔口以上；绝缘胶有裂纹而能相对活动。

3. 隔爆型插接装置的失爆现象

发生这种失爆现象的原因有：

(1) 电源电压低于 1 140 V 的插接装置缺少防止突然拔脱的联动装置。

(2) 电压在 1 140 V 以上的插接装置没有电气联锁装置。

(3) 插销在触头断开的断电瞬间，外壳隔爆接合面的最大直径差 W 和最小有效长度 L 不符合表 7-3 规定。

表 7-3 外壳隔爆接合面的最大直径差 W 和最小有效长度 L

外壳净容积/L	L/mm	W/mm
≤0.5	15	0.5
>0.5	25	0.6

4. 隔爆电气设备内外壳的失爆现象

发生这种失爆现象的原因有：

(1) 隔爆外壳有裂纹、开焊、严重变形且长度超过 50 mm、凹坑深度超过 5 mm 的。

(2) 隔爆壳内外有锈皮脱落(锈皮厚度达 0.2 mm 及以上)。

(3) 闭锁装置不符合规定，闭锁装置不全或变形损坏而起不到机械闭锁作用。

(4) 隔爆室(腔)的观察窗(孔)的透明板松动、破裂，使用普通玻璃或机械强度不符合规定。

(5) 螺纹隔爆结构的螺距最少啮合扣数、最小拧入深度不符合表 7-4 的规定。

表 7-4　螺距的最小啮合扣数、最小拧入深度

外壳净容积 V/L	最小拧入深度/mm	最小啮合扣数
$V<0.1$	5.0	
$0.1\leqslant V\leqslant 2.0$	9.0	6
$V>2.0$	12.5	

(6) 喇叭嘴缺损影响防爆性能。

(7) 未接线的喇叭嘴没有分别用密封圈、挡板、金属圈依次装入、压紧，或者有一项未装上、上反或未压紧(闲置进线喇叭嘴可以不用金属圈)。

(8) 挡板直径与进线装置内径之差大于 2 mm；挡板厚度小于公称尺寸 2 mm(厚度允许误差为±0.18 mm)；挡板材质低于钢垫板强度；挡板有缺陷或机械性伤痕超过有关规定。

(9) 金属圈外径小，与进线装置内径之差大于 2 mm；金属圈厚度小于 1 mm；金属圈有开口等。

5. 隔爆接合面的失爆现象

隔爆接合面应保持光洁、完整，各结构参数符合规定。有下列情况之一者即为失爆：

(1) 平面接合面和止口接合面尺寸不符合表 7-5 的规定。

表 7-5　平面接合面和止口接合面的规定尺寸

接合面宽度 L/mm	与外壳容积 V 对应的最大间隙/mm	
	$V\leqslant 100\ cm^3$	$V>100\ cm^3$
$6\leqslant L<12.5$	0.3	—
$12.5\leqslant L<25$	0.4	0.4
$L\geqslant 25$	0.5	0.5

(2) 操纵杆和轴接合面尺寸不符合表 7-6 的规定。

表 7-6　操纵杆和轴接合面的规定尺寸

接合面宽度 L/mm	与外壳容积 V 对应的最大间隙/mm	
	$V\leqslant 100\ cm^3$	$V>100\ cm^3$
$6\leqslant L<12.5$	0.3	—
$12.5\leqslant L<25$	0.4	0.4
$L\geqslant 25$	0.5	0.5

(3) 转盖式或插盖式隔爆接合面的宽度小于 25 mm,间隙大于 0.5 mm 以上。

(4) 活动隔爆接合面尺寸不符合表 7-7 的规定。

表 7-7 活动隔爆接合面的规定尺寸

接合面宽度 L/mm		与外壳容积 V 对应的最大间隙	
		$V\leqslant100$ cm³	$V>100$ cm³
带滑动轴承的转轴	$6\leqslant L<12.5$	0.3	—
	$12.5\leqslant L<25$	0.4	0.4
	$25\leqslant L<40$	0.5	0.5
	$L\geqslant40$	0.6	0.6
带滚动轴承的转轴	$6\leqslant L<12.5$	0.45	—
	$12.5\leqslant L<25$	0.6	0.6
	$L\geqslant25$	0.75	0.75

(5) 隔爆电动机轴与轴孔的隔爆接合面在正常工作状态下产生摩擦。

(6) 隔爆接合面上产生的机械性伤痕,宽度与深度大于 0.5 mm;其长度不能保证剩余无伤隔爆接合面有效长度小于规定长度的 2/3。

(7) 隔爆接合面的表面粗糙度大于 6.3,操纵杆的表面粗糙大于 3.2。

(8) 隔爆接合面无间隙或锈蚀,但正常情况下用手打不开大盖。

(二) 防爆电气设备的管理要点

1. 下井前的检查要点

(1) 零部件是否齐全、完整。

(2) 隔爆外壳是否涂有防腐油漆。

(3) 隔爆外壳、接线箱、底座等是否变形。

(4) 通电试运行,看开、停、吸、合动作是否灵敏可靠,运行是否正常,有无杂音。

(5) 各种进、出线嘴是否封堵。要有合格的密封圈、挡板和垫圈,安装顺序是:最里为密封圈,中间为挡板,最外是垫圈。线嘴要拧紧。

(6) 隔爆面是否有锈蚀和机械性伤痕,是否涂有防锈油脂。隔爆面不能有锈,最好进行磷化处理,光洁度要符合要求。气孔、划痕等机械伤痕不能超过规定的要求。

(7) 隔爆间隙是否符合要求。对每台设备的隔爆面都要逐一测量。

2. 搬运中的注意事项

(1) 装车时要轻装轻放。为避免运输中设备在车内滚动碰撞,要用木板等支垫好外露接合面,如采煤机电动机的端面、电动机轴头等,要用木板或专用铝制外罩加以保护。低压防爆开关要用闭锁螺丝将转盖锁住,避免转盖滑脱、内部进水和灰尘、碰坏隔爆面等。

(2) 卸车时不能扔摔,防止把线嘴、线盒手把、仪表碰坏。

(3) 采掘工作面采用绞车、单轨吊车等搬运设备时,防止刮碰设备的突出部分(如轴头、手把、线盒、线嘴托架等),这些部分是影响设备隔爆性能的关键部位。

3. 使用中的管理要求

(1) 运行中的电气设备,周围环境要干燥、整洁,不能堆积杂物和浮煤,保持良好的通风，设备上的煤尘要及时打扫；顶板要有可靠的支护，防止矸石冒落砸坏设备；底板有水的地方，要疏通水沟及时排水；底板潮湿时，要用不燃性材质做台架，把设备垫起来；避不开的淋水，要搭设防水棚。

(2) 备用的电气设备，零部件要齐全，螺丝要拧紧，大小线嘴要有密封圈、垫圈，并用挡板堵好；外露螺丝要涂油防锈，隔爆面要涂防锈油。存放地点要安全、干燥，且便于运输；设备上要有明显的"备用"标志牌。

(3) 因急需或倒装拆下来未上井检修的电气设备时，要在井下现场对设备进行小修；更换老旧螺丝和失效的弹簧垫圈，擦净隔爆腔内的煤尘、电弧、铜末、潮气，修理接线柱丝扣、变形的卡爪，修理或更换烧灼的触头，防爆面除锈，擦拭涂油，并测量其绝缘情况。不经检修、零件不全、螺丝折断、绝缘及防爆间隙不合要求的设备不准使用。

(4) 为了及时排除设备故障，保证设备隔爆性能良好，必须在井下现场准备一定数量的备件和材料，如各种线嘴盒、接线柱、绝缘套管、卡爪、接线座、触头、螺丝、弹簧垫圈、密封圈、按钮、漆布、胶布、砂布等，并做到数量充足，质量合格，及时补充，专人保管。

第二节　煤矿供电系统与电气设备的安全管理

一、煤矿供电系统的安全管理

(一) 供电系统的类型、运行方式及安全管理要点

1. 矿井供电系统的类型

矿井供电系统主要有深井、浅井和平硐三种形式，下面介绍深井供电系统和浅井供电系统。

(1) 深井供电系统

对于开采煤层较深、年产量大的矿井，通常经过井筒将 10 kV(或 6 kV)高压电能送入井下，一般将这种供电方式称为深井供电。深井供电系统的特征是高压电能通过电缆送到井下，并直接送到采区，如图 7-1 所示，一般供电线路为：地面变电所→井下中央变电所→采区变电所(或移动变电站)→工作面配电点。

为保证供电可靠性，地面变电所和井下中央变电所都采用单母线分段。所有主要用电设备均与两段母线连接，当任意一段母线发生故障或检修时，主要用电设备均可由另一段母线供电。井下一、二级负荷占比较大，根据《煤矿安全规程》规定，井下中央变电所的电源引入线至少要用两条电缆，且它们应分接于地面变电所的不同母线段上；在正常工作时，各段同时运行，而在任一回路停止供电时，其余回路应能承担井下全部负荷的供电。

(2) 浅井供电系统

如果煤层埋藏较浅，且电力负荷较小，可通过井筒或钻孔将低电压(660 V)送入井下，这种供电方式称为浅井供电。如图 7-2 所示为浅井供电系统，其特征是高压电能不下井，而是由地面变电所的 380 V 或 660 V 低压电经过井筒中的低压电缆直接送到井底车场的配电所(取代了井下中央变电所)，供井底车场附近的低压动力和照明用电。

供电系统究竟采用哪种供电方式，应根据矿井的具体情况经技术经济比较后确定，如建井初期采用浅井供电，后期则采用深井供电。但无论采用哪种供电方式，都必须符合供电安

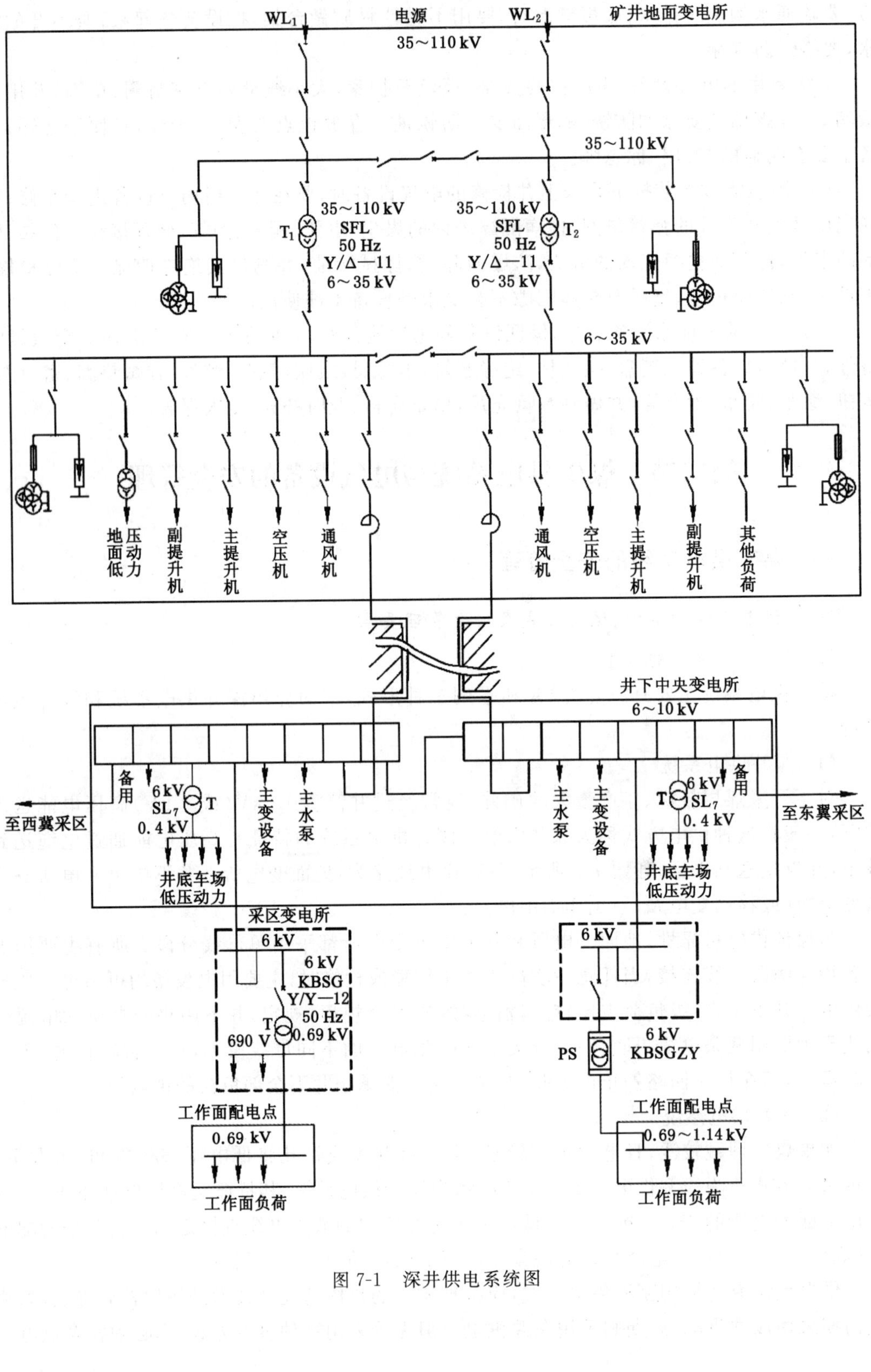
WL₁
电源
35～110 kV
WL₂
矿井地面变电所
35～110 kV
T₁
35～110 kV
SFL
50 Hz
Y/Δ—11
6～35 kV
35～110 kV
SFL
50 Hz
Y/Δ—11
6～35 kV
T₂
6～35 kV
地面低压动力
副提升机
主提升机
空压机
通风机
通风机
空压机
主提升机
副提升机
其他负荷
井下中央变电所
6～10 kV
备用
6 kV
SL₇
T
0.4 kV
至西冀采区
主变设备
主水泵
井底车场
低压动力
主水泵
主变设备
T
6 kV
SL₇
0.4 kV
备用
至东翼采区
井底车场
低压动力
采区变电所
6 kV
6 kV
KBSG
Y/Y—12
50 Hz
T
0.69 kV
690 V
工作面配电点
0.69 kV
工作面负荷
6 kV
PS
6 kV
KBSGZY
工作面配电点
0.69～1.14 kV
工作面负荷

图 7-1　深井供电系统图

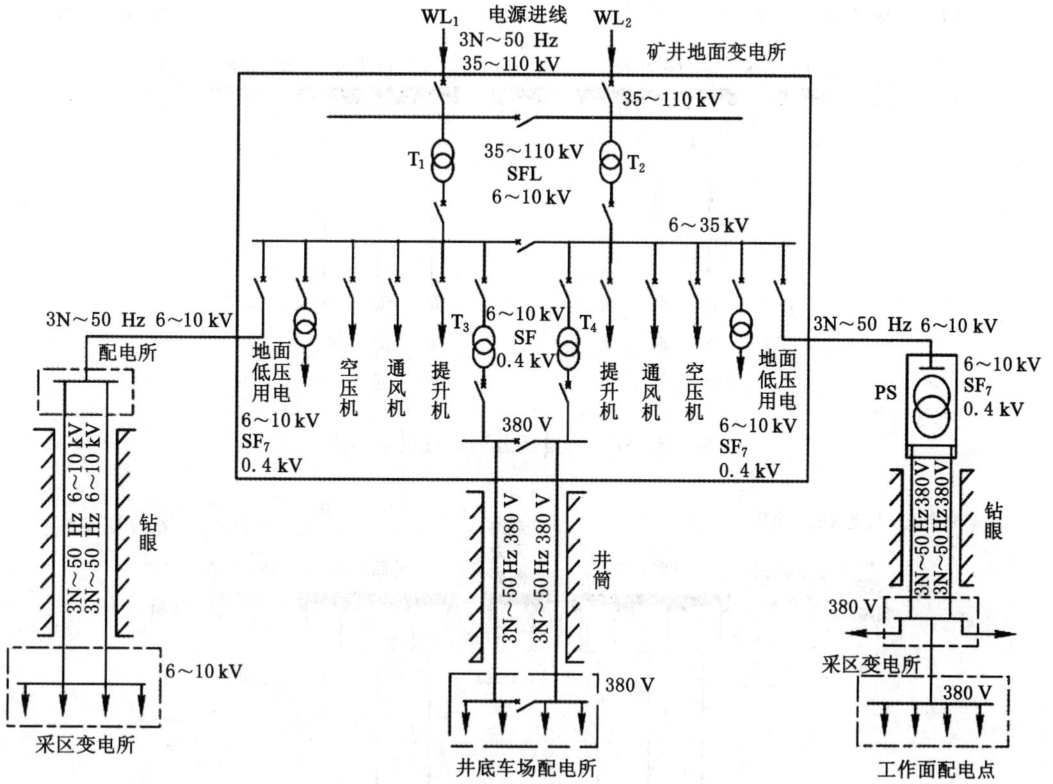

图 7-2　浅井供电系统图

全、可靠、质量良好、经济技术合理、能力充足的原则。

2. 矿井供电系统的运行方式

矿井供电系统的运行方式有两种：分列运行和并列运行。

(1) 多回路分列运行

《煤矿安全规程》规定：正常情况下，矿井电源应当采用分列运行方式。若一回路运行，另一回路必须带电备用。带电备用电源的变压器可以热备用；若冷备用，备用电源必须能及时投入，保证主要通风机在 10 min 内启动和运行。对井下各水平中央变(配)电所和采(盘)区变(配)电所、主排水泵房和下山开采的采区排水泵房供电线路，不得少于两回路。当任一回路停止供电时，其余回路应能担负全部用电负荷。向局部通风机供电的井下变(配)电所应采用分列运行方式。

图 7-3 为井下变电所分列运行供电方式，就是两段母线之间的联络开关处于连接状态，两段母线一路带电运行，另一路带电备用。

分列运行方式适用于负荷较小的变(配)电所，其优点是两回路的负荷相同，两回路总配电开关保护整定相同，便于两回路的切换；缺点是运行电缆线路工作电流较大，压降较大，运行线路距离较短。

(2) 多回路并列运行

井下变电所并列运行供电方式是指两路同时运行，两段母线之间的联络开关处于断开状态，如图 7-4 所示。目前井下多用此种供电方式。

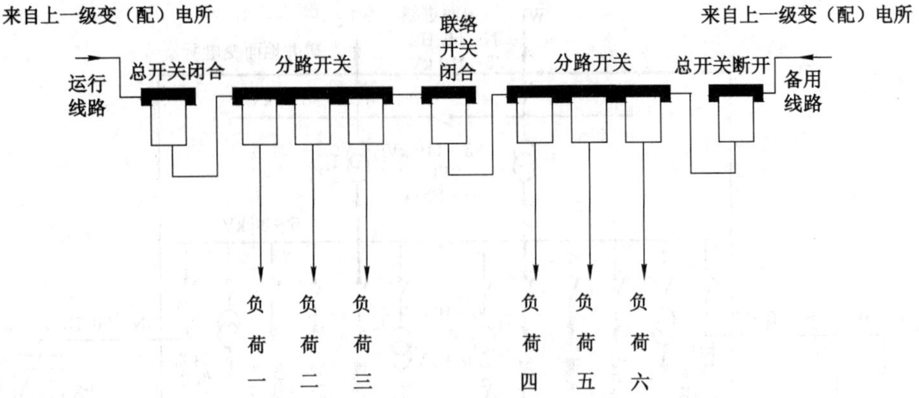

图 7-3　井下变电所分列运行供电方式

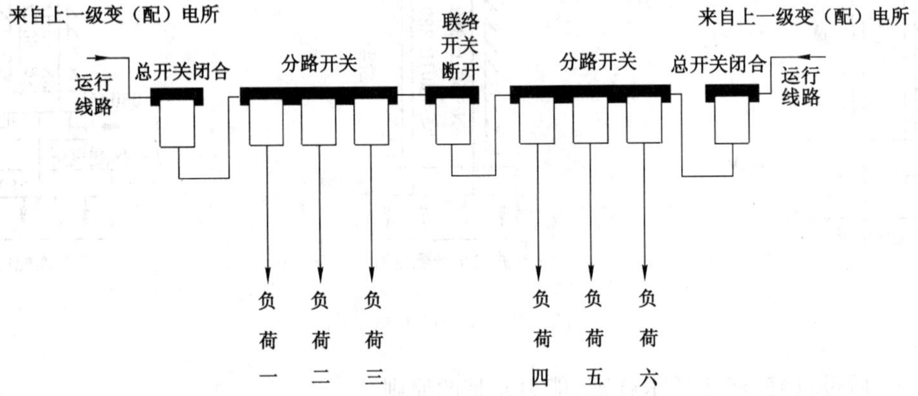

图 7-4　井下变电所并列运行供电方式

并列运行供电方式适用于负荷较大的变(配)电所,其优点是运行电缆线路工作电流较小,压降较小,运行线路距离较长;缺点是两回路的负荷不同,两回路总配电开关保护整定不同,当一回路停电时,另一路总配电开关需重新整定,不便于两回路的切换。

(3) 变压器中性点的运行方式

在交流供电系统中,变压器的中性点接地方式有三种,即中性点直接接地、中性点不接地和中性点采用消弧线圈(或限流阻抗)接地。变压器中性点的不同运行方式,对供电安全有着直接的影响。

① 中性点直接接地方式

对于变压器中性点直接接地系统,当发生人身触电事故时,电源直接通过人体、大地和接地体构成通路,一个很大的触电电流将从人体流过,极其危险。当电源电压为 660 V 时,触电电流为 380 mA。发生单相接地故障时,大地与中性点直接形成单相接地短路故障,将产生很大的短路电流,可能引起瓦斯和煤尘爆炸。因此,《煤矿安全规程》规定:严禁井下配电变压器中性点直接接地,严禁由地面中性点直接接地的变压器或者发电机直接向井下供电。

② 中性点不接地方式

如图 7-5 所示，变压器中性点不接地时，当发生人身触电事故时，电源通过人体、大地和电网对地绝缘电阻及接地体构成通路，由于电网对地绝缘电阻大，同样当电源电压为 660 V 时，触电电流为 30 mA(设电网每相绝缘电阻在 380 V 时为 90 kΩ，660 V 时为 35 kΩ)，可见触电电流大为减小。当发生单相接地故障时，由于电网对地绝缘电阻大，单相接地电流相对于中性点直接接地方式也要小得多。但应注意对弧光接地过电压或谐振过电压的防范。

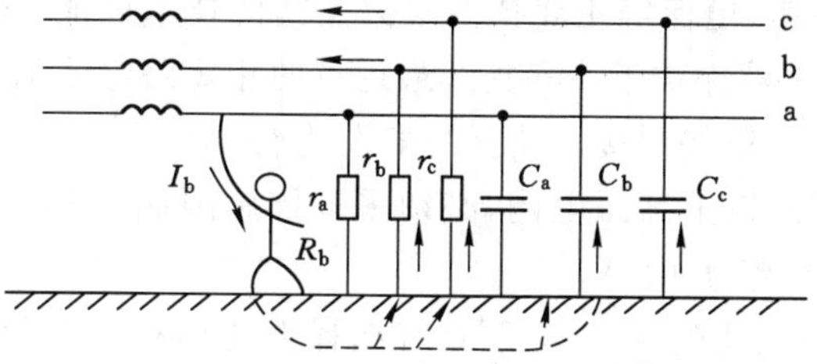

图 7-5 变压器中性点不接地时人触及一相带电导体的情况

③ 中性点采用消弧线圈接地方式

变压器中性点采用消弧线圈接地方式就是在中性点与接地极之间加上消弧线圈。利用电感电流来补偿电容电流。对于井下电缆敷设距离较长、分布电容大的矿井，可采用中性点经消弧线圈接地运行方式，但应注意有效控制残流和抑制弧光过电压，以达到最佳补偿。

3.《煤矿安全规程》对矿井供电安全的要求

(1) 矿井应当有两回路电源线路(即来自两个不同变电站或者来自不同电源进线的同一变电站的两段母线)。当任一回路发生故障停止供电时，另一回路应当担负矿井全部用电负荷。区域内不具备两回路供电条件的矿井采用单回路供电时，应当报安全生产许可证的发放部门审查。采用单回路供电时，必须有备用电源。备用电源的容量必须满足通风、排水、提升等要求，并保证主要通风机等在 10 min 内可靠启动和运行。

矿井的两回路电源线路上都不得分接任何负荷。

正常情况下，矿井电源应当采用分列运行方式。若一回路运行，另一回路必须带电备用。带电备用电源的变压器可以热备用；若冷备用，备用电源必须能及时投入，保证主要通风机在 10 min 内启动和运行。

10 kV 及以下的矿井架空电源线路不得共杆架设。

矿井电源线路上严禁装设负荷定量器等各种限电断电装置。

(2) 矿井供电电能质量应当符合国家有关规定；电力电子设备或者变流设备的电磁兼容性应当符合国家标准、规范要求。电气设备不应超过额定值运行。

(3) 对井下各水平中央变(配)电所和采(盘)区变(配)电所、主排水泵房和下山开采的采区排水泵房供电线路，不得少于两回路。当任一回路停止供电时，其余回路应当承担全部用电负荷。向局部通风机供电的井下变(配)电所应当采用分列运行方式。

主要通风机、提升人员的提升机、抽采瓦斯泵、地面安全监控中心等主要设备房，应当各有两回路直接由变(配)电所馈出的供电线路；受条件限制时，其中的一回路可引自上述设备房的配电装置。

向突出矿井自救系统供风的压风机、井下移动瓦斯抽采泵应当各有两回路直接由变(配)电所馈出的供电线路。

本条上述供电线路应当来自各自的变压器或者母线段，线路上不应分接任何负荷。

本条上述设备的控制回路和辅助设备，必须有与主要设备同等可靠的备用电源。

向采区供电的同一电源线路上，串接的采区变电所数量不得超过3个。

(4) 矿井必须备有井上、下配电系统图，井下电气设备布置示意图和供电线路平面敷设示意图，并随着情况变化定期填绘。图中应注明：① 电动机、变压器、配电设备等装设地点。② 设备的型号、容量、电压、电流等主要技术参数及其他技术性能指标。③ 馈出线的短路、过负荷保护的整定值以及被保护干线和支线最远点两相短路电流值。④ 线路电缆的用途、型号、电压、截面和长度。⑤ 保护接地装置的安设地点。

(5) 矿井6 000 kV及以上高压电网，必须采取措施限制单相接地电容电流，生产矿井不超过20 A，新建矿井不超过10 A。

井上、下变电所的高压馈电线上，必须具有选择性的单相接地保护；向移动变电站和电动机供电的高压馈电线上，必须具有选择性的动作于跳闸的单相接地保护。

井下低压馈电线上，必须装设检漏保护装置或者有选择性的漏电保护装置，保证自动切断漏电的馈电线路。

每天必须对低压漏电保护进行1次跳闸试验。

(6) 直接向井下供电的馈电线路上，严禁装设自动重合闸。手动合闸时，必须事先同井下联系。

4. 矿井供电系统安全检查要点

矿井供电系统的安全检查要点见表7-8。

表7-8 矿井供电系统安全检查要点

序号	检查项目及内容	检查情况	备注
1	矿井应有两回路电源线路。主要通风机、提升人员的提升机、抽采瓦斯泵、压风机以及地面安全监控中心等主要设备房，应有两回路直接由变(配)电所馈出的供电线路		
2	矿井、采区及采掘工作面等供电地点均有合格的供电系统设计		
3	井下变电所、配电点悬挂与实际相符的供电系统图		
4	正常工作的局部通风机必须采用“三专”供电，专用变压器最多可向4个不同掘进工作面的局部通风机供电		
5	防爆电气设备及小型电器无失爆		
6	严禁井下配电变压器中性点直接接地		
7	电气设备不应超过额定值运行		
8	实行停送电审批和工作票制度		
9	井上、下必须装设防雷电装置		

(二) 矿井供电系统管理中常见问题

1. 供电系统不合理

在煤矿井下，由于一些采区变电所距离远，中间经过的开关级数较多，供电系统的设计和布置存在缺陷。有的采煤工作面和掘进工作面的供电混在一起，相互影响；有的采掘工作面的供电负荷存在分配不均、相互交叉现象；有的供电设备保护功能欠缺，供电系统图错误百出；有的电源保护和负荷保护整定值无法配合，整定值不能根据负荷变化及时调整。

2. 电缆管理不到位

电缆事故在井下电气事故中占的比例较大，常见的有电缆相间短路、漏电接地故障、断相、着火等，影响面广，处理时间长。电缆事故引起的火灾、瓦斯、煤尘爆炸的惨痛教训也很多。

3. 高压防爆开关故障率高

虽然煤矿井下矿用一般型高压防爆开关具有高压漏电和绝缘监视保护功能，但由于变压器高、低压侧腔体的盖没有有效的联锁保护装置，高压开关与分立的变压器、低压馈电开关之间的保护不能形成有效的配合，致使高压开关失去了应有的保护功能，因此会出现漏电、过流和短路等问题。另外，高压负荷开关触头接触不良，产生弧光或放电，与高压负荷开关带载停、送移动变电站，也会导致高压断电事故。

4. 局部通风机供电问题突出

煤矿井下低压供电系统中，个别掘进工作面达不到《煤矿安全规程》规定的局部通风机必须满足“三专”和“双风机双电源”的要求。一种情况是没有采用专用电缆线路供电，一旦其中一台通风机供电线路出现故障，马上影响到另一台通风机的供电，扩大了故障的影响范围，给人身及矿井带来严重的安全隐患。生产用电与局部通风机用电为一趟线路，一旦供电线路出现故障，直接影响局部通风机的正常运转。

5. 防爆电气设备存在安全隐患

一些煤矿还在使用国家已经明令禁止使用的电气设备，如矿井主排水泵电机、电控是非防爆型的，采区上下山绞车的电机以及带式输送机的电机也为非防爆型，采区变电所使用油浸式变压器等，带来很大的安全隐患。还有，由于设备老化、失修等原因，一些煤矿井下存在着大量有重大隐患或故障率较高的电气设备。

6. 电气设备维修人员素质低，违章操作引发事故多

在一些煤矿，由于电气设备维修人员素质低，在电气设备的管理和使用中，综合保护被甩掉、保险丝选用不合格、过流继电器动作系数小于1.5的现象时有发生。在检修过程中，作业人员违章操作也易引发事故。

（三）加强矿井供电系统管理的对策

1. 完善井下供电系统

随着煤矿井下生产工作面的不断延伸，高压供电电缆及设备不断深入末端，低压系统也在延伸，构成井下供电系统的设备只要有一个出现故障，整个系统就会受到影响而终止运行。因此，既要关心系统本身的设计，经常检查系统的合理性，完善供电设备的保护功能，也要对设备进行预防性检查、检修和试验，根据负荷变化及时调整整定值，及时更换淘汰有隐患的设备。

2. 加强井下电缆管理

(1) 成立专门机构，明确职责，落实电缆管理责任。矿井要实行电缆集中统一管理、发放、领取、修补和试验，严把电缆从入库到报废的整个环节。

(2) 严格执行电缆各项管理制度，确保使用电缆符合规定标准。矿井选用的电缆必须

是阻燃电缆，有生产许可证和煤矿矿用产品安全标志，出厂检验合格。矿井选用的电缆主芯线的截面要满足供电线路负荷的要求。

(3) 严格标准，进一步加强电缆的现场管理。电缆的敷设、悬挂与连接必须符合《煤矿安全规程》的规定。

3. 加强高压防爆开关管理

为保证井下高压防爆开关的安全可靠性，在选择高压开关时，其断流容量不得小于变电所母线上的实际短路容量。对分立的供电变压器，其高、低压侧腔体盖都应设置联锁开关，其接点串接在高压开关的监视回路中，当变压器高、低压侧腔体盖开关前及高压橡套电缆的监视线断开时，高压开关便能迅速跳闸。严格按照《煤矿安全规程》规定的标准、周期对高压防爆开关有关部件进行耐压试验，并定期检修。

4. 完善局部通风机"三专两闭锁"供电问题

局部通风机专用变压器与备用电源必须分布在不同的母线上，备用电源的容量和开关整定必须满足所带局部通风机及其他负荷同时运行的需要，确保局部通风机正常运行；专用线路应采用装有选择性漏电保护装置的供电线路；通风专用变压器的低压分支开关必须安装低压选漏，并按《煤矿安全规程》规定周期进行试验，以减小漏电线路的影响。

5. 坚决淘汰国家明令禁止的电气设备

煤矿企业要严格按照《禁止井工煤矿使用的设备及工艺目录》《淘汰落后安全技术工艺、设备目录》的要求，及时淘汰国家明令禁止使用的设备，禁止使用超期服役和不符合《煤矿安全规程》规定的电气设备。要严格落实设备定期检测、维护、保养和检修制度，提高矿井装备的安全可靠性。

被列入国家禁止使用或淘汰的设备及工艺目录的产品或工艺详见下列目录：

(1)《关于发布〈禁止井工煤矿使用的设备及工艺目录(第一批)〉的通知》(安监总规划〔2006〕146号)。

(2)《关于发布〈禁止井工煤矿使用的设备及工艺目录(第二批)〉的通知》(安监总煤装〔2008〕49号)。

(3)《关于发布〈禁止井工煤矿使用的设备及工艺目录(第三批)〉的通知》(安监总煤装〔2011〕17号)。

(4)《关于发布〈禁止井工煤矿使用的设备及工艺目录(第四批)〉的通知》(煤安监技装〔2018〕39号)。

(5)《关于印发淘汰落后安全技术装备目录(2015年第一批)的通知》(安监总科技〔2015〕75号)。

(6)《关于印发淘汰落后安全技术工艺、设备目录(2016年)的通知》(安监总科技〔2016〕137号)。

6. 强化电气管理业务技术素质培训

坚持集中培训与专业培训相结合、内培与外委相结合、理论学习与实践操作相结合的原则，采取集中学习培训、分专业培训、外委培训、技术比武、岗位练兵、案例分析等形式，抓好井下电钳工的技术培训工作，全面提高其业务技术素质。

二、矿井电气设备与机电硐室的安全管理

(一) 矿井电气设备安全管理的内容

(1) 井下安全供电“十不准”制度:① 不准带电检修;② 不准甩掉无压释放器、过电流保护装置;③ 不准甩掉漏电断电器、煤电钻综合保护装置和局部通风机风电、甲烷电闭锁装置;④ 不准明火操作、明火打点、明火爆破;⑤ 不准用铜、铝、铁等代替保险丝;⑥ 停风、停电的采掘工作面,未经检查瓦斯,不准送电;⑦ 有故障的线路不准强行送电;⑧ 电气设备的保护装置失灵后,不准送电;⑨ 不准使用失爆电气设备;⑩ 不准在井下拆卸矿灯。

(2) “三无”“四有”“两齐”“三全”“三坚持”制度:无“鸡爪子”、无“羊尾巴”、无明接头;有过流和漏电保护装置、有螺丝和弹簧垫、有密封圈和挡板、有接地装置;电缆吊挂整齐、设备硐室清洁整齐;防护装置全、绝缘用具全、图纸资料全;坚持使用检漏继电器,坚持使用煤电钻照明和信号综合保护装置,坚持使用风电、甲烷电闭锁。

(二) 机电硐室的安全管理要点

(1) 永久性井下中央变电所和井底车场内的其他机电设备硐室,应砌碹或用其他可靠的方式支护。采区变电所应用不燃性材料支护。

硐室必须装设向外开的防火铁门。铁门全部敞开时,不得妨碍运输。铁门上应装设便于关严的通风孔。装有铁门时,门内可加设向外开的铁栅栏门,但不得妨碍铁门的开闭。

从硐室出口防火铁门起 5 m 内的巷道,应砌碹或用其他不燃性材料支护。硐室内必须设置足够数量的扑灭电气火灾的灭火器材。

井下中央变电所和主要排水泵房的地面标高,应分别比其出口与井底车场或大巷连接处的底板标高高出 0.5 m。

(2) 采掘工作面配电点的位置和空间必须能满足设备检修和巷道运输、矿车通过及其他设备安装的要求,并用不燃性材料支护。

(3) 变电硐室长度超过 6 m 时,必须在硐室的两端各设 1 个出口。

(4) 硐室内各种设备与墙壁之间应留出 0.5 m 以上的通道,各种设备之间留出 0.8 m 以上的通道。对不需要从两侧或后面进行检修的设备,可不留通道。

(5) 带油的电气设备必须设在机电设备硐室内,严禁设集油坑。

硐室不应有滴水。硐室的过道应保持畅通,严禁存放无关的设备和物件。带油的电气设备溢油或漏油时,必须立即处理。

(6) 硐室入口处必须悬挂“非工作人员禁止入内”字样的警示牌。硐室内必须悬挂与实际相符的供电系统图。硐室内有高压电气设备时,入口处和硐室内必须悬挂“高压危险”警示牌。

采区变电所应设专人值班。无人值班的变电所必须关门加锁,并有巡检人员巡回检查。

硐室内的设备必须分别编号,标明用途,并有停送电的标志。

三、矿用电缆的安全使用

(一) 矿电电缆分类

矿用电缆分为铠装电缆、矿用橡套电缆和塑料电缆三种。

1. 铠装电缆

用钢丝或钢带把电缆铠装起来的电缆叫铠装电缆。其最大优点是绝缘强度高，一般用作高压电缆，在井下多用于对固定设备和半固定设备供电。由于钢丝或钢带耐拉力强，所以钢丝铠装电缆多用于立井井筒或急倾斜巷道中；而钢带铠装电缆多用于水平巷道或缓倾斜巷道中。

2. 矿用橡套电缆

对于井下移动设备的供电，多采用柔软性好、能够弯曲的橡套电缆。矿用橡套电缆分普通橡套电缆、阻燃橡套电缆和屏蔽橡套电缆三种。

(1) 普通橡套电缆的外护套由天然橡胶制成。由于天然橡胶可以燃烧，而且燃烧分解出的气体有助燃作用，容易造成火灾，对于有瓦斯、煤尘爆炸危险的煤矿井下，不宜使用普通橡套电缆。

(2) 阻燃橡套电缆的护套采用氯丁橡胶制成。氯丁橡胶同样可以燃烧，但燃烧分解产生氯化氢气体，将火焰包围起来，使它与空气隔离，不会沿电缆继续燃烧。因此煤矿井下应使用这种阻燃橡套电缆。

(3) 屏蔽电缆的每根主芯线的橡胶绝缘内护套的外面，缠绕有用导电橡胶带制成的屏蔽层；接地芯线的外面没有橡胶绝缘，而是直接缠绕导电橡胶带；电缆中心的垫心，也是用导电橡胶制作。

3. 塑料电缆

塑料电缆的特点是允许工作温度高，绝缘性能好，护套耐腐蚀，敷设的落差不受限制等。对于使用条件，若电缆外部有铠装的，则与铠装电缆的使用条件相同；若外部无铠装，则与橡套电缆的使用条件相同。

(二) 井下电缆的选用应遵守的规定

(1) 电缆敷设地点的水平差应与规定的电缆允许敷设水平差相适应。

(2) 必须选用取得煤矿矿用产品安全标志的阻燃电缆。

(3) 电缆主线芯的截面应当满足供电线路负荷的要求。电缆应带有供保护接地用的足够截面的导体。

(4) 对固定敷设的高压电缆：

① 在立井井筒或倾角为45°及其以上的井巷内，应采用煤矿用粗钢丝铠装电力电缆。

② 在水平巷道或倾角在45°以下的井巷内，应采用煤矿用钢带或细钢丝铠装电力电缆。

③ 在进风斜井、井底车场及其附近、中央变电所至采区变电所之间，可以采用铝芯电缆，其他地点必须采用铜芯电缆。

(5) 固定敷设的低压电缆，应采用矿用铠装或非铠装电缆或对应电压等级的矿用橡套电缆。

(6) 非固定敷设的高低压电缆，必须采用矿用橡套电缆。移动式和手持式电气设备应使用专用橡套电缆。

(三) 敷设电缆应遵守的规定

(1) 在水平巷道或倾角在30°以下的井巷中，电缆应用吊钩悬挂；在立井井筒或倾角在

30°及以上的井巷中，电缆应用夹子、卡箍或其他夹持装置进行敷设。夹持装置应能承受电缆重量，并不得损伤电缆。

(2) 水平巷道或倾斜井巷中悬挂的电缆应有适当的弛度，并能在意外受力时自由坠落。其悬挂高度应保证电缆在矿车掉道时不受撞击，在电缆坠落时不落在轨道或输送机上。

(3) 电缆悬挂点间距，在水平巷道或倾斜井巷内不得超过 3 m，在立井井筒内不得超过 6 m。

(4) 沿钻孔敷设的电缆必须绑紧在钢丝绳上，钻孔必须加装套管。

(5) 电缆不应悬挂在管道上，不得遭受淋水。电缆上严禁悬挂任何物件。电缆与压风管、供水管在巷道同一侧敷设时，必须敷设在管子上方，并保持 0.3 m 以上的距离。在有瓦斯抽采管路的巷道内，电缆(包括通信电缆)必须与瓦斯抽采管路分挂在巷道两侧。盘圈或盘"8"字形的电缆不得带电，但给采掘等移动设备供电的电缆不受此限。

(6) 井筒和巷道内的通信和信号电缆应与电力电缆分挂在井巷的两侧，如果受条件所限，在井筒内应敷设在距电力电缆 0.3 m 以外的地方，在巷道内应敷设在电力电缆上方 0.1 m 以上的地方。

(7) 高、低压电力电缆敷设在巷道同一侧时，高、低压电缆之间的距离应大于 0.1 m。高压电缆之间、低压电缆之间的距离不得小于 50 mm。

(8) 井下巷道内的电缆，沿线每隔一定距离、拐弯或分支点以及连接不同直径电缆的接线盒两端、穿墙电缆的墙的两边都应设置注有编号、用途、电压和截面的标志牌。

(9) 立井井筒中敷设的电缆中间不得有接头；因井筒太深需设接头时，应当将接头设在中间水平巷道内。运行中因故需要增设接头而又无中间水平巷道可以利用时，可以在井筒中设置接线盒。接线盒应当放置在托架上，不应使接头受力。

(四) 电缆连接的相关规定

(1) 电缆与电气设备连接时，电缆线芯必须使用齿形压线板(卡爪)、线鼻子或者快速连接器与电气设备进行连接。

(2) 不同型号电缆之间严禁直接连接，必须经过符合要求的接线盒、连接器或母线盒进行连接。

(3) 同型号电缆之间直接连接时必须遵守下列规定：

① 橡套电缆的修补连接(包括绝缘、护套已损坏的橡套电缆的修补)必须采用阻燃材料进行硫化热补或与热补有同等效能的冷补。在地面热补或冷补后的橡套电缆，必须经浸水耐压试验，合格后方可下井使用。

② 塑料电缆连接处的机械强度以及电气、防潮密封、老化等性能，应符合该型号矿用电缆的技术标准。

四、井下低压电网保护方式及安全检查要点

(一) 漏电保护

当电气设备或导线的绝缘损坏或人体触及一相带电体时，电源和大地形成回路，有电流流过的现象，称为漏电。

1. 漏电的原因

(1) 电缆和电气设备长期过负荷运行，使绝缘老化而造成漏电。

(2) 运行中的电气设备受潮或进水，造成对地绝缘电阻下降而漏电。

(3) 电缆与设备连接时，接头不牢，运行或移动时接头松脱，某相碰壳而造成漏电。

(4) 电气设备内部随意增加电气元件，使外壳与带电部分之间电气间隙小于规定值，造成某一相对外壳放电而发生接地漏电。

(5) 橡套电缆受车辆或其他器械的挤压、碰砸等，造成相线和地线破皮或护套破坏，芯线裸露而发生漏电。

(6) 铠装电缆受到机械损伤或过度弯曲而产生裂口或缝隙，长期受潮或遭水淋使绝缘损坏而发生漏电。

(7) 电气设备内部遗留导电物体，造成某一相碰壳而发生漏电。

(8) 设备接线错误，误将一相火线接地或接头毛刺太长而碰壳，造成漏电。

(9) 移动频繁的电气设备的电缆反复弯曲使芯线部分折断，刺破电缆绝缘与接地芯线接触而造成漏电。

(10) 操作电气设备时，产生弧光放电造成一相接地而漏电。

2. 漏电的危害

漏电会给人身、设备以及矿井造成很大威胁，其危害主要有四个方面：

(1) 人接触漏电设备或电缆时会造成触电伤亡事故。

(2) 漏电回路中碰地、碰壳的地方可能产生电火花，有可能引起瓦斯煤尘爆炸。

(3) 漏电回路上各点存在电位差，若电雷管引线两端接触不同电位的两点，可能使雷管爆炸。

(4) 电气设备漏电时不及时切断电源会扩大为短路故障，烧毁设备，造成火灾。

3. 漏电保护

(1) 保护方式：漏电保护、选择性漏电保护、漏电闭锁。

(2) 漏电保护的作用：监视电网绝缘；迅速切断漏电故障线路的电源，防止漏电故障引发各种危害；补偿电容电流。

4. 安全检查要点

(1) 值班电工是否每天对检漏继电器运行情况进行 1 次检查和跳闸试验，是否有试验记录。

(2) 电缆与设备连接是否牢固(各接头、触点接触是否良好，有无松动脱落或烧毁的现象)。

(3) 漏电保护是否甩掉不用。

(二) 过流保护

1. 过电流原因

过电流是指流过电气设备和电缆的实际电流超过额定值，其现象有短路、过负荷和断相。

(1) 短路。在煤矿井下供电系统，短路故障可分为两相短路和三相短路。短路电流不流经负载，这时电流很大，可达额定电流的几倍、几十倍，甚至更大。短路的危害是能够在极短时间内烧毁电气设备，引起火灾或瓦斯、煤尘爆炸事故。

(2) 过负荷。过负荷指流过电气设备和电缆的实际电流超过其额定电流和允许过负荷时间。其危害是电气设备和电缆出现过负荷后，温度将超过所用绝缘材料的最高允许温度，损坏绝缘，如不及时切断电源，将会发展成漏电和短路事故。

电气设备和电缆过负荷的原因主要有以下几个方面：

① 电气设备和电缆的容量选择过小，致使正常工作时负荷电流超过了额定电流。

② 对生产机械的误操作，例如在工作面刮板输送机机尾段煤量过多的情况下，连续点动启动，就会在启动电流的连续冲击下引起电动机过热，甚至损坏。

③ 电源电压过低或电动机机械性堵转都会引起电动机过负荷。

(3) 断相。断相指三相交流电动机的一相供电线路或一相绕组断线。此时，运行中的电动机叫单相运行，由于其转矩比三相运行时小得多，在其所带负载不变的情况下，必然过负荷，甚至造成电动机被烧毁。

造成断相的原因有：断路器有一相熔断；电缆与电动机或开关的接线端子连接不牢而脱落等。

2. 过流保护安全检查要点

(1) 所有电气设备的额定电流是否大于或等于它的长时最大实际工作电流。

(2) 电缆截面的选择是否符合设备容量的要求。

(3) 高、低压开关设备是否具有切断短路电流的能力。

(4) 熔断保护中的熔丝是否用铜丝、铁丝代替。

(5) 继电保护整定是否合理，能否切断最小短路电流。

(三) 保护接地

保护接地指在变压器中性点不接地系统中，将电气设备正常情况下不带电的金属外壳及构架等与大地作良好的电气连接。

漏电保护的侧重点是故障发生后的跳闸时间，一旦发生漏电或人身触电，应尽快切断电源，将故障存在的时间减少到最短。保护接地的侧重点在于限制裸露漏电电流和人身触电电流的大小。两种保护在煤矿井下低压电网中相辅相成，缺一不可，它们对保证井下低压电网的安全运行具有重要作用。

1.《煤矿安全规程》对保护接地的规定

(1) 电压在 36 V 以上和由于绝缘损坏可能带有危险电压的电气设备的金属外壳、构架，铠装电缆的钢带（钢丝）、铅皮（屏蔽护套）等必须有保护接地。

(2) 任一组主接地极断开时，井下总接地网上任一保护接地点的接地电阻值，不得超过 2 Ω。每一移动式和手持式电气设备至局部接地极之间的保护接地用的电缆芯线和接地连接导线的电阻值，不得超过 1 Ω。

(3) 所有电气设备的保护接地装置（包括电缆的铠装、铅皮、接地芯线）和局部接地装置，应与主接地极连接成 1 个总接地网。

主接地极应当在主、副水仓中各埋设 1 块。主接地极应用耐腐蚀的钢板制成，其面积不得小于 0.75 m^2、厚度不得小于 5 mm。

在钻孔中敷设的电缆和地面直接分区供电的电缆，不能与井下主接地极连接时，应当单独形成分区总接地网，其接地电阻值不得超过 2 Ω。

(4) 下列地点应当装设局部接地极：

① 采区变电所（包括移动变电站和移动变压器）。

② 装有电气设备的硐室和单独装设的高压电气设备。

③ 低压配电点或者装有 3 台以上电气设备的地点。

④ 无低压配电点的采煤工作面的运输巷、回风巷、带式输送机巷以及由变电所单独供电的掘进工作面(至少应分别设置 1 个局部接地极)。

⑤ 连接高压动力电缆的金属连接装置。

(5) 局部接地极可以设置于巷道水沟内或者其他就近的潮湿处。设置在水沟中的局部接地极应当用面积不小于 0.6 m^2、厚度不小于 3 mm 的钢板或者具有同等有效面积的钢管制成,并应平放于水沟深处。设置在其他地点的局部接地极,可用直径不小于 35 mm、长度不小于 1.5 m 的钢管制成,管上应至少钻 20 个直径不小于 5 mm 的透孔,并全部垂直埋入底板;也可用直径不小于 22 mm、长度为 1 m 的 2 根钢管制成,每根管上钻 10 个直径不小于 5 mm 的透孔,2 根钢管相距不得小于 5 m,并联后垂直埋入底板,垂直埋深不得小于 0.75 m。

(6) 连接主接地极母线,应当采用截面不小于 50 mm^2 的铜线,或者截面不小于 100 mm^2 的耐腐蚀铁线,或者厚度不小于 4 mm、截面不小于 100 mm^2 的耐腐蚀扁钢。

电气设备的外壳与接地母线、辅助接地母线或者局部接地极的连接,电缆连接装置两头的铠装、铅皮的连接,应当采用截面不小于 25 mm^2 的铜线,或者截面不小于 50 mm^2 的耐腐蚀铁线,或厚度不小于 4 mm、截面不小于 50 mm^2 的耐腐蚀扁钢。

(7) 橡套电缆的接地芯线,除用作监测接地回路外,不得兼作他用。

2. 保护接地安全检查要点

(1) 主接地极、局部接地极是否按《煤矿安全规程》设置。

(2) 保护接地线是否完整,接头是否松动、锈蚀,接地线是否断裂或断面减小。

(3) 每台电气设备是否单独与接地母线连接。

(4) 接地线与接地母线连接是否采用焊接。用螺钉连接是否用镀锌、镀锡螺钉和螺母接牢。

第三节 矿井提升系统安全管理

一、矿井提升设备的安全要求

(一) 提升容器的安全要求

(1) 立井中升降人员应当使用罐笼。在井筒内作业或者因其他原因,需要使用普通箕斗或者救急罐升降人员时,必须制定安全措施。

(2) 升降人员或者升降人员和物料的单绳提升罐笼必须装设可靠的防坠器。

(3) 立井罐笼和箕斗的最大提升载荷和最大提升载荷差应当在井口公布,严禁超载和超最大载荷差运行。

(4) 箕斗提升必须采用定重装载。

(5) 专门作为升降人员或升降人员与物料的罐笼,必须符合下列要求:

① 乘人层顶部应当设置可以打开的铁盖或者铁门,两侧装设扶手。

② 罐底必须满铺钢板,如果需要设孔时,必须设置牢固可靠的门;两侧用钢板挡严,并不得有孔。

③ 进出口必须装设罐门或者罐帘，高度不得小于 1.2 m。罐门或者罐帘下部边缘至罐底的距离不得超过 250 mm，罐帘横杆的间距不得大于 200 mm。罐门不得向外开，门轴必须防脱。

④ 提升矿车的罐笼内必须装有阻车器。升降无轨胶轮车时，必须设置专用定车或者锁车装置。

⑤ 单层罐笼和多层罐笼的最上层净高(带弹簧的主拉杆除外)不得小于 1.9 m，其他各层净高不得小于 1.8 m。带弹簧的主拉杆必须设保护套筒。

⑥ 罐笼内每人占有的有效面积应当不小于 0.18 m^2。罐笼每层内 1 次能容纳的人数应当明确规定。超过规定人数时，把钩工必须制止。

⑦ 严禁在罐笼同一层内人员和物料混合提升。

(6) 立井提升容器的罐耳与罐道之间的间隙应符合要求。

(7) 立井提升容器间及提升容器与井壁、罐道梁、井梁之间的最小间隙，必须符合表 7-9 要求。提升容器在安装或者检修后，第一次开车前必须检查各个间隙，不符合要求时不得开车。

表 7-9　立井提升容器间及提升容器与井壁、罐道梁、井梁之间的最小间隙值　单位：mm

罐道和井梁布置		容器与容器之间	容器与井壁之间	容器与罐道梁之间	容器与井梁之间	备注
罐道布置在容器一侧		200	150	40	150	罐耳与罐道卡子之间为 20
罐道布置在容器两侧	木罐道		200	50	200	有卸载滑轮的容器，滑轮与罐道梁间隙增加 25
	钢罐道		150	40	150	
罐道布置在容器正面	木罐道	200	200	50	200	
	钢罐道	200	150	40	150	
钢丝绳罐道		500	350		350	设防撞绳时，容器之间最小间隙为 200

(8) 建井期间采用吊桶提升时的安全要求：

① 采用阻旋转提升钢丝绳。

② 吊桶必须沿钢丝绳罐道升降，无罐道段吊桶升降距离不得超过 40 m。

③ 悬挂吊盘的钢丝绳兼作罐道绳时，必须制定专项措施。

④ 吊桶上方必须装设保护伞帽。

⑤ 吊桶翻矸时严禁打开井盖门。

(二) 提升钢丝绳的安全要求

1. 提升钢丝绳安全系数的要求

钢丝绳的安全系数等于实测的合格钢丝拉断力的总和与其所承受的最大静拉力(包括绳端载荷和钢丝绳自重所引起的静拉力)之比。

(1) 各种用途钢丝绳悬挂时的安全系数，必须符合表 7-10 的要求。

表 7-10 钢丝绳安全系数最小值

用途分类			安全系数*的最小值
单绳缠绕式提升装置	专为升降人员		9
	升降人员和物料	升降人员时	9
		混合提升时**	9
		升降物料时	7.5
	专为升降物料		6.5
摩擦轮式提升装置	专为升降人员		9.2−0.000 5*H******
	升降人员和物料	升降人员时	9.2−0.000 5*H*
		混合提升时	9.2−0.000 5*H*
		升降物料时	8.2−0.000 5*H*
	专为升降物料		7.2−0.000 5*H*
倾斜钢丝绳牵引带式输送机	运人		6.5−0.001*L*****，但不得小于 6
	运物		5−0.001*L*，但不得小于 4
倾斜无极绳绞车	运人		6.5−0.001*L*，但不得小于 6
	运物		5−0.001*L*，但不得小于 3.5
架空乘人装置			6
悬挂安全梯用的钢丝绳			6
罐道绳、防撞绳、起重用的钢丝绳			6
悬挂吊盘、水泵、排水管、抓岩机等用的钢丝绳			6
悬挂风筒、风管、供水管、注浆管、输料管、电缆用的钢丝绳			5
拉紧装置用的钢丝绳			5
防坠器的制动绳和缓冲绳(按动载荷计算)			3

注：* 表示钢丝绳的安全系数，等于实测的合格钢丝绳拉断力的总和与其所承受的最大静拉力(包括绳端载荷和钢丝绳自重所引起的静拉力)之比；** 表示混合提升指多层罐笼同一次在不同层内提升人员和物料；*H****** 为钢丝绳悬挂长度，m；*L***** 为由驱动轮到尾部绳轮的长度，m。

(2) 在用的缠绕式提升钢丝绳在定期检验时，安全系数不得小于规定值，否则应当及时更换。

2. 新提升钢丝绳的安全要求

(1) 钢丝绳到货后，应当进行性能检验。合格后应当妥善保管备用，防止损坏或者锈蚀。

(2) 每根钢丝绳的出厂合格证、验收检验报告等原始资料应当保存完整。

(3) 存放时间超过 1 年的钢丝绳，在悬挂前必须再进行性能检验，合格后方可使用。

(4) 钢丝绳悬挂前，必须对每根钢丝做拉断、弯曲和扭转 3 种试验，以公称直径为准对试验结果进行计算和判定：

① 不合格钢丝的断面积与钢丝总断面积之比达到 6%，不得用作升降人员；达到 10%，不得用作升降物料。

② 钢丝绳的安全系数小于表 7-10 的规定时，该钢丝绳不得使用。

(5) 主要提升装置必须有检验合格的备用钢丝绳。

(6) 专用于斜井提升物料且直径不大于 18 mm 的钢丝绳，有产品合格证和检测检验报告等，外观无锈蚀和损伤的，可以不做(1)、(3)所要求的检验。

3. 提升钢丝绳与提升容器连接的安全要求

(1) 立井提升容器与提升钢丝绳的连接，应采用楔形连接装置。每次更换钢丝绳时，必须对连接装置的主要受力部件进行探伤检验，合格后方可继续使用。楔形连接装置的累计使用期限，单绳提升不得超过 10 年，多绳提升不得超过 15 年。

(2) 倾斜井巷运输时，矿车之间的连接、矿车与钢丝绳之间的连接，必须使用不能自行脱落的连接装置，并加装保险绳。

(3) 倾斜井巷运输用的钢丝绳连接装置，在每次更换钢丝绳时，必须用 2 倍于其最大静荷重的拉力进行试验。

(4) 倾斜井巷运输用的矿车连接装置，必须至少每年进行 1 次 2 倍于其最大静荷重的拉力试验。

(5) 各种保险链以及矿车的连接环、链和插销等，初次使用前和使用后每隔 2 年，必须逐个以 2 倍于其最大静荷重的拉力进行试验，发现裂纹或者永久伸长量超过 0.2%时，不得使用。

(6) 连接装置的安全系数等于主要受力部件的破断力与其所承受的最大静载荷之比，各类连接装置的安全系数不得小于表 7-11 规定的数值。

表 7-11　各类连接装置的安全系数最小值

用途		安全系数最小值
专门升降人员的提升容器的连接装置		13
升降人员和物料的提升容器连接装置	升降人员时	13
	升降物料时	10
专为升降物料的提升容器的连接装置		10
斜井人车的连接装置		13
矿车的车梁、碰头和连接插销		6
无极绳的连接装置		8
吊桶的连接装置		13
倾斜井巷中使用的单轨吊车、卡轨车和齿轨车的连接装置	运人时	13
	运物时	10

4. 提升钢丝绳与天轮、卷筒、摩擦轮、导向轮和导向滚等提升装置的安全要求

(1) 提升装置的天轮、卷筒、摩擦轮、导向轮和导向滚等的最小直径与钢丝绳直径的比值，应当符合相关要求。

(2) 通过天轮的钢丝绳必须低于天轮的边缘，其高差应满足下列满足：提升用天轮不得小于钢丝绳直径的 1.5 倍，悬吊用天轮不得小于钢丝绳直径的 1 倍。

天轮和摩擦轮绳槽衬垫磨损达到下列限值，必须更换：

① 天轮绳槽衬垫磨损达到 1 根钢丝绳直径的深度，或者沿侧面磨损达到钢丝绳直径的

1/2。

② 摩擦轮绳槽衬垫磨损剩余厚度小于钢丝绳直径,绳槽磨损深度超过 70 mm。

(3) 钢丝绳绳头固定在卷筒上时,应当符合下列要求:

① 必须有特备的容绳或者卡绳装置,严禁系在卷筒轴上。

② 绳孔不得有锐利的边缘,钢丝绳的弯曲角度不得形成锐角。

③ 卷筒上应当缠留 3 圈绳,以减轻固定处的张力,还必须留有定期检验用绳。

(4) 各种提升装置的卷筒上缠绕的钢丝绳层数,必须符合下列要求:

① 立井中升降人员或者升降人员和物料的不超过 1 层,升降物料的不超过 2 层。

② 倾斜井巷中升降人员或者升降人员和物料的不超过 2 层,升降物料的不超过 3 层。

③ 建井期间升降人员和物料的不超过 2 层。

④ 现有生产矿井在用的绞车,如果在滚筒上装设过渡绳楔,滚筒强度、滚筒边缘高度满足要求的,可增加 1 层。

⑤ 移动式或者辅助性专为升降物料的,不受本条①、②、③的限制。

(5) 缠绕 2 层或者 2 层以上钢丝绳的卷筒,必须符合下列要求:

① 卷筒边缘高出最外层钢丝绳的高度,至少为钢丝绳直径的 2.5 倍。

② 卷筒上必须设有带绳槽的衬垫。

③ 钢丝绳由下层转到上层的临界段(相当于绳圈 1/4 长的部分)必须经常检查,并每季度将钢丝绳移动 1/4 绳圈的位置。对现有不带绳槽衬垫的在用提升机,只要在卷筒板上刻有绳槽或者用 1 层钢丝绳作底绳,可继续使用。

5. 有接头钢丝绳的使用规定

(1) 有接头的钢丝绳,仅限于平巷运输设备、无极绳绞车、架空乘人装置、钢丝绳牵引带式输送机使用。

(2) 钢丝绳接头的插接长度不得小于钢丝绳直径的 1 000 倍。

6. 钢丝绳的使用期限和更换标准

(1) 摩擦轮式提升钢丝绳的使用期限不应超过 2 年,平衡钢丝绳的使用期限不应超过 4 年。到期后,如果钢丝绳的断丝、直径缩小和锈蚀程度不超过《煤矿安全规程》的规定,可继续使用,但不得超过 1 年。

(2) 在用的缠绕式提升钢丝绳在定期检验时,安全系数小于下列规定值时,应当及时更换:

① 专为升降人员用的小于 7。

② 升降人员和物料用的钢丝绳:升降人员时小于 7,升降物料时小于 6。

③ 专为升降物料和悬挂吊盘用的小于 5。

(3) 各种股捻钢丝绳在 1 个捻距内断丝断面积与钢丝总断面积之比达到下列数值时,必须立即更换:

① 升降人员或者升降人员和物料用的钢丝绳达到 5%。

② 专为升降物料用的钢丝绳、平衡钢丝绳、防坠器的制动钢丝绳(包括缓冲绳)达到 10%。

③ 罐道钢丝绳达到 15%。

(4) 钢丝绳直径减小量达到下列数值时,必须立即更换:

① 以钢丝绳公称直径为准计算的直径减小量，提升钢丝绳、架空乘人装置或者制动钢丝绳达到 10%，罐道钢丝绳达到 15%时，应当更换。

② 使用密封式钢丝绳时，外层钢丝厚度磨损量达到 50%时，应当更换。

（5）钢丝绳锈蚀的更换标准

① 钢丝出现变黑、锈皮、点蚀麻坑等损伤时，不得再用作升降人员。

② 钢丝绳锈蚀严重，或者点蚀麻坑形成沟纹，或者外层钢丝松动时，不论断丝数多少或者绳径是否变化，应当立即更换。

（6）钢丝绳在运行中遭受卡罐、突然停车等猛烈拉力时，必须立即停车检查，发现下列情况之一者，必须将受损段剁掉或者更换全绳：

① 钢丝绳产生严重扭曲或者变形。

② 断丝超过《煤矿安全规程》的相关规定。

③ 直径减小量超过《煤矿安全规程》的相关规定。

④ 遭受猛烈拉力的一段的长度伸长 0.5%以上。

（7）在钢丝绳使用期间，断丝数突然增加或者伸长突然加快，必须立即更换。

（三）提升系统制动装置与安全保护装置的安全要求

提升机械制动装置由制动器和传动机构组成。根据制动器结构的不同，制动装置分为盘闸和块闸两种。通过提升机操作台上制动闸操作手把控制制动器的系统，习惯上称作工作闸，也叫常用闸；通过提升机操作台上的急停按钮、提升信号操作台上的急停按钮或提升机安全回路控制制动器的系统，习惯上称作安全闸，也叫保险闸。工作闸和安全闸共用同一套制动器，只是传动机构不同。通过工作闸实施制动，称为工作制动；通过安全闸制动，称为安全制动，安全制动又分为二级制动和柔性制动。

1. 提升系统制动装置的安全要求

（1）提升机必须设置机械制动和电气制动装置。

（2）机械制动装置应当采用弹簧式，能实现工作制动和安全制动。工作制动必须采用可调节的机械制动装置。安全制动必须有冗余的回油通道。双滚筒提升机每个滚筒的制动装置必须能够独立控制，并具有调绳功能。

（3）缠绕式提升机除安设制动装置外，还应加设定车装置，以便调整滚筒位置或修理制动装置时使用。

（4）提升机制动装置的性能，必须符合下列要求：

① 制动闸空动时间：盘式制动装置不得超过 0.3 s，径向制动装置不得超过 0.5 s。

② 盘形闸的闸瓦与闸盘之间的间隙不得超过 2 mm。

（5）各类提升机的制动装置发生作用时，提升机的安全制动减速度必须符合下列要求：

① 提升系统安全制动减速度必须符合表 7-12 的要求。

表 7-12　提升系统安全制动减速度规定值

减速度	$\theta \leqslant 30°$	$\theta > 30°$
提升减速度/(m·s²)	$\leqslant A_c$	≤5
下放减速度/(m·s²)	≥0.75	≥1.5

$$A_c = g(\sin\theta + f\cos\theta) \tag{7-1}$$

式中 A_c——自然减速度，m/s^2；

g——重力加速度，m/s^2；

θ——井巷倾角，(°)；

f——绳端载荷的运行阻力系数，一般取 0.010～0.015。

② 摩擦式提升机安全制动时，除必须符合表 7-12 的要求外，还必须符合下列防滑要求：在各种载荷（满载或者空载）和提升状态（上提或者下放重物）下，制动装置产生的制动减速度计算值不得超过滑动极限，钢丝绳与摩擦衬垫间摩擦系数的取值不得大于 0.25，由钢丝绳自重引起的不平衡重必须计入；在各种载荷和提升状态下，制动装置发生作用时，钢丝绳都不出现滑动。

(6) 为满足立井提升安全制动减速度的要求，大型提升机的安全制动都要求具有二级制动特性。二级制动既能快速、平稳地闸住提升机，又不致使提升机减速度过大，可避免减速时产生过大的动载荷，防止对提升机械、电气设备造成损害。盘式制动器一般由多副闸组成，实现二级制动很方便，可将闸分为 A、B 两组，A 组先投入制动，产生第一级制动力矩，其数值应保证提升重物时，安全制动减速度不大于 5 m/s^2，下放重物时减速度不小于 1.5 m/s^2，提升机在此制动力矩作用下速度下降。B 组在滞后一定时间（提升速度接近零时）再投入，产生二级制动力矩，以保证可靠地将提升机卷筒闸住。

(7) 液压站残压不得超过 0.5 MPa。残压是指当提升机操作台上制动闸操作手把在紧闸位置时液压站所残存的压力。残压过大将直接影响制动力矩的大小，严重时会出现刹不住车的现象。

(8) 严禁用常用闸进行紧急制动。

2. 提升系统安全保护装置的安全要求

(1) 在提升速度大于 3 m/s 的提升系统内，必须设防撞梁和托罐装置。防撞梁必须能够挡住过卷后上升的容器或者平衡锤，并不得兼作他用；托罐装置必须能够将撞击防撞梁后再下落的容器或者配重托住，并保证其下落的距离不超过 0.5 m。

(2) 立井提升装置的过卷高度和过放应当符合下列要求：

① 罐笼和箕斗提升，过卷高度和过放距离不得小于表 7-13 所列数值。

表 7-13 立井提升装置的过卷高度和过放距离

提升速度/(m/s)	≤3	4	6	8	≥10
过卷高度、过放距离/m	4.00	4.75	6.50	8.25	10.00

注：提升速度为表中所列速度的中间值时，用插值法计算。

② 在过卷高度和过放距离内，应当安设性能可靠的缓冲装置。缓冲装置应当能将全速过卷（过放）的容器或者平衡锤平稳地停住，并保证不再反向下滑或者反弹。

③ 过放距离内不得积水和堆积杂物。

④ 缓冲托罐装置必须每年至少进行 1 次检查和保养。

(3) 提升机必须装设安全保护。

① 过卷和过放保护：当提升容器超过正常终端停止位置或者出车平台 0.5 m 时，必须

能自动断电，且使制动器实施安全制动。

② 超速保护：当提升速度超过最大速度15%时，必须能自动断电，且使制动器实施安全制动。

③ 过负荷和欠电压保护。

④ 限速保护：提升速度超过3 m/s的提升机应当装设限速保护，以保证提升容器或者平衡锤到达终端位置时的速度不超过2 m/s。当减速段速度超过设定值的10%时，必须能自动断电，且使制动器实施安全制动。

⑤ 提升容器位置指示保护：当位置指示失效时，能自动断电，且使制动器实施安全制动。

⑥ 闸瓦间隙保护：当闸瓦间隙超过规定值时，能报警并闭锁下次开车。

⑦ 松绳保护：缠绕式提升机应当设置松绳保护装置并接入安全回路或者报警回路。箕斗提升时，松绳保护装置动作后，严禁受煤仓放煤。

⑧ 仓位超限保护：箕斗提升的井口煤仓仓位超限时，能报警并闭锁开车。

⑨ 减速功能保护：当提升容器或者平衡锤达到设计减速点时，能示警并开始减速。

⑩ 错向运行保护：当发生错向时，能自动断电，且使制动器实施安全制动。

过卷保护、超速保护、限速保护和减速功能保护应当设置为相互独立的双线形式。缠绕式提升机应当加设定车装置。

(4) 提升机必须装设可靠的提升容器位置指示器和减速声光示警装置。

(四) 提升信号的安全要求

1. 提升信号装置的安全要求

(1) 提升信号装置电源的额定供电电压不得超过127 V，并设置独立的信号电源变压器及电源指示灯。升降人员和主要井口绞车的信号装置的直接供电线路上，严禁分接其他负荷。

(2) 信号电缆应采用铠装或非铠装通信电缆、橡套电缆或塑料电缆。

2. 提升信号的安全操作要求

(1) 每一个提升装置，必须装有从井底信号工发给井口信号工和从井口信号工发给司机的信号装置。井口信号装置必须与提升机的控制回路相闭锁，只有在井口信号工发出信号后，提升机才能启动。除常用的信号装置外，还必须有备用信号装置。井底车场与井口之间、井口与司机操控台之间，除有上述信号装置外，还必须装设直通电话。1套提升装置服务多个水平时，从各水平发出的信号必须有区别。

(2) 缠绕式提升机必须设置松绳信号。

(3) 罐笼提升的井口和井底车场必须有把钩工。人员上下井时，必须遵守乘罐制度，听从把钩工指挥。开车信号发出后严禁进出罐笼。

(4) 多层罐笼的下层装矿车、上层乘人时，信号工必须发送升降人员的提升信号；升降无轨胶轮车时，仅限司机一人留在车内，也必须发送升降人员的提升信号。

3. 立井罐笼提升信号与井口设施联锁的安全要求

立井罐笼提升井口、井底和各水平的安全门与罐笼位置、摇台或者锁罐装置、阻车器之间的联锁，必须符合下列要求：

(1) 井口、井底和中间运输巷的安全门必须与罐位和提升信号联锁：罐笼到位并发出停车信号后安全门才能打开；安全门未关闭，只能发出调平和换层信号，但发不出开车信号；安全门关闭后才能发出开车信号；发出开车信号后，安全门不能打开。

(2) 井口、井底和中间运输巷都应当设置摇台或者锁罐装置，并与罐笼停止位置、阻车器和提升信号系统联锁：罐笼未到位，放不下摇台或者锁罐装置，打不开阻车器；摇台或者锁罐装置未抬起，阻车器未关闭，发不出开车信号。

(3) 立井井口和井底使用罐座时，必须设置闭锁装置，罐座未打开，发不出开车信号。升降人员时，严禁使用罐座。

4. 立井多层罐笼提升信号安全使用的要求

用多层罐笼升降人员或者物料时，井上下各层出车平台都必须设有信号工。各信号工发送信号时，必须遵守下列规定：

(1) 井下各水平的总信号工收齐该水平各层信号工的信号后，方可向井口总信号工发出信号。

(2) 井口总信号工收齐井口各层信号工信号并接到井下各水平总信号工信号后，才可向提升机司机发出信号。

(3) 信号系统必须设有保证按上述顺序发出信号的闭锁装置。

5. 提升信号转发的安全要求

井底车场的信号必须经由井口信号工转发，不得越过井口信号工直接向提升机司机发送开车信号。但有下列情况之一时，不受此限：

(1) 发送紧急停车信号；

(2) 箕斗提升；

(3) 单容器提升；

(4) 井上下信号联锁的自动化提升系统。

(五) 提升速度与加(减)速度的安全要求

1. 立井提升速度与加(减)速度的安全要求

(1) 立井中用罐笼升降人员时的最大速度，不得超过采用式(7-2)求得的数值，且最大不得超过 12 m/s。

$$v = 0.5\sqrt{H} \tag{7-2}$$

式中 v——最大提升速度，m/s；

H——提升高度，m。

(2) 立井升降物料时，提升容器的最大速度不得超过采用式(7-3)求得的数值。

$$v = 0.6\sqrt{H} \tag{7-3}$$

(3) 立井中用吊桶升降人员时的最大速度，在使用钢丝绳罐道时，不得超过采用式(7-4)求得的数值，且最大不得超过 7 m/s；无罐道时，不得超过 1 m/s。

$$v = 0.25\sqrt{H} \tag{7-4}$$

(4) 立井中用吊桶升降物料的最大速度，在使用钢丝绳罐道时，不得超过采用式(7-5)求得的数值，且最大不得超过 8 m/s；无罐道绳段，不得超过 2 m/s。

$$v = 0.4\sqrt{H} \tag{7-5}$$

(5) 立井中用罐笼升降人员时的加速度和减速度都不得超过 0.75 m/s^2。

限制立井用罐笼升降人员时的加速度、减速度和最大速度，从安全的角度上讲，是为了防止因加(减)速度过大而造成乘罐人员不舒适，损害人体健康；同时，无论是升降人员还是升降物料，加(减)速度过大所产生的动载荷可能造成提升电动机过负荷，提升机械设备和提升钢丝绳也会因动应力的增加而降低使用寿命；对于摩擦轮式提升系统，过大的加(减)速度会造成滑绳，加快钢丝绳和主导轮绳槽衬垫之间的磨损；加(减)速度过大还容易出现松绳现象，甚至导致提升钢丝绳被拉断。

(6) 提升容器接近井口时的速度不得超过 2 m/s。

(7) 使用罐笼运送电雷管时，升降速度不得超过 2 m/s；运送其他类爆炸物品时，不得超过 4 m/s。

(8) 使用吊桶升降各类爆炸材料时，升降速度都不得超过 1 m/s。

(9) 检修人员站在罐笼或箕斗顶上工作时，提升容器的速度，一般为 0.3～0.5 m/s，最大不得超过 2 m/s。

2. 斜井提升速度与加(减)速度的安全要求

(1) 斜井升降人员时，提升容器的最大速度不得超过 5 m/s，并不得超过人车设计的最大允许速度。

(2) 斜井采用矿车升降物料时，最大速度不得超过 5 m/s。

(3) 斜井采用箕斗升降物料时，速度不得超过 7 m/s；当铺设固定道床并采用大于或等于 38 kg/m 钢轨时，最大速度不得超过 9 m/s。

(4) 斜井采用串车提升时的加(减)速度，不得超过 0.5 m/s^2。

二、立井提升系统安全管理

(一) 提升机房安全管理

1. 总体要求

制定并严格落实提升机司机岗位责任制与操作规程、要害场所管理制度、设备包机制度、保护试验制度、设备检修制度、巡回检查制度、交接班制度、防灭火管理制度、干部上岗制度等，如实填写运行日志、巡回检查记录、交接班记录、要害场所登记簿、定期检查记录、钢丝绳检查记录、安全保护装置检查试验记录、干部上岗记录和事故登记簿等记录，做好提升机房安全生产标准化工作。

2. 提升装置相关资料管理

妥善保管提升机的说明书、钢丝绳的技术资料和提升机的各种运行记录等，在机房内悬挂制动系统图、电气系统图、提升装置的技术特征、岗位责任制和操作规程等。

3. 提升机司机管理

(1) 提升机司机必须经过严格的安全技术培训，考核合格，持证上岗。

(2) 加强对提升机司机的安全教育，认真落实安全生产岗位责任制和操作规程的相关规定。

(3) 认真执行《煤矿安全规程》关于主要提升装置操作的规定。

4. 防火管理

(1) 提升机房内使用的汽油、煤油必须装入盖严的铁桶内，由专人押运送至使用地点，剩余的汽油、煤油必须清理干净，严禁在提升机房内存放。

(2) 提升机房内使用的润滑油、棉纱、布头和纸等,必须存放在盖严的铁桶内。用过的棉纱、布头和纸,也必须放在盖严的铁桶内,并由专人定期处理,不得乱扔乱放。严禁将剩油、废油泼洒在井巷或者硐室内。

(3) 保持提升机房及设备清洁,及时处理油污。

(4) 提升机房内严禁使用灯泡取暖和使用电炉;提升机房附近 20 m 内,不得有烟火或者用火炉取暖。

(5) 提升机房内不得进行电焊、气焊和喷灯焊接等作业。确需在提升机房内进行焊接作业时,必须制定安全措施,履行动火审批手续。

(6) 提升机房内必须按规定配备不同类型的、足够数量的消防器材,如 4 台以上的灭火器、0.2 m^3 以上的灭火砂箱、消防水源或消火栓等。

5. 安全仪表与通信管理

(1) 配电及控制装置应安设电流表、电压表、功率因数表,并定期校验。

(2) 液压站相关油路应安设压力表,并定期校验。

(3) 应安设电动机、减速器、提升机主轴等各部位轴承测温装置。

(4) 提升机房除设有与各水平信号硐室的电话外,还必须设有直通调度室的电话。

(二) 立井提升系统的检查与试验

1. 提升系统的检查

(1) 提升系统各部分每天必须由专职人员至少检查 1 次,每月必须组织有关人员至少进行 1 次全面检查。

(2) 检查中发现问题,必须立即处理,检查和处理结果都应当详细记录。

2. 提升机的验收与性能检测

新安装的矿井提升机,必须验收合格后方可投入运行。专门升降人员及混合提升的系统应当每年进行 1 次性能检测,其他提升系统每 3 年进行 1 次性能检测,检测合格后方可继续使用。

3. 井架及井筒设施的检查与维护

应当每年检查 1 次金属井架、井筒罐道梁和其他装备的固定和锈蚀情况,发现松动及时加固,发现防腐层剥落及时补刷防腐剂。检查和处理结果应当详细记录。建井用金属井架,每次移设后都应当涂防腐剂。

4. 钢丝绳的日常检查与定期检验

(1) 日常检查。

① 提升钢丝绳必须每天检查 1 次,平衡钢丝绳、罐道绳、防坠器制动绳(包括缓冲绳)、架空乘人装置钢丝绳、牵引带式输送机钢丝绳和井筒悬吊钢丝绳必须每周至少检查 1 次。对易损坏和断丝或者锈蚀较多的一段应当停车详细检查。断丝的突出部分应当在检查时剪下。检查结果应当记入钢丝绳检查记录簿。

② 对使用中的钢丝绳,应当根据井巷条件及锈蚀情况,采取防腐措施。摩擦提升钢丝绳的摩擦传动段应当涂、浸专用的钢丝绳增摩脂。

③ 多绳提升的任意一根钢丝绳的张力与平均张力之差不得超过±10%。

④ 平衡钢丝绳的长度必须与提升容器过卷高度相适应,防止过卷时损坏平衡钢丝绳。使用圆形平衡钢丝绳时,必须有避免平衡钢丝绳扭结的装置。严禁平衡钢丝绳浸泡水中。

(2) 定期检验。

摩擦轮式提升钢丝绳因不能剁绳头而不能做定期检验。缠绕式提升钢丝绳定期检验的要求为：

① 升降人员或升降人员和物料用的钢丝绳，自悬挂时起每隔6个月检验1次；悬挂吊盘的钢丝绳，每隔12个月检验1次。

② 升降物料用的钢丝绳，自悬挂时起12个月时进行1次检验，以后每隔6个月检验1次。

③ 缠绕式提升钢丝绳的定期检验，可以只做每根钢丝的拉断和弯曲2种试验。试验结果以公称直径为准进行计算和判定。对于安全系数不符合要求或不合格钢丝的断面积与钢丝总断面积之比达到25%的钢丝绳，必须停止使用。

5. 防坠器的检查与试验

(1) 防坠器必须每天检查1次。

(2) 新安装或者大修后的防坠器，必须进行脱钩试验，合格后方可使用。对使用中的立井罐笼防坠器，应当每6个月进行1次不脱钩试验，每年进行1次脱钩试验。

6. 检修人员站在罐笼或箕斗顶上工作时必须遵守的规定

(1) 在罐笼或箕斗顶上，必须装设保险伞和栏杆。

(2) 必须系好保险带。

(3) 提升容器的速度，一般为0.3～0.5 m/s，最大不得超过2 m/s。

(4) 检修用信号必须安全可靠。

(三) 立井提升系统常见事故类型及防范措施

在各类立井提升事故中，按事故的性质可分为过卷事故、断绳事故、松绳事故、卡罐事故、井筒检修事故等类型。下面主要介绍过卷事故、断绳事故和松绳事故的原因及防范措施。

1. 过卷事故及其防范措施

(1) 过卷事故的原因与危害分析

正常情况下，提升容器到达终端停止位置时应及时停车。如果此时提升机继续运行，上提的容器就会超过井口、下放的容器就会超过井底而发生过卷(过放)事故。发生过卷事故的主要原因有：提升机司机误操作，提升容器到达终端停止位置时未及时停车；制动装置失灵；减速功能保护失效，当提升容器达到设计减速点时未开始减速；提升容器位置指示器、提升容器位置指示保护失效；过卷保护失效等。发生过卷事故后，如果容器接近井口位置时提升速度不超过2 m/s，无论过卷保护装置动作或提升机司机实施制动，均可较快地将提升容器停下来，事故危害相对较小；如果提升容器接近井口位置时速度较大，尤其是以等速段最大运行速度通过井口时，在过卷保护装置动作后，提升容器在惯性的作用下会运行很长一段距离才能停下来。在未安装防撞梁和托罐装置的提升系统中，上提的容器过卷后可能直接撞击到天轮，在天轮的反作用下容器下坠、拉断提升钢丝绳；下放的容器过放后可能因超过过放距离导致提升容器报废。因此，高速过卷事故危害后果远高于低速过卷事故。

(2) 过卷事故的防范措施

① 加强对过卷保护的检查维护，并且每天至少试验1次。对于只安装1套牌坊式深度指示器的提升设备，除在深度指示器上安装1套过卷保护装置外，还应在上井口井架上再安

装 1 套过卷保护装置。

② 提升机必须安装提升容器位置指示保护，当提升容器位置指示器失效时，能自动断电并使保险闸发生作用。

③ 加强对限速保护、超速保护、闸瓦间隙保护和减速功能保护装置的维护检修，确保上述保护装置齐全、有效，动作灵敏可靠。

④ 提升机工作制动装置和保险制动装置应齐全、有效，并定期检查和试验，确保动作灵敏、制动可靠。

⑤ 条件允许时，可以增设后备保护系统。目前我国已研制出多种型号的后备综合保护系统，其主要功能包括：过卷保护和自动停车；通过减速点显示和自动减速；限速保护和自动停车；提升容器位置指示器传动失效报警和自动停车；超速显示和自动停车等。当提升机现有保护装置失灵时，后备保护可以起到保护作用。

⑥ 提升机操作司机和监护司机必须精神集中，严格按照提升机操作规程进行操作，并注意提升容器到达减速点和接近终端停止位置时的示警铃声。

⑦ 加强对提升机司机的培训，提高司机的安全意识、技术操作水平和处理紧急事故的应变能力。

⑧ 加强对提升机的维护检修，尤其要对提升机的各种安全保护、制动装置、深度指示器和调绳离合器等进行维护检修。

2. 断绳事故及其防范措施

(1) 断绳事故的原因与危害分析

断绳事故是指提升机运行时提升钢丝绳突然断裂引发的严重事故。断绳事故一般发生在钢丝绳因断丝、直径减小、锈蚀等原因导致的自身抗拉强度下降，即钢丝绳的安全系数低于规定的数值，以及超载提升、松绳冲击、严重过卷事故及钢丝绳在运行中遭受卡罐或突然停车等情况下。其中，提升容器下放时发生卡罐，会导致松绳事故；提升容器上提时卡罐，可能引发断绳事故。此外，提升机运行时，提升钢丝绳与容器的连接装置断裂、提升钢丝绳因与卷筒的固定装置失效而脱离卷筒，这种事故性质及危害与断绳事故相同。发生断绳事故后，对于安装了防坠器的提升容器，如果防坠器完好有效，防坠器的抓捕机构会将断绳后的提升容器卡在刚性罐道上，或者卡在钢丝绳罐道的制动绳上，从而减小了事故损失；如果防坠器失效，或者对于不需安装防坠器的提升容器，断绳后提升容器将坠入井底，造成提升容器、提升钢丝绳报废，还会撞坏井筒内的装备及设施。

(2) 断绳事故的防范措施

① 加强提升钢丝绳的使用与管理，在用钢丝绳的检查、维护、检验、报废和更换标准，必须符合《煤矿安全规程》的相关规定。

② 做好提升钢丝绳与提升容器连接装置的性能指标和投入使用前的试验，提升钢丝绳在卷筒上的固定装置，必须符合《煤矿安全规程》的相关规定。

③ 为减小断绳事故的危害后果，升降人员或者升降人员和物料的单绳提升罐笼必须装设可靠的防坠器，并做好防坠器的日常检查维护和定期试验。

④ 罐笼和箕斗的最大提升载荷和最大提升载荷差应当在井口公布，严禁超载和超最大载荷差运行；箕斗提升必须采用定重装置。

⑤ 加强对仓位超限保护、松绳保护和过卷保护的检查维护，确保上述保护正常使用、动

作可靠，避免由于松绳事故和过卷事故引发断绳事故。

⑥ 提升机司机必须按章操作，随时注意运行电流的指示变化情况，发现异常立即停车。同时，监护司机要加强责任心，切实起到监护作用。

⑦ 提升机司机应熟练操作，避免因突然加速、紧急停车而使提升钢丝绳受到冲击负荷的作用。

⑧ 立井使用罐笼升降矿车、无轨胶轮车时，信号工必须认真负责，确认罐内阻车器、专用定车或者锁车装置关闭后，方可发出开车信号。

3. 松绳事故及其防范措施

(1) 松绳事故的原因与危害分析

立井松绳事故只发生在缠绕式提升机的运行过程中。当上井口箕斗在卸载位置因满仓、冰冻、溜煤嘴闸板不能关闭而被卡住，或提升容器向下运行时因防坠器误动作、罐内矿车溜出、刚性罐道的间距变小而被卡住时，如果提升机继续运行，下放的提升容器因不能向下运行而导致该钩容器的提升钢丝绳松弛，即为松绳事故。发生松绳事故后，如果松绳保护失效，提升机司机马虎大意，不能注意到提升电流增大而继续开车，松弛的提升钢丝绳可能因弯曲、扭转而报废，同时提升机由一钩提升、一钩下放变为单钩提升，可能造成提升机及电动机过载。此外，如果被卡住的提升容器突然意外坠落，其冲击力往往能拉断松弛的提升钢丝绳而导致断绳事故。

(2) 松绳事故的防范措施

① 缠绕式提升机应当设置松绳保护装置并接入安全回路或者报警回路；箕斗提升时，松绳保护装置动作后，严禁受煤仓放煤；箕斗提升的井口煤仓仓位超限时，能报警并闭锁开车。

② 为确保松绳保护装置的正常使用，必须至少每天检查并试验1次。

③ 箕斗提升时，必须加强对仓位超限保护的检查和试验，确保仓位超限保护可靠、有效。

④ 箕斗提升时，必须加强对箕斗溜煤嘴闸板和卸载曲轨的维护检修，并保证溜煤嘴闸板开闭灵活和箕斗在卸载曲轨上正常运行。

⑤ 加强对刚性罐道的检查维护，发现罐道之间的距离变小后应立即处理，严禁在不具备安全提升条件的情况下进行提升作业。

⑥ 立井使用罐笼升降矿车、无轨胶轮车时，信号工必须认真负责，确认罐内阻车器、专用定车或者锁车装置关闭后，方可发出开车信号。

⑦ 缠绕式提升机发生松绳事故后，运行电流会增大。因此在提升机运行时，必须时刻注意运行电流的变化情况。一旦电流增大，必须立即停车检查。

三、斜井提升系统安全管理

(一) 提升机房安全管理

对于斜井串车提升系统，提升机房安全管理要求与立井相同。对于小型斜井串车提升绞车，当卷筒直径小于800 mm时，其设置的安全保护装置比立井提升机少，制动装置中可以只设置工作闸，而不需设置保险闸。

（二）斜井提升系统安全管理的特殊要求

1. 倾斜井巷内使用串车提升的安全要求

（1）在倾斜井巷内安设能够将运行中断绳、脱钩的车辆阻止住的跑车防护装置。

（2）在各车场安设能够防止带绳车辆误入非运行车场或者区段的阻车器。

（3）在上部平车场入口安设能够控制车辆进入摘挂钩地点的阻车器。

（4）在上部平车场接近变坡点处，安设能够阻止未连挂的车辆滑入斜巷的阻车器。

（5）在变坡点下方略大于1列车长度的地点，设置能够防止未连挂的车辆继续往下跑车的挡车栏。

上述挡车装置必须经常关闭，放车时方准打开。兼作行驶人车的倾斜井巷，在提升人员时，倾斜井巷中的挡车装置和跑车防护装置必须是常开状态并闭锁。

2. 倾斜井巷使用提升机或者绞车提升的安全要求

（1）采取轨道防滑措施。

（2）按设计要求设置托绳轮（辊），并保持转动灵活。

（3）井巷上端的过卷距离，应当根据巷道倾角、设计载荷、最大提升速度和实际制动力等参量计算确定，并有1.5倍的备用系数。

（4）串车提升的各车场设有信号硐室及躲避硐室；运人斜井各车场设有信号硐室和架空乘人装置硐室，架空乘人装置硐室具有足够的空间。

（5）运送物料时，开车前把钩工必须检查牵引车数量、各车的连接和装载情况。牵引车数量超过规定，连接不良，或者装载物料超重、超高、超宽或者偏载严重有翻车危险时，严禁发出开车信号。

（6）提升时严禁蹬钩、行人。

3. 在用普通轨斜井人车运输的安全要求

新建、扩建矿井严禁采用普通轨斜井人车运输。生产矿井在用的普通轨斜井人车运输必须遵守下列规定：

（1）车辆必须设置可靠的制动装置。断绳时，制动装置既能自动发生作用，也能人工操纵。

（2）必须设置使跟车工在运行途中任何地点都能发送紧急停车信号的装置。

（3）多水平运输时，从各水平发出的信号必须有区别。

（4）人员上下地点应当悬挂信号牌。任一区段行车时，各水平必须有信号显示。

（5）应当有跟车工，跟车工必须坐在设有手动制动装置把手的位置。

（6）每班运送人员前，必须检查人车的连接装置、保险链和制动装置，并先空载运行1次。

（三）斜井提升系统常见事故类型及防范措施

在斜井提升事故中，按事故性质基本上可分为过卷事故、跑车事故、松绳事故、掉道事故等类型。下面主要介绍过卷事故、跑车事故和松绳事故的原因及防范措施。

1. 过卷事故及其防范措施

（1）过卷事故的原因与危害分析

斜井提升系统发生过卷（过放）事故的主要原因有：提升机司机操作中精神不集中，串车到达减速点没有减速或串车到达坡口后仍然未停车;深度指示器失效且没有深度指示器失效保护;过卷保护、超速保护、限速保护、减速功能保护装置失效;制动装置失灵等。斜井串车提升系统发生过卷事故后,过卷后的串车在惯性作用下可能冲入上坡口平巷,如果在平巷的过卷距离内有人员,可能造成人身伤害事故;如果平巷有矿车或其他障碍物,会造成碰撞,严重时过卷后的串车在撞击力的作用下还可能反弹而滑入斜井,甚至造成断绳跑车事故。因此,斜井串车提升系统发生过卷事故后产生的危害非常严重。

(2) 过卷事故的防范措施

为防止发生过卷事故,主要应从以下几个方面加以防范:

① 加强对提升机司机的安全教育和安全培训,提高司机的安全意识、技术操作水平和处理紧急事故的应变能力,并严格按照操作规程认真操作。

② 加强设备管理,完善各种安全保护装置,如过卷保护、限速保护、超速保护、减速功能保护和深度指示器失效保护等,并对上述保护装置按照有关规定进行认真检查和维护,确保齐全、有效,动作灵敏可靠。条件允许时,还可以增设后备保护系统。

③ 提升机必须安设符合《煤矿安全规程》规定的制动装置,并正确使用,及时维护,保证其动作灵敏,制动可靠。

④ 按照有关规定,在上坡口留有足够的过卷距离;信号把钩工每次发出开车信号前,必须经过检查,确认过卷距离内没有人员、车辆和影响行车的任何障碍物后,方可发出开车信号。

2. 跑车事故及其防范措施

(1) 跑车事故的原因与危害分析

斜井串车提升系统跑车事故,可以分为断绳脱钩跑车事故和带绳跑车事故两大类。断绳脱钩跑车事故是指串车运行中,提升钢丝绳断裂、提升钩头断裂、组成串车的各个矿车之间没有连挂或连挂装置断裂等。其中,钢丝绳断裂的主要原因有:提升钢丝绳强度不足、超载提升、过卷事故或松绳事故引发断绳、串车刮卡或发生掉道事故后使用提升机强行复轨及提升机司机不送电松闸放飞车的违章操作等。提升钩头断裂、矿车之间没有连挂或连挂装置断裂的主要原因有:提升钩头强度不足、超期使用或超载提升;信号把钩工违章操作或误操作;连挂装置中的矿车碰头、钢丝绳绳扣、保险插销等不合格或失效等。带绳跑车事故是指串车运行中,提升钢丝绳、钩头及矿车连接装置均未断裂,矿车连带提升钢丝绳一起跑车,事故原因多为提升机制动力矩不足或提升钢丝绳在卷筒上的固定装置失效等。

(2) 跑车事故的防范措施

① 合理选择和使用提升钢丝绳,定期进行防腐处理,并加强检查和试验。发现断丝数、直径减小量、安全系数及锈蚀程度超标时,必须立即更换,避免出现因钢丝绳强度不足而引起断绳跑车事故。

② 提升钢丝绳在卷筒上固定时,必须使用专用的绳卡,严禁将钢丝绳系在卷筒轴上。

③ 必须采用不能自行脱落的提升钩头和矿车连接装置,并按规定定期检查试验。对产生裂纹的提升钩头必须作报废处理,不能补焊,以免造成应力集中而断裂。

④ 托绳轮和地辊按设计要求设置,并加强检查维护,保持转动灵活,以减小对钢丝绳的磨损。

⑤ 斜井提升时,严禁超载和超最大载荷差运行。

⑥ 加强对提升机司机的安全教育和技术培训,不断提高司机安全意识和操作水平,杜

绝超载提升、矿车掉道后使用提升机强行复轨和不送电松闸放飞车等违章行为。

⑦ 加强对信号工的安全教育和技术培训，信号工要做到严格执行操作规程，如必须正确使用保险绳；经常注意各挡车装置的开闭状态；开车前必须检查牵引车数、各车的连接和装载情况；制止违章人员乘车或超员乘车等。

⑧ 加强对提升机制动装置和各种安全保护装置的日常检查和维护检修，发现问题及时处理。

⑨ 加强对斜井内轨道、设施及矿车轮对的维护检查，发现问题立即处理，防止因掉道或刮卡串车引起断绳跑车事故。

⑩ 按规定在倾斜井巷内安设跑车防护装置，并认真进行检查维护。

3. 松绳事故及其防范措施

(1) 松绳事故的原因与危害分析

斜井串车提升系统松绳事故的发生次数一般多于立井提升系统松绳事故。发生松绳事故的主要原因有：斜井箕斗在上坡口卸载煤仓附近被卡住而提升机继续运行；串车向下运行时被轨道内杂物卡住、矿车掉道或被误动作的跑车防护装置挡住后，提升机继续运行；串车（尤其是重载串车）向上运行时实施保险制动或保险闸误动作，而制动减速度大于串车自然减速度；串车向下运行时严重过放等。斜井提升系统发生松绳事故后，容易引发断绳跑车事故。

(2) 松绳事故的防范措施

① 提升机必须设置松绳保护并接入安全回路或报警回路，在钢丝绳松弛时能自动断电并报警。箕斗提升时，松绳保护装置动作后，严禁受煤仓放煤。此外，为确保松绳保护的正常使用，每天必须进行1次松绳保护试验。

② 箕斗提升时，必须加强对仓位超限保护的检查和试验，确保仓位超限保护有效、可靠。

③ 箕斗提升时，必须加强对箕斗溜煤嘴闸板的维护检修，并保证溜煤嘴闸板开闭灵活。

④ 加强对提升机各种安全保护装置的检查维护，保证其齐全、有效，动作灵敏、可靠，不发生误动作。

⑤ 加强对斜井轨道的日常检查和维护，及时清除轨道线路上的杂物和片帮下落的岩石，防止影响串车运行。

⑥ 加强对斜井跑车防护装置的检查维护，确保其保持正常的开、闭状态，防止误动作挡住正常运行的串车。

⑦ 提升系统安全制动减速度（包括提升减速度和下放减速度）应满足《煤矿安全规程》的相关规定。

第四节 矿井运输系统安全管理

一、矿井运输系统的安全要求

(一) 带式输送机运输的安全要求

1. 滚筒驱动带式输送机运输的安全要求

(1) 采用非金属聚合物制造的输送带、托辊和滚筒包胶材料等，其阻燃性能和抗静电性能必须符合有关标准的规定。

（2）必须装设防打滑、跑偏、堆煤、撕裂等保护装置，同时应当装设温度、烟雾监测装置和自动洒水装置。

（3）应当具备沿线急停闭锁功能。

（4）主要运输巷道中使用的带式输送机，必须装设输送带张紧力下降保护装置。

（5）倾斜井巷中使用的带式输送机，上运时，必须装设防逆转装置和制动装置；下运时，应当装设软制动装置且必须装设防超速保护装置。

（6）在大于16°的倾斜井巷中使用带式输送机，应当设置防护网，并采取防止物料下滑、滚落等的安全措施。

（7）机头、机尾、驱动滚筒和改向滚筒处，应当设防护栏及警示牌。行人跨越带式输送机处，应当设过桥。

（8）输送带设计安全系数的选取应符合规定。

2. 钢丝绳牵引带式输送机运输的安全要求

新建矿井不得使用钢丝绳牵引带式输送机。生产矿井采用钢丝绳牵引带式输送机运输时，必须遵守下列规定：

（1）装设过速保护、过电流和欠电压保护、钢丝绳和输送带脱槽保护、输送带局部过载保护、钢丝绳张紧车到达终点和张紧重锤落地保护，并定期进行检查和试验。

（2）在倾斜井巷中，必须在低速驱动轮上装设液控盘式失效安全型制动装置，制动力矩与设计最大静拉力差在闸轮上作用力矩之比在2～3之间；制动装置应当具备手动和自动双重制动功能。

（3）采用钢丝绳牵引带式输送机运送人员时，应当遵守相关规定，人员乘坐间距不得小于4 m。

（二）轨道机车运输的安全要求

1. 轨道机车的选用规定

（1）突出矿井必须使用符合防爆要求的机车。

（2）新建高瓦斯矿井不得使用架线电机车运输。高瓦斯矿井在用的架线电机车运输，必须遵守下列规定：

① 沿煤层或者穿过煤层的巷道必须采用砌碹或者锚喷支护；

② 有瓦斯涌出的掘进巷道的回风流，不得进入有架线的巷道中；

③ 采用碳素滑板或者其他能减小火花的集电器。

（3）低瓦斯矿井的主要回风巷、采区进（回）风巷应当使用符合防爆要求的机车。低瓦斯矿井进风的主要运输巷道，可以使用架线电机车，并使用不燃性材料支护。

2. 轨道的安全要求

（1）通用安全要求

① 运行7 t及以上机车、3 t及以上矿车，或者运送15 t及以上载荷的矿井、采区主要巷道轨道线路，应当使用不小于30 kg/m的钢轨；其他线路应当使用不小于18 kg/m的钢轨。

② 同一线路必须使用同一型号钢轨，道岔的钢轨型号不得低于线路的钢轨型号。

③ 轨道线路必须按标准铺设，使用期间应当加强维护及检修。

（2）采用架线电机车运输时轨道的特殊要求

① 两平行钢轨之间，每隔 50 m 应当连接 1 根断面不小于 50 mm^2 的铜线或者其他具有等效电阻的导线。

② 线路上所有钢轨接缝处，必须用导线或者采用轨缝焊接工艺加以连接。连接后每个接缝处的电阻应当符合要求。

③ 不回电的轨道与架线电机车回电轨道之间，必须加以绝缘。第一绝缘点设在 2 种轨道的连接处；第二绝缘点设在不回电的轨道上，其与第一绝缘点之间的距离必须大于 1 列车的长度。在与架线电机车线路相连通的轨道上有钢丝绳跨越时，钢丝绳不得与轨道相接触。

3. 矿车及其连接装置的安全要求

(1) 各种车辆的两端必须装置碰头，每端突出的长度不得小于 100 mm。

(2) 矿车的车梁、碰头和连接插销，安全系数不得小于 6。

(3) 各种保险链以及矿车的连接环、链和插销等，必须符合下列要求：

① 批量生产的，必须做抽样拉断试验，不符合要求时不得使用；

② 初次使用前和使用后每隔 2 年，必须逐个以 2 倍于其最大静荷重的拉力进行试验，发现裂纹或者永久伸长量超过 0.2%时，不得使用。

4. 架线电机车架空线的安全要求

(1) 架空线悬挂高度、与巷道顶或者棚梁之间的距离，应当保证机车的安全运行。

(2) 架空线的直流电压不得超过 600 V。

5. 轨道机车运行的安全要求

(1) 通用安全要求

① 生产矿井同一水平行驶 7 台及以上机车时，应当设置机车运输监控系统；同一水平行驶 5 台及以上机车时，应当设置机车运输集中信号控制系统。新建大型矿井的井底车场和运输大巷，应当设置机车运输监控系统或者运输集中信号控制系统。

② 列车或者单独机车均必须前有照明，后有红灯。

③ 列车通过的风门，必须设有当列车通过时能够发出在风门两侧都能接收到声光信号的装置。

④ 巷道内应当装设路标和警标。

⑤ 必须定期检查和维护机车，发现隐患，及时处理。机车的闸、灯、警铃(喇叭)、连接装置和撒砂装置，任何一项不正常或者失爆时，机车不得使用。

⑥ 正常运行时，机车必须在列车前端。机车行近巷道口、硐室口、弯道、道岔或者噪声大等地段，以及前有车辆或者视线有障碍时，必须减速慢行，并发出警号。

⑦ 2 辆机车或者 2 列列车在同一轨道同一方向行驶时，必须保持不少于 100 m 的距离。

⑧ 同一区段线路上，不得同时行驶非机动车辆。

⑨ 必须有用矿灯发送紧急停车信号的规定。非危险情况下，任何人不得使用紧急停车信号。

⑩ 机车司机开车前必须对机车进行安全检查确认；启动前，必须关闭车门并发出开车信号；机车运行中，严禁司机将头或者身体探出车外；司机离开座位时，必须切断电动机电源，取下控制手把(钥匙)，扳紧停车制动。在运输线路上临时停车时，不得关闭车灯。

⑪ 新投用机车应当测定制动距离，之后每年测定 1 次。运送物料时制动距离不得超过 40 m；运送人员时制动距离不得超过 20 m。

(2) 蓄电池动力装置的安全要求

① 充电必须在充电硐室内进行。

② 充电硐室内的电气设备必须采用矿用防爆型。

③ 检修应当在车库内进行，测定电压时必须在揭开电池盖 10 min 后测试。

6. 轨道机车运送人员的安全要求

(1) 长度超过 1.5 km 的主要运输平巷或者高差超过 50 m 的人员上下的主要倾斜井巷，应当采用机械方式运送人员；运送人员的车辆必须为专用车辆，严禁使用非乘人装置运送人员；严禁人、物料混运。

(2) 采用平巷人车运送人员的安全要求

① 每班发车前，应当检查各车的连接装置、轮轴、车门(防护链)和车闸等。

② 严禁同时运送易燃易爆或者腐蚀性的物品，或者附挂物料车。

③ 列车行驶速度不得超过 4 m/s。

④ 人员上下车地点应当有照明，架空线必须设置分段开关或者自动停送电开关，人员上下车时必须切断该区段架空线电源。

⑤ 双轨巷道乘车场必须设置信号区间闭锁，人员上下车时，严禁其他车辆进入乘车场。

⑥ 应当设跟车工，遇有紧急情况时立即向司机发出停车信号。

⑦ 两车在车场会车时，驶入车辆应当停止运行，让驶出车辆先行。

7. 人力推车的安全要求

(1) 1 次只准推 1 辆车。严禁在矿车两侧推车。同向推车的间距，在轨道坡度小于或者等于 5‰时，不得小于 10 m；坡度大于 5‰时，不得小于 30 m。

(2) 推车时必须时刻注意前方。在开始推车、停车、掉道、发现前方有人或者有障碍物，从坡度较大的地方向下推车以及接近道岔、弯道、巷道口、风门、硐室出口时，推车人必须及时发出警号。

(3) 严禁放飞车和在巷道坡度大于 7‰时人力推车。

(4) 不得在能自动滑行的坡道上停放车辆，确需停放时必须用可靠的制动器或者阻车器将车辆稳住。

(三) 无轨胶轮车运输的安全要求

(1) 严禁非防爆、不完好无轨胶轮车下井运行。

(2) 驾驶员持有“中华人民共和国机动车驾驶证”。

(3) 建立无轨胶轮车入井运行和检查制度。

(4) 设置工作制动、紧急制动和停车制动，工作制动必须采用湿式制动器。

(5) 必须设置车前照明灯和尾部红色信号灯，配备灭火器和警示牌。

(6) 运行中应当符合下列要求：

① 运送人员必须使用专用人车，严禁超员；

② 运行速度，运人时不超过 25 km/h，运送物料时不超过 40 km/h；

③ 同向行驶车辆必须保持不小于 50 m 的安全运行距离；

④ 严禁车辆空挡滑行；

⑤ 应当设置随车通信系统或者车辆位置监测系统；

⑥ 严禁进入专用回风巷和微风、无风区域。

(7) 巷道路面、坡度、质量,应当满足车辆安全运行要求。

(8) 巷道和路面应当设置行车标识和交通管控信号。

(9) 长坡段巷道内必须采取车辆失速安全措施。

(10) 巷道转弯处应当设置防撞装置。人员躲避硐室、车辆躲避硐室附近应当设置标识。

(11) 井下行驶特殊车辆或者运送超长、超宽物料时,必须制定安全措施。

(12) 井下采用无轨胶轮车运送爆炸物品时,应当按照民用爆炸物品运输管理有关规定执行。

(四) 架空乘人装置的安全要求

(1) 有专项设计。

(2) 吊椅中心至巷道一侧突出部分的距离不得小于 0.7 m,双向同时运送人员时钢丝绳间距不得小于 0.8 m,固定抱索器的钢丝绳间距不得小于 1.0 m。乘人吊椅距底板的高度不得小于 0.2 m,在上下人站处不大于 0.5 m。乘坐间距不应小于牵引钢丝绳 5 s 的运行距离,且不得小于 6 m。除采用固定抱索器的架空乘人装置外,应当设置乘人间距提示或者保护装置。

(3) 固定抱索器最大运行坡度不得超过 28°,可摘挂抱索器最大运行坡度不得超过 25°,运行速度应当满足表 7-14 的规定。

表 7-14 架空乘人装置运行速度规定 单位:m/s

巷道坡度 θ/(°)	$25<\theta\leqslant28$	$20<\theta\leqslant25$	$14<\theta\leqslant20$	$\theta\leqslant14$
固定抱索器	≤0.8	≤1.2		
可摘挂抱索器	—	≤1.2	≤1.4	≤1.7

(4) 驱动系统必须设置失效安全型工作制动装置和安全制动装置,安全制动装置必须设置在驱动轮上。

(5) 各乘人站设上下人平台,乘人平台处钢丝绳距巷道壁不小于 1 m,路面应当进行防滑处理。

(6) 架空乘人装置必须设置安全保护。

① 架空乘人装置必须装设超速、打滑、全程急停、防脱绳、变坡点防掉绳、张紧力下降、越位等保护,安全保护装置发生保护动作后,需经人工复位,方可重新启动。

② 应当有断轴保护措施。

③ 减速器应当设置油温检测装置,当油温异常时能发出报警信号。

④ 沿线应当设置延时启动声光预警信号,各上下人地点应当设置信号通信装置。

(7) 倾斜巷道中架空乘人装置与轨道提升系统同巷布置时,必须设置电气闭锁,2 种设备不得同时运行。

倾斜巷道中架空乘人装置与带式输送机同巷布置时,必须采取可靠的隔离措施。

(8) 巷道应当设置照明。

(9) 每日至少对整个装置进行 1 次检查,每年至少对整个装置进行 1 次安全检测检验。

(10) 严禁同时运送携带爆炸物品的人员。

二、矿井运输系统安全检查要点

（一）带式输送机运输系统安全检查要点

(1) 带式输送机电气保护齐全可靠。

(2) 采用阻燃、抗静电输送带，输送带接头处应平齐，强度符合要求。

(3) 液力偶合器严禁使用可燃性传动介质(调速型液力偶合器除外)，易熔塞、防爆片符合要求。

(4) 制动装置、防逆转装置和各种安全保护装置齐全有效，动作可靠。

(5) 在带式输送机沿线应安设有效的急停装置。

(6) 连续运输系统应使用连锁、闭锁控制装置。

(7) 在大于16°的倾斜井巷中使用带式输送机，应当设置防护网。

(8) 机头、机尾处应设置扫煤器，扫煤器的刮板与输送带的间隙符合要求。

(9) 机头、机尾部位的照明、防护栏、警示牌以及行人过桥等应符合要求。

(10) 机架应固定牢靠、无破损；托辊应齐全、转动灵活，托辊周围无积煤。

(11) 检修及使用工具清理滚筒上的积煤前，必须停止输送机运行。

(12) 使用钢丝绳牵引带式输送机运送人员时，严禁同时运送物料，人员必须严格按规定乘坐输送带。

（二）轨道机车运输系统安全检查要点

1. 轨道机车的安全检查要点

(1) 根据矿井瓦斯等级，选用符合《煤矿安全规程》要求的机车。突出矿井使用架线电机车运输，属于煤矿重大事故隐患；高瓦斯矿井在用的架线电机车运输、低瓦斯矿井架线电机车运输必须符合相关规定。

(2) 制动装置符合规定，齐全可靠。

(3) 机车照明装置良好，符合要求。

(4) 警铃(喇叭)、连接装置和撒砂装置完好。

(5) 根据同一水平行驶机车台数，装备机车运输监控系统或机车运输集中信号控制系统及机车通信设备。

(6) 防爆蓄电池机车或者防爆柴油机动力机车装备甲烷断电仪或者便携式甲烷检测报警仪。

(7) 防爆蓄电池机车充电、检修应符合规定。

(8) 防爆柴油机动力机车装备自动保护装置和防灭火装置。

2. 轨道的安全检查要点

(1) 轨道线路轨型、轨道铺设质量符合标准要求，道岔的钢轨型号不得低于线路的钢轨型号。

(2) 主要运输线路及行驶人车的轨道线路质量应达到以下要求：

① 接头平整度：轨面高低和内侧错差不大于2 mm；

② 轨距：直线段和加宽后的曲线段允许偏差为－2～5 mm；

③ 水平：直线段及曲线段加高后两股钢轨偏差不大于5 mm；

④ 轨缝不大于 5 mm；

⑤ 扣件齐全、牢固，与轨型相符；

⑥ 轨枕规格及数量应符合标准要求，间距偏差不超过 50 mm；

⑦ 道砟粒度及铺设厚度符合标准要求，轨枕下应捣实，轨枕露出高度不小于 50 mm；

⑧ 曲线段设置轨距拉杆。

(3) 其他轨道线路不得有杂拌道（异型轨道长度小于 50 m 为杂拌道），质量应达到以下要求：

① 接头平整度：轨面高低和内侧错差不大于 2 mm；

② 轨距：直线段和加宽后的曲线段允许偏差为－2～6 mm；

③ 水平：直线段及曲线段加高后两股钢轨偏差不大于 8 mm；

④ 轨缝不大于 5 mm；

⑤ 扣件齐全、牢固，与轨型相符；

⑥ 轨枕规格及数量符合标准要求，间距偏差不超过 50 mm；

⑦ 道砟粒度及铺设厚度符合标准要求，轨枕下应捣实。

(4) 架线电机车运输的轨道应符合导电、绝缘的相关要求。

3. 巷道、车场的安全检查要点

(1) 巷道支护完整，巷道（包括管、线、电缆）与运输设备最突出部分之间的最小间距符合《煤矿安全规程》的规定。

(2) 主要运输线路水沟畅通，巷道无淤泥、积水；水沟侧作为人行道时，盖板齐全、稳固。

(3) 车场、巷道曲线半径、巷道连接方式、运输方式设计合理，符合《煤矿安全规程》及有关规定要求。

4. 架线电机车架空线的安全检查要点

(1) 架空线悬挂高度：自轨面算起，架空线悬挂高度在行人的巷道内、车场内以及人行道与运输巷道交叉的地方不小于 2 m；在不行人的巷道内不小于 1.9 m；在井底车场内，从井底到乘车场不小于 2.2 m。

(2) 架空线与巷道顶或棚梁之间的距离不小于 0.2 m；悬吊绝缘子距架空线的距离，每侧不超过 0.25 m。

(3) 架空线悬挂点的间距，直线段内不超过 5 m，曲线段内符合规定。

(4) 架空线直流电压符合要求。

5. 轨道机车运行的安全检查要点

(1) 机车司机必须按规定开车。开车前必须对机车进行安全检查确认；启动前，必须关闭车门并发出开车信号；机车运行中，严禁司机将头或者身体探出车外；司机离开座位时，必须切断电动机电源，取下控制手把（钥匙），扳紧停车制动。在运输线路上临时停车时，不得关闭车灯。

(2) 列车或者单独机车前有照明，后有红灯。

(3) 正常运行时，机车必须在列车前端；机车行近巷道口、硐室口、弯道、道岔或者噪声大等地段，以及前有车辆或者视线有障碍时，必须减速慢行，并发出警号；收到用矿灯发送的紧急停车信号时，必须立即减速停车。

(4) 2 辆机车或者 2 列列车在同一轨道同一方向行驶时，必须保持不少于 100 m 的距离。

(5) 同一区段线路上,不得同时行驶非机动车辆。

(6) 巷道内按规定装设路标和警标,风门符合要求。

(7) 机车的制动距离符合要求,并定期测定。

(8) 轨道机车运送人员或爆炸物品时,必须符合《煤矿安全规程》的相关规定。

(三) 无轨胶轮车运输的安全检查要点

(1) 必须建立无轨胶轮车入井运行和检查制度,驾驶员持有"中华人民共和国机动车驾驶证",严禁非防爆、不完好无轨胶轮车下井运行。

(2) 车辆转向系统、制动系统、照明系统、警示装置等完好可靠,车辆应自带防止停车自溜的设施或工具。

(3) 车辆应装备自动保护装置、便携式甲烷检测报警仪、防灭火设备等安全保护装置。

(4) 车辆应设置车前照明灯和尾部红色信号灯,以及随车通信系统或者车辆位置监测系统。

(5) 运送人员应使用专用人车,载人或载货数量在额定范围内。

(6) 车辆运行速度符合规定,同向行驶时安全运行距离不小于 50 m。

(7) 巷道路面、坡度、质量,应当满足车辆安全运行要求,并设置行车标识和交通管控信号。

(8) 巷道转弯处应当设置防撞装置。人员躲避硐室、车辆躲避硐室符合要求,并在附近设置标识。

(9) 车辆运行区域符合要求,严禁进入专用回风巷和微风、无风区域。

(10) 车辆应符合排气标准规定。

(11) 井下行驶特殊车辆或者运送超长、超宽物料时,必须制定安全措施。

(四) 架空乘人装置的安全检查要点

(1) 有专项设计,运行坡度、运行速度符合《煤矿安全规程》规定。

(2) 制动装置和安全保护装置符合《煤矿安全规程》规定。

(3) 钢丝绳之间的距离、钢丝绳与巷道壁的距离以及人员乘坐间距符合要求,乘人平台路面应进行防滑处理。

(4) 巷道应当设置充足的照明,沿线应当设置延时启动声光预警信号,各上下人地点应当设置信号通信装置。

(5) 钢丝绳安全系数、插接长度、断丝面积、直径减小量、锈蚀程度等应符合《煤矿安全规程》规定。

(6) 倾斜巷道中架空乘人装置与其他提升系统同巷布置时,必须采取相应的措施。

(7) 每天至少对整个装置进行 1 次检查,每年至少对整个装置进行 1 次安全检测检验。

(8) 严禁同时运送携带爆炸物品的人员。

三、煤矿常见运输事故及防范措施

煤矿常见运输事故,按照运输设备划分,可分为带式输送机运输事故、轨道机车运输事故、无轨胶轮车运输事故、架空乘人装置运输事故及其他设备运输事故(包括单轨吊车、卡轨车、无极绳牵引车)等;按照人员是否受到伤害,可分为人身伤害事故和设备损坏事故。

(一) 煤矿常见运输事故的类型与原因分析

1. 带式输送机运输事故

(1) 在带式输送机运输事故中,最严重的是火灾事故。着火的原因包括:使用非阻燃输送带;托辊转动不灵活与非阻燃输送带摩擦;下托辊与积煤摩擦;违章从事动火作业点燃周围易燃品;违章存放汽油等易燃品;输送带因张力不足、严重跑偏、超载或堆煤发生打滑,防打滑保护不起作用,输送机继续运行,输送带与滚筒摩擦生热等。

(2) 带式输送机运输事故中常见的人身伤害事故主要包括:

① 输送机运行时,人员违章使用工具清理滚筒上的黏煤,人员被卷入滚筒与输送带之间发生事故;

② 输送机滚筒处未按规定设置护栏,人员身体触及转动的滚筒发生事故;

③ 检修时人员违章站在输送带或机架上,摔倒发生事故;

④ 做输送带接头时,人员违章站在输送带上,点动打倒车时人员摔倒或被拉入输送带与滚筒之间发生事故;

⑤ 人员从过桥以外的其他地点跨越输送带时可能发生被输送带刮倒的事故;

⑥ 人员在输送机巷道行走时可能摔倒或被输送带上滚落的煤矸砸中而发生事故;

⑦ 发生断带事故或逆转飞车事故时,现场人员被散落的煤矸砸中发生事故;

⑧ 人员违章乘坐输送带或违反乘坐输送带的相关规定,发生人员坠落事故。

(3) 带式输送机运输事故中常见的设备损坏事故主要包括:

① 断带事故。断带事故的根本原因是输送带所受的拉力超过了其抗拉强度,如输送带接头强度不足、输送带破损或磨损老化、超载运煤以及输送带严重跑偏引起的过载等。

② 输送带打滑事故。输送带打滑事故的主要原因包括:输送带老化引起输送带张力下降;超载运煤以及输送带严重跑偏引起过载;滚筒表面胶层破损老化或沾水沾煤引起输送带与滚筒的摩擦力下降;输送机运行中突然停电,重载启动输送机时也可能引起输送带打滑。输送带打滑后,输送带与滚筒的滑动摩擦产生大量热量,如果不及时停车,容易发生火灾事故。

③ 输送带跑偏事故。输送带跑偏的根本原因是输送带横断面上两侧所受拉力不相等,导致输送带跑偏。输送带跑偏的具体原因包括:机头滚筒和机尾滚筒不平行,机架或托辊安装不正,输送带接头不平直等。输送带跑偏的危害是运送的煤从输送带上撒下来,同时会增加运输负荷,严重时会损坏输送带或引起输送带打滑。

④ 逆转飞车事故。向上运输的带式输送机突然停电,或输送机重载启动时,如果输送机制动装置和防逆转装置同时失效,上行的输送带在煤炭重力作用下向下运动,造成机尾严重撒煤,甚至埋住机尾滚筒,同时逆转飞车事故还可能造成输送机电动机烧毁。

2. 轨道机车运输事故

(1) 机车撞人事故。人员违章在机车运行巷道内行走,在行人、机车司机精神都不集中或双方都认为对方行为错误而斗气时,可能发生机车撞人事故。因为机车制动距离较大,虽然机车司机已经实施制动,但机车不能及时停下来,在允许的机车制动距离内撞到人员而发生事故。

(2) 人员违章乘车造成的人身伤害事故。这类事故包括人员在人车启动后上车、人车未停稳时下车、携带超长物品或爆破物品乘车，甚至严重违章蹬乘在两车之间的碰头上，而引发的各类人身伤害事故。

(3) 机车司机人身伤害事故。这类事故主要是指机车在运行中，司机违章将身体的某些部位伸出车外，与车外物体撞击引发的事故。

(4) 人员触电事故。这类事故主要是指在架线电机车运行范围内，人员携带的金属工具触碰架空线引发的触电事故。

(5) 机车撞车事故。这类事故主要有两种情况：一是同向行驶的机车之间的安全距离小于规定值，前车突然制动后，后车撞到前车；另一种情况是在机车运行的轨道上，违章停放其他车辆，或人力推车进入机车运行的线路，当机车司机不能及时注意到前方的车辆时，可能造成撞车事故。

(6) 矿车掉道事故。轨道铺设质量不合格，轨道维护检修不到位，矿车的轮对转动不灵活或矿车偏载，机车运行速度超限等，都可能导致掉道事故。矿车掉道后，可能撞坏巷道内敷设的电缆、风管或水管等设施，产生更大影响。

(7) 机车过载事故。这类事故主要有两种情况：一是违章超出规定数量挂车；二是矿车掉道后，违章使用机车牵引复轨。过载可造成机车运行电流增大，严重时可能烧毁机车电动机。

(8) 使用架线机车运输时，遇到矿井主要通风机停风，机车运行产生的电火花可能引起瓦斯爆炸事故。

3. 无轨胶轮车运输事故

(1) 使用非防爆的无轨胶轮车或车辆不符合排气标准，可能引发瓦斯爆炸事故。

(2) 驾驶员未取得机动车驾驶证，酒后驾驶或违章操作，可能发生撞人或撞坏巷道设施的事故。

(3) 人员违章在无轨胶轮车运行巷道中行走，可能发生撞人事故。

(4) 车辆转向系统、制动系统、照明装置等存在故障时，或巷道路面、坡度、质量不符合规定时，可能发生车辆倾覆或撞坏巷道设施的事故。

(5) 超载、超员、超速或同向行驶时安全距离不足，可能由于制动失灵而发生撞坏巷道设施或撞车事故。

4. 架空乘人装置运输事故

(1) 人身伤害事故是架空乘人装置运行中最常见的事故，伤害形式主要是坠落、摔伤。

(2) 设备损坏事故，如断绳事故、断轴事故等，主要是设备维护检修不到位造成的。

(二) 煤矿常见运输事故的防范措施

1. 加强对从业人员的安全教育，杜绝“三违”，实现自主保安和相互保安

(1) 加强对全矿入井人员的安全教育，时刻注意人员行走、乘车时的人身安全。严格执行“行人不行车，行车不行人”的管理规定；在任何运输巷道内，严禁扒、蹬、跳和乘坐车辆。

(2) 加强对运输系统从业人员的安全教育和培训，严格执行安全生产责任制。各类运输设备司机、信号工应经过培训、经考核合格后持证上岗；工作中严格执行本工种操作规程，杜绝“三违”。

2. 加强设备的维护检修，严禁设备带病运转

(1) 检查各种设备的运转状况，应无异常声音、异常振动、异味，各种仪表指示正常。

(2) 检查设备的制动装置、安全保护装置，应齐全有效。检查中发现问题，必须立即停机，待问题全部处理好后方可恢复设备运行。

(3) 加强对运输轨道的检查维护，发现问题立即处理。

(4) 制定设备定期检修计划和性能测试计划，并认真落实。

(5) 加强设备备件的储备和管理，防止因无备件影响设备维修和运行。

3. 加强运输系统环境治理，减少运输事故

(1) 运输巷道路面平整，无淤泥、积水，无堆积杂物，机车运输线路上无影响行车的障碍物，设备中心线与巷帮的距离符合要求，架空线的安设符合《煤矿安全规程》的规定。

(2) 运输巷道内应有充足的照明。

(3) 风门的设置、性能符合规定。

4. 加强运输系统安全管理，实现矿井运输安全

(1) 建立、完善运输系统各类人员安全生产责任制，并监督落实。

(2) 制定并落实各工种操作规程、设备维护检修制度。

(3) 运输系统各岗位人员数量必须符合定额要求，并保证必要的安全投入，如巷道维护、设备大修及备品备件费用等。

(4) 加强技术管理工作，运输设备设计、选型合理，安装符合规范要求，使用中加强保养，定期检修、检测，重要设备实行编号管理，如实填写设备运行、维修台账和事故记录，整理好运输设备、设施、线路的图纸、技术档案。

(5) 定期开展运输系统专项检查，开展运输专业风险辨识与评估、隐患排查治理等。

(6) 条件允许时，可以通过改善运输方式提高矿井运输系统安全水平，如采用先进的运输方式替代多级、多段运输，逐步取消调度绞车，实现矿井辅助运输连续化等。

第五节 采掘设备的安全管理

一、采煤工作面主要机电设备的安全管理

(一) 采煤机安全管理

1. 采煤机的安全管理规定

(1) 采煤机上装有能停止工作面刮板输送机运行的闭锁装置。启动采煤机前，必须先巡视采煤机四周，发出预警信号，确认人员无危险后，方可接通电源。采煤机因故暂停时，必须打开隔离开关和离合器。采煤机停止工作或者检修时，必须切断采煤机前级供电开关电源并断开其隔离开关，打开截割部离合器。

(2) 工作面遇有坚硬夹矸或者黄铁矿结核时，应当采取松动爆破处理措施，严禁用采煤机强行截割。

(3) 工作面倾角在15°以上时，必须有可靠的防滑装置。

(4) 更换截齿和滚筒时，采煤机上下3 m范围内，必须护帮护顶，禁止操作液压支架。必须切断采煤机前级供电开关电源并断开采煤机隔离开关，打开截割部离合器，同时对工作

面输送机施行闭锁。

2. 采煤机的安全使用及管理要点

(1) 采煤机司机必须经过培训考核合格后持证上岗，熟练掌握采煤机启动前的检查内容，启动和停止采煤机的程序。

(2) 禁止采煤机带负荷启动和频繁启动；一般情况下不允许用隔离开关或断路器断电停机；不允许在电动机开动的情况下，操纵滚筒离合器。

(3) 无冷却水或冷却水压力、流量达不到要求或喷雾系统不工作时，不准割煤。

(4) 防止采煤机滚筒截割支架顶梁和刮板输送机铲煤板等物体。端头割煤时，除司机外其他作业人员都要躲到安全地点，并严防滚筒割工字钢或单体支柱造成危险。

(5) 采煤机运行时，要随时注意电缆的拖移情况，防止电缆损坏。必须在电动机即将停止时操作截割部离合器。

(6) 更换截齿和滚筒时，若上下 3 m 以内有人工作，必须护帮护顶，切断电源，打开采煤机隔离开关和离合器，并对工作面刮板输送机施行闭锁。

(7) 司机在翻转挡煤板时要正确操作，防止其变形。检查滚筒、更换截齿或在滚筒附近工作时，必须打开截割部离合器。牵引部顶部的手动操作旋钮(柄)，只允许在处理事故中使用。

(8) 非专职司机不得启动采煤机。司机在开机前，一定要查看采煤机附近有无人员及可能危害人身安全的隐患，然后发出信号及大声喊话。

(9) 采煤机在割煤过程中要割直、割平，严格控制采高。

(二) 刮板输送机的安全管理

1. 刮板输送机的安全管理规定

(1) 采煤工作面刮板输送机必须安设能发出停止、启动信号和通信的装置，发出信号点的间距不得超过 15 m。

(2) 刮板输送机使用的液力偶合器，必须按所传递的功率大小，注入规定量的难燃液，并经常检查有无漏失。易熔合金塞必须符合标准，并设专人检查、清除塞内污物；严禁使用不符合标准的物品代替。

(3) 刮板输送机严禁乘人。

(4) 用刮板输送机运送物料时，必须有防止顶人和顶倒支架的安全措施。

(5) 移动刮板输送机时，必须有防止冒顶、顶伤人员和损坏设备的安全措施。

2. 刮板输送机的安全使用及管理要点

(1) 刮板输送机应空载启动。

(2) 刮板输送机运转时，溜槽中不宜装大块煤和矸石，防止卡住刮板链造成事故。

(3) 凡是转动、传动部位应按规定设置保护栏或保护罩，机尾应设保护板，行人处必须设置过桥。

(4) 刮板输送机两侧电缆要按规定吊挂，特别是采煤工作面移动电缆一定要管理好，防止落入溜槽内被刮坏或拉断造成事故。

(5) 严禁从刮板输送机两端头向中间推移溜槽；推移时要掌握好推移步距，防止发生脱节事故；进行推移工作时，煤壁与刮板输送机之间不得站人，支撑设备附近尽量不要安排工作人员，要把机道浮煤清理干净后再推移。

(6) 刮板输送机在运行中严禁人员跨越机头,不准清理转动部位的煤粉。

(7) 刮板输送机槽、减速器严禁过负荷启动,减速器联轴器及大轴温度不得超过 75 ℃;刮板机输送附近有人工作时严禁开机,严禁使用刮板输送机运输物料和人员。

(三) 转载机和破碎机安全管理

1. 转载机和破碎机的安全管理规定

(1) 工作面转载机位于运输平巷,此处空间狭窄,噪声大,人员通过频繁,当转载机安有破碎机时,很容易发生事故,因此,要求必须有安全防护装置。

(2) 破碎机入口前应安设急停闭锁装置,没有封闭管理的破碎机需设有效的安全防护装置,避免伤人。

(3) 转载机、破碎机的减速器与电动机采用软连接或软启动控制,液力偶合器不使用可燃性传动介质(调速型液力偶合器不受此限),使用合格的易熔塞和防爆片。

(4) 转载机、破碎机电气保护必须齐全可靠,电动机采用水冷方式时,水量、水压要符合要求,减速器和电动机的冷却水进出口要保持清洁畅通。

(5) 转载机、破碎机的动力部上方应加装防水、防尘装置。

2. 转载机和破碎机的安全使用及管理要点

(1) 转载机、破碎机的操作顺序:启动时,先启动破碎机,平稳后再启动转载机;停机时,先停转载机,后停破碎机。

(2) 启动设备时,要先点动试车,注意设备的运行方向是否正确。

(3) 若遇到启动故障,需找出原因处理后再启动;负荷过大时,要采取措施,不得超负荷运行。正常情况下,停机前要把煤运空。

(4) 制定转载机、破碎机日常检查维护制度,转载机和破碎机的转动部位要定期、定量加注润滑脂,以有效降低设备损耗,提高设备使用寿命。

(5) 每天检查供液系统有无渗液、漏液现象,检查试验喷雾装置雾化效果是否良好,压力不得低于 1.5 MPa。

(四) 液压支架的安全管理

1. 液压支架的安全管理规定

(1) 采用综合机械化充填采煤时,如有人进行充填作业,严禁操作作业区域的液压支架。

(2) 支架间的煤矸必须清理干净,为移架创造良好条件,保证支架架设质量。当工作面倾角大于 15°时,液压支架很容易倾倒,所以工作面倾角大于 15°时,液压支架必须采取相应的防倒、防滑措施。

(3) 采煤工作面的液压支架必须接顶,避免发生顶板离层、下沉及支架前移困难的情况,有效防止发生架间冒顶和超前冒顶事故。

(4) 在处理液压支架上方冒顶时,在处理倒架、歪架、压架,更换支架,以及拆修顶梁、支柱、座箱等大型部件时,在运送、安装和拆除液压支架时很容易发生人员伤害事故,另外也容易引起顶板事故和产生碰撞火花,所以必须制定相应的安全措施。

(5) 液压支架的支护方式,根据液压支架的形式、结构、移动方式和支护条件不同,可分为及时支护和滞后支护两种。无论采用哪种支护方式,采煤机采煤时必须及时移架,控制采煤机与液压支架的距离不超过作业规程的规定，确因超过规定距离发生冒顶、片帮时，应立即妥善处理，否则禁止采煤。

(6) 严格控制采高，严禁采高大于支架的最大有效支护高度。当煤层变薄时，采高不得小于支架的最小有效支护高度。当采高超过 3 m 或者煤壁片帮严重时，液压支架必须设护帮板。

(7) 综采工作面根据需要采取爆破手段，在爆破时很容易崩倒、崩坏液压支架和其他设备，因此在爆破前，必须加强对机电设备、液压支架和电缆等的保护。

(8) 乳化液是液压传动系统中的介质，乳化液的配制、水质、配比等将直接影响着传动效果和设备的使用寿命，因此乳化液的配制、水质、配比等必须符合有关要求。泵站供液吸空，会在注液管内产生气体，使液压传动系统无法正常工作，极易发生各类事故，所以要求泵箱设置自动给液装置，防止吸空。

2. 液压支架的安全使用及管理要点

(1) 液压支架要保持初撑力不低于规定值的 80%，乳化液浓度在 3%～5%之间。

(2) 操作时支架要排成一条直线，编号管理，其偏差不超过±50 mm，中心距偏差不超过±100 mm；支架顶梁与顶板平行支设，其最大仰俯角小于或等于 7°；支架垂直顶底板，歪斜角不大于 5°；相邻架间不能有明显错茬(不超过顶梁侧护板高的 2/3)，支架不挤、不咬、不倾倒，架间空隙不超过 200 mm。支架保持直线，可使支架受力均匀，提高支护强度，有效地控制顶板，同时支架呈直线可控制输送机、充填垛和工作面保持直线。

(3) 采煤机割煤时，要及时收回采煤机前 4～5 架的护帮板或伸缩梁，待采煤机通过后，再及时伸出护帮板或伸缩梁；采煤机割煤后正常情况下移架距采煤机的距离为 5～8 架，推溜距采煤机后滚筒的距离为 10～15 架。

(4) 操作人员在对液压支架进行操作时要站在液压支架底座上并防止挤伤，严禁站在架间，以防漏矸伤人；在把支架升起接实顶板后要继续供液 3～5 s，以确保支架达到要求的初撑力。

(5) 每次移架前应清理架间和支架底座的浮煤等杂物，移架时，如阻力过大，应及时查找原因进行处理，严禁硬拉、硬推；严禁非工作人员在行移支架附近工作或逗留。

(6) 对液压支架的日常维护保养做到"一经常、二齐全、三无漏堵"。一经常：维护保养坚持经常；二齐全：连接件齐全、液压及电器元部件齐全；三无漏堵：阀类无漏堵、立柱千斤顶无漏堵、管路无漏堵。液压件维修的原则是：井下更换、井上拆检。

(7) 搬家倒面时要将长期使用的液压支架升井大修，拆卸更换老化的阀件、液压缸、液压管路，更换全部液压密封组件。液压支架上的液压部件及管路系统在有压力的情况下，不得进行修理或更换，必须在卸载后进行。

二、掘进工作面主要机电设备的安全管理

掘进工作面按煤岩性质可分为煤巷掘进工作面、半煤岩巷掘进工作面以及岩巷掘进工作面，机械程度较高的矿井一般采用大型掘进机作为主要设备，在巷道开口施工时选择耙装机作为掘进工作面的主要运输设备。在这里主要讲解一下掘进机和耙装机的安全管理。

(一) 掘进机安全管理

1. 掘进机的安全管理规定

(1) 在掘进机开机前,确认铲板前方和截割臂附近无人时,方可启动掘进机。采用遥控操作时,司机必须位于安全位置。开机、退机、调机前,必须发出报警信号。

(2) 作业时,应当使用内、外喷雾装置,内喷雾装置的工作压力不得小于 2 MPa,外喷雾装置的工作压力不得小于 4 MPa。在内、外喷雾装置工作稳定性得不到保证的情况下,应当使用与掘进机、掘锚一体机或者连续采煤机联动联控的除尘降尘装置。掘进机无水或者喷雾装置不能正常使用时,必须停机。

(3) 截割部运行时,严禁人员在截割臂下停留和穿越,机身与煤(岩)壁之间严禁站人,检修掘进机时,严禁其他人员在截割臂和转载桥下方停留或作业。

(4) 在掘进机非操作侧,必须装有紧急停转按钮。

(5) 掘进机必须装有前照明灯和尾灯。

(6) 司机离开操作台时,必须切断电源。

(7) 停止工作和交班时,必须将掘进机切割头落地,并切断电源,断开掘进机上的电源开关和电磁起动器的隔离开关。

(8) 掘进机必须设置甲烷断电仪或者便携式甲烷检测报警仪。

2. 掘进机的安全使用及管理要点

(1) 掘进机操作必须由专职司机完成,司机必须具备娴熟的操作技能并且经过安全培训,取得特种作业操作证,否则不得上岗操作。

(2) 掘进机司机使用专用工具开、闭掘进机的电气控制回路开关,并且专用工具由专职司机保管,防止他人违章操作或误操作;司机离开操作台时,必须断开掘进机的电源开关,以防止触及控制开关造成事故。

(3) 为了在紧急情况下能及时停止掘进机运转,在掘进机非操作侧,装设紧急停止按钮。

(4) 掘进机的喷雾流量应与机型相匹配,一般每个喷嘴流量不应少于 15 L/min。

(5) 掘进机开机前检查设备的机械系统、液压系统、电气系统,检查工作面帮顶支护情况,在确认设备完好、支护良好的情况下方可作业。

(6) 掘进机要按正确的截割循环方式操作,根据不同性质的煤岩,确定最佳的切割方式,防止超挖(主要巷道的巷宽超过 0～+200 mm 或其他巷道超过 −50～+200 mm);截割时必须确保履带板全部接地,在截割硬岩时,为减少机器振动,要使铲板及后支承接地良好,加强稳定性,严禁用铲板及后支承使履带在脱离底板的状态下进行切割。

(7) 制定掘进机检查检修以及维护保养制度,按掘进机使用说明书规定定期更换装载部、切割部、装运机构驱动部以及泵站传动箱等传动部位的润滑油;定期更换液压系统液压油、过滤器、磨损明显的密封件;定期清洗喷雾降尘冷却系统的进出水过滤器;定期检测电机绝缘情况,更换电控箱内老化的电气元件。

(8) 每次升井大修时要更换截割头磨损的齿座,修补耐磨焊道;检查行走机构,拆检驱动轮、引导轮、支重轮并加油。

(二) 耙装机安全管理

1. 耙装机的安全管理规定

(1) 耙装机作业时必须有照明,在方便作业的同时提醒耙装作业场所人员请勿靠近。

(2) 耙装机绞车的刹车装置必须完好、可靠。

(3) 耙装机必须装有封闭式金属挡绳栏和防耙斗出槽的护栏;在巷道拐弯段装岩(煤)时,必须使用可靠的双向辅助导向轮,清理好机道,并有专人指挥和信号联系。

(4) 固定钢丝绳滑轮的锚桩及其孔深和牢固程度,必须根据岩性条件在作业规程中明确规定。

(5) 耙装机在装岩(煤)前,必须将机身和尾轮固定牢靠,防止机身发生滑移和摇摆。耙装机运行时,严禁在耙斗运行范围内进行其他工作和行人。

(6) 在倾斜井巷移动耙装机时,下方不得有人;上山施工倾角大于20°时,煤(矸)易沿底板滚落,伤及司机,在司机前方必须设护身柱或者挡板,并在耙装机前方增设固定装置;倾斜井巷使用耙装机时,必须有防止机身下滑的措施。

(7) 耙装机作业段的上方必须悬挂瓦斯自动检测报警断电装置。

2. 耙装机的安全使用及管理要点

(1) 耙装机操作必须固定人员,司机持证上岗作业,作业配电点处悬挂耙装机司机操作规程和岗位责任制等相关规章制度牌板。

(2) 耙装机每次安装都应经生产、机电和安监部门现场联合验收,确保安全运行;每次移动耙装机,使用单位应对耙装机固定情况进行一次全面检查,确保安全。

(3) 使用单位的机电维护人员每天应对耙装机的完好情况、保护使用情况、安全防护设施使用情况进行检查,发现问题及时处理。

(4) 在上山掘进或下山掘进施工时,耙装机安装固定方式,在正常采用卡轨器固定耙装机车体的同时,需在耙装机的两侧面距轨道300 mm左右的地板上各打入1根规格不小于ϕ20 mm×2 000 mm的高强锚杆,用ϕ15.5 mm的钢丝绳将耙装机和锚杆连接固定。此外,上山掘进应在轨道上紧靠耙装机后方的位置安设2个阻车器作为辅助防跑车装置;下山掘进应在轨道上紧靠耙装机前方的位置安设2个阻车器作为辅助防跑车装置。每天要对阻车器的完好状况进行检查确认。

(5) 耙斗的主、副钢丝绳应使用光面钢丝绳,该钢丝绳具有良好的韧性和耐腐蚀性,绳径不应小于15.5 mm。每天施工前要对钢丝绳进行检查,如钢丝绳出现断丝超限、直径缩小超限或明显锈蚀的,则应立即更换。

三、抽采及钻探设备的安全管理

(一) 瓦斯抽采泵站的安全管理

1. 瓦斯抽采泵站的安全管理规定

(1) 瓦斯抽采设施为矿井一类供电设施,供电、照明及安全保护设施符合《煤矿安全规程》相关规定。

(2) 瓦斯抽采泵站的抽采泵吸入管路中应当设置流量传感器、温度传感器和压力传感器,利用瓦斯时,还应当在输出管路中设置流量传感器、温度传感器和压力传感器。

(3) 瓦斯抽采设施应当符合下列要求:

① 地面泵房必须用不燃性材料建筑,并必须有防雷电装置,其距进风井口和主要建筑物不得小于50 m,并用栅栏或者围墙保护。

② 地面泵房和泵房周围20 m范围内,禁止堆积易燃物和有明火。

③ 瓦斯抽采泵及其附属设备，至少应当有1套备用，备用泵能力不得小于运行泵中最大一台单泵的能力。

④ 地面泵房内电气设备、照明和其他电气仪表都应当采用矿用防爆型，否则必须采取安全措施。

⑤ 泵房必须有直通矿调度室的电话和检测管道瓦斯浓度、流量、压力等参数的仪表或者自动监测系统。

⑥ 干式瓦斯抽采泵吸气侧管路系统中，必须装设有防回火、防回流和防爆炸作用的安全装置，并定期检查。抽采瓦斯泵站放空管的高度应当超过泵房房顶3 m。

(4) 设置井下临时瓦斯抽采泵站时，必须遵守下列规定：

① 临时抽采瓦斯泵站应当安设在抽采瓦斯地点附近的新鲜风流中。

② 抽出的瓦斯可引排到地面、总回风巷、一翼回风巷或者分区回风巷，但必须保证稀释后风流中的瓦斯浓度不超限。在建有地面永久抽采系统的矿井中，临时泵站抽出的瓦斯可送至永久抽采系统的管路，但矿井抽采系统的瓦斯浓度必须符合规定。

③ 抽出的瓦斯排入回风巷时，在排瓦斯管路出口处必须设置栅栏、悬挂警戒牌等。栅栏设置的位置是上风侧距管路出口5 m、下风侧距管路出口30 m，两栅栏间禁止任何作业。

2. 瓦斯抽采泵站的安全使用及管理要点

(1) 地面瓦斯抽采泵站是矿井安全管理的重要地点，应设专人值班，建立健全各项管理制度，如岗位操作规程和值班制度、定期检测抽采参数及设备运行状况汇报制度、瓦斯抽采泵及其附属设备、设施的检查维修制度等，并做好各项记录。

(2) 当瓦斯抽采泵停止运转时，必须立即向矿调度室报告。在瓦斯抽采泵停止运转后和恢复运转前，必须通知使用瓦斯的单位，取得同意后，方可供应瓦斯，以免用户忘记关闭阀门或点火不当而引起熏人或爆炸事故。

(3) 为防止瓦斯意外引燃沿管路向井下传播而威胁矿井安全，在抽采泵吸气侧的管路中，必须装设防回火、防回气和防爆炸作用的安全装置。

(4) 抽采瓦斯必须遵守下列规定：

① 抽采容易自燃和自燃煤层的采空区瓦斯时，抽采管路应当安设一氧化碳、甲烷、温度传感器，实现实时监测监控。发现有自然发火征兆时，应当立即采取措施。

② 井上下敷设的瓦斯管路，不得与带电物体接触并应当有防止砸坏管路的措施。

③ 采用干式瓦斯抽采设备时，抽采瓦斯浓度不得低于25%。

④ 在利用瓦斯的系统中必须装设有防回火、防回流和防爆炸作用的安全装置。

⑤ 抽采的瓦斯浓度低于30%时，不得作为燃气直接燃烧。进行管道输送、瓦斯利用或管道排空时，必须按有关标准的规定执行，并制定安全技术措施。

(二) 履带式液压钻机的安全管理

1. 液压钻机的安全管理规定

(1) 安装钻机探水前，必须遵守下列规定：

① 加强钻场附近的巷道支护，并在工作面迎头打好坚固的立柱和拉板。

② 清理巷道，挖好排水沟。探水钻孔位于巷道低洼处时，必须配备与探放水量相适应的排水设备。

③ 在打钻地点或附近安设专用电话。

④ 测量和探放水人员必须亲临现场，依据设计，确定主要探水孔的位置、方位、角度、深度以及钻孔数目。

(2) 在向老空区打钻探查的过程中，当钻孔接近老空时，必须有瓦斯检查工或矿山救护队员在现场值班检查空气成分，如果瓦斯或其他有害气体超限，必须立即停钻、断电、撤人，并报告矿调度室，采取措施，进行处理。

(3) 在打钻时具有自喷(喷煤、喷瓦斯)现象的煤层，可采用水力冲孔措施。

2. 液压钻机的安全使用及管理要点

(1) 每次开机作业前，施工人员要认真检查巷道帮顶支护情况，做好敲帮问顶作业。

(2) 履带式液压钻机由回转机构、导轨机构、行走机构以及液压系统和电动机等设施组成，开机工作前要检查确认各运转部件无卡阻，机身表面无杂物，液压马达工作压力正常不超限。

(3) 液压钻机钻进过程中施工人员要随时注意观察各压力表的读数变化，钻进推进要保持匀速，不可猛推猛拉，根据钻进工况调节钻进速度。

(4) 当孔内有钻具时，按规定程序卸钻杆，严禁马达反转，否则孔内钻杆丝扣松脱导致丢钻杆。

(5) 钻眼完毕后应将液压钻机退出工作面 50 m 以外，切断电源，将控制开关操纵杆打到停止位置并闭锁，以防爆破作业崩坏设备。

(6) 根据产品使用说明书及有关机电管理制度，制定相应的钻机维护保养制度，做好周期性的检修维护工作，定期更换液压马达、减速器以及泵站润滑油脂，保障设备可靠运行。

四、采掘辅助设备的安全管理

随着煤矿机械化水平的不断提升，采掘工作面投入的大型机械设备不断增多，因此设备的安装、拆除及运输工作越发繁重。单轨吊车、无极绳绞车等设备具有投入小、安装方便、使用快捷等特点，在采掘工作面得到广泛应用。这里着重讲解单轨吊车和无极绳绞车的安全管理。

(一) 单轨吊车安全管理

1. 单轨吊车的安全管理规定

(1) 采用单轨吊车运输时，必须根据起吊重物的最大载荷设计起吊梁和吊挂轨道，其安装与铺设应当保证单轨吊车的安全运行，并有防止淋水侵蚀轨道的措施。

(2) 单轨吊车与巷道之间的最小间距必须符合以下规定：

① 单轨吊车顶部距巷道顶不小于 0.5 m。

② 单轨吊车两侧与巷帮不小于 0.85 m。

③ 行驶到曲线巷道段时，应当在直线巷道允许安全间隙的基础上内侧加宽不小于 0.1 m，外侧加宽不小于 0.2 m。巷道内外侧加宽要从曲线巷道段两侧直线段开始，加宽段的长度不小于 5.0 m。

④ 在双向运输巷中，两辆单轨吊车对开相遇时，间距不得小于 0.8 m。

(3) 单轨吊车的结构强度、牵引能力、制动力矩等都是根据其适用的运行坡度、运行速度和载荷重量设计计算和制造的，柴油机单轨吊车运行巷道坡度不大于 25°，蓄电池单轨吊车不大于 15°，钢丝绳单轨吊车不大于 25°，同时机车的运行坡度、速度和载重，不得超过设计规定值。倾斜井巷中使用的单轨吊车的连接装置在运送人员时安全系数应达到13，运送物料时安全系数应达到10。

(4) 单轨吊车的安全制动和停车制动装置必须为失效安全型，应具有可靠的制动系统，并满足以下要求：

① 保险制动和停车制动的制动力应为额定牵引力的1.5～2倍。

② 必须设有既可手动又能自动操作的保险闸，运行速度超过额定速度15%时能自动施闸，施闸时的空动时间不大于0.7 s。

(5) 胶套轮材料与钢轨的摩擦系数不得小于0.4，且胶套应具有阻燃和抗静电性能。

(6) 在单轨吊车牵引机车或头车上，必须装设车灯和喇叭，列车的尾部设有红灯；单轨吊车运行中应当设置跟车工，单轨吊车司机应当配备通信装置。

(7) 柴油机和蓄电池单轨吊车，必须具备2路以上相对独立回油的制动系统，必须设置超速保护装置。

(8) 绳牵引单轨吊车应当符合下列要求：

① 必须设置越位、超速、张紧力下降等保护。

② 必须有列车司机与牵引绞车司机联络用的信号和通信装置，设有跟车工时，必须设置跟车工与牵引绞车司机联络用的信号和通信装置。在驱动部、各车场，应当设置行车报警和信号装置。

③ 运送人员时，必须设置卡轨或者护轨装置，采用具有制动功能的专用乘人装置，必须设置跟车工。制动装置必须定期试验。

④ 运行时绳道内严禁有人。

⑤ 车辆脱轨后复轨时，必须先释放牵引钢丝绳的弹性张力。严禁人员在脱轨车辆的前方或者后方工作。

2. 单轨吊车的安全使用及管理要点

(1) 单轨吊车司机必须经过专门的安全技术培训并考试合格，取得操作资格证，持证上岗，严格遵守操作规程、岗位责任制，严禁非单轨吊车司机私自驾驶。

(2) 起吊或者下放设备、材料时，人员严禁在起吊梁两侧；机车过风门、道岔、弯道时，必须确认安全，方可缓慢通过。

(3) 采用柴油机、蓄电池单轨吊车运送人员时，必须使用人车车厢；两端必须设置制动装置，两侧必须设置防护装置。

(4) 采用钢丝绳牵引单轨吊车运输时，严禁在巷道弯道内侧设置人行道。

(5) 单轨吊车的检修工作应当在平巷内进行。若必须在斜巷内处理故障时，应当制定安全措施。

(6) 单轨吊轨道系统要求如下：选用符合标准的I140E、I140V专用钢轨；吊挂三环链、U型环、吊耳齐全，连接紧固；斜拉链、加强链布置合理，连接可靠；道岔装置固定牢靠，气缸、摆动轨动作灵活可靠；沿线红灯信号装置齐全完好，亮度符合要求。

(7) 采用柴油机驱动的单轨吊车符合以下要求：

① 在正常运行条件下，尾气排放应满足相关规定；排气口表面温度不超过150 ℃，排气温度不超过77 ℃，冷却水温度不超过95 ℃。

② 发动机壳体不得采用铝合金制造；非金属部件应具有阻燃和抗静电性能；油箱及管

路必须采用不燃性材料制造；油箱最大容量不得超过 8 h 用油量。

③ 冷却水箱、废气处理箱、油箱等容器无破损变形，不漏液、不漏气。燃油的闪点应高于 70 ℃。进气系统空气滤清器、进气栅栏完好不阻塞。

④ 液压马达、减速箱符合相关完好标准。油泵、马达运转正常，无异响，压力正常。各部密封良好，不得渗油，压力表齐全，压力正常，符合要求。

⑤ 具有发动机排气超温、冷却水超温、尾气水箱水位、润滑油压力等保护装置，定期试验各项保护是否完好。

⑥ 必须配备灭火器。

(8) 采用蓄电池驱动的单轨吊车应设置充电硐室对蓄电池进行充电，充电硐室内的电气设备必须采用矿用隔爆型，测量电压时应在揭开电池盖 10 min 后测试。

(9) 单轨吊车驾驶室必须悬挂一台完好的便携式甲烷检测报警仪，当甲烷浓度达到或者超过 0.5%时，必须停止单轨吊车的运行。

(10) 制定单轨吊车维护保养制度和保护试验制度，做好单轨吊车的周期性检查维护工作，定期对单轨吊车的超速、限速等各项保护进行试验，确保各项保护功能完好；每年委托有检验资质的单位对单轨吊车进行安全性能检测检验。

(二) 无极绳绞车的安全管理

1. 无极绳绞车的安全管理规定

(1) 倾斜巷道使用无极绳绞车运输时，所使用的钢丝绳安全系数不得小于 3.5，且最小值为 $5-0.001L$(L 为运输距离)。

(2) 无极绳绞车允许使用有接头的钢丝绳，钢丝绳接头的插接长度不得小于钢丝绳直径的 1 000 倍。

(3) 无极绳绞车钢丝绳的连接装置安全系数不得小于 8。

(4) 无极绳绞车的安装规范如下：

① 无极绳绞车的安装要根据在用巷道条件、运输对象及使用要求，进行规范设计、合理布置。

② 根据基础图进行基础施工，牵引绞车及主副压绳轮必须打混凝土地基固定，绞车、张紧装置、主副压绳轮必须处于同一水平面。

③ 混凝土基础尺寸应参照绞车基础布置图进行施工，绞车基础应独立，禁止与其他基础相连，运行时震动小，确保运行安全。

④ 尾轮支座运输支架及大件物品(质量≥12 t)时必须打混凝土基础；其他情况可打地锚等可靠方式固定尾轮。

⑤ 基础浇灌须待混凝土凝固后方可运行。

(5) 无极绳绞车的制动力应当为额定牵引力的 1.5～2 倍。必须设置既能手动又能自动的安全闸。

(6) 无极绳绞车主机、尾轮处及沿线变坡点、硐室口、巷道交叉点、巷道转弯处均应设置红灯，其余直线运输区段每 100 m 设置一个红灯，除安装齐全声光信号装置外，还应配备可靠的泄漏通信系统。

(7) 无极绳绞车主、副压绳轮(张紧装置)前方不大于 2 m 处应安装固定的阻车器；尾轮前方不大于 2 m 处须安装固定的阻车器，以能够防止车辆通过尾轮为准。当坡度大于 10°时，阻车器前方 0.5 m 处应安装一道常闭式挡车杠，防止撞坏主、副压绳轮(张紧装置)。常闭式挡车杠与主道道岔岔尖之间的间距不得小于 8 m。

(8) 无极绳绞车运输系统中间巷各变坡点，当巷道连续坡度大于 18°，且长度超过200 m时，应增设挡车杠。

2. 无极绳绞车的安全使用及管理要点

(1) 绞车司机必须经培训合格，持证上岗作业，并定期参加复训。

(2) 使用单位应建立健全无极绳绞车运行和检查制度、操作规程和岗位责任制。

(3) 张紧装置与绞车处，应采用高度不低于 1.2 m 的安全防护栏，护栏固定牢固、安全可靠。

(4) 运输液压支架等大型设备时，梭车要增加配重，防止掉道，配重块在梭车上必须固定可靠。

(5) 运输区段中间临时摘挂钩地点必须备有临时阻车器。

(6) 根据"行人不行车、行车不行人"的规定，无极绳绞车运输时，原则上跟车工不得进行跟车作业。确需跟车时，必须制定专门的安全措施，确保跟车工的人身安全。

(7) 推广使用井下无极绳绞车运输移动视频监控系统的，井下无极绳移动视频监控系统的监视屏应安装在绞车司机操作台上或操作台左右两侧易于观察的部位。车载移动视频探测监控装置应在连挂车辆的前后分别挂置 1 台，确保绞车司机能够连续监控到运行车辆的周围环境。

(8) 无极绳绞车必须设置越位、超速、张紧力下降等保护，并定期检查试验。

第六节 矿井通风、压风及排水设备的安全管理

一、矿井主要通风设备的安全管理

(一) 主要通风机的安全要求

(1) 矿井必须采用机械通风。

(2) 主要通风机的安装和使用应当符合下列要求：

① 主要通风机必须安装在地面；装有通风机的井口必须封闭严密，其外部漏风率在无提升设备时不得超过 5%，有提升设备时不得超过 15%。

② 必须保证主要通风机连续运转。

③ 必须安装 2 套同等能力的主要通风机装置，其中 1 套作备用，备用通风机必须能在 10 min 内开动。

④ 严禁采用局部通风机或者风机群作为主要通风机使用。

⑤ 装有主要通风机的出风井口应当安装防爆门，防爆门每 6 个月检查维修 1 次。

⑥ 至少每月检查 1 次主要通风机。改变主要通风机转数、叶片角度或者对旋式主要通风机运转级数时，必须经矿总工程师批准。

⑦ 新安装的主要通风机投入使用前，必须进行试运转和通风机性能测定，以后每 5 年至少进行 1 次性能测定。

⑧ 主要通风机技术改造及更换叶片后必须进行性能测试。

⑨ 井下严禁安设辅助通风机。

(3) 矿井反风的安全要求。

① 生产矿井主要通风机必须装有反风设施，并能在 10 min 内改变巷道中的风流方向；当风流方向改变后，主要通风机的供给风量不应小于正常供风量的 40%。

② 每季度应当至少检查 1 次反风设施，每年应当进行 1 次反风演习；矿井通风系统有较大变化时，应当进行 1 次反风演习。

(4) 主要通风机房及司机的安全要求。

① 严禁主要通风机房兼作他用。

② 主要通风机房内必须安装水柱计(压力表)、电流表、电压表、轴承温度计等仪表，还必须有直通矿调度室的电话，并有反风操作系统图、司机岗位责任制和操作规程。

③ 主要通风机的运转应当由专职司机负责，司机应当每小时将通风机运转情况记入运转记录簿内；发现异常，立即报告。实现主要通风机集中监控、图像监视的主要通风机房可不设专职司机，但必须实行巡检制度。

④ 通风机房必须设有应急照明设施。

(5) 主要通风机停止运转时的措施和要求。

① 矿井必须制定主要通风机停止运转的应急预案。因检修、停电或者其他原因停止主要通风机运转时，必须制定停风措施。

② 变电所或者电厂在停电前，必须将预计停电时间通知矿调度室。

③ 主要通风机停止运转时，必须立即停止工作、切断电源，工作人员先撤到进风巷道中，由值班矿领导组织全矿井工作人员全部撤出。

④ 主要通风机停止运转期间，必须打开井口防爆门和有关风门，利用自然风压通风；对由多台主要通风机联合通风的矿井，必须正确控制风流，防止风流紊乱。

(二) 矿井主要通风机的安全检查要点

1. 主要通风机性能满足矿井通风安全要求

(1) 对于没有备用的主要通风机，或者两台主要通风机不具有同等能力的，属于煤矿重大事故隐患。

(2) 主要通风机的风量、负压是否满足矿井通风的安全要求。

(3) 新安装的主要通风机投入使用前，是否进行了试运转和通风机性能测定；在用主要通风机是否按规定每 5 年至少进行 1 次性能测定。

(4) 主要通风机技术改造及更换叶片后，是否进行了性能测试，有无记录。

(5) 井下是否违反规定安设辅助通风机。

2. 通风机房安全检查的要点

(1) 主要通风机是否配备专职司机，司机是否每小时记录一次通风机的运转情况；实现主要通风机集中监控、图像监视的主要通风机房是否实行巡检制度。

(2) 主要通风机房内安装的水柱计(压力表)、电流表、电压表、轴承温度计等仪表是否指示正常、定期校验；是否悬挂反风操作系统图、司机岗位责任制和操作规程。

(3) 机房内是否安设了应急照明装置和直通矿调度室的电话。

(4) 机房内配备足够数量扑灭电气火灾的灭火器和灭火沙箱，符合消防要求；机房周围 20 m 范围内不得有明火。

(5) 机房内干净整洁，设备表面无油污。

3. 反风设施的检查

(1) 是否按规定每季度至少检查1次反风设施,与反风有关的闸门及其控制绞车、钢丝绳是否符合要求。

(2) 每年是否进行1次反风演习;矿井通风系统有较大变化时,是否进行1次反风演习。

(3) 反风演习时,能否在10 min内改变巷道中的风流方向;当风流方向改变后,主要通风机的供给风量是否小于正常供风量的40%。

4. 防爆门的检查

是否按规定每6个月检查维修1次防爆门。检查内容主要是防爆门金属结构完整,无开焊、无锈蚀;与回风巷交接处密封严密、无漏气现象;重锤、钢丝绳等配重装置符合要求。

(三) 矿井主要通风设备事故类型及防范措施

矿井主要通风设备事故可分为两类:一是停风事故;二是反风事故。

1. 停风事故及其防范措施

停风事故是指工作和备用的主要通风机均不能运转,导致整个矿井停止通风的事故。

(1) 停风事故的原因

① 无计划停电。

② 工作的主要通风机因故障停机后,备用通风机无法启动或启动后不能正常运行,导致矿井停风。备用通风机无法启动或启动后不能正常运行的原因包括:电源及电控系统故障、电动机故障、各部位轴承因润滑油(脂)过多或过少导致温度过高、控制通风机吸风口或出风口的闸板不能正常升降、轴流式通风机从吸风口吸入异物打碎叶片等。

③ 主要通风机正常倒机时,停止工作通风机后,备用通风机无法启动或启动后不能正常运行,且再次开启工作通风机时,工作通风机也无法启动或启动后不能正常运行,导致矿井停风。

(2) 停风事故的危害分析

矿井停风后,总回风巷的污浊空气不再由风井排出,地面的新鲜空气也不再由进风井口进入矿井,而井下各工作地点的瓦斯仍在涌出,因此停风后就会造成煤矿井下瓦斯积聚,甚至达到瓦斯爆炸极限引发瓦斯爆炸事故。一般情况下,矿井停风达到10 min时,值班矿领导应组织全矿井工作人员全部撤出。

(3) 停风事故防范措施

① 主要通风机采用双回路供电,杜绝无计划停电。

② 至少每月检查1次主要通风机。除保证工作通风机正常运行外,还要重点检查备用通风机的机械部分、电动机及电控装置、吸风口和出风口的闸板及其控制绞车,使备用通风机时刻处于完好状态,并能够在10 min内开动。

③ 矿井必须制定主要通风机停止运转的应急预案。一旦发生停风事故,严格执行应急预案。

2. 反风事故及其防范措施

反风事故是指矿井需要反风时,主要通风机不能实现反风或反风后不能在10 min内改变巷道中风流方向导致的事故。

(1) 反风事故的原因

主要通风机不能实现反风，主要是由于反风设施故障造成的。对于采用反转方式反风的主要通风机，原因是控制电动机反转的电气装置发生故障；对于采用调整叶片角度方式反风的主要通风机，原因是调整叶片角度的装置发生故障；对于采用反风道反风和地道反风的主要通风机，原因是反风闸门破损或关闭不严、控制闸门升降的绞车及其提升钢丝绳发生故障。此外，由于主要通风机司机平时进行反风操作的机会很少，进行反风操作又都是在矿井发生事故后，如果司机反风操作不熟练或因心理因素等原因出现误操作，可能出现不能在10 min内改变巷道中风流方向的事故。

(2) 反风事故的危害分析

当矿井进风井筒及其上井口、井底车场等部位发生较大火灾、爆炸等事故需要反风时，如果主要通风机不能实现反风，火灾、爆炸事故产生的大量一氧化碳、二氧化碳等有毒有害气体会随风流进入总进风巷道，导致进风巷道以里的工作人员中毒或窒息，扩大了火灾、爆炸事故的危害后果。

(3) 反风事故防范措施

① 按规定每季度至少检查1次反风设施，保证反风设施经常处于完好状态。

② 按规定每年进行1次反风演习；反风演习结束后，认真总结经验教训，及时整改发现的问题，持续改进，并做好记录。

③ 主要通风机房内应悬挂反风操作系统图，司机应认真按照反风操作系统图学习反风操作流程，并熟练掌握。有条件的单位可以制作模拟反风操作盘台，让司机学会演练反风操作步骤。

二、矿井压风设备的安全管理

(一) 矿井压风设备的安全要求

1. 空气压缩机站的安全要求

(1) 矿井应当在地面集中设置空气压缩机站。

(2) 在井下设置空气压缩设备时，应当遵守下列规定：

① 应当采用螺杆式空气压缩机，严禁使用滑片式空气压缩机。

② 固定式空气压缩机和储气罐必须分别设置在2个独立硐室内，并保证独立通风。

③ 移动式空气压缩机必须设置在采用不燃性材料支护且具有新鲜风流的巷道中。

④ 应当设自动灭火装置。

⑤ 运行时必须有人值守。

2. 空气压缩机站设备的安全要求

(1) 设有压力表和安全阀。压力表和安全阀应当定期校准。安全阀和压力调节器应当动作可靠，安全阀动作压力不得超过额定压力的1.1倍。

(2) 使用闪点不低于215 ℃的压缩机油。

(3) 使用油润滑的空气压缩机必须装设断油保护装置或者断油信号显示装置。水冷式空气压缩机必须装设断水保护装置或者断水信号显示装置。

3. 空气压缩机站储气罐的安全要求

(1) 储气罐上装有动作可靠的安全阀和放水阀，并有检查孔。定期清除风包内的油垢。

(2) 新安装或者检修后的储气罐，应当用1.5倍空气压缩机工作压力做水压试验。

(3) 在储气罐出口管路上必须加装释压阀，其口径不得小于出风管的直径，释放压力应当为空气压缩机最高工作压力的1.25～1.4倍。

4. 空气压缩设备安全保护的要求

(1) 螺杆式空气压缩机的排气温度不得超过120 ℃，离心式空气压缩机的排气温度不得超过130 ℃。必须装设温度保护装置，该装置在超温时能自动切断电源并报警。

(2) 储气罐内的温度应当保持在120 ℃以下，并装有超温保护装置，在超温时能自动切断电源并报警。

（二）矿井压风设备的安全检查要点

(1) 矿井供风能力满足矿井安全生产需求。

(2) 空气压缩机、储气罐及管路的设置符合要求。

(3) 空气压缩机的电动机各种保护齐全可靠。

(4) 压力表、安全阀、释压阀设置齐全，指示准确，定值准确，定期校准。

(5) 润滑油质量、闪点符合规定，有可靠的断油保护。

(6) 水冷式空气压缩机水质符合要求，有可靠的断水保护；风冷式空气压缩机冷却系统及环境符合规定。

(7) 温度保护齐全、可靠，定值准确。

(8) 压风管路与元件的设置、密封符合要求。

(9) 井下空气压缩机运转时有人值守。

（三）矿井主要压风设备事故类型及防范措施

矿井主要压风设备事故可分为爆炸事故、火灾事故和压力气体喷出伤人事故等三类。

1. 爆炸事故

当储气罐或压风管路内气体压力超过储气罐或压风管路的强度时，可导致储气罐或压风管路发生物理性爆炸。爆炸事故的原因一方面是储气罐或压风管路内气体压力过高，同时安全阀失效或调定的压力过高；另一方面是储气罐或压风管路设计、产品质量不合格，或使用维护不当，如锈蚀、变形等原因引起的强度下降等。

2. 火灾事故

井下违规使用滑片式空气压缩机，或者违规使用低闪点的压缩机油时，可能引发火灾事故。为避免类似事故的发生，井下必须使用螺杆式空气压缩机，且使用压缩机油的闪点不得低于215 ℃。

3. 压力气体喷出伤人事故

压力气体喷出伤人事故，一般发生在压风管路及其元件连接部位突然破损同时人员经过该地点的情况下。防范措施主要是提高压风管路的敷设质量，使用中加强检查，尤其是各连接部位，发现问题及时处理。

三、矿井排水设备的安全管理

（一）矿井排水设备的安全要求

1. 矿井排水设备排水能力的安全要求

(1) 矿井应当配备与矿井涌水量相匹配的水泵、排水管路、配电设备和水仓等，并满足矿井排水的需要。

(2) 除正在检修的水泵外，应当有工作水泵和备用水泵。工作水泵的能力，应当能在 20 h 内排出矿井 24 h 的正常涌水量(包括充填水及其他用水)。备用水泵的能力，应当不小于工作水泵能力的 70%。检修水泵的能力，应当不小于工作水泵能力的 25%。工作和备用水泵的总能力，应当能在 20 h 内排出矿井 24 h 的最大涌水量。

(3) 排水管路应当有工作和备用水管。工作排水管路的能力，应当能配合工作水泵在 20 h 内排出矿井 24 h 的正常涌水量。工作和备用排水管路的总能力，应当能配合工作和备用水泵在 20 h 内排出矿井 24 h 的最大涌水量。

(4) 配电设备的能力应当与工作、备用和检修水泵的能力相匹配，能够保证全部水泵同时运转。

2. 主要泵房的安全要求

(1) 主要泵房至少有 2 个出口，一个出口用斜巷通到井筒，并高出泵房底板 7 m 以上；另一个出口通到井底车场，在此出口通路内，应当设置易于关闭的既能防水又能防火的密闭门。泵房和水仓的连接通道，应当设置控制闸门。

(2) 排水系统集中控制的主要泵房可不设专人值守，但必须实现图像监视和专人巡检。

3. 主要水仓的安全要求

(1) 矿井主要水仓应当有主仓和副仓，当一个水仓清理时，另一个水仓能够正常使用。

(2) 新建、改扩建矿井或者生产矿井的新水平，正常涌水量在 1 000 m^3/h 以下时，主要水仓的有效容量应当能容纳 8 h 的正常涌水量。正常涌水量大于 1 000 m^3/h 的矿井，主要水仓有效容量可以按照式(7-6)计算：

$$V = 2(Q + 3\,000) \tag{7-6}$$

式中　V——主要水仓的有效容量，m^3；

Q——矿井每小时的正常涌水量，m^3。

(3) 水仓进口处应当设置箅子。对水砂充填和其他涌水中带有大量杂质的矿井，还应当设置沉淀池。

(4) 水仓的空仓容量应当经常保持在总容量的 50% 以上。

(5) 水仓、沉淀池和水沟中的淤泥，应当及时清理，每年雨季前必须清理 1 次。

4. 联合排水试验的安全要求

水泵、水管、闸阀、配电设备和线路，必须经常检查和维护。在每年雨季之前，必须全面检修 1 次，并对全部工作水泵和备用水泵进行 1 次联合排水试验，提交联合排水试验报告。

5. 大型、特大型矿井排水系统的安全要求

大型、特大型矿井排水系统可以根据井下生产布局及涌水情况分区建设，每个排水分区可以实现独立排水，但泵房设计、排水能力及水仓容量必须符合上述规定。

(二) 矿井排水设备的安全检查要点

1. 矿井排水设备排水能力满足矿井排水安全需要

(1) 水泵台数符合规定，有工作、备用和检修的水泵，其排水能力与涌水量匹配。

(2) 排水管路有工作和备用水管，并与水泵排水能力匹配。

(3) 配电设备的能力与水泵匹配。

(4) 主要水仓有主仓和副仓，其有效容量与矿井涌水量匹配。

2. 主要泵房的安全检查要点

(1) 主要泵房应设专人值守，对于排水系统集中控制的主要泵房不设专人值守时，必须实现图像监视和专人巡检。

(2) 主要泵房内安装的压力表、真空表、电流表、电压表等仪表应指示正常、定期校验；水仓水位显示装置应具有高水位、低水位报警功能；泵房内应悬挂司机安全生产责任制和操作规程，水泵运转记录、设备检修记录等各种记录应齐全、如实填写。

(3) 有可靠的引水装置和备用引水装置，保证水泵启动前把水泵内充满水。

(4) 水泵和主仓、副仓连通的吸水井内，应当分别设置控制闸门，控制闸门必须开闭灵活，关闭闸门后闸门两侧的水不能互通，以防止主仓、副仓通过主要泵房内的吸水井串通。吸水井内的淤泥应及时清理，保证淤泥到吸水龙头底面的距离在 0.5 m 以上。

(5) 主要泵房出口、密闭门应符合要求。

(6) 主要泵房应安设直通矿调度室的电话。

(7) 主要泵房内应配备足够数量扑灭电气火灾的灭火器和灭火沙箱，符合消防要求。

(8) 主要泵房内应干净整洁、无积水，泵房到出口的通道内不堆积杂物。

3. 主要水仓的安全检查要点

(1) 按规定清理水仓、沉淀池和水沟中的淤泥，保证其空仓容量经常保持在总容量的 50%以上。

(2) 水仓进口处应当设置箅子，防止大块杂物进入水仓。

(3) 连通两个水仓的闸门能够可靠关闭，防止串水。

4. 管路的安全检查要点

(1) 有工作和备用的排水管路。多台水泵与管路的连接采用并联方式。

(2) 排水管路应使用无缝钢管，并定期防腐。泵房内和平巷铺设的管路，可以采用法兰盘连接，立井或 30°以上斜井内铺设的管路必须焊接，保证连接部位强度符合要求。

(3) 水泵出水口依次安装闸阀、逆止阀，要求动作灵活、能够可靠关闭。

(4) 定期检查排水管网中所有闸阀，要求动作灵活、能够可靠关闭。

(5) 吸水管全段无锈蚀、无漏气，吸水管中的弯头应采用渐缩型。

5. 联合排水试验的安全检查要点

(1) 联合排水试验必须在每年雨季前完成。

(2) 进行联合排水试验前，应对排水系统进行一次全面检查。

(3) 进行联合排水试验时，要求把每个泵房的工作和备用水泵全部开启，不需开启检修水泵。

(4) 尽量延长联合排水试验持续的时间。联合排水试验持续的时间，是指所有主要泵房的工作和备用水泵同时处于运转状态下持续的时间，因此进行联合排水试验前，每个水平的水仓都应保持较高的水位。

(5) 联合排水试验结束后，积极整改试验中发现的问题，及时提交试验报告。

(三) 矿井排水设备事故及防范措施

矿井排水设备事故主要有中断排水事故和水锤事故。

1. 中断排水事故

(1) 中断排水事故的原因

① 无计划停电,导致某个水泵房或全部水泵房中断排水。

② 水仓清理不及时,大量煤泥进入水泵吸水井堵塞水泵的吸水龙头,导致该泵房的水泵全部或部分不能正常排水。

③ 某个水泵房的引水装置及备用引水装置同时发生故障不能工作,导致该泵房在引水装置修复前中断排水。

④ 某个水泵房的工作和备用排水管路同时漏水或破裂,导致该泵房中断排水。

⑤ 在矿井最大涌水量时期,因设备检修不到位,某个水泵房多台水泵不能工作,即实际检修的水泵数量远远大于工作水泵数量的25%时,该泵房将部分中断排水。

(2) 中断排水事故的危害

发生中断排水事故后,轻者某个水平及其下面水平的大巷积水严重,甚至被淹;严重时整个矿井因不能排出矿井水而被淹,对整个生产系统造成严重危害。

(3) 中断排水事故防范措施

① 主要排水设备采用双回路供电,杜绝无计划停电。

② 按规定及时清理水仓、沉淀池、水沟、泵房吸水井内的淤泥。

③ 加强工作和备用引水装置的检查维修,发现问题立即处理。

④ 排水管路按规定铺设,定期检查,锈蚀严重时应及时更换。排水管路与水泵之间、工作排水管路与备用排水管路之间安设的闸阀,也应经常检查,保证开闭灵活、可靠关闭。

⑤ 加强对水泵及其电气装置的检查维护,尤其在每年雨季前,应确保每台水泵均能正常运行。

2. 水锤事故

水锤事故是指在正常工作的水泵停止运行的瞬间,排水管路中带有压力的水突然倒流进入水泵,带有压力的水带动水泵转子反转,并流入水泵的吸水井而引发的排水事故。

(1) 水锤事故的原因

① 水泵运行中突然停电,同时水泵出水口处的逆止阀失效。

② 水泵司机违章操作,在未关闭水泵出水口闸阀的情况下直接停止水泵电动机,同时水泵出水口处的逆止阀失效。

(2) 水锤事故的危害

① 发生水锤事故时,排水管路中带有压力的水突然倒流进入水泵,对排水管路造成巨大的冲击,而且排水高度越大冲击力也越大,可能造成排水管路中的薄弱环节断裂,如变形、锈蚀严重的部位,以及管路接头的焊接部位开焊、法兰盘的密封圈损坏等,导致排水管路损坏而影响排水。

② 发生水锤事故后,水泵转子突然反转,带动电动机轴由正转突然转入反转,可能烧毁电动机。

(3) 水锤事故的防范措施

① 加强对水泵逆止阀的检查维护,发现问题立即处理。

② 严禁在水泵逆止阀不能可靠关闭的情况下启动该水泵。

③ 加强对水泵司机的管理,严禁在未关闭水泵出水口闸阀的情况下直接停止水泵电动机。

④ 定期对排水管路进行检查和防腐处理,管路连接部位强度符合要求。

【复习思考题】

1. 如何做好煤矿电气安全管理中的风险辨识与控制工作？
2. 煤矿生产中哪些情况可能导致触电？如何预防？
3. 矿井供电系统管理中常见的问题及隐患有哪些？
4. 立井提升系统中常见事故类型及防范措施有哪些？
5. 如何防范斜井提升中的跑车事故？
6. 带式输送机运输中哪些情况会出现人身伤害事故？
7. 采煤机安装的内、外喷雾装置有哪些要求？
8. 矿井主要通风机的安全检查要点有哪些？
9. 如何防范主排水泵的水锤事故？

第八章　煤矿事故应急管理与现场救护

【学习提示】

煤矿灾害事故应急管理工作是根据煤炭行业的特点，针对灾害突发事故、具有破坏力事件所采取的预防处置计划。工作主要目标是：对突发事故灾害做出预警；控制事故灾害发生与扩大；开展有效救援，减少损失和迅速组织恢复到正常状态。

本章从煤矿事故应急救援体系入手，结合现场经验对应急救援的原则、事故应急预案与灾害预防和处理计划的编制与实施做了对比性分析，结合事故案例分析了煤矿重大灾害事故抢险救灾工作的重点、难点以及可能存在的得失，图文并茂地讲解了自救互救与现场急救的操作要领，介绍了近几年煤矿应用的应急救援智能化装备，分析了近年来几起煤矿事故救援案例的得与失，以此帮助读者掌握要领、析疑解惑。

第八章导学

第一节　煤矿事故应急救援体系

煤矿一旦发生重大事故，往往造成惨重的人员伤亡、财产损失和环境破坏。由于各种原因，当事故或灾害不能完全避免时，建立煤矿生产安全事故应急预案，组织及时有效的应急救援行动，已成为抵御事故风险、控制灾害蔓延、降低危害后果的手段和途径。

一、煤矿应急救援的基本原则

（一）“以人为本、安全第一”的原则

在实施救援的过程中，要牢牢把握“及时进行救援处理”和“减轻事故所造成的损失”两个事故损失控制的关键点，把遇险人员和应急救援人员的安全放在第一位，不准放弃一丝解救遇险人员脱离险情的希望，并应采取措施确保救护人员安全。

（二）“早期预警、快速处置”的原则

危机发生后，当事人应当冷静下来，采取有效的措施，不让事态继续蔓延，并迅速找出危机发生的原因，进行化解处理。以最快的速度启动危机应变计划，如果初期反应滞后，将会造成危机的蔓延和扩大。

（三）“先重后轻，先易后难”的原则

救援人员应该以抢救遇险人员为主，必须做到“有巷必查”。对于多人遇险待救时，应灵活掌握先救重伤后轻伤、先易后难的原则，根据伤情对伤员边分类边抢救，赢得抢救生命的最佳时机。

（四）“救援由外向内，控制事态发展”的原则

救援工作应坚持“由外向内”的就近原则，以防止事态向不利的方面发展。比如爆炸事故发生后，由于处理方法不当可能引发其他人员伤亡或财产损失扩大。

（五）“保护环境，有利于灾后重建和尽快恢复生产”的原则

在应急救援过程中，在尽力挽救人的生命的同时，应对措施的后果进行评估，尽可能减少对生态环境的破坏及可能造成的巨大财产损失，有利于保护环境、灾后重建和尽快恢复生产。

（六）“统一指挥、分级负责、区域为主、单位自救与社会救援相结合”的原则

指挥分为集中指挥和现场指挥或场内指挥与场外指挥，无论采用哪一种指挥形式都必须实行统一指挥。无论救援活动涉及单位的行政级别和隶属关系如何，都必须在指挥部的统一组织协调下行动，有令则行、有禁则止、统一号令、步调一致。分级负责是指在初级响应到扩大应急响应的过程中实行分级负责机制。扩大或提高应急级别的主要依据是事故的危害程度、影响范围和控制事态的能力，后者是“升级”的基本条件。扩大应急响应主要是提高指挥级别、扩大应急范围，有效调动更多的资源来应急响应。区域为主是强调“第一反应”的思想和以现场指挥为主。单位自救与社会救援是应急机制的基础，是确保整个应急体系发挥作用的基础。

二、煤矿应急救援的目标和任务

（一）立即组织营救受害人员

组织撤离或者采取措施保护危害区域内的人员，抢救受害人员是应急救援的首要任务。在应急救援行动中，快速、有序、有效地实施现场急救与安全转送伤员，是降低伤亡率、减少事故损失的关键。由于重大事故发生突然、扩散迅速、涉及范围广、危害大，应及时指导和组织群众采取各种措施进行自身防护，必要时迅速撤离出危险区或可能受到危害的区域。在撤离过程中，应积极组织群众开展自救和互救工作。

（二）迅速控制事态

对事故造成的危害进行检测、监测，测定事故的危害区域、危害性质及危害程度，及时控制住造成事故的危险源是应急救援工作的重要任务。只有及时地控制住危险源，防止事故继续扩展，才能及时有效地进行救援。特别对发生在煤矿井下人口作业密集地区和时段的事故，应尽快组织应急救援队伍与事故单位技术人员一起及时控制事故继续扩展。

（三）消除危害后果，做好现场恢复

针对事故对人体、环境等造成的现实危害和可能的危害，迅速采取封闭、隔离、洗消、监测等措施，防止对人的继续危害和对环境的污染，及时清理废墟杂物和恢复基本设施，将事故现场恢复至相对稳定的状态。

（四）认清事故原因，评估危害程度

事故发生后，应及时调查事故发生的原因和事故性质，评估事故的危害范围和危险程度，查明人员伤亡情况，做好事故原因调查，并总结救援工作中的经验和教训。

三、煤矿应急救援体系建设

煤矿应急救援体系由矿山应急救援管理系统、组织系统、技术支持系统、装备保障系统和通信信息系统五部分组成。

（一）矿山应急救援管理系统

该系统由国家安全生产应急救援中心、应急管理部矿山救援中心、省级矿山救援中心、市级及县级矿山应急救援指挥部门、矿山应急救援管理部门等组织（机构）组成。

国家安全生产应急救援中心、应急管理部矿山救援中心受应急管理部委托，组织协调全国矿山应急救援工作，其机构设置及职能如下：组织协调全国矿山应急救援工作；负责国家矿山应急救援体系建设工作；起草有关矿山救援方面的规章、规程和安全技术标准；承办矿山应急救援新技术、新装备的推广应用工作；负责矿山救护比武、矿山救护队伍资质认证工作，承办全国矿山救护技术交流与合作项目；完成应急管理部交办的其他事项。根据职责范围，矿山救援指挥中心设四个处，即综合处、救援处、技术处和管理处。

在国家安全生产应急救援中心、应急管理部矿山救援中心的指导协调下，建立省级矿山救援中心，协调指挥辖区内矿山应急救援工作。

（二）矿山应急救援组织系统

该系统分为救护队和医疗队伍。救护队由区域矿山救援基地、重点矿山救护队和矿山救护队组成。急救医疗队伍包括国家矿山医疗救护中心、区域和重点医疗救护中心和企业医疗救护站，负责矿山灾变事故的救护及医疗。

（三）矿山应急救援技术支持系统

该系统包括国家矿山救援技术专家组、矿山救护专业委员会国家矿山救援技术研究中心、国家矿山救援技术培训中心等，负责为应急救援工作提供技术和培训服务。

国家矿山救援技术专家组，从全国矿山、科研院校聘请救援技术专家，分设瓦斯（煤尘）、火灾、水文、顶板、综合、医疗六个专业组。

以中国矿业大学、煤炭科学研究总院、西安科技大学、武汉安全环保研究院等单位为基础，建设矿山救援技术研究中心，承担矿山救援技术研究、科研攻关、制定技术标准，为救灾提供技术咨询和服务。以华北科技学院、平顶山煤矿安全技术培训中心为基础，建设矿山救援技术培训中心，负责全国救护中队以上指挥员的技术培训。

（四）矿山应急救援装备保障系统

该系统的基本框架是：国家安全生产应急救援中心、应急管理部矿山救援中心购置先进的、具备较高技术含量的救灾装备与仪器仪表，储存在区域矿山救援基地、用于支援重大、复杂灾害的抢险救灾；区城矿山救援基地应按规定进行现有救护装备更新改造，配备较先进救灾技术设备，用于区域内或区域外矿山灾害的应急救援；重点矿山救护队负责省（市、自治区）内重大特大矿山事故的应急救援，按规定配齐常规救援装备并保持装备的完好性。

（五）矿山应急救援通信信息系统

该系统以国家安全生产应急救援中心网站为中心点，建立完善的抢险救灾通信信息网络。使国家安全生产应急救援中心、应急管理部矿山救援中心、省级矿山救援中心、各级矿山救护队、各级矿山医疗救护中心、各矿山救援技术研究实验培训中心、地(市)及县(区)应急救援管理部门和矿山企业之间,建立并保持畅通的通信信息通道,并逐步建立起救灾远程会商视频系统。

(六)煤矿救护队

煤矿救护队是煤矿事故救援体系的重要组织体制之一,是处理矿井水、火、瓦斯、煤尘、顶板等灾害的专业队伍。煤矿救护队员是煤矿井下一线特种作业人员。

四、事故应急救援响应

根据事故严重程度、可控性、救灾难度和影响范围,原则上按照发生一般(四级)、较大(三级)、重大(二级)和特别重大(一级)四级事故,分别启动相应级别应急预案,组织实施应急救援工作。

(一)四级响应(企业级)

当矿山发生预期3人以下死亡或直接经济损失100万元以下的非伤亡事故,事态能够完全被企业控制的,启动蓝色灾害级别的四级响应。该响应以企业自救为主。企业救护队和医院在进行救助的同时,应及时向当地政府和矿山救援指挥部门汇报。发生该级别事故,通过本企业的救援力量就能够有效地抢险救灾,无须上级救援部门的支援。

(二)三级响应(地区级)

当矿山发生预期3人(含3人)以上10人以下死亡或直接经济损失100万元(含100万元)以上200万元以下的非伤亡事故,事态不能完全控制,需要应急管理部矿山救援中心支援的,启动黄色灾害级别的三级响应。该响应以地区自救为主。必要时矿山企业可能需要省级矿山救援中心和应急管理部矿山救援中心力量的增援。

在三级响应中,应急管理部矿山救援中心和事故发生区域的省级矿山救援中心进入预备状态,应急管理部矿山救援中心与事故现场和发生事故区域的省级矿山救援中心的联系要保持畅通,并密切关注事故的发展态势,必要时要通知事故相邻省份的矿山救援中心和向国家安全生产应急救援中心汇报;发生事故区域的省级矿山救援中心立即指派出现场观察协调员和专家组前往事故现场指导事故的应急救援,发生事故区域的省级矿山救援中心要迅速通知该中心各部门的人员全部立即就位,随时整装待发,事故区域的省级矿山救援中心要指派有关人员加强值班并与事故现场保持联络,密切关注事故现场的发展趋势。

(三)二级响应(省级)

当矿山发生预期10人(含10人)以上30人以下死亡或直接经济损失200万元(含200万元)以上500万元以下的非伤亡事故,事态不能完全控制,需要应急管理部矿山救援中心支援的,启动橙色灾害级别的二级响应。这时,省级人民政府立即启动应急预案,组织实施应急救援。

二级响应要求应急管理部矿山救援中心进入预备状态,应急管理部矿山救援中心立即指派现场观察协调员和专家组前往事故现场指导和参与事故的救援工作,应急管理部矿山救援中心应与事故现场的联系保持畅通,并密切关注事故现场事态的发展趋势,根据事故的具体情况或矿山企业应急机构的请求,必要时立即派出该事故区域的省级矿山救援中心的应急救援队伍和装备进行救援,并要通知事故相邻的省级矿山救援中心的救援力量随时听命待发，同时要及时向国家安全生产应急救援中心汇报；发生事故的省级矿山救援中心要立即进入启动状态，迅速通知该救援中心全体人员立即到位，并立刻派往事故现场指导和参与事故的救援工作，根据事故现场的具体情况，必要时应及时向应急管理部矿山救援中心和有关事故相邻的省级矿山救援中心进行求救。应急管理部矿山救援中心和有关事故相邻的省级矿山救援中心根据所发生事故的省级矿山救援中心请求，立即调配和派遣一定的应急救援力量前去参加救援。

（四）一级响应（国家级）

当矿山发生预期30人（含30人）以上死亡或直接经济损失500万元（含500万元）以上非伤亡事故事态不能完全控制，需要应急管理部矿山救援中心支援的，启动红色灾害级别的一级响应。这时，国家矿山安全监察局启动本预案。

一级响应时，应急管理部矿山救援中心全面启动，应急管理部矿山救援中心和事故区域的省级矿山救援中心的救援力量立刻到达事故现场指导和参加事故救援，各相邻地区的省级矿山救援中心的救援力量处于随时待命状态。根据事故的发展情况，当需要得到应急管理部矿山救援中心技术支持时，应急管理部矿山救援中心可协调全国救援力量，协助制定救援方案，提出技术意见，并对复杂事故的调查分析提供足够的技术支持。应急管理部矿山救援中心要及时向国家安全生产应急救援中心汇报。当此类事故发生时，应急管理部矿山救援中心要立即上报国家矿山安全监察局，国家矿山安全监察局应迅速向国务院及其他相关部门汇报。

第二节　煤矿事故应急预案、灾害预防和处理计划的编制与实施

一、煤矿生产安全事故应援预案的编制

（一）《生产经营单位生产安全事故应急预案编制导则》（GB/T 29639—2020）

《生产经营单位生产安全事故应急预案编制导则》由行业标准AQ/T 9002—2006升级为国家标准GB/T 29639—2013，再到GB/T 29639—2020的修订发布，是在认真分析应急预案体系建设阶段性特点和问题的基础上修订的，其颁布实施，将对指导生产经营单位做好生产安全事故应急预案编制工作，解决部分生产经营单位应急预案存在的问题，提高生产经营单位应急预案的编制质量，起到重要推动作用。

《生产经营单位生产安全事故应急预案编制导则》（GB/T 29639—2020）规定了生产经营单位编制生产安全事故应急预案的编制程序、体系构成和综合应急预案、专项应急预案、现场处置方案的主要内容以及附件信息，适用范围为生产经营单位生产安全事故应急预案（简称应急预案）编制工作，核电厂、其他社会组织和单位的应急预案编制可参照执行。

1. 应急预案编制程序

应急预案编制的程序包括成立应急预案编制工作组、资料收集、风险评估、应急资源调查、应急预案编制、桌面推演、应急预案评审和批准实施8个步骤。

(1) 成立应急预案编制工作组

结合本单位职能和分工，成立以单位有关责任人为组长，单位相关部门人员（如生产、技

术、设备、安全、行政、人事、财务人员）参加的应急预案编制工作组，明确工作职责和任务分工，制订工作计划，组织开展应急预案编制工作。预案编制工作组中应邀请相关救援队伍以及周边相关企业、单位或社区代表参加。

（2）资料收集

应急预案编制工作组应收集与预案编制工作相关的法律法规、技术标准、应急预案、国内外同行业企业事故资料，同时收集本单位安全生产相关技术资料、周边环境影响、应急资源等有关资料。

（3）风险评估

主要内容包括但不限于：

① 辨识生产经营单位存在的危险有害因素，确定可能发生的生产安全事故类别；

② 分析各种事故类别发生的可能性、危害后果和影响范围；

③ 评估确定相应事故类别的风险等级。

（4）应急资源调查

在全面调查和客观分析本单位以及周边单位和政府部门可请求援助的应急队伍、装备、物资等应急资源状况基础上，撰写应急资源调查报告，其内容包括但不限于：

① 本单位可调用的应急队伍、装备、物资、场所；

② 针对生产过程及存在的风险可采取的监测、监控、报警手段；

③ 上级单位、当地政府及周边企业可提供的应急资源；

④ 可协调使用的医疗、消防、专业抢险救援机构及其他社会化应急救援力量。

（5）应急预案编制

应急预案编制应当遵循以人为本、依法依规、符合实际、注重实效的原则，以应急处置为核心，体现自救互救和先期处置的特点，做到职责明确、程序规范、措施科学，尽可能简明化、图表化、流程化。应急预案编制工作包括但不限于：

① 依据事故风险评估及应急资源调查结果，结合本单位组织管理体系、生产规模及处置特点，合理确立本单位应急预案体系；

② 结合组织管理体系及部门业务职能划分，科学设定本单位应急组织机构及职责分工；

③ 依据事故可能的危害程度和区域范围，结合应急处置权限及能力，清晰界定本单位的响应分级标准，制定相应层级的应急处置措施；

④ 按照有关规定和要求，确定事故信息报告、响应分级与启动、指挥权移交、警戒疏散方面的内容，落实与相关部门和单位应急预案的衔接。

（6）桌面推演

按照应急预案明确的职责分工和应急响应程序，结合有关经验教训，相关部门及其人员可采取桌面演练的形式，模拟生产安全事故应对过程，逐步分析讨论并形成记录，检验应急预案的可行性，并进一步完善应急预案。

（7）应急预案评审

① 评审形式

应急预案编制完成后，生产经营单位应按法律法规有关规定组织评审或论证。参加应急预案评审的人员可包括有关安全生产及应急管理方面的、有现场处置经验的专家。应急预案论证可通过推演的方式开展。

② 评审内容

应急预案评审内容主要包括：风险评估和应急资源调查的全面性、应急预案体系设计的针对性、应急组织体系的合理性、应急响应程序和措施的科学性、应急保障措施的可行性、应急预案的衔接性。

③ 评审程序

应急预案评审程序包括下列步骤：

a. 评审准备。成立应急预案评审工作组，落实参加评审的专家，将应急预案、编制说明、风险评估、应急资源调查报告及其他有关资料在评审前送达参加评审的单位或人员。

b. 组织评审。评审采取会议审查形式，企业主要负责人参加会议，会议由参加评审的专家共同推选出的组长主持，按照议程组织评审；表决时，应有不少于出席会议专家人数的三分之二同意方为通过；评审会议应形成评审意见（经评审组组长签字），附参加评审会议的专家签字表。表决的投票情况应以书面材料记录在案，并作为评审意见的附件。

c. 修改完善。生产经营单位应认真分析研究，按照评审意见对应急预案进行修订和完善。评审表决不通过的，生产经营单位应修改完善后按评审程序重新组织专家评审，生产经营单位应写出根据专家评审意见的修改情况说明，并经专家组组长签字确认。

(8) 批准实施

通过评审的应急预案，由生产经营单位主要负责人签发实施。

2. 应急预案体系

生产经营单位的应急预案体系主要由综合应急预案、专项应急预案和现场处置方案构成。生产经营单位应根据有关法律法规和相关标准，结合本单位组织管理体系、生产规模和可能发生的事故特点，科学合理确立本单位的应急预案体系，并注意与其他类别应急预案相衔接。

(1) 综合应急预案

综合应急预案是生产经营单位应对各种生产安全事故而制定的综合性工作方案，是本单位应对生产安全事故的总体工作程序、措施和应急预案体系的总纲。

(2) 专项应急预案

专项应急预案是生产经营单位为应对某一种或多种类型生产安全事故，或者针对重要生产设施、重大危险源、重大活动防止发生安全生产事故而制定的专项工作方案。专项应急预案与综合应急预案中的应急组织机构、应急响应程序相近时，可不编写专项应急预案，相应的应急处置措施并入综合应急预案。

(3) 现场处置方案

现场处置方案是生产经营单位根据不同生产安全事故类型，针对具体的场所、装置或设施所制定的应急处置措施，主要包括事故风险描述、应急工作职责、应急处置和注意事项等内容，应体现自救互救、信息报告和先期处置的特点。事故风险单一、危险性小的生产经营单位可只编制现场处置方案。

3. 综合应急预案内容

(1) 总则

① 适用范围

说明应急预案适用的范围。

② 响应分级

依据事故危害程度、影响范围和生产经营单位控制事态的能力，对事故应急响应进行分级，明确分级响应的基本原则。响应分级不必照搬事故分级。

(2) 应急组织机构及职责

明确应急组织形式(可用图示)及构成单位(部门)的应急处置职责。应急组织机构可设置相应的工作小组，各小组具体构成、职责分工及行动任务应以工作方案的形式作为附件。

(3) 应急响应

① 信息报告

信息接报：明确应急值守电话、事故信息接收、内部通报程序、方式和责任人，向上级主管部门、上级单位报告事故信息的流程、内容、时限和责任人，以及向本单位以外的有关部门或单位通报事故信息的方法、程序和责任人。

信息处置与研判：a. 明确响应启动的程序和方式。根据事故性质、严重程度、影响范围和可控性，结合响应分级明确的条件，可由应急领导小组作出响应启动的决策并宣布，或者依据事故信息是否达到响应启动的条件自动启动。b. 若未达到响应启动条件，应急领导小组可做出预警启动的决策，做好响应准备，实时跟踪事态发展。c. 响应启动后，应注意跟踪事态发展，科学分析处置需求，及时调整响应级别，避免响应不足或过度响应。

② 预警

预警启动：明确预警信息发布渠道、方式和内容。

响应准备：明确做出预警启动后应开展响应准备工作，包括队伍、物资、装备、后勤及通信。

预警解除：明确预警解除的基本条件、要求及责任人。

③ 响应启动

确定响应级别，明确响应启动后的程序性工作，包括应急会议召开、信息上报、资源协调、信息公开、后勤及财力保障工作。

④ 应急处置

明确事故现场的警戒疏散、人员搜救、医疗救治、现场监测、技术支持、工程抢险及环境保护方面的应急处置措施，并明确人员防护的要求。

⑤ 应急支援

明确事态无法控制情况下，向外部(救援)力量请求支援的程序及要求、联动程序及要求，以及外部(救援)力量到达后的指挥关系。

⑥ 响应终止

明确响应终止的基本条件、要求和责任人。

(4) 后期处置

明确污染物处理、生产秩序恢复、人员安置方面的内容。

(5) 应急保障

① 通信与信息保障

明确应急保障的相关单位及人员通信联系方式和方法，以及备用方案和保障责任人。

② 应急队伍保障

明确相关的应急人力资源，包括专家、专兼职应急救援队伍及协议应急救援队伍。

③ 物资装备保障

明确本单位的应急物资和装备的类型、数量、性能、存放位置、运输及使用条件、更新及补充时限、管理责任人及其联系方式，并建立台账。

④ 其他保障

根据应急工作需求而确定的其他相关保障措施（如：能源保障、经费保障、交通运输保障、治安保障、技术保障、医疗保障及后勤保障）。

4. 专项应急预案内容

(1) 适用范围

说明专项应急预案适用的范围，以及与综合应急预案的关系。

(2) 应急组织机构及职责

明确应急组织形式（可用图示）及构成单位（部门）的应急处置职责。应急组织机构以及各成员单位或人员的具体职责。应急组织机构可以设置相应的应急工作小组，各小组具体构成、职责分工及行动任务建议以工作方案的形式作为附件。

(3) 响应启动

明确响应启动后的程序性工作，包括应急会议召开、信息上报、资源协调、信息公开、后勤及财力保障工作。

(4) 处置措施

针对可能发生的事故风险、危害程度和影响范围，明确应急处置指导原则，制定相应的应急处置措施。

(5) 应急保障

根据应急工作需求明确保障的内容。

5. 现场处置方案内容

(1) 事故风险描述

简述事故风险评估的结果（可用列表的形式列在附件中）。

(2) 应急工作职责

明确应急组织分工和职责。

(3) 应急处置

包括但不限于下列内容：

① 应急处置程序。根据可能发生的事故及现场情况，明确事故报警、各项应急措施启动、应急救护人员的引导、事故扩大及同生产经营单位应急预案的衔接程序。

② 现场应急处置措施。针对可能发生的事故从人员救护、工艺操作、事故控制、消防、现场恢复等方面制定明确的应急处置措施。

③ 明确报警负责人以及报警电话及上级管理部门、相关应急救援单位联络方式和联系人员，事故报告基本要求和内容。

(4) 注意事项

包括人员防护和自救互救、装备使用、现场安全等方面的内容。

6. 附件

(1) 生产经营单位概况

简要描述本单位地址、从业人数、隶属关系、主要原材料、主要产品、产量，以及重点岗位、重点区域、周边重大危险源、重要设施、目标、场所和周边布局情况。

(2) 风险评估的结果

简述本单位风险评估的结果。

(3) 预案体系与衔接

简述本单位应急预案体系构成和分级情况，明确与地方政府及其有关部门、其他相关单位应急预案的衔接关系（可用图示）。

(4) 应急物资装备的名录或清单

列出应急预案涉及的主要物资和装备名称、型号、性能、数量、存放地点、运输和使用条件、管理责任人和联系电话等。

(5) 有关应急部门、机构或人员的联系方式

列出应急工作中需要联系的部门、机构或人员及其多种联系方式。

(6) 格式化文本

列出信息接报、预案启动、信息发布等格式化文本。

(7) 关键的路线、标识和图纸

包括但不限于：

① 警报系统分布及覆盖范围；

② 重要防护目标、风险清单及分布图；

③ 应急指挥部（现场指挥部）位置及救援队伍行动路线；

④ 疏散路线、集结点、警戒范围、重要地点的标识；

⑤ 相关平面布置、应急资源分布的图纸；

⑥ 生产经营单位的地理位置图、周边关系图、附近交通图；

⑦ 事故风险可能导致的影响范围图；

⑧ 附近医院地理位置图及路线图。

(8) 有关协议或者备忘录

列出与相关应急救援部门签订的应急救援协议或备忘录。

（二）事故应急预案编制和执行中常见问题和解决办法

1. 事故应急预案编制的基本原则

事故应急预案编制原则应当遵循以人为本、依法依规、符合实际、注重实效的原则，以应急处置为核心，明确应急职责、规范应急程序、细化保障措施。

2. 事故应急预案编制的基本要求

事故应急预案编制要符合以下基本要求：① 有关法律、法规、规章和标准的规定；② 本地区、本部门、本单位的安全生产实际情况；③ 本地区、本部门、本单位的安全风险研判情况；④ 应急组织和人员的职责分工明确，并有具体的落实措施；⑤ 有明确、具体的应急程序和处置措施，并与其应急能力相适应；⑥ 有明确的应急保障措施，满足本地区、本部门、本单位的应急工作需要；⑦ 应急预案基本要素齐全、完整，应急预案附件提供的信息准确；⑧ 应急预案内容与相关应急预案相互衔接。

3. 应急预案编制中常见问题及解决办法

(1) 常见问题：感觉一头雾水，无从下手，然后就照搬照抄，比葫芦画瓢。

解决办法：主要原因是编制人员预案编写知识不足，不能掌握编制要领，一知半解，或不求甚解。对策是加强学习培训，不仅学习好、领会通预案内容，而且还应该理解了解预案评审要求。

（2）常见问题：风险分析不认真，不全面不深入，没有结合本单位实际，风险评估流于形式，风险评估千篇一律。

解决办法：端正态度，加强责任心，必须真正抓住本单位的风险要害，科学分析，不留遗漏。

（3）常见问题：预案编制常常由个人完成，虽然组织成立编制工作组，但缺乏相互沟通，闭门造车。

解决办法：避免单兵作战、各自为政，充分发挥编制工作组职能，定期开会沟通，总结分析存在问题，特别是主要负责人多过问协调存在的问题。

（4）常见问题：编制出的预案虽然面面俱到，生怕不够全面，厚厚一大本，但是缺乏针对性和可操作性。

解决办法：区分核心要素和一般要素，核心要素要突出详写，一般要素简明扼要，要充分体现可操作性、实用性。

（5）常见问题：编制出的预案内容不齐全、不完整。

解决办法：一是严格对照预案内容不漏项编写，二是对照预案评审规范内部评审一下，查找存在问题和不足，然后进行改进。

（6）常见问题：预案编制完之后，束之高阁，不管不问，不重视日常管理和应用，如不能按照要求及时修订，不培训、不演练，即使演练也是脱离预案进行演练，预案与实际应用脱节严重、两张皮等。

解决办法：一是单位主要负责人要重视，建立预案管理制度，明确分管部门和负责人；二是管理，着重在实际应用和演练中总结提高。一旦矿井的生产系统、重大工艺和技术、涉及的法律法规政策、单位负责人和部门发生改变等，都要及时进行修改。

（7）常见问题：应急预案体系不完整，综合应急预案、专项应急预案和现场处置方案之间层次乱，重叠多，相互不衔接。

解决办法：组织有关部门人员在一起认证筛查预案，分析存在问题，将职责重叠不清部分进行梳理，将内容相互矛盾、不统一部分进行完善调整。

（三）事故应急预案的衔接

生产经营单位应针对可能发生的事故，按照有关规定和要求编制应急预案。生产经营单位发生的生产安全事故一旦超出厂界或超出本单位自身的应急能力，就需要社会及政府的应急援助。因此，生产经营单位生产安全事故应急预案必须与所在区域和当地政府的应急预案有效衔接，确保应急救援工作的成效，如发生事故后的及时上报，向政府的救援请求，外部应急救援队伍到现场后的协同作战等。生产经营单位应将应急预案到政府有关部门进行备案，使政府有关部门掌握生产经营单位的应急救援工作情况。同时，生产经营单位应与政府有关部门保持紧密联系，确保应急救援工作能顺畅开展。

二、煤矿灾害预防和处理计划的编制与实施

（一）煤矿灾害预防和处理计划的编制

1. 灾害预防和处理计划编制的原则

鉴于煤矿灾害的危险性和复杂性，灾害预防和处理计划要根据具体情况及时修改。因此，在编制灾害预防和处理计划时根据其最终目的，应坚持以下原则：

(1) 贯彻执行“预防为主”的方针，坚持“防治结合”的原则，保障矿井安全生产。

(2) 作为事故处理和抢救人员的行动纲领。

(3) 便于将事故消灭在初始阶段或防止事故扩大，将损失减小到最低程度。

2. 灾害预防和处理计划的内容

灾害预防和处理计划的内容包括矿井重大灾害的评价与确定、重大灾害的针对性预防措施、灾区人员撤离与自救的组织措施、处理事故必需的资料和各有关人员的职责。该内容主要由文字说明、附图、救灾与避灾所需要的材料设备和必要的工程规划表组成。

(1) 文字说明

① 可能发生的事故和地点，发生事故的主、客观因素，事故的性质、原因和可能发生的预兆。

② 出现各种事故时，保证人员安全撤退和自救所必须采取的措施。

③ 预防和处理各种事故及恢复生产的各种具体有效的技术措施。

④ 实施预防措施的单位及负责人。

⑤ 救灾指挥部的人员组成、分工和其他有关人员的名单、通知方法和顺序。人员的分工要明确具体，通知的方法要迅速及时。

(2) 安全迅速撤退人员的措施

① 及时通知灾区和受威胁区域人员的最有效的方法及所需要的材料设备。

② 人员安全撤退的路线及该路线上所设置的照明设备、路标、自救器及临时避难硐室的位置。

③ 风流控制的方法、步骤及其适用条件。

④ 发生事故后对井下人员的统计方法。

⑤ 各种情况下的救护队接近灾区实施救护的行动路线。

⑥ 向遇险人员供给新鲜空气、食物和水的方法。

(3) 有关的各种必备的技术资料及附图

有关的各种必备的技术资料及附图主要包括：矿井通风系统图、反风演习报告以及反风时保证反风设施完好可靠的检查报告；矿井供电系统图和井下各种通信设备的安装地点；井下消防、洒水管路，排水管路和压风管路的系统图；井上下对照图，图中应标明井口的位置和标高、地面交通情况、钻孔、水井、水管、储水池及其他可供处理事故用的材料、设备及工具的存放地点等。

3. 预防煤矿事故发生措施的编制要求

编制要求包括：要规定执行各项安全措施的具体办法；对职工进行安全技术教育的安排；定期组织安全检查，及时处理不安全因素；根据矿井瓦斯涌出的情况及规律、煤尘爆炸的倾向性、积水区域和火灾发生的可能性等因素，提出预防各种重大灾害事故的组织措施、技

术措施，并规定经常检查这些预防措施的落实情况；必须规定为预防事故发生所必须完成的安全技术措施工程，增添的设备和必备的安全检测仪器、仪表的数量、安装地点、管理的办法和负责人等。

4. 处理灾害和恢复生产措施的编制原则

（1）处理火灾事故，应根据已探明的火区地点和范围制定控制火势和灭火的方法，风流调度的原则和方法，防止产生瓦斯、煤尘爆炸的措施、步骤，防火墙的位置、材料和修建的顺序等。

（2）处理爆炸事故，关键是制定如何迅速恢复通风，用适当的风量冲洗灾区，避免出现或消除火源，防止出现瓦斯连续爆炸的措施。

（3）其他事故的预防和处理措施应根据本矿井具体情况制定。

（二）煤矿灾害预防和处理计划的实施

（1）灾害预防和处理计划必须由矿总工程师组织通风、采掘、机电、地质、安全等有关单位人员进行编制，并有矿山救护队参加。

（2）要通过充分的调查，找出不安全因素和漏洞，在总结经验教训的基础上进行编制计划。

（3）组织全矿有关人员对计划进行讨论、补充、修改。

（4）必须在每年开始前1个月报上级公司总工程师批准。

（5）在每季度开始前15天，矿总工程师应根据矿井生产的变化情况，组织有关部门补充、修改。煤矿生产的场所随生产的变化而变化，采场的条件也在随时间的变更而不同，因此要根据生产的实际及时修改，这也是《煤矿安全规程》明确要求的。

（6）计划由矿长负责实施。

（7）已批准的计划应立即向全体职工（包括全体矿山救护队员）贯彻，组织认真学习，使每一位职工都能熟悉避灾路线。各基层单位的负责人和主要的技术人员应负责组织本单位的职工学习，并进行考试，使每一位职工都能全面掌握，领会其精髓。

三、煤矿事故应急预案、灾害预防和处理计划的异同点分析

在风险分析与评估的基础上，预先制定灾害预防和处理计划及应急预案，针对可能发生的各种灾害事件，确保能迅速、有序、高效地开展应急处置，这是减少人员伤亡和经济损失的重要手段。

《煤矿安全规程》第十二条规定：煤矿必须编制年度灾害预防和处理计划，并根据具体情况及时修改。《生产安全事故应急预案管理办法》（应急管理部令第2号）第十二条规定：生产经营单位应当根据有关法律、法规、规章和相关标准，结合本单位组织管理体系、生产规模和可能发生的事故特点，与相关预案保持衔接，确立本单位的应急预案体系，编制相应的应急预案。

（一）灾害预防和处理计划与应急预案的相同点

（1）编制责任主体单位相同，都是由煤矿编制。

（2）实施责任主体单位相同，都是由煤矿具体实施。

（3）宣传、培训、演练的责任主体相同，责任主体都是煤矿。

(4) 宣传、培训、演练的对象相同,对象都是煤矿从业人员。

(5) 修订的责任主体相同,责任主体都是煤矿。

(6) 目标相同。通过编制、实施灾害预防和处理计划与应急预案,使煤矿从业人员认识、了解灾害和危险,在工作中杜绝或减少灾害及危险的发生,在灾害和危险发生时避免或减轻自身的伤害,并正确实施现场自救和互救。

(二) 灾害预防和处理计划与应急预案的区别

1. 编制内容上的区别

(1) 编制内容在风险或事故时间上的区别

灾害预防和处理计划主要编制的是煤矿在没有发生灾害事故时的预防措施和发生灾害事故以后的现场自救和互救。应急预案主要编制的是发生灾害事故后所采取的措施方法,重点是煤矿和上级单位的救援响应、程序、实施方案和措施。

(2) 编制内容在侧重点上的区别

灾害预防和处理计划是对生产作业地点可能存在的灾害、风险进行预测和现场处理(侧重在现场),而应急预案是依据灾害预防和处理计划编制的,是在煤矿发生灾变时整个公司和煤矿的处理程序和措施(侧重在公司和煤矿)。

2. 管理实施上的区别

(1) 评审区别

应急预案的评审必须组织专家按《生产经营单位生产安全事故应急预案评审指南(试行)》(安监总厅应急〔2009〕73 号)进行评审,评审后由主要负责人签署公布实施。灾害预防和处理计划由煤矿组织相关人员进行评审,并经矿总工程师审签后由矿长组织贯彻实施。

(2) 备案区别

应急预案必须报县级应急管理部门和上级公司备案;灾害预防和处理计划只报上级公司备案,不需要报县级应急管理部门备案。

(3) 政府管理层级的区别

应急管理部门严格按照应急预案组织培训、演练检查,在灾害发生后按应急预案组织救援;灾害预防和处理计划只由煤矿组织培训、演练。

3. 完善灾害预防和处理计划及应急预案的建议

(1) 切实提高对编制灾害预防和处理计划及应急预案的认识

灾害预防和处理计划及应急预案不是写来应付上级检查和规避责任的,而是挽救职工身体健康、生命安全和财产损失的重要保障。当灾害发生时,如果没有灾害预防和处理计划及应急预案,则灾害发生前不知道灾害的预兆,不知道预防措施,会增加发生灾害的风险和损失,而当灾害发生时没有操作规范,没有行动指南,现场人员不知道如何报告、如何自救,救援人员不知道职责、不知道救援措施将会造成极大的损失。

(2) 加强对灾害预防和处理计划及应急预案的组织领导

煤矿必须加强对灾害预防和处理计划及应急预案的管理,为建立健全工作机构提供强有力的组织保障,认真落实好灾害预防和处理计划及应急预案的编制、评审、审批、培训、演练及物资准备等工作。

(3) 提高灾害预防和处理计划及应急预案的针对性、操作性

必须通过对本单位的危险源的排查工作,摸清本单位可能发生事故的原因、地点,对风

险进行全面评估从而提高灾害预防和处理计划及应急预案的针对性。同时要把责任落实到每个部门、每个人，真正做到职责明确，应对措施具体可行，明白简洁，便于操作。

(4) 加强培训和演练

不加强培训和演练，即使编制了灾害预防和处理计划及应急预案，当灾害发生后，职工不知道干什么、怎么干，仍会造成重大人员伤亡与财产损失。因此必须对煤矿从业人员进行全面培训和演练。培训和演练要精心组织、注重实效、不走过场，确保每一个环节都不能省略，每一个细节都要到位。

第三节　煤矿重大灾害事故抢险救灾

一、煤矿重大灾害事故抢险救灾概述

煤矿重大灾害事故发生后，如何安全、迅速、有效地抢救人员，保护设备、控制和缩小事故影响范围及其危害程度，防止事故扩大，将事故造成的人员伤亡和财产损失降低到最低限度，是救灾工作成功的关键，任何怠慢和失误都会造成难以弥补的重大损失。

(一) 煤矿重大灾害事故的特点

1. 突发性

煤矿重大灾害事故往往是在瞬间突然发生的，令人措手不及，使指挥者难以冷静、理智地考虑问题，难以制定出行之有效的救灾措施，在抢救的初期容易出现失误，造成事故损失的扩大。

2. 灾难性

煤矿重大灾害事故易造成多人伤亡或使井下人员的生命安全受到严重威胁，若指挥决策失误或救灾措施不力，往往酿成重大恶性事故。

3. 破坏性

煤矿重大灾害事故发生后，往往使矿井生产系统遭到破坏。它不但使生产中断，井巷工程和生产设备损毁，给抢险救灾增加了难度。特别是通风系统的破坏，使有毒有害气体大范围扩散，会造成更多人员的伤亡。

4. 继发性

煤矿重大灾害事故易在较短的时间里重复发生或诱发其他事故。例如，火灾可能诱发瓦斯煤尘爆炸，也可能引起再生火源；爆炸可能引起火灾，也可能引起连续爆炸；煤与瓦斯突出可能在同一地点发生多次，也可能引起爆炸。

(二) 煤矿重大灾害事故抢险救灾的组织处理

《煤矿安全规程》第七百零三条规定：煤矿发生灾害事故后，必须立即成立救援指挥部，矿长任总指挥。矿山救护队指挥员必须作为救援指挥部成员，参与制定救援方案等重大决策，具体负责指挥矿山救护队实施救援工作。

《矿山救护规程》(AQ 1008—2007)规定：在救援指挥部未成立之前，先期到达的救护队应根据事故现场具体情况和矿山灾害事故应急救援预案，开展先期救护工作。

作为煤矿企业的安全管理人员，处理重大灾害事故时，必须有一套正确的指挥程序。

1. 重大灾害事故抢险救灾指挥程序

(1) 立即成立以矿长为总指挥的抢险救灾指挥部,有关矿级领导、科室负责人及救护队长为指挥部成员。

(2) 通知有关区队、矿灯房、自救器发放室准确统计当班井下人数及其姓名等情况,统计已下井的人数及姓名,以便分析灾区人员数量及分布。

(3) 指定一名副矿级领导负责签发“下井许可证”,并通知矿灯房、自救器发放室和副井口的工作人员落实没有“下井许可证”不准发放矿灯、自救器,严禁无关人员下井。

(4) 选定井下救护基地,指定具有救护知识的领导担任井下救护基地指挥。同时明确基地指挥只起“上传下达”作用,不得自行发布命令,以免形成多头指挥。

(5) 命令救护队进入灾区引导人员撤退;将伤员救到井下救护基地或其他安全地点进行现场急救后,送到地面和医院。

(6) 抢险救灾指挥部根据井下灾情报告,责成指挥部成员根据分工职责将抢险人员组成二线、三线力量。当抢救人员不足时应及时报告上级单位和兄弟单位请求支援。

(7) 总指挥应根据灾区情况适时投入二线或三线力量,命令救护队进行侦察工作,救护队长应具体负责指挥救护队按《矿山救护规程》的要求完成侦察任务,提出测定数据、灾区示意图及灾区处理等建议,供指挥部制定救灾方案。侦察结束后,安排救护队在安全地点监视灾情变化,具体位置由井下救护基地负责提出建议,报总指挥确定。

(8) 总指挥组织指挥部成员听取侦察情况汇报后,命令矿总工程师组织人员依据“煤矿灾害预防和处理计划”尽快提出事故处理方案,对总工程师提出的事故处理方案要慎重研究讨论,在安全系数上应留有余地。总指挥批准处理方案后,应及时报告上级领导,争取得到支持。

(9) 根据掌握的灾情及处理方案的要求,对救护队员做好动员工作,确保方案顺利进行。

(10) 事故处理结束后,总指挥指定有关部门和人员对事故发生原因、抢救处理过程、重要的经验教训以及今后应采取的预防措施等进行分析和整理,形成事故调查报告后上报并存档。

(11) 重大事故发生初期救灾注意事项:重大事故发生后,必须立即撤出灾区人员和停止灾区供电(掘进巷道发火或爆炸不能停局部通风机),按照生产安全事故应急预案和灾害预防和处理计划进行救灾工作,直至灾情消除方可恢复正常生产。

2. 抢险救灾指挥部在救灾过程中的协调作用

抢险救灾指挥部在指挥救灾过程中,要妥善处理好三个方面的关系。

(1) 要认真处理好上级领导机关到矿协助救灾时的领导指示,尽量在决策过程中采纳他们的意见。确实不能采用时,宜用召开指挥部会议方式共同议定,或指定专业人员向他们汇报、解释,争取理解,上级领导提出要亲自下井进入灾区时,应尽力耐心说服,阻止其下井。

(2) 要处理好指挥部内部主要成员之间的关系。总指挥是处理事故时的最高领导,要令行禁止、用人得当、不能离岗到灾区。若确需进入灾区时,必须任命代理人,并授予其指挥权。总指挥任命井下救护基地负责人时,要考虑该人的实际经验和能力。指挥部在讨论救灾方案中,切忌个人独断专行,应在集体议定后确定方案,以利于协调总指挥与成员之间的关系。

(3) 对井下直接从事抢险救灾的人员，特别是矿山救护队员，要帮助解决他们提出的问题。

3. 井下救护基地

井下救护基地是井下抢险救灾的前线指挥所、救灾人员与物资的集中地、救护队员进入灾区的出发点，也是遇险人员的临时救护站。因此正确地选择井下救护基地常常关系着救灾工作的成败。

井下救护基地的选择由事故抢险救灾总指挥根据灾区位置、灾变范围、类别以及通风、运输条件等因素予以确定，但必须满足以下要求：

(1) 基地设在不受灾变威胁或不因灾变进一步扩大而波及的地区，但距灾区又要尽可能的近，以便于救护队员进出灾区执行任务。

(2) 在扑灭火灾，处理瓦斯(煤尘)燃烧、爆炸及突出事故时，基地应选在风流稳定的新风地区。对于冒顶、水灾等其他灾害，选在贯穿风流地区。

(3) 基地要有一定的空间面积，以保证救灾活动和救灾器材的储备。

(4) 基地要方便运输，保证通风与照明。

井下救护基地应由矿山救护队指挥员、待机小队和急救医生值班，并设有通往地面抢险救灾指挥部和灾区的电话，备有必要的救护装备和器材，同时设明显的灯光标志。在井下救护基地负责的指挥员应经常同抢险救灾指挥部和正在灾区工作的救护小队保持联系，并注意基地通风和有害气体情况，需要改变井下基地位置时，必须取得矿山救护队指挥员的同意，并通知抢险救灾指挥部和在灾区工作的小队。与救灾无关人员，一律不得进入基地。

4. 安全岗哨

在处理事故过程中，应根据救援计划，在有害气体积聚的巷道与新鲜风流交叉处的新鲜风流中设立安全岗哨。站岗队员的派遣和撤销由井下救护基地指挥员决定，同一岗位至少由两名救护队员组成。站岗队员除穿戴个人防护装备外，还应配有各种气体检测仪器。安全岗哨的任务是：

(1) 阻止未佩戴氧气呼吸器的人员单独进入有害气体积聚的巷道和危险地区。

(2) 将从有害气体积聚的巷道中出来的人员引入新风区，必要时实施急救。

(3) 观测巷道和风流情况，并将有害气体、烟雾和巷道的变化情况迅速报告抢险救灾指挥部。

5. 地面救护基地

在处理重大事故时，为及时供应救灾装备和器材，必须设立地面救护基地。地面救护基地至少备有三昼夜的氧气、氢氧化钙和其他消耗物资。救护装备和器材的存储数量，根据事故的性质、影响范围及救护队的数量确定。为保证地面救护基地正常有效开展工作，由矿山救护队指挥员指定地面救护基地负责人。

二、瓦斯(煤尘)爆炸事故的抢险救灾

(一) 瓦斯(煤尘)爆炸事故分类

根据爆炸特点和波及范围，瓦斯(煤尘)爆炸事故可分为局部瓦斯(煤尘)爆炸事故、大型瓦斯(煤尘)爆炸事故和瓦斯(煤尘)连续爆炸事故三类。

1. 局部瓦斯(煤尘)爆炸事故

局部瓦斯(煤尘)爆炸事故指仅发生在局部地点(如一个工作面或一条巷道的局部瓦斯集聚点)的瓦斯(煤尘)爆炸事故。局部爆炸事故的特点是:

(1) 矿井通风系统未破坏或破坏不严重。

(2) 人员在200～300 m以内受冲击波和爆炸火焰伤害最大,200～300 m以外的范围伤害不严重。

(3) 巷道支护一般保持良好,但因支护质量差、煤岩松软、顶板破碎等,也有可能发生冒顶甚至巷道或工作面堵塞埋人的情况。

(4) 事故发生在采煤工作面或其他利用矿井全风压通风的地点时,在爆炸点附近的人员容易受冲击波和爆炸火焰的伤害,在回风侧的人员容易受有毒气体中毒的伤害。

(5) 事故发生在采用局部通风机通风的独头掘进巷道时,局部通风机被破坏,爆炸产生的烟雾及有毒有害气体在短时间内不能扩散或排除,导致在巷道里工作的人员,除受冲击波和爆炸火焰的伤害外,还会受有毒气体的伤害,特别是处于回风流中的人员,可能会造成大量人员中毒。

(6) 对于局部瓦斯(煤尘)爆炸引起的火灾,如果行动迅速,可用直接灭火的方法扑救。

2. 大型瓦斯(煤尘)爆炸事故

大型瓦斯(煤尘)爆炸事故一般发生在瓦斯(煤尘)大量积聚的区域。由于参与爆炸的瓦斯(煤尘)量大,爆炸产生的冲击波、爆炸火焰及有害气体可能影响一个采区、一个阶段、一翼甚至整个矿井。大型瓦斯(煤尘)爆炸的特点是:

(1) 矿井通风系统遭到破坏,有的破坏很严重,恢复通风比较困难。

(2) 短时间可发生风流逆转和风流紊乱现象,大量有毒气体四处蔓延,造成大量人员中毒。

(3) 爆炸产生的冲击波、爆炸火焰对人体的伤害、对矿井各种设备设施的破坏程度比较严重。

(4) 巷道支护破坏严重,可出现大面积冒顶区,造成巷道堵人、埋人,给抢救遇险人员带来极大的困难。

(5) 大型瓦斯爆炸事故既容易引起煤尘参与爆炸,又容易引起大型火灾事故,处理起来十分困难。

3. 瓦斯(煤尘)连续爆炸事故

瓦斯(煤尘)连续爆炸事故的特点是:

(1) 多发生在瓦斯涌出量较大、有自然发火的煤层。

(2) 瓦斯(煤尘)连续爆炸的次数和两次爆炸的间隔时间与灾区的通风情况有直接关系。瓦斯(煤尘)连续爆炸的间隔时间可能是几分钟、几小时,也可能是十几小时。例如,某矿在掘进巷道中发生煤与瓦斯突出,因巷道高冒处煤炭自燃引爆了瓦斯,先后发生瓦斯爆炸28次,每两次爆炸间隔时间大多数为1～2 h,最短3～5 min,最长42.5 h。

(3) 瓦斯连续爆炸容易引起煤尘爆炸。连续爆炸对抢险人员威胁很大。

(二) 瓦斯爆炸事故的处理

发生瓦斯爆炸事故后,矿长应利用一切可能的手段了解灾情,判断灾情的发展趋势,及时果断地下达救灾命令。

1. 了解(询问)的主要内容

(1) 爆炸地点及其波及范围。

(2) 人员分布及其伤亡情况。

(3) 通风情况(风量大小、风流方向、风门等通风构筑物的损坏情况等)。

(4) 灾区瓦斯情况(瓦斯浓度、烟雾大小、一氧化碳浓度及流向)。

(5) 是否发生了火灾。

(6) 主要通风机工作情况(是否正常运转,防爆门是否被吹开,通风机房水柱计读数是否有变化等)。

2. 分析判断的主要内容

(1) 通风系统破坏程度。可根据灾区通风情况和通风机房水柱计读数变化情况作出判断,读数比正常通风时数值增加,说明灾区内巷道冒顶垮落,通风线路不通畅;读数比正常通风时数值减少,说明灾区风流短路。其产生原因可能是风门被摧毁、人员撤退时未关闭风门、回风井口防爆门(盖)被冲击波冲开、反风进风闸被冲击波冲击落下堵塞风硐使风流从反风进风口进入风硐经通风机排出,也可能是爆炸后引起明火火灾、高温烟气在上行风流中产生火风压,使主要通风机风压降低。

(2) 是否会发生连续爆炸。如果爆炸后产生冒顶、风道被堵塞、风量减少、继续有瓦斯涌出、存在高温热源等,则可能会发生连续爆炸。

(3) 能否诱发火灾。

(4) 可能的影响范围。

3. 做出决定并下达命令

(1) 切断灾区电源。

(2) 撤出灾区和可能受影响区域的人员。

(3) 向上级公司汇报并召请救护队。

(4) 成立抢险救灾指挥部,制定救灾方案。

(5) 保证主要通风机和空压机正常运转。

(6) 保证升降人员的井筒正常提升。

(7) 清点井下人员,控制入井人员。

(8) 矿山救护队到矿后,按照救灾方案组织救护队抢救遇险人员、侦察灾情、扑灭火灾、恢复通风系统等防止再次爆炸。

(9) 命令有关单位准备救灾物资,医院准备抢救伤员。

4. 处理事故的具体措施

处理瓦斯爆炸事故是十分复杂的工作,要做到安全、迅速地完成抢救遇险人员的工作,除了明确救护队员的任务,发挥每个队员的智慧和勇敢精神外,还要有一套比较完整的方法和措施。

(1) 选择最短的路线,以最快的速度到达遇险人员最多的地点进行侦察、抢救。

(2) 采取一切可能的措施迅速恢复灾区的通风,从而排出爆炸产生的烟雾和有毒气体,让新鲜空气不断供给灾区,这是抢救遇险人员最有效的方法。但在恢复通风前,必须查明有无火源存在,防止再次引起爆炸。

(3) 反风。若爆炸产生的大量有毒有害气体,严重威胁回风侧的人员时,在保证进风方向的人员已安全撤退的情况下,可考虑是否采用反风。

(4) 清除灾区巷道的堵塞物,但应考虑清理堵塞物的时间。若巷道堵塞严重,救护队员在短时间内不能清除时,应考虑其他能尽快恢复通风救人的可行方案。

(5) 扑灭爆炸引起的火灾。为了抢救遇险人员,防止事故蔓延和扩大,在灾区内发现火灾或残留火源,应立即扑灭。

(6) 发生连续爆炸时,为了抢救遇险人员、封闭灾区,可利用两次爆炸的间隔时间进行。但应严密监视通风和瓦斯并掌握连续爆炸时间间隔的规律,以确定在灾区内的停留时间。

(7) 最先到达事故矿井的救护队,担负抢救遇险人员和灾区的侦察任务。在煤尘大、烟雾浓的情况下进行侦察时,救护队员应沿巷道排成斜线分段式前进。发现还有可能救活的遇险人员,应迅速救出灾区;发现遇难人员,应标明位置,继续向前侦察。侦察时,除抢救遇险人员外,还应特别侦察火源、瓦斯以及爆炸点的情况,顶板冒落范围,支架、水管、风管、电气设备、局部通风机、通风构筑物的位置、倒向,爆炸生成物的流动方向及蔓延情况,灾区风量、风流方向、灾区气体成分等,并做好记录,供抢险救灾指挥部研究全面抢救方案。

(8) 第二个到达事故矿井的救护队应配合第一救护队完成抢救人员和侦察灾区的任务,或是根据指挥部的命令担负待机任务。待机地点应选在距灾区最近、有新鲜空气的地点,待机任务主要是做好紧急救人的准备工作。

(9) 恢复通风设施时,首先恢复主要的最容易恢复的通风设施。损坏严重且一时难以恢复的通风设施可用临时设施代替。恢复独头通风时,除将局部通风机安装在新鲜风流处外,应按照排放瓦斯的要求进行处理。

(三) 煤尘爆炸事故特点的处理

1. 煤尘爆炸事故的特征

(1) 在巷道壁和支架上留有黏焦(皮渣与黏块)。

① 弱爆炸时,火焰与爆炸波慢速传播,黏焦在支柱两侧出现,但爆炸传来的方向堆积较密实。

② 中等强度爆炸时,火焰与爆炸波的传播速度很大,黏焦只在支柱的迎风侧出现。

③ 强烈爆炸时,火焰与爆炸波的传播速度极大,在支柱的背风侧出现黏焦,迎风侧有火烧痕迹。

(2) 煤尘的成分发生变化:煤尘爆炸后,放出可燃性气体(挥发分,主要成分是甲烷、乙烷、丙烷、丁烷、氢和其他碳氢化合物)。

(3) 煤尘爆炸时气体的碳氢比(C/H)明显高于瓦斯爆炸。

(4) 灾区空气中一氧化碳浓度高:煤尘爆炸时灾区空气中一氧化碳浓度一般为2%~3%,有时达7%~8%,甚至10%以上。

(5) 爆炸后灾区瞬时温度骤升,爆炸后的瞬时温度可达2 300~2 500 ℃。

(6) 可能发生连续爆炸反应。

(7) 连续爆炸时间间隔短。

(8) 连续爆炸时,离爆源越远其破坏力越大。

2. 煤尘爆炸事故的特殊处理

(1) 灾害发生时首先要切断灾区的电源。停电操作应在灾区以外的地点进行,以免引起再次爆炸。

(2) 对灾区进行侦察过程中，发现火源立即扑灭。若火势较大，暂时不能扑灭时，应立即局部进行封闭，再研究灭火方案，防止再次爆炸。

(3) 救灾过程中要注意寻找煤尘爆炸的痕迹并判断起爆源。

(4) 煤尘连续爆炸的可能性很大，在思想上和物资上都应有准备，以免措手不及，出现难以控制的局面。

【案例 8-1】　山东省某矿"1·10"重大爆炸事故救援

2021 年 1 月 10 日 13 时 12 分，山东省某矿回风井井下一中段发生爆炸事故，造成 22 人被困。事故发生后，在党中央、国务院的高度重视下，在山东省委省政府强有力的领导下，在应急管理部、国家矿山安全监察局、国家安全生产应急救援中心的全力指导和帮助下，经过 1 000 多名抢险救援队员 14 个昼夜连续奋战，成功救出 11 名被困矿工，找到 11 名遇难矿工。

(1) 自救无力，迟报事故

10 日 13 时 12 分，某矿回风井一中段发生爆炸，企业自行组织力量施救，但因井筒破坏严重，救援难度极大，且自身应急救援处置能力不足，无法有效实施救援。到 11 日 20 时以后烟台市政府接报，迟报时间长达 30 h。

(2) 领导重视，有力指导

接到事故报告后，党中央、国务院高度重视，时任李克强总理，刘鹤副总理、王勇和赵克志国务委员立即作出重要批示，要求全力搜救被困人员，查明事故原因，依法依规严肃问责，抓好隐患排查治理和安全监管工作，严防次生事故发生。时任应急管理部书记黄明立即连续两次作出批示指示，要求黄玉治、刘伟、宋元明、琼色等部领导认真贯彻国务院领导重要批示精神，指导帮助地方全力做好救援工作，要求国家矿山安全监察局、应急救援中心立即组织救援，安排黄玉治同志率有关人员组成工作组，带领专家和国家队赶赴现场，指导指挥部科学组织、科学施救，严防发生次生灾害。

接到事故报告后，时任山东省委书记刘家义、省长李干杰、常务副省长王书坚、省委秘书长刘强、副省长汲斌昌带领有关部门立即从各地赶往事故现场指挥抢险救援工作。

黄明书记第一时间与赶赴现场的山东省委书记刘家义、省长李干杰等同志视频连线商讨救援工作。其间，黄明书记多次组织部领导周学文、许尔锋、宋元明以及国家矿山安全监察局李万疆、黄锦生等同志与工作组视频连线，听取救援工作进展情况汇报，要求工作组要指导指挥部根据现场情况变化不断优化救援组织方案，严格现场管理，科学管控好舆情；要在钻孔施工的精准上下功夫，尽快打通生命救援通道；要集中力量开展井筒清障工作，稳妥、可靠、有序地进行推进，绝不能对井下被困人员造成新的伤害。

黄玉治副部长率工作组抵达现场后，立即会同山东省委书记刘家义、省长李干杰等同志，查看事故风井救援进展，组织召开会议，传达李克强总理等国务院领导同志重要批示精神，传达黄明书记指示批示要求，指导救援工作。

(3) 攻坚克难，科学救援

① 确定井筒清障和钻孔施救齐头并进救援方案

11 日 20 时 48 分，烟台市主要负责同志到达事故现场，调集龙矿集团救护大队等力量展开救援，并发布相关信息。21 时 45 分，山东省委省领导连夜赶赴事故现场。22 时许，应急管理部接报后，黄明书记立即作出批示，派出工作组、专家和国家队赶赴现场。应急救援中心接报后立即调动国家矿山应急救援兖州队、淄矿集团救护大队、矿山应急救援大地特勘队赶赴现场救援。

11时50分，黄玉治副部长率领的应急管理部工作组赶到现场后，会同山东省委书记刘家义、省长李干杰等领导召开会议，根据现场救援情况，研究确定井筒清障和钻孔施救“两条腿走路”的救援方案，完善省市县一体化救援指挥部，在现场救援组下设清障组和钻井组，细化任务分工，由专家组负责技术论证，确保安全施救、科学施救。

② 穷尽一切手段，加快清障进度

12日下午，为加快清障速度，指挥部决定在人工乘吊笼（双层，每层2人，1名救护队员、3名矿工）对井筒进行清障作业的同时，通过下放直径为600 mm的风筒，采取抽出式通风方法排出井下有害气体和烟尘。

由于作业空间狭小、吊笼不稳、操作不便，加之越往下杂物堆积越多等原因，清理难度越来越大。13日8时井筒清障至294 m，遇到局部罐道钢丝绳缠绕在一起，直至15时才处理完毕。14日6时井筒清障至340 m，又遇到矿车、钢管、电缆等大量杂物堆积，清障再次遇阻。

15日，中煤五建施工队伍到达现场，20时井筒清障艰难挺进至350 m时，发现井筒全断面被钢管、电缆、玻璃钢板碎渣、矿渣堆实，井筒清障工作陷入停滞。

16—17日，指挥部集思广益，反复论证了磁力吸引、激光切割、等离子切割等清障方式；调动山东黄金集团、中煤五建专业施工力量赶赴现场；清障组优化组织方案，山东黄金集团负责地面统筹，中煤五建负责井筒施工，研究并制作有顶双层吊盘，实现人员作业、吊桶提货互不冲突，实现3人切割、4人装货同时作业等功能，力求加快清障速度。

③ 调动一切力量，打通生命通道

12日下午，钻井组根据事故发生时被困人员位置和钻机数量，决定布置4个钻孔进行施救，其中1#钻孔由山东煤田二队负责向六中段（13人被困）水泵房施工“生命探测通道”，2#、3#钻孔分别由招金地勘队、山东地矿六队负责向五中段（9人被困）巷道施工“生命探测通道”，4#钻孔由大地特勘队负责向五中段巷道施工“生命救援通道”。

因该矿岩层地质条件复杂，有构造破碎带，2#钻孔自12日14时开钻至13日12时卡钻废弃。

13日，为消除井下涌水给被困人员生命安全带来的威胁，钻井组新布置1个钻孔，即5#钻孔向六中段水仓施工“排水保障通道”。

鉴于此，根据指挥部请求，在现场的大地特勘队再增调1台高性能大孔径钻机和专业操作团队赶赴现场。

14日，新布置1个钻孔，即6#钻孔由山东煤田一队负责向五中段巷道施工“生命探测通道”。

15日11时，3#钻孔（13日2时开钻）钻至521 m处时，井底偏移达7.4 m，且钻孔涌水，该队已无法实现贯穿巷道。17时30分，经专家组充分论证后，决定由大地特勘队接力3#钻孔，向井底目标点位定向钻井；原3#钻孔山东地矿六队钻机转至5#钻孔施工。

16日23时，3#钻孔由大地特勘队从521 m接力开钻，采用泥浆定向钻进；17日4时定向钻进至距巷顶5 m停钻。为确保安全透巷，提钻更换为空气钻钻进；10时开始透巷钻进。17日13时56分，成功贯通五中段巷道。送风5 min后，救援人员在地面敲击钻杆，得到井下敲击回应，确定巷道内有幸存者。

17 时起钻完成，指挥部决定由山东地矿六队对 3# 钻孔下放套管堵水，因套管质量问题，下放进度缓慢；22 时，指挥部决定停止下放套管，立即投放给养；22 时 15 分，烟台消防支队开始下放营养液、手电筒、纸笔；23 时 40 分，回收线缆完毕，营养液被取走，传回纸条："我们在井下 22 人，但在五中(段)只有 11 人、六中(段)1 人，4 个受伤，另有 10 人情况不明……"。至此，救援工作取得决定性的重大突破。

(4) 精准施救，大获成功

① 进一步理清思路，确立"3＋1"总体救援方案

17 日 23 时许，在指挥部的请求下，应急救援中心协调调动国家矿山应急救援淮南队大孔径钻机赶赴现场施工救援钻孔。

18 日 0 时 49 分，副总指挥汲斌昌与井下被困人员实现语音通话，进一步了解被困人员身体状况、事故发生后人员活动情况，并得知通过 3# 钻孔向下淋水很大。指挥部决定向井下投放足量的给养和药品后，由山东地矿六队继续下放套管对 3# 钻孔实施堵水作业；14 时完成下放套管，但因技术问题未堵住钻孔涌水。

5 时 3 分，1# 钻孔成功贯通六中段水泵房；9 时 45 分，开始通过该钻孔下放音视频仪器，确认水泵房地面无水，空气能见度较好，向井下喊话没有回应。

18 日，经专家组组织钻井队伍充分论证排水钻孔实施方案，因山东的钻机均无法实施无偏差钻孔，指挥部决定由大地特勘队两台钻机承担排水钻孔施工。3# 钻孔钻机在下完套管后立即转至 7# 钻孔施工。

19 日，指挥部研究理清下一步工作思路，明确了"3＋1"总体救援方案，即 3 个主通道和 1 个辅助探测通道(6# 和 9# 钻孔)，3 个主通道是生命维护监测通道(3#、1# 和 4# 钻孔)、生命救援通道(井筒和 10# 钻孔)、排水保障通道(7# 和 8# 钻孔)，每个主通道都确保实施主攻与备用"双保险"。1 个辅助探测通道(6# 和 9# 钻孔)。

② 完善生命维护监测通道

19—20 日，通过 3# 钻孔每天 3 次定点向井下投放给养、药品及所需物资，指导被困人员恢复体力和自我救治；19 日 12 时，向井下投放音视频探头，组织专家观测钻孔涌水情况、井下巷道积水情况。

20 日 11 时 30 分，经与井下被困人员联系，3# 钻孔涌水在巷道积聚，水面已从工作面蔓延过钻孔下方，并通过导水槽流入井筒，巷道仅有从马头门向里 50 m 左右的长度未被水淹。工作组立即建议指挥部启用备用的 4# 钻孔(从马头门向里 28 m)接替 3# 钻孔(从马头门向里 104 m)，承担生命维护监测通道功能；待 4# 钻孔贯通后，对 3# 钻孔实施固井止水，为救援工作争取更长"窗口期"。

15 时 52 分，大地特勘队按照指挥部指令对 4# 钻孔(14 日 8 时开始正式钻进，18 日 20 时钻深 555 m，距透巷余 27 m，已下完套管不漏水，待命)开始透巷；20 日 18 时 7 分，4# 钻孔成功贯通五中段巷道，井下被困人员转至 4# 钻孔下方，生存环境得以改善；该孔直至救援通道打通前，始终承担着生命维护监测通道功能。

21 日 2 时，通过 1# 钻孔发现水泵房底板见水，22 日，专家组计算论证：30 日凌晨水位将上升至五中段底板，对 5 中段被困人员构成生命威胁，排水钻孔施工压力陡增。

③ 艰难推进排水保障通道

按照指挥部决定由大地特勘队两台钻机承担排水钻孔施工的方案，3# 钻机转至 7# 钻孔，于 19 日 4 时 30 分开钻。因该钻孔排水压力大、钻孔孔径大、钻进速度快等原因，20 时钻进 36 m 下放套管时，发现孔斜无法下放套管；经指挥部同意立即在原孔位顺水仓方向后移 3 m 重新开钻。

20 日 0 时 30 分，7# 钻孔重新开钻。上午，为确保钻孔打通排水保障通道和生命救援通道，协调调动国家矿山应急救援大同队、河南豫中地质勘查有限公司大孔径钻机赶赴现场救援。

4# 钻机透巷后，又转至 3# 钻孔施工，于 21 日 20 时成功固井止水后，再转至 8# 钻孔施工。直至 22 日 19 时，8# 钻机开钻。

22 日 18 时，河南豫中队钻机和操作团队到达现场待命；20 时，接到指挥部命令，施工 12# 排水钻孔；23 日 15 点 8 分开钻。

23 日，7# 钻机问题已解决，开足马力全力钻进。15 时 8# 钻机潜孔锤锤头断裂，掉入钻孔内，短期内难以处理，经指挥部同意立即在原孔位顺水仓方向后移 2 m 重新开钻，23 日 23 时，该钻机在新孔位重新开钻，编号未为 13# 钻孔。

④ 争分夺秒打通生命救援通道

井筒和 10# 钻孔，是确保井下矿工升井的生命救援通道，重点是全力清理障碍物。19 日，按照优化的清障方案，在井筒下放吊盘，架设井筒电缆、通信电缆和风筒，因吊盘尺寸(2.6 m×1.45 m)大于原先吊笼尺寸(直径为 1 m)，需要在下放过程中再次清理井筒杂物，直到 20 日 9 时 30 分吊盘下放到 350 m。

为满足 10# 钻孔正常开钻要求，指挥部从青岛调动旋挖机，于 20 日 15 时 40 分开始对 10# 地面点位进行旋挖，于 21 日 9 时 30 分旋挖机完成旋挖 18 m，下套管并进行固井。

当日，中国矿业大学何满潮院士团队实地了解了井筒设计、清障方法、清障难度和进展情况，19 时 40 分，工作组和总指挥王书坚同志参加了何满潮院士关于井筒清障的技术方案论证会，院士团队经科学论证指出，竖井堵塞厚度约为 100 m，体积约为 1 300 m^3、质量约为 70 t，同时提出了“中心瞬时胀扩＋套管挤扩”救援方案，但由于没有现成的套管材料和施工队伍，会议一致认为采用“双层吊盘＋气焊切割＋液压切割”方式更加符合实际，安全便捷且易于操作。

自 20 日 9 时 30 分吊盘下放到 350 m 后，作业面实现了 3 人同时切割、4 人同时装货，提货与施工互不影响，一度陷入停滞的困局终于有所改变，至 22 日 7 时，清障已至 361 m。

23 日 7 时许，井筒清障至 363 m，该断面出现局部空洞。24 日 5 时许井筒清障至 367 m，8 时许井筒清障至 377 m；9 时许发现井筒障碍物减少，下方有巨大的空洞，清障速度明显加快；10 时 20 分吊盘顺利下放至四中段，救援人员在马头门发现 1 名矿工，身体极度虚弱；指挥部命令龙矿集团救护大队立即派指战员下井救援，11 时 13 分，第 1 名被困矿工升井，送医院救治。12 时 50 分，随着清障工作的推进，吊盘下放至五中段，龙矿集团救护大队再派 3 名指战员下井营救，对 10 名被困矿工进行安抚，并确定升井顺序后迅速组织升井，13 时 33 分、14 时 7 分、14 时 44 分、15 时 18 分五中段被困 10 名矿工分四批顺利升井，送医院救治。五中段被困人员分批升井期间，工作组同志按照黄明书记指示接受了媒体直播采访和新华社专访，介绍了清障救援、钻孔救援等情况，回应了热点话题。

龙矿集团救护大队进一步搜救，于 21 时 22 分将五中段 1 名遇难人员升井，于 23 时 14

分、23 时 56 分将三中段 4 名遇难人员升井，于 25 日 4 时 14 分、5 时 6 分、6 时 4 分将二中段以上(约 420 m)梯子间发现的 5 名遇难人员升井。

由于六中段到井底水窝障碍物多，排水和清障难度大，救援工作需要持续较长时间。截至 3 月 25 日，经过 2 个多月的持续救援，最后 1 名遇难人员找到。事故共造成 22 人被困，其中 11 人获救生还、11 人死亡。

三、矿井火灾事故的抢险救灾

(一) 矿井火灾事故的特点

矿井火灾事故的特点是突然发生、来势迅猛，发生的时间与地点出人意料。这种突发性和意外性常会使人们惊慌失措。

(二) 处理矿井火灾时的通风方法及其选择

发生矿井火灾时风流调度正确与否，对灭火救灾的效果起着决定性的作用。因此，在处理明火火灾事故时，在弄清火灾性质、发火位置、火势大小、火灾蔓延方向和速度、遇险人员的分布及伤亡情况、灾区风流(风量大小及流向)及瓦斯等情况后，要正确地选择通风方法。

处理火灾时常用的通风方法有：正常通风、增减风量、火烟短路、反风、停止主要通风机运转等。无论采用哪种通风方法，都必须满足下列基本要求：

(1) 保证灾区和受威胁区域人员的安全撤退。

(2) 防止火灾扩大，创造接近火源直接灭火的条件。

(3) 避免火灾气体达到爆炸浓度，避免瓦斯通过火区，防止发生瓦斯、煤尘爆炸。

(4) 防止出现再生火源和火烟逆退。

(5) 防止产生火风压造成风流逆转。

当火灾发生在矿井总回风巷或者发生在比较复杂的通风网路中，改变通风方法可能会造成风流紊乱或瓦斯积聚等后果时，应保证正常通风，稳定风流。

当采用正常通风方法会使火势扩大，而隔断风流又会使火区瓦斯浓度上升时，应采取减少风量的办法。采用这种方法既有利于控制火势，又不使瓦斯浓度很快达到爆炸界限。在使用此法进行救灾时，灾区范围内要停产撤人，并严密监视瓦斯情况。在减少灾区风量的救灾过程中，若发现瓦斯浓度在上升，特别是瓦斯浓度上升到 2%左右时，应立即停止使用此法，恢复正常通风。

在下列情况下需要增加灾区风量：在处理火灾过程中，如发现火区内及其回风侧瓦斯浓度升高，则应增加风量，使瓦斯浓度降至 1%以下；若火区出现火风压，呈现风流可能发生逆转情况时，应立即增加火区风量，避免风流逆转；若发生瓦斯爆炸后，灾区内遇险人员未撤退时，也应增加灾区风量，及时吹散爆炸产物和火灾气体及烟雾，以利于人员撤退。

火烟短路是救灾过程中常用的方法。它是利用现有的通风设施(如打开进回风间的风门)进行风量调节，把烟雾和一氧化碳直接引入回风巷，减少人员伤亡。如安徽省某高瓦斯矿井进风井口发生明火火灾，救护队打开了该井与回风井之间的风门，使火烟短路，达到直接灭火的效果，避免了井下人员的伤亡。

反风分全矿性反风和局部反风。一般而言，矿井进风井口、井筒、井底车场、中央石门发生火灾时，应采取全矿性反风措施，以免全矿或一翼直接受到烟侵而造成重大恶性事故。采区内部发生火灾，若有条件利用风门的启闭实现局部反风，则应进行局部反风。

停止主要通风机运转的方法不可轻易采用，否则可能会造成事故扩大。此方法适用条件是：当火灾发生在回风井筒及其车场时，可停主要通风机、同时打开井口防爆盖，依靠火风压和自然风压排烟；火源发生在进风井筒内或进风井底，限于条件限制不能反风，也不能让火灾气体进入回风时，一定要尽快停止主要通风机运转，并打开回风井口防爆盖（门），使风流在火风压作用下自动反向。

（三）火风压的产生及其控制

明火火灾刚发生时，井下风流和烟气是沿起火前的原有方向流动的。火势发展后，凡烟气所流经的巷道内，气温升高，空气成分也发生变化，产生火风压。高温气体流经的巷道始末两端标高差越大，产生的火风压值越大；火势越大、温度越高、产生的火风压也越大。火风压能改变原有的风压分布，引起风量的增减，甚至造成风流逆转，扩大事故范围，在有瓦斯的矿井中还可能引起瓦斯爆炸。

矿井火灾时期风流控制是主要措施之一，其目的是：控制风流流向，使风流流动状态利于撤人救灾，保证矿井受灾区域内人员的安全撤离；防止火灾的影响扩大；限制烟流在通风网络内的蔓延范围；避免火灾气体或瓦斯达到爆炸危险浓度等。

目前，风流控制措施有以下几种：

(1) 全矿性反风：井下各主要风道的风流全部反向的反风。

(2) 局部反风：在采区内部发生火灾时，维持主要通风机正常运转，主要进风道风向不变，利用风门开启或关闭造成采风区内部风流反向的反风。

(3) 短路法：即在着火巷道的下风侧找到与回风巷连接的联络巷，将其风门打开，使烟流直接流入回风流中。

（四）高瓦斯矿井处理火灾的处理

处理高瓦斯矿井火灾时，对灾区进行合理的通风，对防止瓦斯爆炸有决定性的作用。在火灾处理过程中，必须掌握瓦斯的变化情况，合理调度风流，既有助于控制火势，又能冲淡并排走瓦斯。

上下山和运输平巷发火时，如果在火源的上风侧有掘进工作面和废巷，应将积存瓦斯的巷道严密封堵。在火源的下风侧有废巷和掘进工作面积聚瓦斯时，对灭火人员威胁最大，为防止爆炸应果断封闭火区或进行局部反风。

处理高瓦斯矿井高冒处火灾时，必须在喷雾水枪的掩护下，在火源的下风侧设水幕，然后在高冒处两端用水枪灭火。

处理高瓦斯矿井独头巷道火灾时不能停风，要在保持正常通风或加大风量的条件下处理火灾。若风流中断或通风机停转时，应检查巷道中瓦斯和烟雾情况，只有在瓦斯浓度不超过 2%时才能进入救人灭火。特别是上山独头煤巷发火，如果通风机已停转，在无须救人情况下，严禁进入巷道侦察或灭火，应立即在远距离封闭。对于下山掘进煤巷迎头发火，在通风条件下、瓦斯浓度不超过 2%时可直接灭火。若在下山中段发火时，无论通风与否，都不得直接灭火，要远距离封闭。

当直接灭火无效或不可能时，应封闭火区。在高瓦斯矿井封闭火区是相当危险的工作。应根据瓦斯涌出情况，通过加大风量将瓦斯浓度降到 2%以下时，于火区的进风侧和回风侧同时建防爆墙，并在 2/3 高度处留有通风排气口，然后在统一指挥下同时封口。

（五）独头掘进水平巷道火灾的处理

1. 处理掘进巷道火灾时应考虑的条件

(1) 由于巷道长、断面小，灭火工作受到很大的局限，接近火源十分困难。

(2) 在多数情况下，掘进巷道的火灾是由小型电气设备的电火花、爆破等原因引起的，火灾在初始阶段易扑灭，一旦贻误时机，就可能引燃支架和煤壁，扩大灾害范围。

(3) 巷道支架烧毁后，往往发生冒顶，给救人灭火造成困难。

(4) 当掘进巷道中有联络巷时，火灾可能通过联络巷侵入其他巷道。

(5) 烟流沿倾斜巷道流动时，可能出现火风压和再生火源。

(6) 掘进巷道距水源较远时，难有充足的水量用于灭火。

处理掘进巷道的火灾，对局部通风机的管理十分重要，当巷道中瓦斯等情况不明时，应保持原来的通风状态。救灾过程中应派专人守住局部通风机，保证其正常运转。如果局部通风机已经停转，则不要开动并派专人看守。救护队员（佩戴呼吸器）进入巷内侦察，然后根据瓦斯浓度和烟雾多少、温度高低，决定局部通风机的启停和采取其他救灾措施。

2. 火灾发生在掘进巷道迎头的处理方法

(1) 这类火灾往往是由于爆破或电火花引起的，应在初起阶段抓住时机直接灭火，成功率较高。

(2) 工作人员易于发现这类火灾，也易于撤退，在没有发生瓦斯爆炸的情况下，很少有人员伤亡。

(3) 在发火初始没有引起爆炸的情况下，若瓦斯正常涌出，只要保持正常通风（工人撤退时不要停掉局部通风机），是不易形成爆炸条件的。

(4) 当局部通风机已经停转，救护队应首先测定瓦斯浓度和氧浓度，然后根据有无爆炸可能确定行动对策：当温度高、烟雾大，但瓦斯浓度在 2%以下时，可恢复通风排烟降温进行灭火。但启动通风机时应注意安全，按规定进行。

3. 火灾发生在巷道中部的处理方法

这类火灾的特点：

(1) 火灾发生后，风筒易被烧断。

(2) 火焰点以里容易出现瓦斯积聚。

(3) 难以测定火焰点以里巷道中的瓦斯浓度及其变化情况。

(4) 火焰的燃烧易导致冒顶发生，既堵塞了人员通道，又堵塞了风流回路。

(5) 发生火灾后，不易被工作人员发现，人员难以撤出。

处理巷道中部火灾的措施：

(1) 直接灭火。采用水灭火时，水量要充足，要防止水蒸气爆炸和氢气爆炸。

(2) 火焰点以里有遇险人员时，在灭火的同时，可打开压气管阀门加大压气量或将水管改送压风吹气，降低瓦斯浓度，以延长遇险人员待救时间。但供气量不能过大，以免把高浓度瓦斯吹向火焰点引爆。

(3) 在救人灭火过程中要严密监视瓦斯情况，并分析判断发生爆炸的可能性。

(4) 如有可能（火势不大、未发生冒顶等），救援人员可穿过火区救人，同时在火源以里设置风障，阻止瓦斯向外涌向火源；也可打开水幕，阻止火灾蔓延。

(5) 火源以里无人时,可用惰气或氮气灭火。

(6) 因人力、物力不足或火势太大,在短期内不能扑灭火灾时,或火区瓦斯浓度已超过2%并继续上升,火源以里瓦斯情况不明时,应在巷道口附近封闭火区。

(7) 在救灾过程中,严禁用局部通风机和风筒把火源以里的瓦斯经过火点排出。

4. 火灾发生在掘进巷道入口部位的处理方法

掘进巷道入口部位火灾的特点:

(1) 距贯穿风流近,供氧充足,因此火焰沿进风蔓延燃烧,易酿成大火。

(2) 烧断了整列风筒,断绝了掘进巷道的正常通风,但向内涌入的烟气和高温少(靠扩散和热传导作用),火焰靠热对流供氧,只能向里扩展 20～30 m。

因此,发生此类火灾人员被困在巷内时,若火势太大,应快速构建防爆墙,严格控制进风量,24 h 后在不通风情况下灭火。

【案例 8-2】 重庆市某煤矿"9·27"重大火灾事故救援

2020 年 9 月 27 日 0 时 21 分,重庆市某煤矿井下 2# 大倾角运煤胶带上山发生火灾事故,事故后陆续组织安全撤出 357 人,其中,有 11 人送往医院治疗,26 人感觉身体不适后自行前往医院治疗。该矿救护大队迅速投入救援,成功救出 1 名被困人员。事故共造成 16 人遇难、38 人受伤。

(1) 各级领导高度重视

事故发生后,时任国务院副总理刘鹤、国务委员王勇就事故救援等工作作出重要指示。时任应急管理部党委书记黄明及应急管理部副部长、国家矿山安全监察局局长黄玉治通过视频连线就安全灭火、伤员救治等方面提出明确要求。

接到事故报告后,重庆市委书记陈敏尔、市长唐良智、副市长郑向东带领重庆市有关部门立即赶赴事故现场,成立了以市长唐良智为总指挥长的现场指挥部,下设了现场抢险救灾组、技术支持组、治安保卫组、后勤服务组、医疗救护组、物资供应组、对外联络与信息发布组等 8 个救援小组,全力组织救援。时任国家矿山安全监察局副局长宋元明带领事故调查司、国家安全生产应急救援中心、矿山救援中心有关人员组成的工作组赶赴事故现场指导救援工作。

(2) 指挥部科学制定救援灭火方案

现场救援指挥部组织制定了详细的人员搜救方案。国家安全生产应急救援中心、矿山救援中心赴现场人员和现场专家共同研究制定了三水平 2# 大倾角胶带上山残余火点隐患处理方案和安全技术措施,保证了快速进行人员搜救和安全实施灭火作业。

(3) 救援队伍行动迅速全力施救

该矿救护大队 3 个小队共 27 人在事故发生后快速到达事故现场,迅速投入救援,于 1 时 30 分进入事故现场展开人员搜救和灭火工作。上午 10 时 30 分,救护队搜救到 5 人,经救护队搜救确认已无生命迹象,另有 1 人有微弱生命体征,立即运送出井。截至 27 日 12 时 40 分,共找到失联人员 17 人,其中 16 人无生命体征,1 人受伤送医院救治,井下搜救工作结束。同时,根据救援指挥部安排和专家制定的直接灭火方案,井下仍有 3 个救援小队在 2# 大倾角－75～5 m 段进行灭火作业,另有 2 个救援小队在＋100 m 运煤联络巷进行隐藏火点巡查,至 28 日零时 6 分,灭火工作安全结束。

四、煤与瓦斯突出事故的抢险救灾

煤与瓦斯突出事故发生后，会喷出大量的瓦斯和煤岩。突出的瓦斯由突出点瞬时形成冲击气浪，向回风巷和进风巷蔓延扩展，可破坏通风系统，改变风流方向，使井巷中充满高浓度瓦斯；在通风不正常的情况下，可使灾区和受影响区域内人员因缺氧而窒息。突出的瓦斯在蔓延的过程当中可能产生瓦斯爆炸；冲到井口时，遇火源会引起燃烧事故。由于突出大量的煤岩会堵塞井巷，在突出附近的人员可能被突出的煤岩流卷入或掩埋。因此，煤与瓦斯突出对矿井安全生产威胁很大。

发生突出事故应采取的措施：

(1) 切断灾区和受影响区域的电源，防止产生电火花引起爆炸。当影响区域遍及全矿井时，要慎重考虑停电后会不会造成全矿被水淹的危险：若不会被水淹，则应在灾区以外切断电源；若有被水淹的危险时，应加强通风，特别是加强电气设备处的通风，做到“送电的设备不停电，停电的设备不送电”。

(2) 撤出灾区和受威胁区域的人员。

(3) 派人到进、回风井口及其 50 m 范围内检查瓦斯、设置警戒，熄灭警戒区内的一切火源，严禁一切机动车辆进入警戒区。

(4) 救护队员佩戴呼吸器、携带灭火器等器材下井侦察情况，抢救遇险人员，恢复通风系统等。

(5) 要求灾区内不准随意启闭电器开关，不要扭动矿灯开关和灯盖，严密监视原有的火区，查清突出后观察是否出现新火源，防止引爆瓦斯。

(6) 发生突出事故后不得停风和反风，防止风流紊乱扩大灾情。

(7) 组织力量抢救遇险人员。救人时本着“先重后轻，先易后难”的原则进行。

(8) 制定并实施预防再次突出的措施。

(9) 当突出后破坏范围很大、巷道恢复困难时，应在抢救遇险人员之后，对灾区进行封闭。

(10) 若突出后发生火灾或爆炸，则按处理火灾或爆炸事故的措施进行救灾。

【案例 8-3】　黑龙江省某煤矿“6·5”较大煤与瓦斯突出涉险事故

2021 年 6 月 5 日 12 时 0 分，黑龙江省某煤矿五采区三段 28# 层右 7 路大巷发生一起较大煤与瓦斯突出涉险事故，造成 8 名矿工失联。经过 32 h 奋力施救，失联的 8 名矿工成功脱险。

应急救援思考：

(1) 应急响应：2021 年 6 月 5 日 12 时 42 分，该矿救护大队二中队接到矿井电话通知“井下瓦斯超限，请求救护队入井探查”后，立即向救护大队调度汇报并启动应急预案。13 时 55 分，救护队员到达事故地点。

(2) 员工自救互救：事故发生时，正在五采区三段 28# 煤层右 7 路大巷钻机里侧作业的王某杰等 5 人感觉一股气浪，他们立即一边打开自救器，一边向压风管阀门处跑去，打开压风管路阀门，呼吸新鲜空气。他们戴着自救器将抽采管路的 10 余处阀门打开，构成简易通风系统，使有害气体被抽出，为避险空间空气循环创造了有利条件。

(3) 观念改进：12 时 0 分发生煤与瓦斯突出事故，12 时 07 分发现后立即开始撤退，将应急撤人的观念强化并落实到行动中。

五、矿井突水事故的抢险救灾

（一）处理突水事故的一般原则

（1）迅速判定水灾的性质。了解突水地点、影响范围、静止水位，估计突出水量、补给水源及有影响的地面水体。

（2）确定灾区范围。搞清事故前人员分布，分析被困人员可能躲避的地点、被困人员的生存条件，以迅速组织抢救。

（3）根据突水量的大小和矿井排水能力，积极采取排、堵、截水的技术措施。

（4）加强通风，防止瓦斯、其他有害气体的积聚和熏人事故的发生。

（5）排水后进行侦察、抢险时，要防止冒顶、掉底和二次突水。

（6）抢救和运送长期被困井下的人员时，要防止因突然改变他们已适应的环境和生存条件，造成不应有的伤亡。

（7）防止搜救人员时发生次生事故。

（二）正确判断遇险人员的生存条件

在突水事故发生后，应正确判断遇险人员可能躲避的地点，科学地分析该地点是否具有人员生存的条件，然后积极组织力量进行抢救。

当躲避地点比外部水位高时，应利用一切可能的方法（如打钻或掘进一段巷道等）向遇险人员输送新鲜空气、饮料和食物，以维持起码的生存条件。

当躲避地点比外部最高水位的标高低时，有两种可能：

（1）突水能直接涌入位于突水点下部的巷道（如平巷、下山等），一般情况下，这些地点不会有空气存在，也就不具备人员生存条件，误入这些地点避灾的人员，将无生还可能。然而，多次出现过人员躲在高冒处获救的案例。

（2）当突水点下部巷道全断面被水淹没后、与该巷道相通的独头上山等上部独头巷道，如不漏气，即使低于外部最高水位时，也不会全部被水淹没，仍有空气存在。在这些地点躲避的人员具备生存的首要条件，如果避难方法正确（如心情平静、适量喝水、躺卧待救等），是能生还的。如某矿 2 名遇险人员，在井下被困 27 日被安全救出，他们的避难地点在外部水位以下 4.9 m 处；某矿 13 人在井下避难 100 h 被安全救出，他们的躲避地点比外部水位低 54 m，其内空气压力达 0.64 MPa。对于那些低于外部水位的避难地点，则严禁打钻，防止独头空气外泄、水位上升，淹没遇险人员，最好的办法是加速排水。

发生透水事故后，在分析遇险人员生存条件时要认真分析避难场所的空气质量，并以此估算遇险人员在该空间中能生存的最长时间。一般来讲，在下列空气质量条件下避险人员就有生存的可能：氧气浓度＞10％，二氧化碳浓度＜10％，一氧化碳浓度＜0.04％，硫化氢浓度＜0.02％，二氧化氮浓度＜0.01％，二氧化硫浓度＜0.02％。透水后，若避难地点中没有或仅有很少瓦斯及其他有害气体，往往只按氧气浓度降到 10％和二氧化碳浓度增到 10％所需的时间估计人员能生存的最长时间。估算时按避难地点中原有氧气浓度 20％，二氧化碳浓度 1％，平卧不动时每人耗氧量为 0.237 L/min，呼出二氧化碳量为 0.197 L/min 计算。若避难人员年轻、性情急躁，不能安静平卧待救，则每人耗氧量按 0.3～0.4 L/min 计算。

① 在平卧情况下，当氧气浓度降至 10%时，人员能生存的最长时间 T_1的估算公式为

$$T_1 = 7.0V/n \tag{8-1}$$

式中　T_1——氧气浓度降至 10%时，人员能生存的最长时间，h；

n——同一地点的避难人数；

V——避难地点(上山)突水前的体积，m^3。

② 在平卧情况下，当二氧化碳浓度增至 10%时，人员能生存的最长时间 T_2的估算公式为

$$T_2 = 7.6V/n \tag{8-2}$$

式中　T_2——二氧化碳浓度增至 10%时，人员能生存的最长时间，h。

救灾时选取 T_1、T_2中最小者为允许的最长排水时间。

【案例 8-4】　黑龙江省某矿“5·17”透水事故救援

2019 年 5 月 17 日 3 时许，黑龙江省某矿发生透水事故，造成 43 人被困井下。经过全力救援，36 人获救安全升井，7 人失踪。

事故发生后，国务院领导同志作出重要批示。时任应急管理部党组书记黄明第一时间视频调度指导应急处置，派出工作组赴现场指导抢险救援工作。成立了现场救援指挥部，下设综合组、现场救援组、医疗救援组、宣传报道组、现场服务组、秩序保障组、后勤保障组、事故调查组 8 个工作组，组织开展抢险救援工作。

(1) 调集救援力量

及时调集国家矿山应急救援鹤岗队、双鸭山矿业公司救护大队、鸡西矿业公司救护大队、七台河矿业公司救护大队、黑河市一五一矿山救护队和伊春市红星区政府、黑河消防支队、齐齐哈尔消防支队、伊春消防支队、伊春森林消防支队等专业救援力量总计 500 余人赶赴现场，与翠宏山矿业有限公司救援队(系省地方骨干救援队)共同开展救援工作。调动卫星通信车、消防车、翻斗车、挖掘机、铲车、装载机、水泵等各类救援车辆和大型抢险设备 200 余台(套)参加抢险救援。

(2) 制定救援方案

在勘察、分析现场情况的基础上，按照“科学施救、安全施救、综合施救”的总原则，制定了救援方案和相关措施。一是恢复电力供应，保障矿井提升系统正常运行。二是分别从探矿井、斜坡道、主井和副井区域搜救被困人员。三是挖掘引流渠对河水进行引流改道。四是使用大功率水泵对塌陷区积水实施强排作业。五是对库尔滨河坍塌河道进行封堵。六是根据天气、排水和井下条件的变化及时调整优化救援措施和救援力量。

(3) 全力抢险救援

翠宏山矿业有限公司立即启动应急预案，有关负责人带领和组织本企业救援队员分别从探矿井、斜坡道、主井和副井 4 个方向展开搜救，井下被困人员也同时积极自救。5 月 17 日 3 时 5 分，3 名被困人员从探矿井被救出。3 时 25 分至 5 时，7 名被困人员在斜坡道区域获救。7 时 30 分，4 名被困人员从主井获救升井。自 7 时 30 分至 11 时 41 分，又成功救出遇险人员 20 人。22 时 30 分，库尔滨河透水点成功导流后，救援专家组在保障救援人员安全的情况下，组织矿山救护队多次深入井下探查。5 月 19 日 2 时 45 分和 4 时 30 分，救援人员在+70 m 水平巷道区域搜救出 2 名被困人员。至此，36 名被困人员获救生还。

六、顶板冒落事故的抢险救灾

（一）处理冒顶事故的原则

处理冒顶事故的首要任务是抢救遇险人员及恢复通风。抢救遇险人员时，首先要直接与人员联络（呼叫、敲打、使用地音探听器等），以确定遇险人员所在的位置和人数。如果遇险人员所在地点通风不好，必须设法加强通风，若因冒顶导致遇险人员被堵，应利用压风管、水管及开掘巷道、打钻孔等方法，向遇险人员输送新鲜的空气、饮料和食物。在抢救中必须时刻注意救护人员的安全。如果觉察到有再次冒顶的危险时，首先应加强支护，准备好安全退路。在冒顶区工作时，要派专人观察周围顶板的变化，在清除冒落矸石时，要小心地使用工具，以免伤到遇险人员。

（二）冒顶事故的抢险救灾方法

（1）工作面冒顶范围较小、矸石块度小并且继续下落时，救护人员可采用撞楔法处理，控制住顶板。

（2）如果因底板是岩石而掏不动，且遇险人员位置在金属网等假顶下面时，可沿煤壁掏小洞寻找遇险人员。

（3）如果工作面两头冒落，把人堵在中间，采用掏小洞和撞楔法穿不过去时，可采用另开巷道的方法，绕过冒落区或危险区将遇险人员救出。

（4）顶板冒落范围不大时，如果遇险人员被大块矸石压住，可采用千斤顶等工具把大块矸石顶起，将人迅速救出。

（5）分层开采的工作面发生冒顶事故时，底板是煤层，遇险人员位置在假顶下面时，可沿底板煤层掏小洞，边支护边掏洞，接近遇险人员时将其救出。

（6）如果遇险人员位置靠近放顶区时，可采用沿放顶区由外向里掏小洞，架设梯形棚，木板背帮背顶，或用超前棚边支护边掏洞，救出遇险人员。

（7）工作面冒顶范围很大时，遇险人员的位置在冒顶工作面的中间，采用掏小洞和撞楔法处理时时间长且不安全，可采用沿煤层重新开切眼的方法处理，新开切眼与原工作面距离一般为 3～5 m，边支护边掘进，也可以沿煤壁用掏小洞的方法处理，但靠冒落区一帮必须用木板背好，防止漏矸石。

（8）顶板沿煤壁冒落、矸石块度比较破碎、遇险人员又靠近煤壁位置时，可沿煤壁由冒顶区从外向里掏小洞，架设梯形棚维护顶板，边支护边掏洞，直到把遇险人员救出。

（9）独头掘进巷道发生冒顶事故将人员压住或者堵住时，可参照以上方法抢救遇险人员。

【案例 8-5】 云南省某煤矿“10·15”顶板事故救援

2022 年 10 月 15 日 7 时 10 分许，云南省某煤矿井下 112301 采煤工作面距下出口 30～48 m 段顶板垮落，7 名作业人员失联。事故发生后，云南省委省政府主要领导赴现场指挥救援，成立救援指挥部，调集国家矿山应急救援东源队、富源县矿山救护大队、华能滇东能源白龙山煤矿救护队和云南湾田集团救护队，以及周边煤矿企业救援力量等共计 400 余人赶赴现场参与救援，历经 105 h 紧张救援，成功抢救出 1 名生还人员，搜救出 6 名遇难人员。

（1）持续调度指导救援，优化作战编队，提升救援效能

10 月 15 日，收到事故信息后，应急救援中心第一时间调派 4 名同志组成工作组赶赴现场指导救援。工作组成员 24 h 盯守现场，不畏艰险，多次深入井下一线，查看救援措施落实情况和存在问题，对现场施救作业进行技术指导、提出安全要求，收集第一手资料，为优化救援方案提供有力支撑。组织国家专业队与地方救护队混合编队、联合作战，充分发挥国家专业队安全监护经验丰富及地方救护队熟悉当地矿井地质构造的优势，提升整体救援效能。

(2) 提供专业意见建议，调整优化救援方案

应急救援中心联系组织国家矿山救援芙蓉队、六枝队、汾西队等专家参与指导救援工作，科学研判现场情况，积极建言献策。针对救援中的顶板安全问题，提出“对冒落区巷道进行锚索锚网组合加固，确保顶板和两帮安全”的建议，有效保障了现场救援工作的安全高效开展。指挥部科学研判现场灾情，调整优化救援方案，将从工作面上下出口同时清矸调整为集中从下出口清矸，提高清障效率。

(3) 坚持不抛弃、不放弃，争分夺秒搜救遇险人员

与掘进巷道关门冒顶事故不同，该煤矿冒顶事故发生在采煤工作面，冒落顶板将被困人员全部压埋，生存空间非常小。矿山救援东源队坚持不抛弃、不放弃一线生机，在确保安全的前提下，想尽一切办法、争分夺秒加快救援进度，在事故发生 39 h 后成功救出 1 名生还矿工，参与搜救出其他 6 名失联遇难人员，出色完成人员搜救、通道清理等任务。

第四节　避险及现场急救

一、避险方法

大量的实践证明，在事故初期，事故的危害程度相对较小，若能在事故初期及时采取措施，正确开展自救与互救，可以降低事故危害程度，减少人员伤亡。

（一）发生事故时现场人员的行动原则

1. 及时报告

发生灾情后，现场人员应尽量了解和判断事故的性质、地点和灾害程度，利用最近处的电话或其他方式迅速向矿调度室汇报，并向事故可能波及的区域发出警报，使其他作业人员尽快知道灾情。

2. 积极消灾

根据灾情和现场条件，在保证自身安全的前提下，采取积极的方法和措施，及时进行现场抢救，将事故消灭在初始阶段或控制在最小范围。

3. 个体防护

当事故造成自己所在地点的有毒有害气体浓度增高，可能危及生命安全时，要及时做好个人安全防护，如佩戴自救器、利用压风自救装置等。

4. 安全撤离

当受灾现场不具备事故抢救的条件，或抢救事故可能危及自身安全时，应根据规定的避灾路线和现场实际情况，尽量选择安全条件好且距离短的路线，迅速撤离危险区域。

5. 妥善避灾

在灾变现场无法撤退时，如矿井冒顶堵塞、火焰或有害气体浓度过高无法通过，以及在

自救器有效工作时间内不能到达安全地点时，应迅速进入预先筑好的或就近快速建造的临时避难硐室，妥善避灾，等待矿山救护队的救援。在避灾时要注意给外面的救援人员留有信号。

6. 开展互救

由于煤矿井下的工作地点到地面医院的距离较远，所以在井下遇到有人负伤(特别是重伤)时，为了避免伤情加重，必须对伤员进行现场急救。待控制住伤势以后，再把伤员送往医院治疗。开展互救的原则：对心搏呼吸骤停的伤员，必须先复苏，后搬运；对出血的伤员，必须先止血，后搬运；对骨折的伤员，必须先固定，后搬运。

(二) 避难硐室

避难硐室是发生事故后人员无法撤出灾区时的避难场所。避难硐室可分为永久避难硐室和临时避难硐室两种。

1. 永久避难硐室

永久避难硐室事先构筑在井底车场附近或采区工作地点安全出口路线上，其严密不透气，备有供气设施和隔离式自救器、药品、饮水，设有可与矿调度室直拨的电话。

2. 临时避难硐室

临时避难硐室是指设置在采掘区域或采区避灾路线上，有紧急避险功能的井下专用巷道硐室。硐室内装有带阀门的压气管，正确加以利用可使遇险人员能快速避险。

3. 进入避难硐室内避难时的注意事项

(1) 进入避难硐室前，应在硐室外留有衣物、矿灯等明显标志，以便救护队发现。

(2) 避难时应保持安静，不急躁，尽量俯卧于巷道底部，以保持体力、减少氧气消耗，并避免吸入更多的有毒气体。

(3) 硐室内只留一盏矿灯照明，其余矿灯全部关闭，以备再次撤退时使用。

(4) 间断敲打铁器或岩石等以发出呼救信号。

(5) 全体避灾人员要团结互助、坚定信心。

(6) 被水堵在上山时，不要向下跑出探望。水被排走露出棚顶时，也不要急于出来以防 SO_2、H_2S 等气体中毒。

(7) 看到救护人员后，不要过分激动，以防血管破裂。

(三) 避灾路线

避灾路线是矿井一旦发生事故后人员的撤退路线。在制定煤矿灾害预防和处理计划时，应评估矿井存在的自然灾害因素及可能发生各种事故的地点、情况，从而确定一旦发生某种事故后人员的撤退路线，并根据需要在避灾路线上设置自救器补给站。同时，撤退路线上的标志要明显，方向要明确，并使全矿人员熟悉掌握，知道何地发生何种事故后，人员从哪条路线上撤退是安全的。

二、现场急救

现场急救的关键在于“及时”，时间上突出一个“急”字，技术上突出一个“救”字。要做好伤员分类工作，优先抢救危重伤员，积极防止休克、感染等并发症。现场互救必须遵守转运原则：初步确切止血、骨折简易固定、生命体征平稳、医护全程护送、边救边送、就近医院救治。

现场急救必须遵守“三先三后”的原则：

(1) 窒息(呼吸道完全堵塞)或心跳、呼吸骤停的伤员，必须先进行人工呼吸或心脏复苏后搬运。

(2) 对出血的伤员，先止血后搬运。

(3) 对骨折的伤员，先固定后搬运。

现场急救的方法包括心肺复苏、止血、创伤包扎、骨折临时固定和伤员搬运。

(一) 心肺复苏

煤矿井下每名职工都要掌握急救相关知识。一旦发现有人晕倒，应按照以下 4 个步骤采取措施：第一步判断意识；第二步呼救；第三步翻转体位；第四步胸外心脏按压。如图 8-1 所示。

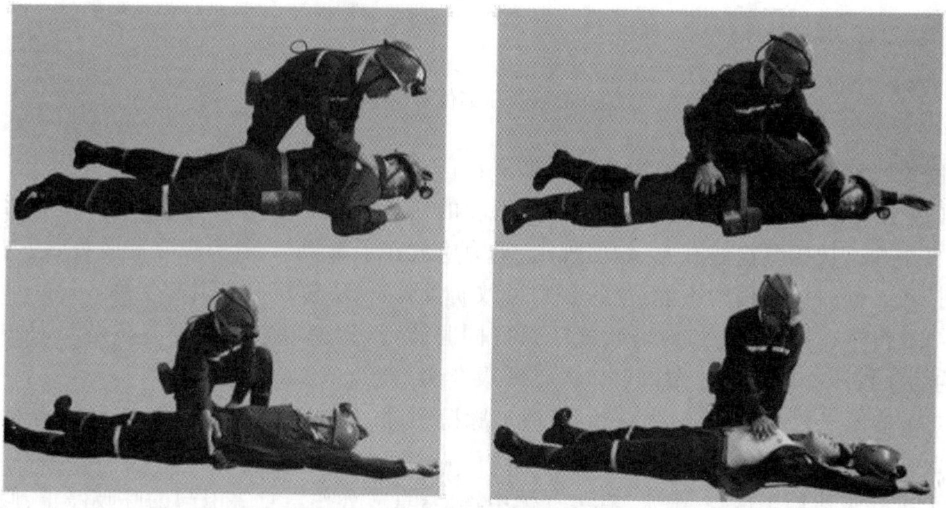

图 8-1　发现有人晕倒的处理程序

心肺复苏操作步骤

1. 胸外心脏按压

按压部位：胸部正中，乳头连线水平(两乳头连线中点)，右手中、食指沿一侧肋弓向内上方滑动至胸骨下端，左手掌根靠紧食指，放于胸骨上，按压频率为 100～120 次/min，按压深度为 5～6 cm。如图 8-2(a)所示。

操作方法：首先使伤员仰卧在木板上或地上，解开其上衣和腰带，脱掉其胶鞋。救护者位于伤员右侧，手掌面与前臂垂直，一手掌面压在另一手掌面上，使双手重叠置于伤员胸骨 1/3 处(其下方为心脏)，以双肘和臂肩之力有节奏地、冲击式地向脊柱方向用力按压，使胸骨下陷至少 5～6 cm；按压后，迅速抬手使胸骨复位，以利于心脏的舒张。按压次数以每分钟 100～120 次为宜。按压过快，心脏舒张不够充分，心室内血液不能完全充盈；按压过慢，动脉压力低，效果也不好。如图 8-2(b)所示。

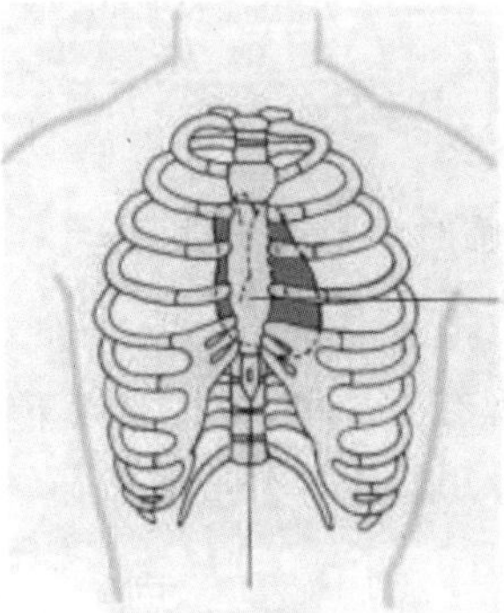

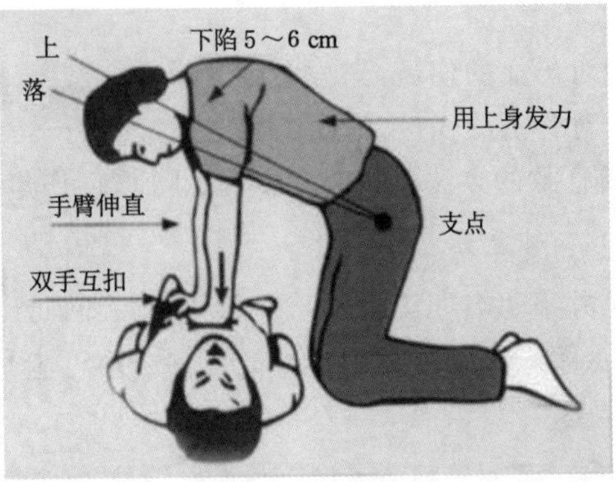

图 8-2　胸外心脏按压部位及操作方法示意图

使用胸外心脏按压术时的注意事项如下：

(1) 按压的力量应因人而异。对身强力壮的伤员按压力量可大些；对年老体弱的伤员力量宜小些。按压要稳健有力、均匀规则，重力应放在手掌根部，着力仅在胸骨处，切勿在心尖部按压。同时注意用力不能过猛，否则可致肋骨骨折、心包积血或引起气胸等。

(2) 胸外心脏按压与口对口吹气法最好同时施行，无论单人心肺复苏还是双人心肺复苏，均为每按压心脏 30 次，做口对口人工呼吸 2 次。

(3) 按压显效时，可摸到颈总动脉、股动脉搏动，散大的瞳孔开始缩小，皮肤转为红润。

2. 人工呼吸

人工呼吸适用于休克、溺水、有害气体中毒、窒息或外伤窒息等引起的呼吸停止、假死状态者。

在施行人工呼吸前，先要将伤员运送到安全、通风良好的地点，将伤员领口解开，注意保持体温，腰背部垫上软的衣服等。先清除口中脏物，把舌头拉出或压住，防止堵住喉咙、妨碍呼吸。各种有效的人工呼吸都必须在呼吸道畅通的前提下进行。常用的方法有口对口吹气法、仰卧压胸法和俯卧压背法 3 种。

(1) 口对口吹气法。它是效果最好、操作最简单的一种人工呼吸方法。操作前使伤员仰卧，救护者在其头的一侧，一只手托起伤员下颌，并尽量使其头部后仰，另一只手将其鼻孔捏住，以免吹气时从鼻孔漏气；救护者深吸一口气，紧贴伤员的口将气吹入，迫使伤员吸气，然后松开捏鼻的手，并用手压其胸部以帮助伤员呼气。如此有节律、均匀地反复进行，每分钟应吹气 14～16 次。注意吹气时切勿过猛、过短，也不宜过长，以占一次呼吸周期的 1/3 为宜。

(2) 仰卧压胸法。让伤员仰卧，救护者跨跪在伤员大腿两侧，两手拇指向内，其余四指向外伸出，平放在其胸部两侧乳头之下，借半身重力压伤员胸部，挤出伤员肺内空气；然后救护者身体后仰，除去压力，伤员胸部依其弹性自然扩张，使空气吸入肺内。如此有节律地进行，要求每分钟压胸 16～20 次。

此法不适用于胸部外伤或 SO_2、NO_2 中毒者，也不能与胸外心脏按压法同时进行。

(3) 俯卧压背法。此法与仰卧压胸法操作大致相同,只是伤员俯卧,救护者跨跪在伤员大腿两侧。因为这种方法便于排出肺内水分,因而对溺水者急救较为适合。

（二）止血

1. 少量出血的处理

表面伤口和擦伤,应用干净的水冲洗,用创可贴或干净的纱布、手绢包扎伤口。

2. 严重出血的止血方法

(1) 直接压迫止血,如图 8-3 所示。

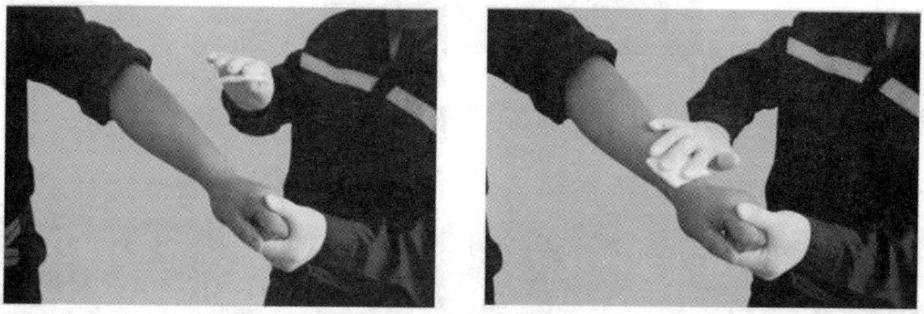

图 8-3　直接压迫止血示意图

(2) 加压包扎止血,如图 8-4 所示。

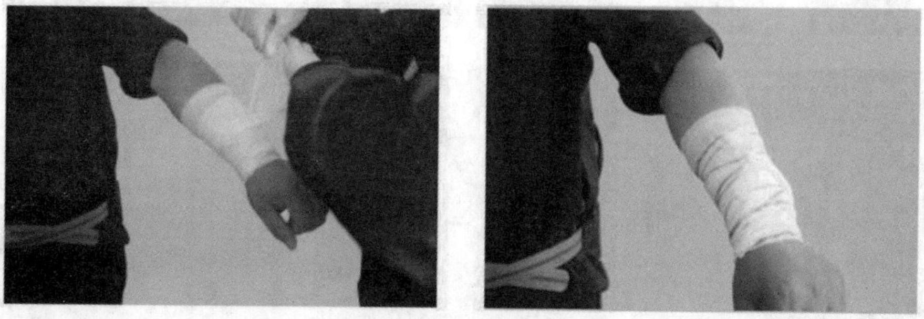

图 8-4　加压包扎止血示意图

(3) 止血带止血。

① 表带式止血带止血,如图 8-5 所示。

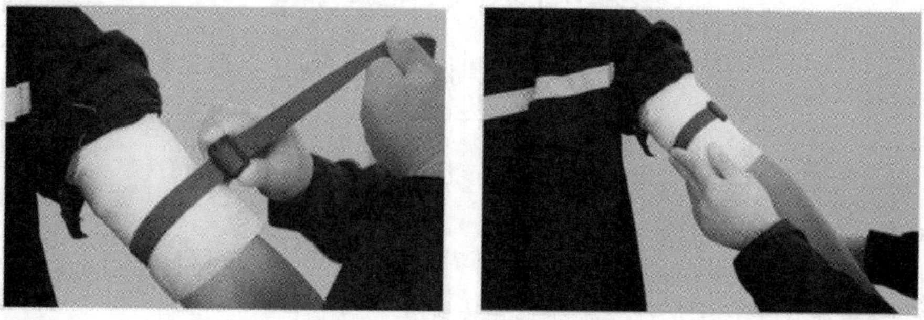

图 8-5　表带式止血带止血示意图

② 橡胶管止血带止血，如图 8-6 所示。

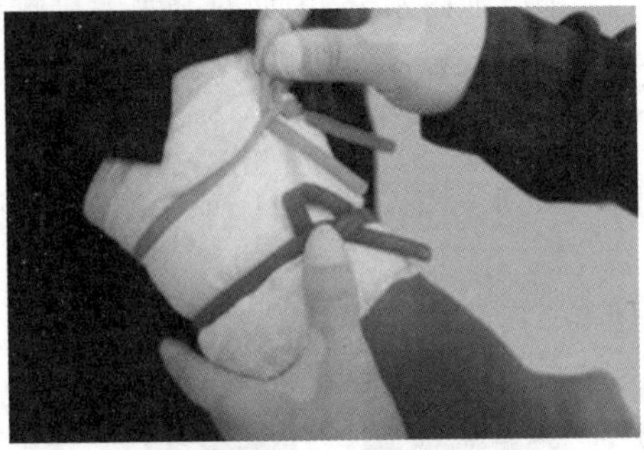

图 8-6 橡胶管止血带止血示意图

③ 布带止血带止血，如图 8-7 所示。

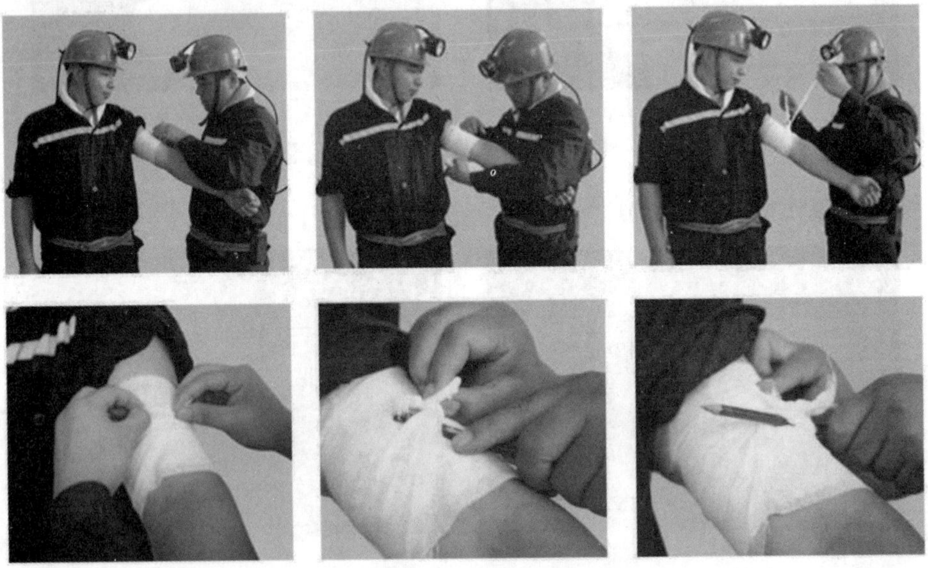

图 8-7 布带止血带止血示意图

橡胶管止血带 止血法操作步骤	布带止血带 止血法操作步骤

上止血带的注意事项如下：

① 止血带不能直接缠在皮肤上。

② 上肢出血扎在上臂上 1/3 处，下肢出血扎在大腿中上部。

③ 松紧适度。

④ 做好明显标记。

⑤ 每隔 40～50 min 放松一次，每次放松 2～3 min。放松时，应采取指压止血。

⑥ 不能用铁丝、电线、绳索等代替止血带。

⑦ 结扎止血带的时间一般不应超过 2 h。

（三）创伤包扎

1. 包扎的目的

止血、保护伤口、防止感染、固定夹板和敷料。

2. 包扎的要求

轻、快、准、牢，先盖后包。

3. 包扎的材料

绷带、三角巾、四头带、多头带等或就地取材。

4. 绷带包扎方法

绷带包扎 操作步骤	三角巾包扎 操作步骤

(1) 环形包扎，如图 8-8 所示。

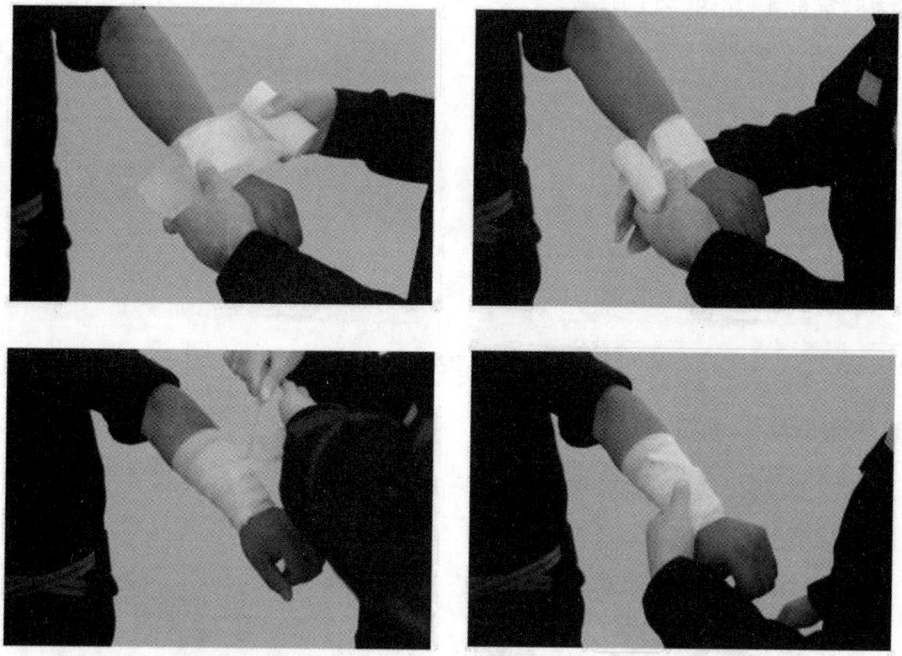

图 8-8　环形包扎示意图

（2）螺旋包扎，如图 8-9 所示。

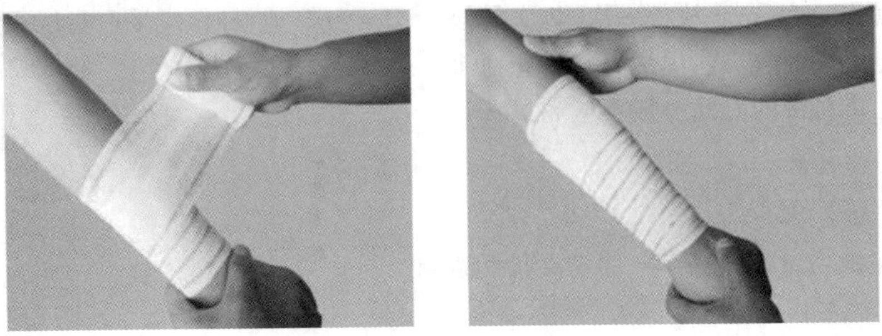

图 8-9　螺旋包扎示意图

（3）螺旋反折包扎，如图 8-10 所示。

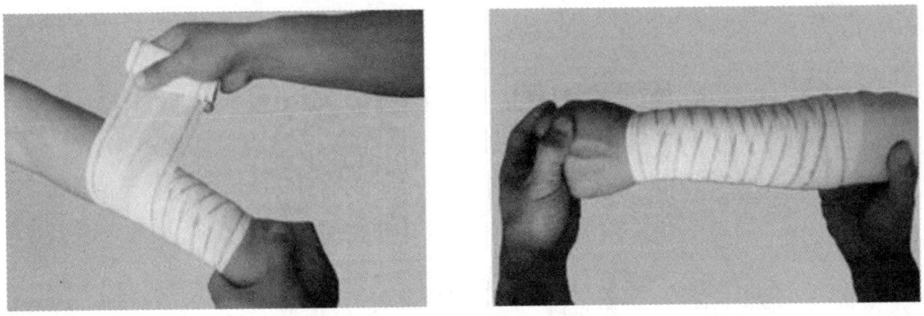

图 8-10　螺旋反折包扎示意图

（4）“8”字包扎，如图 8-11 所示。

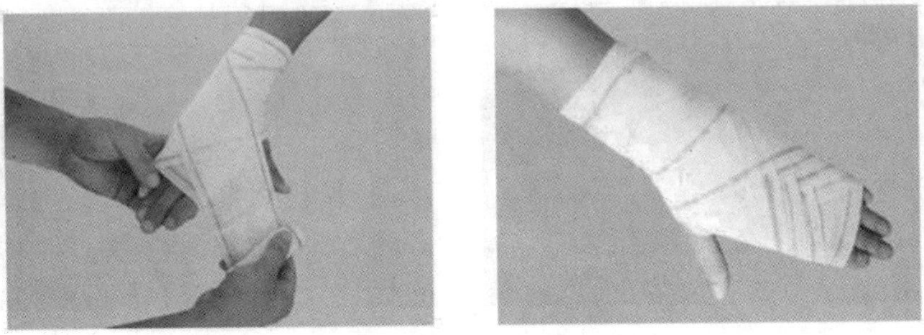

图 8-11　“8”字包扎示意图

（5）三角巾包扎，如图 8-12 所示。

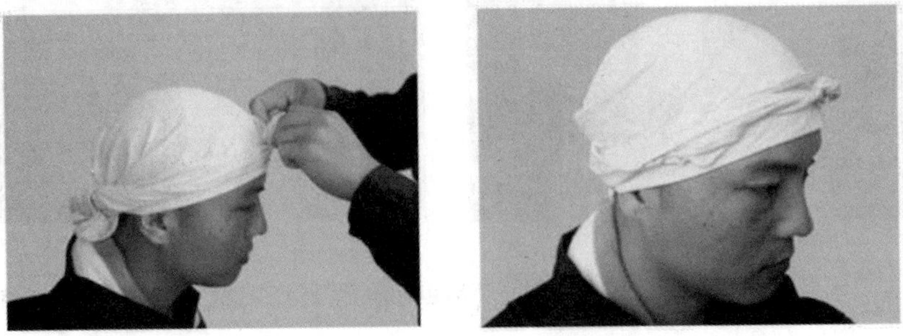

图 8-12　三角巾包扎示意图

（四）骨折临时固定

（1）骨折原因：外力导致。

（2）骨折判定：肿胀、疼痛、畸形、功能障碍。

（3）骨折固定目的：制动、避免再次损伤，利于搬运。

（4）骨折固定材料：夹板、充气夹板、固定架、健侧肢体，或就地取材。

（5）骨折固定原则：

① 首先检查意识、呼吸、脉搏及处理严重出血。

② 夹板的长度应能将骨折处的上下关节一同加以固定。

③ 骨断端暴露，不要拉动，不要送回伤口内。

④ 开放性骨折现场不要冲洗、不要涂药，应该先止血包扎，再固定。

⑤ 暴露肢体末端，以便观察血液循环情况。

（6）骨折固定方法：

上肢骨折固定操作步骤	小腿骨折固定操作步骤	大腿骨折固定操作步骤

① 锁骨骨折固定方法，如图 8-13 所示。

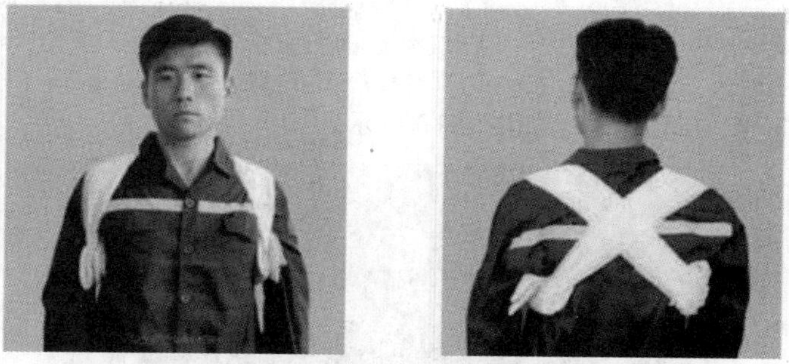

图 8-13　锁骨骨折固定方法

② 上肢（上臂）骨折、上臂下段（髁上）骨折固定方法，如图 8-14 所示。

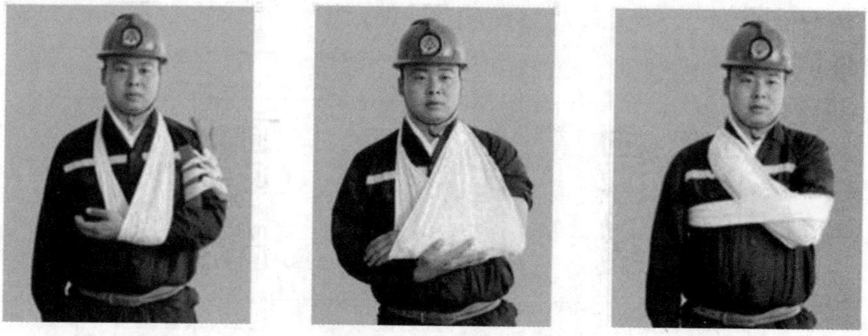

图 8-14　上肢骨折固定方法

③ 前臂骨折固定方法，如图 8-15 所示。

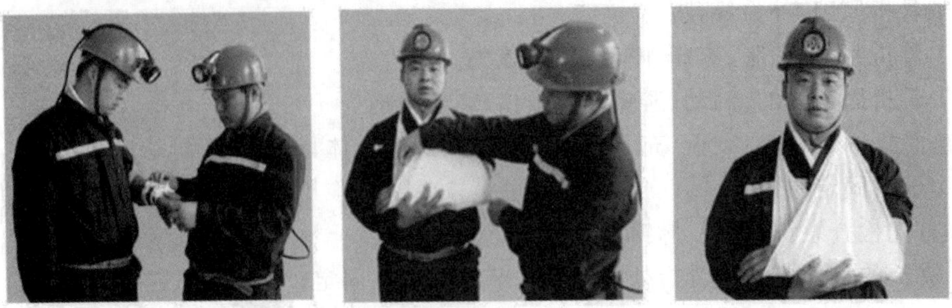

图 8-15　前臂骨折固定方法

④ 下肢(大腿)骨折固定方法，如图 8-16 所示。

图 8-16　下肢(大腿)骨折固定方法

⑤ 下肢(小腿)骨折固定方法，如图 8-17 所示。

图 8-17　下肢(小腿)骨折固定方法

（五）伤员搬运

单人搬运法	双人搬运法	三人搬运法

搬运时应尽量不增加伤员的痛苦，避免造成新的损伤及并发症。

1. 单人徒手搬运法

(1) 扶行法，如图 8-18 所示。

(2) 背负法，如图 8-19 所示。

图 8-18　扶行法

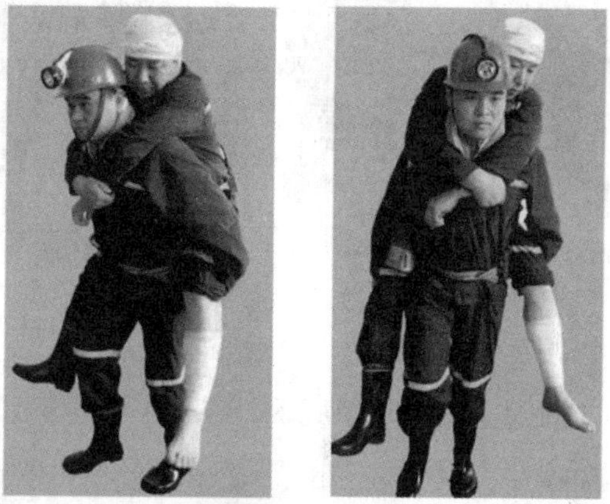

图 8-19　背负法

(3) 拖行法(腋下拖行、衣服拖行、毛毯拖行)，如图 8-20 所示。

图 8-20　拖行法

(4) 爬行法，如图 8-21 所示。

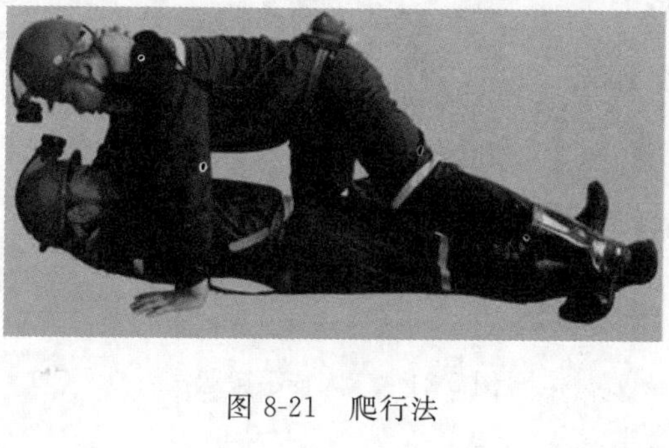

图 8-21　爬行法

2. 双人徒手搬运法

(1) 轿杠式，如图 8-22 所示。

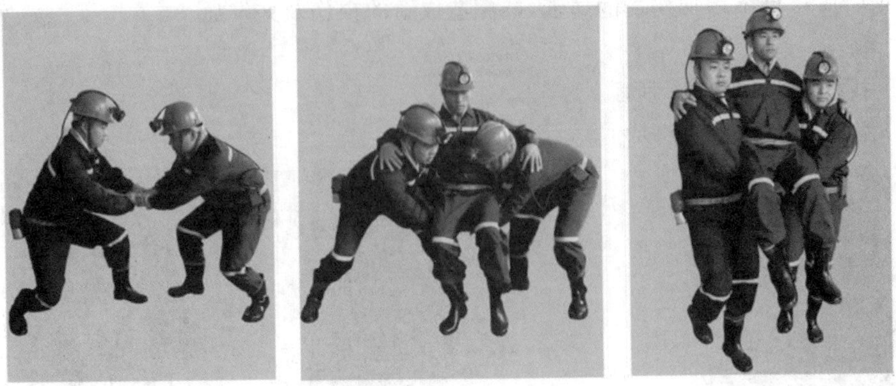

图 8-22　轿杠式

(2) 椅拖式,如图 8-23 所示。

图 8-23　椅拖式

3. 三人徒手搬运法

三人徒手搬运法,如图 8-24 所示。

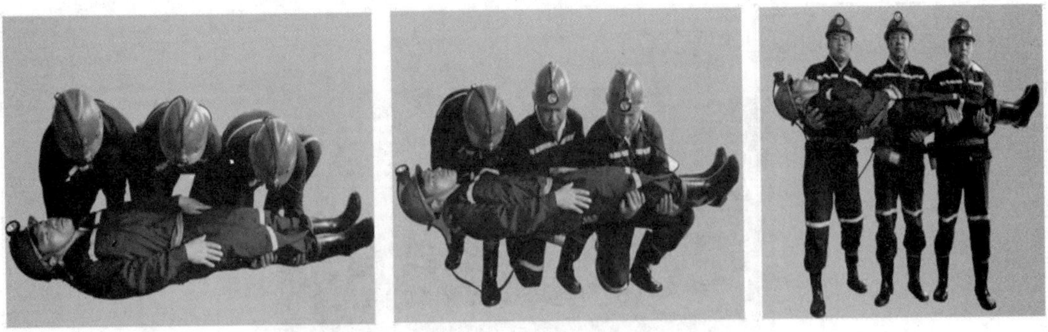

图 8-24　三人徒手搬运法

4. 四人徒手搬运法

四人徒手搬运法,如图 8-25 所示。

图 8-25 四人徒手搬运法

5. 担架搬运

担架搬运如图 8-26 所示。

图 8-26 担架搬运

（六）对不同伤员的现场急救

1. 对中毒或窒息人员的急救

（1）立即将伤员从危险区抢运到新鲜风流中，取平卧位。

（2）立即将伤员口、鼻内的黏液、血块、泥土、碎煤等除去，解开上衣和腰带，脱掉胶鞋。

（3）用衣服覆盖在伤员身上保暖。

（4）根据心跳、呼吸、瞳孔等特征和伤员的神智情况，初步判定伤情的轻重。

（5）当伤员出现眼红肿、流泪、畏光、喉痛、咳嗽、胸闷现象时，说明是二氧化硫中毒。当出现眼红肿、流泪、喉痛及手指、头发呈黄褐色现象时，说明是二氧化氮中毒。一氧化碳中毒的显著特征是嘴唇呈桃红色，两颊有红斑点。对二氧化硫、二氧化氮中毒者只能进行口对口人工呼吸，不能进行压胸或压背法人工呼吸。

（6）人工呼吸持续的时间以恢复自主性呼吸或到伤员真正死亡时为止。当救护队来到后，转由救护人员用苏生器苏生。

2. 对外伤人员的急救

对外伤人员、烧伤人员、出血人员和骨折人员的急救，应分别采用包扎创面、止血和骨折临时固定等急救措施，然后迅速送往地面，到医院救治。

3．对溺水者的急救

突水中，人员溺水时，可能造成呼吸困难而窒息死亡。对溺水者应采取如下措施急救：

(1) 转送：把溺水者从水中救出后，立即送到比较温暖和空气流动的地方，松开腰带，脱掉湿衣服，盖上干衣服保暖。

(2) 检查：检查溺水者的口鼻，如果有泥水和污物堵塞，应迅速清除，擦洗干净，以保持呼吸道通畅。

(3) 控水：将溺水者取俯卧位，用木料、衣服等垫在其肚子下面；施救者左腿跪下，把溺水者的腹部放在右侧大腿上，使其头朝下；按压其背部，迫使水从体内流出。

(4) 上述控水效果不理想时，应立即做俯卧压背法或口对口吹气法人工呼吸，或胸外心脏按压。

4．对触电者的急救

(1) 立即切断电源，或使触电者脱离电源。

(2) 迅速观察伤员有无呼吸和心跳。如发现已停止呼吸或心音微弱，应立即进行人工呼吸或胸外心脏按压。

(3) 若呼吸和心跳都已停止，应同时进行人工呼吸和胸外心脏按压。

(4) 对遭受电击者，若有其他损伤，如跌伤、出血等，应做相应的急救处理。

5．对冒顶埋压人员的现场急救

(1) 扒伤员时须注意不要损伤人体。靠近伤员身边时，扒掘动作要轻巧稳重，以免对伤员造成伤害。

(2) 如果确知伤员头部位置，应先扒去其头部煤岩块，以使头部尽早露出外面。头部扒出后，要立即清除口腔、鼻腔的污物。与此同时扒身体其他部位。

(3) 此类伤员常常发生骨折，因此在扒掘与抬离时必须十分小心。严禁用手去拖拉伤员双脚或用其他粗鲁动作拖扒伤员，以免增加伤势。

(4) 当伤员呼吸困难或停止呼吸时，可进行口对口人工呼吸。

(5) 有大出血者，应立即止血。

(6) 有骨折者，应用夹板固定。如怀疑有脊柱骨折者，应该用硬板担架转运，千万不能由人扶持或抬运。

(7) 转运时须有医务人员护送，以便对发生的危险情况给予急救。

6．对长期被困在井下人员的急救

(1) 严禁用矿灯照射遇险者的眼睛，应用毛巾、衣服片、纸张等蒙住其眼睛。

(2) 用棉花或纸张堵住遇险者双耳。

(3) 注意保暖。

(4) 不能立即升井，应将其放在安全地点使其逐渐适应环境和稳定情绪。待情绪稳定，体温、脉搏、呼吸及血压等稍有好转后，方可升井送医院。

(5) 搬运时要轻抬轻放、缓慢行走，注意伤情变化。

(6) 升井后和治疗初期，劝阻亲属探视，以免伤员过度兴奋发生意外。

(7) 不能让伤员吃过量或硬的食物，限量吃一些稀软、易消化的食物，以使肠胃功能逐渐恢复。

第五节　煤矿应急救援智能化装备

煤矿事故发生后，及时采取有效的应急救援是保障人员生命的一项重要工作。统计数据表明，相比未采取救援措施，有效应急救援可以将事故损失降低94%。而有效的应急救援离不开先进可靠的救援装备。

应急救援装备是保证救援工作顺利进行和救援人员人身安全的重要保障。在我国的矿山应急救援装备保障系统中，要求各矿山应急救援队要购置先进的、具备高技术含量的救灾装备与仪器仪表，储存在区域矿山应急救援基地，用于支援重大、复杂灾害的抢险救灾。《“十四五”国家安全生产规划》将强化应急救援处置效能和救援处置能力建设工程分别列为“十四五”期间的主要任务和安全提升重大工程。煤矿应急救援装备智能化、信息化，是应急救援装备的主要发展方向。

在井下人员被困时，救援人员及时、有效地探测到井下被困人员的位置、建立通信、实施救助并消除灾情是救援工作的核心。经过多年的发展，矿井灾害远距离侦测装备、灾害区域人员定位智能装备、灾害区域智能钻孔装备、煤矿救援机器人等方面得到了显著发展。

一、矿井灾害远距离侦测装备

近年来，救援人员在救援实施过程中遭受二次灾害伤害的事故屡屡发生。因此，采用智能侦测装置代替救援人员对高危险区域进行探测，准确掌握灾害区域的环境温度、有毒有害气体和地质灾害等情况，对保障救援人员的人身安全、辅助现场指挥人员正确指挥决策具有重要的意义。目前，世界范围内已经研发出大量的矿井灾害远距离侦测装备，它们在不同的环境、不同的灾情中发挥着重要的作用。

（一）矿井灾害远距离探测装备

在我国，按照探测装置的载体类型，可将矿井抢险救灾智能探测装置分为以下3种：

1. 地面智能载体探测系统

中国矿业大学于2006年6月成功研制了我国第1台用于煤矿救援的CUMT-1型矿井搜救机器人，该装备有低照度摄像机、气体传感器和温度计等设备；随后几年，陆续研发出的CUMT-2A型、CUMT-2B型煤矿环境探测机器人为四履带两摆臂移动机器人，设计采用主动摆臂形式，两摆臂分别由两直流电动机驱动；CUMT-3型机器人采用了履摆臂结构，增强了越障性能；CUMT-4型机器人是通过改变履带形态来增强越障性能的，自适应能力得到了很大提高。其他的地面智能载体探测系统包括：CUMT-5型履带式煤矿救灾机器人、KQR24Z矿用本安型机器人、KSJ24矿用隔爆兼本安型水下机器人、KQR48矿用灾区侦测机器人。另外，地面仿生越障机器人（如仿蛇、仿蚂蚁、仿蜘蛛、仿壁虎等）、灾区侦测装甲车和便携式矿用本安救援探测机器人也相继问世。

2. 空地远程弹射越障智能探测系统

常见的空地远程弹射越障智能探测系统有KT138（A）矿用远距离灾区侦测系统和ZCJ4超前环境参数检测装置，KQR48矿用灾区侦测机器人和跑跳式机器人。

3. 无人机载体智能探测系统

无人机载体智能探测系统主要有西安森兰科贸有限责任公司开发的本质安全型矿用救

援飞行器(包括充气壳体、基座、平衡杆、桨叶、桨毂和防爆直流电机)和中煤科工集团研发的多旋翼 WRJZ-200 型矿用无人机(本质安全型矿用救援飞行器)。

(二) 井下巷道救援生命信息探测装备

采用寻人仪、主动式生命探测仪搜寻被困人员,取得联系后实施救援,可以大大提高救援效率。此方法主要根据感应探测声波、无线电波、人体信号的方式搜寻,包括井下生命探测仪和煤矿救援探测机器人等。

1. 生命探测仪

利用生命探测仪探测被困人员发出的生理、化学、物理信息,确定被困人员的基本位置、人数和生存状况,从而进行有效的营救行为。人体的生命信息(如心搏、脉搏)等以声波、光波、电波、红外辐射等能量的方式向外释放,生命探测仪通过各种不同的传感器采集这些不同形式的波,通过分析信号,确定被困人员的位置、人数和生存状况。生命探测仪依据探测所使用的传感器的不同分为音/视频探测仪、红外探测仪、共振探测仪和雷达探测仪等。

2. 煤矿救援探测机器人

煤矿救援探测机器人可以代替救护人员,及时、快速地深入矿井灾害区域进行环境和生命信息探测工作,避免了人员贸然进入井下危险的空间环境带来可能的生命威胁。

煤矿救援探测机器人的构架一般包括运动平台和延伸机构,运动平台是机器人的运动驱动机构,延伸机构是机器人的执行机构(如机械臂等)。同时,配以机器人设备内部的多个传感器,使机器人达到运动化、智能化,可以在地面或基站的远程监控下自主地进行救援探测工作。它可以在井下采集瓦斯、温度、煤尘、塌方、水位等信息,传到地面监控点,为救援工作提供实时灾情;也可以深入到人员无法进入的区域,探测该区域是否存在有活体被困人员并将位置信息传输出去。

目前,美国、日本、加拿大等国家的救援探测机器人的技术比较成熟,机器人广泛应用于战场侦察、矿难和地震等灾后的探测、救援工作中。例如,美国卡内基梅隆大学研发的探测机器人采用激光技术测距的传感器,附有黑夜环境工作的摄像功能,还能建立矿床的 3D 模型供参考。日本大阪大学研发的蛇形机器人,体形较小,适合进入较狭小的缝隙里利用头部安装的摄像机将采集到的画面传输出来。国内对于煤矿救援探测机器人的研发较晚,但随着对机器人技术的不断发展也取得了一些进展。

二、灾害区域人员定位智能装备

在事故救援中,精确的人员定位技术是实现成功救援的核心。目前,主要应用的井下人员定位技术有射频识别(RFID)技术、ZigBee 技术、超宽带技术(UWB)、Wi-Fi 技术等。

(一) 基于 RFID 的定位识别技术及装备

基于 RFID 的定位识别技术是一种应用于煤矿井下的人员定位识别技术,具有成本较低、信号穿透性强、使用方便快捷、使用寿命长等特点,因此非常适合应用于煤矿井下人员识别定位。该技术的基本原理是井下主要区域安装的射频读卡器读取进入其识别的区域之内的电子标签,电子标签安装在矿工的衣帽表面,以此来完成对井下人员的定位工作。

(二) 基于 ZigBee 的网络技术及装备

基于 ZigBee 的网络定位技术是一种低功耗无线定位和数据传输技术,是另一种应用在煤矿井下的人员定位技术，具有小型、低功耗、可定位的功能。相对于现有的各种井下无线定位技术，ZigBee 技术功耗和成本最低，其低复杂度和高容量等特点决定了其是目前主流的矿用井下无线定位技术，并且有着比 RFID 精准的定位性，符合井下对于人员定位方面的要求。

（三）基于 UWB 的定位技术及装备

基于 UWB 的定位技术测量距离主要应用 ToA（信号到达时间）、TDoA（信号到达时间差）方法。基于 UWB 的定位技术传输速率高、抗干扰能力强，并且该技术定位精度可达厘米级，定位较准确，但由于它以电磁波的方式传输数据，需要较高精度的硬件设备，导致相应的成本也较高。

（四）基于 Wi-Fi 技术的定位技术及装备

基于 Wi-Fi 的定位技术利用井下以太网，建立若干基站，实现井下、井上信息传输功能。该技术的最大优势是具有较快的信息传输速度、较长的有效距离，与其他设备兼容性好。但在井下发生灾害事故后，巷道内的网络系统会受到大范围的破坏，实际起到的作用就比较小。

另外，还可借助地音仪、探测定位仪等监测井压变化判断塌方、冒顶位置，配合以大地音频、三维地震等技术作为地下人员位置信息探查的辅助手段。美国在矿山救援中曾使用过此类设备寻找井下幸存人员。

三、灾害区域智能钻孔装备

在一些灾害事故中，由于爆炸、水灾及顶板灾害等事故造成巷道阻塞，救援人员无法从井下巷道展开救援工作，只能采取由地面打钻的方式实施救援。近年来，地面大直径钻孔作为应急救援的通道，已受到矿山安全领域的广泛关注和应用。

（一）大直径钻孔技术及装备

矿区地面大直径钻孔能够实现地面与井下直接连通，作为连接通道除了可用于瓦斯排放、电缆铺设、排水、通风、溜渣外，还可作为煤矿井下应急救援的重要逃生通道，实现井下被困人员快速升井的救援目的。2015 年 12 月 25 日，山东省平邑县某石膏矿发生坍塌，在事故救援过程中，有 4 名矿工通过地面大直径钻孔升井获救，开创了国内利用地面大直径应急救援钻孔成功救人的先例。

地面大直径钻孔能够实现救援逃生基于两方面条件：一是精准透巷，钻孔精确钻透被困人员所在巷道或避难硐室；二是钻孔直径足够大，能够满足人员或救生舱通过要求。

在此基础上，按照“以人为本、安全优先”的事故救援要求，作为应急救援的技术手段，钻孔施工还必须遵循“高效、安全”的原则。所谓高效，是指从大直径救援钻孔整个成孔周期考虑，以最短的时间、最快的施工效率完成钻孔施工，不能局限于局部孔段的快速钻进；而安全则要求在救援钻孔施工过程中，特别是透巷瞬间，不对井下有限空间内的被困人员造成二次伤害。因此，大直径救援钻孔设计应着眼于成孔目的和施工原则，为优快成孔提供指导。

大直径救援钻孔施工装备需要满足“快”和“稳”的要求。“快”要求装备具有良好的机动性，能够迅速到达现场、快速安装、快速开钻；要求装备具有较强的施工能力，实现快速钻进。“稳”要求在正常保养情况下，无故障工作时间长；不同工艺条件下运行平稳。目前已初步形成了以车载钻机、双壁钻具、大直径潜孔锤为代表的大直径救援钻孔装备体系。

（二）矿用应急救援提升装备

矿用应急救援提升装备成为矿难应急救援中的关键一环。提升舱是对井下被困人员进行救援的直接载体。为满足井下大直径钻孔救援的需要，提升舱外形一般为圆筒结构，主要由舱体、导向装置、防断绳保护装置、信号传输设备、缓降机、舱体内摄像头、对讲耳机、安全销、脱开装置、舱底摄像头、舱底缓冲装置等构成，提升舱构成图如图 8-27 所示。

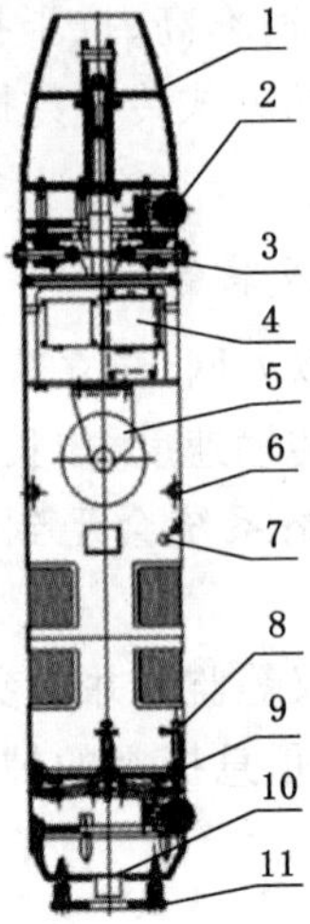

1—舱体；2—导向装置；3—防断绳保护装置；4—信号传输设备；5—缓降机；6—舱体内摄像头；7—对讲耳机；8—安全销；9—脱开装置；10—舱底摄像头；11—舱底缓冲装置。

图 8-27　提升舱构成图

四、煤矿救援机器人

在《煤矿机器人重点研发目录》中，关于救援类机器人主要包括井下抢险作业机器人、矿井救援机器人和灾后搜救水陆两栖机器人三类。

（一）井下抢险作业机器人

井下抢险作业机器人能在巷道塌方、堵塞等狭小空间进行快速抢险救援作业，应具备自主行走、精确定位、井下环境识别、挖掘、钻扩、运送、远程遥控等功能，实现抢险作业无人化。井下抢险作业机器人的主要作用就是代替人工去清堵、清淤、清道。瑞典 Brokk 公司制造的小尺寸破拆机器人，作业效率是手持风镐的 8 倍，可用于煤仓清堵作业。

（二）矿井救援机器人

矿井救援机器人主要用于煤矿井下发生水灾、火灾及瓦斯灾害之后的救援行动，应具备自主行走、导航定位、被困人员生命探测、音视频交互、紧急救护物资输送等功能，实现害后的恶劣环境被困人员自主搜寻。1998 年美国研发出世界上第一台井下救援机器人，2006 年中国矿业大学研制出中国第一台矿山救援机器人。目前，我国取得 MA 标志的井下探测机器人有唐山开诚机器人制造有限公司研制的 KQR48 矿用侦测机器人（见图 8-28）和中国矿业大学研制的 ZR 矿用探测机器人（图 8-29）。

图 8-28　KQR48 矿用侦测机器人

图 8-29　ZR 矿用探测机器人

近年来，国内外对救援机器人的研究十分活跃。根据事故类型的不同，救援机器人可以分为消防救援机器人、地震救援机器人、矿山救援机器人、核事故救援机器人和水下救援机器人等。美国、德国等国家对于消防机器人的研究已经取得了一些成果，例如德国的LUF60 消防机器人得到了实际应用。我国从 1997 年开始对消防机器人进行研发，2002 年上海强师消防装备有限公司成功研制出我国第一台消防灭火机器人。中信重工开诚智能装备有限公司研制的消防机器人可拖动 2 条 60 m 长充满水的 80 型水带行走，能够远程控制消防炮回转、俯仰，具备大流量、高射程、多种喷射方式的特点，具有互联网功能、远程诊断功能、环境探测功能、热眼检测功能、声音采集功能、图像采集功能、自主避障功能等。

（三）灾后搜救水陆两栖机器人

灾后搜救水陆两栖机器人主要具备 GPS 拒止环境下导航定位、陆基自主或遥控巡检、透水事故后水下航行器自动分离、被困人员搜索等功能，能够实现透水事故后井下快速搜救。

第六节　煤矿事故救援案例

一、山西省某煤矿透水事故救援案例

2021 年 6 月 10 日 7 时 20 分许，山西省某煤矿发生重大透水事故，造成 13 人遇难，直接经济损失 3 935.95 万元。

（一）事故原因

事故的直接原因：违规开采主行洪沟下方保安矿柱，造成主行洪沟塌陷，降雨汇水径流沿塌陷坑进入采空区，与未彻底治理的采空区积水相汇，积水量迅速增加，水压增大，突破违规在 1 310 m 水平采矿作业形成的与 1 320 m 采空区之间的薄弱岩层，导致透水事故发生。

事故的间接原因：安全生产管理组织机构不健全，矿区“五大员”形同虚设；未落实安全生产责任制、领导带班下井制度和探放水等制度；Ⅰ采区在采空区治理期间就开始基建和违法采矿，不按设计要求施工，擅自打开废弃封堵硐口，任意开掘采矿工作面以采代建；对Ⅰ采区 1# 硐和 4# 硐相邻矿山的井巷相互贯通、在突水威胁区域或可疑区域进行采掘作业未进

行探放水、违规开采保安矿柱等重大事故隐患不治理、不报告；采空区抽排水不彻底；未向承包单位进行外包工程的技术交底，对承包单位的安全生产工作不检查、不管理、不统一协调指挥，五个工队交叉作业，未签订安全管理协议，未发现施工队层层转包并及时制止；随意调用Ⅱ采区火工品到Ⅰ采区使用；主要负责人未经培训合格上岗作业，从业人员未进行“三级”安全教育培训；未提取和使用安全费用，安全投入严重不足；安全生产操作规程不落实停留在纸面上；对事故应急救援预案不修订、不演练；Ⅱ、Ⅲ采区长期超能力生产；长期存在违法占用建设用地、耕地、林地、未利用地的行为，在Ⅰ采区界外设置斜1井、斜4井、亿安硐3个硐口；存在事故迟报行为。以上违法违规行为导致发生重大生产安全责任事故。

（二）事故发生经过

2021年6月10日零时20分许，Ⅰ采区司机邓某安驾车将9名凿岩工从13#硐送入井下作业点，行至1 255 m作业面时，将魏某和邢某勤2人放下，车辆右拐弯后，沿斜坡道向东下行至1 200 m作业面时，将陈某辉、王某、杜某军3人放下，然后将张某华、张某荣、何某宁、李某华4人送到1 192 m作业面，随后原路返回地面。6月10日7时许，班组长杨某剑开车从13#硐进入井下接即将下班的工人，到达1 200 m作业面后，将车停在巷道内，下车与陈某辉、王某、杜某军3人汇合，并检查他们当班工作情况。7时15分许，班组长王某兵开完早班会后，驾车与郭某林、赵某豹、杨某才、冯某兴、宋某国从13#硐前往1 200 m作业面实地查看该作业面现场情况，准备在此进行采矿作业。7时20分许，4#斜坡道1 310 m水平东作业面顶部发生透水，大量涌水倾泻而下，沿巷道向北流至标高1 310 m处转向西（东高西低），沿斜坡道流至1 255 m水平作业面。7时25分许，正在1 255 m作业面作业的魏某和邢某勤发现有大量水涌入，随即沿着硐壁，扒住铁丝向斜坡道爬去，到达斜坡道后，又抓住通风管爬到1 270 m斜巷，通过4#斜坡道逃出。7时25分许，涌水行至标高1 255～1 200 m的斜坡道，将行驶在此路段的皮卡车冲到巷底。7时28分许，涌水行至1 200 m作业面附近，在此作业面收拾东西准备收工的陈某辉、王某、杜某军、杨某剑4人，发现有大量水涌入，立即撤离作业面，向1 200 m水平巷与主斜坡道交叉处逃跑，斜坡道上水流很大，由陈某辉带领3人扒住风管沿斜坡道向1 255 m作业面方向爬行20余米时，陈某辉发现其余3人未跟上，便继续爬行至1 230 m水平附近，发现涌水变缓，可蹬地行走，便沿斜坡道从13#硐逃出，杨某剑、王某、杜某军3人不幸遇难。7时30分许，涌水行至巷道最低处

1 192 m作业面，正在此作业面进行凿岩作业的张某华、张某荣、何某宁、李某华4人被水淹没。事故共造成13人遇难。

（三）事故报告经过

2021年6月10日7时50分许，Ⅰ采区工人魏某、邢某勤逃生后，向工队负责人张某友、周某龙反映Ⅰ采区4#斜坡道发生透水，人员被困。周某龙当即汇报给Ⅰ采区区长陈某，陈某将情况汇报给采矿工程师王某林，王某林又将情况汇报给总经理郭某敏。7时58分，郭某敏汇报给董事长陈某亮，得到答复为全力组织救援，当时陈某亮正在陪同股东李某华（陈某亮妻子）去北京看病途中，下午1点多到达北京，放下李某华后随即返回，在阳曲服务区被公安部门人员带走。8时17分，周某龙向矿长郑某报告。8时31分，周某龙通知卢某速、贺某军。10时29分，周某龙在组织救援过程中发现有继续被困的危险，随即汇报给郭

某敏。11 时 31 分，Ⅰ采区工人杨某银拨通 12350，向市应急局报告了矿井发生透水事故人员被困情况。12 时 17 分，逃生出井人员陈某辉向 110 报警，反映 4# 斜坡道发生透水事故，人员被淹。12 时 30 分左右，郑某打电话给县应急管理局副局长刘某平上报了事故。13 时 49 分左右，苍南顺兴矿业大红才项目部出纳兰某平打电话给县应急管理局外聘专家霍某龙。12 时 41 分、49 分，县 110 指挥中心分别报告县委县政府、县应急管理局。13 时 04 分、05 分，市公安局指挥中心分别向市委、市政府报告。13 时 40 分，市委上报省委该矿透水事故信息。13 时 46 分，市应急管理局上报省应急管理厅该矿透水事故。13 时 51 分，市委接到市应急管理局关于该矿透水事故首报。14 时 34 分，省应急管理厅通过国家应急指挥综合业务系统上报应急管理部。

（四）事故救援经过

事故发生后，省重大生产安全事故应急指挥部立即启动省级二级响应，成立了由原省委常委、常务副省长胡玉亭为指挥长的现场指挥部。应急、自然资源、公安、环保等部门负责同志率领工作组第一时间赶赴现场指导救援，市、县党委政府主要负责同志以及市县有关部门和单位及时赶赴现场参与救援。应急管理部、国家矿山安监局和省、市、县紧急调集国家矿山应急救援大同队、汾西队、大地特勘队和太钢队等地方专业救援队，以及武警山西总队和山西消防救援总队共 26 支队伍总计 1 084 人，携带水泵 69 台（套）、高压排水管 1.8 万 m 以及生命探测仪、皮划艇、潜水装具等 17 套装备开展抢险救援。国家卫生健康委员会派出 3 名医疗专家赶赴现场，省、市、县三级卫生健康部门共派驻 14 辆救护车和 69 名医护人员（含 9 名省级专家、9 名市级专家），提供 24 h 全天候保障，及时开展现场医疗处置、救治和疫情防控工作。经过 7 天 6 夜全力救援，至 16 日 22 时许，13 名遇难者遗体全部找到，救援工作结束。

整个救援过程中共铺设水管 8 000 余米，修复井下被冲毁的巷道 500 余米，架设电缆 2 150 m，铺设通信光缆 1 500 m，井下水位累计下降垂高 40.3 m，斜长累计推进 346.25 m，排水量 24 000 m^3，清理泥砂总量约 450 m^3。整个救援过程行动迅速、指挥有力、科学专业，未发生次生事故，未发生疫情感染。

（五）事故救援反思

1. 各级领导高度重视，各方力量积极响应

事故发生后，时任国务院副总理刘鹤、国务委员王勇高度重视，分别作出重要批示，要求全力做好人员搜救和事故处置等工作，尽力减少人员伤亡，要查明原因，吸取教训，进一步采取措施加强矿山安全生产监管，严防各类重特大事故发生。时任应急管理部部长黄明，时任应急管理部副部长、国家矿山安全监察局局长黄玉治和应急管理部副部长宋元明进行了视频调度，指导抢险救援工作，并派国家矿山安全监察局副局长黄锦生带领工作组赶赴事故现场指导抢险救援处置工作。时任省委书记林武第一时间作出批示，并赶赴现场，要求迅速组织力量，全力救援被困人员，务必做到科学、细致、彻底，防止发生次生灾害；全力做好善后工作，严查事故原因，切实维护人民群众生命财产安全。时任省委副书记、省长蓝佛安连夜赶赴事故现场指导抢险救援工作。

2. 极强的社会动员和控制能力

此次事故抢险救援在很短的时间内就动员了上千名救援人员以及多名技术工人、医务

人员、媒体记者、安保人员，以及电力保障、通信保障和后勤保障人员等参与救援和善后工作；调集了大量的水泵、管道、电缆、器材、装备等抢险物资；对被困工人家属及获救工人实施一对一安抚和治疗，真正做到了不惜一切代价。这一切被媒体总结为"发挥了社会主义能够集中力量办大事的优势"。

二、辽宁省某矿顶板事故救援案例

2017 年 11 月 11 日 2 时 26 分，辽宁省某矿西三上采区 702 综采工作面回风平巷发生一起重大顶板（冲击地压）事故，造成 10 人死亡、1 人轻伤，直接经济损失 1 456.6 万元。

（一）事故发生经过

2017 年 11 月 11 日甲班，全矿入井 470 人，井下带班矿长陈某忠，其中西三上采区 702 综采工作面 26 人。10 日 21 时 50 分，综采二队（双九一六工作制）召开班前会，采煤班班长周某生主持，带班副队长吴某彦和周某生对工作进行安排，22 时 30 分入井，23 时 30 分到达工作面；23 时，抽采队（三八工作制）召开班前会，班长林某青安排工作，11 日零时入井，11 日 1 时 30 分，8 名工作人员到达回风平巷 49#、50#、51# 钻场，使用 3 台钻机同时实施钻孔作业（ZYWL-3200S 型号钻机 2 台、ZYWL-2000S 型号钻机 1 台）。

23 时 35 分，吴某彦和周某生对工作环境安全确认后安排组织人员作业，徐某国、张某刚操作采煤机，张某子、孟某辉移架，马某财、张某金、王某国在机头处作业，郝某鹰在煤仓处负责胶带运转，侯某昌、王某军在机尾处作业，邢某图在变电列车处作业，卢某验收。此外，瓦斯检查工张某强和安全检查工刘某端在工作面巡检，抽水工单忠江和关虎在回风平巷外段排水、清理巷道。采煤机从 40# 支架处开始上行割煤，到达上端头做完缺口后，采煤机开始下行割煤，张某子跟随采煤机移架、推刮板输送机。11 日 2 时 26 分，当采煤机割煤至 37# 支架、支架移至 75# 支架时，40# 支架处周某生听到一声巨大的闷响，随后发现工作面照明熄灭、煤尘飞起，感觉工作面风流停止，立即使用扩音电话通知在工作面 75# 支架附近的张某子，让其去工作面刮板输送机机尾通知侯某昌、王某军一起从回风平巷撤离工作面。张某子到机尾处后，发现工作面上出口已被堵死，侯某昌被埋，人事不省，将侯某昌扒出并送至 116# 支架处后，通过扩音电话请求支援。吴某彦带领人员赶到机尾处，发现王某军被工字钢、单体支架和煤岩压埋且已无生命迹象，瓦斯浓度又迅速上升，众人遂将侯某昌抬出并升井撤离。

（二）事故抢险救援情况

事故发生后，西三上采区 702 综采工作面及运输平巷侧作业人员将侯某昌救出，侯某昌升井后经抢救无效死亡；回风平巷侧关某、单某江自行撤离，单某江在事故中被气流击倒而致轻伤。

11 日 3 时 47 分，该集团矿山救护队到达矿井。4 时 50 分，在西三上采区 702 综采工作面运输平巷口设井下救援指挥基地，组织人员探查，发现回风平巷约 200 m 巷道破坏严重、通风阻断、不能行人，当时事故区域甲烷浓度最高达 45%。根据探查结果，抢险救援指挥部经过综合分析后制定抢险救援方案，决定先期采取抽排瓦斯、恢复局部通风措施。

至 13 日 19 时 40 分，事故区域风流甲烷浓度稳定在 1% 以下，抢险救援指挥部下达命令，进入灾区开展救援，21 时 40 分，第 2 名遇难者遗体运至地面，22 时，救援人员开始从工作面侧回风平巷上口、回风平巷双向实施翻棚(掘进)作业,恢复巷道。20 日 21 时 41 分,工作面侧回风平巷上口救援人员在第 1 台钻机位置(距回风平巷侧冒落起点 152.5 m)发现第 3 名遇难者。21 日 1 时 48 分,在第 1 台钻机操作台位置(距回风平巷侧冒落起点 148.9 m)发现第 4 名遇难者。

22 日 0 时,工作面侧回风平巷上口与回风平巷两侧翻棚(掘进)作业地点相距 50 m,按照抢险专家组意见,抢险救援指挥部决定停止双向翻棚(掘进)作业,由回风平巷侧实施单向作业,23 时 10 分,在水泵位置(距回风平巷侧冒落起点 87.9 m)发现第 5 名遇难者。

23 日 12 时 30 分,在第 3 台钻机操作台位置(距回风平巷侧冒落起点 103.5 m)发现第 6 名遇难者。24 日 7 时 55 分,在第 2 台钻机操作台位置(距回风平巷侧冒落起点 116 m)发现第 7 名遇难者。25 日 3 时 48 分,在第 2 台钻机位置(距回风平巷侧冒落起点 119.7 m)发现第 8 名遇难者。12 时 53 分,在第三台钻机操作台位置(距回风平巷侧冒落起点 103.5 m)发现第 9 名遇难者。26 日 7 时 45 分发现最后 1 名遇难者。10 时 30 分,遗体升井,救援工作结束。此次事故共造成 10 人死亡、1 人轻伤。

(三) 事故应急救援评估分析

1. 各级领导高度重视,深入现场指导救援

事故发生后,时任国务委员王勇作出重要批示。时任国家安全生产监督管理总局局长王玉普,副局长付建华、孙华山,副局长、国家煤矿安全监察局局长黄玉治等领导对事故抢险救援工作作出批示,时任国家煤矿安全监察局副局长杨富带领工作组紧急赶赴事故现场,指导抢险救援工作。时任辽宁省委书记陈求发、省长唐一军第一时间对事故救援工作作出安排,要求全力科学组织抢救,严防次生事故发生,做好遇难和受困矿工家属的安抚工作。时任副省长江瑞、副省长崔枫林率相关部门人员赶赴现场指导抢险救援工作。经全力搜救,11 月 26 日 10 时 30 分,最后 1 名遇难人员遗体升井,抢险救援工作结束。

2. 立即启动响应机制,救援力量迅速集结

接到事故报告后,煤矿及集团分别立即启动应急预案,按照预案展开救援,8 时,江瑞、崔枫林率辽宁煤矿安全监察局、辽宁省安全生产监督管理局、辽宁省应急办和辽宁省国有资产管理委员会等相关部门赶到该矿,并成立了以江瑞、崔枫林为组长的辽宁省某矿“11·11”事故抢险救援指挥部,指挥部下设抢险救援、综合协调、安全保障、医疗救护、物质保障、舆情管理和信息发布、善后处理、事故调查和技术保障 9 个小组。14 时,杨富带领工作组到达事故现场,研究完善了事故抢险救援方案,指导抢险救援工作。

三、云南省某煤矿煤与瓦斯突出事故救援案例

2022 年 3 月 15 日 16 时 37 分,云南省某煤矿 117805 机巷掘进工作面发生一起煤与瓦斯突出事故,造成 1 人死亡、97 人涉险,直接经济损失 282.7 万元。

(一) 事故发生经过

2022 年 3 月 15 日 7 时,矿井早班带班矿领导景某洪组织当班 98 人召开班前会。7 时 30 分,117805 机巷掘进班班长朱某军带领刘某富、张某锦、张某敏、张润某、王某忠、杨某卫(未经安全培训考核合格)、梁某开、袁某、杨某新、耿某乔及当班综掘机司机黄某省(未取得掘进机特种作业操作证)共 12 人到 117805 机巷掘进工作面进行掘进作业。约 8 时左右,朱

某军班组人员到达117805机巷与一采区石门的联络巷内，提前到达的早班安全员刘某向班长朱某军交代，上一班(14日夜班：14日19时至15日7时)掘进的巷道还有部分锚网未支护，要先把未支护的顶板和巷帮支护完成后才能组织掘进作业。于是，班长朱某军带领刘某富等4人到迎头补打上一班未完成的锚网，约10时左右支护完成。等在旁边的项目部安全员文某红随后指定超前排放钻孔的开孔位置，完成支护工作的刘某富等人开始打超前排放钻孔，至11时30分左右共施工了11个超前排放钻孔，单孔深13 m。12时左右，班长朱某军带领黄某省等人到迎头开始掘进作业，约16时20分，共掘进2个循环1.6 m，并完成顶板支护作业。正准备掘进第3个循环时，吊挂在综掘机右前方的便携式甲烷检测仪超限报警，朱某军在综掘机上将对着左侧巷帮吹风的风筒出风口调整至正对迎头方向，便携式甲烷检测仪报警解除，随即开始掘进第3个循环。截割头自煤壁右上方进刀，班长朱某军站在综掘机上指挥综掘机司机掘进。16时37分，班长、瓦斯检查工、安全员随身携带的以及悬挂在综掘机右前方的便携式甲烷检测仪均突然报警，迎头方向同时喷出煤粉，发生了煤与瓦斯突出。此时，117805机巷内共有17名作业人员，其中：班长朱某军在综掘机机体右上方指挥掘进，综掘机司机黄某省在操作综掘机，刘某富在综掘机后方整理电缆，安全员董某平在综掘机后方监视顶板情况，瓦斯检查工张某泽在迎头后方30 m处填写瓦斯检查牌板，掘进工张某锦、梁某开、张某敏、张润某、王某忠、杨某卫、袁某、耿某乔在巷道内搬运支护材料、清理浮煤，早班安全员刘某、掘进工杨某新维修好带式输送机后从机头向迎头方向行走至约500 m处，中班电钳工代某恩、张某雄在联络巷口向带式输送机头方向8 m处接线缆。事故发生后，117805机巷内16名作业人员从联络巷撤至地面、1人失联；井下其他作业地点81名作业人员陆续撤至地面。

(二) 抢险救援过程

事故发生后，该矿所在县的县委、县政府高度重视，快速启动应急预案；成立抢险救援指挥部，开展事故抢险救援工作。

(1) 117805机巷内作业人员自救情况。16时37分发生煤与瓦斯突出后，当时在117805机巷内作业的17名作业人员中的部分人员立即撤离到联络巷及联络巷风门外的新鲜风流中。张某泽、董某平和张某锦在联络巷内相遇后自行佩戴好自救器，返回工作面内接救被困人员，发现黄某省昏迷趴倒在巷道底板上，3人将黄某省搀扶出联络巷急救苏醒。张某泽、董某平在清点人数时发现朱某军未撤出，随即再次返回搜救但未发现朱某军，并立即将情况向时在调度室的生产副矿长董某辉汇报了事故情况后，带领已撤至联络巷风门外的16名人员升井。生产副矿长董某辉接报后，立即带领总工程师刘某信、通风技术员刘某杰、潘某明入井到事故地点进行搜救，但未发现被困人员。调度值班员胡某卫接到刘某信电话后，查看人员位置检测系统也显示井下没有人，随即向矿长潘某辉报告98人全部升井。抢险救援指挥部安排公安部门对出入井人员作进一步核实。

(2) 其他作业点撤人情况。16时42分，煤矿调度值班员胡某发现中央变电所甲烷传感器超限报警后，立即通过电话、人员位置标识卡急呼、应急广播等方式通知117805机巷掘进工作面、117806机巷掘进工作面、117805回风巷切眼掘进工作面、110902采煤工作面、110901备采工作面、各带式输送机头等地点的作业人员撤出井下，电话通知了总工程师刘某信、安全副矿长高某波等矿领导。

(3) 矿山救护队搜救情况。3月15日17时56分，与煤矿签约的县矿山救护大队队长袁某祥接到县能源局局长张某丙电话通知后，立即安排副队长尹某龙带领 2 个小队赶往事故煤矿，因距离较远，21 时 23 分到达。18 时 05 分，华能云南滇东能源有限公司救护队队长程某接到云南局监察执法一处处长张某坚电话通知后，立即带领 2 个小队赶往事故煤矿，于 19 时 29 分到达。22 时 10 分，国家矿山应急救援东源队驻天井煤矿直属二中队接到事故抢险救援指挥部召请电话后，副中队长黄某永带领 1 个小队立即出动，于 22 时 30 分到达事故煤矿。

事故发生初期，事故煤矿对井下涉险及出井人数核实不准确，向各级部门汇报井下人员撤离情况时，均报告井下人员已全部撤出，无人员伤亡，无须召请救护队前往开展抢险救援。上级相关部门人员到达煤矿后，发现出井人数存在疑点，便陆续召请救护队前往煤矿实施井下搜救。

20 时 45 分，滇东能源有限公司救护队按照抢险救援指挥部安排入井开展首次灾区侦查搜救，未发现被困人员。23 时 38 分，该县矿山救护大队入井开展第二次灾区侦查搜救，仍未发现被困人员，同时对井下其他区域进行搜寻，未发现其他地点有被困人员。按照抢险救援指挥部的要求，在矿山救护队监护下，煤矿组织清理 117805 机巷内堵塞的煤炭，于 3 月 16 日 5 时 18 分，在距 117805 联络巷往工作面迎头方向 35 m 处发现被困人员朱某军，经现场评估已无生命体征。6 时 10 分将遇难人员运出地面，救援工作结束。

（三）事故应急救援评估分析

本次事故应急处置，该县人民政府高度重视，快速应对，相关部门反应迅速，第一时间到岗就位，善后处理有序开展，矿区社会治安稳定，应急处置成功有效。事故煤矿迅速组织井下人员撤离安全有效，但煤矿人员位置监测系统维护管理不到位，给核实事故涉险人员带来不利影响。

四、山东省某煤矿“11·19”火灾事故救援案例

2019 年 11 月 19 日，山东省某煤矿 3306 掘进工作面发生一起火灾事故，造成 11 人被困。经地面救援力量 35 h 的全力救援和被困人员的科学自救，11 人全部安全脱险。

（一）事故直接原因

事故直接原因：煤矿胶带平巷高冒区因使用高分子喷涂充填材料积热自燃，产生高温有毒气体。高冒区使用大量高分子材料：11 月 16 日高冒区内壁喷涂 500 kg，11 月 19 日高冒区填充 1 150 kg。第一次喷涂成隔热层，使第二次填充体难散热，积热使材料分解产生可燃性气体，并使填充体产生裂隙，促成连续供氧，进一步氧化产热导致充填体燃烧。

国家煤矿材料质检中心检测：材料最高反应温度为 146 ℃，比《煤矿喷涂堵漏风用高分子材料技术条件》(AQ 1088)规定的堵漏风材料最高限高出 6 ℃，比《煤矿充填密闭用高分子发泡材料》(AQ 1090)规定的充填材料最高限高出 51 ℃，属于不合格产品。

（二）事故应急救援经验

(1) 煤矿是否能够实现安全生产，不是取决于矿井大小、装备是否先进、荣誉多少，而是取决于安全管理基础是否扎实。

(2) 区队长、班组长、安检员、科室管理人员在关键时刻发挥了很好的作用。21 日 7 时 30 分，11 名矿工兄弟在带班班长朱某等人的带领下开始行动。4 名干部分成 2 人开路、2 人

殿后，其余7人在中间。体现了区队长、班组长、安检员、科室管理人员总体素质较好，也是煤矿事故成功自救中的典型案例。尤其一名安检员发现火情汇报调度室后，没有自己逃生，而是折回巷道深处作业位置，试图通知工友撤离。体现了安检员高尚的道德修养和职业操守。

(3) 高科技装备逐渐在煤矿事故救援中应用，保护了救援人员的生命安全。探测机器人、灭火机器人在井下实施救援，发挥着重要的作用，主要是能避免再次发生事故，保护救援人员的生命安全。机器人的体积只有1 m^3左右，但其喷水距离却能达到500 m，高度能达到100 m左右，参与井下救援尚属首次。

(4) 出现生产安全事故要及时汇报，必须依靠政府组织救援。事故发生后，在省指挥部的统一指挥下，地方政府竭尽全力做好应急救援保障。一是全力做好应急救援绿色通道保障，组织公安部、卫生健康委员会、应急管理部等多个部门，抽调大批专门力量，确保从救援出口到定点医院的道路安全畅通；二是全力做好医护力量保障，派出14辆救护车和先进的应急救护设备、81名医护人员，并确保5家定点医院预留好床位；三是紧急动员各方力量，在现场物资供应、电力、通信等方面，包括现场救援所需的各项服务保障都是无条件服务；四是全力做好家属接待服务保障，专门成立家属接待组，由县级领导干部和工作人员组成，对被困人员家属实行一对一的接待。

(5) 救援方案汇集多位专家的经验和智慧。由于井下救援地点温度高、一氧化碳等有毒有害气体浓度大，救援难度极大。指挥部根据领导批示和应急管理部工作组的意见优化救援方案。一是决定地面安排2台千米钻机；二是论证压入式改为抽出式通风方式，以及利用距离着火点较近的3306联络巷作为救援人员临时中转地点；三是做好在3306中间巷布置水平钻机的各项准备；四是用冰块进行物理降温；五是救援方案优化调整后经专家审定，体现了救援专家的集体智慧。

【复习思考题】

1. 简述煤矿应急救援的基本原则。
2. 简述国家煤矿应急救援体系架构。
3. 应急预案与灾害预防和处理计划之间的异同点是什么？
4. 重大灾害事故的抢险救援原则有哪些？
5. 简要叙述煤矿应急救援智能装备的关键技术。
6. 煤矿应急救援智能化装备分为哪几种类型？
7. 救援类煤矿机器人分为哪些？

第九章　煤矿职业卫生

【学习提示】

随着科学技术的进步，煤炭开采技术越来越先进，煤矿重特大事故得到了有效控制，但煤矿职业病发病率却依然较高，因此预防和控制职业病危害，改善劳动者的作业环境，提高劳动者的健康素质，防止发生职业病就显得越来越重要。煤矿职业病防治工作不仅事关煤矿从业人员的身体健康，是广大职工最关心、最直接、最现实的利益问题，而且关乎着煤矿企业能否长期稳定发展。

本章介绍了煤矿作业中主要职业病危害及防治措施，梳理了我国职业卫生管理体系、职业卫生健康监护等相关知识，分析了煤矿职业健康管理中存在的问题，详细阐述了煤矿职业病危害防治与职业健康监护管理的主要内容及重点工作，从技术保障层面提出职业健康发展的相关建议，以此帮助读者了解相关政策要求，强化源头治理技术，把握现场管理要点。

第九章导学

第一节　煤矿主要职业病危害及防治措施

职业病危害是指对从事职业活动的劳动者可能导致职业病的各种危害，包括职业活动中存在的各种有害的化学、物理、生物因素以及在作业过程中产生的其他职业有害因素。职业病危害是职业病产生的根源。

一、煤矿主要职业病危害

（一）煤矿职业病危害因素

1. 职业病危害因素及分类

职业病危害因素，也称为职业性有害因素，是指在职业活动中产生的（或存在的）、可能危害劳动者健康的各种因素。我国《职业病危害因素分类目录》将职业病危害因素分为粉尘、化学因素、物理因素、放射性因素、生物因素和其他因素六类459种。

2. 煤矿常见职业病危害因素

在煤矿生产中，主要的职业病危害因素有生产性粉尘、有毒有害气体、噪声、振动、不良气候条件和放射性物质等。

（1）生产性粉尘。生产性粉尘是指在煤矿生产过程中形成的，能够长时间浮游在空气中的固体微粒，如岩尘、煤尘、水泥尘和混合性粉尘等，是煤矿的主要职业病危害因素。无论是采煤作业还是掘进作业，都会产生大量的粉尘。而工作面又恰恰是生产人员较为集中的区域之一。长期吸入粉尘会引起肺部病变，造成硅肺病、煤工尘肺病和水泥尘肺病等职业病。

(2) 有毒有害气体。矿井有害气体是指井下由煤(岩)体涌出和生产过程中产生的各种不利于人体健康的气体的统称。由于井下爆破、煤氧化与自燃等原因，矿井空气中含有致人窒息的甲烷(CH_4)、二氧化碳(CO_2)；爆炸性气体瓦斯(以 CH_4 为主的混合气体)和氢气(H_2)；致人中毒的一氧化碳(CO)、二氧化氮(或氮的氧化物)、硫化氢(H_2S)和二氧化硫(SO_2)等。

(3) 噪声和振动。煤矿噪声和振动主要来源于井下机械化生产，其危害取决于生产过程、生产工艺和所使用的工具，如凿岩机和局部通风机的噪声和振动等。长期在噪声环境中工作，可能造成听力下降，甚至引起耳聋；长期接触振动，可能导致局部疼痛，甚至引起内脏器官损伤。

(4) 不良气候条件。煤矿井下不良气候条件包括温度高、湿度大，不同地点风速大小不等和温差大等。这些都对工人的身体有很大的影响，长期在潮湿环境下工作的工人易患风湿性关节炎等疾病。

(5) 放射性物质。煤矿井下的氡气浓度往往比地面高，对工人的健康有一定的影响。

另外，工人劳动强度大、作业姿势不良也是煤矿井下作业的特点，容易造成工人腰腿疼痛和各种外伤等。

(二) 煤矿主要职业病

我国煤矿常见职业病主要有尘肺病、职业中毒、噪声性耳聋、振动病、中暑等。

1. 尘肺病

尘肺病指在职业活动中长期吸入矿物性粉尘并在肺内滞留而引起的以肺组织弥漫性纤维化为主的疾病，是一种较严重的职业病。我国法定的尘肺病有 13 种，煤矿常见的尘肺有硅肺、煤工尘肺、水泥尘肺等。

尘肺病人的临床表现主要是以呼吸系统症状为主的咳嗽、咳痰、胸痛、呼吸困难等症状，此外还有哮喘、咯血以及某些全身症状。我国《职业性尘肺病的诊断》(GBZ 70—2015)将尘肺病分为三期：尘肺壹期、尘肺贰期和尘肺叁期。

2. 职业中毒

在生产环境中，由于受职业中毒危害因素的作用而引起的病变，称为职业中毒。职业中毒可对人的神经系统、血液系统、呼吸系统和消化系统产生影响，严重时导致人员死亡。

3. 噪声性耳聋

噪声性耳聋是由于长期处于强噪声环境中而引起的一种缓慢性的耳聋。职业性噪声聋是法定职业病。长期在强噪声的环境中工作容易引起听觉系统的损害，形成耳聋，同时还可能引起对人体其他系统的损害。

4. 振动病

振动病一般是对局部振动而言的，它主要是由于局部肢体(主要是手)长期接触强烈振动而引起的。人体长期受低频、大振幅的振动作用时，由于振动加速度的作用，可使自主神经功能紊乱，引起皮肤外周血管循环改变，久而久之，就会出现一系列病理改变。

5. 中暑

中暑指由于高温环境引起的人体体温调节中枢的功能障碍，汗腺功能失调和水、电解质平衡紊乱所导致的疾病。中暑是我国法定的职业病。

(三)职业病构成条件及分类和目录

1. 职业病构成条件

职业病是指企业、事业单位和个体经济组织的劳动者在职业活动中,因接触粉尘、放射性物质和其他有毒有害物质等因素而引起的疾病。由此可见,职业病是劳动者因职业活动而产生的疾病,但并不是所有工作中得的病都是职业病,要构成法定职业病,必须具备4个条件,且这4个条件缺一不可。

(1) 患病主体是企业、事业单位或个体经济组织的劳动者。

(2) 必须是在从事职业活动过程中产生的。

(3) 必须是因接触粉尘、放射性物质和其他有毒有害物质等职业病危害因素引起的。

(4) 必须是国家公布的职业病分类和目录所列的职业病。

2. 职业病分类和目录

根据《职业病防治法》的规定,职业病的分类和目录由国务院卫生行政部门会同国务院劳动保障行政部门制定、调整并公布。最新的《职业病目录》中规定的职业病有职业性尘肺病及其他呼吸系统疾病、职业性放射性疾病、职业性化学中毒、物理因素所致职业病、职业性传染病、职业性皮肤病、职业性眼病、职业性耳鼻喉口腔疾病、职业性肿瘤和其他职业病共十类132种。

(四)职业病危害防控现状

1. 煤矿职业病防治的法律法规体系进一步健全

近几年,我国煤炭工业快速发展,煤矿科技及管理理念得到很大提升,职业卫生标准体系逐步形成。2018年,《职业病防治法》第四次修正;2015年,国家安全生产监督管理总局颁布了《煤矿作业场所职业病危害防治规定》《用人单位职业病危害防治八条规定》等一系列政策文件;2015年,国家卫生计生委、人力资源社会保障部、国家安全监管总局、全国总工会牵头修订了《职业病危害因素分类目录》;相关部门制定了《噪声职业病危害风险管理指南》以及《工作场所职业病危害因素检测工作规范》等一系列的职业卫生标准。2020年,国家卫生健康委员会发布了《工作场所职业卫生管理规定》;2022年12月,国家卫生健康委员会办公厅发布了《关于进一步加强用人单位职业健康培训工作的通知》;等等。这些举措对煤矿职业病防治和职业健康发展提供了相对健全的法律法规保障。

2. 煤矿职业病防治支撑技术得到长足发展

在防治技术方面,我国煤炭行业已经初步形成了煤层注水防尘、工作面喷雾防尘、矿井通风除尘以及个体防护相结合的煤矿综合粉尘防治技术体系。在粉尘防治装备方面,煤矿粉尘的精确监测技术突破可以实现矿井工作面等作业空间的粉尘实时监测和分析,使得粉尘防治有了基础数据的支撑和切入点。在煤矿掘进方面,掘进工作面控风稳压、协同增效技术也有了较快的发展,相关科研院所开发了除尘风机等设备。部分煤矿企业将新型泡沫混凝土自动化湿喷成套技术应用于掘进工作面,以及矿用气动湿式孔口除尘技术的综合应用,逐步形成了粉尘预测、评价、控制成套技术和装备体系。这些技术和装备的应用都为改善煤矿工作环境和保障职业健康提供了重要支持。

3. 煤矿职业病防治工作仍然存在突出问题

(1) 煤矿主要职业病危害依然严重

① 煤炭行业是尘肺病危害最为严重的行业。截至 2020 年底，全国累计报告职业病 1 011 348例，其中累计报告尘肺病 903 680 例，占比 89.35％，煤矿尘肺病例约占 50％，超过 45 万例。尘肺病是我国最严重的职业病。尘肺病发病工龄有缩短的趋势，超过半数的病例分布在中、小型企业。尘肺病发病症状包括胸闷、胸痛、气短等，严重者会丧失劳动能力，无法平卧，最后因肺功能衰竭而死亡。就目前的科技发展状况而言，全球范围内都没有能够治愈尘肺病的药物和手段，一般只能通过洗肺来缓解病人的痛苦和减轻病情的发展。

② 高温危害在煤矿行业也很突出。煤炭储量分析数据表明，我国总储存量 73.2％煤炭埋深在 1 000 m 以下，属于千米深井。而埋深和井下高温有一定的关联性。高温危害已经成为煤矿生产，特别是井深 1 000 m 左右矿井生产面临的一大问题，在部分工作面区域温度甚至超过人体正常体温，我国埋深 1 000 m 左右的围岩温度在 37 ℃左右，属于二级热害。通过对我国 26 个产煤省、市、自治区的高温矿井数量、分布和高温治理措施调查分析发现，我国 13 个省区存在 62 处高温矿井，其中华东和华中区域高温矿井占比 87.1％，从业人员超过 300 000 人，接触高温的超过 40 000 人。

③ 除去以上两种主要职业病危害类型，煤矿生产区域还同时存在着噪声、有害气体以及不良气候等职业病危害的相关因素。这些因素同样威胁着井下从业人员的健康状况。

(2) 煤矿职业病防治意识较弱

大多数国有重点煤矿在职业病防治方面基本能够保障相应的投入，少数矿井也存在职能分散、技术人员配备不足等问题，但是基本上能做到职业病防治专项经费的专款专用，并且设立了职业病防治工作机构，构建了相应的管理制度。但是少部分地方和乡镇煤矿对职业病危害的重视程度明显不够，防治工作认识不到位。职业病专项经费不能专款专用，职业病防治投入少，没有设立专门的职业病危害防治工作机构，往往是利用兼职人员管理，没有针对性和可操作性，执行过程中也不严格，职业病防治工作流于形式。

(3) 职业病危害防治安全教育培训欠缺

大多数国有重点煤矿在职工上岗之前，都要进行安全教育培训工作，但是在职业病危害方面的培训明显不足，培训力度不够，没有按照要求履行职业病危害告知义务。部分地方和乡镇煤矿甚至用一般性的安全培训代替职业病危害专项培训；劳动合同也没有将可能产生的职业病危害写入；作业现场没有设置职业病危害公告栏，有毒有害作业场所缺少警示标识，没有及时公布作业场所的有害因素检测结果，往往造成从业人员对职业健康知识了解不够，自我防护意识不强等问题。

(4) 职业病危害因素监测亟待加强

危害因素处于一个动态的变化过程，要做好职业健康保护工作，就离不开职业病危害因素的监测工作。目前，一些煤矿监测和操作均不规范，覆盖范围不达标，数据报表不真实。多数煤矿存在设备、人员配置欠缺，检测项目不全、频次不够和数据造假等问题。部分地方和乡镇煤矿甚至不开展监测工作。在职业健康评价方面，大部分煤矿没有委托具有相应资质的单位开展职业病危险因素定期监测工作，对于监测到的危险因素也未按照规定对职业病危害进行申报。

(5) 个体防护用品管理不规范

大多数国有重点煤矿对个体防护用品都建立了相应的采购、发放和使用的管理制度，但还存在不严格按照配备标准执行的问题。不少国有煤矿没有按照《煤矿职业安全卫生个体防护用品配备标准》(AQ 1051—2008)执行，在采购、验收及审核监督等方面存在漏洞，导致部分防护用品质量不达标。在健康保障方面，部分国有煤矿对接触主要危害因素的从业人员未及时进行体检，未建立完整的职业卫生档案。很多煤矿没有按照规定安排具有相应资质的职业卫生机构对粉尘区域工作人员进行健康检查，经常以普通体检代替职业健康检查。

二、我国职业卫生管理体系

(一) 我国职业卫生发展简史

我国关于职业卫生记载的历史悠久，早期因社会发展缓慢，职业卫生工作也相应滞后。宋朝孔仲平在《谈苑》中记载“贾谷山采石人，石末伤肺，肺焦多死”及“后苑银作镀金，为水银所熏头，手俱颤”，阐述了硅肺和汞中毒的临床表现，是我国早期关于职业病和职业中毒的描述。明朝宋应星在《天工开物》中记载“将楠竹凿空，相互连接，用于煤矿井下排除毒气”及“烧砒工人应站在上风向丈处操作”等。这些记载是我国职业卫生预防知识方面的文字记录。

中华人民共和国成立后，科技迅猛发展，工业技术不断革新，我国职业卫生也与时俱进，得以全面发展。到20世纪末，我国职业卫生主要经过了三个阶段：工业卫生阶段、劳动卫生阶段和职业卫生阶段。

(1) 工业卫生阶段。中华人民共和国成立初期，我国职业病防治工作主要参照苏联的模式，绝大部分防治工作集中在工矿企业，职业卫生发展处于萌芽发展阶段。这个时期很多学者的著作一般惯用工业卫生或工业中毒命名，我国早期出版的教科书就命名为《工业卫生学》。1954年第一次全国工业卫生会议召开，全国职业病防治工作拉开大幕，根据全国防尘实践，总结出“革、水、密、风、护、管、教、查”八字综合防尘措施。1956年颁布《工业企业设计卫生标准》，开启了我国职业病防治标准化道路。

(2) 劳动卫生阶段。由于社会经济的发展和进步，尤其是改革开放以后，研究者发现从事农业的劳动者中经常出现的一些疾病与工作过程中的职业性有害因素有关，但农业与工业不属于同一范畴，不能划分为工业卫生，于是一些学者建议将工业卫生更名为劳动卫生，具有代表性的著作是《劳动卫生与职业病学》。

(3) 职业卫生阶段。随着科技的进步、技术的革新、作业方式与作业环境的多元化，法定职业病已经不足以囊括劳动者作业过程中导致的危害或损伤，这个时期出现了与工作有关疾病的概念，如工作过程中因工作繁重、夜班工作、饮食失调等因素引起的神经衰弱综合征，因作业方式和环境中不良因素引起的腰背痛等疾患，这些疾患并不能等同于职业病。因此这个时期有学者提出了职业卫生学说，其中1999年出版的《中华职业医学》就是这个时期最具代表性的著作。

进入21世纪，随着《职业病防治法》的实施，标志着我国的职业卫生工作进入了法制化阶段。由于社会不断进步，科技飞速发展，职业病危害因素趋向多样化、复杂化，为适应我国国情和社会经济发展需要，《职业病防治法》进行了四次修订。在我国社会大健康理念影响下，职业健康受到重视，职业卫生工作的重点也逐渐从职业病、职业损害转向关注劳动者健康，职业卫生立法也在向保障劳动者健康转变。随着《职业病防治法》不断修订完善，促使职业卫生工作转向职业健康阶段。

(二) 职业卫生法律体系

我国的职业卫生法律表现形式按其立法主体、法律效力不同,可分为宪法、职业卫生法律、职业卫生行政法规、地方性职业卫生法规、职业卫生规章等。几十年来,我国重视安全生产和广大劳动者的身体健康,先后制定和颁布了多个相关法律法规文件。

《宪法》第四十二条规定,要"加强劳动保护,改善劳动条件"。

1993 年 5 月 1 日施行的《矿山安全法》,是我国第一部有关职业安全健康的法律。1994 年 7 月 5 日,第八届全国人大常委会第八次会议通过的《劳动法》第六章专章规定"劳动安全卫生",以劳动基本法的形式对劳动安全卫生提出了基本要求。1996 年 8 月 29 日,第八届全国人大常委会第二十一次会议通过的《煤炭法》明确要求,各级人民政府及其有关部门和煤矿企业必须采取措施加强劳动保护,保障煤矿职工的安全和健康;国家对煤矿井下作业的职工采取特殊保护措施。2001 年 10 月 27 日,第九届全国人大常委会第二十四次会议通过的《职业病防治法》对职业病的预防、防护与管理、病人保障、监督检查、法律责任提出了系统的规定。

《职业病防治法》于 2011 年 12 月 31 日第一次修正,对作业场所职业卫生监管职能进行了调整。2016 年 7 月 2 日第二次修正,相应调整了国家对职业卫生"三同时"监管工作的方式和内容。2017 年 11 月 4 日第三次修正,进一步完善职业健康检查和职业病诊断工作,最大限度地满足劳动者健康保障的需要,职业健康检查实行省级备案制。2018 年 12 月 29 日第四次修正,一是顺应机构改革与政府职能转变,职业病防治职能由安监转为卫生监管;二是响应"放管服"改革要求,取消职业病诊断机构由省级卫生行政部门批准的刚性规定。

《煤矿作业场所职业病危害防治规定》《用人单位职业病危害防治八条规定》《职业病危害因素分类目录》《职业病诊断与鉴定管理办法》《噪声职业病危害风险管理指南》《煤矿井下粉尘综合防治技术规范》《工作场所职业病危害因素检测工作规范》等一系列的职业卫生政策方针与标准的实施,在工业生产尤其是煤矿生产行业形成了较为完善的职业卫生标准体系。

(三) 职业病防治工作的方针与管理体系

按照最新的《职业病防治法》规定,我国职业病防治工作坚持预防为主、防治结合的方针,建立用人单位负责、行政机关监管、行业自律、职工参与和社会监督的机制,实行分类管理、综合治理。体现的是以用人单位为职业病防治的主体,多方共同参与的管理体系。我国的职业卫生监督管理部门为县级以上人民政府卫生行政部门、劳动保障行政部门,县级以上人民政府有关部门在各自的职责范围内负责职业病防治的有关监督管理工作。

(四) 职业卫生监督管理职能分工

目前,我国职业病防治形势十分严峻,亟待加强政府监管,以尽快遏制职业病多发的势头。为加强职业病防治工作,形成责权一致、运转有效的职业卫生监管体制,保障劳动者职业健康,中央编办于 2010 年 10 月 8 日印发了《关于职业卫生监管部门职责分工的通知》(中央编办发〔2010〕104 号),进一步明确了有关职责分工问题。调整后的职责分工如下:

1. 卫生部(现为国家卫生健康委员会)

(1) 负责会同安全监管总局、人力资源社会保障部等有关部门拟订职业病防治法律法规、职业病防治规划,组织制定发布国家职业卫生标准。

(2) 负责监督管理职业病诊断与鉴定工作。

（3）组织开展重点职业病监测和专项调查，开展职业健康风险评估，研究提出职业病防治对策。

（4）负责化学品毒性鉴定、个人剂量监测、放射防护器材和含放射性产品检测等技术服务机构的资质认定和监督管理；审批承担职业健康检查、职业病诊断的医疗卫生机构并进行监督管理，规范职业病的检查和救治；会同相关部门加强职业病防治机构建设。

（5）负责医疗机构放射性危害控制的监督管理。

（6）负责职业病报告的管理和发布，组织开展职业病防治科学研究。

（7）组织开展职业病防治法律法规和防治知识的宣传教育，开展职业人群健康促进工作。

2. 人力资源和社会保障部

（1）负责劳动合同实施情况监管工作，督促用人单位依法签订劳动合同。

（2）依据职业病诊断结果，做好职业病人的社会保障工作。

3. 全国总工会

依法参与职业病危害事故调查处理，反映劳动者职业健康方面的诉求，提出意见和建议，维护劳动者合法权益。

三、煤矿职业病危害因素的防治与管理

（一）煤矿粉尘危害防治

（1）煤矿作业场所空气中粉尘浓度应当符合表 9-1 的要求。

表 9-1　作业场所空气中粉尘浓度要求

粉尘种类	游离 SiO_2 含量/%	时间加权平均容许浓度/(mg/m^3)	
		总尘	呼尘
煤尘	<10	4.0	2.5
矽尘	10～50	1.0	0.7
	50～80	0.7	0.3
	≥80	0.5	0.2
水泥尘	<10	4.0	1.5

注：时间加权平均容许浓度是以时间加权数规定的 8 h 工作日、40 h 工作周的平均容许接触浓度。

（2）呼吸性粉尘浓度监测应在正常生产时段进行，呼吸性粉尘可采用定点或个体方法进行。监测周期如表 9-2 所列。

表 9-2　呼吸性粉尘浓度监测周期

监测种类	监测地点	监测周期
工作班个体呼吸性粉尘	采、掘(剥)工作面	3 个月 1 次
	其他地点	6 个月 1 次
定点呼吸性粉尘		1 个月 1 次
粉尘分散度		6 个月 1 次
游离二氧化硅含量		6 个月 1 次

(3) 矿井必须建立消防防尘供水系统。应当在地面建立永久性消防防尘储水池,储水池必须经常保持不少于 200 m^3 的水量。备用水池储水量不得小于储水池的一半。防尘用水水质悬浮物的含量不得超过 30 mg/L,粒径不大于 0.3 mm,水的 pH 值在 6～9 范围内,水的碳酸盐硬度不超过 3 mmol/L。没有防尘供水管路的采掘工作面不得生产。

(4) 掘进井巷硐室时必须采用湿式钻眼、冲洗井壁巷帮、水炮泥以及爆破喷雾、装岩(煤)洒水和净化风流等综合防尘措施。

(5) 在煤、岩层中钻孔作业时,应当采取湿式降尘等措施。在冻结法凿井和在遇水膨胀的岩层中不能采用湿式钻眼(孔)、突出煤层或者松软煤层中施工瓦斯抽采钻孔难以采取湿式钻孔作业时,可以采取干式钻孔(眼),并采取除尘器除尘等措施。

(6) 炮采工作面应采用湿式钻眼、冲洗煤壁、水炮泥、出煤洒水等综合防尘措施。

(7) 采煤机必须安装内、外喷雾装置。割煤时必须喷雾降尘,内喷雾工作压力不得小于 2 MPa,外喷雾工作压力不得小于 4 MPa,喷雾流量应当与机型相匹配。无水或者喷雾装置不能正常使用时必须停机;液压支架和放顶煤工作面的放煤口,必须安装喷雾装置,降柱、移架或者放煤时同步喷雾。破碎机必须安装防尘罩和喷雾装置或者除尘器。

(8) 掘进机作业时,应当使用内、外喷雾及通风除尘等综合措施。掘进机无水或者喷雾装置不能正常使用时,必须停机。

(9) 采掘工作面回风巷应当安设风流净化水幕。

(10) 井下煤仓(溜煤眼)放煤口、输送机转载点和卸载点,以及地面筛分厂、破碎车间、带式输送机走廊、转载点等地点,必须安设喷雾装置或者除尘器,作业时进行喷雾降尘或者用除尘器除尘。

(11) 喷射混凝土时,应当采用潮喷或者湿喷工艺,并配备除尘装置对上料口、余气口除尘。距离喷浆作业点下风流 100 m 内,应当设置风流净化水幕。

(二) 煤矿噪声危害防治

(1) 煤矿作业场所噪声危害判定标准:煤矿作业场所从业人员每天连续接触噪声时间达到或者超过 8 h 的,噪声声级限值为 85 dB(A);每天接触噪声时间不足 8 h 的,可根据实际接触噪声的时间,按照接触噪声时间减半、噪声声级限值增加 3 dB(A)的原则确定其声级限值。

(2) 煤矿作业场所噪声每半年至少监测 1 次。

(3) 井工煤矿噪声监测点应当布置在主要通风机、空气压缩机、局部通风机、采煤机、掘进机、风动凿岩机、破碎机、主水泵等设备使用地点。

(4) 应当优先选用低噪声设备,采取隔声、消声、吸声、减振、减少接触时间等措施降低噪声危害。

(三) 煤矿高温危害防治

(1) 当采掘工作面空气温度超过 26 ℃、机电设备硐室超过 30 ℃时,必须缩短超温地点工作人员的工作时间,并给予高温保健待遇。当采掘工作面的空气温度超过 30 ℃、机电设备硐室超过 34 ℃时,必须停止作业。

(2) 进行高温监测时,作业场所无生产性热源的,选择 3 个测点,取平均值;存在生产性热源的,选择 3～5 个测点,取平均值;作业场所被隔离为不同热源环境或通风环境的,每个区域内设置2个测点，取平均值。

(3) 常年高温作业场所，选择在夏季最热月测量；不定期高温作业场所，选择在工期内最热月测量；作业环境热源稳定时，每天测3次，工作班开始后及结束前0.5 h分别测1次，工作班中间测1次，取平均值。

(4) 有热害的井工煤矿应当采取通风等非机械制冷降温措施。无法达到环境温度要求时，应当采用机械制冷降温措施。

（四）煤矿职业中毒防治

(1) 煤矿作业场所有害气体最高允许浓度如表9-3所列。

表9-3　煤矿作业场所有害气体最高允许浓度

名称	最高允许浓度/%	名称	最高允许浓度/%
一氧化碳(CO)	0.002 4	氧化氮[换算成二氧化氮(NO_2)]	0.000 25
二氧化碳(CO_2)	0.5	硫化氢(H_2S)	0.000 66
二氧化硫(SO_2)	0.000 5		

(2) 化学毒物监测时应选择有代表性的作业地点，其中应包括空气中有害物质浓度最高、作业人员接触时间最长的作业地点。采样应在正常生产状态下进行。在不影响作业人员工作的情况下，采样点要尽可能靠近作业人员，空气收集器尽量接近作业人员工作时的呼吸带。

(3) 煤矿应当对NO(换算成NO_2)、CO、SO_2每3个月至少监测1次，对H_2S每月至少监测1次。煤层有自燃倾向的，应当根据需要随时监测。

(4) 煤矿作业场所存在H_2S、SO_2等有害气体时，应当加强通风降低有害气体的浓度。在采用通风措施无法达到作业环境标准时，应当采用集中抽取净化、化学吸收等措施降低H_2S、SO_2等有害气体的浓度。

（五）煤矿职业病危害防治管理

(1) 煤矿企业法定代表人是本单位职业病危害防治工作的第一责任人。

(2) 煤矿企业应建立健全职业病危害防治领导机构，负责制定职业病危害防治规划、年度计划和机构设置、职责分工、经费落实等工作，加强对职业病危害防治工作的领导。

(3) 煤矿企业应建立健全职业病危害防治管理机构，配备专职管理人员，负责职业病危害防治日常管理工作。

(4) 煤矿企业应建立职业病危害防治院所，负责企业职业病危害因素监(检)测与评价、职业健康监护、职业病诊断治疗康复等工作；不具备建立条件的，必须委托职业卫生技术服务机构为其提供职业病危害防治技术服务。

(5) 煤矿企业应建立健全下列职业病危害防治制度：

① 职业病危害防治责任制度；

② 职业病危害防治年度计划和实施方案；

③ 职业病危害警示与告知制度；

④ 职业病危害防治宣传、教育和培训制度；

⑤ 职业病防护设施管理制度；

⑥ 职业病个体防护用品管理制度；

⑦ 职业病危害日常监测及检测、评价管理制度；

⑧ 劳动者职业健康监护及其档案管理制度；

⑨ 职业病危害项目申报制度；

⑩ 职业病诊断鉴定及治疗康复制度；

⑪ 职业病危害防治经费保障及使用管理制度；

⑫ 职业卫生档案管理制度；

⑬ 职业病危害事故应急管理制度；

⑭ 法律、法规、规章规定的其他职业病危害防治制度。

(6) 煤矿企业应将煤矿建设项目职业病危害防治专篇、职业病危害预评价报告、职业病危害控制效果评价报告、职业病危害防护设施验收批复文件及时报送建设项目所在地卫生行政管理部门。

(7) 煤矿企业应指定专职或兼职职业病危害因素监测人员，配备足够的监测仪器设备，按照有关规定对作业场所职业病危害因素进行日常监测。监测人员参照特种作业人员管理。

(8) 煤矿企业应委托具有资质的职业卫生技术服务机构，每年进行1次作业场所职业病危害因素检测，每三年进行1次职业病危害现状评价，并将结果报告所在地卫生行政管理部门，同时向从业人员公布。

(9) 煤矿企业要积极依靠科技进步，应用有利于职业病危害防治和保护从业人员健康的新技术、新工艺、新材料、新设备，坚决限制、逐步淘汰职业病危害严重的技术、工艺、材料和设备。

(10) 煤矿企业要通过优化生产布局和工艺流程，使有害作业和无害作业分开，尽可能减少接触职业病危害的人数和接触时间。

(11) 煤矿企业应按照《煤矿职业安全卫生个体防护用品配备标准》(AQ 1501—2008)规定，为接触职业病危害的从业人员提供符合要求的个体防护用品，并指导和督促其正确使用。

(12) 煤矿企业应强化劳动用工管理，切实履行告知义务，与从业人员订立劳动合同时，应将作业过程中可能产生的职业病危害及其后果、防护措施和相关待遇等如实告知从业人员，并在劳动合同中载明。

(13) 煤矿企业应在醒目位置设置公告栏，公布职业病危害防治的规章制度、操作规程和作业场所职业病危害因素检测结果；对产生严重职业病危害的作业岗位，应在醒目位置设置警示标志和说明。

(14) 煤矿企业主要负责人、职业健康管理人员和劳动者应按时接受职业健康培训。主要负责人和职业健康管理人员应当在任职后3个月内接受职业健康培训，初次培训不得少于16学时，之后每年接受一次继续教育，继续教育不得少于8学时。劳动者上岗前应接受职业健康培训，上岗前培训不得少于8学时，之后每年接受一次在岗培训，在岗培训不得少于4学时。

(15) 对接触职业病危害的从业人员，煤矿企业应按照国家有关规定组织上岗前、在岗期间和离岗时的职业健康检查和医学随访，并将检查结果如实告知从业人员。职业健康检查费用由煤矿企业承担。

（16）接触职业病危害作业人员的职业健康检查周期应当按照表 9-4 执行。

表 9-4　接触职业病危害作业人员职业健康检查周期

接触有害物质	体检对象	检查周期
煤尘（以煤尘为主）	在岗人员	两年 1 次
	观察对象、壹期煤工尘肺患者	每年 1 次
岩尘（以岩尘为主）	在岗人员、观察对象、壹期硅肺患者	
噪声	在岗人员	
高温	在岗人员	
化学毒物	在岗人员	根据所接触的化学毒物确定检查周期

注：接触职业病危害作业退休人员的职业健康检查周期按照有关规定执行。

（17）煤矿企业应为从业人员建立职业健康监护档案，并按照规定的期限妥善保存。从业人员离开煤矿企业时，有权索取本人职业健康监护档案复印件，煤矿企业应如实、无偿提供，并在所提供的复印件上签章。

（18）职业健康检查和职业病诊断工作应由具有资质的医疗卫生机构承担。对已确诊的职业病人，应及时进行伤残度等级鉴定，并按照有关规定进行工伤赔偿。

（19）煤矿应当保障职业病危害防治专项经费，经费在《关于印发〈企业安全生产费用提取和使用管理办法〉的通知》（财企〔2012〕16 号）第十七条“（十）其他与安全生产直接相关的支出”中列支。

（20）煤矿企业发生职业病危害事故后，应及时向所在地煤矿安全监管部门和驻地矿山安全监察机构报告，并采取有效措施，控制或者消除职业病危害因素，防止事故扩大。对遭受职业病危害损害的从业人员，要及时组织救治，并承担所需费用。煤矿企业不得迟报、漏报、谎报或者瞒报煤矿职业病危害事故。

第二节　煤矿职业健康监护

煤矿职业健康监护是对从事有职业病危害因素作业的人群进行健康检查。职业健康检查不仅要检查健康损害效应，而且要查明产生这种危害效应的直接原因是否由职业病危害因素引起。因此，需要检测并记录接触职业病危害因素的种类与程度，从而进行职业健康危害评价。其主要内容包括职业健康危害鉴定、职业病危害接触评价、接触水平与机体反应关系分析、职业病危害特征评定等。

及时发现和掌握从事煤矿职业病危害作业人员健康状况及职业病危害、职业病和工作相关疾病的发生情况，能够为保护劳动者健康权益和采取相应的防治措施提供依据。

一、职业健康检查

（一）劳动者在职业病防治中的权利

《职业病防治法》第三十九条规定，劳动者享有职业卫生保护权利，包括：获得职业卫生教育、培训；获得职业健康检查、职业病诊疗、康复等职业病防治服务；了解工作场所产生或者可能产生的职业病危害因素、危害后果和应当采取的职业病防护措施；要求用人单位提供符合防治职业病要求的职业病防护设施和个人使用的职业病防护用品，改善工作条件；对违反职业病防治法律、法规以及危及生命健康的行为提出批评、检举和控告；拒绝违章指挥和强令进行没有职业病防护措施的作业；参与用人单位职业卫生工作的民主管理，对职业病防治工作提出意见和建议。用人单位应当保障劳动者行使上述所列权利。因劳动者依法行使正当权利而降低其工资、福利等待遇或者解除、终止与其订立的劳动合同的，其行为无效。

（二）职业健康检查的内容

1. 上岗前职业健康检查

对新录用、变更工作岗位或工作内容的劳动者上岗前进行健康检查，特别是对该岗位接触职业病危害因素作业可能影响人体健康的相关项目进行检查。根据检查结果，评价劳动者上岗前的健康状况，鉴定是否有职业禁忌证。

检查的内容包括：

（1）活动性肺结核。

（2）慢性肺部疾病、严重的慢性上呼吸道或支气管疾病，如萎缩性鼻炎、严重的慢性支气管炎、支气管哮喘和支气管扩张、明显的肺气肿、肺化脓症及肺原虫病等。

（3）明显影响肺功能的胸膜、胸廓疾病，如严重的胸膜肥厚、粘连性胸膜炎、胸腔积液，严重的先天性或后天性胸廓畸形。

（4）严重的心血管疾病，如高血压、动脉硬化、器质性心脏病等。

2. 在岗期间职业健康检查

根据劳动者所在工作岗位职业病危害因素对健康的影响，选定重点检查项目，定期进行职业健康检查。动态观察劳动者健康变化，结合作业场所职业病危害因素监测和生物学监测结果，评价劳动者的健康变化是否与职业病危害因素有关，及时发现疑似病患者，判断劳动者是否适合继续从事该工种作业或需进一步观察治疗。

3. 离岗时职业健康检查

因某种原因准备调离从事职业病危害工种的劳动者，根据其所在的工作环境存在的职业病危害因素及对劳动者健康的影响规律，选定重点检查项目进行检查，根据检查结果评价劳动者健康状况是否与职业病危害因素有关，或是否患有职业病，以明确法律责任。

4. 应急职业健康检查

当发生职业病危害事故，对遭受伤残或者可能受职业病危害的劳动者，及时组织并进行健康检查和医学观察。依据检查结果发现危害因素，评价劳动者健康危害程度并提出预防措施，控制职业病危害的继续蔓延和发展。

（三）职业健康检查的方法

根据所接触职业病危害因素的种类，按《职业健康监护管理办法》的有关规定，确定检查项目和周期。检查项目可分为一般检查项目、特殊检查项目和选择检查项目。

(1) 一般检查项目，如内科、外科、心电图、胸腹部B超检查等。

(2) 特殊检查项目，依据接触职业病危害因素种类确定。按照《职业健康监护管理办法》的要求，接触粉尘劳动者体检除拍摄高千伏的胸片外，还需做内科、心电图、肺功能检查等；接触噪声的劳动者，应查耳聋；从事铅作业的劳动者应查血铅、尿铅等。

(3) 选择检查项目，根据作业场所职业病危害的种类和程度，以及对劳动者健康损伤的程度确定。

检查过程中要注意以下两点：① 详细询问职业劳动者及生产环境状况，如询问井下接尘劳动者从事的工种、煤矿井下机械化程度、防尘措施、粉尘浓度等情况。② 询问职业劳动者以往的疾病史，以及有哪些不良卫生习惯和嗜好等。

二、职业健康监护

职业健康监护是对从业人员的一项预防性措施，是法律赋予从业人员的权利。职业健康监护主要内容包括：一是职业健康检查；二是职业健康监护档案，用人单位应建立职业健康档案，每人1份，并妥善保存。

(1) 劳动者职业健康监护档案内容包括：① 劳动者个人基本情况；② 劳动者职业史、既往史和职业病危害接触史；③ 相应工作场所职业病危害因素检测结果；④ 历次职业健康检查结果及处理情况；⑤ 职业病诊疗等健康资料。

(2) 档案管理人员必须维护劳动者的职业健康隐私权、保密权。相关的卫生监督检查人员、劳动者或其近亲属、劳动者委托代理人有权查阅、复印劳动者的职业健康监护档案，其他人员不得私自查阅职业健康监护档案。

(3) 劳动者离开单位时，本人有权索取健康监护档案复印件，企业应当如实、无偿提供，并在所提供的复印件上签章。

(4) 对已离职人员的职业健康监护档案，应在离职三个月后进行封存，并保存10年以上，以备上级部门查阅。

(5) 档案管理人员应将职业健康监护档案妥善保管，防虫蛀、防霉、防丢失，保证档案安全。

(6) 所有档案应有专柜存放、加锁，定期清理通风、防湿。

(7) 所有档案不得随意查阅、复印，不得置于公共场所。

三、煤矿职业病的管理、统计和上报

(一) 煤矿职业病的管理

煤矿企业应当及时安排对疑似职业病病人到经批准的医疗卫生机构进行诊断。经诊断为职业病的，煤矿企业职业卫生主管部门应填写职业病登记表，按国家规定向有关部门进行职业病报告。

(二) 煤矿职业病的统计

(1) 在煤矿企业职业卫生工作领导小组的领导下，矿区人力资源及医疗单位要认真做好矿区职业病危害因素的流行病学调查工作，掌握职业病危害因素的性质、种类、分布、强度和危害等。

(2) 认真做好煤矿职业病统计报告的管理工作。

(3) 根据煤矿职业病危害因素的流行病学调查结果,组织职业病危害因素检测和职业病诊断。

(4) 职业病危害因素检测与职业病诊断应当委托有资质的单位进行。

(5) 职业病危害与职业病统计数据应当真实准确。

(6) 职业病危害与职业病统计报告必须设有专职人员负责。

(7) 对于职业病危害与职业病统计工作人员实行奖惩制度。

(三) 煤矿职业病的上报

《职业病防治法》规定用人单位需要信息上报的情形:

(1) 用人单位工作场所存在职业病目录所列职业病危害因素的,应当及时、如实向所在地卫生行政部门申报危害项目,接受监督。

(2) 发生或者可能发生急性职业病危害事故时,用人单位应当立即采取应急救援和控制措施,并及时报告所在地卫生行政部门和有关部门。

(3) 用人单位和医疗卫生机构发现职业病病人或者疑似职业病病人时,应当及时向所在地卫生行政部门报告。确诊为职业病的,用人单位还应当向所在地劳动保障行政部门报告。接到报告的部门应当依法作出处理。

(4) 医疗卫生机构发现疑似职业病病人时,应当告知劳动者本人并及时通知用人单位。用人单位应当及时安排对疑似职业病病人进行诊断;在疑似职业病病人诊断或者医学观察期间,不得解除或者终止与其订立的劳动合同。疑似职业病病人在诊断、医学观察期间的费用,由用人单位承担。

(5) 用人单位应当如实提供职业病诊断、鉴定所需的劳动者职业史和职业病危害接触史、工作场所职业病危害因素检测结果等资料;卫生行政部门应当监督检查和督促用人单位提供上述资料;劳动者和有关机构也应当提供与职业病诊断、鉴定有关的资料。

四、煤矿职业健康监护评价及职业禁忌

职业健康监护评价可分为个体评价和群体评价。个体评价主要反映接触职业病危害因素作业对劳动者个体健康的影响。群体评价包括工作环境中职业病危害因素的浓度、范围,检测点合格率,剂量(浓度)-反应(对劳动者健康的影响)关系等。

(一) 个体评价的内容

1. 上岗前职业健康检查结果评价

该评价以了解劳动者的健康状况,发现职业禁忌或易感人群为目的。其内容是分析该岗位存在的职业病危害因素可能对人体健康的影响,做出劳动者是否适合从事该岗位工作的评价,为用人单位安置劳动者的工作岗位提供依据。

2. 在岗期间职业健康检查结果评价

该评价以动态观察劳动者的健康状况,及时发现健康损害因素和职业病人为目的。其内容是分析个体和群体健康水平,发现职业病危害因素对健康影响的规律,评价劳动者健康变化与职业病危害因素的关系,判断劳动者是否适合继续从事该岗位工作。

3. 离岗后职业健康检查结果评价

该评价以分析劳动者的健康状况与职业病危害的责任为目的。其内容是根据职业健康检查结果，分析劳动者的健康状况与职业病危害因素的关系。对于有远期危害效应的危害因素，提出进行离岗后医学观察的内容和时限，为安置劳动者和保护劳动者健康权益提供依据。

4. 应急健康检查结果评价

该评价的目的是判断劳动者健康损害(中毒)程度及健康损伤与职业病危害因素的关系，明确健康损伤的致病因素，为及时救治健康损害(中毒)者提供有效措施。

(二) 关于煤矿作业环境职业禁忌证的相关规定

《煤矿安全规程》规定，有下列病症之一的人，不得从事井下工作：癫痫病和精神分裂症患者；风湿病(反复活动)；严重的皮肤病；活动性肺结核及肺外结核病；严重的上呼吸道或支气管疾病；显著影响肺功能的肺脏病或胸膜病变；心血管器质性疾病；患有高血压、心脏病、高度近视等病症以及其他不适应高空(2 m 以上)作业者，不得从事高空作业；经医疗鉴定，不适于从事井下工作的其他疾病。

(三) 职业健康监护评价的原则

1. 严肃性

职业健康监护制度是《职业病防治法》建立的主要制度之一，是落实生产经营单位义务、实现劳动者健康权益的重要保障。因此，在职业健康监护评价时，要以职业病防治的法律法规和标准为依据，针对职业健康监护中发现的问题，提出符合职业禁忌、职业病危害、健康损害、疑似职业病等判别标准的处理意见。

2. 严谨性

职业健康监护内容广泛，职业病危害因素种类繁多，在工作场所中有时不是单一的职业病危害因素，且劳动者个体的健康状况千差万别，这些因素给职业健康监护评价工作带来很多困难。这就要求在职业健康检查全过程中，必须依据科学方法和程序，根据危害因素确定检查项目，在职业史的采集、体格检查、辅助检查、化验检查过程中，以及体检结果的收集、分析等每个环节，都必须一丝不苟地完成，保证评价结论的正确性和可靠性。

3. 公正性

职业健康监护评价涉及生产经营单位和劳动者的健康权益和相关利益，在评价时，必须依据国家、地方有关职业病方面的方针政策、法律法规和标准等，以保障劳动者健康及其相关权益为基础，对健康检查中发现的异常检查指标，提出明确的要求和评价结论。

五、职业健康监护的档案管理

(一) 建立职业健康监护档案的意义

劳动者的职业健康监护档案是劳动者健康变化与职业病危害因素关系的客观记录，是职业病诊断鉴定的重要依据之一，也是区分健康损害责任的重要证据，同时还是评价治理职业病危害的依据。因此，规范职业健康监护档案的管理就显得尤为重要。

(二) 用人单位职业健康监护档案的内容

(1) 用人单位职业卫生管理组织的组成、职责。

（2）职业健康监护制度和年度职业健康监护计划。

（3）历次职业健康检查的文书，包括委托协议书、职业健康检查机构的健康检查总结报告和评价报告。

（4）工作场所职业病危害因素监测结果。

（5）职业病诊断证明书和职业病报告卡。

（6）用人单位对职业病患者、患有职业禁忌证者和已出现职业相关健康损害劳动者的处理和安置记录。

（7）用人单位在职业健康监护中提供的其他资料和职业健康检查机构记录整理的相关资料。

（8）卫生行政部门要求的其他资料。

（三）职业健康监护档案的管理

用人单位应当依法建立职业健康监护档案，并按规定妥善保存。职业健康监护档案应有专人管理，管理人员应保证档案只能用于保护劳动者健康的目的，并保证档案的保密性。

劳动者或劳动者委托代理人有权查阅劳动者个人的职业健康监护档案，用人单位不得拒绝或者提供虚假档案材料。劳动者健康出现损害需要进行职业病诊断、鉴定的，煤矿企业应当如实提供职业病诊断、鉴定所需的劳动者职业史和职业病危害接触史、作业场所职业病危害因素检测结果等资料。

【复习思考题】

1. 煤矿主要的职业病危害因素有哪些？
2. 构成法定职业病的4个条件是什么？
3.《职业病防治法》是哪一年制定的，做了几次修改？最新的《职业病防治法》规定我国职业病防治工作的方针和管理体系是什么？
4. 职业健康检查的内容有哪些？
5. 劳动者在职业病防治中的权利有哪些？
6. 职业健康监护档案的内容有哪些？

参考文献

[1] 高全臣,张金泉.煤矿爆破实用手册[M].北京:煤炭工业出版社,2008.

[2] 国家安全生产监督管理总局培训中心.煤矿安全生产管理人员安全资格培训教材[M].徐州:中国矿业大学出版社,2008.

[3] 国家安全生产监督管理总局信息研究院.煤矿安全避险与自救互救[M].北京:煤炭工业出版社,2014.

[4] 国家安全生产监督管理总局宣传教育中心.煤矿爆破工操作资格培训考核教材[M].徐州:中国矿业大学出版社,2009.

[5] 国家矿山安全监察局.煤矿防灭火细则[M].北京:应急管理出版社,2021.

[6] 国家煤矿安全监察局.防治煤与瓦斯突出细则[M].北京:煤炭工业出版社,2019.

[7] 国家煤矿安全监察局.煤矿安全生产标准化管理体系基本要求及评分方法:试行[M].北京:应急管理出版社,2020.

[8] 国家煤矿安全监察局.煤矿防治水细则[M].北京:煤炭工业出版社,2018.

[9] 李焕祥.煤矿瓦斯抽采作业安全培训教材[M].徐州:中国矿业大学出版社,2016.

[10] 刘益文,张士勇.煤矿安全生产管理人员安全资格培训教材[M].徐州:中国矿业大学出版社,2016.

[11] 马军杰.煤矿安全检查作业安全培训教材[M].徐州:中国矿业大学出版社,2016.

[12] 时志钢.煤矿安全生产管理人员安全培训教材[M].2版.徐州:中国矿业大学出版社,2016.

[13] 王太续.井下电钳工[M].修订版.徐州:中国矿业大学出版社,2012.

[14] 王太续.煤矿井下电气作业安全培训教材[M].徐州:中国矿业大学出版社,2016.

[15] 武强.煤矿防治水细则解读[M].北京:煤炭工业出版社,2018.

[16] 辛广龙.煤矿安全规程问答 爆破[M].修订本.北京:煤炭工业出版社,2007.

[17] 徐永圻.煤矿开采学[M].4版.徐州:中国矿业大学出版社,2015.

[18] 杨涛,徐永.煤矿主要负责人安全资格培训教材[M].徐州:中国矿业大学出版社,2014.

[19] 袁河津.《煤矿安全规程》专家解读 井工煤矿:2022修订版[M].徐州:中国矿业大学出版社,2022.

[20] 袁亮.煤矿安全规程解读 2022[M].北京:应急管理出版社,2022.

参考文献